治学之道

王國维《人间詞话》借宋詞名句描述古今成大事业大学问必经之三种境界

昨夜西风凋碧树，独上高楼，望尽天涯路。

衣带渐宽终不悔，为伊销得人憔悴。

众里寻他千百度，蓦然回首，那人却在灯火阑珊处。

今人钟万勰以《易经》之"中行独复"为治学之道，发展现代力学，以乐其志。所历景界，亦復如斯欤。

钱令希

二〇〇三、七月

人生事业奉献求乐
处世交往助人为乐
物质需求知足常乐
闲暇消遣自得其乐

萬緦学龄同乐

令希
九三、十月

Lagrange 括号：$S^{\mathrm{T}}JS=J$

Poisson 括号：$SJS^{\mathrm{T}}=J$

中行独复，以从道也

易经-复卦六四

Classical Mechanics

—Its symplectic description

钟万勰 高强 彭海军 ◎ 著

经典力学辛讲

大连理工大学出版社
Dalian University of Technology Press

图书在版编目(CIP)数据

经典力学辛讲 / 钟万勰，高强，彭海军著. — 大连：大连理工大学出版社，2013.12(2016.4 重印)

ISBN 978-7-5611-8408-0

Ⅰ. ①经… Ⅱ. ①钟… ②高… ③彭… Ⅲ. ①牛顿力学-研究 Ⅳ. ①O3

中国版本图书馆 CIP 数据核字(2013)第 303630 号

大连理工大学出版社出版

地址:大连市软件园路 80 号　邮政编码:116023

发行:0411-84708842　邮购:0411-84703636　传真:0411-84701466

E-mail:dutp@dutp.cn　URL:http://www.dutp.cn

大连美跃彩色印刷有限公司印刷　大连理工大学出版社发行

幅面尺寸:185mm×260mm　印张:18　插页:1　字数:392 千字

2013 年 12 月第 1 版　2016 年 4 月第 3 次印刷

责任编辑:刘新彦　王　伟　责任校对:苇　杭

封面设计:冀贵收

ISBN 978-7-5611-8408-0　定　价:45.00 元

本书由大连市人民政府资助出版

The published book is sponsored by
The Dalian Municipal Government

前　言

牛顿同时发明了微积分并给出了力学三定律，提出了万有引力，用数学分析来研究动力学，故后世称分析动力学。随后经过许多大数学家长时间的研究，已经相当成熟，并且成为近代物理的基础。物理系教材有四大力学：**经典力学、热力学与统计物理学、电动力学、量子力学**。其中的第一门课——经典力学有许多著名著作，本书作者认为[1]比较好读些，这是美国长春藤八校之一的 Columbia Univ. 物理系的教材，讲的就是分析动力学。

辛，是大数学家 Hermann Weyl 在名著[2]（H. Weyl. *The classical groups：Their Invariants and representations*. Princeton University press，1939.）中提出的。作者写道："The name 'complex group' formerly advocated by me in allusion to line complexes，…has become more and more embarrassing through collision with the word 'complex' in the connotation of complex number. I therefore propose to replace it by the Greek adjective 'symplectic'."表达了：为了避免"*complex*"容易产生的混淆，特地引入了希腊形容词"*symplectic*"。

H. Weyl 用对称群研究光谱分析时，发现 Hamilton 正则方程

$$\dot{\boldsymbol{q}}=\partial H/\partial \boldsymbol{p},\quad \dot{\boldsymbol{p}}=-\partial H/\partial \boldsymbol{q};\quad H=H(\boldsymbol{q},\boldsymbol{p})$$

具有复杂的对称性，这种对称不能用通常的旋转对称、镜像对称或置换对称等大众所熟悉的对称来表达，因此重新引入希腊字。我国数学家华罗庚先生，在 1946 年应 Princeton 大学 H. Weyl 教授的邀请，访问美国，看到数学的新方向，翻译为中文时也找不到恰当的中文词来表达，因此音译为**辛**。H. Weyl 提出 Hamilton 正则方程的辛对称，表明了动力系统运行的基本性质。

辛是什么？使广大读者感到困难，本书直面此问题。拙著[6，7]引入了**辛代数**和**分析结构力学**。**辛代数**从最简单的结构力学问题引入**辛**，使用的是矩阵代数，可使读者很容易就理解什么是**辛**，故称**辛代数**。而**辛**本是 H. Weyl 从分析动力学引入的，[7]则从结构力学引入**辛代数**，因为浅近、简单，很容易为读者所接受。中国哲学讲究的是：**"返璞归真"**，本书要按此方向来表达。《易经》的"简易"么。

从 H. Weyl 的引入看到：**辛**是从分析动力学来的。数学家非常重视，随后建立了称为**辛几何**的公理体系。**辛几何**公理体系是从纯数学微分几何的角度讲的，见[3，4]。简单地说，由微分形式（differential form）、纤维丛（tangent bundle，cotangent bundle，陈省身）、外乘积（exterior product，cross product）与 Carton 几何所组成。辛几何公理体系得

到纯数学方面的高度重视。Carton 获 1980 年的 Wolf 数学大奖，陈省身随后也获 Wolf 数学大奖，继而 Arnold 后来也获 Wolf 数学大奖。不过，**辛几何**非常高深，不易掌握。因此许多人远而避之。工程师难以接受则应用就困难了。数字化时代，离散是大势所趋，不可拘泥于无穷小分析。结构力学与动力学离散分析，以及**传递辛矩阵对称群**是本书"**辛讲**"的特点。

1900 年在第二次世界数学大会上，D. Hilbert 做了一个著名报告"数学问题"，深刻影响了 20 世纪数学的发展，指出："只要一门科学分支能提出大量的问题，它就充满着生命力；而问题缺乏则预示着这门学科独立发展的衰亡或终止。"能看到问题就好，表明可继续发展。辛提出 Hamilton 正则方程有对称性，是经典力学改造的机会。

数学大师 J. von Neumann 在经历了"数学危机"后著文指出："当一门数学学科远离其经验本源的时候，……就会受到严重危险的困扰。它将变得越来越纯粹地美学化，越来越纯粹地'为艺术而艺术'。……存在一种严重的危险，那就是这门学科将沿着阻力最小的线路发展，使远离源头的小溪又分成许多无足轻重的支流，……在距离其经验之源很远的地方，或者在多次'抽象的'近亲繁殖之后，一门数学学科就有退化的危险。……每当到了这个阶段，唯一的补救措施就是为了恢复活力而返本求源，也就是或多或少地注入直接经验思想。"而 D. Hilbert 讲："因为最终的判断取决于科学从该问题得到的获益。"按中国的说法，要"**返璞归真**"，要"**学以致用**"。**辛几何**在这方面还需努力。

既然从结构力学引入了**辛代数**，说明结构力学与动力学在数学方面有共同部分。拙著[6]基于数学方面的类同性，引入了**分析结构力学**。分析动力学求解的是时间区域的问题，却对应于分析结构力学长度区域的静力学问题。静力学问题比较容易为读者所接受。所以从结构力学问题切入讲解经典力学，最为合理；然后再转换到经典动力学。**辛讲**，书名已体现出特色，改造经典力学的讲述。

牛顿的奇迹年是 1666 年，后来在 1687 年出版的巨著《自然哲学的数学原理》是用希腊文写就的，简称 *principia*，是近代科学开始的标记，同时也创立了微积分，是划时代的成就。书名表明是自然哲学，经典动力学的数学理论由此开始。在同年代，有 Hooke 提出了虎克定律，也可认为是结构力学数学理论的开始。只是动力学与结构力学各按自己的规律发展，各做各的，缺乏在数学分析方面的融合。（注：康熙皇帝在 1661 年登基。就在康、雍、乾盛世，闭关自守，中国落后了，而落后是会挨打的。）

分析动力学则得到当年众多大数学家的关注，Bernoulli，Euler，Lagrange，Hamilton，Jacobi，Poisson，Poincare……经典动力学就是他们奠基奉献的。Euler-Lagrange 方程，Lagrange 函数，Hamilton 变分原理，正则方程，Hamilton-Jacobi 偏微分方程，正则变换，作用量，摄动法……成为优美的数学分析体系。在论述数学分析的发展时，J. von Neumann 评论道："关于微积分最早的系统论述甚至在数学上并不严格。在牛顿之后的一百五十多年里，唯一有的只是一个不精确的、半物理的描述！然而与这种不精确的、数学上不充分的背景形成对照的是，数学分析中的某些最重要的进展却发生在这段时间！这一时期数学上的一些领军人物，例如欧拉，在学术上显然并不严密；而其他人，总的来说与高斯或雅可比差不多。当时数学分析发展的混乱与模糊无以复加，并且它与经验的关系当然也不符合我们今天的（或欧几里得的）抽象与严密的概念。但是，没有哪一位数学家会把它排除在数学发展的历史长卷之外,这一时期产生的数学是曾经有过的第一流的数学!”后世严格的数学家,认为牛顿时代的微积分以及随后的一些发展,不够严密,等等。发展到追求绝对严格的数学,期望能完全脱离经验的成分。一段时间造成了数学危机。对此[11]有精彩讲述。经典动力学也称分析动力学,因那是数学分析发展的出发地。但本书从离散体系进行讲述,主要是代数,并不单纯是数学分析,故书名称经典力学。努力适应计算机时代的需求。

分析动力学的体系不是很容易就可掌握的。例如 Poisson 括号是如何来的,正则变换的理解,等等。这段时期主要是由数学家们在努力耕耘,工程师对于这套数学分析理论的理解就有困难了,因此与工程的融合不够充分。而**辛**的引入是应量子力学用光谱学(Spectroscopy)来分析分子、原子的对称性而出现的,已经是 1939 年,比较晚了。

辛本来是从分析动力学的对称性来的,有物理意义的依托。然而,纯数学讲究抽象,要求尽量脱离物理意义,所以与力学愈行愈远,与实际应用难以联系。电脑之父、数学大师 J. von Neumann 在《数学家》中指出:“许多最美妙的数学灵感来源于经验,而且很难相信会有绝对的、一成不变的、脱离人类经验的数学严密性概念。”不联系实际应用则会前途茫茫的。我国计算数学家冯康率先提出,动力学积分的差分格式应**保辛**[4],这样就与轨道数值计算等实际应用发生了关系,得了我国自然科学一等奖。国外著作[5]也随后接受了保辛。但**保辛**是保了什么,却并未直白地讲清楚。随后的发挥有曲折,并未为大众广泛接受,不够理想。

本书则用**辛代数**切入讲解,简单易懂。用的是离散系统,不同的**特色思路**。书名**“辛讲”**表明了其特色,上了一个层次。孙子兵法曰:“凡战者,以正合,以奇胜。”基于传统经典力学的优美体系,**正宗**。另一方面,因离散体系的计算科学,与辛数学的融合不足,本书**“辛讲”**,**特色思路**,努力抓住“以奇胜”的机会。走自己的路,讲出特色。期望**辛讲**抓住要点:辛对称而直取核心,“擒贼擒王”。

说到对称,就不能忘记伽罗瓦(E. Galois)关于 5 次以及 5 次以上一般多项式方程不可能用根式求解的证明。M. Atiyah 指出:“伽罗瓦认识到这个问题的关键之处在于方程的 5 个根的对称性,从而证明了该问题是不可解的。于是他为有关对称性的一般理论奠定了基础(即群论),这是所有数学概念中最深刻、影响最深远的概念之一。”辛对称是经典力学正则方程所特有的数学概念,是其核心,抓住它,辛讲,就是**辛对称群讲**。

钟万勰写书,封面总是引用《易经》的“中行独复,以从道也”。以前解释过了。《易经》的易,有三层意思:不易、变易、简易。自牛顿以来经典动力学根本的体系,是不易的;离散、辛讲、分析结构力学、离散等,阴-阳对偶之道的特色,要复,要出奇,是变易;讲述则结合应用而落到实地,力求中庸、简明,是简易。《易经》深奥,能学习体会一点,就很满意了。

动力学积分的差分格式是为了解决实际问题。当今世界科技发展的潮流是**信息化**、**数字化**,是**计算科学**。**“世界潮流,浩浩汤汤,顺之者昌,逆之者亡”**,这是中山先生辛亥革命后钱塘观潮后的题词。表明:发展方向符合世界潮流极为重要,**道路决定命运**。不符合世界潮流,南辕北辙,即使努力也不行。

当年红军英勇奋斗,请了李德,就打败仗。**道路决定命运**么。

美国信息技术顾问委员会给总统咨询报告(*Computational Science*: *Ensuring A-*

merica's Competitiveness 2005)中说:“计算科学是国家保持长期技术领导地位的根本。”(Computational Science—An area that is central to the Nation's long-term technological leadership.)“计算科学同理论和物理实验并列,已成为科学事业的第三根支柱”,美国国会下属的“竞争力委员会”(Council on Competitiveness)2009 年发布的白皮书中提出:**“从竞争中胜出就是从计算中胜出”**(“to out-compete is to out-compute”),等等。经典力学的现代发展,也要按时代方向走,尤其航空航天、机器人、控制、制造业数字化等迫切需要计算力学的支持。

2011 年,美国总统 Obama 亲自出马,在 Carnegie-Mellon 大学演讲推动 Advanced Manufacturing Partnership(AMP)计划,抓**国家安全与关键制造业**,并由白宫新闻处发布,可见非常重视。美国科技为什么领先全球,与这些现代科技发展、计算科学等关系密切。中国的研究、发展不能无视时代特点和实际需求。经典力学虽然是基础课程,但本书尽量结合现代的发展需要,结合例如最优控制、能带分析、约束动力学积分等多方面的需求进行**辛讲**。体现出其优点。

辛几何虽然得到重视,但其纯数学的艰深表述,却使人们望而却步。在教学中,分析动力学长期形成的体系,强调了数学分析,读者已经感觉困难,例如正则变换、生成函数、Poisson 括号等的出现,使人感觉突兀,只能先接受下来,以后再逐步体会,等等。虽然**辛**是从经典动力学出现的,但在教材中融合不足,似乎只是附属的内容。尤其是计算动力学,例如,国外许多求解微分-代数方程(Differential-Algebraic Equation,DAE)的数值积分方法论,就很成问题。本书给出祖冲之方法论,完全不同于国外的求解方法的特色思路[36],等等。“行成于思,毁于随”,本书着重于**特色思路**,敢**“走自己的路”**。不盲目追随洋人思路。孙子曰:“军争之难者,以迂为直,以患为利。”虽然进入**辛数学**有些曲折,似乎在走弯路(变分法初期“最速下降线”的解是曲线),但却能改造传统体系的思路,更容易理解。《易经》的变异。

作者在多年教学中体会到,在**数字化**时代,经典力学的教学体系应重新考虑。数字化意味着要**离散**分析,计算机的基础是开关电路,而开关电路又是由**离散**数学比如说代数所描述的。**辛几何**公理体系是微分几何,是连续体系的表述,难于为工程师理解。在数字化时代,可引入**辛代数**的表述,简单而容易理解。

《经典力学辛讲》包含了**分析动力学**及**分析结构力学**,这是以往没有的。分析力学不是只能用于动力学,结构力学同样可用分析讲述,这是中国的**特色思路**。本来,提出虎克定律的 R. Hooke 也生活在牛顿的年代,但两人长期不和,见[42],因此双方各自发展。使得结构力学没有发展出与分析动力学并行的理论。将机会留给中国了。

动力学的时间坐标 t,在结构力学中就对应于一个长度坐标 z。动力学差分法就是将时间坐标离散,**数字化**;在结构力学就是将长度坐标**离散**,这样就成为有限元法了。**辛代数**的表述就是在此基础上展开的,见文献[7],这是最简单、最容易的表达了,读者很容易就可明白什么是**辛**。**特色思路**么,敢**“走自己的路”**,**改造-创新**为具有中国特色的体系。传统分析动力学成型时间早,虽然数学家非常认真、努力,但也有时代局限。第一,不是计算机时代,离散处理没条件;第二,**辛对称**出现晚,纯数学辛几何结合离散不行。传统体系的局限就是我们的机会。**辛代数**,抓早、抓好,**乘隙**冲上去。**辛讲**,“反客为主”,走自己的路，自己干。J. von Neumann 指出："一个理论可以有两种不同的解释……能以更好的形式推广为更有效的新理论的理论将战胜另一理论……必须强调的是，这并不是一个接受正确理论、抛弃错误理论的问题，而是一个是否接受为了正确地推广而表现出更大的形式适应性的理论的问题。"讲得真好，这段话放在封底了。

动力学以时间 t 为自变量，一维，适用初值条件。结构力学的自变量是一个长度坐标 z，与时间对应，适用两端边界条件。初值条件与两端边界条件的区别是本质性的。(从偏微分方程的分类看，双曲型偏微分方程用初始条件，而椭圆型偏微分方程用周边的边界条件，一维时成为两端边界条件)。结构力学有丰富的变分原理。最基本的是最小势能原理。从数学看，它适用的是两端边界条件，以位移为基本未知数。将长度坐标**离散**后，就出现一系列首尾相连的区段。以两端位移表达的变形能就出现区段刚度矩阵 $\boldsymbol{K}$。而动力学有因果关系，只能适用初始条件。将时间坐标离散，也得到一系列的时间区段，初始条件需要状态，积分就是逐个区段两端状态的传递。对应地就有传递矩阵 $\boldsymbol{S}$。将结构力学的区段刚度矩阵 $\boldsymbol{K}$，转换到传递形式，也得到传递矩阵 $\boldsymbol{S}$。可验证该传递矩阵是辛矩阵，因此称**传递辛矩阵**。[7]的第一部分着重讲通过结构力学引入**传递辛矩阵**。物理概念清楚，读者容易理解，解除了**辛**的神秘感。进一步，**辛矩阵**乘法自然就引入了。并且通过与正交矩阵的对比，**辛矩阵**乘法的几何意义出现。**传递辛矩阵**群也就自然引入。这些推演全部使用**矩阵代数**，简单易懂，故称为**辛代数**。第 1 章虽然简单，却将这些基本概念讲出来了。

从结构力学引入了**传递辛矩阵**群，再将分析动力学以及分析结构力学的关系讲清楚。按传统分析动力学体系，用动力学最简单的弹簧-质量系统为例进行切入讲解，通过按牛顿的微分方程求解。再讲 Lagrange 函数、变分原理和 Euler-Lagrange 方程，称 Lagrange 体系，一类变量的位移法、作用量在此引入。在结构力学里，动力学的作用量就是区段变形能了。

建立了作用量的概念，在结构力学就是区段变形能，就可以根据功能原理，引入两端力了。将对称矩阵转化为传递辛矩阵就得到传递形式，于是结构力学与动力学的模拟关系建立。

单自由度问题是最简单的。通过单自由度分析对比，可看清楚结构力学与动力学的模拟，易学易懂。而且可将分析力学全套运用于结构力学与动力学，尤其是看清楚，**Lagrange 括号**、**Poisson 括号**与**传递辛矩阵**的关系，美！而传统分析动力学中，这些括号的出现有些突兀，读者感到困难。

通过辛数学体系与动力学和结构力学的模拟关系，就容易学习理解，不会有突然引入新定义的困惑。《**经典力学辛讲**》的优点在此得到体现。在本教材中，主要是提供**特色思路**供读者参考，而不是提供详细结果。因此举例比较简单，着重于思路、概念。

精确控制已经成为应用的重大问题。结构力学与最优控制之间，似乎距离很大。引入了最优控制与结构力学之间的模拟关系[16]后，基于这个模拟关系，可将结构力学的大量有效算法转移到最优控制领域。在线性控制理论方面，精细积分法可求解 Riccati 微分方程直至计算机精度，这部分已经有了自主程序包 S*i*PESC-PIMCSD，通过实际运用就可体会比 MATLAB 的 control tool-box，robust control 等强多了，已经有著作[8,9]表述。

讲这些是为了表明辛数学体系与经典力学是密切相关的，也是非常有用的。在非线性控制方面也可有所作为。

将以往的一般力学修改为动力学与控制是近年来力学学科分类的重要举措，本书讲分析结构力学与最优控制的模拟理论，全套是自主提出的。尤其非线性控制是挑战，我们的特色算法，既精确又快速，效果好多了。控制中响应时间非常重要，其算法一定要快速。**辛讲**，抓住国外的空隙，敢于"**走自己的路**"，有**自信**。孙子又云："出其所不趋，趋其所不意。……进而不可御者，冲其虚也……"抓机会，36 计的第 30 计"反客为主"提出要乘隙，发现传统体系的不周全处——**隙**，就应"冲其虚也"，开展自己的深入研究，**辛讲**，力争"后来居上"。

本书尽量**深入浅出**，使读者通过简单课题，理解辛数学体系与经典力学的关系，然后再推广到一般情况，这样便易于理解，以破解传统经典力学教学体系的艰涩难懂之处。既然称**辛讲**，转变数学体系，理当体现其特色与优点，易学易懂。书名就是这么来的。**改革**么，理当如此。

在中国出书，面向中国读者，当然用中文写。哲学也一定要有中国特色，"中行独复""一阴一阳之谓道""上兵伐谋""返璞归真""反客为主""学以致用""行成于思，毁于随"，等等。但也认真学习国外大师们的精彩论述，本书将多处引用。

钱令希先生给 1993 年出版的书《计算结构力学与最优控制》作序指出："力学工作者应首先虚心地汲取状态空间法成功的经验，重新认识 Hamilton 体系理论的深刻意义，以及随之而来的辛数学方法及其对于应用力学的应用。另一方面也可以试图将计算力学中成熟的有效方法介绍到近代控制中应用。两大学科体系的互相渗透肯定可以有益于双方。"该书系统地给出了结构力学与最优控制的模拟理论，其基础就是状态空间法和**辛数学**方法。

这里特别指出，中国古代数学家也有辉煌成就。本书基于**祖冲之**的成就，给出了**祖冲之方法论**。在求解例如微分-代数方程(DAE)时完全不采用许多国外著作的方法论，他们走偏路了。基于祖冲之方法论得到的解，比国外著名算法的解好多了。中国祖师爷的优秀成果应努力予以挖掘继承，融合近代数学，发扬光大。中华文化博大精深，不是喊口号，而应以实实在在的东西体现出来。难道这也要等着？让洋人来发扬光大吗?!

然而，按现行的 SCI 评价体系，中文发表不值钱。如此贬低中文，是爱国体现吗？立场正确吗？怪哉！

当前中国一些人治学，重外轻华，"**言必称希腊**"。保辛离散体系，是新事物，洋人也措手不及，例如他们提出"不可积系统，保辛近似算法不能使能量守恒"的误判，本书也予以了正名，中国人切不可自卑。所谓的 SCI 评价体系，同样的论文，英文发表就比中文发表值钱，真荒唐！民族虚无主义，可耻！

对自己没有信心，弱者的心态么，要不得。

中国科技虽然有了长足进步，现在仍是底气不足。一定要打起精神，努力成系统地改造现存系统。"**辛讲**"就是对经典力学体系改造的一步尝试。不必管 SCI 评价体系怎么说，毕竟"**实践是检验真理的唯一标准**"，而不是洋人说了什么。改革，没有那么容易，大概总是要受非难的。不要紧，来日方长，**实践**说了算。

本书是为大学高年级学生与研究生写的，认为大学工科数学、理论力学、材料力学课程已经掌握，本书则将两方面融合了。

本书的选材不求全面，分析力学只讲到辛矩阵与 Lagrange 括号、Poisson 括号，以及用辛矩阵表示的正则变换等的基本内容。然后讲 Hamilton 矩阵与辛矩阵的本征问题。这些已经是比较特色的讲法了。此后就是特色内容：结构力学与最优控制，非线性保辛摄动以及非线性控制求解的应用，周期结构、能带分析及其散射；然后是约束系统的 DAE 求解，非完整等式约束的求解，以及最后介绍参变量变分原理近似求解不等式约束问题，就结束了。书中强调了计算科学的时代特点，不怕人家贬低。本书不求全面，只求讲出体会和特色。

中国数学界泰斗、中科院院士吴文俊认为："数学应该是有助于解决实际问题的，这应该是研究数学的主要目的，数学不是什么抽象的理论。……中国的应用数学应该以解决实际问题为出发点的，绝不能只做抽象的理论研究。"辛讲，也遵循该方向、思路走。

改革，你讲你的，我讲我的。力求**返璞归真**，是本书的特点。**走自己的路**，一定要**自信**。要有**道路自信**、**理论自信**、**体系自信**，真正做到"千磨万击还坚韧，任尔东西南北风"。**特色思路**么。

章节安排如下：

第 1 章，讲**什么是辛**。按《力、功、能量与辛数学》[7]的第一篇讲。以往经典力学没有结构力学。从虎克定律切入，是结构力学，最简单，读者容易接受，只用代数。但第 1 章给出了框架，几何意义，直到传递辛矩阵群，很重要。以迂为直。辛讲么。

第 2 章，经典力学不能回避微积分。本章讲分析力学理论是**分析结构力学**与**分析动力学**，从单自由度问题切入，从分析结构力学入手，以迂为直。前两章按自己的路走，同时也可弥合虎克和牛顿的分歧，致结构力学未能发展分析理论的缺憾。

第 3 章，讲述多维经典动力学，也可从结构力学切入，读者对结构静力学的理解方便些。对于"保辛差分格式不能守恒"的误判，给予了正名。用辛矩阵乘法变换讲正则变换等。这些是本书基本理论的特色内容。请读者品味"**辛讲**"对原有体系的改造，上了一个层次。

第 4 章，从数学的角度，讲述 Hamilton 矩阵与传递辛矩阵的本征值问题及其计算。

以上为本书的基础部分。走的是自己辛讲的路。以下要结合重要应用领域发挥作用，是特色应用篇。

第 5 章，线性多自由度体系的求解，着重讲了结构力学与最优控制模拟。中国特色的理论与算法。

第 6 章，非线性动力系统的保辛摄动、约束系统的求解、非线性最优控制的多层次算法等有关问题有选择地介绍，中国特色。

第 7 章，周期结构的能带分析，以及端部共振腔对于波的散射，等等。充分利用辛本征解的独立性，用简单数值例题给出详细解释。也是具有鲜明特色的理论与算法。

第 8 章，受等式约束的经典动力学。以往，求解 DAE 走偏路了，力求将以往的思路与求解方法，用祖冲之方法论改造过来。

第 9 章，不等式约束的积分，挑战！

与张鸿庆教授的多次讨论，对于理解中国哲学、数学方面非常有启发。林家浩的虚拟激励法也给我们很大启发；张洪武、陈飙松教授的团队，坚持 *Si*PESC 集成系统开发，让计算理论进展有了落脚点；以及同事们优化、控制方面的进展等。钟万勰也感谢：上海交大的孙雁博士，同我一起工作，启发了分析结构力学的提出；以及上海陆仲绩高工对于 CAE 的共同坚持，本书前言、后语的某些文字就是他提供的。在此一并表示感谢。

鸣谢：本书是在 973 基金（#2009CB918501）的支持下写出的。

目　录

* 2.1 节结构力学,2.2 节动力学,小节成对编排,供对照阅读。

算例动画一览表[①]

① 登陆 http://www.dutp.cn,在“下载中心”查询“经典力学辛讲”即可下载所列动画。

第1章　什么是辛,辛代数

辛本来是 H. Weyl 从动力学正则方程的对称性来的,对称群么。群论是近世代数的重要部分。**辛**是从力学来的,也是代数。但后来发展成为纯数学,从微分几何讲成为**辛几何**,完全脱离了物理意义。纯数学的要求就是要离开具体对象么。因此非常抽象,读者不知道到底在讲什么,因此有神秘感,难以理解。

本书书名表明,辛数学是讲力学的,不是纯数学,故不采纳微分几何的定义。当今数字化时代,**离散**已经是大势所趋。而**离散**后恰当的数学工具就是**代数**。因为分析力学是**辛**的,所以**辛代数**的出现是必然的。中国自然科学基金 1993 年支持了课题"*结构动力学及其辛代数方法*"(19372011)。**辛代数**的提法不是现在才有的。纯数学给出**辛几何**的公理体系,离散后全套是**辛代数**方法,可统称为**辛数学**,和谐融合,皆大欢喜。

本书通过力学中最简单、最基本的课题着手讲述**辛数学**,强调其物理意义,为的是破除对辛数学的神秘感,易于理解。动力学的分析理论,可对应于结构静力学,而静力学更容易理解,所以从离散的结构力学问题着手。一根弹簧,虎克定律的静力学问题,就可讲述辛数学入门了,这部分适合中学生课外阅读。让读者感觉到**辛**是容易理解的,并且是贴近实际问题的,所以要**辛讲**。

1.1　一根弹簧受力变形的启示

最简单的结构力学模型是一根弹簧、虎克定律的受力变形。虎克是牛顿同时代的科学家。虎克定律可认为是结构力学数学理论的开始。以下讲的是结构静力学。

设一根弹簧刚度为 k,长度方向的坐标为 z。弹簧根部端 1 固定,另一端 2 在 z 方向外力 $p=f$ 的作用下发生的位移 w 也在 z 方向(图 1-1(a))。根据弹簧刚度的意义有弹簧内力 f 与位移的关系(本构关系,Constitutive Relation)

$$f=k\cdot\Delta w \tag{1.1}$$

此时,$\Delta w=w_2-w_1$ 就是弹簧的伸长。虎克定律说,内力 f 是伸长 Δw 的线性函数。用图 1-1(b)表示是一根直线。

内力 f 使弹簧伸长,就做功。这些功将转化为能量,成为弹簧的**变形能**。注意到 f 是 Δw 的函数,内力的做功并非 $f\cdot\Delta w$,而是图 1(b)中三角形的面积,

$$f\cdot\Delta w/2 \tag{1.2}$$

这些功转化为弹簧变形能。将 $f=k\cdot\Delta w$ 代入,弹簧的变形能成为

$$U=k(\Delta w)^2/2 \tag{1.3}$$

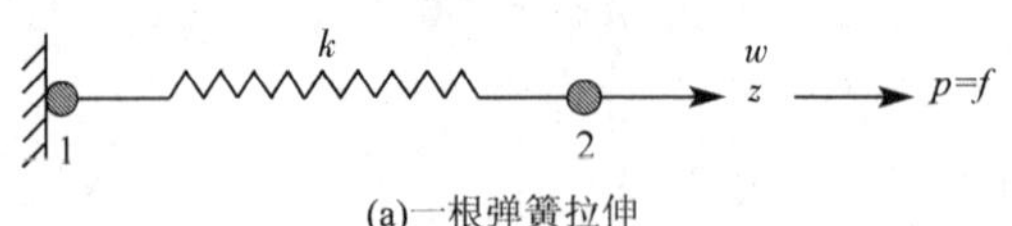

(a)一根弹簧拉伸

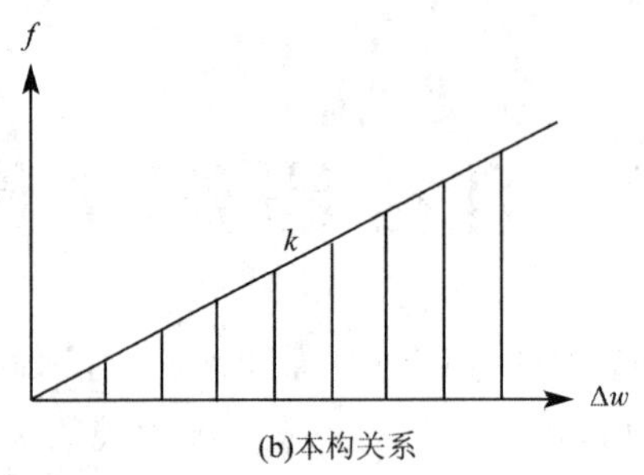

(b)本构关系

图 1-1

此时,Δw 就是弹簧的伸长。

这是最简单的例题了。注意弹簧有两个端部 1 与 2,固定端 1 的位移 $w_1=0$,而另一端 $w_2=\Delta w$。如果端 1 有给定位移 w_1,而端 2 的位移是 w_2,则弹簧的伸长为

$$\Delta w=w_2-w_1 \tag{1.4}$$

弹簧的变形能仍然是式(1.3)。

虽然只有一根弹簧,却也是一个**弹性体系**,一根弹簧组成的弹性体系。本书的讨论限于弹性体系。两端就是其边界,给定两端的位移 w_1,w_2,就由式(1.4)得到伸长 Δw;从而由本构关系(1.1)得到弹簧力 f;进而得到弹簧变形能等。这是从两端位移边界条件而得到的,称位移法求解。

也可在一端给定 w_1,而在另一端给出外力 p_2,成为混合两端边界条件。节点 2 的平衡条件为 $p_2=f_2$。于是从本构关系得到弹簧的伸长 Δw,再由式(1.4)得到另一端的位移 w_2。注意两端的弹簧张力 $p_1,p_2=f$,因为有平衡的要求,故必然 $p_1=p_2$。总之,给定恰当的两端边界条件就可以求解。

这是弹性体系的分析。结构力学通常给定两端边界条件而求解,或者位移,或者力。于是自然就提出问题:为什么不是既给定两端位移又给定两端力?从一根弹簧的分析知,如果给定了两端位移 w_1,w_2,则从虎克定律本构关系就确定了两端的张力,已经不可再任意给了,定解了。给定过多的条件将造成矛盾,是不可接受的。

注意,前面讲的是两端边界条件,或者位移,或者力。如果两端全部既给定位移又给定力,则不能求解。然而,在某一端既给定位移也给定力,而另一端则不给出条件而要求求解,问题的提法又成为合理的了。做功就是(位移)乘(力),位移与力两个量是互相对偶的。

给定端 1 的位移 w_1,内力 p_1;要求解另一端 2 的位移 w_2,力 p_2。可进行为:根据平衡条件有

$$p_2=p_1=f \tag{1.5}$$

用 p_1 表达了 p_2。然后从本构关系的方程(1.1)得到伸长

$$\Delta w=p_1/k$$

再从伸长公式(1.4)求出

$$w_2=w_1+\Delta w=w_1+p_1/k \tag{1.6}$$

即从一端的位移 w_1 与力 p_1，求解了另一端的状态：w_2，p_2。这种给定一端边界条件的提法也很重要。我们讲：从一端的状态 w_1，p_1 传递到了另一端的状态 w_2，p_2。称组合 w_1，p_1 为在端 1 的**状态**(State)，从而成为从端部 1 到端部 2 的状态间的**传递**(Transfer)。

引入状态向量的概念。将端 1 的位移 w_1，力 p_1 组合成状态向量 $\boldsymbol{v}_1$ 如下

$$\boldsymbol{v}_1=\begin{Bmatrix} w_1 \\ p_1 \end{Bmatrix} \tag{1.7}$$

则由式(1.5)、(1.6)，给出传递关系

$$\begin{Bmatrix} w_2 \\ p_2 \end{Bmatrix}=\boldsymbol{v}_2=\boldsymbol{S}\cdot\boldsymbol{v}_1,\quad \boldsymbol{S}=\begin{pmatrix} 1 & 1/k \\ 0 & 1 \end{pmatrix} \tag{1.8}$$

其中矩阵 $\boldsymbol{S}$ 是传递矩阵(Transfer Matrix)，即只要乘上传递矩阵 $\boldsymbol{S}$，就将状态向量 $\boldsymbol{v}_1$ 传递到另一端的状态向量 $\boldsymbol{v}_2$ 了。可注意，$\boldsymbol{S}$ 矩阵的右上角 $s_{12}=1/k$ 是弹簧刚度(Stiffness)之逆，即柔度(Flexibility，Compliance) $f=1/k$。以上从力学的角度分析，得到了传递矩阵。但还应从数学结构的角度观察传递矩阵的数学内涵。

先引入**辛矩阵**(Symplectic Matrix)的概念。辛矩阵是有数学结构的矩阵。最简单的反对称矩阵是

$$\boldsymbol{J}=\begin{pmatrix} 0 & 1 \\ -1 & 0 \end{pmatrix} \tag{1.9}$$

而满足矩阵等式

$$\boldsymbol{S}^{\mathrm{T}}\boldsymbol{J}\boldsymbol{S}=\boldsymbol{J} \tag{1.10}$$

的矩阵 $\boldsymbol{S}$，定义为**辛矩阵**。前乘矩阵 $\boldsymbol{J}$，即 $\boldsymbol{J}\cdot\boldsymbol{S}=\begin{pmatrix} 0 & 1 \\ -1 & -1/k \end{pmatrix}$，就是将下面的行移动到上面；而上面的行则改符号，移动到下面。读者可自己验证，式(1.8)的 $\boldsymbol{S}$ 就是辛矩阵，其行列式值为 1。于是我们理解了，力学的传递矩阵是数学的辛矩阵。这样，力学与数学就紧密地联系在一起了。于是可称 $\boldsymbol{S}$ 为传递辛矩阵。它所传递的对象，是力学结构两端的状态向量。数学结构与力学的结构对应了。这表明传递辛矩阵的表述是有物理意义的，不是纯数学，所以容易理解。

矩阵 $\boldsymbol{J}$ 有特殊重要的意义。矩阵 $\boldsymbol{J}$ 本身也是辛矩阵，最简单的辛矩阵。很容易验证

$$\boldsymbol{J}=\begin{pmatrix} 0 & 1 \\ -1 & 0 \end{pmatrix},\quad \boldsymbol{J}^2=-\boldsymbol{I},\quad \boldsymbol{J}^{\mathrm{T}}=-\boldsymbol{J},\quad \boldsymbol{J}^{-1}=-\boldsymbol{J} \tag{1.11}$$

将式(1.10)中的 $\boldsymbol{S}$ 用 $\boldsymbol{J}$ 代入，验证为 $\boldsymbol{J}^{\mathrm{T}}\boldsymbol{J}\boldsymbol{J}=\boldsymbol{J}$。容易验证，$\boldsymbol{I}$ 也是辛矩阵。显然 $\boldsymbol{J}$ 的行列式为 1，表达为 $\det(\boldsymbol{J})=1$。这些性质以后经常用到。注意，上面所讲辛的数学只用到代数，故称**辛代数**。

以上的求解方法是列出全部方程，再予以求解。但运用能量原理也是最根本的方法。一个质点在球形碗内，其平衡位置一定在最低点的碗底，因重力势能最小，这就是最小总势能原理。自然界的平衡有最小总势能原理。弹性体系的势能有变形势能 U 与外力(重力)势能 V 两种，而能量是可以相加的，即

$$E=U+V \tag{1.12}$$

将位移未知数 w_2 作为基本未知数，弹簧的变形能为

$$U=k(w_2-w_1)^2/2=kw_2^2/2, \quad w_1=0$$

外力势能为

$$V=-p_2w_2$$

其中 p_2 是在端 2 的外力。总势能是 w_2 的二次函数。

对二次函数的一般形式 $f(w_2)=aw_2^2+bw_2+c$ 配平方，可推导出

$$f(w_2)=a\left(w_2+\frac{b}{2a}\right)^2+\left(c-\frac{b^2}{4a}\right)$$

得到

$$E=kw_2^2/2-p_2w_2=k[w_2-(p_2/k)]^2/2-p_2^2/2k$$

因 $k>0$，最小的 E 在

$$w_2=(p_2/k)$$

时达到，符合以上的解。

势能的概念非常重要。就像重力势能一样，弹性势能（变形能）只与当前的位移状态有关，而与如何达到当前状态的变形途径是没有关系的。即与**途径无关**，而只与位移状态有关。举例来说，中学物理学习时一定强调，一件重物，质量为 M，重力为 $M\cdot g$，其中 g 是重力加速度。当将重物的位置提高 h 时，就有重力势能的增加 Mgh。不论经过任何途径，重力势能的增加总是 Mgh，即与**途径无关**。

进一步看到，弹簧拉伸可用最小总势能原理来求解，也可用传递辛矩阵方法求解。所以，从实际课题的角度来观察辛矩阵，您会感到除了名词**辛**比较别致外，其实是朴实无华的。我们讲辛根本没有提到外乘积、嘉当几何等抽象概念。无非是用到**状态向量**、传递矩阵而已，概念并不神秘。破除神秘感正是本书的目的。

刚度矩阵 $\boldsymbol{K}$ 与传递矩阵有密切关系。单根弹簧也有刚度矩阵

$$\boldsymbol{K}=\begin{pmatrix} k & -k \\ -k & k \end{pmatrix}, \quad U=\frac{1}{2}\begin{pmatrix} w_1 \\ w_2 \end{pmatrix}^{\mathrm{T}}\boldsymbol{K}\begin{pmatrix} w_1 \\ w_2 \end{pmatrix}=\boldsymbol{w}^{\mathrm{T}}\boldsymbol{K}\boldsymbol{w}/2 \tag{1.13}$$

或

$$f_1=-kw_1+kw_2, \quad f_2=-kw_1+kw_2$$

表明刚度矩阵 $\boldsymbol{K}$ 可变换到传递辛矩阵的。从以上两式，直接就推导了 $w_2=w_1+f_1/k$，$f_2=f_1$ 的式(1.5)、(1.6)，就给出了传递辛矩阵。这里要强调指出，刚度矩阵是对称的，对称矩阵与辛矩阵是有密切关系的。后面式(4.3)给出具体验证。

为什么教学要强调“深入浅出”，从这里可以得到又一个例证。本来简单的概念，要顺其自然，平凡地表达出来。学习时容易懂，教学时也简单省力。再说，哪怕是教文言文的教授，在课堂上解释课文，恐怕也是讲白话文的吧。用白话文来入门容易接受，又有什么不好呢。

这么简单，是否水平太低呢？非也。请见 Hilbert 的论述。

数学大师 D. Hilbert 在 1900 年巴黎世界数学大会(ICM)上做报告，大家关注他提出了 23 个数学问题，这些问题推动了 20 世纪的数学发展。其实 Hilbert 的报告，讲了许多

有关数学发展的认识,即数学的哲学。2000 年时,Bulletin of American Mathematical Society 重新发表了此文。中国科学院数学研究院翻译为中文予以发表[10]。引用其中所述:"清楚的、易于理解的问题吸引着人们的兴趣,而复杂的问题却使我们望而却步;""严格的方法同时也是比较简单、比较容易理解的方法。正是追求严格化的努力,驱使我们去寻求比较简单的推理方法。"

计算机之父、大数学家冯·诺依曼说[11]:"数学构造必须很简单。"M. Atiyah 也说[12]:"在这种抽象世界中,简单性(Simplicity)与优美(Elegance)获得了绝对的重要性。"

Hilbert 又指出:"数学中每一步真正的进展,都与更有力的工具和更简单的方法的发现密切联系着,这些工具和方法同时会有助于理解已有的理论并把陈旧的、复杂的东西抛到一边。数学科学发展的这种特点是根深蒂固的。因此,对于数学工作者个人来说,只要掌握了这些有力的工具和简单的方法,他就有可能在数学的各个分支中比其他科学更容易地找到前进的道路。"

(英文为:"… It is ingrained in mathematical science that every real advance goes hand in hand with the invention of sharper tools and simpler methods which at the same time assist in understanding earlier theories and cast aside older more complicated developments. It is therefore possible for the individual investigator, when he makes these sharper tools and simpler methods his own, to find his way more easily in the branches in mathematics than is possible in any other science.")

D. Hilbert 说:"因为最终的判断取决于科学从该问题得到的获益。"现代纯数学大师、英国 1990 年皇家学会会长 M. Atiyah 指出:"数学是人类的一项活动……我们必须把我们的经验浓缩成便于理解的形式,这便是理论之基本所为。"又说:"浓缩精炼我们所有的数学经验,是使后学者能继往开来的唯一途径。"

按中国传统说法,要**"返璞归真"**,可谓**言简意赅**。还有许多论述以后会讲到。这些论述全是极富教益的。

定义了**传递辛矩阵**,还需要讲它的运算。仍用最简单的例题讲述。传递辛矩阵 $\boldsymbol{S}$ 的运算有单元操作,例如传递辛矩阵 $\boldsymbol{S}$ 的求逆,就是普通的矩阵求逆。操作要问物理意义,如果 $\boldsymbol{S}$ 代表从 1 号站的状态向量传递到 2 号站,则 $\boldsymbol{S}^{-1}$ 代表其逆向,即从 2 号站的状态向量传递到 1 号站。也有二元操作:即设有 $\boldsymbol{S}_1,\boldsymbol{S}_2$,则 $\boldsymbol{S}_3=\boldsymbol{S}_2\cdot\boldsymbol{S}_1$ 就是二元运算,其中乘法就是普通的矩阵乘法。其物理意义是弹簧结构的串联,等等。

1.2　两段弹簧结构的受力变形,互等定理

弹簧的不同组合就构成弹性结构,不是一个元件了。可先讲述弹簧的并联、串联。

1.2.1　两根弹簧的并联、串联

两根弹簧的组合,有并联与串联两种。先介绍弹簧的并联。并联弹簧产生的刚度 $k_c=k_1+k_2$,是两个弹簧的刚度之和。用变形能表示

$$U=k_1 w_1^2/2+k_2 w_1^2/2=(k_1+k_2)w_1^2/2$$

就可以看到弹簧刚度的相加,见图 1-2(a)。能量法是很根本、很广泛的。

再看两根弹簧的串联,见图 1-2(b)。设有 k_1,k_2 两根弹簧串联。于是有节点 0,1,2。这个课题既可列方程求解,也可用最小总势能原理求解,还可用辛矩阵求解。先用最小总势能原理求解。设节点 2 作用拉力 p,问题是两段结构的连接。因 $w_0=0$,则变形势能是 2 根弹簧的变形势能之和(变形能是相加的):

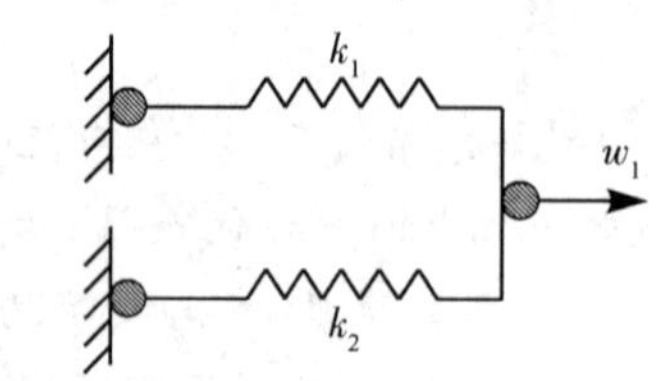

(a)并联弹簧简图

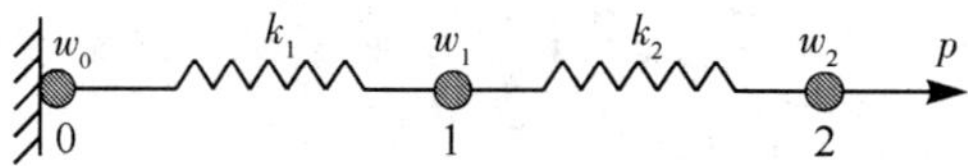

(b)串联弹簧简图

图 1-2

$$\begin{aligned} U &= [k_1 w_1^2 + k_2(w_2 - w_1)^2]/2 \\ &= [-2k_2 w_1 w_2 + w_1^2(k_1 + k_2) + k_2 w_2^2]/2 \end{aligned}$$

外力势能为

$$V = -p \cdot w_2$$

总势能 $E=U+V$ 是位移 w_1,w_2 的 2 次函数。配平方有

$$\begin{aligned} E &= U+V = [-2k_2 w_1 w_2 + w_1^2(k_1+k_2) + k_2 w_2^2]/2 - p \cdot w_2 \\ &= (k_1+k_2)[w_1 - w_2 \cdot k_2/(k_1+k_2)]^2/2 + \\ &\quad [k_2 k_1/(k_1+k_2)]w_2^2/2 - p \cdot w_2 \end{aligned}$$

对 w_1 取最小,有

$$w_1 = w_2 \cdot k_2/(k_1+k_2)$$

给出

$$E = -p \cdot w_2 + [k_1 k_2/(k_1+k_2)] \cdot w_2^2/2$$

表明串联弹簧的刚度 k_c 是

$$k_c = k_1 k_2/(k_1+k_2) \tag{2.1}$$

此即通常的弹簧串联公式。

将上式求逆,得 $k_c^{-1}=k_1^{-1}+k_2^{-1}$。刚度之逆是柔度,串联弹簧的柔度 k_c^{-1} 是顺次两个弹簧的柔度之和。以上对串联弹簧的求解运用了最小总势能原理。

用传递辛矩阵法的求解也有很大兴趣。弹簧 k_1 的传递辛矩阵是

$$\boldsymbol{S}_1 = \begin{pmatrix} 1 & 1/k_1 \\ 0 & 1 \end{pmatrix}, \quad \boldsymbol{v}_1 = \boldsymbol{S}_1 \cdot \boldsymbol{v}_0$$

弹簧 k_2 的传递辛矩阵是

$$\boldsymbol{S}_2 = \begin{pmatrix} 1 & 1/k_2 \\ 0 & 1 \end{pmatrix}, \quad \boldsymbol{v}_2 = \boldsymbol{S}_2 \cdot \boldsymbol{v}_1$$

两段结构的辛矩阵可综合为

$$\boldsymbol{v}_2=\boldsymbol{S}_2\cdot\boldsymbol{v}_1=\boldsymbol{S}_2\cdot(\boldsymbol{S}_1\cdot\boldsymbol{v}_0)=(\boldsymbol{S}_2\cdot\boldsymbol{S}_1)\cdot\boldsymbol{v}_0=\boldsymbol{S}\boldsymbol{v}_0,\quad \boldsymbol{S}=\boldsymbol{S}_2\boldsymbol{S}_1$$

完成矩阵乘法

$$\boldsymbol{S}=\begin{pmatrix}1 & 1/k_2\\ 0 & 1\end{pmatrix}\cdot\begin{pmatrix}1 & 1/k_1\\ 0 & 1\end{pmatrix}=\begin{pmatrix}1 & (1/k_1+1/k_2)\\ 0 & 1\end{pmatrix}\tag{2.2}$$

表明综合弹簧的柔度就是串联弹簧的柔度相加。这里要注意,串联结构的辛矩阵是做乘法的。(变形能是相加的,而辛矩阵是相乘的。)还应当注意矩阵乘法的次序,因矩阵乘法的结果与乘法次序有关。还要注意,初始的状态是 $\boldsymbol{v}_0$,先左乘 $\boldsymbol{S}_1$ 可传递到 $\boldsymbol{v}_1$,再继续传递乘 $\boldsymbol{S}_2$,从 $\boldsymbol{v}_1$ 传递到 $\boldsymbol{v}_2,\cdots$。传递辛矩阵乘法的次序是重要的,是与实际意义密切相关的。

还有列方程求解的方法。节点位移是 w_0,w_1,w_2,设 $w_0=0,w_2=1$,而两根弹簧的内力为 f_1,f_2。根据平衡条件有 $f_1=f_2$。从弹簧变形公式

$$\Delta w_1=w_1-w_0=w_1,\quad \Delta w_2=w_2-w_1$$

再根据本构关系

$$f_1=k_1\Delta w_1=k_1w_1,\quad f_2=k_2\Delta w_2=k_2(w_2-w_1)$$

根据平衡条件有 $k_1w_1=k_2(w_2-w_1)$,得到$[k_1\ k_2/(k_1+k_2)]\cdot w_2=k_cw_2$。当然得到同样的结果。

1.2.2　两段弹簧结构的分析

进一步再考虑图 1-2(c)所示 3 根弹簧的组合,仍然是 2 段。显然弹簧 k_a,k_c 是并联,然后再与 k_b 串联。在节点上有外力 p_1,p_2 作用。

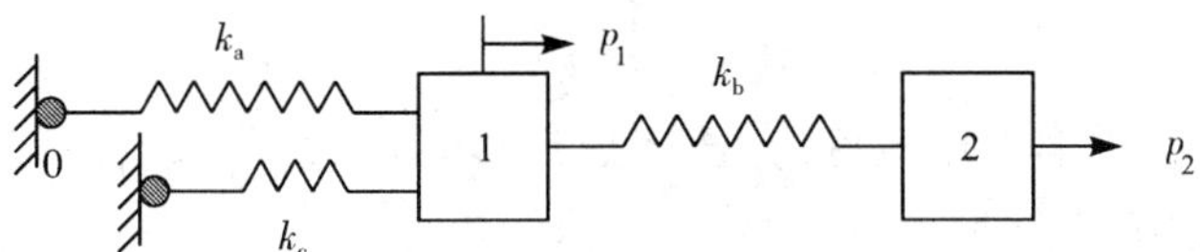

图 1-2(c)　并联、串联弹簧

先列方程求解,此时本构关系为

$$f_a=k_a\Delta w_a,\quad f_b=k_b\Delta w_b,\quad f_c=k_c\Delta w_c,\quad \Delta w_c=w_1\tag{2.3}$$

其中,f_a,f_b,f_c 是弹簧张力。求解,将节点的平衡方程

$$f_a+f_c-f_b=p_1,\quad f_b=p_2\tag{2.4}$$

作为基本方程,将式(2.3)与变形方程代入,有

$$k_aw_1+k_cw_1-k_b(w_2-w_1)=p_1,\quad k_b(w_2-w_1)=p_2$$

或用矩阵/向量写出为

$$\boldsymbol{K}\boldsymbol{w}=\boldsymbol{p},\quad \boldsymbol{K}=\begin{pmatrix}k_{11}, & k_{12}\\ k_{21}, & k_{22}\end{pmatrix},\quad \begin{matrix}k_{11}=k_a+k_b+k_c, & k_{12}=-k_b\\ k_{21}=k_{12}, & k_{22}=k_b\end{matrix}\tag{2.5}$$

$$\boldsymbol{w}=\begin{pmatrix}w_1\\ w_2\end{pmatrix},\quad \boldsymbol{p}=\begin{pmatrix}p_1\\ p_2\end{pmatrix}$$

其中,**刚度矩阵 $\boldsymbol{K}$** 是对称的,$k_{21}=k_{12}$。

刚度矩阵的对称,表明了有**互等定理**(Reciprocal Theorem)、**反力互等定理**。当弹性

体系取 1 号点有单位位移，而其余位移为零，即 $w_1=1, w_2=0$ 时，在 2 号点处发生的反力 k_{12}，等于 2 号点取单位位移，而其余位移为零时，在 1 号点发生的反力（约束力）k_{21}。

外力向量 $\boldsymbol{p}$ 是给定的，将方程(2.5)求逆得到

$$\boldsymbol{w}=\boldsymbol{F}\boldsymbol{p}, \quad \boldsymbol{F}=\boldsymbol{K}^{-1} \tag{2.6}$$

刚度矩阵 $\boldsymbol{K}$ 之逆称为柔度矩阵 $\boldsymbol{F}$。可推出

$$\boldsymbol{F}=\begin{bmatrix} 1/(k_a+k_c) & 1/(k_a+k_c) \\ 1/(k_a+k_c) & 1/(k_a+k_c)+1/k_b \end{bmatrix}=\begin{bmatrix} c_{11} & c_{12} \\ c_{21} & c_{22} \end{bmatrix} \tag{2.7}$$

既然刚度矩阵是对称矩阵，其逆矩阵 $\boldsymbol{F}$ 也是对称矩阵。

柔度矩阵的系数 c_{ij} 的力学意义应予以解释。设结构有 $i=1,2,\cdots,n$ 个节点（现在 $n=2$），当然由 n 个位移构成 n 维位移向量 $\boldsymbol{w}$。取外力向量 $p_i=1, p_j=0, j\neq i$，则求解得到 $w_j=c_{ij}, j=1\sim n$。这说明，c_{ij} 的意义是：第 i 号单位外力作用下，产生的第 j 号位移。柔度矩阵为对称，则其系数必然有 $c_{ji}=c_{ij}$，表明第 i 号单位外力作用下，产生的第 j 号位移，等于第 j 号单位外力作用下，产生的第 i 号位移。这称为**位移互等定理**，它与**反力互等定理**互相成为对偶。

从 2.1 节已经熟悉弹簧的并联与串联，本课题也可用并联与串联求解如下。节点 0，1 之间是并联弹簧，其刚度是两根弹簧的刚度之和，$k_1=k_a+k_c$ 代表区段(0～1)，0 代表地面（将两个地面节点看成同一点）；再与区段(1～2)的弹簧 $k_2=k_b$ 串联。柔度是刚度的倒数，即柔度为 $c_1=1/k_1$ 与 $c_2=1/k_2$ 的弹簧相串联（柔度的英文是 flexibility，但因 f 已经代表力了，故采用符号 c 代表柔度 compliance）。串联弹簧的柔度应相加，综合的柔度 c_c 是

$$c_c=c_1+c_2=1/(k_a+k_c)+1/k_b \tag{2.8}$$

本课题 $n=2$，在端部作用单位力，产生的位移就是 $c_c=c_{22}$。可对照刚度矩阵求逆的结果。综合的刚度则是

$$k_g=1/c_c=1/[1/(k_a+k_c)+1/k_b]=(k_a+k_c)k_b/(k_a+k_b+k_c) \tag{2.9}$$

这是从弹簧的并联(Parallel)、串联(Series)推导的。

本问题也可用**最小总势能原理**求解。用最小总势能原理的求解也是基本方法。最小总势能原理的求解，是对二次函数总势能取最小。弹性体系的势能(Potential)有**变形势能** U(Deformation Energy)与**外力(重力)势能** V(Gravity Potential)两种，总势能即两者之和（能量是相加的）

$$E=U+V \tag{2.10}$$

将位移 w_1, w_2 作为基本未知数，3 根弹簧的变形能分别为

$$U_a=k_a w_1^2/2, \quad U_b=k_b(w_2-w_1)^2/2, \quad U_c=k_c w_1^2/2,$$

$$U=U_a+U_b+U_c$$

重力势能为

$$V=-p_1 w_1-p_2 w_2$$

总势能是 $\boldsymbol{w}$ 的二次函数。乘出来，有

$$E=[(k_a+k_b+k_c)w_1^2-2k_b w_1 w_2+k_b w_2^2]/2-p_1 w_1-p_2 w_2 \tag{2.11}$$

这是 w_1, w_2 的二次函数。用配平方法取最小，仍可予以求解。大学微积分一定讲过，可

以用对变量的偏微商为零，建立方程来求解。

$$\partial E/\partial w_1=0:\quad (k_a+k_b+k_c)w_1-k_bw_2-p_1=0$$

$$\partial E/\partial w_2=0:\quad k_bw_2-k_bw_1-p_2=0$$

这是关于 w_1,w_2 的联立方程。求解具体的计算可作为练习，由读者自行完成。这是能量原理给出的。

用**传递辛矩阵法**的求解有很大兴趣。区段(0～1)并联弹簧的传递辛矩阵

$$\boldsymbol{S}_1=\begin{pmatrix}1 & 1/k_1\\0 & 1\end{pmatrix}=\begin{pmatrix}1 & 1/(k_a+k_c)\\0 & 1\end{pmatrix},\quad \boldsymbol{v}_1=\boldsymbol{S}_1\cdot\boldsymbol{v}_0 \tag{2.12a}$$

以及

$$\boldsymbol{S}_2=\begin{pmatrix}1 & 1/k_b\\0 & 1\end{pmatrix},\quad \boldsymbol{v}_2=\boldsymbol{S}_2\cdot\boldsymbol{v}_1 \tag{2.12b}$$

综合有

$$\boldsymbol{v}_2=\boldsymbol{S}_2\cdot\boldsymbol{v}_1=\boldsymbol{S}_2\cdot(\boldsymbol{S}_1\cdot\boldsymbol{v}_0)=(\boldsymbol{S}_2\cdot\boldsymbol{S}_1)\cdot\boldsymbol{v}_0=\boldsymbol{S}\boldsymbol{v}_0,\quad \boldsymbol{S}=\boldsymbol{S}_2\boldsymbol{S}_1$$

完成矩阵乘法

$$\begin{aligned}\boldsymbol{S}&=\begin{pmatrix}1 & 1/k_b\\0 & 1\end{pmatrix}\cdot\begin{pmatrix}1 & 1/(k_a+k_c)\\0 & 1\end{pmatrix}\\&=\begin{pmatrix}1 & 1/(k_a+k_c)+1/k_b\\0 & 1\end{pmatrix}\\&=\begin{pmatrix}1 & c_c\\0 & 1\end{pmatrix}\end{aligned}$$

该矩阵 $\boldsymbol{S}$ 的右上元素是串联后弹簧的柔度，柔度相加么。设 $p_1=0,p_2=1$，则给出方程传递

$$w_2=w_0+c_c\cdot f_0,\quad f_2=f_0,\quad c_c=[k_a+k_b+k_c]/[k_b(k_a+k_c)]$$

边界条件是 $w_0=0,f_2=p_2=1$，求解得 $w_2=c_c\cdot p_2,f_0=p_2$，从而

$$\boldsymbol{v}_0=\begin{pmatrix}w_0\\f_0\end{pmatrix}=\begin{pmatrix}0\\p_2\end{pmatrix}$$

$$\boldsymbol{v}_1=\boldsymbol{S}_1\cdot\boldsymbol{v}_0=\begin{pmatrix}1 & 1/(k_a+k_c)\\0 & 1\end{pmatrix}\cdot\boldsymbol{v}_0=\begin{pmatrix}p_2/(k_a+k_c)\\p_2\end{pmatrix}$$

而弹簧内力的计算，应从 $\boldsymbol{v}_1$ 先取出 $w_1=p_2/(k_a+k_c)$，然后分别计算两根弹簧的内力

$$p_2\cdot[k_a/(k_a+k_c)],\quad p_2\cdot[k_c/(k_a+k_c)]$$

弹簧并联的矩阵 $\boldsymbol{S}_1$ 将两根弹簧的地面看成一个点。此时根部力是 $f_0=(k_a+k_c)\cdot\Delta w_1=(k_a+k_c)\cdot w_1$。然而，多级串联弹簧图 1-3，每级传递的是弹簧 k_a 的力 $k_a\cdot\Delta w$。这是有所不同的，请见下一节的例题。

1.3　多区段受力变形的传递辛矩阵求解

从前面的讲述看到，传递矩阵的方法也是重要的，故仍应加以考虑。弹簧 k_a 与 k_c 是并联的，并联弹簧成为刚度为 k_a+k_c 的一根弹簧。然后又与 k_b 串联。从站 0 到站 1 是一

次传递，而从站 1 到站 2 则是下一次的传递。传递矩阵与变形能有密切关系。

将课题扩大，认为有 m 段重复的弹簧 k_a，k_c 与质点 1，2，…，m 是串联的，而 k_c 则直接与地面相连，见图 1-3。在端部点 m 有外力 p_m 作用。该课题无非是弹簧的并联、串联而已。可以用列方程的方法求解，也可用最小总势能原理求解，还可用传递辛矩阵的方法求解。

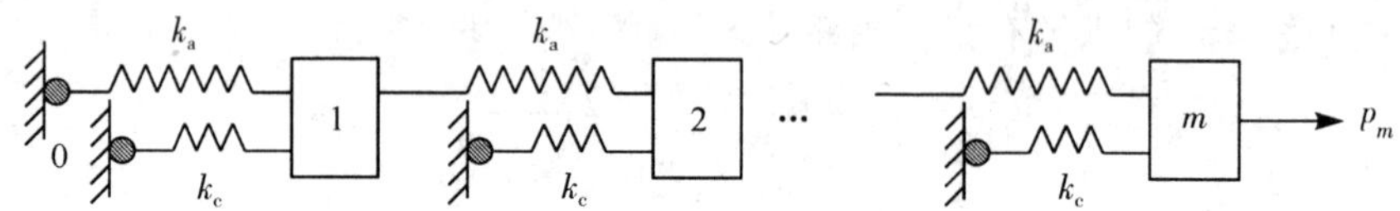

图 1-3　m 级串联

任意选择中间的 $(j-1,j)$ 一段，称第 $j^{\#}$ 区段。该区段所属的弹簧有 2 根，一根 k_a 弹簧连接 $j-1$，j 两点，另一根 k_c 则直接连接地面。其变形能可分别计算，而其和为

$$U_{j^{\#}}=k_a(w_j-w_{j-1})^2/2+k_c w_j^2/2$$
$$=[k_a w_{j-1}^2-2k_a w_{j-1}w_j+(k_a+k_c)w_j^2]/2$$

或

$$U_{j^{\#}}=\frac{1}{2}\begin{pmatrix}w_{j-1}\\w_j\end{pmatrix}^{\mathrm{T}}\boldsymbol{K}_j\begin{pmatrix}w_{j-1}\\w_j\end{pmatrix},\quad \boldsymbol{K}_j=\begin{pmatrix}k_a & -k_a\\-k_a & k_a+k_c\end{pmatrix}\tag{3.1}$$

称**区段变形能** $U_{j^{\#}}(w_{j-1},w_j)$，它是两端位移的函数。整体结构的变形能是全体区段变形能之和

$$U=\sum_{j=1}^{j=m}U_{j^{\#}}\tag{3.2}$$

而外力势能则为

$$V=-p_m w_m\tag{3.3}$$

运用最小总势能原理。外力势能只影响端部位移 w_m，而与内部一个区段的变形能处理无关。传递需要用状态向量表达，因此必然需要内力。$j^{\#}$ 区段右端点 j 的内力 f_j 是

$$f_j=(k_a+k_c)w_j-k_a w_{j-1}\tag{3.4}$$

组成 j 站的状态向量

$$\boldsymbol{v}_j=\begin{pmatrix}w_j\\f_j\end{pmatrix}\tag{3.5}$$

因为平衡条件，$j^{\#}$ 区段的左端内力 $k_a(w_j-w_{j-1})$ 一定等于区段 $(j-1)^{\#}$ 的右端内力 f_{j-1}，故

$$f_{j-1}=k_a(w_j-w_{j-1})\tag{3.6}$$

传递矩阵就是要从 $j-1$ 站的状态向量 $\boldsymbol{v}_{j-1}$ 传递到 $\boldsymbol{v}_j$，即表示为

$$\boldsymbol{v}_j=\boldsymbol{S}\boldsymbol{v}_{j-1}\tag{3.7}$$

要推出传递矩阵 $\boldsymbol{S}$，请对比式(1.8)，推导很简单。由式(3.6)有

$$w_j=w_{j-1}+f_{j-1}/k_a$$

再代入式(3.4)有

$$f_j=(k_a+k_c)(w_{j-1}+f_{j-1}/k_a)-k_a w_{j-1}=k_c w_{j-1}+(1+k_c/k_a)f_{j-1}$$

综合，从$(j-1)$站到 j 站的传递辛矩阵是

$$\boldsymbol{S}=\boldsymbol{S}_{(j-1)\sim j}=\begin{pmatrix}1 & 1/k_a \\ k_c & (1+k_c/k_a)\end{pmatrix} \tag{3.8}$$

式(1.10)指出了辛矩阵的概念是满足矩阵等式 $\boldsymbol{S}^{\mathrm{T}}\boldsymbol{J}\boldsymbol{S}=\boldsymbol{J}$。读者不妨再验证，式(3.8)的矩阵确实满足 $\boldsymbol{S}^{\mathrm{T}}\boldsymbol{J}\boldsymbol{S}=\boldsymbol{J}$。

在此又一次看到，原来**辛矩阵**的物理意义，就是两端状态向量间的**传递矩阵，传递辛矩阵**。很简单、很清楚么！**辛矩阵**不再只是"神龙现首"，而是扎根了。扎根在结构力学中，**辛**本来是从力学来的么，实用化了，变成白话文了，"**返璞归真**"么。其实辛数学在多门学科中有应用，数学应用本来是广谱的么。从纯数学的角度看，结合具体事物就"**庸**"了。**庸**难道不好吗？读者容易懂。中国哲学本来就讲究"**中庸之道**"的么。

注意 $\boldsymbol{S}$ 与位移 w 无关，是取给定值的。有了传递矩阵，还要落实到求解整体问题。状态向量的引入是 $\boldsymbol{v}_j=\boldsymbol{S}\boldsymbol{v}_{j-1}$，代表了任意区段

$$j^{\#}:\quad (j-1,j)$$

整数 j 是可以任意选择的。于是选择 $j=1$，有 $\boldsymbol{v}_1=\boldsymbol{S}\boldsymbol{v}_0$；选择 $j=2$，有 $\boldsymbol{v}_2=\boldsymbol{S}\boldsymbol{v}_1$，…。综合之有

$$\boldsymbol{v}_2=\boldsymbol{S}\boldsymbol{v}_1=\boldsymbol{S}^2\boldsymbol{v}_0,\quad \boldsymbol{v}_k=\boldsymbol{S}^k\boldsymbol{v}_0 \tag{3.9}$$

所谓递推(recurrence)，归纳(Induction)。选择 $k=m$，得 $\boldsymbol{v}_m=\boldsymbol{S}^m\boldsymbol{v}_0$。展开之

$$\begin{pmatrix}w_m \\ f_m\end{pmatrix}=\boldsymbol{S}_{1\sim m}\begin{pmatrix}w_0 \\ f_0\end{pmatrix},\quad \boldsymbol{S}_{1\sim m}=\boldsymbol{S}^m=\begin{pmatrix}S_{11,m} & S_{12,m} \\ S_{21,m} & S_{22,m}\end{pmatrix} \tag{3.10}$$

根据两端边界条件，其中，$w_0=0$，$f_m=p_m$ 已知，而 w_m，f_0 则有待求解。因分段的 $\boldsymbol{S}$ 矩阵已知，故矩阵 $\boldsymbol{S}_{1\sim m}$的元素 $S_{11,m}$，$S_{12,m}$，$S_{21,m}$，$S_{22,m}$也是可以计算的，建立联立方程

$$w_m=S_{11,m}w_0+S_{12,m}f_0 \tag{3.11}$$

$$f_m=S_{21,m}w_0+S_{22,m}f_0 \tag{3.12}$$

给定 w_0，$f_m=p_m$，由此求解 w_m，f_0 是 2 个方程求解 2 个未知数，是轻而易举的事。

以上的例题，认为全部不同区段弹簧的 k_a，k_c 相同，沿长度不变。其实传递辛矩阵的推导只用到一个区段，因此即使各个区段 $j^{\#}$ 的 k_a，k_c 不同，只是各区段的辛矩阵数值不同，仍然全部是辛矩阵 $\boldsymbol{S}_{j^{\#}}$。此时，无非是用 $\boldsymbol{S}_{1\sim m}=\boldsymbol{S}_m\cdot\boldsymbol{S}_{m-1}\cdot\cdots\cdot\boldsymbol{S}_2\cdot\boldsymbol{S}_1$ 代替式(3.10)的 $\boldsymbol{S}^m$ 而已。注意矩阵乘法是次序有关的，次序不可随意改动。

细心的读者一定会提出问题，传递矩阵(3.8)与并联弹簧的传递矩阵(2.12a)不同，为什么？原因是式(3.8)传递的并非是并联弹簧，而只是弹簧 k_a；而式(2.12a)传递的是并联弹簧(k_a+k_c)之故。式(2.12a)不能用于图 1-3 的 m 级串联而只能用于单级的情况。用式(3.8)的 $\boldsymbol{S}$ 与式(2.12b)的 $\boldsymbol{S}_2$ 串联，得到综合的传递矩阵是

$$\boldsymbol{S}_2\cdot\boldsymbol{S}=\begin{pmatrix}(1+k_c/k_b) & 1/k_a+(1+k_c/k_a)/k_b \\ k_c & (1+k_c/k_a)\end{pmatrix}$$

因 $p_1=0$，$p_2=1$，方程为

$$w_2=(1/k_a+(k_a+k_c)/k_ak_b)f_0$$
$$f_2=p_2=(1+k_c/k_a)f_0$$

于是有

$$f_0=p_2k_a/(k_a+k_c),\quad w_2=[(k_a+k_b+k_c)/k_ak_b]\cdot f_0$$

f_0 就是一根弹簧 k_a 的内力，将 f_0 代入就与上文一致了。

至此，有些概念需要归纳。辛矩阵的定义用到式(1.9)的矩阵 $\boldsymbol{J}$，有性质(1.11)

$$\boldsymbol{J}=\begin{pmatrix}0 & 1\\ -1 & 0\end{pmatrix},\quad \boldsymbol{J}^2=-\boldsymbol{I},\quad \boldsymbol{J}^{\mathrm{T}}=-\boldsymbol{J},\quad \boldsymbol{J}^{-1}=-\boldsymbol{J},\quad \det(\boldsymbol{J})=1$$

$\boldsymbol{J}$ 是最简单的反对称矩阵(Skew-symmetric，Anti-symmetric)。

从矩阵代数知，矩阵 $\boldsymbol{A}$ 与其转置阵 $\boldsymbol{A}^{\mathrm{T}}$ 的行列式相同，即 $\det(\boldsymbol{A})=\det(\boldsymbol{A}^{\mathrm{T}})$。对任何矩阵 $\boldsymbol{A}$，$\boldsymbol{B}$ 之积 $\boldsymbol{C}=\boldsymbol{A}\cdot\boldsymbol{B}$ 的行列式有 $\det(\boldsymbol{C})=\det(\boldsymbol{A})\cdot\det(\boldsymbol{B})$。这样，对 $\boldsymbol{S}^{\mathrm{T}}\boldsymbol{J}\boldsymbol{S}=\boldsymbol{J}$ 的双方取行列式，有

$$\det(\boldsymbol{S}^{\mathrm{T}})\cdot\det(\boldsymbol{J})\cdot\det(\boldsymbol{S})=[\det(\boldsymbol{S})]^2=1,\quad \det(\boldsymbol{S})=\pm 1 \tag{3.13}$$

我们总选择其行列式为 1。因此，辛矩阵 $\boldsymbol{S}$ 一定有逆矩阵 $\boldsymbol{S}^{-1}$。

根据矩阵代数，可对辛矩阵归纳出以下性质：

• 辛矩阵的转置阵也为辛矩阵。证明为将式(1.10)取逆阵，有 $\boldsymbol{S}^{-1}\boldsymbol{J}\boldsymbol{S}^{-\mathrm{T}}=\boldsymbol{J}$；左乘 $\boldsymbol{S}$，右乘 $\boldsymbol{S}^{\mathrm{T}}$，即得 $\boldsymbol{J}=\boldsymbol{S}\boldsymbol{J}\boldsymbol{S}^{\mathrm{T}}=(\boldsymbol{S}^{\mathrm{T}})^{\mathrm{T}}\boldsymbol{J}\boldsymbol{S}^{\mathrm{T}}$，证毕；

• 辛矩阵的乘法就是普通矩阵的乘法，当然适用结合律

$$(\boldsymbol{S}_1\boldsymbol{S}_2)\boldsymbol{S}_3=\boldsymbol{S}_1(\boldsymbol{S}_2\boldsymbol{S}_3)=\boldsymbol{S}_1\boldsymbol{S}_2\boldsymbol{S}_3$$

• 辛矩阵存在逆矩阵 $\boldsymbol{S}^{-1}$，也是辛矩阵；

• 任意两个辛矩阵的乘积 $\boldsymbol{S}=\boldsymbol{S}_1\boldsymbol{S}_2$ 仍是辛矩阵，因

$$\boldsymbol{S}^{\mathrm{T}}\boldsymbol{J}\boldsymbol{S}=(\boldsymbol{S}_1\boldsymbol{S}_2)^{\mathrm{T}}\boldsymbol{J}\boldsymbol{S}_1\boldsymbol{S}_2=\boldsymbol{S}_2^{\mathrm{T}}\boldsymbol{S}_1^{\mathrm{T}}\boldsymbol{J}\boldsymbol{S}_1\boldsymbol{S}_2=\boldsymbol{S}_2^{\mathrm{T}}\boldsymbol{J}\boldsymbol{S}_2=\boldsymbol{J}$$

• $\boldsymbol{I}$ 是其单位元素；

故不论传递多少区段，其行列式总是 1。

按数学群论的提法，辛矩阵构成**辛矩阵群**。然而，以上例题每站只有一个位移，过于局限。后文讲每站多个位移的情况。

辛与变形能的密切关系表明，保持辛结构，就是保持了变形能刚度矩阵对称的特性，所以要**保辛**。从以上性质看到，辛矩阵的乘法运算可达到保辛，然而辛矩阵的加法不能保辛。这是应当注意的。

我们讲弹性体系，用 100 根弹簧串联的体系，有 100 个自由度。这是从整体的弹性体系看的。传递矩阵则每次只处理一段一根弹簧，是沿结构长度方向的状态向量传递，每站只有一个位移，一个内力。考虑问题的基点不同之故。

讲到这里，人们就会想到结构力学中的所谓**初参数法**。**初参数法**用一端的状态作为初始条件，其中一半的初始变量(初参数)为待定，积分到另一端，用其给定的端部边界条件以确定待定的初参数。从方法、概念的角度看，**初参数法**与上述传递辛矩阵法是相同的，初参数法是在连续坐标微分方程的求解时提出的，而且初参数法出现更早。

从上文看到，传递矩阵法的求解，其实就是离散坐标系统的初参数法。然而，**初参数**

法没有强调传递矩阵的**辛**的特性，表明初参数法是从方法和技巧的角度，而未曾从数学体系的本源考虑。从此看来，数学、力学要互相渗透、紧密结合才好。

近年来，不断强调要研究交叉学科，这就是一个例证，在学科交叉处往往可以有新进展。**辛**，表明是有辛结构的数学，但仅仅有数学结构尚不够，还需要知道**辛**与物理、力学等的结构有何关联，才能有实际的发挥。况且辛本是从分析力学发现的。应用数学，数学要应用。数学发展应当与应用交叉，大势所趋么。

以上课题有特点，每站只有一个节点，均匀的。但弹簧可以复杂地组合，并非每站均匀地只有一个节点，这种比较复杂的情况，不能完全用传递辛矩阵传递来表达。传递辛矩阵有相同维数的限制，进一步发展要打破限制，写《辛破茧》[13]就是为此目的。

英国 1990 年皇家学会会长 M. Atiyah 指出："公理是为了把一类问题孤立出来，然后去发展解决这些问题的技巧而提炼出来的。一些人认为公理是用来界定一个自我封闭的完整的数学领域的，我认为这是错的。公理的范围越窄，您舍弃得就越多。

当您在数学中进行抽象化时，您把您想要研究的与您认为是无关的东西分离开，这样做在一段时间里是方便的，它使思维集中。但是通过定义，舍弃了您认为不感兴趣的东西，而从长远来看，您舍弃了很多根芽。如果您用公理化方法做了些东西，那么在一定阶段后您应该再回到它的来源处，在那儿进行同花和异花受精，这样是健康的。

您可以发现约 30 年前，von Neumann 和 H. Weyl 表达了这种意见，他们担忧数学会走怎样的路，如果它远离了它的源泉，就会变得不育。我认为这是非常正确的。"

1.4　势能区段合并与辛矩阵乘法的一致性

上面讲了基于传递辛矩阵的求解。然而根据最小势能原理，相应地还有区段合并的求解方法。应当指出，区段合并与传递辛矩阵相乘，是一一对应的操作。仍用上述课题来讲述。

前面讲了区段刚度矩阵。将区段 $j^{\#}:(j-1,j)$ 的刚度矩阵记为

$$\boldsymbol{K}_j=\begin{pmatrix}K_{11}^{(j)} & K_{12}^{(j)}\\ K_{12}^{(j)} & K_{22}^{(j)}\end{pmatrix},\quad \begin{matrix}K_{11}^{(j)}=k_\mathrm{a},\quad K_{12}^{(j)}=-k_\mathrm{a}\\ K_{22}^{(j)}=k_\mathrm{a}+k_\mathrm{c}\end{matrix} \tag{4.1}$$

刚度矩阵表达了区段变形能 $U_j=\boldsymbol{q}_{j^{\#}}^{\mathrm{T}}\boldsymbol{K}_j\boldsymbol{q}_{j^{\#}}/2$

$$\boldsymbol{q}_{j^{\#}}=\begin{pmatrix}w_{j-1}\\ w_j\end{pmatrix},\quad \boldsymbol{K}_j=\begin{pmatrix}K_{11}^{(j)} & K_{12}^{(j)}\\ K_{12}^{(j)} & K_{22}^{(j)}\end{pmatrix},\quad \begin{matrix}K_{11}^{(j)}=k_\mathrm{a},\quad K_{12}^{(j)}=-k_\mathrm{a}\\ K_{22}^{(j)}=k_\mathrm{a}+k_\mathrm{c}\end{matrix}$$

的特性，辛矩阵也是区段特性，两者应当有关系。可验证

$$f_j=K_{22}^{(j)}w_j+K_{12}^{(j)}w_{j-1},\quad f_{j-1}=-K_{11}^{(j)}w_{j-1}-K_{12}^{(j)}w_j \tag{4.2}$$

这是用两端位移表达的，转换到传递形式推出了**传递辛矩阵**

$$\boldsymbol{v}_j=\boldsymbol{S}\boldsymbol{v}_{j-1}$$

$$\boldsymbol{S}=\begin{pmatrix}S_{11} & S_{12}\\ S_{21} & S_{22}\end{pmatrix},\quad \begin{matrix}S_{11}=-K_{12}^{-1}K_{11},\quad S_{22}=-K_{22}K_{12}^{-1}\\ S_{12}=-K_{12}^{-1},\quad S_{21}=K_{12}-K_{22}K_{12}^{-1}K_{11}\end{matrix} \tag{4.3}$$

可见辛矩阵与刚度矩阵是可以互相变换的，其中上标 j 免除了。读者可验证 $\boldsymbol{S}$ 确实是辛矩阵，即 $\boldsymbol{S}^{\mathrm{T}}\boldsymbol{J}\boldsymbol{S}=\boldsymbol{J}$，条件是：只要 $\boldsymbol{K}_j$ 确实为**对称**矩阵。

两个相连区段$(j-1)^{\#}:(j-2,j-1)$与$j^{\#}:(j-1,j)$在节点站$(j-1)$处是相连的。它们合并依然是一个区段:$(j-2,j)$。其中节点$(j-1)$的位移未知数w_{j-1}应当消去。综合区段$(j-1)^{\#}\oplus j^{\#}:(j-2,j)$的两端位移是$w_{j-2},w_j$,其变形能是

$$U_{(j-2,j)}=\min_{w_{j-1}}\frac{1}{2}\left(\begin{pmatrix}w_{j-2}\\w_{j-1}\end{pmatrix}^{\mathrm{T}}\boldsymbol{K}_{j-1}\begin{pmatrix}w_{j-2}\\w_{j-1}\end{pmatrix}+\begin{pmatrix}w_{j-1}\\w_j\end{pmatrix}^{\mathrm{T}}\boldsymbol{K}_j\begin{pmatrix}w_{j-1}\\w_j\end{pmatrix}\right)\tag{4.4}$$

考虑到两个区段$(j-1)^{\#}$与$j^{\#}$的刚度矩阵有可能不同

$$\boldsymbol{K}_{j-1}=\begin{pmatrix}K_{11}^{(j-1)}&K_{12}^{(j-1)}\\K_{12}^{(j-1)}&K_{22}^{(j-1)}\end{pmatrix},\quad \boldsymbol{K}_j=\begin{pmatrix}K_{11}^{(j)}&K_{12}^{(j)}\\K_{12}^{(j)}&K_{22}^{(j)}\end{pmatrix}$$

故其系数用上标$(j-1)$与(j)区分。但全部是对称矩阵。乘出来,有

$$\begin{aligned}2(U_{(j-1)^{\#}}+U_{j^{\#}})&=\begin{pmatrix}w_{j-2}\\w_{j-1}\end{pmatrix}^{\mathrm{T}}\boldsymbol{K}_{j-1}\begin{pmatrix}w_{j-2}\\w_{j-1}\end{pmatrix}+\begin{pmatrix}w_{j-1}\\w_j\end{pmatrix}^{\mathrm{T}}\boldsymbol{K}_j\begin{pmatrix}w_{j-1}\\w_j\end{pmatrix}\\&=w_{j-1}^2(K_{22}^{(j-1)}+K_{11}^{(j)})+2w_{j-1}(K_{12}^{(j-1)}w_{j-2}+K_{12}^{(j)}w_j)+\\&\quad(K_{11}^{(j-1)}\cdot w_{j-2}^2+K_2^{(j)}\cdot w_j^2)\end{aligned}$$

其中合并区段的两端位移w_{j-2},w_j是不消元的,消元的是内部位移w_{j-1}。$(U_{(j-1)^{\#}}+U_{j^{\#}})$是$w_{j-1}$的二次式,最小势能原理要求对$w_{j-1}$取最小。二次式配平方的方法求出

$$w_{j-1}=-(K_{12}^{(j-1)}w_{j-2}+K_{12}^{(j)}w_j)/(K_{22}^{(j-1)}+K_{11}^{(j)})\tag{4.5}$$

代入消元,有

$$U_{(j-2,j)}=(U_{(j-1)^{\#}}+U_{j^{\#}})=\frac{1}{2}\begin{pmatrix}w_{j-2}\\w_j\end{pmatrix}^{\mathrm{T}}\boldsymbol{K}_{\mathrm{c}}\begin{pmatrix}w_{j-2}\\w_j\end{pmatrix}\tag{4.6}$$

其中$\boldsymbol{K}_{\mathrm{c}}$也是对称矩阵,有

$$\boldsymbol{K}_{\mathrm{c}}=\begin{pmatrix}K_{11}^{(\mathrm{c})}&K_{12}^{(\mathrm{c})}\\K_{12}^{(\mathrm{c})}&K_{22}^{(\mathrm{c})}\end{pmatrix},\quad \begin{aligned}K_{11}^{(\mathrm{c})}&=K_{11}^{(j-1)}-[K_{12}^{(j-1)}]^2/[K_{22}^{(j-1)}+K_{11}^{(j)}]\\K_{22}^{(\mathrm{c})}&=K_{22}^{(j)}-[K_{12}^{(j)}]^2/[K_{22}^{(j-1)}+K_{11}^{(j)}]\\K_{12}^{(\mathrm{c})}&=-K_{12}^{(j-1)}K_{12}^{(j)}/[K_{22}^{(j-1)}+K_{11}^{(j)}]\end{aligned}\tag{4.7}$$

既然区段合并算式(4.7),给出了合并后的刚度矩阵。但合并后仍是区段,合并后的区段也有其对应的辛矩阵,可通过式(4.3)转换得到对应的辛矩阵$\boldsymbol{S}_{\mathrm{c}}$。这是通过区段合并后再转换而得到的。

另外一种方法是先通过式(4.3)分别对区段$(j-1)^{\#}$,$j^{\#}$转换得到辛矩阵$\boldsymbol{S}_{j-1}$,$\boldsymbol{S}_j$,再用矩阵乘法$\boldsymbol{S}_{\mathrm{c}}=\boldsymbol{S}_j\cdot\boldsymbol{S}_{j-1}$得到合并后的辛矩阵。先合并然后再转换,与先转换到辛矩阵,然后再辛矩阵相乘(合并),这是两条不同的途径,它们是否得到同一个结果呢?回答是肯定的。读者可自行验证。这就是最小势能原理与辛矩阵乘法的一致性(Consistency)。辛矩阵是有数学结构的矩阵。现在看到辛矩阵的结构与力学的变分原理密切关联,于是就有了更多的内涵。

Hilbert 在《**数学问题**》提出了数学的 23 个问题,其中第 23 号问题是变分法的进一步发展。Hilbert 说:"我已经广泛地涉及了尽可能是确定的和特殊的问题……,用一个一般的问题来做结束……我指的是**变分法**"。**变分法**不单纯是一个数学问题,而是一个方向,是大师的**远见卓识**。一致性表明**力学变分原理的结构**,与数学**辛**的**代数结构**是一致的。但**辛**的构造有很大局限性。传递辛矩阵只能用于每站同维数的情况,但结构力学变分原

理可没有这类限制。辛数学的进一步发展,一定要与变分原理相结合。《辛破茧》在努力融合之。

当将全部区段合并为一个大区段时,其合并后大区段的刚度矩阵记为

$$\boldsymbol{K}_{\mathrm{g}}=\begin{pmatrix} K_{11}^{(\mathrm{g})} & K_{12}^{(\mathrm{g})} \\ K_{12}^{(\mathrm{g})} & K_{22}^{(\mathrm{g})} \end{pmatrix} \tag{4.8}$$

方程(4.2)成为

$$f_m=K_{22}^{(\mathrm{g})}w_m+K_{12}^{(\mathrm{g})}w_0,\quad f_0=-K_{11}^{(\mathrm{g})}w_0-K_{12}^{(\mathrm{g})}w_m \tag{4.9}$$

如果两端是给定位移,则直接就计算了端部力。如果 f_m,w_0 已知,求解 f_0,w_m 也是轻而易举的事。

不过,以上只讲了每站是单位移的系统,多自由度时如何?这就是下节的内容。

1.5　多自由度问题,传递辛矩阵群

以上虽然讲了些辛矩阵,但例题的每个站只有一个位移,从而辛矩阵总是限于 2×2。现在要放宽限制,设各站的独立位移有 n 个自由度,第 j 站的位移表示为向量 $\boldsymbol{w}_j$。例如有两串弹簧,a 串与 b 串(图 1-4),两串的位移在站 j 只有 $n=2$ 个自由度,站 j 的位移向量是

$$\boldsymbol{w}_j=\begin{pmatrix} w_{\mathrm{a},j} \\ w_{\mathrm{b},j} \end{pmatrix} \tag{5.1}$$

除本串的弹簧 $k_{\mathrm{a}},k_{\mathrm{b}}$ 如同以前外,两串相互联系在一起的有弹簧 k_{c} 连接 $w_{\mathrm{a},j}$ 与 $w_{\mathrm{b},j-1}$。

一般,区段 $j^{\#}:(j-1,j)$ 的两端位移向量分别是 $\boldsymbol{w}_{j-1},\boldsymbol{w}_j$,各为 n 维向量。虽然是多自由度,但解决问题的思路是一样的。矩阵

$$\boldsymbol{J}=\begin{pmatrix} \boldsymbol{0} & \boldsymbol{I}_n \\ -\boldsymbol{I}_n & \boldsymbol{0} \end{pmatrix} \tag{5.2}$$

其中 $\boldsymbol{0}$ 是 $n\times n$ 的零矩阵,而 $\boldsymbol{I}_n$ 是 $n\times n$ 的单位矩阵,从而 $\boldsymbol{J}$ 是$2n\times2n$的矩阵。其性质(1.11)仍为

$$\boldsymbol{J}=\begin{pmatrix} \boldsymbol{0} & \boldsymbol{I}_n \\ -\boldsymbol{I}_n & \boldsymbol{0} \end{pmatrix},\ \boldsymbol{J}^2=-\boldsymbol{I}_n,\ \boldsymbol{J}^{\mathrm{T}}=-\boldsymbol{J},\ \boldsymbol{J}^{-1}=-\boldsymbol{J},\ \det(\boldsymbol{J})=1$$

区段变形能是

$$U_{j^{\#}}=\frac{1}{2}\begin{pmatrix} \boldsymbol{w}_{j-1} \\ \boldsymbol{w}_j \end{pmatrix}^{\mathrm{T}}\boldsymbol{K}_j\begin{pmatrix} \boldsymbol{w}_{j-1} \\ \boldsymbol{w}_j \end{pmatrix}$$

$$\boldsymbol{K}_j=\begin{pmatrix} \boldsymbol{K}_{11}^{(j)} & \boldsymbol{K}_{12}^{(j)} \\ (\boldsymbol{K}_{12}^{(j)})^{\mathrm{T}} & \boldsymbol{K}_{22}^{(j)} \end{pmatrix},\quad \begin{matrix} \boldsymbol{K}_{11}^{\mathrm{T}}=\boldsymbol{K}_{11} \\ \boldsymbol{K}_{22}^{\mathrm{T}}=\boldsymbol{K}_{22} \end{matrix} \tag{5.3}$$

这是一般的公式。设采用如图 1-4 所示的典型区段,则区段 $j^{\#}$ 有 3 根弹簧元件:$k_{\mathrm{a}},k_{\mathrm{b}}$ 与 k_{c}。其变形能为

$$U_{j^{\#}}=[k_{\mathrm{a}}(w_{\mathrm{a},j}-w_{\mathrm{a},j-1})^2+k_{\mathrm{b}}(w_{\mathrm{b},j}-w_{\mathrm{b},j-1})^2+k_{\mathrm{c}}(w_{\mathrm{a},j}-w_{\mathrm{b},j-1})^2]/2$$

表达为矩阵形式(5.3),有

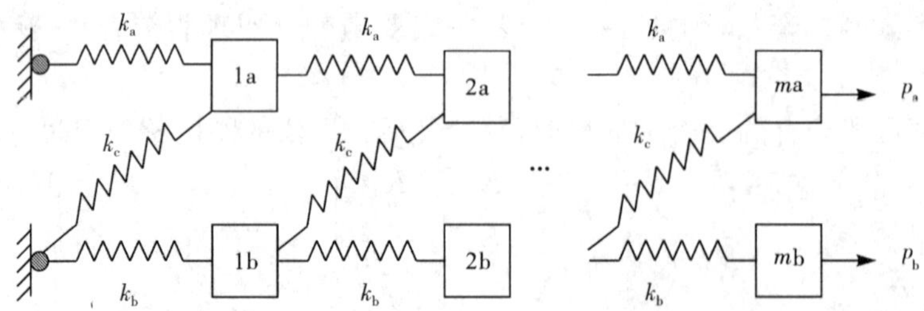

图 1-4 互相联系的两列弹簧

$$\boldsymbol{K}_j=\begin{pmatrix}\boldsymbol{K}_{11}^{(j)} & \boldsymbol{K}_{12}^{(j)}\\ (\boldsymbol{K}_{12}^{(j)})^{\mathrm{T}} & \boldsymbol{K}_{22}^{(j)}\end{pmatrix},\quad \boldsymbol{K}_{11}^{(j)}=\begin{pmatrix}k_a & 0\\ 0 & k_b+k_c\end{pmatrix}$$
$$\boldsymbol{K}_{22}^{(j)}=\begin{pmatrix}k_a+k_c & 0\\ 0 & k_b\end{pmatrix},\quad \boldsymbol{K}_{12}^{(j)}=\begin{pmatrix}-k_a & 0\\ -k_c & -k_b\end{pmatrix} \tag{5.4}$$
$$2U_{j^{\#}}=\boldsymbol{w}_j^{\mathrm{T}}\boldsymbol{K}_{22}^{(j)}\boldsymbol{w}_j+\boldsymbol{w}_{j-1}^{\mathrm{T}}\boldsymbol{K}_{11}^{(j)}\boldsymbol{w}_{j-1}+2\boldsymbol{w}_{j-1}^{\mathrm{T}}\boldsymbol{K}_{12}^{(j)}\boldsymbol{w}_j$$

仍然是对称的区段刚度矩阵,其中分块矩阵 $\boldsymbol{K}_{11},\boldsymbol{K}_{22},\boldsymbol{K}_{12}$ 皆为 $n\times n$ 的。虽然式(4.2)给出的区段内力与两端位移的关系只是一个自由度的,但在 n 自由度时仍成立,只是要用矩阵/向量形式表示

$$\boldsymbol{f}_j=\boldsymbol{K}_{22}^{(j)}\boldsymbol{w}_j+(\boldsymbol{K}_{12}^{(j)})^{\mathrm{T}}\boldsymbol{w}_{j-1},\quad \boldsymbol{f}_{j-1}=-\boldsymbol{K}_{11}^{(j)}\boldsymbol{w}_{j-1}-\boldsymbol{K}_{12}^{(j)}\boldsymbol{w}_j \tag{5.5a,b}$$

具体说

$$f_{a,j}=(k_a+k_c)w_{a,j}-k_aw_{a,j-1}-k_cw_{b,j-1},\quad f_{b,j}=k_bw_{b,j}-k_bw_{b,j-1}$$
$$f_{a,j-1}=-k_aw_{a,j-1}+k_aw_{a,j},\quad f_{b,j-1}=-(k_b+k_c)w_{b,j-1}+k_bw_{b,j}+k_cw_{a,j}$$

引入状态向量

$$\boldsymbol{v}_j=\begin{Bmatrix}\boldsymbol{w}_j\\ \boldsymbol{f}_j\end{Bmatrix}\begin{matrix}n\\ n\end{matrix},\quad \boldsymbol{v}_{j-1}=\begin{Bmatrix}\boldsymbol{w}_{j-1}\\ \boldsymbol{f}_{j-1}\end{Bmatrix} \tag{5.6}$$

传递的意思是用状态向量 $\boldsymbol{v}_{j-1}$ 表示状态向量 $\boldsymbol{v}_j$。从式(5.5b)有

$$\boldsymbol{w}_j=-(\boldsymbol{K}_{12}^{(j)})^{-1}\boldsymbol{K}_{11}^{(j)}\boldsymbol{w}_{j-1}-(\boldsymbol{K}_{12}^{(j)})^{-1}\boldsymbol{f}_{j-1}$$

将上式的 $\boldsymbol{w}_j$ 代入式(5.5a),给出

$$\boldsymbol{f}_j=[(\boldsymbol{K}_{12}^{(j)})^{\mathrm{T}}-\boldsymbol{K}_{22}^{(j)}(\boldsymbol{K}_{12}^{(j)})^{-1}\boldsymbol{K}_{11}^{(j)}]\boldsymbol{w}_{j-1}-\boldsymbol{K}_{22}^{(j)}(\boldsymbol{K}_{12}^{(j)})^{-1}\boldsymbol{f}_{j-1}$$

两者综合表达为

$$\boldsymbol{v}_j=\boldsymbol{S}_j\boldsymbol{v}_{j-1} \tag{5.7}$$

$$\boldsymbol{S}_j=\begin{pmatrix}\boldsymbol{S}_{11}^{(j)} & \boldsymbol{S}_{12}^{(j)}\\ \boldsymbol{S}_{21}^{(j)} & \boldsymbol{S}_{22}^{(j)}\end{pmatrix}$$

$$\boldsymbol{S}_{11}^{(j)}=-(\boldsymbol{K}_{12}^{(j)})^{-1}\boldsymbol{K}_{11}^{(j)},\quad \boldsymbol{S}_{22}^{(j)}=-\boldsymbol{K}_{22}^{(j)}(\boldsymbol{K}_{12}^{(j)})^{-1}$$
$$\boldsymbol{S}_{12}^{(j)}=-(\boldsymbol{K}_{12}^{(j)})^{-1},\quad \boldsymbol{S}_{21}^{(k)}=(\boldsymbol{K}_{12}^{(j)})^{\mathrm{T}}-\boldsymbol{K}_{22}^{(j)}(\boldsymbol{K}_{12}^{(j)})^{-1}\boldsymbol{K}_{11}^{(j)} \tag{5.8}$$

读者可验证 $\boldsymbol{S}_j^{\mathrm{T}}\boldsymbol{J}\boldsymbol{S}_j=\boldsymbol{J}$ 成立。具体矩阵操作为

$$\boldsymbol{S}^{\mathrm{T}}=\begin{pmatrix}\boldsymbol{S}_{11}^{\mathrm{T}} & \boldsymbol{S}_{21}^{\mathrm{T}}\\ \boldsymbol{S}_{12}^{\mathrm{T}} & \boldsymbol{S}_{22}^{\mathrm{T}}\end{pmatrix},\quad \boldsymbol{J}\boldsymbol{S}=\begin{pmatrix}\boldsymbol{S}_{21} & \boldsymbol{S}_{22}\\ -\boldsymbol{S}_{11} & -\boldsymbol{S}_{12}\end{pmatrix}$$

$$\boldsymbol{S}^{\mathrm{T}}\boldsymbol{J}\boldsymbol{S}=\begin{pmatrix}\boldsymbol{S}_{11}^{\mathrm{T}}\boldsymbol{S}_{21}-\boldsymbol{S}_{21}^{\mathrm{T}}\boldsymbol{S}_{11} & \boldsymbol{S}_{11}^{\mathrm{T}}\boldsymbol{S}_{22}-\boldsymbol{S}_{21}^{\mathrm{T}}\boldsymbol{S}_{12}\\ \boldsymbol{S}_{21}^{\mathrm{T}}\boldsymbol{S}_{21}-\boldsymbol{S}_{22}^{\mathrm{T}}\boldsymbol{S}_{11} & \boldsymbol{S}_{12}^{\mathrm{T}}\boldsymbol{S}_{22}-\boldsymbol{S}_{22}^{\mathrm{T}}\boldsymbol{S}_{12}\end{pmatrix}$$

其中标记 j 取消了。可检验为

$$\begin{aligned}
\boldsymbol{S}_{11}^{\mathrm{T}}\boldsymbol{S}_{22}-\boldsymbol{S}_{21}^{\mathrm{T}}\boldsymbol{S}_{12}&=-\boldsymbol{K}_{11}\boldsymbol{K}_{12}^{-\mathrm{T}}\cdot[-\boldsymbol{K}_{22}\boldsymbol{K}_{12}^{-1}]-\\
&\quad[\boldsymbol{K}_{12}-\boldsymbol{K}_{11}\boldsymbol{K}_{12}^{-\mathrm{T}}\boldsymbol{K}_{22}]\cdot[-\boldsymbol{K}_{12}^{-1}]\\
&=\boldsymbol{K}_{11}\boldsymbol{K}_{12}^{-\mathrm{T}}\cdot\boldsymbol{K}_{22}\boldsymbol{K}_{12}^{-1}+\boldsymbol{I}-\boldsymbol{K}_{11}\boldsymbol{K}_{12}^{-\mathrm{T}}\boldsymbol{K}_{22}\cdot\boldsymbol{K}_{12}^{-1}=\boldsymbol{I}\\
\boldsymbol{S}_{21}^{\mathrm{T}}\boldsymbol{S}_{21}-\boldsymbol{S}_{22}^{\mathrm{T}}\boldsymbol{S}_{11}&=-[\boldsymbol{S}_{11}^{\mathrm{T}}\boldsymbol{S}_{22}-\boldsymbol{S}_{21}^{\mathrm{T}}\boldsymbol{S}_{12}]^{\mathrm{T}}=-\boldsymbol{I}\\
\boldsymbol{S}_{12}^{\mathrm{T}}\boldsymbol{S}_{22}-\boldsymbol{S}_{22}^{\mathrm{T}}\boldsymbol{S}_{12}&=-\boldsymbol{K}_{12}^{-\mathrm{T}}\cdot[-\boldsymbol{K}_{22}\boldsymbol{K}_{12}^{-1}]+\boldsymbol{K}_{12}^{-\mathrm{T}}\boldsymbol{K}_{22}\cdot\boldsymbol{K}_{12}^{-1}=\boldsymbol{0}\\
\boldsymbol{S}_{11}^{\mathrm{T}}\boldsymbol{S}_{21}-\boldsymbol{S}_{21}^{\mathrm{T}}\boldsymbol{S}_{11}&=-\boldsymbol{K}_{11}\boldsymbol{K}_{12}^{-\mathrm{T}}\cdot[\boldsymbol{K}_{12}^{\mathrm{T}}-\boldsymbol{K}_{22}\boldsymbol{K}_{12}^{-1}\boldsymbol{K}_{11}]+\\
&\quad[\boldsymbol{K}_{12}-\boldsymbol{K}_{11}\boldsymbol{K}_{12}^{-\mathrm{T}}\boldsymbol{K}_{22}]\cdot\boldsymbol{K}_{12}^{-1}\boldsymbol{K}_{11}\\
&=-\boldsymbol{K}_{11}+\boldsymbol{K}_{11}\boldsymbol{K}_{12}^{-\mathrm{T}}\cdot\boldsymbol{K}_{22}\boldsymbol{K}_{12}^{-1}\boldsymbol{K}_{11}+\boldsymbol{K}_{11}-\\
&\quad\boldsymbol{K}_{11}\boldsymbol{K}_{12}^{-\mathrm{T}}\boldsymbol{K}_{22}\cdot\boldsymbol{K}_{12}^{-1}\boldsymbol{K}_{11}=\boldsymbol{0}
\end{aligned}$$

所以 $\boldsymbol{S}^{\mathrm{T}}\boldsymbol{J}\boldsymbol{S}=\boldsymbol{J}$ 成立，故 $\boldsymbol{S}_j$ 是**传递辛矩阵**。传递的就是式(5.6)的状态向量。

这样，传递矩阵仍然是辛矩阵。辛矩阵的突出性质：

- 辛矩阵的乘法就是普通矩阵的乘法，当然适用结合律
- 辛矩阵 $\boldsymbol{S}$ 一定有逆矩阵 $\boldsymbol{S}^{-1}$，$\boldsymbol{S}^{-1}$ 也是辛矩阵；
- 任意两个辛矩阵的乘积 $\boldsymbol{S}=\boldsymbol{S}_1\boldsymbol{S}_2$ 仍是辛矩阵，因

$$\boldsymbol{S}^{\mathrm{T}}\boldsymbol{J}\boldsymbol{S}=(\boldsymbol{S}_1\boldsymbol{S}_2)^{\mathrm{T}}\boldsymbol{J}\boldsymbol{S}_1\boldsymbol{S}_2=\boldsymbol{S}_2^{\mathrm{T}}\boldsymbol{S}_1^{\mathrm{T}}\boldsymbol{J}\boldsymbol{S}_1\boldsymbol{S}_2=\boldsymbol{S}_2^{\mathrm{T}}\boldsymbol{J}\boldsymbol{S}_2=\boldsymbol{J}$$

- $\boldsymbol{I}$ 是其单位元素；
- 辛矩阵 $\boldsymbol{S}$ 的转置阵 $\boldsymbol{S}^{\mathrm{T}}$ 也是辛矩阵。

仍然成立。故不论传递多少个区段，其行列式总是 1。按数学的群论，构成了**传递辛矩阵群**，这是具体从结构力学导出的。

群论是近代数学的划时代进展。抽象的群的定义为：群 G 是一批群元素 g 的集合，(有限或无限)，满足以下 4 个条件：

- 群 G 内的任何两个元素 g_1，g_2 有乘法 $g_1\times g_2=g_c$，g_c 也是群 G 的元素，称为封闭性；
- 存在单位元素 I，$I\times g=g\times I=g$；
- 乘法适用结合律，$(g_1\times g_2)\times g_3=g_1\times(g_2\times g_3)$
  $=g_1\times g_2\times g_3$；
- 任何元素 g 存在其逆元素 g^{-1}，$g^{-1}\times g=g\times g^{-1}=I$。

群的定义是抽象的，光会背诵这 4 个条件并不代表理解。辛矩阵的转置阵也是辛矩阵的性质是抽象群定义中没有的，但对于传递辛矩阵群很重要。群论是在 19 世纪初，由法国数学天才 E. Galois 在 19 岁时提出的。这是近世代数的开创之作，是对称性分析的基础。而**辛**也是 H. Weyl 在深入研究正则方程的对称群时提出的。**传递辛矩阵群**的矩阵乘法就是群元素的乘法，它只能用于维数相同的情况。同维数也是一种局限性。

对各个区段推导了传递辛矩阵后，式(3.9)～(3.11)的传递求解方法依然可用。

与以上的辛矩阵传递求解方法并行，最小总势能原理也是基本的手段。对区段$(j-1)^{\#}$有

$$U_{(j-1)^{\#}}=\frac{1}{2}\begin{pmatrix}\boldsymbol{w}_{j-2}\\ \boldsymbol{w}_{j-1}\end{pmatrix}^{\mathrm{T}}\boldsymbol{K}_{j-1}\begin{pmatrix}\boldsymbol{w}_{j-2}\\ \boldsymbol{w}_{j-1}\end{pmatrix},\quad \boldsymbol{K}_{j-1}=\begin{pmatrix}\boldsymbol{K}_{11}^{(j-1)} & \boldsymbol{K}_{12}^{(j-1)}\\ (\boldsymbol{K}_{12}^{(j-1)})^{\mathrm{T}} & \boldsymbol{K}_{22}^{(j-1)}\end{pmatrix}$$

变形能为

$$U=\sum_{j=1}^{m}U_{j\#} \tag{5.9}$$

而外力势能则为

$$V=-\boldsymbol{p}_m^{\mathrm{T}}\boldsymbol{w}_m \tag{5.10}$$

总势能

$$E=U+V=\min \tag{5.11}$$

同前。仍可运用区段合并之法，与 1.4 节同，将相连区段能量相加，

$$\begin{aligned}2(U_{j\#}+U_{(j-1)\#})=&\boldsymbol{w}_j^{\mathrm{T}}\boldsymbol{K}_{22}^{(j)}\boldsymbol{w}_j+\boldsymbol{w}_{j-1}^{\mathrm{T}}\boldsymbol{K}_{11}^{(j)}\boldsymbol{w}_{j-1}+2\boldsymbol{w}_{j-1}^{\mathrm{T}}\boldsymbol{K}_{12}^{(j)}\boldsymbol{w}_j+\\&\boldsymbol{w}_{j-1}^{\mathrm{T}}\boldsymbol{K}_{22}^{(j-1)}\boldsymbol{w}_{j-1}+\boldsymbol{w}_{j-2}^{\mathrm{T}}\boldsymbol{K}_{11}^{(j-1)}\boldsymbol{w}_{j-2}+\\&2\boldsymbol{w}_{j-2}^{\mathrm{T}}\boldsymbol{K}_{12}^{(j-1)}\boldsymbol{w}_{j-1}\\=&2U_{\mathrm{c}}\end{aligned} \tag{5.12}$$

其中要对中间位移 $\boldsymbol{w}_{j-1}$ 取最小。当前例题，$\boldsymbol{w}_{j-1}$ 有两个独立未知数

$$\boldsymbol{w}_{j-1}=\begin{Bmatrix}w_{\mathrm{a},(j-1)}\\w_{\mathrm{b},(j-1)}\end{Bmatrix} \tag{5.13}$$

将能量对 $\boldsymbol{w}_{j-1}$ 取最小，得到用矩阵/向量表达的方程(平衡)为

$$(\boldsymbol{K}_{11}^{(j)}+\boldsymbol{K}_{22}^{(j-1)})\boldsymbol{w}_{j-1}+\boldsymbol{K}_{12}^{(j)}\boldsymbol{w}_j+(\boldsymbol{K}_{12}^{(j-1)})^{\mathrm{T}}\boldsymbol{w}_{j-2}=\boldsymbol{0} \tag{5.14}$$

用逆矩阵$(\boldsymbol{K}_{11}^{(j)}+\boldsymbol{K}_{22}^{(j-1)})^{-1}$相乘，求解之有

$$\boldsymbol{w}_{j-1}=-(\boldsymbol{K}_{11}^{(j)}+\boldsymbol{K}_{22}^{(j-1)})^{-1}\{\boldsymbol{K}_{12}^{(j)}\boldsymbol{w}_j+[\boldsymbol{K}_{12}^{(j-1)}]^{\mathrm{T}}\boldsymbol{w}_{j-2}\} \tag{5.15}$$

代入合并区段，再将 $\boldsymbol{w}_{j-1}$ 代入式(5.12)，计算得能量 $2U_{\mathrm{c}}$ 仍有形式

$$2U_{\mathrm{c}}=\boldsymbol{w}_j^{\mathrm{T}}\boldsymbol{K}_{22}^{(\mathrm{c})}\boldsymbol{w}_j+\boldsymbol{w}_{j-2}^{\mathrm{T}}\boldsymbol{K}_{11}^{(\mathrm{c})}\boldsymbol{w}_{j-2}+2\boldsymbol{w}_{j-2}^{\mathrm{T}}\boldsymbol{K}_{12}^{(\mathrm{c})}\boldsymbol{w}_j \tag{5.16}$$

其中矩阵为

$$\boldsymbol{K}_{11}^{(\mathrm{c})}=\boldsymbol{K}_{11}^{(j-1)}-\boldsymbol{K}_{12}^{(j-1)}(\boldsymbol{K}_{22}^{(j-1)}+\boldsymbol{K}_{11}^{(j)})^{-1}\boldsymbol{K}_{21}^{(j-1)} \tag{5.17a}$$

$$\boldsymbol{K}_{22}^{(\mathrm{c})}=\boldsymbol{K}_{22}^{(j)}-\boldsymbol{K}_{21}^{(j)}(\boldsymbol{K}_{22}^{(j-1)}+\boldsymbol{K}_{11}^{(j)})^{-1}\boldsymbol{K}_{12}^{(j)} \tag{5.17b}$$

$$\boldsymbol{K}_{12}^{(\mathrm{c})}=-\boldsymbol{K}_{12}^{(j-1)}(\boldsymbol{K}_{22}^{(j-1)}+\boldsymbol{K}_{11}^{(j)})^{-1}\boldsymbol{K}_{12}^{(j)},\quad \boldsymbol{K}_{21}^{(j-1)}=(\boldsymbol{K}_{12}^{(j-1)})^{\mathrm{T}} \tag{5.17c}$$

等。最小总势能原理是基本原理，反复运用之也可以求解。情况与第四节同。这样，求解有两条路：

(1)用传递辛矩阵法求解；

(2)用最小势能原理消元求解。

对此仍然存在问题：两条求解的道路是否能给出相同结果。或者具体些，能量合并(5.11)～(5.17)的方法，是否与辛矩阵相乘

$$\boldsymbol{S}_{j-2,j}=\boldsymbol{S}_j\times\boldsymbol{S}_{j-1} \tag{5.18}$$

一致。回答：确实是一致的。详细不讲了，读者自己可以验证的。

辛的数学结构是有深刻物理内涵的。**保辛**，就是保持其数学的辛结构之意。一致性表明：保持了数学辛的结构就是保持了原力学问题能量的特性，即**刚度矩阵是对称的**，沟通了数学与力学的基本理论，所以非常重要。然而，虽然数学很漂亮，但只能用于同维数的情况，局限性么。

结构力学有丰富的变分原理，并不限于最小总势能原理，还有最小总余能原理，一般

变分原理以及混合能变分原理等。当区段长度取得特别小时,基于最小总势能原理的数值计算有严重的数值病态,此时可采用混合能变分原理。混合能变分原理用于微分方程求解以及精细积分法,是我国提出的特色算法。

以上课题,是在结构静力学的范畴讲述的。静力学有特点,变形能一定是正定的。因此变分原理取最小就在于此。但到了动力问题,在频率变化时,动力刚度矩阵不能保持正定,当然还要认真分析验证的。

以上讲了势能区段合并与辛矩阵乘法,然后分析结构力学还有混合能的变分原理。混合能在第 2 章会讲述的。

本章所讲很简单,连微积分也没有用,其实其内容非常重要。经典力学的许多内容是由这些简单内容的深入来表述的。传递辛矩阵群、区段刚度矩阵和传递辛矩阵的相互变换等,将一再出现。先用简单课题的例子加以讲解,也是深入浅出的需要。

1.6　拉杆的有限元近似求解

图 1-3 的并联、串联弹簧课题的实际背景是,拉杆在切向弹性地基上的有限元近似模型,如图 1-5 所示。

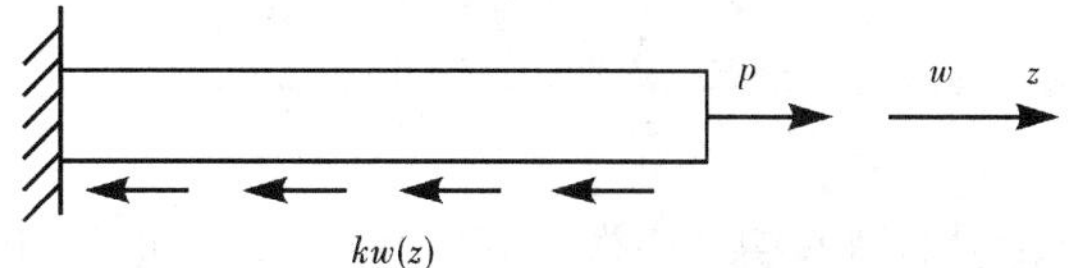

图 1-5　切向弹性支承的轴向拉杆

有限元法(Finite Element Method)是工程师的重大创造,现就最简单的拉杆问题阐述之。图 1-5 中的拉杆是连续体,可用列微分方程的方法求解。现在用有限元离散近似求解,如图 1-6 所示。

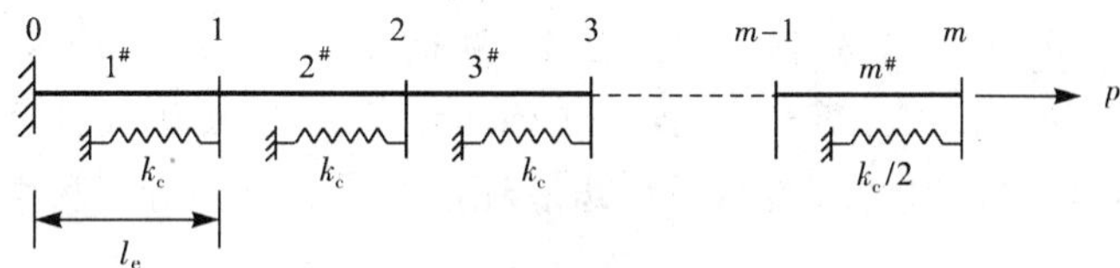

图 1-6　拉杆的有限元离散模型

用有限元法的近似如下。杆件本是连续体,本来有微分方程。近似法则将长度划分为若干 m 段,每段长为 $l_e=L/m$ (等长划分),节点标记为 $0,1,\cdots,m$,而各段的标记是 $j=1,2,\cdots,m$,第 j 段的左、右端分别为节点 $j-1,j$,称 j 号单元。

有限元法首先要将连续体模型转化为离散模型,位移函数成为各节点的位移 w_i,$i=0,1,\cdots,m$。有限元法将 j 号单元用弹簧代替,其两端的位移 w_{j-1},w_j 可计算其伸长 $\Delta w_j=w_j-w_{j-1}$,从而得到拉杆单元的变形能,拉杆的弹簧刚度可用 $k_a=EF/l_e$代替。全部拉杆的变形能为 U_{la}。

$$U_{la}=\frac{1}{2}\sum_{j=1}^{m}(EF/l_e)(w_j-w_{j-1})^2$$

还有地基弹簧变形能 U_{lc},而全部变形能为 $U_l=U_{la}+U_{lc}$。分布的地基弹簧刚度是 k,将长

l_e 的地基弹簧 k 近似地集中到节点上，为

$$U_{lc} = \frac{1}{2}\left[\sum_{j=1}^{m-1} k_c w_j^2 + (k_c/2)w_m^2\right], \quad k_c = l_e \cdot k$$

集中后的节点弹簧 $k_c = l_e \cdot k$ 的单位是(F/L)，分布地基弹簧 k 的单位是(F/L^2)。

以上公式是变形能表示。图 1-3 中，$k_c = l_e \cdot k$，$k_a = EF/l_e$，只是在端部点 m，其地基集中弹簧为 $k_{c,m} = (l_e \cdot k)/2$。图 1-7 是数值结果。

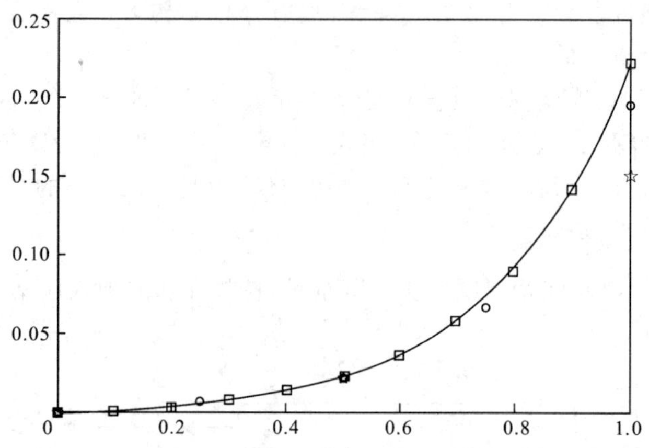

图 1-7　有限元计算结果，其中实线是位移的解析解，五角星、圆圈和方框分别为划分 2 个、4 个和 10 个单元计算得到的位移

有限元法计算结果是近似的。但当分段数目 m 增加时，给出很好的结果。求解通常用最小总势能原理进行，但也可用传递辛矩阵的方法执行，在近似模型上两者结果是完全相同的。

有限元法是计算机时代的重大贡献，已经在各种科学与工程中广泛应用。2005 年，美国总统信息科学顾问打报告给白宫，标题是 *Computational Science: Ensuring America's Competitiveness*（计算科学：保持美国的竞争力）。美国在计算科学方面已经领先世界，但仍然抓紧不放，其重要性可见一斑。让读者早日具备计算科学有限元的概念是有利的。

虽然辛在国外早已出现，但在数值计算方面未曾得到重视。我国数学家冯康在研究动力学的时间积分数值分析时，在世界上率先指出[1]，动力学的差分计算格式，应达到保辛，适应数字化时代的贡献。动力学需要求解微分方程，而分析法求解一般有困难，必然要近似方法。将连续的时间离散，采用各种近似以代替微分算子是通常的做法。动力学微分方程求解时，传统采用差分法离散，而差分离散的格式则以前未曾考虑保辛的要求，而保辛差分格式所得的数值结果能保持长时间的稳定性。冯康的贡献就在于此。

历史上，分析动力学与结构力学是独立分别发展的。两方面各自按自己的规律取得进展，互相之间本来并无联系。后来我们发现了原来在计算结构力学与线性二次最优控制(Linear Quadratic Optimal Control)的理论之间有模拟关系[16]。这是在 Hamilton 变分原理的基础上建立起来的，而动力学 Hamilton 体系的理论，需要引入状态向量的描述，这也正是最优控制的基础。这样，基于 Hamilton 体系的理论又与分析动力学联系上

了。然后很自然地，分析动力学的理论体系也应与结构力学以及最优控制的理论相关联。从而必然会提出分析结构力学的理论[2]，将分析动力学与结构力学相融合。

我国对结构力学的变分原理有深入研究。钱令希[14]打响了我国变分原理研究的第一炮。随后胡海昌[15]的弹性力学广义变分原理蜚声世界，……而有限元法的基础就是变分原理。在有限元推导的单元列式中，单元刚度矩阵的对称性，就是从变分原理自然得到的。但单元刚度矩阵是对称的这一性质，与辛又有什么联系，却从来没有考虑过。通过以上具体的讲述看到，它们是紧密相关的。可推想，对称的单元刚度矩阵就保证了有限元法的保辛性质。在理论上对有限元的认识，又深入了一步。

分析结构力学指出，有限元法具有自动保辛的性质[2]。今天有限元法得到广泛应用，已经深入人心，有限元法自动保辛的优良性质是其重要原因。

美国一位前总统科学顾问说："很少有人认识到，当前被如此广泛称颂的高科技，本质上是数学技术。"这一方面说明了数学的基础性，但另一方面也说明了数学要扎根在广泛科技问题中，方能发挥出巨大的效果。我们不是纯数学家，发展辛数学不仅仅是为了孤芳自赏，而是要发挥重要推动作用的。

有限元分析一般采用位移法，与最小势能原理相对应；前文还讲了辛矩阵与最小势能原理的一致性。但有限元发展中还有杂交元，是卞学鐄教授在最小余能原理与胡海昌的一般变分原理基础上提出的。分析结构力学还提出了混合能变分原理等。

有限元是计算科学、计算机模拟等的主要手段，其理论基础与辛数学的密切关系尚需深入探讨。太多的内容将超出本书的范围。

保辛既然如此重要，还应从数学变换方面进行探讨。读者不免还有问题，上文讲的是传递辛矩阵，是矩阵代数，应当称为**辛代数**。可为何数学家总讲**辛几何**呢？数学家讲**辛几何**，是考虑到抽象数学，要奠基于微分几何，运用纯数学的微分形式、切丛、余切丛、外乘绩、Cartan 几何等抽象概念，是在纯数学的基础上讲的。其实**辛代数**也可从数学变换与几何方面进行考虑，请见下节。

1.7　几何形态的考虑

欧几里得(Euclid)几何是人类早期的辉煌成就之一。用普通的位移向量讲述。设平面上有一个点(x_0, y_0)经过位移$(\Delta x, \Delta y)$到(x_1, y_1)

$$x_1 = x_0 + \Delta x, \quad y_1 = y_0 + \Delta y \tag{7.1}$$

用坐标向量表示

$$\boldsymbol{p}_0 = \begin{pmatrix} x_0 \\ y_0 \end{pmatrix}, \boldsymbol{p}_1 = \begin{pmatrix} x_1 \\ y_1 \end{pmatrix}, \quad \Delta \boldsymbol{p} = \begin{pmatrix} x_1 - x_0 \\ y_1 - y_0 \end{pmatrix} = \begin{pmatrix} \Delta x \\ \Delta y \end{pmatrix} \tag{7.2}$$

位移向量是 $\Delta \boldsymbol{p}$。位移的绝对值可以表达为

$$d^2 = (\Delta x)^2 + (\Delta y)^2 = (\Delta \boldsymbol{p})^{\mathrm{T}}(\Delta \boldsymbol{p}) = (\Delta \boldsymbol{p})^{\mathrm{T}} \boldsymbol{I} (\Delta \boldsymbol{p}), \quad \boldsymbol{I} = \begin{pmatrix} 1 & 0 \\ 0 & 1 \end{pmatrix} \tag{7.3}$$

计算公式很自然。因为位移向量 $\Delta \boldsymbol{p}$ 的各分量$(\Delta x, \Delta y)$具有同一单位：长度。我们说度量矩阵是单位矩阵 $\boldsymbol{I}$，这就是欧几里得几何的度量。两点间连一根直线，计算其长度 d。

设(x,y)平面上有两个向量 $\boldsymbol{p}_1,\boldsymbol{p}_2$,其坐标轴上的投影分别为

$$p_{1x},p_{1y},p_{2x},p_{2y}$$

则这两个向量 $\boldsymbol{p}_1,\boldsymbol{p}_2$ 的内积定义为

$$\boldsymbol{p}_1^{\mathrm{T}}\cdot\boldsymbol{p}_2=p_{1x}\cdot p_{2x}+p_{1y}\cdot p_{2y} \tag{7.4}$$

向量长度分别是

$$d_1=\sqrt{\boldsymbol{p}_1^{\mathrm{T}}\boldsymbol{p}_1},\quad d_2=\sqrt{\boldsymbol{p}_2^{\mathrm{T}}\boldsymbol{p}_2} \tag{7.5}$$

两个向量之间夹角 θ 的方向余弦 $\cos\theta$,可用向量内积计算

$$\cos\theta=\boldsymbol{p}_1^{\mathrm{T}}\cdot\boldsymbol{p}_2/(d_1d_2) \tag{7.6}$$

中学物理学讲述力、位移、功。力对位移做功是 $w=|\boldsymbol{f}|\cdot|\boldsymbol{s}|\cdot\cos\theta$,其中$|\boldsymbol{f}|$,$|\boldsymbol{s}|$分别是力向量与位移向量的大小。或用向量内积写成 $w=\boldsymbol{f}^{\mathrm{T}}\cdot\boldsymbol{s}$。向量内积的数值,功,当然应与坐标选择无关,这是从物理意义方面考虑的。但对数学公式(7.4),还需要验证确实与坐标选择无关。

给定向量 $\boldsymbol{f},\boldsymbol{s}$,则按(7.4)有

$$w=\boldsymbol{f}^{\mathrm{T}}\cdot\boldsymbol{s}=f_x\cdot s_x+f_y\cdot s_y$$

$$f_x=|\boldsymbol{f}|\cos\theta_f,\quad f_y=|\boldsymbol{f}|\sin\theta_f;\quad s_x=|\boldsymbol{s}|\cos\theta_s,\quad s_y=|\boldsymbol{s}|\sin\theta_s$$

其中向量 $\boldsymbol{f},\boldsymbol{s}$ 间的夹角为$\theta=\theta_f-\theta_s$。代入计算,按三角公式,功为

$$\begin{aligned}w&=|\boldsymbol{f}|\cdot|\boldsymbol{s}|(\cos\theta_f\cdot\cos\theta_s+\sin\theta_f\cdot\sin\theta_s)\\&=|\boldsymbol{f}|\cdot|\boldsymbol{s}|\cos(\theta_f-\theta_s)\\&=|\boldsymbol{f}|\cdot|\boldsymbol{s}|\cos\theta\end{aligned}$$

注意,θ_f,θ_s 与坐标选择有关,而 θ 则与坐标选择无关。说明内积的式(1 .7.4)是与坐标选择无关的。

现在推广到三维空间。坐标旋转将原先的空间固定坐标$(0,x,y,z)$的三脚构架,变换到活动的三脚构架$(0,x_1,y_1,z_1)$。$(0,x_1)$坐标轴对固定坐标的方向余弦向量为 $\boldsymbol{e}_1=(\alpha_{11},\quad\alpha_{21},\quad\alpha_{31})^{\mathrm{T}}$,$(0,y_1)$为 $\boldsymbol{e}_2$,$(0,z_1)$为 $\boldsymbol{e}_3$,则 3×3 坐标旋转的转换矩阵 $\boldsymbol{\Theta}$ 构造为

$$\boldsymbol{\Theta}=(\boldsymbol{e}_1\quad\boldsymbol{e}_2\quad\boldsymbol{e}_3) \tag{7.7}$$

显然,$\boldsymbol{e}_1,\boldsymbol{e}_2,\boldsymbol{e}_3$ 是互相正交的单位向量。用矩阵表示

$$\boldsymbol{\Theta}^{\mathrm{T}}\boldsymbol{\Theta}=\boldsymbol{\Theta}^{\mathrm{T}}\boldsymbol{I}_3\boldsymbol{\Theta}=\boldsymbol{I}_3 \tag{7.8}$$

这些全部是根据欧几里得几何而得到的。两个任意向量 $\boldsymbol{p}_1,\boldsymbol{p}_2$ 的内积是 $\boldsymbol{p}_1^{\mathrm{T}}\cdot\boldsymbol{p}_2$。坐标旋转变换之下 $\boldsymbol{\Theta p}_1,\boldsymbol{\Theta p}_2$ 的内积是不变的。验证为

$$(\boldsymbol{\Theta p}_1)^{\mathrm{T}}\cdot\boldsymbol{\Theta p}_2=\boldsymbol{p}_1^{\mathrm{T}}\cdot(\boldsymbol{\Theta}^{\mathrm{T}}\boldsymbol{\Theta})\cdot\boldsymbol{p}_2=\boldsymbol{p}_1^{\mathrm{T}}\boldsymbol{p}_2$$

旋转矩阵的名称适用于三维空间内变换;然而数学需要考虑 n 维空间。设 $\boldsymbol{e}_1,\boldsymbol{e}_2,\cdots,\boldsymbol{e}_n$ 是互相正交的单位向量,类似的变换矩阵的数学名词称为正交矩阵。互相正交的单位向量所组成的正交矩阵同样有公式 $\boldsymbol{\Theta}^{\mathrm{T}}\boldsymbol{\Theta}=\boldsymbol{\Theta}^{\mathrm{T}}\boldsymbol{I}_n\boldsymbol{\Theta}=\boldsymbol{I}_n$。事实上,全部正交矩阵构成一个空间旋转群。空间旋转群的元素不改变向量的长度。对 $\boldsymbol{\Theta}^{\mathrm{T}}\boldsymbol{\Theta}=\boldsymbol{I}_n$ 双方取行列式,有$(\det\boldsymbol{\Theta})^2=1$。$\det\boldsymbol{\Theta}=\pm1$,其中 $\det\boldsymbol{\Theta}=1$ 或 $\det\boldsymbol{\Theta}=-1$,分别代表两个类。选择 $\det\boldsymbol{\Theta}=1$ 的正规子群,这才真正是旋转。而类 $\det\boldsymbol{\Theta}=-1$ 的元素,尚要一个镜像变换。

进一步,n 维空间的任意 2 个向量 $\boldsymbol{p}_1,\boldsymbol{p}_2$,在正交矩阵的变换 $\boldsymbol{\Theta p}_1,\boldsymbol{\Theta p}_2$ 下,同样有

等式

$$(\boldsymbol{\Theta p}_1)^{\mathrm{T}} \cdot \boldsymbol{\Theta p}_2 = \boldsymbol{p}_1^{\mathrm{T}} \cdot (\boldsymbol{\Theta}^{\mathrm{T}}\boldsymbol{\Theta}) \cdot \boldsymbol{p}_2 = \boldsymbol{p}_1^{\mathrm{T}} \boldsymbol{p}_2$$

所以说，内积是正交变换下的**不变量**（Invariant）。不变量在数学中是具有根本重要意义的。

然而，欧几里得几何对于状态向量不能使用。状态向量的分量为 $\boldsymbol{w}_1, \boldsymbol{f}_1$，是位移与力；

$$\boldsymbol{v}_1^{\mathrm{T}} \cdot \boldsymbol{v}_2 = \boldsymbol{w}_1^{\mathrm{T}} \cdot \boldsymbol{w}_2 + \boldsymbol{f}_1^{\mathrm{T}} \cdot \boldsymbol{f}_2$$

请问，(位移×位移＋力×力)，是什么？不好解释。失去了其物理、几何意义。因此对于状态向量运用欧几里得几何硬算是不行的。

对于状态向量一定要另外考虑。式(1.10)($\boldsymbol{S}^{\mathrm{T}}\boldsymbol{JS}=\boldsymbol{J}$)的矩阵等式对比式(7.8)，就是将欧几里得几何 $n\times n$ 的 $\boldsymbol{I}$ 阵，更换成了 $2n\times 2n$ 的 $\boldsymbol{J}$ 阵。将 $2n\times 2n$ 的辛矩阵 $\boldsymbol{S}$ 写成向量形式

$$\boldsymbol{S} = (\boldsymbol{\psi}_1 \quad \boldsymbol{\psi}_2 \quad \cdots \quad \boldsymbol{\psi}_n; \quad \boldsymbol{\psi}_{n+1} \quad \boldsymbol{\psi}_{n+2} \quad \cdots \quad \boldsymbol{\psi}_{n+n}) \tag{7.9}$$

其中 $\boldsymbol{\psi}_j$ 是 $2n$ 维的状态向量。式(1.10)表明，有共轭辛正交归一关系

$$\boldsymbol{\psi}_j^{\mathrm{T}}\boldsymbol{J}\boldsymbol{\psi}_i = 0, \quad i \neq n+j, \quad j \leqslant n;$$

$$\boldsymbol{\psi}_j^{\mathrm{T}}\boldsymbol{J}\boldsymbol{\psi}_{n+j} = 1, \quad \boldsymbol{\psi}_{n+j}^{\mathrm{T}}\boldsymbol{J}\boldsymbol{\psi}_j = -1 \tag{7.10}$$

可以看到，共轭辛正交归一关系与正交矩阵的正交归一关系是相类似的，不过中间的 $\boldsymbol{I}$ 阵换成了 $\boldsymbol{J}$ 阵。称 $\boldsymbol{\psi}_j, \boldsymbol{\psi}_{n+j}$ 互相辛共轭。

两个状态向量 $\boldsymbol{v}_1, \boldsymbol{v}_2$ 间的**辛内积**定义为：$\boldsymbol{v}_1^{\mathrm{T}}\boldsymbol{J}\boldsymbol{v}_2$；而称 $\boldsymbol{v}_1^{\mathrm{T}}\boldsymbol{J}\boldsymbol{v}_2=0$ 为辛正交。

共轭辛正交归一关系(7.10)是从 $\boldsymbol{S}^{\mathrm{T}}\boldsymbol{JS}=\boldsymbol{J}$ 推导来的。看 $\boldsymbol{\psi}_j^{\mathrm{T}}\boldsymbol{J}\boldsymbol{\psi}_{n+i}$ 的辛内积，当 $j, i \leqslant n$ 时，给出 $\boldsymbol{J}$ 阵 j 行、$n+i$ 列的元素 $J_{j,(n+i)}$。$2n\times 2n$ 的矩阵 $\boldsymbol{J}$ 的右上角是 $n\times n$ 子矩阵 $\boldsymbol{I}$ 的元素。当 $i=j$ 时是 1，而当 $i\neq j$ 时为 0。这就给出了共轭辛正交归一关系。任何状态向量 $\boldsymbol{v}$ 对于自己肯定是辛正交的，即 $\boldsymbol{v}^{\mathrm{T}}\boldsymbol{JV}=0$。

由此看到，辛矩阵雷同于正交矩阵。正交矩阵的变换不改变两个向量间的内积，辛矩阵的变换也不改变两个状态向量 $\boldsymbol{v}_1, \boldsymbol{v}_2$ 间的辛内积 $\boldsymbol{v}_1^{\mathrm{T}}\boldsymbol{J}\boldsymbol{v}_2$。

验证：设有两个状态向量 $\boldsymbol{v}_1, \boldsymbol{v}_2$，在辛群元素 $\boldsymbol{S}$ 的变换下

$\boldsymbol{v}_1, \boldsymbol{v}_2$ 分别变换到 $\boldsymbol{Sv}_1, \boldsymbol{Sv}_2$

则其辛内积为 $(\boldsymbol{Sv}_1)^{\mathrm{T}}\boldsymbol{J}(\boldsymbol{Sv}_2) = \boldsymbol{v}_1^{\mathrm{T}}(\boldsymbol{S}^{\mathrm{T}}\boldsymbol{JS})\boldsymbol{v}_2 = \boldsymbol{v}_1^{\mathrm{T}}\boldsymbol{J}\boldsymbol{v}_2$，没有变。故说，辛内积是辛群元素变换下的**不变量**（Invariant）。

那么辛内积究竟是什么物理意义呢？写成状态向量

$$\boldsymbol{v}_1 = \begin{pmatrix} \boldsymbol{w}_1 \\ \boldsymbol{f}_1 \end{pmatrix}, \quad \boldsymbol{v}_2 = \begin{pmatrix} \boldsymbol{w}_2 \\ \boldsymbol{f}_2 \end{pmatrix}$$

完成矩阵/向量乘法，有

$$\boldsymbol{v}_1^{\mathrm{T}}\boldsymbol{J}\boldsymbol{v}_2 = \begin{pmatrix} \boldsymbol{w}_1 \\ \boldsymbol{f}_1 \end{pmatrix}^{\mathrm{T}} \begin{pmatrix} \boldsymbol{0} & \boldsymbol{I} \\ -\boldsymbol{I} & \boldsymbol{0} \end{pmatrix} \begin{pmatrix} \boldsymbol{w}_2 \\ \boldsymbol{f}_2 \end{pmatrix} = \begin{pmatrix} \boldsymbol{w}_1 \\ \boldsymbol{f}_1 \end{pmatrix}^{\mathrm{T}} \begin{pmatrix} \boldsymbol{f}_2 \\ -\boldsymbol{w}_2 \end{pmatrix} = \boldsymbol{f}_2^{\mathrm{T}}\boldsymbol{w}_1 - \boldsymbol{f}_1^{\mathrm{T}}\boldsymbol{w}_2$$

产生的两项都是(力×位移)，即做功，单位相同。具体些表述为

(状态 1 的力对于状态 2 的位移做功)－(状态 2 的力对于状态 1 的位移做功)

就是相互功。**辛正交**则 $\boldsymbol{f}_1^{\mathrm{T}}\boldsymbol{w}_2 - \boldsymbol{f}_2^{\mathrm{T}}\boldsymbol{w}_1 = 0$，就成为功的互等。所以说，辛正交就是功的互等

(Work Reciprocity)。由此看,将辛几何称为**功的几何**或**能量代数**,也是有道理的。

数学非常讲究不变量,人们甚至愿意用不变量反过来定义正交矩阵:如果一个 $n\times n$ 的线性变换矩阵 $\boldsymbol{\Theta}$,对 n 维空间的任意 2 个向量 $\boldsymbol{p}_1,\boldsymbol{p}_2$ 的变换 $\boldsymbol{\Theta p}_1,\boldsymbol{\Theta p}_2$,恒有不变的内积,则 $\boldsymbol{\Theta}$ 是正交矩阵。即

$$(\boldsymbol{\Theta p}_1)^{\mathrm{T}}\cdot(\boldsymbol{\Theta p}_2)=\boldsymbol{p}_1^{\mathrm{T}}(\boldsymbol{\Theta}^{\mathrm{T}}\boldsymbol{\Theta})\boldsymbol{p}_2\equiv\boldsymbol{p}_1^{\mathrm{T}}\cdot\boldsymbol{p}_2$$

则因 $\boldsymbol{p}_1,\boldsymbol{p}_2$ 的任意性,必然有

$$\boldsymbol{\Theta}^{\mathrm{T}}\boldsymbol{\Theta}=\boldsymbol{I}$$

即 $\boldsymbol{\Theta}$ 是正交矩阵。所以说,不变内积是欧几里得几何的特点。

同样,辛矩阵的变换也可反过来定义:如果一个 $2n\times 2n$ 的线性变换矩阵 $\boldsymbol{S}$,对于 $2n$ 维空间的任意 2 个状态向量 $\boldsymbol{v}_1,\boldsymbol{v}_2$ 的变换 $\boldsymbol{Sv}_1,\boldsymbol{Sv}_2$,恒有不变的辛内积,则 $\boldsymbol{S}$ 是辛矩阵。即

$$(\boldsymbol{Sv}_1)^{\mathrm{T}}\boldsymbol{J}(\boldsymbol{Sv}_2)=\boldsymbol{v}_1^{\mathrm{T}}(\boldsymbol{S}^{\mathrm{T}}\boldsymbol{JS})\boldsymbol{v}_2\equiv\boldsymbol{v}_1^{\mathrm{T}}\boldsymbol{Jv}_2$$

则必然有

$$\boldsymbol{S}^{\mathrm{T}}\boldsymbol{JS}=\boldsymbol{J}$$

即 $\boldsymbol{S}$ 是辛矩阵。既然不变内积给出了欧几里得几何,则不变辛内积也给出了辛几何。完全是一样的道理。

给出了**正交矩阵**与**传递辛矩阵**的几何意义及对比,还有许多地方要深入,留待后文讲述了。

本书将辛数学回归到力学常见课题,理论与应用紧密结合,就有坚实、明确的实际意义了。辛数学的根,首先就扎在分析力学中,在分析动力学与分析结构力学中。可以认为现代科学是从牛顿开始的。力学仍是现代科学的带头学科。统计力学,电动力学,量子力学,化学动力学,相对论力学……多了,全部愿意叫力学,这表明力学是最基本的学科。

辛数学既然扎根于力学中,表明辛数学的根还扎在更广大的领域中,数学的应用本来就是广谱的、无处不在的。数学的魅力就是其广谱的适应性。只要建立了适当的数学模型,运用数学推理就可以演绎出许多深刻结论。

这说明数、理、力学的体系,还需要更紧密地融合与改造。交叉学科么,已经一再强调,反复提倡要关注。但真要将不同学科交叉融合,还要下很大的功夫。数学在学科交叉融合中,由于其广谱的适应性,是可以大有发挥的。

应当指出,这里对辛几何的解释,与外乘积、嘉当几何的数学提法完全不同,为何?究其原因,本书的解释引入了诸如能量、位移、力、功等物理量,所以就不再是纯数学了。而核心数学要求高度抽象,不受具体物理量的影响。然而能量的概念是近代科学的核心内容,不宜予以除外。现实世界最基本的守恒就是功、能量守恒。况且辛本来就是数学家从 Hamilton 体系的对称性而引入的,本身就包含了物理、力学等的基本概念。如果严格限制在数论、几何、代数、拓扑等的概念内,构筑出纯粹数学的学问,只怕就有些不太自然了。毕竟,物质是第一性的么。冯·诺依曼相信:"现代数学中的一些最好的灵感,很明显地起源于自然科学",认为"数学来源于经验"是"比较接近于真理"的看法[11]。

以上讲述的辛数学,全部用在静力学的范围内。其实在静电的电路中,同样有辛数学发挥的空间。

1.8　群

H. Weyl 在研究一般对称性时，用的数学工具就是群论。同时针对 Hamilton 正则方程体系的特点，提出了辛对称的概念。上面指出了辛矩阵的群。

群论是数学的重要分支。许多诺贝尔奖的成果也得益于群论。实际中有许多具体的群，将其公共的性质综合，给出抽象的群的定义：群 G 是一批群元素 g 的集合（有限或无限），满足以下 4 个条件：

• 群 G 内的任何两个元素 g_1, g_2，有乘法 $g_1 \times g_2 = g_c$，g_c 也是群 G 的元素，称为封闭性；

• 存在单位元素 I，$I \times g = g \times I = g$；

• 乘法适用结合律，$(g_1 \times g_2) \times g_3 = g_1 \times (g_2 \times g_3) = g_1 \times g_2 \times g_3$；

• 任何元素 g 存在其逆元素 g^{-1}，$g^{-1} \times g = g \times g^{-1} = I$。

群的定义是抽象的，光会背诵这 4 个条件并不代表理解。但许多集合是符合群的这 4 个条件的，从而构成群。显然，旋转后再旋转还是一个旋转，全体旋转矩阵构成了正交矩阵群。辛矩阵乘辛矩阵仍是辛矩阵，辛矩阵也构成辛群，等等。今天，群论已经发展成数学的重要部分。这里只能提供一点概念而已。

群论的出现极不寻常，是法国天才年轻数学家伽罗瓦（E. Galois，1811—1832）在 19 岁时的重大贡献。伽罗瓦是中学生，没考上大学。他在研究 5 次代数多项式方程的根时，提出了群的概念，改变了当年数学研究的思路。这实际上开创了近世抽象代数学，开启了数学现代化的道路。**抽象代数学**现已发展并渗透到各个方面，在数学、物理、化学、力学、信息、计算机等的理论和应用中都起着基本的作用。但他投稿的论文没能被当年一些名垂青史、成就辉煌的大数学家们所理解，被搁置在抽屉内难见天日。伽罗瓦在 21 岁时，愚蠢地与别人决斗，他知道要失败死去，故在决斗前夕写成遗书，将他的理论较详细地写下来。伽罗瓦决斗死去后若干年，论文方由大数学家刘微（Liouville）在他主持的数学杂志上登载出来，为后人所认识、称颂。只是，太可惜这位才华横溢的年轻数学家了，也请见[17]。

一百多年后，大数学家指点后人的大段评论，无疑很有意义。阿蒂亚（M. F. Atiyah，1929—）在论及创新时说："更具根本性的变革常需要引入全新的概念，……一个典型的例子是伽罗瓦关于 5 次及高于 5 次的一般多项式方程的不可解性的工作……伽罗瓦认识到这个问题的关键之处在于方程的 5 个根的对称性，……他的有关对称性的一般理论奠定了基础（即群论），这是所有数学概念中最深刻、影响最深远的概念之一……数学存在的主要原因是它具有通过抽象过程将一个领域的思想转移到另一个领域的能力。况且，搞数学的最终理由与它的整体统一性密切相关……使数学保持完整与统一的主要砝码是发展更精致、更抽象的概念……使大量特殊事实成为某种基本原理的不同表现……这说明现在的少数几个关键学科如群论（对称性的研究）、拓扑学（连续性的研究）和概率论（随机事件的研究）为什么会处于统治地位。"

对称性的浅近讲解，还有著作[17]可供参考。

大家知道,二次方程 $ax^2+bx+c=0$ 的求根是

$$x_1,x_2=(-b\pm\sqrt{b^2-4ac})/(2a)$$

解是通过根式表达的。但是,一般的3次方程求根,是经过长期努力方才解决的,也可表示为根式,是当时数学的一件重要进展。在此基础上,一般的4次方程的求解在十多年后也解决了。数学家当然希望能求解一般的5次多项式方程,但长期努力未能达到。

伽罗瓦在前人的基础上认识到,n 次多项式方程可分解表示为

$$x^n+a_1x^{n-1}+\cdots+a_n=(x-x_1)\cdot(x-x_2)\cdots(x-x_n)=0$$

于是 n 个根有关系

$$x_1+x_2+\cdots+x_n=-a_1$$

$$x_1x_2+x_1x_3+\cdots+x_{n-1}x_n=a_2$$

$$\vdots$$

$$x_1x_2\cdots x_n=(-1)^n a_n$$

将根重新排列(Permutation)的变换(置换)

$$(x_1,x_2,\cdots,x_n)\Rightarrow(x_{i_1},x_{i_2},\cdots,x_{i_n})$$

仍满足同样方程。置换变换的全体构成一个群。伽罗瓦由此发展了他的理论,而且有更丰富的内容,后世称为伽罗瓦群。这里只是简单描述一下而已。伽罗瓦的视角超越了当年数学的传统观念,开阔了数学的思路与视野,对后世的数学发展产生了深远影响。可惜的是,正因为思路上超越了时代,一时未能为同年代的大数学家们所认识。遗憾的是当大家接受时,伽罗瓦已经去世了。

真是**"退一步海阔天空"**呀!新概念、新思路常常会有一段艰难的历程。历史上还有许多一时被误解而发生曲折的例子。由此得到的教训是:遇到困难时,一定要把握住自己,要有耐心,要能**忍**,要等待时机。时机到来时,也不可犹豫,**"该出手时便出手"**。年轻人的锐气和冲劲是非常可贵的,然而也不可呈血气之勇。

从另一个角度来看,环境的宽松非常重要。过分频繁的考核、炒作等,只会造成许多短、平、快,而难以出现真正系统、深刻的成果。

力学大师 Th. von Karman 在美国《应用数学季刊》的创刊号(Quarterly of Applied Mathematics,vol. 1,no. 1,1943)上发表文章;钱伟长将其中译文刊登在《应用数学和力学》的创刊号上。(冯·卡门:"用数学武装工程科学",应用数学和力学,vol. 1. no. 1,1980 ZW,李家春,戴世强译。)冯·卡门在文章中讲:

"人们常说,研究数学的主要目的之一是为物理学家和工程师们提供解决实际问题的工具。从数学的发展史看来,事实很清楚,许多重大的数学发现是在了解自然规律的迫切要求下应运而生的,许多数学方法是由主要对实际应用感兴趣的人创立的。然而,每个真正的数学家都会感到,把数学研究局限于考察那些有直接应用的问题,对这位'科学的皇后'来说未免有点不公道,事实上,这位'皇后'的虔诚的歌颂者对于把他们的女主人贬黜为她的比较注重实际的、一时较为显赫的姐妹的'侍女',经常感到愤愤不平。

这就不难理解为什么数学家和工程师持有争论不休的分歧意见了。两种职业的代表人物不止一次地表示了这种分歧意见……"

接下去是冯·卡门为数学家和工程师设计的大段对话,最后达到的共识是:把用数学

武装工程科学的任务交给“真正的应用数学家”。今天回看，仍然很有教益。

随着信息时代的到来，社会现代化要求数字化。而数字化处理对象是离散的，代数学是其主要方法，故代数的应用面越来越广泛。引用现代数学大师们的一些话：“我们目睹了代数在数学中名副其实的到处渗透”，“中学的数学教学……理应受到这种发展的影响……应让青年人接触一些目前已经被公认的基础概念”，“今天的数学主要关心的是结构以及结构之间的关系”等。辛数学是从动力学的角度提出的，尤其是分析动力学。上文并未讲动力学。好在我们证明了有分析结构力学，而**分析结构力学**与**分析动力学**则是并行的[6]。本书要传播以下信息：辛数学结合多门学科，跨学科；关心数学结构与物理、力学等结构间的一致性，是前程远大的。

群论经过的艰苦历程已如前所述。数学家深入研究，对应于微分方程发展了李群等深奥理论。成为分析动力学的重要基础，讲**辛几何**一定会讲李群。过于深奥的理论，很难为应用所接受。好在数字化要求离散，而一旦进入离散系统，就可以回避许多困难。

M. Atiyah 议论如下：

“一个理论之所以有意思是因为它解决了许多特殊问题，并且将它们放在恰当位置上……没有硬问题的软理论是无用的。”

“希望一个更透彻的理解会产生出来……从外倾的(Extroverted)观点，而不是从内倾(Introverted)的观点来看群……从外面的世界去看，则你可借助于外来世界里所有的东西，这样你就得到一个强有力得多的理解……通过群是在一些自然背景中(作为变换群)产生的事实，人们应该能证明关于群的深刻的定理。”“群在自然中产生，它们是使事物运动的东西，它们是变换或置换……理解这些东西的本性，并且使用它们才是目的。”又说：“重要的东西常常不是技术上最困难的即最难证明的东西，而常常是较为初等的部分。因为这些部分与其他领域、分支的相互作用最广泛，即影响面最大。”“在群论中有许多极端重要的，并且在数学的各个角落到处都出现的东西。这些是较为初等的东西：群及其同态、表示的基本观点，一般的性质，一般的方法——这些才是真正重要的。”

这些观点值得参考，故引用于此。

前文从一根弹簧开始，通过结构力学，引入状态向量，给出了**传递辛矩阵群**。但这些是在单方向位移、同维数的比较理想的条件下推导的，是处于离散系统的，似乎一切都很理想。然而，结构有许多不符合如此理想条件的情况，哪怕仍取单方向位移。《**辛破茧**》打破局限性求发展，要**走自己的路**，要有**信心**。别轻易放过了**机会**。

结构力学离散，可出现复杂结构，各站可以有不同维数；而动力学则总是同一维数。因此辛数学不可总是局限于动力学。讲不同维数，已经是传统辛几何所不能覆盖的情况了。辛几何是在纯数学的微分几何范围内考虑的，不能涵盖离散的情况。本章的讲述是在结构力学范畴内的，从离散系统切入的。弹簧等元件最简单，容易理解掌握。使用的数学是矩阵代数，所以，称为**辛代数**更为确实。而力、功、能量等概念，是物理、力学最基本的内容，容易掌握。

以往，分析动力学与结构力学是分别发展的，各自成为独立发展的重要学科，其相互关联缺少考虑。本书第 2 章从分析力学的角度，以连续坐标分别表达一维问题的动力学与结构力学，展示动力学与结构力学的密切关联。两者的交叉融合可相互补充、借鉴，从更广阔的视野来分析课题。寻找课题要从我国发展的实际需要出发,而不单纯是洋人所关心的问题。

请关注 Hilbert 在《数学问题》中的论述:"清楚的、易于理解的问题吸引着人们的兴趣,而复杂的问题却使我们望而却步","严格的方法同时也是比较简单、比较容易理解的方法。正是追求严格化的努力,驱使我们去寻求比较简单的推理方法……对于严格性要求的这种片面理解,会立即导致对一切从几何、力学和物理中提出的概念的排斥,从而堵塞来自外部世界新的材料源泉,……由于排斥几何学与数学物理,一条多么重要的,关系到数学生命的神经被切断了。"

教学经常讲"**深入浅出**",也是这个意思;更深些,从**境界**的角度讲,这就是"**返璞归真**",人们所追求的**境界**。

1.9 本章结束语

改革就要从教学、科研的体系着手。应用力学的**辛**数学方法可从功的互等定理、能量、传递矩阵等大众熟悉的理论来表述,浅近易懂。本书从中学物理、力学、功、能量来介绍辛数学。选材时没有采用微积分,可容易理解些。

下面讲述用微积分的内容,其中讲述辛数学用到的基础数学方法,基本上不超过我国大学工科微积分与矩阵代数的内容。

结构力学与控制理论的模拟理论[16]表明,它们的数学基础是相同的。这说明力学中多门学科相互间是密切关联的。它们应有一个**公共的理论体系**。只要换成**辛对偶变量体系**,就可建立起这个公共理论体系的**道**。经典分析力学是力学最根本的体系。Lagrange 方程,最小作用量原理,Hamilton 正则方程,正则变换,Hamilton-Jacobi 理论,等等,是非常优美的数学理论体系。并且也是统计力学,电动力学,量子力学等基本学科的基础;反而在应用力学课程中体现得不够。

Hamilton 体系,保辛等既然很重要,为何应用力学过去没抓住呢?著作[4]讲到了其原因:从历史上考察人们对 Hamilton 体系的评价,Hamilton 本人是从几何光学着手创建他的理论模式的。1834 年 Hamilton 曾说:"这套思想与方法业已应用到光学与力学,看来还有其他方面的应用,通过数学家的努力还将发展成为一门独立的学问",这仅仅是他的期望。19 世纪同时代人对其反应则很冷淡,认为这套理论"漂亮而无用"。著名数学家 F. Klein 在对 Hamilton 体系的理论给予高度评价的同时,对其实用价值亦持怀疑态度,他说"这套理论对于物理学家是难望有用的,而对工程师则根本无用"。这种怀疑,至少就物理学的范畴而言,是被随后的历史所完全否定了。到了 20 世纪量子力学的创始人之一 Schroedinger 曾说:"Hamilton 原理已经成为现代物理的基石……如果您要用现代理论解决任何物理问题,首先得把它表示为 Hamilton 形式……"

因 F. Klein 说:"这套理论对工程师根本无用",使得应用力学没有赶上 Hamilton 体系理论的趟。这是传统方法论的缺失,也是我们体系改革的好机会。

F. Klein 是何许人呢?他是当年德国哥廷根大学的著名数学家,是世界数学大会(International Congress of Mathematicians,ICM)成立大会的主席,即 1897 年第一届苏黎世大会主席。(2002 年 ICM 的 24 届大会曾在北京召开,推动了我国数学的发展。)同时 F. Klein 也是世界上应用数学、应用力学的倡导者，哥廷根学派的创始人，影响很大。数学大师 D. Hilbert，J. von Neumann，H. Weyl，R. Courant，等；力学大师 L. Prandl，Th. von Karman，S. P. Timoshenco，等，都是从哥廷根大学出来的，对现代数学、应用力学、航空航天等有奠基性贡献，影响深远。

现代控制论所奠基的状态空间法的起点至少也应回溯到 Hamilton 正则方程体系。Hamilton 正则方程体系也正是辛对偶变量、对偶方程的体系。线性规划、二次规划以及非线性规划的基本方法也奠基于对偶变量的基础上。基于以上观察，应用力学也应自觉地、系统地运用对偶变量体系于其多个学科分支。

机会！ 别轻易放过了。

对应用力学的一些学科分支引入辛对偶变量体系，有利于向不同学科领域渗透，也利于教改。作者对**分析结构力学与有限元**的研究表明，分析结构力学的学习比传统分析动力学的学习容易些。结合了应用力学的实际后，也暴露了传统经典分析力学的局限性：

• 它奠基于连续时间的系统，但应用力学有限元、控制与信号处理等需要**离散系统**；

• 动力学总是考虑同一个时间的位移向量，但应用力学有限元需要考虑**不同时间**的位移向量；

• 动力学要求体系的维数自始至终不变，但应用力学有限元需要**变动的维数**。

• 它认为物性是即时响应的，但**时间滞后**是常见的物性，例如黏弹性、控制理论等。

这些局限性表明传统分析力学还需要大力发展，要开阔我们的思路，这也是我们的机会。第 9 节已经就不同维数的问题做了初步的探讨，表明**分析结构力学**是分析力学的一个新层次。著作《**辛破茧**》就上述的传统辛的局限性进行了初步探讨，可供进一步参考。**走自己的路**。由于紧密结合实际课题，发展前途是广阔的。尤其这是我国自己开辟的园地。将辛数学扎根于广大科技领域中，将辛的数学结构与物理、力学等的结构相互关联、交叉，必将发挥出巨大作用。要认真发展交叉学科。**“上兵伐谋，其次伐交，其次伐兵，其下攻城”，“行成于思，毁于随”，**随了多少年了，岂能总也随着别人转。到改造应用力学教学、科研体系的时候了，要**“伐谋”**。辛数学走下神坛后，需要年轻人的锐气与冲劲介入，交叉众多领域，让我国冲上世界先进地位。该**“反客为主”，走自己的路**了。

现代纯数学大师、英国 1990 年皇家学会会长 M. Atiyah 说：“经常发生的是必须创造一个新的数学框架，其中的概念反映了真实世界中被研究的对象。于是，数学通过与其他领域的相互作用向深度与广度发展。” M. Atiyal 还说：“从总体上讲，数学已被证明是研究物理学与工程学的相当成功与合用的钥匙。”辛数学既然已经反映在结构力学、动力学等多个方面，特别希望能加强数学家关注与力学工作者的合作，共同推进。

第2章 经典力学——动力学与结构力学

牛顿(Newton)的奠基工作标志了近代科学的开始,经典力学在其后得到长期的研究发展。Newton 发明微积分,就是连续坐标体系。随后数学家成为研究的主力,凝聚成为分析动力学,成为理论物理的基础。费尔马(Fermat)提出自然哲学原理:"大自然总是走最容易和最可能的途径"。1744 年,J. Bernoulli 提出了"最速下降线"问题,可认为是数学变分法的开始,并在以后蓬勃发展。Euler-Lagrange 方程,继而总结为 Hamilton 变分原理。而 Hamilton 又引入了对偶变量的 Hamilton 体系,成为量子力学的基础,……第 1 章结束语中已经讲过了。Euler 关于压杆稳定性,是从结构力学角度提出的,但并未发展到运动稳定性。后来瓦特发明蒸汽机,实际上是解决了控制蒸汽机稳定运转的问题,给工业革命创造了物质条件;Routh-Hurwitz 给出了线性微分方程的稳定性判据。1892 年 Lyaponov 的第二种稳定性理论是具有代表性的。

因量子力学光谱分析的需要,群论得到实际大发展;而**辛**是 Hermann Weyl 在 Hamilton 正则方程的对称性方面而引入的。李群也是按微分方程组而建立的。分析动力学的单参数李群,时间自变量 t 即其单参数。

然而,结构力学并未建立起与动力学并行的分析理论,虽然结构力学的数学基础——虎克定律——也在同时代出现,但结构力学初期并未发展分析理论,虎克(Robert Hooke)与牛顿长期不和[42],无法合作而丧失了机会。然而,梁的理论也吸引了 Euler-Bernoulli 的注意,并提出了平截面假定。Euler 提出的柱的屈曲理论是结构稳定性的奠基工作。弹性力学的发展,从对 Saint Venant 问题的求解,走上了偏微分方程位移法的路。而 Airy 应力函数,又是另一条思路。直至 Love,Timoshenko 的系列著作等,皆未能与辛数学发生关系。

本书努力将结构力学与动力学联系起来,力图表达学科的交叉是前途广阔的。

引入分析结构力学,其长度坐标与分析动力学的时间相对应。两者对比是本章重点讲解的内容。现代控制理论与分析结构力学的模拟关系,凸显了分析结构力学的重要性。

第 1 章引入了传递辛矩阵,是从离散体系切入的。本章从分析方面进行讲述,可表明动力学与结构力学这两方面的分析理论是相似的。与分析动力学相并行,结构力学则按结构工程的需要而独立发展。后来发现一维的结构力学问题与分析动力学有模拟关系[6],于是分析力学就扩展涵盖了分析动力学与分析结构力学,可并行讲述。下文的讲述就并行地对分析动力学与分析结构力学进行,容易理解些。仍按用微分方程求解、一类变量的 Lagrange 体系的求解、与二类变量的 Hamilton 体系求解而讲述。

本书遵循**深入浅出**的原则,并不追求数学的严格性,只求读者易于理解。本书通过单自由度线性问题介绍分析结构力学与分析动力学，揭示两者之间的模拟关系。数学与分析动力学的研究提出了一类变量的 Lagrange 函数、Euler-Lagrange 方程、变分法；然后是对偶变量的 Hamilton 函数，Hamilton 对偶正则方程。Hamilton 变分原理则与 Euler-Lagrange 方程对应，而对偶正则方程也有对偶变量的变分原理。结构力学方面则与此相并行，也有一类变量的最小总势能原理与二类变量的变分原理。进一步胡海昌还给出了三类变量的变分原理，是重要贡献。

作为教材，怎么讲与从何处讲起，非常重要。要读者容易接受，常云"解剖一只麻雀"，麻雀例题就应特别简单。下面的例题是人为选择的，却也是典型的。Hilbert 在《数学问题》报告中说："*在讨论数学问题时，我们相信特殊化比一般化起着更为重要的作用。可能在大多数场合，我们寻找一个问题的答案而未能成功的原因，是在于这样的事实，即有一些比手头的问题更简单、更容易的问题没有完全解决或是完全没有解决。这时，一切都有赖于找出这些比较容易的问题并使用尽可能完善的方法和能够推广的概念来解决它们。这种方法是克服数学困难的最重要的杠杆之一。*"中国哲学"**返璞归真**"之意。

虽然分析动力学是数学家耕耘的园地，但结构静力学可能更容易为读者所理解。相信分析理论从结构力学开始讲起，静力学也许对于工程师更容易些。

2.1　结构力学

2.1.1　弹性基础上一维杆件的拉伸分析

分析力学并不是单纯地用于动力学的。在**结构力学**中有许多柱形域的课题，例如杆件、梁、轴、条形板、薄壁杆件、柱形壳等的分析。结构力学与最优控制理论的模拟关系就是奠基于 Hamilton 体系的理论基础上的。所以对结构力学课题基于分析力学的 Hamilton 体系理论分析是很重要的，也是饶有兴趣的。为了便于与单自由度振动系统的分析相对比，选择弹性基础上一维杆件的拉伸，材料力学问题，用分析力学的方法进行求解来讲述，够简单的麻雀。

设有一根长为 L 的杆件在端部受到拉力 P 的作用，杆件只有沿轴向 z 一个自由度的位移 $w(z)$。杆件截面的拉伸刚度为 EF(拉伸模量 E，杆件截面积 F)，并且 z 方向还有刚度为 $k=Gh/d$(剪切模量 G)的剪切分布弹簧支承，这种剪切弹簧也可以理解为厚 h、宽 d 的剪力膜，见图 2-1。现在予以分析。

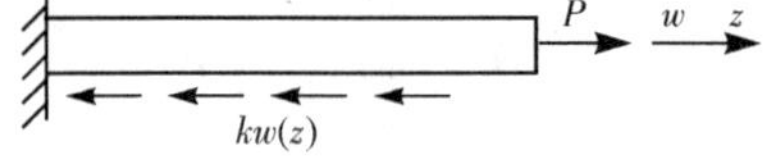

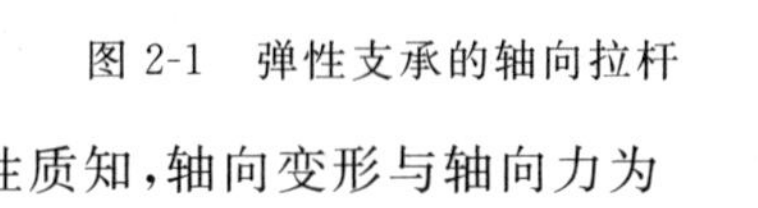

图 2-1　弹性支承的轴向拉杆

记 $\dot{\#}=\mathrm{d}\#/\mathrm{d}z$，从弹性性质知，轴向变形与轴向力为

$$\varepsilon_z=\mathrm{d}w/\mathrm{d}z=\dot{w},\quad N(z)=EF\varepsilon_z=EF\dot{w} \tag{1.1}$$

还有剪切分布弹簧单位长度的支承力

$$R(z)=k\cdot w(z) \tag{1.2}$$

于是取长度为 $\mathrm{d}z$ 的微元，可导出平衡微分方程

$$\mathrm{d}N(z)/\mathrm{d}z-R(z)=\mathrm{d}(EF\dot{w})/\mathrm{d}z-k\cdot w=0$$

或

$$\ddot{w}-\mu^2 w=0,\quad \mu^2=k/EF \tag{1.3}$$

这是常系数二阶线性微分方程，其解的形式为

$$w(z)=A\mathrm{e}^{\mu z}+B\mathrm{e}^{-\mu z} \tag{1.4}$$

其中 A,B 为待定常数，由结构力学两端边界条件

$$w(0)=0,EF\dot{w}(L)=N(L)=P \tag{1.5}$$

确定。解为

$$\begin{aligned} w(z)&=[P/(\mu EF)]\cdot\sinh(\mu z)/\cosh(\mu L)\\ N(z)&=P\cdot\cosh(\mu z)/\cosh(\mu L)\end{aligned} \tag{1.6}$$

这是用求解微分方程的解法。然而，分析求解微分方程在常系数情况下容易；变系数或非线性时，会发生很大困难。通过微分方程的求解是牛顿时代发轫的。读者请对比2.2.1的动力学问题。

2.1.2 Lagrange 体系的表述，最小总势能原理

常系数时课题本来很简单。选择该课题的目的在于讲述分析力学的应用，变系数时就很有用。从第 1 章看，能量变分原理是非常有用的。当前是静力分析问题。结构力学有最小总势能定理：一个弹性体系的总势能由变形势能与外力势能两部分组成，外力势能为负的外力做功

$$V=-P\cdot w(L) \tag{1.7}$$

而变形势能 U 则由杆件本身单位长度的变形能

$$L_1(\dot{w})=EF\dot{w}^2/2 \tag{1.8}$$

以及单位长度支承弹簧的变形能

$$L_2(w)=kw^2/2 \tag{1.9}$$

两部分相加

$$L(w,\dot{w})=L_1+L_2$$

再积分所组成，其实 Lagrange 函数 $L(w,\dot{w})$ 就是**变形能密度**。变形势能 U 与总势能 S 分别为

$$U=\int_0^L L(w,\dot{w})\mathrm{d}z,\quad S(w)=U+V=\int_0^L L(w,\dot{w})\mathrm{d}z-Pw(L) \tag{1.10}$$

最小总势能原理要求 $S(w)$ 取最小，这是轴向位移 $w(z)$ 的泛函，变分原理当然要求 $\delta S=0$。

与单自由度振动问题比较。当前结构力学课题的外力势能只影响到端部边界条件。$L(w,\dot{w})=L_1+L_2$ 是 Lagrange 函数，它也由两部分组成，$L_1(\dot{w})$ 与 $\dot{w}$ 有关，它雷同于振动的动能；而 $L_2(w)$ 与 w 有关，它雷同于振动的弹簧变形能。差别在于现在是 $L=L_1+L_2$，而分析动力学的 Lagrange 函数构成规则是(动能－势能)。因此从变分原理推导的平衡方程就是 Lagrange 方程，是 Lagrange 体系的表述

$$\frac{\mathrm{d}}{\mathrm{d}z}\left(\frac{\partial L}{\partial\dot{w}}\right)-\frac{\partial L}{\partial w}=\frac{\mathrm{d}}{\mathrm{d}z}\left(EF\frac{\mathrm{d}w}{\mathrm{d}z}\right)-kw=0 \tag{1.3'}$$

就是式(1.3)。故对结构力学条形域的问题,分析力学方法仍可运用。对线性常系数课题

$$U=\int_{z_a}^{z_b}L(w,\dot{w})\mathrm{d}z=\int_{z_a}^{z_b}[(EF\,\dot{w}^2+kw^2)/2]\mathrm{d}z=\boldsymbol{q}^{\mathrm{T}}\boldsymbol{K}\boldsymbol{q}/2,$$

$$\boldsymbol{K}=\begin{pmatrix}k_{aa} & k_{ab}\\ k_{ba} & k_{bb}\end{pmatrix},\boldsymbol{q}=\begin{pmatrix}w_a\\ w_b\end{pmatrix}\tag{1.11}$$

$$k_{aa}=k_{bb}=EF\mu\coth(\mu\cdot\Delta z),k_{ab}=k_{ba}$$
$$=-EF\mu/\sinh(\mu\cdot\Delta z),\Delta z=z_b-z_a$$

其中(z_a,z_b)是一个单元,k_{aa},k_{ba},k_{bb}是刚度矩阵$\boldsymbol{K}$的系数。上式的刚度矩阵系数是按分析解积分的。变系数时分析求解困难,但**有限元**法取得了重大突破。采用近似的作用量(**区段变形能**)算式,对线性系统就是生成单元变形能的近似单元刚度矩阵。有限元法的特点是既然在一个区段(z_a,z_b)内分析求解困难,则可近似地用插值公式代替。其中下标a,b分别代表左、右端的量,此时k_{aa},k_{ba},k_{bb}的公式就式(1.11)不同了。当单元数目增加时,近似效果非常好。

既然是讲分析力学,我们现在认为k_{aa},k_{ba},k_{bb}就是分析法的解。位移法的能量是用两端位移表达的区段变形能。有限元给出的是位移未知数的解,运用最小总势能原理取最小求解的。既然划分成许多首尾相连的区段,则传递辛矩阵的方法也是能用的。

于是就要引入区段节点的对偶变量。而节点z_a,z_b处位移w_a,w_b的对偶变量分别表示为N_a,N_b,以拉为正。对整个杆件来说,b点的内力是N_b,切开b点时,杆件区分左、右两段。在切开面分别作用有N_b和$-N_b$,牛顿第三定律么。负号表示是$-z$方向的力。区段(z_a,z_b)是在z_a,z_b两处切开而得的。在取出z_a,z_b段单元时,$-N_a$和N_b成为单元的两端外力了,即两端位移w_a,w_b的对偶。外力做功为

$$-N_a\delta w_a+N_b\delta w_b\tag{1.12}$$

转化成变形能变化,其中$\delta w_a,\delta w_b$是两端位移的变分

$$\delta U=(\partial U/\partial w_a)\cdot\delta w_a+(\partial U/\partial w_b)\cdot\delta w_b$$
$$=-N_a\cdot\delta w_a+N_b\cdot\delta w_b$$

无非是说,端部力做功等于区段变形能的变化而已。因变分$\delta w_a,\delta w_b$的任意性,故有关系

$$-N_a=\partial U/\partial w_a=k_{aa}w_a+k_{ab}w_b,\quad N_b=\partial U/\partial w_b=k_{ba}w_a+k_{bb}w_b\tag{1.13}$$

其中N_a,N_b分别是位移w_a,w_b的对偶变量。

分析动力学发展到Lagrange函数和Euler-Lagrange动力方程,是一个新阶段。从结构力学看,它就是变形能密度,即单位长度的变形能。上面讲的是区段变形能,将其长度$\Delta z=z_b-z_a$取得非常小,就得到变形能密度。

根据区段节点力做功等于区段变形能的变化,有

$$N(z)=\partial L/\partial\dot{w}=EF\dot{w},\quad\dot{w}=N/EF\tag{1.14}$$

结构力学的Lagrange函数就是变形能。形式上相差很大,前面是从离散的区段讲的,而现在是连续的,两者有关系。第1章讲的就是离散的弹簧系统。从离散取极限会得到连续坐标的表达式的。

区段(z_a,z_b)中的z_b就写为z。现要连续坐标,故$z_a=z-\Delta z$。从离散表达到连续要

取极限。分析解的刚度矩阵系数 k_{aa}, k_{ba}, k_{bb} 是式(1.11)给出的。将 N_b 的下标同样取消，按(1.13)有

$$N=\frac{EF\mu}{\sinh(\mu\cdot\Delta z)}([\cosh(\mu\cdot\Delta z)-1]w_a+\cosh(\mu\cdot\Delta z)\cdot\dot{w}\Delta z), \quad \Delta w=\dot{w}\Delta z$$

其中 w_a, N_a 取确定值。因此当 $\Delta z\to 0$ 时

$$\cosh(\mu\cdot\Delta z)\to 1+(\mu\cdot\Delta z)^2/2,\ \sinh(\mu\cdot\Delta z)\to\mu\cdot\Delta z,\ 当\ \Delta z\to 0$$

从而有 $N=EF\dot{w}$，即由区段变形能分析得到了式(1.14)。

方程(1.14)是 Legendre 变换的第一步，然后就将系统导入了 Hamilton 对偶变量体系，见下节。

2.1.3 Hamilton 体系的表述

最小总势能原理的泛函中只有位移 $w(z)$ 一类变量，它相当于分析力学的 Lagrange 体系。在方程(1.14)的基础上，再引入 Hamilton 函数

$$H(w,N)=N\dot{w}-L(w,\dot{w})=N^2/2EF-kw^2/2 \tag{1.15}$$

w, N 是对偶变量，Lagrange 函数变换到了 Hamilton 函数。这类变换实际上就是 Legendre变换。后面给出了最简单的 Legendre 变换的表述。

Hamilton 类型的两类变量变分原理为

$$\delta\int_0^L[N\dot{w}-H(w,N)]\mathrm{d}z=0 \tag{1.16}$$

其中 w, N 是**两类独立变分**的函数。完成变分给出

$$\dot{w}=\partial H/\partial N=N/EF,\quad \dot{N}=-\partial H/\partial w=kw \tag{1.17}$$

的对偶方程，也称 Hamilton 正则方程。Hamilton 函数对长度的全微商为零：$\mathrm{d}H/\mathrm{d}z=0$。Hamilton 函数在结构力学中可称为**混合能密度**。

上文讲，从 Lagrange 函数引入式(1.14)的对偶变量，通过式(1.15)推导 Hamilton 函数是 Legendre 变换。这是从力学的角度讲的。在此，对 Legendre 变换的静态的几何意义做出解释，可增进理解。

最基本的 Legendre 变换是对于一个变量函数的。函数 $y=f(x)$ 通常理解为 (x,y) 平面上的一条曲线，给出一个 x 值就计算一个 y，是曲线的点表示，如图 2-2 所示。

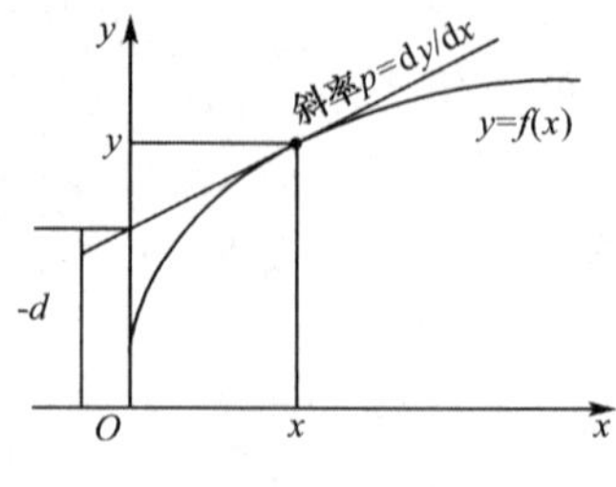

图 2-2

在点表示外，曲线也可以表示为许多切线所产生的**包络线**。通过 (x,y) 点的切线斜率是 $p=\mathrm{d}f/\mathrm{d}x$。记切线上的点 $(\bar{x},\bar{y})$，则切线(直线)方程是

$$(\bar{y}-y)/(\bar{x}-x)=p(=\mathrm{d}f/\mathrm{d}x) \tag{1.18}$$

而直线可用斜率 p 以及直线与 y 轴交点坐标的负值 d(截距)表示。

截距 d 就是 $\bar{x}=0$ 时的 $-\bar{y}$，故

$$p(x)=\mathrm{d}f/\mathrm{d}x,\quad \mathrm{d}(p)=px-f(x) \tag{1.19}$$

将斜率 p 看成是独立变量。d 表达式中的 x，应从方程 $p(x)=\mathrm{d}f/\mathrm{d}x$ 解出 $x=x(p)$，再将 $x=x(p)$ 代入式(1.19)的后一式消去 x，于是截距只是斜率 p 的函数了，故写成 $d(p)$，意思为 d 只是 p 的函数。求解的条件是 $\mathrm{d}^2 f/\mathrm{d}x^2\neq 0$。变动 p，式(1.19)就提供了一簇切线，是用切线的参变量表示，而斜率 p 就是参变量。而原来的曲线就成为这一簇切线的包络线。

这是一个坐标变量 x 的 Legendre 变换，几何意义很清楚，就是用切线的包络来表示曲线。Legendre 变换从变量 x 变换到了变量 p。要求解方程(1.19)。对于一般的曲线 $y=f(x)$，解析求解并不总是很方便的。

有了 Legendre 变换的几何意义，就可以讲清楚从 Lagrange 函数到 Hamilton 函数是 Legendre 变换了。将 Lagrange 函数 $L(x,\dot{x})$ 的变量 $x,\dot{x}$ **看成互相独立的变量**，于是 $L(x,\dot{x})$ 成为只是 $\dot{x}$ 的函数，而 x 则不过是一个参数而已。将 $L(x,\dot{x})$ 对变量 $\dot{x}$ 进行 Legendre变换，$p=\partial L/\partial\dot{x}$，引入对偶变量 p[(1.19)的第一式]；再引入 Hamilton 函数 $H(x,p)=p\dot{x}-L(x,\dot{x})$[(1.19)的第二式]，成为二类独立变量 $x,\dot{x}$ 的函数。变换中 x 不过是一个保留的参数而已。

虽然 Hamilton 函数的表达式出现了 $\dot{x}$，但有将 $\dot{x}$ 求解为函数 $\dot{x}(x,p)$ 的要求，再代入消去的。如果 Lagrange 函数 $L(x,\dot{x})$ 比较复杂，将 $\dot{x}$ 求解为函数 $\dot{x}(x,p)$ 的要求，并不很方便。从数学理论看，方程求解有隐函数定理，只要求解的条件 $\partial^2 L/\partial\dot{x}^2\neq 0$，即前面的 $\mathrm{d}^2 f/\mathrm{d}x^2\neq 0$，能够满足就可以。在线性系统的条件下求解容易，但对于非线性系统实际求解并不总是很容易的。

胡海昌提出了 3 类变量变分原理的概念，不必立即求解方程。也就是将该方程的求解与整个系统的数值求解在一起解决，显然提供了方便。# #

通常讲的 Hamilton 体系总是动力学课题。但 Hamilton 体系是一类数学框架，适用范围很广，自变量也并不限于时间 t。Hamilton 体系的特点是总有雷同于式(1.16)、(2.10)的变分原理。结构力学中的 Hamilton 体系，其自变量是长度坐标。在动力学变分原理式(2.10)中看到动量 p 与速度 $\dot{x}$ 的乘积，给出的是动能；而在结构力学中 $N\dot{w}$ 则给出 L_1 的变形能密度，因为这是单位长度的能量。结构力学中对偶变量是内力与位移，位移对长度坐标的微商是应变，内力乘应变就成为变形能密度。它们的数学形式都可以用 Hamilton 体系来描述，都有雷同于式(1.16)的变分原理。这些表明，分析力学不仅仅用于动力学，同样可用于结构力学。第 2 章的标题：分析力学——分析动力学与分析结构力学，就是这样来的。

2.1.4　对偶方程的辛表述

引入状态向量

$$\boldsymbol{v}=(w\quad N)^{\mathrm{T}} \tag{1.20}$$

对偶方程(1.17)可以合并写成联立的一阶微分方程

$$\dot{\boldsymbol{v}}(t)=\boldsymbol{J}\cdot\partial H/\partial\boldsymbol{v} \tag{1.21}$$

其中有纯量函数 $H(w,N)=H(\boldsymbol{v})$ 对向量 $\boldsymbol{v}$ 的微商，给出的仍是向量。可写成

$$\dot{\boldsymbol{v}}(t)=\boldsymbol{H}\boldsymbol{v} \tag{1.22}$$

其中 $\boldsymbol{H}$ 是 Hamilton 矩阵

$$\boldsymbol{H}=\begin{pmatrix}0 & 1/(EF)\\ k & 0\end{pmatrix},\quad (\boldsymbol{JH})^{\mathrm{T}}=\boldsymbol{JH},\quad \boldsymbol{J}=\begin{pmatrix}0 & 1\\ -1 & 0\end{pmatrix} \tag{1.23}$$

Hamilton 矩阵 $\boldsymbol{H}$ 的特点是 $\boldsymbol{JH}$ 为对称矩阵。

采用分离变量法给出本征问题

$$\boldsymbol{H}\boldsymbol{\psi}=\mu\boldsymbol{\psi} \tag{1.24}$$

其中 $\boldsymbol{\psi}$ 是本征向量。本征值方程 $\det(\boldsymbol{H}-\mu\boldsymbol{I})=\mu^2-k/(EF)=0$，给出本征值 $\mu=\pm\sqrt{k/(EF)}$。其特点是：如 μ 是本征值，则 $-\mu$ 也是本征值。这是 Hamilton 矩阵本征值的特点。本征向量为

$$\mu_1=\sqrt{k/(EF)},\quad \boldsymbol{\psi}_1=\begin{pmatrix}1/(EF)\\ -\mu_1\end{pmatrix},\quad \mu_2=-\sqrt{k/(EF)},\quad \boldsymbol{\psi}_2=\begin{pmatrix}-\mu_2\\ k\end{pmatrix}$$

还有

$$\boldsymbol{\psi}_1^{\mathrm{T}}\boldsymbol{J}\boldsymbol{\psi}_2=2k/(EF)$$

两个本征向量 $\boldsymbol{\psi}_1/\sqrt{2k/(EF)}$ 与 $\boldsymbol{\psi}_2/\sqrt{2k/(EF)}$ 相互间成辛对偶归一。这个课题只有一个自由度，所以没有辛正交而只有辛归一。对于 k，EF 为正数的例题，本征值为实数；其本征向量也为实数向量。

本征向量的表示，还可有更多的要求。例如要求辛对偶(共轭辛正交归一)的本征向量相互成为共轭复数。那将出现周期结构在频率域的动力刚度矩阵，当本征值为复数且在单位圆上时(可表示为 $\exp(\pm \mathrm{j}\theta)$)，其对应的本征向量也是复数向量。可要求共轭辛归一的本征向量也是复数共轭，即

$$\boldsymbol{\psi}_1=\begin{pmatrix}q_{\mathrm{r}}\\ p_{\mathrm{r}}\end{pmatrix}+\mathrm{j}\begin{pmatrix}q_i\\ p_i\end{pmatrix};\quad \boldsymbol{\psi}_2=\mathrm{j}\left[\begin{pmatrix}q_{\mathrm{r}}\\ p_{\mathrm{r}}\end{pmatrix}-\mathrm{j}\begin{pmatrix}q_i\\ p_i\end{pmatrix}\right],\quad \mathrm{j}^2=-1$$

分析结构力学还有许多内容。继续讲之前，先讲分析动力学也许较好。

2.2 动力学

2.2.1 单自由度弹簧-质量系统的振动

从最简单的动力学问题开始。用 m 代表滑块的质量，k 代表弹簧常数。滑块只可在 x 方向滑动，如图 2-3 所示。滑块-弹簧系统构成了单自由度系统的振动。用 $x(t)$ 代表滑块振动的位移坐标，当然是时间的函数。滑块的速度与加速度分别写为 $\dot{x}(t)$ 与 $\ddot{x}(t)$，其中上面一点代表对时间的微商 $\dot{x}(t)=\mathrm{d}x/\mathrm{d}t$。线性弹簧的力为 $k\cdot x(t)$。认为振动没有阻尼，而外力为 $f(t)$，以 x 的同方向为正。够简单也够典型的课题。

根据 Newton 定理

$$m\ddot{x}(t)+kx(t)=f(t),\ x(0)\text{已知},\ \dot{x}(0)\text{已知} \tag{2.1}$$

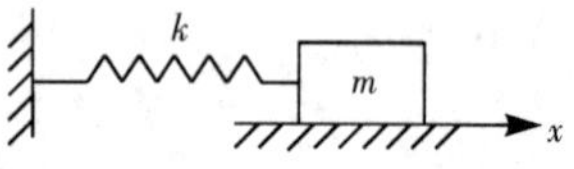

图 2-3

这是二阶常微分方程，定解需要给出两个初始条

件，也已经列出在上面方程之中。在第 2 章内，公式编号的 2 就免除了。该方程的求解在传统理论力学或各种振动理论教材中是常见的。在此再讲是作为进入分析力学的引导。

式(2.1)是非齐次微分方程，从微分方程求解理论知，应先求解其齐次微分方程

$$m\ddot{x}(t)+kx(t)=0 \tag{2.2}$$

这个方程的求解很容易。牛顿发明**微积分**，是动力学求解的需求。

线性系统的振动分析常常采用频域法。将位移用指数函数 $x(t)=a\exp(\mathrm{i}\omega t)$ 代入得方程

$$(k-m\omega^2)a=0 \tag{2.3}$$

时间坐标变换成了频率参数。这等于将自变量减少了一维，现在是化成代数方程了，便于分析。

为了展示动力学与结构力学的对比，2.1.1 给出了弹性基础一维杆件的拉伸分析。建议读者进行对比。

2.2.2　Lagrange 体系的表述

因为单自由度体系简单，所以用另一种推导便于理解。从物理概念看，自由振动是两种能量之间的互相交换。系统的动能为 $T=m\dot{x}^2/2$，势能就是弹簧变形能，为 $U=kx^2/2$。Lagrange 提出了 Lagrange 函数 $L(x,\dot{x})$，其构成为

$$L(x,\dot{x})=T-U=m\dot{x}^2/2-kx^2/2 \tag{2.4}$$

即(动能－势能)。Lagrange 指出，动力学方程可自 Euler-Lagrange 方程 [1,2]

$$\frac{\mathrm{d}}{\mathrm{d}t}\left(\frac{\partial L}{\partial \dot{x}}\right)-\frac{\partial L}{\partial x}=0 \tag{2.5}$$

导出。数学上偏微商 $\partial L/\partial \dot{x}=m\dot{x}$ 意味着只有 $\dot{x}$ 变化而 x 不变。这表明，已经将 $\dot{x}$ 与 x 之间的关系，即时间微商关系解除了，即将 $\dot{x}$ 与 x 看成为互相独立的变量。这样又可算得 $\partial L/\partial x=kx$。于是从式(2.5)给出了方程(2.2)。

Landau、Lifschitz 的名著《理论物理学第一卷：分析力学》，就是直接引入 Lagrange 函数，作为分析出发点的。

Euler-Lagrange 方程可用变分原理导出。引入作用量积分

$$S=\int_0^{t_f} L(x,\dot{x},t)\mathrm{d}t,\quad \delta S=0 \tag{2.6}$$

它是函数 $x(t)$ 的泛函。Lagrange 方程可从变分原理 $\delta S=0$ 导出。简单的变分推导即可验证。

变分原理 $\delta S=0$ 称为 Hamilton 原理。在泛函的 Lagrange 函数 $L(x,\dot{x},t)$ 中，只出现位移 x 的一类变量。所以称 Lagrange 体系是**一类基本变量的体系**。请同时阅读 2.1.2，对比动力学与结构力学的变分原理，及其 Lagrange 函数。

2.2.3　Hamilton 体系的表述

方程(2.2)是二阶微分方程，一个自由度的课题求解很方便。但以后要考虑多自由度振动的课题，此时动力学方程(2.5)给出的是二阶联立常微分方程。但常微分方程的基本理论是针对其标准型联立一阶微分方程组的。再说精细积分也是针对一阶常微分方程组的。应引入动量

$$p = \partial L / \partial \dot{x} = m\dot{x} \tag{2.7}$$

再引入 Hamilton 函数

$$H(x,p,t) = p\dot{x} - L(x,\dot{x},t) \tag{2.8}$$

其中的$\dot{x}$应当用式(2.7)解出的表达式 $\dot{x}=p/m$代入消去。给出

$$H(x,p,t) = p\dot{x} - L(x,\dot{x},t) = p^2/2m + kx^2/2 \tag{2.9}$$

将 $L(x,\dot{x},t)=p\dot{x}-H(x,p,t)$代入式(2.6),得到变分原理

$$\delta\int_0^{t_f} [p\dot{x} - H(x,p,t)]\mathrm{d}t = 0 \tag{2.10}$$

其中 x,p 是两类独立变分的函数。完成变分运算给出

$$\dot{x} = \partial H / \partial p \tag{2.11}$$

$$\dot{p} = -\partial H / \partial x \tag{2.12}$$

的对偶方程,也称 Hamilton 正则方程。如果 Hamilton 函数 $H(x,p)$与时间无关,则对时间的微商为零,即

$$\mathrm{d}H(x,p)/\mathrm{d}t = \partial H/\partial p \cdot \dot{p} + \partial H/\partial x \cdot \dot{x} = \dot{x} \cdot \dot{p} - \dot{p} \cdot \dot{x} = 0 \tag{2.13}$$

此即机械能守恒定理。在 Hamilton 体系的表述中,出现了互为对偶的位移 x 与动量 p 的二类基本变量,所以说 Hamilton 体系是对偶变量的体系,有二类独立变量。

以上讲的 Hamilton 体系是动力学的课题。但 Hamilton 体系是一类数学框架,适用范围很广,自变量也并不限于时间 t。Hamilton 体系总有雷同于式(2.10)的变分原理。例如在弹性力学中也有 Hamilton 体系的应用,此时自变量是长度坐标。在动力学变分原理(2.10),看到动量 p 与速度$\dot{x}$的乘积给出能量。在弹性体系中对偶变量就是应力与位移了,位移对长度坐标的微商是应变,应力乘应变就成为变形能密度。总之,**对偶变量的乘积是能量**。电磁波导中对偶变量是横向的电场与磁场,等等。这些课题都有自己的物理内涵,但它们的数学形式都可以用 Hamilton 体系来描述,都有雷同于动力学变分原理(2.10)的变分原理。请阅读 2.1.3。

2.2.4 Hamilton 对偶方程的辛表述

引入状态向量

$$\boldsymbol{v} = (x \quad p)^{\mathrm{T}} \tag{2.14}$$

对偶方程(2.11)可以合并写成联立的一阶微分方程

$$\dot{\boldsymbol{v}}(t) = \boldsymbol{J} \cdot \partial H / \partial \boldsymbol{v} \tag{2.15}$$

其中有纯量函数 $H(x,p)=H(\boldsymbol{v})$对向量 $\boldsymbol{v}$ 的微商,仍给出向量:

$$\partial H(x,p)/\partial \boldsymbol{v} = (\partial H/\partial x \quad \partial H/\partial p)^{\mathrm{T}}$$

矩阵 $\boldsymbol{J}$ 见式(1.1.9),意思是第 1 章的式(1.9)。

将式(1.1.9)代入式(2.15)得对偶方程

$$\dot{x} = p/m, \quad \dot{p} = -kx \tag{2.16}$$

可写成矩阵/向量的形式

$$\dot{\boldsymbol{v}}(t) = \boldsymbol{H}\boldsymbol{v} \tag{2.17}$$

其中 $\boldsymbol{H}$ 是 Hamilton 矩阵

$$\boldsymbol{H}=\begin{pmatrix}0 & 1/m\\ -k & 0\end{pmatrix}=\begin{pmatrix}0 & 1\\ -\omega^2 & 0\end{pmatrix}/m,\boldsymbol{J}=\begin{pmatrix}0 & 1\\ -1 & 0\end{pmatrix}$$

$$(\boldsymbol{JH})^{\mathrm{T}}=\boldsymbol{JH} \tag{2.18}$$

Hamilton 矩阵 $\boldsymbol{H}$ 的特点是 $\boldsymbol{JH}$ 为对称矩阵。

求解对偶方程组(2.17)可以采用精细积分法或分离变量法。后者给出本征问题

$$\boldsymbol{H\psi}=\mu\boldsymbol{\psi} \tag{2.19}$$

其中 $\boldsymbol{\psi}$ 是本征向量。本征值方程 $\det(\boldsymbol{H}-\mu\boldsymbol{I})=\mu^2+k/m=0$，给出本征值 $\mu=\pm\mathrm{i}\omega,\omega=\sqrt{k/m}$。有特点：如 μ 是本征值，则 $-\mu$ 也是本征值。这是 Hamilton 矩阵本征值的特点。复数本征向量为

$$\mu_1=\mathrm{i}\omega,\quad \boldsymbol{\psi}_1=\begin{pmatrix}1\\ \mathrm{i}\omega m\end{pmatrix};\quad \mu_2=-\mathrm{i}\omega,\quad \boldsymbol{\psi}_2=\begin{pmatrix}\mathrm{i}\omega/k\\ 1\end{pmatrix}$$

它们的辛对偶乘积是

$$\boldsymbol{\psi}_1^{\mathrm{T}}\boldsymbol{J\psi}_2=1+m\omega^2/k=2$$

本征向量可乘以任意常数。选择实数常数使得其辛对偶乘积归一，于是两个本征向量 $\boldsymbol{\psi}_1/\sqrt{2}$ 与 $\boldsymbol{\psi}_2/\sqrt{2}$ 相互间成辛对偶归一。

任意常数可以是复数，还可提出条件要求辛对偶的本征向量互相也是复数共轭。这样取

$$\mu_1=\mathrm{i}\omega,\boldsymbol{\psi}_1=\begin{pmatrix}1\\ \mathrm{i}\omega m\end{pmatrix},\quad \mu_2=-\mathrm{i}\omega,\boldsymbol{\psi}_2=\begin{pmatrix}1\\ -\mathrm{i}\omega m\end{pmatrix}$$

辛对偶归一条件，

$$\boldsymbol{\psi}_1^{\mathrm{T}}\boldsymbol{J\psi}_2=\begin{Bmatrix}\boldsymbol{q}_1\\ \boldsymbol{p}_1\end{Bmatrix}^{\mathrm{T}}\begin{pmatrix}\boldsymbol{0} & \boldsymbol{I}\\ -\boldsymbol{I} & \boldsymbol{0}\end{pmatrix}\begin{Bmatrix}\boldsymbol{q}_1\\ \boldsymbol{p}_1\end{Bmatrix}^{*}=\begin{Bmatrix}\boldsymbol{q}_1\\ \boldsymbol{p}_1\end{Bmatrix}^{\mathrm{T}}\begin{Bmatrix}\boldsymbol{p}_1^{*}\\ -\boldsymbol{q}_1^{*}\end{Bmatrix}=\boldsymbol{q}_1^{\mathrm{T}}\boldsymbol{p}_1^{*}-\boldsymbol{p}_1^{\mathrm{T}}\boldsymbol{q}_1^{*}$$

$$\begin{pmatrix}1\\ \mathrm{i}\omega m\end{pmatrix}^{\mathrm{T}}\begin{pmatrix}\boldsymbol{0} & 1\\ -1 & \boldsymbol{0}\end{pmatrix}\begin{pmatrix}1\\ -\mathrm{i}\omega m\end{pmatrix}=-2\mathrm{i}\omega m$$

这个课题只有一个自由度，所以没有辛正交。

这些内容与分析结构力学是并行的，本章的标题就是这样来的。继续下去是分析力学更深入的内容。可以结构静力学与动力学分段落对比地讲，也许理解更方便些。

2.1.5* 结构力学的作用量，区段变形能

结构力学(工科教材称材料力学)的区段$(z_{\mathrm{a}},z_{\mathrm{b}})$的**作用量**是

$$S(w)=\int_{z_{\mathrm{a}}}^{z_{\mathrm{b}}}L(w,\dot{w})\mathrm{d}z$$

其中 Lagrange 函数 $L(w,\dot{w})$就是变形能密度。按严格的数学分析理论，要求区段内部的位移是严格分析求解的，严格求解的理论与方法不免使初学者感到困难。**区段的作用量就是该区段的变形能**。式(1.10)给出了变形能作用量的算式 $S(w)=\int_{z_{\mathrm{a}}}^{z_{\mathrm{b}}}L(w,\dot{w})\mathrm{d}z$，其

* 2.1 节结构力学，2.2 节动力学，小节成对编排，供对照阅读。

中将区段换成了(z_a,z_b)，严格理论认为$w(z)$是区段内作用量的真解，而将S看成为两端$z=z_a$与$z=z_b$边界值w_a与w_b的函数。一维线性常系数课题的真解还可用微分方程求解，但多维或非线性课题的真解只在理论上存在，实际分析求解有困难。从前文看，即使是常系数线性的课题，精确求解也要费力气。一般情况的困难可想而知。

既然**区段作用量就是区段(z_a,z_b)的变形能**，当然还应加上外力势能。这给有限元法的应用提供了条件。有限元将整个区段划分成首尾相连的许多小区段。虽然每个区段精确求解困难，但有限元法的特点就是得到满意的近似解而不拘泥于精确解。有限元法奠基于变分法，变分求解可运用近似插值，求出**近似的区段变形能**算式，求解取得了很大成功。精确求解困难，就在变分原理的基点上，生成**近似的区段作用量**（**区段变形能**）算式，对**线性系统**就是生成其**近似的单元刚度矩阵**。边界位移条件w_a,w_b可确定区域内的$w(z)$。其区段的两端z_a与z_b当然也与作用量（变形能）有关，故可写成$S(w_a,z_a;w_b,z_b)$。采用线性插值有

$$k_{aa}=k_{bb}=(EF/\Delta z)+k\Delta z/3,\quad k_{ab}=k_{ba}=-(EF/\Delta z)+k\Delta z/6$$

因$\coth x=x^{-1}+x/3+O(x^3)$，$\sinh^{-1}(x)=x^{-1}-x/6+O(x^3)$，将上式与式(1.11)的分析公式对比知，展开式的前二项是一致的。故当$\mu\cdot\Delta z$小时，有限元法的刚度矩阵给出了很好的近似。从实用的角度看，有限元法简单多了。虽然一般理论的推导需要严谨的分析法，在应用上还是要用有限元。

设z_a,w_a固定不变，则作用量函数就是$S(w_b,z_b)$。理论上认为在区段内(z_a,z_b)的$w(z)$是真解，它已经不能任意变分，一切都是端部的函数，内部变量不再出现。因此为简单起见，更愿意将$S(w_b,z_b)$写成$S(w,z)$。此时一定要明确，作用量将区段也作为变量，即w,z是端部的变量。现要给出$S(w,z)$满足的微分方程。区段的作用量就是其变形能，故当区段不变时（z不变），经一番推导有$\delta S=N\delta w$，其力学意义是区段变形能的变化等于端部力N乘上位移的变分δw。但$S(w,z)$是两个变量的函数，$\delta S=N\delta w$只包含了δw，给出了

$$\partial S/\partial w=N \tag{1.25}$$

无非是端部做功等于区段变形能的变化而已，物理概念很简单。

还有偏微商$\partial S/\partial z$。数学上可给出全微分的算式

$$\mathrm{d}S(w,z)=(\partial S/\partial w)\cdot\mathrm{d}w+(\partial S/\partial z)\cdot\mathrm{d}z=N\mathrm{d}w+(\partial S/\partial z)\cdot\mathrm{d}z \tag{1.26}$$

[对线性课题图 2-1，因$w_0=0$，$S(w_2,z)=k_{bb}w_2^2/2+\alpha\cdot z$]

偏微商$\partial S/\partial z$应是z变化而w不变。但全微分时z、w同时变化。在发生$\mathrm{d}z$时，区段内部位移不变而$\mathrm{d}w=\dot{w}\mathrm{d}z$，是顺着位移曲线的延伸。因全微分时区段内位移不变，所以区域(z_a,z)内的积分也不变，只增加了延伸段$(z,z+\mathrm{d}z)$的积分。沿轨道的全微分$\mathrm{d}S=L(w,\dot{w})\mathrm{d}z$，但数学上全微分又有式(1.26)，故

$$\mathrm{d}S=[(\partial S/\partial w)\cdot\dot{w}+(\partial S/\partial z)]\cdot\mathrm{d}z=L(w,\dot{w})\mathrm{d}z$$

从而

$$\begin{aligned}-\partial S/\partial z&=(\partial S/\partial w)\cdot\dot{w}-L(w,\dot{w})\\&=N\cdot\dot{w}-L(w,\dot{w})\\&=H(w,\partial S/\partial w)\quad[=N^2 2EF-kw^2/2]\end{aligned}$$

这运用了 Hamilton 函数(混合能密度)。结构力学的 Hamilton-Jacobi 方程为

$$\partial S/\partial z + H(w, \partial S/\partial w) = 0 \tag{1.27}$$

[线性系统时,有 $2\alpha = -kw^2 + (\partial S/\partial w)^2/EF$。]传统结构力学不讲究混合能,视野不够宽,故以往不采用求解 Hamilton-Jacobi 方程的方法。

推迟 Hamilton-Jacobi 方程的求解,先回到分析动力学来看 Hamilton-Jacobi 方程。它本是从分析动力学来的。

2.2.5　单自由度动力系统的作用量

以上为简单起见,讲述是在线性单自由度的条件下进行的,但分析力学本来不限于线性系统,本节的作用量讲述就不限于线性系统。动力学**作用量**的物理意义不易讲清楚。

式(2.6)给出了时间区段(t_a, t_b)的作用量算式,

$$S = \int_{t_a}^{t_b} L(x, \dot{x})\mathrm{d}t$$

Hamilton 变分原理认为其中的函数 $x(t)$是变分的自变函数,但作用量则认为区段内$x(t)$是真解,而将 S 看成为两端 t_a 与 $t=t_b$ 的边界条件的函数。因为动力方程(2.5)是二阶微分方程,所以要提供两个边界条件以确定解 $x(t)$。通常这两个边界条件都给定在 t_a 一端,因此是初值条件。但作为另一种方案,也可以给定 $t=t_a$ 的位移 x_0 以及 $t=t_b$ 处的位移 x_b。$x(t)$就成为 x_a, x_b 与 t_a, t_b 的函数。这样,作用量 S 就成为两端边界量的函数,写为 $S(x_a, t_a; x_b, t_b)$。往往认为 x_a, t_a 固定不变,此时作用量就是 $S(x_b, t_b)$。既然在区域(t_a, t_b)内的轨道 $x(t)$是真解,它已经不能任意变化,一切都是端部的函数,内部变量不再出现。因此为简单起见,更愿意将$S(x_b, t_b)$写成 $S(x, t)$。此时一定要明确,作用量将区段两端也作为变量,即 x, t 是端部的变量。现在要给出 $S(x, t)$所满足的微分方程。(动力学作用量的物理意义不易讲清,请参见 2.1.5 节结构力学的作用量)。根据作用量的定义式(2.6),固定 t,让 x 发生变化 δx,则有

$$\begin{aligned}\delta S &= \int_0^t \delta L(x_1, \dot{x}_1)\mathrm{d}t_1 = \int_0^t [(\partial L/\partial x_1)\delta x_1 + (\partial L/\partial \dot{x}_1)\delta \dot{x}_1]\mathrm{d}t_1 \\ &= \int_0^t [(\partial L/\partial x_1) - (\mathrm{d}/\mathrm{d}t_1)(\partial L/\partial \dot{x}_1)]\delta x_1 \mathrm{d}t_1 + [(\partial L/\partial \dot{x}_1)\delta x_1]_0^t \\ &= (\partial L/\partial \dot{x})\delta x = p\delta x\end{aligned}$$

其中考虑了域内轨道 $x_1(t_1)$随 δx 而发生的变化。推导时运用了分部积分与 Lagrange 方程。这是偏微分,因为让 t 固定而让 x 发生了变化。由此知

$$\partial S/\partial x = p \tag{2.20}$$

因此可给出全微分

$$\mathrm{d}S = (\partial S/\partial x)\cdot \mathrm{d}x + (\partial S/\partial t)\cdot \mathrm{d}t = p\mathrm{d}x + (\partial S/\partial t)\cdot \mathrm{d}t \tag{2.21}$$

另一种偏微分应是 t 变化而 x 固定。但我们可以让 t、x 同时变化。当发生 $\mathrm{d}t$ 时,让轨道不变,即 $\mathrm{d}x = \dot{x}\mathrm{d}t$ 顺着轨道延伸。这种微分称为全微分。因为域内轨道不变,所以区域(t_a, t)的积分也不变,只是增加了$(t, t+\mathrm{d}t)$段的积分。因此全微分给出 $\mathrm{d}S = L(x, \dot{x})\mathrm{d}t$,但数学上全微分又有式(2.21),故

$$\begin{aligned}\mathrm{d}S &= (\partial S/\partial x)\cdot \mathrm{d}x + (\partial S/\partial t)\cdot \mathrm{d}t \\ &= [(\partial S/\partial x)\cdot \dot{x} + (\partial S/\partial t)]\cdot \mathrm{d}t = L(x, \dot{x})\mathrm{d}t\end{aligned}$$

从而

$$-\partial S/\partial t=(\partial S/\partial x)\cdot \dot{x}-L(x,\dot{x})$$
$$=p\cdot \dot{x}-L(x,\dot{x})=H(x,\partial S/\partial x)$$

这样，全微分为

$$\mathrm{d}S=(\partial S/\partial x)\cdot \mathrm{d}x+(\partial S/\partial t)\cdot \mathrm{d}t=p\mathrm{d}x-H(x,p,t)\cdot \mathrm{d}t \tag{2.22}$$

2.2.6 单自由度线性系统的 Hamilton-Jacobi 方程及求解

方程(2.22)是对作用量 $S(x,t)$ 函数的一阶偏微分方程，称为 Hamilton-Jacobi 方程。当前是线性一维振动，其 Hamilton 函数为

$$H(x,p)=(p^2+m^2\omega^2x^2)/(2m),\quad \omega=\sqrt{k/m} \tag{2.23}$$

其中 m,k 分别是质量与弹簧常数，ω 为圆频率。Hamilton-Jacobi(H-J)方程

$$\partial S/\partial t+[(\partial S/\partial x)^2+m^2\omega^2x^2]/(2m)=0 \tag{2.24}$$

因该方程中 t 只出现于 $\partial S/\partial t$ 中，故其解必为

$$S(x,\alpha,t)=W(x,\alpha)-\alpha t \tag{2.25}$$

其中 α 为积分常数。对 W 的方程为

$$[(\mathrm{d}W/\mathrm{d}x)^2+m^2\omega^2x^2]/(2m)=\alpha \tag{2.26}$$

这样 α 就是守恒的机械能，偏微分方程也就成为常微分方程。对 W 积分得

$$W=\sqrt{2m\alpha}\int\sqrt{1-m\omega^2x^2/(2\alpha)}\,\mathrm{d}x$$
$$=(\alpha/\omega)\cdot\left[\arcsin(wx)+wx\sqrt{1-w^2x^2}\right],\quad w=\sqrt{m\omega^2/(2\alpha)} \tag{2.27}$$
$$S=\sqrt{2m\alpha}\int\sqrt{1-m\omega^2x^2/(2\alpha)}\,\mathrm{d}x-\alpha t$$

H-J 方程的完全解 $S(x,\alpha,t)$ 可用做正则变换的生成函数。重要的是其偏微商

$$\beta=-\partial S/\partial\alpha=t-\sqrt{2m/\alpha}\int\mathrm{d}x/\sqrt{1-m\omega^2x^2/(2\alpha)}$$
$$=t-\arcsin(x\sqrt{m\omega^2/2\alpha})/\omega \tag{2.28}$$

必为常数(见后)。由此解出 x 作为时间 t 及二个积分常数 α,β 的函数

$$x=\sqrt{2\alpha/(m\omega^2)}\sin\omega(t-\beta) \tag{2.29}$$

该式就是熟知的简谐振子的解。动量则由式(2.20)有

$$p=\partial S/\partial x=\partial W/\partial x=\sqrt{2m\alpha-m^2\omega^2x^2}$$

将式(2.29)代入，得

$$p=\sqrt{2m\alpha}\cos\omega(t-\beta) \tag{2.30}$$

这个 p 与 $m\dot{x}$ 正相符合。为了与求解 Riccati 方程的方法相衔接，应注意下式

$$p/x=m\omega\cot[\omega(t-\beta)] \tag{2.31}$$

α,β 还应由初始条件 x_a,p_a 来定出。首先

$$p_a^2/(2m\alpha)+m\omega^2x_a^2/(2\alpha)=1,\quad \alpha=p_a^2/(2m)+m\omega^2x_a^2/2$$

然后由 $\tan\omega\beta=-[x_a/\sqrt{2\alpha/(m\omega^2)}]/(p_a/\sqrt{2m\alpha})=-m\omega\, x_a/p_a$ 定出初始相角 β_a。显然 α,β 分别代表振动的幅度与角度。

偏微商 $\beta=-\partial S(x,\alpha,t)/\partial\alpha$ 必定是常数的结论需要说明。作用量原来的表达是

$$S(x_a,t_a;x_b,t_b)=\int_{t_a}^{t_b}L(x,\dot{x})\mathrm{d}t$$

它代表了运动积分的一般解。动力学问题，只要给定初始条件，就可积分出对应的解。

现将作用量写成 $S(x,\alpha,t)$，$x=x_b$，$t=t_b$，而将初始位移 x_a 替换为 α。本来是给定状态向量 x_a，p_a，然后通过积分得到以后运动的状态，现在要从给定初始状态 x_a，p_a 转变为给定另外一对常数。

一个常数 α 的初始条件不够，还需要补充另一个常数，这就是 β。用 α，β 来代替初始状态向量 x_a，p_a，如此而已。所以说 β 也是初始条件之一，确定了以后的运动，它当然与以后的时间无关。这就是 β 取常数的意义。

一维简谐振子是最简单的课题，但 W 或 S 的表达式已如此复杂。作用量的概念使初学者感到困难，对这个问题如此求解似乎小题大做，直接积分微分方程简单得多。作用量的概念对有限元法很有用，见后。Hamilton-Jacobi 方程理论较深刻。正则变换可以用于非线性方程的求解，等等。

2.1.6 Hamilton-Jacobi 方程的求解

弹簧振动问题可采用 Hamilton-Jacobi 方程求解。

$$\partial S/\partial z+H(w,\partial S/\partial w)=0 \tag{1.27}$$

式(1.27)是对作用量 $S(w,z)$ 的 H-J 一阶偏微分方程。当前，混合能密度(1.13)为

$$H(w,N)=(N^2-E^2F^2\mu^2w^2)/(2EF),\quad \mu=\sqrt{k/(EF)}$$

H-J 方程成为

$$\partial S/\partial z+[(\partial S/\partial w)^2-(EF\mu)^2w^2]/(2EF)=0 \tag{1.28}$$

仍然是非线性一阶偏微分方程，对一维问题可分析求解。该方程中 z 只出现于 $\partial S/\partial z$ 中，故其解必为

$$S(w,\alpha,z)=W(w,\alpha)-\alpha z \tag{1.29}$$

其中 α 为积分常数。对 W 的方程为

$$[(\mathrm{d}W/\mathrm{d}w)^2-(EF\mu)^2w^2]/(2EF)=\alpha \tag{1.30}$$

这样，α 就是守恒的混合能，偏微分方程也就成为常微分方程。一维问题可分析积分得

$$\begin{aligned}W(w,\alpha)&=\sqrt{2EF\alpha}\int\sqrt{1+EF\mu^2w^2/(2\alpha)}\,\mathrm{d}w\\&=\sqrt{2EF\alpha}\int\sqrt{1+(cw)^2}\,\mathrm{d}w\quad[c^2=EF\mu^2/(2\alpha)]\\&=(\alpha/\mu)\left\{\sinh^{-1}\left[\sqrt{EF/(2\alpha)}(\mu w)\right]+\sqrt{EF/(2\alpha)}(\mu w)\sqrt{1+EF\mu^2w^2/(2\alpha)}\right\}\end{aligned}$$

$$S=\int\sqrt{2EF\alpha+(EF\mu)^2w^2}\,\mathrm{d}w-\alpha z \tag{1.31}$$

H-J 方程的完全解 $S(w,\alpha,z)$ 可用为正则变换的生成函数。重要的是其偏微商

$$\begin{aligned}\beta&=-\partial S/\partial\alpha=z-EF\int\mathrm{d}w/\sqrt{2EF\alpha+(EF\mu)^2w^2}\\&=z-\mu\int\mathrm{d}(cw)/\sqrt{1+c^2w^2}=z-(1/\mu)\sinh^{-1}(cw)\end{aligned}$$

$$c^2 = EF\mu^2/(2\alpha) \tag{1.32}$$

必为常数。由此解出的 w 是 z 及二个积分常数 α,β 的函数,转换为

$$w(z)=\sqrt{2\alpha/(EF\mu^2)}\sinh[\mu(z-\beta)] \tag{1.33}$$

对偶变量的内力 $N(z)$,则由式(1.14)有

$$N(z)=EF\dot{w}=\sqrt{2EF\alpha}\cosh[\mu(z-\beta)] \tag{1.34}$$

对比分析动力学的解见式(2.2.6),三角函数换成了双曲函数。这是因为结构力学与动力学相差一个正负号之故。

为了与求解 Riccati 方程的方法相衔接,应注意下式

$$R(z)=N(z)/w(z)=EF\mu\coth[\mu(z-\beta)] \tag{1.35}$$

积分常数 α,β 还应由两端边界条件来定出。首先根据 $w(0)=0$,知 $\beta=0$。再根据 $N(L)=P$ 得到参数 α。分析求解比较麻烦,而有限元法近似则方便灵活多了。

一维拉杆是最简单的课题。但 W 或 S 的表达式已如此复杂。对此问题如此求解似乎小题大做,对微分方程直接积分要简单得多。但 Hamilton-Jacobi 方程理论较深刻,采用正则变换可以用于非线性方程的求解,以后会讲到。

还有通过 Riccati 微分方程的求解。这是从最优控制与结构力学模拟关系来的,所以先讲分析结构力学。

2.1.7 通过 Riccati 微分方程的求解

求解 Riccati 方程是近代控制理论的关键。根据**结构力学与控制理论的模拟**,结构力学的数学与控制理论是一致的,当然也可通过 Riccati 方程而求解。求解对偶方程(1.17)还可以引入关系

$$N(z)=R(z)\cdot w(z) \tag{1.36}$$

其中刚度函数 $R(z)$待求。将式(1.36)代入式(1.17)有

$$\dot{w}=Rw/(EF),\quad \dot{R}w+R\dot{w}-kw=0$$

消去$\dot{w}$有

$$(\dot{R}+R^2/(EF)-k)\cdot w=0$$

因 $w(z)$可任意选择,从而给出 Riccati 微分方程[18]

$$\dot{R}(z)=k-R^2/(EF) \tag{1.37}$$

虽然非线性,但 EF,k 取常值时仍可求解。因 $-EF\mathrm{d}R/[R^2-EFk]=\mathrm{d}z$,边界条件是在 $z=0$ 处 $R(z\to 0)\to\infty$。积分即得式(1.35),继而可从 $\dot{w}=Rw/(EF)$求解出 $w(z)$。

给定 w_a,w_b 的两端边界条件时,作用量 S 是两端边界条件 w_a,w_b 的函数,$S=S(w_a,w_b)$。对于线性系统,N_a,N_b 是 w_a,w_b 的线性函数。根据方程 $\mathrm{d}S=N_b\mathrm{d}w_b-N_a\mathrm{d}w_a$,作用量 S 必是 w_a,w_b 的二次函数。虽然这是从一维问题分析得到的,但即使是多维线性问题,作用量依然是二次函数。这一点在对**两端边值问题** Riccati 微分方程的**精细积分**时很有用,故对最优控制很有用。

2.2.7 动力学通过 Riccati 微分方程的求解

求解 Riccati 方程是控制理论的关键,其实振动理论也可通过 Riccati 方程而求解。求解对偶方程(2.16)还可以引入关系

$$p(t)=R(t)\cdot x(t) \tag{2.32}$$

其中函数 $R(t)$ 待求。将式(2.32)代入对偶方程有

$$\dot{x}=Rx/m,\quad \dot{R}x+R\dot{x}+kx=0$$

消去 $\dot{x}$ 有

$$(\dot{R}+R^2/m+k)x=0$$

因 $x(t)$ 是随初始条件的任意选定而变化的，括号内必为零，从而给出 Riccati 微分方程

$$\dot{R}(t)+R^2/m+k=0 \tag{2.33}$$

虽然方程非线性，但 m,k 取常值的一维方程仍可分析求解。因 $-m\mathrm{d}R/[R^2+mk]=\mathrm{d}t$，积分得

$$-\mathrm{d}[R/(m\omega)]/\{[R/(m\omega)]^2+1\}=\omega\mathrm{d}t$$

$$R(t)=m\omega\cot[\omega(t-\beta)] \tag{2.34}$$

请对比式(2.31)。Riccati 微分方程是一阶的，应有一个边界条件。有 $R(0)=p_0/x_0=m\dot{x}_0/x_0$ 的初始条件，而解(2.34)也确有参数 β 可调整以满足该边界条件，从而 $R(t)$ 完全确定。继而可从 $\dot{x}=Rx/m$ 求解出 $x(t)$。虽然 $R(t)$ 是分析法积分的，但变系数方程就困难了。

如果是给定 x_0,x_b 的两端边界条件，则从式(2.32)有

$$p_0=m\omega\cot\beta\cdot x_0$$

其中参数 β 待定。继而从 $\dot{x}=Rx/m$，求解出 $x(t)$，仍带有待定参数 β。然后代入 x_b 的边界条件，求出 β。作用量 S 是两端边界条件 x_0,x_b 的函数，$S=S(x_0,x_b)$。对于线性系统，p_0,p_b 是 x_0,x_b 的线性函数。根据方程(2.20)，$\mathrm{d}S=p_b\mathrm{d}x_b-p_0\mathrm{d}x_0$。故作用量 S 必是 x_0,x_b 的二次函数。

至此看到，时间坐标的振动问题与长度坐标的结构力学问题的求解如出一辙，对比如下。

	动力学	拉杆结构力学
微分方程	$m\ddot{x}(t)+kx(t)=0$	$\mathrm{d}(EF\dot{w})/\mathrm{d}z-k\cdot w=0$
自变坐标	时间 t	长度 z
Lagrange 函数	$L(x,\dot{x})=$(动能－势能)	$L(w,\dot{w})=L_1+L_2=(EF\dot{w}^2+kw^2)/2$ (变形能密度)
变分原理	$S=\int_0^{t_f}L(x,\dot{x})\mathrm{d}t,\ \delta S=0$	$S(w)=\int_0^L L(w,\dot{w})\mathrm{d}z-Pw(L),\ \delta S=0$
对偶变量	$x,p=m\dot{x}$	$w,N=EF\dot{w}$
Hamilton 函数	$H(x,p)=$(动能＋势能)	$H(w,N)=N^2/(2EF)-kw^2/2$ (混合能密度)
对偶变分原理	$\delta\int_0^{t_f}[p\dot{x}-H(x,p)]\mathrm{d}t=0$	$\delta\int_0^L[N\dot{w}-H(w,N)]\mathrm{d}z=0$

	动 力 学	拉杆结构力学
作用量	$S(x,t)=\int_0^t L(x,\dot{x})\mathrm{d}t_1$	$S(w_b,z_b)=\int_{z_a}^{z_b} L(w,\dot{w})\mathrm{d}z$ （区段变形能）
H-J 方程	$\partial S/\partial t+H(x,\partial S/\partial x)=0$	$\partial S/\partial z_b+H(w_b,\partial S/\partial w_b)=0$
Riccati 方程	$\dot{R}(t)+R^2/m+k=0$	$\dot{R}(z)+R^2/(EF)-k=0$
解	$R(t)=p(t)/x(t)=m\omega\cot[\omega(t-\beta)]$	$R(z)=N(z)/w(z)=EF\mu\coth[\mu(z-\beta)]$

等等。结构力学还有**区段混合能**，见后文。

以上给出了分析动力学与分析结构力学的对比。两者基本上是对应的，但有正负号之差，并由此引起了边界条件的不同，动力学是初值条件，而结构力学则是两端边值条件。因为正负号不同，解的性质就完全不同了。

动力学的 Lagrange 函数是 $L(x,\dot{x})=$(动能－势能)；当学生提问：Lagrange 函数为什么是(动能－势能)呢？物理概念说不清楚而回答很难。同样区段作用量到底是什么意义，解释也困难。

结构力学的 Lagrange 函数是变形能密度

$$L(w,\dot{w})=L_1+L_2=(EF\dot{w}^2+kw^2)/2$$

变形能相加就很容易解释，能量相加理所当然么。于是区段变形能的意义，理解就很容易。所以这里讲解分析力学先从分析结构力学切入，然后再讲分析动力学，这样就比较容易些。

不过，本书交叉按节讲述分析结构力学与动力学的分析理论，也会带来一些混淆。十全十美难以达到。

虽然三类变量的变分原理是胡海昌先生从弹性力学引入的，但动力学也可应用。见下节。

2.2.8 动力学三类变量变分原理，Hamilton 体系的另一种推导

Lagrange 方程(2.4)的导出有数学上的偏微商$\partial L/\partial\dot{x}=m\dot{x}$，这意味着只有$\dot{x}$变化而 x 不变，表明已经将 $\dot{x}$ 与 x 看成为互相独立的变量。引入变量

$$s=\dot{x} \tag{2.35}$$

将变分原理(2.6)中的$\dot{x}$用 s 代替有 $\delta S=\delta\int_0^{t_f}L(x,s)\mathrm{d}t=0$。这成为有约束条件(2.35)的变分原理。为了解除约束，对约束条件(2.35)引入 Lagrange 参数 p，于是变分原理成为

$$\delta S=\delta\int_0^{t_f}[p(\dot{x}-s)+L(x,s)]\mathrm{d}t=0 \tag{2.36}$$

其中**三类变量** x,p,s 皆可独立变分，故称**三类独立变量的变分原理**。完成变分推导给出

$$\dot{x}=s,\quad \dot{p}=\partial L/\partial x,\quad p=\partial L/\partial s \qquad (2.37\text{a,b,c})$$

对于线性系统，(2.37c)给出 $p=ms$，由此解出 $s=p/m$，再代入式(2.36)得**二类变量**的变分原理

$$\delta S=\delta\int_0^{t_f}[p\dot{x}-H(x,p)]\mathrm{d}t=0$$

以及 Hamilton 函数(2.8)。完成变分运算即得对偶正则方程。然而对于非线性系统，求解代数方程(2.37c)未必如此方便。

三类变量的变分原理显示出其灵活性。胡海昌是从弹性力学的角度推出三类变量变分原理的，现在看到对于动力学也是可用的。以上的推导为读[18]做了准备。

根据以上对比知道，分析结构力学的引入，表明分析动力学的理论完全可以转移用到结构力学方面。将双方的有效方法尽量融合，互相借鉴，还可以有新的进展。借用许多数学家的论述如下。

许多数学家一再指出**数学的统一性**。Hilbert 说道："我认为数学科学是一个不可分割的有机整体，它的生命力正是在于各个部分之间的联系。""对于严格性要求的这种片面理解，会立即导致对一切从几何、力学和物理中提出的概念的排斥，从而堵塞来自外部世界新的材料源泉，……由于排斥几何学与数学物理，一条多么重要的、关系到数学生命的神经被切断了！"

M. Atiyah 有一系列论述："在不同现象中找出类同之处，并发展技术来发掘这种类同之处是研究物理世界的基本的数学方法。""数学的统一性与简单性都是极为重要的。因为数学的目的，就是用简单而基本的词汇去尽可能多地解释世界。""坚信物理提供了数学在某种意义上最深刻的应用……物理是很不简单的，它是非常数学的，物理的洞察力与数学方法的结合"。"真正深刻的问题仍然在物理科学中。为了数学研究的健康，我认为尽可能保持这种联系是非常重要的。"并且引用 Poincare 的论述："数学中的结论将向我们揭示其他事实间意想不到的亲缘关系，虽然人们早已知道这些事实但一直错以为它们互不相干。"

当今数字化时代，绝不可将计算科学排除在数学之外。这是当今数学的大发展，可联系科学的许多方面，并发挥作用的主要纽带。毕竟，数学也是要实际发挥作用的。古训**"学以致用"**么。

有限元法是 20 世纪应用力学方面最重要的进展。这里专门增加一节来讲解。

2.1.8　拉杆的有限元，保辛

有限元法是结构工程师的重大创造，先从最简单的拉杆问题引入。以上的讲述是连续体结构的分析求解，但分析求解只能用于常截面的拉杆。如果截面变化，例如沿长度线

性变化，则微分方程为变系数，用纯分析法求解就有困难。对此，有限元法是常用的有效近似求解方法。有限元发展为程序系统，成为工程师不能离开的基本工具，其高端对我国**禁运**。依赖这些被**禁运**的程序来发展高科技，能达到赶超吗？

本书称**辛讲**，很自然要讨论有限元法是否**保辛**的问题。这些问题从未被认真考虑过，这是我们发挥的机会。

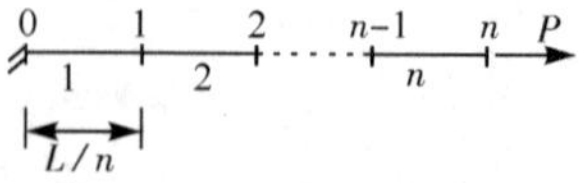

图 2-4　拉杆的有限元离散模型

有限元法是基于变分原理的近似直接法。既然分析求解有困难，转而寻求近似解。杆件本是连续体，变分原理是式(1.10)，相应地有微分方程(1.3)。近似法则将长度划分为 n 段，每段长为L/n(等长划分)，节点标记为 0，1，…，n，而各段的标记是 $j=1,2,\cdots,n$，第 j 段的左、右端分别为节点 $j-1,j$，称 $j^{\#}$ 号单元。

有限元法首先要将连续体模型转化为离散模型，位移函数成为各节点的位移 $w_i(i=0,1,\cdots,n)$。有限元法将 $j^{\#}$ 号单元内部的位移用其两端的位移 w_{j-1},w_j 插值决定，最简单的是采用线性插值。引入 $j^{\#}$ 号单元的局部坐标，将左端当作局部坐标 z_e 的零点，于是右端的局部坐标值是 $l_e=L/n$。总体坐标与局部坐标的关系是 $z=z_e+z_{j-1}$(图 2-3)。

在局部坐标内的位移函数 w_e 与总体坐标位移的关系是$w_e(z_e)=w(z)-w_{j-1}$。局部坐标在右端位移 $w_e(l_e)=w_j-w_{j-1}$，线性插值给出

$$w_e(z_e)=(w_j-w_{j-1})\cdot z_e/l_e$$

对应于总体位移

$$w(z)=(w_j-w_{j-1})\cdot(z-z_{j-1})/l_e+w_{j-1}$$

于是位移函数成为由有限个节点的位移未知数 $w_i(i=0,1,\cdots,n)$组成，有待求解。

将位移 $w(z)$代入变分原理(1.10)，并将积分分段，注意$\partial w/\partial z=(w_j-w_{j-1})/l_e=\partial w_e/\partial z_e$。将左右端分别用下标 a，b 标记，则

$$w_a=w_{j-1},w_b=w_j$$

$$\begin{aligned}2U&=\sum_{j=1}^{n}\int_{z_a}^{z_b}[kw^2+EF\dot{w}^2]\mathrm{d}z\\&\approx\sum_{j=1}^{n}[(EF/l_e)(w_j-w_{j-1})^2+kl_e(w_j^2+w_{j-1}^2+w_{j-1}w_j)/3]\end{aligned}$$

各单元的积分可分别进行。更简单些的模型是对弹簧采用在节点处集中的方案，即认为在单元的 z_a,z_b 处有集中的刚度为$kl_e/2$的弹簧。此时有

$$\begin{aligned}2U&=\sum_{j=1}^{n}\int_{z_a}^{z_b}[kw^2+EF\dot{w}^2]\mathrm{d}z\\&\approx\sum_{j=1}^{n}[(EF/l_e)(w_j-w_{j-1})^2+kl_e(w_j^2+w_{j-1}^2)/2]\end{aligned}$$

集中弹簧单元刚度矩阵为

$$K_{aa}=K_{bb}=(EF/l_e)+kl_e/2,\quad K_{ab}=K_{ba}=-(EF/l_e)$$

集中弹簧模型与分布弹簧当然有区别，但当单元长度 l_e 比较小时，差别很小。

常截面拉杆的分析解已经求出，可将有限元模型的数值结果与分析解相比较，当单元数较多时相差很小。因有限元法计算方便且适应性广，可用于变截面等课题，所以受到欢迎。

求解有多种方法，可用区段合并之法求解。现介绍逐个单元拼装法，用数学归纳法求解。已知在 0 站的边界条件是 $w_0=0$。最左单元的变形能为 $U_1=[(EF/l_e)+kl_e/2]\cdot w_1^2/2$。设已拼装了 j 个单元，其最右端是 j 号节点且变形能为 $U_j=K_{jj}\cdot w_j^2/2$。这段结构相当于在右端的一个刚度为 K_{jj} 的综合弹簧。现要再拼装第 $j+1$ 号单元，此时其变形能为 U_j 与 $j+1$ 号单元变形能之和

$$(K_{jj}w_j^2+K_{aa}w_j^2+K_{bb}w_{j+1}^2)/2+K_{ab}w_jw_{j+1}=U_{j+1}$$

将 U_{j+1} 对 w_j 取极小有

$$w_j=-(K_{jj}+K_{aa})^{-1}K_{ab}w_{j+1}$$

于是

$$U_{j+1}=K_{j+1,j+1}w_{j+1}^2/2,\quad K_{j+1,j+1}=K_{bb}-K_{ba}(K_{jj}+K_{aa})^{-1}K_{ab} \tag{1.38}$$

这就是势能的区段合并。这样，可递推直至右端的 n 得到 $U_n=K_{nn}\cdot w_n^2/2$。然后取最小总势能

$$\min(U+V)=\min(K_{nn}\cdot w_n^2/2-Pw_n)\text{，有 } k_{nn}\cdot w_n-P=0 \tag{1.39}$$

其中 P 是右端外力，就解出了右端位移 w_n。

然后，从 w_{j+1} 可计算 w_j，就反向推出全部位移。数值结果已经在第一章提供，见图 1-7。有限元法是先从结构力学开始的，近似效果很好，有大规模程序系统的提供，已经成为工程师手中不可缺少的工具。问题是有限元法应用的是变分原理的工具，与辛数学、**保辛**又有什么关系呢？第 2 章着重讲的是分析力学的方法，分析动力学与分析结构力学是并行的，等等；以上只讲了辛表述，但未曾讲**保辛**。有限元法与保辛到底有什么关系也是所关心的。

首先明确，**保辛**是对于近似解而言的。动力学列出微分方程相对还可以掌握；然而要予以分析求解，对一般问题就非常困难。虽然许多大数学家成世纪地努力，也未能解决，于是只能寻求近似数值解。而近似数值解法则是五花八门的。将连续的时间离散，采用各种近似手段以代替微分算子是通常的做法。动力学微分方程求解时，传统采用差分法离散，而差分离散的计算格式则过去从未考虑保辛的要求。我国数学家冯康在研究动力学的时间积分数值分析时，在世界上率先指出，动力学的差分计算格式应达到**保辛**。数值

实验表明，等步长的**保辛**差分格式计算所得的数值结果能保持长时间的稳定性。国外著作也响应了，例如见[5]。

保辛差分计算格式究竟是保了什么？**保辛**当然是保持了**辛**结构，但**辛**结构又是什么呢？一定要解释清楚。

辛矩阵是状态向量的传递，称**传递辛矩阵**。离散后仍然有离散近似系统的区段两端的传递矩阵。**保辛**要求的是：离散近似后其传递矩阵仍然是**辛**的，即仍然是**传递辛矩阵**。1.5节强调了：**传递辛矩阵**相当于其区段两端位移的刚度矩阵是对称的，因对称刚度矩阵所对应的传递矩阵一定是**辛矩阵**。离散后，有限元法提供的区段刚度矩阵是用有限元法插值计算的，当然不是精确的；对应地，其传递矩阵一定是**辛矩阵**，当然数值上也是近似的。所以讲，**保辛**要求离散近似后其传递矩阵仍然是**辛**的，这对应于有限元的近似刚度矩阵是对称的。有限元法单元刚度矩阵的对称性是众所周知的，这其实也意味了表示为状态向量的传递是**传递辛矩阵**。所以说，有限元法的刚度矩阵对称，就是**保辛**。有限元法近似的效果，早已为实践证实。其实就是动力学近似的传递是辛矩阵，两方面是一致的，其效果当然也是好的。既然动力学**保辛**积分得到重视，当然是通过了数值验证。通常是用等步长的差分格式验证的。验证是用能量是否能近似地保持守恒来检验的，例如[5]。对于等步长的时间积分，能量的偏离速度比较慢，就认为可以接受。能量是近代科学的基本出发点。如果近似将应当达到的能量守恒破坏了，则应认为近似不够理想。所以积分一段时间后就验证能量，如果偏离了，就采用例如投影等手段，修改积分结果，硬是将能量修改回来。

既然**传递辛矩阵**是近似法，不免依然有问题。近似解(假的)对比精确解(真的)，总是有问题的。众所周知，动力学系统有所谓首次积分(First Integral)的数学称谓，其实就是系统的守恒量，守恒量是动力系统最重要的性质，是物理称谓。既然**传递辛矩阵**是近似的，那么守恒量是否能依然守恒呢？这个问题困扰了人们多时。有数学家甚至证明：要求差分格式保辛，则不能达到守恒；反过来说，如要求达到守恒，则差分格式就不能保辛。两难命题！这里指出，此命题不成立。事实上我们已经提出离散近似系统的“**参变量保辛-守恒**”算法，有实例在手。数值计算毕竟是要实践的，不能光从理论上推导推导。动力学系统是连续系统，其数学理论讲究连续的李群。然而离散给出的是近似离散系统，不再能运用李群的基本理论了，要从离散系统的实际考虑。离散后仍是辛对称群，乃经典力学之根本。

离散系统的**保辛**是说，格点之间的传递矩阵是**辛**的；而**守恒**是说，在格点处，原系统的守恒量依然守恒。至于不在格点处，则因为采用插值函数的缘故，根本不能谈保辛与守恒的。**保辛-守恒**算法就是保证在格点处的**保辛-守恒**。

区段变形能、区段混合能的表达对于结构力学近似离散系统的分析非常有利。似乎很顺利,但目前只是局限的一维问题;即使是 n 维问题,也是对应于柱形区域的,分析动力学只考虑恒定自由度的动力学积分问题,后面会讲述 n 维问题的,从结构静力学切入似乎更方便些。弹性力学的柱形区域问题的辛体系已经有[19,20]讲述。

有限元法是否保辛,应当从更基本的角度考虑。有限元法本是从变分原理来的,可从变分原理的角度进一步分析之。请看一般有限元结构分析划分的网格,在复杂区域与柱形区域相去甚远。然而辛矩阵群要求恒定维数,这带来局限性。《辛破茧》考虑了这类问题,见[13]。

2.1.9 三类变量的变分原理

弹性力学的基本变量可划分为 3 类:位移、应变、应力。基本方程则划分为平衡、连续、应力-应变关系(本构关系),也是 3 类。胡海昌率先提出 3 类独立变量的变分原理,对应于 3 类方程,要点是将 3 类变量看成互相独立无关的变分。

Lagrange 方程(1.3′)的导出有偏微商 $\partial L(w,\dot{w})/\partial\dot{w}=EF\dot{w}$。偏微商意味着只有 $\dot{w}$ 变化而 w 不变。表明已经将 $\dot{w}$ 与 w 看成为互相独立无关的变量。引入应变 $s=\dot{w}$ 算式,它是约束条件。于是

$$\delta S=\delta\int_0^{z_f}L(w,s)\mathrm{d}z=0$$

成为有约束条件的变分原理。针对约束条件引入 Lagrange 参数 N,于是变分原理成为

$$\delta S=\delta\int_0^{z_f}[N\cdot(\dot{w}-s)+L(w,s)]\mathrm{d}z=0 \tag{1.40}$$

其中**三类变量** w,N,s 皆可独立变分,故称**三类独立变量的变分原理**。完成变分推导给出

$$\dot{w}=s,\dot{N}=\partial L/\partial w,N=\partial L/\partial s \tag{1.41a,b,c}$$

从 $N=\partial L/\partial s$ 解出函数 $s(w,N)$ 并消元,即得**二类变量**的变分原理,过程与动力学的 2.2.8 节一样。应当指出,Legendre 变换要求分析求解约束条件以得到函数 $s(w,N)$,这并非总是轻而易举的。三类独立变量的变分原理给近似数值求解提供了方便。

弹性力学 3 类独立变量的变分原理是胡海昌于 1954 年提出的。后来钱伟长指出了 Lagrange 参数的理性推导。

2.1.10 区段混合能及其偏微分方程

2.1.5 与 2.2.5 都着重讲述了区段作用量。**区段作用量就是结构力学的区段变形能**。变形能是两端位移的函数,是**变形能密度**(Lagrange 函数)的积分。将变形能密度做 Legendre 变换,得到**混合能密度**(Hamilton 函数)。对于**区段变形能**

$$U(w_a,w_b;z_a,z_b) \tag{1.42}$$

也可做 Legendre 变换,得到**区段混合能**。**区段变形能** $U(w_a,w_b;z_a,z_b)$ 在两端的对偶变量 N_a,N_b 是

$$N_a = -\partial U/\partial w_a, \quad N_b = -\partial U/\partial w_b$$
$$dU(w_a, w_b; z_a, z_b) = -N_a dw_a + N_b dw_b \tag{1.43}$$

其中全微分认为区段两端 z_a, z_b 未变。

由式(1.43)引入 w_b 的对偶变量 N_b，然后引入区段(z_a, z_b)的混合能[变量(w_a, N_b)的函数]

$$\begin{aligned} V(w_a, N_b; z_a, z_b) &= N_b w_b - S(w_a, w_b; z_a, z_b) \\ &= N_b w_b - \int_{z_a}^{z_b} L(w, \dot{w}) dz \end{aligned} \tag{1.44}$$

这是 Legendre 变换。运用式(1.44)，其偏微商为

$$\partial V(w_a, N_b)/\partial N_b = w_b + N_b \, \partial w_b/\partial N_b - (\partial S/\partial w_b)(\partial w_b/\partial N_b) = w_b$$
$$\partial V(w_a, N_b)/\partial w_a = N_b(\partial w_b/\partial w_a) - (\partial S/\partial w_a) - (\partial S/\partial w_b)(\partial w_b/\partial w_a) = N_a \tag{1.45}$$

当区段(z_a, z_b)不变时，区段混合能的全微分为

$$dV(w_a, N_b) = w_b dN_b + N_a dw_a \tag{1.46}$$

线性系统时

$$\begin{aligned} w_b &= -K_{bb}^{-1} K_{ba} w_a + K_{bb}^{-1} N_b \\ V(w_a, N_b; z_a, z_b) &= G N_b^2/2 + F w_a N_b - Q w_a^2/2 \\ G = K_{bb}^{-1}, \quad F &= -K_{bb}^{-1} k_{ba}, \quad Q = K_{aa} - K_{ab} K_{bb}^{-1} K_{ba} \end{aligned} \tag{1.47}$$

对偶方程

$$w_b = F \cdot w_a + G \cdot N_b, \quad N_a = -Q \cdot w_a + F \cdot N_b \tag{1.48}$$

其中 $G(z_a, z_b), F(z_a, z_b), Q(z_a, z_b)$是两端坐标的函数。

区段混合能 $V(w_a, N_b; z_a, z_b)$显式表达了其与坐标的关系。与区段变形能满足 H-J 方程一样，它也应满足一个一阶偏微分方程，推导如下。将左端变量 w_a, z_a 固定，于是 $V(N_b, z_b)$只是右端的函数。根据偏微商 $w_b = \partial V(N_b, z_b)/\partial N_b$，有全微分

$$dV(N_b, z_b) = w_b \cdot dN_b + [\partial V(N_b, z_b)/\partial z_b] \cdot dz_b$$

另一方面，根据式(1.44)，全微分沿轨道延伸给出

$$dV(N_b, z_b) = w_b \cdot dN_b + N_b \cdot dw_b - L(w_b, \dot{w}_b) dz_b$$

综合有

$$\partial V(N_b, z_b)/\partial z_b = N_b \dot{w}_b - L(w_b, \dot{w}_b, z_b) = H(w_b, N_b, z_b)$$

将 $w_b = \partial V(N_b, z_b)/\partial N_b$代入，得到**区段混合能** $V(N_b, z_b)$的一阶偏微分方程

$$\partial V/\partial z_b = H(\partial V/\partial N_b, N_b, z_b) \tag{1.49}$$

其中 H 是 Hamilton 函数，也是**混合能密度**。

方程(1.49)是区段混合能在右端的偏微分方程。代替 N_b, z_b，让 w_a, z_a 成为变量，写成函数 $V(w_a, z_a)$。雷同的推导给出

$$\partial V/\partial z_a + H(w_a, \partial V/\partial w_a, z_a) = 0 \tag{1.50}$$

形式上这就是 H-J 方程。方程(1.49)与(1.50)就是混合能两端的偏微分方程，对非线性系统也适用。

对图 2-1 的线性系统，混合能密度为 $H(w,N)=N^2/(2EA)-kw^2/2$。为了免除混淆，将 EF 改写为 EA。偏微分方程(1.49)成为

$$\partial V/\partial z_b = N_b^2/(2EA) - k(\partial V/\partial N_b)^2/2$$

区段混合能形式为(1.47)，固定 w_a, z_a，代入上式有

$$(\partial G/\partial z_b)\cdot N_b^2/2 + (\partial F/\partial z_b)\cdot w_a N_b - (\partial Q/\partial z_b)\cdot w_a^2/2$$
$$= N_b^2/(2EA) - k(GN_b + Fw_a)^2/2$$

上式对任意选择的端部变量 N_b, w_a 皆成立，从而必有联立微分方程

$$\partial F/\partial z_b = -kGF,\quad \partial G/\partial z_b = 1/EA - kG^2,\quad \partial Q/\partial z_b = kF^2 \tag{1.51}$$

固定 N_b, z_b，对偏微分方程(1.50)同样推导，有

$$(\partial G/\partial z_a)\cdot N_b^2/2 + (\partial F/\partial z_a)\cdot w_a N_b - (\partial Q/\partial z_a)\cdot w_a^2/2 +$$
$$(F\cdot N_b - Q\cdot w_a)^2/(2EA) - kw_a^2/2 = 0$$

从而

$$\frac{\partial F}{\partial z_a} = \frac{FQ}{EA},\quad \frac{\partial G}{\partial z_a} = -\frac{F^2}{EA},\quad \frac{\partial Q}{\partial z_a} = -k + \frac{Q^2}{EA} \tag{1.52}$$

对定常线性系统，$Q(z_a, z_b) = Q(z_\Delta)$，$z_\Delta = z_b - z_a$，故

$$\begin{aligned} dF/dz_\Delta &= -kGF = -FQ/(EA) \\ dG/dz_\Delta &= 1/(EF) - kG^2 = F^2/(EA) \\ dQ/dz_\Delta &= kF^2 = k - Q^2/(EA) \end{aligned} \tag{1.53}$$

令 $G=R^{-1}$，得 $dR/dz_\Delta = k - R^2/(EA)$，就是 Riccati 方程(1.37)。

2.1.11　一维波传播问题

波传播方程

$$\partial^2 w_t/\partial t^2 - a^2\cdot \partial^2 w_t/\partial z^2 = 0$$

是数学物理双曲型偏微分方程的典则型。采用频域表示

$$w_t = w(z,\omega)\exp(-\mathrm{i}\omega t) \tag{2.54}$$

其中频率 ω 是一个参数。代入式(2.50)得微分方程

$$d^2 w/dz^2 + (\omega/a)^2 w = 0 \tag{2.55}$$

该方程就是(2.2)的振动方程，只是现在的长度坐标 z 对比振动时的时间坐标，而边界条件常见的是两端边界条件。仍按振动同样的方法求解

$$w = \exp(\mathrm{i}k_z z),\quad k_z = \pm\omega/a \tag{2.56}$$
$$w_t = \exp[\mathrm{i}(k_z z - \omega t)] = \exp[\mathrm{i}k_z(z - at)]$$

波的$\mathrm{d}\omega/\mathrm{d}k_z=a$是与波长$2\pi/k_z$无关的常数，表明波形在运动中并不随时间而变。这种波称为没有**色散**(Dispersion)。k_z称为波数。$\exp[\mathrm{i}k_z(z-at)]$是正向传播的波，而$\exp[\mathrm{i}k_z(z+at)]$是反向传播的波。

如果在拉力杆问题的方程(2.3)上，再加上动力项而成为偏微分方程

$$EA\,\partial^2 w_t/\partial z^2-k\cdot w_t-\rho A\,\partial^2 w_t/\partial t^2=0$$

采用频域分析，得微分方程

$$\mathrm{d}^2 w/\mathrm{d}z^2+[\rho\omega^2/E-k/(EA)]w=0 \tag{2.57}$$

同样的方法给出

$$w=\exp(\mathrm{i}k_z z),\quad k_z^2=\rho\omega^2/E-k/(EA) \tag{2.58}$$

波的$\mathrm{d}\omega/\mathrm{d}k_z$与波长$2\pi/k_z$有关，表明波形在运动中将发生变化，称为波的**色散**。

当$\rho A\omega^2-k<0$时，k_z出现复值。此时不存在波的传播。其物理原因是：当频率低时，惯性力的推动作用顶不过弹性支承的作用，无非是减小了弹性支承的作用而已。

直至这里就动力学与结构力学，从分析力学角度对于一维问题做了对比讲述。其实，分析方法对于更多的领域同样发挥作用。

虽然以上只讲了一维的课题，掌握了一维问题的分析力学，推广到多维问题已经具备了基础。具体应阅读[6,7]等。

第二章的内容实际上与[6]的第1章前二节基本上是一样的，然而正则变换这部分完全是重新考虑书写的，更正了一些不妥当的部分。希望能严密些、可读些；**保辛**的概念也更清晰些，以及用辛矩阵乘法表达的正则变换等，也是在为进一步探讨**保辛-守恒**算法提供准备。

2.3 单自由度的正则变换

正则变换属于分析力学中心内容。传统的正则变换是在分析动力学的框架下讲述的，当然用连续时间的坐标。当前可选择分析结构力学的框架，用离散坐标讲述。分析结构力学也是分析力学，当然可借鉴分析动力学的成果；而运用离散坐标讲述，则更单纯些。

结构力学的长度空间坐标z，代替了分析动力学的时间坐标t。既然是在离散坐标下，对于长度坐标的微商就没有了，但区段的概念仍然存在。结构力学的区段变形能代替了动力学的作用量，更容易接受些，虽然其本质是相同的。实在说，真要将非线性动力学课题予以求解，还是要离散的，所以离散系统的正则变换特别重要。

正则变换考虑系统的非线性，阅读时一定要注意，当然会困难些。

2.3.1 坐标变换的 Jacobi 矩阵

作为数学基本知识，应复习工科大学微积分教材。设有2维坐标x,y要变换到

$\xi(x,y),\eta(x,y)$，此时有 Jacobi 矩阵

$$\boldsymbol{J}_{\mathrm{T}}=\begin{pmatrix}\partial\xi/\partial x & \partial\xi/\partial y\\ \partial\eta/\partial x & \partial\eta/\partial y\end{pmatrix}=\frac{\partial(\xi,\eta)}{\partial(x,y)} \tag{3.1}$$

而其 Jacobi 行列式则是

$$\det(\boldsymbol{J}_{\mathrm{T}})=\left|\frac{\partial(\xi,\eta)}{\partial(x,y)}\right|=\frac{\partial\xi}{\partial x}\frac{\partial\eta}{\partial y}-\frac{\partial\xi}{\partial y}\frac{\partial\eta}{\partial x} \tag{3.2}$$

变换的合成应当考虑。设有顺次的坐标变换：a. 从 x,y 变换到 x_1,y_1；b. 再从 x_1,y_1 变换到 ξ,η。其合成变换仍是从 x,y 变换到 ξ,η 的变换。设变换 a,b 的变换阵分别为：

$$\mathrm{a}:\ \boldsymbol{S}_{\mathrm{a}}=\begin{pmatrix}\partial x_1/\partial x & \partial x_1/\partial y\\ \partial y_1/\partial x & \partial y_1/\partial y\end{pmatrix},\quad \mathrm{b}:\ \boldsymbol{S}_{\mathrm{b}}=\begin{pmatrix}\partial\xi/\partial x_1 & \partial\xi/\partial y_1\\ \partial\eta/\partial x_1 & \partial\eta/\partial y_1\end{pmatrix}$$

综合为

$$\boldsymbol{J}_{\mathrm{T}}=\boldsymbol{S}_{\mathrm{b}}\cdot\boldsymbol{S}_{\mathrm{a}},\text{即}\ \frac{\partial(\xi,\eta)}{\partial(x,y)}=\frac{\partial(\xi,\eta)}{\partial(x_1,y_1)}\frac{\partial(x_1,y_1)}{\partial(x,y)} \tag{3.3}$$

无非是矩阵乘法而已。传递矩阵的合成也是矩阵乘法。验证：

$$\partial\xi/\partial x=(\partial\xi/\partial x_1)(\partial x_1/\partial x)+(\partial\xi/\partial y_1)(\partial y_1/\partial x)$$

等，其实就是 2 维的链式微商。因此其行列式也是

$$\det(\boldsymbol{J}_{\mathrm{T}})=\det(\boldsymbol{S}_{\mathrm{b}})\cdot\det(\boldsymbol{S}_{\mathrm{a}}) \tag{3.4}$$

变量(ξ,η)是(x,y)的函数，则(x,y)就是(ξ,η)的逆函数。也有逆变换$\partial(x,y)/\partial(\xi,\eta)$。正变换后再进行逆变换就是恒等变换，有

$$\frac{\partial(\xi,\eta)}{\partial(x,y)}\frac{\partial(x,y)}{\partial(\xi,\eta)}=\frac{\partial(\xi,\eta)}{\partial(\xi,\eta)}=\boldsymbol{I},\quad \det\frac{\partial(x,y)}{\partial(\xi,\eta)}\cdot\det\frac{\partial(\xi,\eta)}{\partial(x,y)}=1$$

其行列式为互逆。微积分中的链式微商是大量运用的，请复习工科大学微积分教材。以上是一般的 2 维变换的合成。以下用于分析结构力学的正则变换。

以下的表述，位移用 q，而对偶的力则为 p(以前分别是 w,N)。

2.3.2　离散坐标下正则变换的形式

设有给定区段$(z_{\mathrm{a}},z_{\mathrm{b}})$，其两端的位移分别为 $q_{\mathrm{a}},q_{\mathrm{b}}$。因$(z_{\mathrm{a}},z_{\mathrm{b}})$考虑不变，故区段势能只是两端位移 $q_{\mathrm{a}},q_{\mathrm{b}}$ 的函数 $U(q_{\mathrm{a}},q_{\mathrm{b}})$，而与如何达到该位移状态无关，这里并未作线性系统的假设。**线性系统时 $U(q_{\mathrm{a}},q_{\mathrm{b}})$ 是 $q_{\mathrm{a}},q_{\mathrm{b}}$ 的二次函数**。注意，结构力学的区段变形能就是动力学的时间区段作用量。

根据区段变形能 $U(q_{\mathrm{a}},q_{\mathrm{b}})$引入两端的对偶力

$$p_{\mathrm{a}}=-\partial U/\partial q_{\mathrm{a}},\quad p_{\mathrm{b}}=\partial U/\partial q_{\mathrm{b}}$$
$$\mathrm{d}U(q_{\mathrm{a}},q_{\mathrm{b}})=-p_{\mathrm{a}}\mathrm{d}q_{\mathrm{a}}+p_{\mathrm{b}}\mathrm{d}q_{\mathrm{b}} \tag{3.5}$$

并组成状态向量

$$\boldsymbol{v}_a=(q_a \quad p_a),\quad \boldsymbol{v}_b=(q_b \quad p_b) \tag{3.6}$$

正则变换是对于状态向量的变换,对于非线性系统同样可用。

现在要用**离散**坐标的**区段变形能**函数(作用量)讲述正则变换。在哈密顿体系的描述中,其变换应是状态空间中的变换。本书一开始就讲**传递辛矩阵** $\boldsymbol{S}_{a-b}$,将左端的状态向量 $\boldsymbol{v}_a$ 传递到 $\boldsymbol{v}_b$,

$$\boldsymbol{v}_b=\boldsymbol{S}_{a-b}\cdot\boldsymbol{v}_a \tag{3.7}$$

然而,当时是对于线性系统讲的,现在则要考虑非线性问题。仍然需要性质:

区段变形能 $U(q_a,q_b)$ 只是两端位移 q_a,q_b 的函数,而与如何达到该位移状态 q_a,q_b 无关。

以下论述就在此基础上进行。其实能写成 $U(q_a,q_b)$ 已经蕴涵着只是两端位移 q_a,q_b 函数的意思。否则,还要设法表达经过怎样的途径达到位移状态 (q_a,q_b) 的,只写 $U(q_a,q_b)$ 就不够了。

线性系统的式(3.7)表达了什么重要信息呢?它实际上给出了线性函数关系。就有如线性函数 $y=c\cdot x$ 表示其微商 $\mathrm{d}y/\mathrm{d}x=c$,函数 y 与自变量 x 皆为纯量,并且 c 是常数。式(3.7)表明,函数是向量 $\boldsymbol{v}_b$,而自变量 $\boldsymbol{v}_a$ 也是向量,而其偏微商

$$\partial\boldsymbol{v}_b/\partial\boldsymbol{v}_a=\boldsymbol{S}_{a-b}=\begin{pmatrix}\partial q_b/\partial q_a & \partial q_b/\partial p_a\\ \partial p_b/\partial q_a & \partial p_b/\partial p_a\end{pmatrix} \tag{3.8}$$

是传递辛矩阵。在 1.5 节,式(5.7)以下,已经对于线性多个自由度问题,给出了区段刚度矩阵转换到传递辛矩阵的公式。并且运用矩阵操作,验证了 $\boldsymbol{S}^{\mathrm{T}}\boldsymbol{J}\boldsymbol{S}=\boldsymbol{J}$ 成立,故 $\boldsymbol{S}=\boldsymbol{S}_{a-b}$ 是**辛矩阵**。现在不是线性问题,还要考虑非线性。但方法是相近的。首先明确,2 维的向量函数对 2 维的向量变量就是 2 维变换,其微商就是 Jacobi 行列式。

讨论正则变换应首先明确,正则变换是在状态空间的变换,与通常的点变换不同。点变换是在一类变量的 Lagrange 体系下的。如果是多个(n 个)位移未知数的向量 $\boldsymbol{q}_a$,其变换一般可表示为(长度变量用 t 表示)

点变换:
$$\boldsymbol{q}_b=\boldsymbol{q}_b(\boldsymbol{q}_a,t) \tag{3.9}$$

是 n 维位移空间的一个点 $\boldsymbol{q}_a$,变换到 n 维位移空间(位形空间)的另一个点 $\boldsymbol{q}_b$。因此称点变换。n 维位移空间适用欧几里得几何的度量。式(3.9)是时变的点变换。时不变的点变换是

$$\boldsymbol{q}_b=\boldsymbol{q}_b(\boldsymbol{q}_a) \tag{3.10}$$

现在一维是单未知数,其时变的点变换是 $q_b=q_b(q_a,t)$。

正则变换则是状态空间到状态空间的变换。一般形式是

$$\boldsymbol{v}_b=\boldsymbol{v}_b(\boldsymbol{v}_a,t)\text{或 } q_b=q_b(q_a,p_a,t),\quad p_b=p_b(q_a,p_a,t) \tag{3.11}$$

从状态向量 $\boldsymbol{v}_{\mathrm{a}}$ 变换到状态向量 $\boldsymbol{v}_{\mathrm{b}}$。式(3.11)是时变的正则变换;时不变的正则变换则是

$$\boldsymbol{v}_{\mathrm{b}}=\boldsymbol{v}_{\mathrm{b}}(\boldsymbol{v}_{\mathrm{a}})\text{或 } q_{\mathrm{b}}=q_{\mathrm{b}}(q_{\mathrm{a}},p_{\mathrm{a}}),p_{\mathrm{b}}=p_{\mathrm{b}}(q_{\mathrm{a}},p_{\mathrm{a}}) \tag{3.12}$$

状态向量的分量或 q_{a} 与 p_{a} 具有不同的单位,不可运用欧几里得几何,而只能运用辛的几何。见1.7节(几何形态的考虑)。

正则变换是对 Hamilton 体系的状态空间说的,必须运用辛的几何,概念必须明确。

传统分析动力学推导正则变换,是运用生成函数方法的。生成函数的概念不是很容易表达清楚,要重新建立。普通有4类生成函数。其实在结构力学中,生成函数无非是区段能量。4类生成函数分别对应于:区段变形能、区段混合能、逆向区段混合能和区段余能。这些全部是结构力学两端边值问题的能量表示,结构力学表述的物理概念比较清楚,故在结构力学的框架下表述。例如结构力学的区段变形能,是给出两端位移的,相当于两端位移边界条件;然而结构力学还有最普通的简支边界条件,那是部分给出位移而部分给出力的,就不在这4类生成函数内。

后面讲到动力学问题,尤其是非线性最优控制的算法,就可在结构力学两端边值问题的框架内讲述。

在离散坐标下,只能用传递辛矩阵来表述。在正则变换前,两端状态向量之间变分的传递是辛矩阵;则在正则变换后两端状态向量之间的变分传递仍然是辛矩阵。**保辛**。

既然根据区段变形能 $U(q_{\mathrm{a}},q_{\mathrm{b}};t_{\mathrm{a}},t_{\mathrm{b}})$ 引入了两端的对偶力(3.5),就可以组成两端的状态向量(3.6)。两端的状态向量 $\boldsymbol{v}_{\mathrm{a}},\boldsymbol{v}_{\mathrm{b}}$ 之间有关系,它相当于一个变换,要证明这个变换就是正则变换。对于线性系统,变换是乘一个传递辛矩阵 $\boldsymbol{S}_{\mathrm{a-b}}$。一般的非线性系统,则其微商是传递辛矩阵,微商可用变分讲。

正则变换要将 $q_{\mathrm{b}},p_{\mathrm{b}}$ 表达为

$$q_{\mathrm{b}}=q_{\mathrm{b}}(q_{\mathrm{a}},p_{\mathrm{a}},t),\quad p_{\mathrm{b}}=p_{\mathrm{b}}(q_{\mathrm{a}},p_{\mathrm{a}},t) \tag{3.13a,b}$$

从式(3.5),$p_{\mathrm{a}}=-\partial U/\partial q_{\mathrm{a}}$,$p_{\mathrm{b}}=\partial U/\partial q_{\mathrm{b}}$ 都是 $q_{\mathrm{a}},q_{\mathrm{b}},t_{\mathrm{a}},t_{\mathrm{b}}$ 的函数。数学理论上,根据微积分的隐函数定理从前一式可解出

$$q_{\mathrm{b}}=q_{\mathrm{b}}(q_{\mathrm{a}},p_{\mathrm{a}};t_{\mathrm{a}},t_{\mathrm{b}}) \tag{3.14a}$$

然后再代入后一式得到

$$p_{\mathrm{b}}=p_{\mathrm{b}}(q_{\mathrm{a}},p_{\mathrm{a}};t_{\mathrm{a}},t_{\mathrm{b}}) \tag{3.14b}$$

要探讨的是变换(3.14a,b)的性质。按式(3.8)的推广来讲,要证明

$$\frac{\partial \boldsymbol{v}_{\mathrm{b}}}{\partial \boldsymbol{v}_{\mathrm{a}}}=\begin{pmatrix}\partial q_{\mathrm{b}}/\partial q_{\mathrm{a}} & \partial q_{\mathrm{b}}/\partial p_{\mathrm{a}}\\ \partial p_{\mathrm{b}}/\partial q_{\mathrm{a}} & \partial p_{\mathrm{b}}/\partial p_{\mathrm{a}}\end{pmatrix}=\boldsymbol{S} \tag{3.15}$$

是**传递辛矩阵**。

一定要注意,现在面临非线性问题,与线性问题不同,传递辛矩阵 $\boldsymbol{S}$ 是两端位移 $q_{\mathrm{a}},q_{\mathrm{b}}$

的函数。非线性问题一定要存在真实解，这里记真实解的 q_a,q_b 是 q_{a*},q_{b*}。有如变分法，一定要区分真实解 q_{a*},q_{b*} 与可能的变分 $\delta q_a,\delta q_b$，它们是两回事。两端力也有真实解与其变分。事实上，$\boldsymbol{S}$ 阵也是指 $\boldsymbol{S}_*$，即在 q_{a*},q_{b*} 处取值的。$\boldsymbol{S}$ 阵包含了 $\partial q_b/\partial q_a$，$\partial q_b/\partial p_a$，$\partial p_b/\partial q_a$，$\partial p_b/\partial p_a$，它们全部是非线性的，其取值是在 q_{a*},q_{b*} 处。邻近真实解处位移是

$$q_a=q_{a*}+\delta q_a,\quad q_b=q_{b*}+\delta q_b$$

状态空间描述以 q_a,p_a 为自变量，则 $q_b(q_a,p_a),p_b(q_a,p_a)$ 是非线性函数。几何上讲，偏微商代表切面上的方向，取值在 q_{a*},q_{b*} 处就是 q_{a*},q_{b*} 处的切面方向，意义一定要讲明确。讲到切面，一定要明确，是在以 q_a,p_a 为自变量的状态空间，而长度坐标 z_a,z_b 是给定不变的。当然

$$p_a=p_{a*}+\delta p_a,\quad p_b=p_{b*}+\delta p_b$$

2.3.3 传递辛矩阵，Lagrange 括号与 Poisson 括号

要验证(3.15)的 $\boldsymbol{S}$ 是传递辛矩阵，就应验证等式 $\boldsymbol{S}^{\mathrm{T}}\boldsymbol{J}\boldsymbol{S}=\boldsymbol{J}$。执行矩阵运算，有

$$\boldsymbol{S}^{\mathrm{T}}=\begin{pmatrix}\partial q_b/\partial q_a & \partial p_b/\partial q_a\\ \partial q_b/\partial p_a & \partial p_b/\partial p_a\end{pmatrix},\quad \boldsymbol{J}\boldsymbol{S}=\begin{pmatrix}\partial p_b/\partial q_a & \partial p_b/\partial p_a\\ -\partial q_b/\partial q_a & -\partial q_b/\partial p_a\end{pmatrix}$$

乘出来，

$$\begin{aligned}\boldsymbol{S}^{\mathrm{T}}\boldsymbol{J}\boldsymbol{S}&=\begin{pmatrix}\dfrac{\partial q_b}{\partial q_a}\cdot\dfrac{\partial p_b}{\partial q_a}-\dfrac{\partial p_b}{\partial q_a}\cdot\dfrac{\partial q_b}{\partial q_a} & \dfrac{\partial q_b}{\partial q_a}\cdot\dfrac{\partial p_b}{\partial p_a}-\dfrac{\partial p_b}{\partial q_a}\cdot\dfrac{\partial q_b}{\partial p_a}\\ \dfrac{\partial q_b}{\partial p_a}\cdot\dfrac{\partial p_b}{\partial q_a}-\dfrac{\partial p_b}{\partial p_a}\cdot\dfrac{\partial q_b}{\partial q_a} & \dfrac{\partial q_b}{\partial p_a}\cdot\dfrac{\partial p_b}{\partial p_a}-\dfrac{\partial p_b}{\partial p_a}\cdot\dfrac{\partial q_b}{\partial p_a}\end{pmatrix}\\ &=\begin{pmatrix}\{q_a,q_a\}_{q_b,p_b} & \{q_a,p_a\}_{q_b,p_b}\\ \{p_a,q_a\}_{q_b,p_b} & \{p_a,p_a\}_{q_b,p_b}\end{pmatrix}\end{aligned}\tag{3.16}$$

其中 $\{q_a,p_a\}_{q_b,p_b}$ 就是 Lagrange 括号，是一种简写。当然也指真实解的，也就是取值在 q_{a*},q_{b*} 处的。许多时候，不显式写出真实解，要由读者自己辨识体会了。

读者看到，Lagrange 括号出现很自然，不是突然冒出来的。

当前讨论的是一维问题，分析动力学一般讨论的是多维。现在给出 n 维问题 Lagrange括号的定义。n 维的位移与对偶向量是 n 维的 $\boldsymbol{q}_b,\boldsymbol{p}_b$。设有 2 个独立的参变量 u,v，而有 $\boldsymbol{q}_b(u,v),\boldsymbol{p}_b(u,v)$ 的函数。当 u,v 变化时，给出了 $2n$ 维状态空间 $\boldsymbol{q}_b,\boldsymbol{p}_b$ 的 2 维超曲面。在状态空间 Lagrange 括号 $\{u,v\}_{\boldsymbol{q}_b,\boldsymbol{p}_b}$ 的定义是

$$\{u,v\}_{\boldsymbol{q}_b,\boldsymbol{p}_b}=\sum_{k=1}^{n}\left(\frac{\partial q_{bk}}{\partial u}\frac{\partial p_{bk}}{\partial v}-\frac{\partial q_{bk}}{\partial v}\frac{\partial p_{bk}}{\partial u}\right)=\sum_{k=1}^{n}\left|\frac{\partial(q_{bk},p_{bk})}{\partial(u,v)}\right|\tag{3.17}$$

它给出 Jacobi 行列式的纯量之和。单自由度 $n=1$，求和号就没有了。参变量 u,v 似乎很抽象，但式(3.16)中出现的 $\{q_a,p_a\}_{q_b,p_b}$ 表明，u,v 就是变换前的状态 q_a,p_a，当然也可以是

$q_a, q_a; p_a, p_a$ 等许多可能。写成 u, v 是更一般些。根据定义，Lagrange 括号具有反对称的性质

$$\{u, v\}_{q_b, p_b} = -\{v, u\}_{q_b, p_b} \tag{3.18}$$

反对称性质表明 $\{u, u\}_{q_b, p_b} = 0$，故

$$\{q_a, q_a\}_{q_b, p_b} = \{p_a, p_a\}_{q_b, p_b} = 0, \quad \{p_a, q_a\}_{q_b, p_b} = -\{q_a, p_a\}_{q_b, p_b}$$

于是只要再证明

$$\{q_a, p_a\}_{q_b, p_b} = \left| \frac{\partial(q_b, p_b)}{\partial(q_a, p_a)} \right| = 1 \tag{3.19}$$

就表明 $\boldsymbol{S}$ 是辛矩阵了。以下就来证明。Lagrange 括号的自变量是 u, v，取值当然在 u_*，v_* 处，即 q_{a*}, p_{a*} 处等。Lagrange 括号将自变量放在括号内，而函数放在下标处，容易误解，因此 Lagrange 括号在一些著作中不喜欢用。

因单自由度 $n=1$，区段变形能 $U(q_a, q_b)$ 是两端位移的函数，可认为 $U(q_a, q_b)$ 是 2 阶连续可微的，因此在 (q_{a*}, q_{b*}) 附近可运用 Taylor 展开得到

$$U(q_a, q_b) = U_{0*} - p_{a*} \cdot \delta q_a + p_{b*} \cdot \delta q_b + K_{aa*}(\delta q_a)^2/2 + K_{bb*}(\delta q_b)^2/2 + K_{ab*}(\delta q_a)(\delta q_b) + O[(\delta \boldsymbol{q})^3]$$

或用向量表示，令 $\delta \boldsymbol{q} = (\delta q_a, \delta q_b)^{\mathrm{T}}$，有

$$U(q_a, q_b) = U_{0*} - p_{a*} \cdot \delta q_a + p_{b*} \cdot \delta q_b + \delta \boldsymbol{q}^{\mathrm{T}} \cdot \boldsymbol{K}_* \cdot \delta \boldsymbol{q}/2 + O[(\delta \boldsymbol{q})^3] \tag{3.20}$$

2 阶微商的区段刚度矩阵仍是位移 (q_a, q_b) 的函数，其中 $\boldsymbol{K}_*$ 表示刚度矩阵，其取值就是在点 (q_{a*}, q_{b*}) 处，端部力同，它们已经是确定值了。$\delta \boldsymbol{q}$ 与 (q_a, q_b) 完全不是一回事，是独立的。同样，不标注的 q_a, q_b 则还要包含增量，$q_a = q_{a*} + \delta q_a$ 等，δq_a 等是小量。

传递辛矩阵是微商得到的，当然要考虑真实解的邻域。Lagrange 括号、Jacobi 矩阵等全部是真实解邻域微商得到的，取值在真实解处。两端的对偶力是

$$p_a = -\partial U/\partial q_a = p_{a*} + \delta p_a, \quad p_b = \partial U/\partial q_b = p_{b*} + \delta p_b \tag{3.21}$$

这样，根据 Taylor 展开有

$$p_a = p_{a*} - k_{aa*}\delta q_a - K_{ab*}\delta q_b, \quad p_b = p_{b*} + K_{ba*}\delta q_a + K_{bb*}\delta q_b \tag{3.22}$$

高阶小量 $O[(\delta \boldsymbol{q})^2]$ 就不写了。因此微商就要注意两端的 $\delta q, \delta p$ 等。Taylor 展开式表明，$K_{ab*} = K_{ba*}$，即刚度矩阵是对称的。将式(3.21)代入(3.22)，两侧的 p_{a*}, p_{b*} 抵消，就出现 $\delta p_a, \delta p_b$ 用 $\delta q_a, \delta q_b$ 表示的 2 个方程。有 2 个方程、4 个变分 $\delta q_a, \delta q_b; \delta p_a, \delta p_b$，因此其中 2 个变分是独立的。式(3.22)中，对称的刚度矩阵

$$\boldsymbol{K}_* = \begin{pmatrix} K_{aa*} & K_{ab*} \\ K_{ab*} & K_{bb*} \end{pmatrix}$$

加上标记 K_{aa*} 等无非是明确非线性系统取值于真实解处，以后简单些就不写了。于是运用矩阵/向量来表达

$$\boldsymbol{p}=\boldsymbol{p}_*+\boldsymbol{K}\cdot\delta\boldsymbol{q},\quad \boldsymbol{p}=(-p_a,p_b)^{\mathrm{T}},\quad \delta\boldsymbol{p}=\boldsymbol{K}\cdot\delta\boldsymbol{q}\tag{3.23}$$

负号是从式(3.21)的规定来的。

$\delta\boldsymbol{q}$,$\delta\boldsymbol{p}$ 共有 4 个分量,方程(3.23)表明 $\delta\boldsymbol{p}$ 由 $\delta\boldsymbol{q}$ 决定,而 $\delta\boldsymbol{q}$ 则是任意的。问题又一次回到从 1.1 节就讲的,两端边界条件可以化到传递形式,从而得到传递辛矩阵,老一套。将式(3.23)分解写成

$$\delta p_a=-(K_{aa}\delta q_a+K_{ab}\delta q_b),\quad \delta p_b=(K_{ba}\delta q_a+K_{bb}\delta q_b)$$

将 δq_b,δp_b 求解为状态变量 δq_a,δp_a 的函数,当然应 $K_{ab}\neq 0$

$$\delta q_b=-K_{ab}^{-1}K_{aa}\cdot\delta q_a-K_{ab}^{-1}\cdot\delta p_a$$

$$\delta p_b=(K_{ba}-K_{bb}K_{ab}^{-1}K_{aa})\cdot\delta q_a-K_{bb}K_{ab}^{-1}\cdot\delta p_a$$

变分形式,实际上就成为 Jacobi 矩阵的形式,然后写成矩阵/向量形式

$$\frac{\partial\boldsymbol{v}_b}{\partial\boldsymbol{v}_a}=\frac{\partial(q_b,p_b)}{\partial(q_a,p_a)}=\begin{pmatrix}\partial q_b/\partial q_a & \partial q_b/\partial p_a\\ \partial p_b/\partial q_a & \partial p_b/\partial p_a\end{pmatrix}$$

$$=\begin{pmatrix}-K_{ab}^{-1}K_{aa} & -K_{ab}^{-1}\\ (K_{ba}-K_{bb}K_{ab}^{-1}K_{aa}) & -K_{bb}K_{ab}^{-1}\end{pmatrix}=\boldsymbol{S}\tag{3.24}$$

算一遍就可检验 $\boldsymbol{S}$ 是辛矩阵,也就验证了 Lagrange 括号$\{q_a,p_a\}_{q_b,p_b}=1$。证毕。

于是 $\boldsymbol{S}=\partial\boldsymbol{v}_b/\partial\boldsymbol{v}_a$ 确实是**传递辛矩阵**,情况又与线性系统时的式(3.8)符合了。这表明用区段变形能,即动力学的作用量产生的 $\boldsymbol{v}_a$、$\boldsymbol{v}_b$,就是正则变换。这里看清楚了正则变换与辛矩阵的密切关系。

按区段变形能 $U(q_a,q_b)$ 给出的两端状态向量(3.6),就是一个从 $\boldsymbol{v}_a$ 到 $\boldsymbol{v}_b$ 的变换。这无非是区段(z_a,z_b)的两端变换。如果紧接着有区段(z_b,z_c),则同样处理得到从 $\boldsymbol{v}_b$ 到 $\boldsymbol{v}_c$ 的变换。两个正则变换的合成依然是正则变换。即辛矩阵乘法给出的仍是辛矩阵,辛矩阵有群的性质已经讲过多次了。

前面讲的 Lagrange 括号全部是给出下标的$\{u,v\}_{q_b,p_b}$等,表明 Lagrange 括号(3.17)是针对对偶变量(q_b,p_b)计算的。如果将对偶变量(q_b,p_b)再进行一次正则变换,得到(q_c,p_c)又会有什么结果呢。

根据 Jacobi 行列式表示的变换矩阵式(3.1),其合成是(3.3)的矩阵乘法,有

$$\boldsymbol{S}_{a\sim c}=\boldsymbol{S}_{b\sim c}\cdot\boldsymbol{S}_{a\sim b}=\left(\frac{\partial\boldsymbol{v}_c}{\partial\boldsymbol{v}_b}\right)\cdot\left(\frac{\partial\boldsymbol{v}_b}{\partial\boldsymbol{v}_a}\right)=\frac{\partial(q_c,p_c)}{\partial(q_b,p_b)}\cdot\frac{\partial(q_b,p_b)}{\partial(q_a,p_a)}=\frac{\partial(q_c,p_c)}{\partial(q_a,p_a)}$$

无非是运用微积分链式微商而已。用 Lagrange 括号来表达,$\{q_a,p_a\}_{q_c,p_c}=\{q_a,p_a\}_{q_b,p_b}$。Lagrange 括号是一般的,应证明 n 维的变换。如果从$(\boldsymbol{q}_b,\boldsymbol{p}_b)$到$(\boldsymbol{q}_c,\boldsymbol{p}_c)$的变换是正则变换,则必定有

$$\{u,v\}_{\boldsymbol{q}_c,\boldsymbol{p}_c}=\{u,v\}_{\boldsymbol{q}_b,\boldsymbol{p}_b}\tag{3.25}$$

其证明依然是运用 Jacobi 矩阵链式微商的规则。既然在正则变换下 Lagrange 括号不变,

则就不必将下标的状态向量写明，只写 $\{u,v\}$ 就可以了。

虽然这里一些证明是对于单自由度问题的，不满意。以后还要讲多自由度问题，其实根本的思路是一致的。所以将单自由度问题讲清楚，非常重要。

与 Lagrange 括号对应，还有 Poisson 括号。设有 n 维自由度问题，在 $2n$ 维状态空间有两个参变量 (u,v)，有函数 $\boldsymbol{q}(u,v)$，$\boldsymbol{p}(u,v)$，则 Poisson 括号 $[u,v]_{\boldsymbol{q},\boldsymbol{p}}$ 的定义是

$$[u,v]_{\boldsymbol{q},\boldsymbol{p}} \underset{\text{def}}{=} \sum_{k=1}^{n}\left(\frac{\partial u}{\partial q_k}\frac{\partial v}{\partial p_k}-\frac{\partial u}{\partial p_k}\frac{\partial v}{\partial q_k}\right)=\sum_{k=1}^{n}\det\left(\frac{\partial(u,v)}{\partial(q_k,p_k)}\right) \tag{3.26}$$

在 $n=1$ 时，$[u,v]_{q,p}=\det\left(\dfrac{\partial(u,v)}{\partial(q,p)}\right)$，而 $\{u,v\}_{q,p}=\det\left(\dfrac{\partial(q,p)}{\partial(u,v)}\right)$，它们是互逆的。Poisson 括号同样也有反对称性质：$[u,v]_{\boldsymbol{q},\boldsymbol{p}}=-[v,u]_{\boldsymbol{q},\boldsymbol{p}}$。

前面验证了，将 $\boldsymbol{S}^{\mathrm{T}}\boldsymbol{J}\boldsymbol{S}=\boldsymbol{J}$ 乘出来是 Lagrange 括号的矩阵。同样的思路可用于 Poisson 括号。根据辛矩阵群的性质，$\boldsymbol{S}$ 是辛矩阵，则其转置阵 $\boldsymbol{S}^{\mathrm{T}}$ 也是辛矩阵。将 $\boldsymbol{S}\boldsymbol{J}\boldsymbol{S}^{\mathrm{T}}=\boldsymbol{J}$ 乘出来，就得到用 Poisson 括号组成的矩阵。为了看清楚 Poisson 括号，将 $\boldsymbol{S}\boldsymbol{J}\boldsymbol{S}^{\mathrm{T}}=\boldsymbol{J}$ 具体表达为

$$\boldsymbol{S}=\begin{pmatrix}\dfrac{\partial q_{\mathrm{b}}}{\partial q_{\mathrm{a}}} & \dfrac{\partial q_{\mathrm{b}}}{\partial p_{\mathrm{a}}}\\[2ex] \dfrac{\partial p_{\mathrm{b}}}{\partial q_{\mathrm{a}}} & \dfrac{\partial p_{\mathrm{b}}}{\partial p_{\mathrm{a}}}\end{pmatrix},\quad \boldsymbol{J}\boldsymbol{S}^{\mathrm{T}}=\begin{pmatrix}\dfrac{\partial q_{\mathrm{b}}}{\partial p_{\mathrm{a}}} & \dfrac{\partial p_{\mathrm{b}}}{\partial p_{\mathrm{a}}}\\[2ex] -\dfrac{\partial q_{\mathrm{b}}}{\partial q_{\mathrm{a}}} & -\dfrac{\partial p_{\mathrm{b}}}{\partial q_{\mathrm{a}}}\end{pmatrix}$$

$$\boldsymbol{S}\boldsymbol{J}\boldsymbol{S}^{\mathrm{T}}=\begin{pmatrix}\dfrac{\partial q_{\mathrm{b}}}{\partial q_{\mathrm{a}}}\dfrac{\partial q_{\mathrm{b}}}{\partial p_{\mathrm{a}}}-\dfrac{\partial q_{\mathrm{b}}}{\partial p_{\mathrm{a}}}\dfrac{\partial q_{\mathrm{b}}}{\partial q_{\mathrm{a}}} & \dfrac{\partial q_{\mathrm{b}}}{\partial q_{\mathrm{a}}}\dfrac{\partial p_{\mathrm{b}}}{\partial p_{\mathrm{a}}}-\dfrac{\partial q_{\mathrm{b}}}{\partial p_{\mathrm{a}}}\dfrac{\partial p_{\mathrm{b}}}{\partial q_{\mathrm{a}}}\\[2ex] \dfrac{\partial p_{\mathrm{b}}}{\partial q_{\mathrm{a}}}\dfrac{\partial q_{\mathrm{b}}}{\partial p_{\mathrm{a}}}-\dfrac{\partial p_{\mathrm{b}}}{\partial p_{\mathrm{a}}}\dfrac{\partial q_{\mathrm{b}}}{\partial q_{\mathrm{a}}} & \dfrac{\partial p_{\mathrm{b}}}{\partial q_{\mathrm{a}}}\dfrac{\partial p_{\mathrm{b}}}{\partial p_{\mathrm{a}}}-\dfrac{\partial p_{\mathrm{b}}}{\partial p_{\mathrm{a}}}\dfrac{\partial p_{\mathrm{b}}}{\partial q_{\mathrm{a}}}\end{pmatrix}$$

$$\boldsymbol{S}\boldsymbol{J}\boldsymbol{S}^{\mathrm{T}}=\begin{pmatrix}\dfrac{\partial(q_{\mathrm{b}},q_{\mathrm{b}})}{\partial(q_{\mathrm{a}},p_{\mathrm{a}})}=[q_{\mathrm{b}},q_{\mathrm{b}}]_{q_{\mathrm{a}},p_{\mathrm{a}}} & \dfrac{\partial(q_{\mathrm{b}},p_{\mathrm{b}})}{\partial(q_{\mathrm{a}},p_{\mathrm{a}})}=[q_{\mathrm{b}},p_{\mathrm{b}}]_{q_{\mathrm{a}},p_{\mathrm{a}}}\\[2ex] \dfrac{\partial(p_{\mathrm{b}},q_{\mathrm{b}})}{\partial(q_{\mathrm{a}},p_{\mathrm{a}})}=[p_{\mathrm{b}},q_{\mathrm{b}}]_{q_{\mathrm{a}},p_{\mathrm{a}}} & \dfrac{\partial(p_{\mathrm{b}},p_{\mathrm{b}})}{\partial(q_{\mathrm{a}},p_{\mathrm{a}})}=[p_{\mathrm{b}},p_{\mathrm{b}}]_{q_{\mathrm{a}},p_{\mathrm{a}}}\end{pmatrix}=\boldsymbol{J}$$

根据 Poisson 括号的反对称性质 $[q_{\mathrm{b}},q_{\mathrm{b}}]_{q_{\mathrm{a}},p_{\mathrm{a}}}=[p_{\mathrm{b}},p_{\mathrm{b}}]_{q_{\mathrm{a}},p_{\mathrm{a}}}=0$，这是当然。所以 Lagrange 括号与 Poisson 括号是密切关联的，不是突然冒出来的概念。

同样，Poisson 括号 $[u,v]_{\boldsymbol{q},\boldsymbol{p}}$ 在 $\boldsymbol{q}$，$\boldsymbol{p}$ 作正则变换下不变，故可将下标取消，就写成 $[u,v]$，证明略。

前文是从区段变形能讲的，适用于离散坐标体系。离散坐标体系的理论与连续坐标体系希望能够联系起来。事实上，通过 Hamilton-Jacobi 方程可联系连续坐标系统。变分原理(2.14)是对于连续坐标讲的。变分原理得到 Hamilton 对偶方程

$$\dot{q}=\partial H/\partial p,\quad \dot{p}=-\partial H/\partial q,\quad \text{或}\ \dot{\boldsymbol{v}}=\boldsymbol{J}\,\partial H/\partial \boldsymbol{v}$$

而用 Poisson 括号就可写出 Hamilton 对偶方程

$$\dot{q}=[q,H],\quad \dot{p}=[p,H],\quad \text{或}\ \dot{\boldsymbol{v}}=[\boldsymbol{v},H] \tag{3.27}$$

虽然区段变形能等概念是结构力学的，但只要更换成对应的生成函数概念，就可运用于分析动力学，因为两者本来是互相模拟的么。当然结构力学、最优控制运用的是两端边界条件，而动力学则运用初值边界条件。它们的区别就在于此，反映在微分方程正负号不同上。然而这对于正则变换的理论则并无影响。

通过以上讲述，Lagrange 括号和 Poisson 括号与正则变换的关系，可以看清楚了。前文多次讲**保辛**，正则变换就使离散坐标的变换**保辛**了。反过来讲，**保辛**就使离散坐标的变换是正则变换，对**保辛**的认识又增进了一步。

补充：

以上论述是在一维条件下进行的，将来总要考虑多维。前面讲了 2 维自变量对于 2 维函数的微商。以后要考虑 n 维自变量对于 m 维向量函数 $\boldsymbol{f}(\boldsymbol{q})$ 进行微商，其定义为

$$\frac{\partial \boldsymbol{f}}{\partial \boldsymbol{q}}=\begin{pmatrix} \partial f_1/\partial q_1 & \partial f_1/\partial q_2 & \cdots & \partial f_1/\partial q_n \\ \partial f_2/\partial q_1 & \partial f_2/\partial q_2 & \cdots & \partial f_2/\partial q_n \\ \vdots & \vdots & & \vdots \\ \partial f_m/\partial q_1 & \partial f_m/\partial q_2 & \cdots & \partial f_m/\partial q_n \end{pmatrix}$$

这里的规定与 Jacobi 矩阵同。为一般起见，将 $\boldsymbol{f}(\boldsymbol{q})$ 写成了 m 维向量函数，当然适用于$m=n$。

2.3.4 对辛矩阵乘法表达正则变换的讨论

正则变换是基本理论，但也是应用的基础。在动力学积分、结构力学与最优控制的分析计算方面，需要切实的便于应用在计算分析的理论公式与算法。

非线性的动力学、最优控制等课题，一概要求严格的分析解是不现实的。近似数值求解是自然的选择。分析力学的近似数值求解一般要进行离散。对于非线性系统，摄动法(Perturbation，物理学称微扰)近似是常用的。正则变换对于摄动法近似分析是很重要的手段。

许多分析动力学著作讲述正则变换，最常用的是变分原理与生成函数的方法[1]。这只能适用于连续坐标系统。但这并不是唯一的方法，正则变换也可以通过辛矩阵乘法来表述，可适用于离散坐标系统。在数学理论上二者是一致的，但形式上相差很大。在数值计算的应用方面，辛矩阵乘法的正则变换是有优点的。用辛矩阵乘法表达正则变换，可显式提供(3.11)的变换公式，便于应用。具体的，辛矩阵乘法正则变换以后在讲述多自由度正则变换时再表达。

然而，传递辛矩阵表达的正则变换毕竟不是连续坐标的正则变换。人们不免要问，怎样将传递辛矩阵的正则变换与连续坐标的正则变换关联起来，Hamilton 函数的变换何

在，等等。可回答如下。

原问题的真实解是存在的，但认真求解其真实解则存在困难，只能找到近似解。根据近似解，来执行一个正则变换。其所对应的系统也是近似的。离散近似解用区段变形能表达，于是就有传递辛矩阵等。

传递辛矩阵表达是从区段变形能，引入对偶变量，推导来的。与连续坐标的要求对应，也应该提供任意区段的连续坐标的区段变形能函数 $U(q_a, q_b; z_a, z_b)$，其中长度坐标 z_a, z_b 是任意值。于是可引入任意坐标的对偶变量，并引入对偶变量的 Hamilton 函数 $H(q, p)$；于是就可导出 Hamilton-Jacobi 方程，等等。虽然是近似解，要求严格满足连续坐标的全部方程，除线性系统外，也不能随心所欲。所以现实点，不妨认为近似系统是线性系统。

即使是连续线性系统，其求解也要运用状态空间的本征向量展开的方法。后面会讲线性系统的状态空间的本征向量展开的理论与算法。数字化时代，不能光讲理论不讲算法。

一般多自由度线性体系便于数值求解。例如运用状态空间的本征向量展开，共轭辛正交归一关系等。离散后每个区段在精确线性系统解的逼近基础上，运用辛矩阵乘法的正则变换表达就可将近似线性系统的成果融合、消化；同时将正则变换后的 Hamilton 函数、对偶微分方程等给出。正则变换后，得到的仍是 Hamilton 体系，可用例如作用量的时间有限元法，结合参变量方法，进行数值求解，以达到保辛-守恒[13]。

第3章　多维经典力学

经典力学从牛顿时代开始发展，是近代科学的基础。因此本章通过微积分讲述经典力学的基本内容。按牛顿定律，加速度与受到的力成正比。而速度与加速度是位移的一阶与二阶微商。这表明动力学不能回避微积分学。而分析动力学则是牛顿之后数百年的研究主题之一。关于微积分，John von Neumann 有论述[11]："现代数学中的一些最好的灵感，很明显地起源于自然科学"，认为"数学来源于经验"是"比较接近于真理"的看法。他论述数学分析的发展时说："关于微积分最早的系统论述甚至在数学上并不严格。在牛顿之后的一百五十多年里，唯一有的只是一个不精确的、半物理的描述！然而与这种不精确的、数学上不充分的背景形成对照的是，数学分析中的某些最重要的进展却发生在这段时间！这一时期数学上的一些领军人物，例如欧拉，在学术上显然并不严密；而其他人，总的来说与高斯或雅可比差不多。当时数学分析发展的混乱与模糊无以复加，并且它与经验的关系当然也不符合我们今天的(或欧几里得的)抽象与严密的概念。但是，没有哪一位数学家会把它排除在数学发展的历史长卷之外，这一时期产生的数学是曾经有过的第一流的数学！"。后世严格的数学家，认为牛顿时代的微积分以及随后的一些发展，不够严密，等等。发展到追求绝对严格的数学，期望能完全脱离经验的成分。一段时间造成了数学危机。对此[11]有精彩讲述。

不要让后世部分数学家的不同批评意见弄昏了头，哪怕不是那么严格，难道就不要这些第一流的数学了吗！

3.1　多维的经典力学

第 2 章讲了一维经典力学，但经典力学毕竟要考虑多维的，设为 n 维。初始给定了 n，则以后总是 n 维。分析力学的维数是不变的，要求解 n 维的微分方程组。一般问题是非线性的，分析求解非常困难。在数字化时代，离散求解是常规。

M. F. Atiyah 在《数学与计算机革命》中说："人们更重视的将是离散数学而不再是研究连续现象的微积分……它将会刺激产生数学的一些令人兴奋的新分支……"；"我们很

习惯利用分得越来越细小的离散量去逼近一个连续量……”，又指出“这是因为计算机的基础是开关电路，而开关电路又是由离散数学比如说代数所描述的”[12]。表明计算机时代离不开离散数学。离散系统的分析将占有越来越重要的位置。计算科学也必然要处理离散系统。

将原来连续的时间坐标离散进行近似数值求解，已经是众多科技研究人员的共识。首先是对于经典动力学系统的时间坐标离散求解，系统维数恒定、保守而有 Lagrange 函数、Hamilton 变分原理、作用量等；对于所有自由度的离散是划一的等步长，不过系统是非线性的。这样就成为离散时间系统。

首先，要明确离散系统基本理论的概念。离散近似系统的基本数学理论，已经不再适用数学的李群理论（Lie group theory）了。李群是连续群，对应的描述对象是微分方程组，当然只能用于恒定维数的系统。而且对于全部自由度，时间是同步的[22]。适用于分析动力学，著作[4,5]中讲了许多李群理论，但也只是适用于连续时间分析动力学的。离散近似系统虽然也是恒定维数系统，并且时间离散也是同步的，但已经不再是微分方程组了。李群理论的无穷小变换（Infinitesimal transformation）等基础手段也已经不能采用了。读本书不需要掌握李群的深奥理论的。

基本理论无论如何是必要的，离散后李群理论就不能用了，那么取代李群有什么群可用呢？

有！这就是离散的**传递辛矩阵群**，著作[6,7]强调了**传递辛矩阵**所构成的群，它所**传递**的是各离散时间点的**状态向量**。传递辛矩阵群是离散群，如果时间一直延伸下去，则给出无限元素的离散群。

采用传递辛矩阵群是因为非线性微分方程组的分析求解困难，难以解决，只能离散近似数值求解而带来的。从基本概念的角度看，离散系统的数值求解，随着离散网格的分细应当逼近于微分方程的分析解，也就是收敛于精确的分析解。于是可推论，传递辛矩阵群也必然逼近于对应的李群。可是，航空航天等多种工程的需求也要考虑，例如绳系结构等，其运动不能达到处处可微分要求，而当今航空航天的发展，柔性结构应用很多。因此不可拘泥于李群理论。

面对非线性联立微分方程求解的困难，摄动法（Perturbation，钱学森称 PLK method，见[44]）是有效的近似手段。冯康提出差分近似要**保辛**，其实保守系统的任何近似方法皆应**保辛**，摄动法近似也应**保辛**。既然已经知道分析动力学与分析结构力学的类同性质，所以就可一起讲述了。本章多维分析力学的讲述，其实与一维的分析力学很接近。当然一维总是简单些。

3.1.1　多维经典力学体系

经典动力学是牛顿以来发展的热点，先是天文，尤其是现代受到航空航天等高科技蓬

勃发展的推动。牛顿力学是求解微分方程的。经许多数学-力学大家的研究，Lagrange提出了 Lagrange 函数

$$L(\boldsymbol{q},\dot{\boldsymbol{q}},t)=T-U \tag{1.1}$$

其中 T 是动能而 U 是势能函数，是能量的表达方式。$\boldsymbol{q}$ 代表广义位移，而 $\dot{\boldsymbol{q}}=\partial\boldsymbol{q}/\partial t$。写 $L(\boldsymbol{q},\dot{\boldsymbol{q}},t)$代表时变系统，而写 $L(\boldsymbol{q},\dot{\boldsymbol{q}})$则为时不变系统。牛顿之后的数学家发展了变分法的描述，适合用 Lagrange 体系。为简单起见，以后就讲时不变系统。

达到保辛，可运用恒定维数的对称矩阵对应于传递辛矩阵的性质。这是[6,7,9]中反复讲解的性质。时间区段(t_a,t_b)的作用量本是

$$S(\boldsymbol{q}_a,\boldsymbol{q}_b;t_a,t_b)=\int_{t_a}^{t_b}L(\boldsymbol{q},\dot{\boldsymbol{q}},t)\mathrm{d}t \tag{1.2}$$

它是待求位移 $\boldsymbol{q}(t)$的泛函，$\boldsymbol{q}_a,\boldsymbol{q}_b$ 则分别是 t_a,t_b 时刻的位移向量。从变分原理 $\delta S=0$（白体 S 是纯量）推导，即给出动力 Euler-Lagrange 方程

$$\frac{\mathrm{d}}{\mathrm{d}t}\left(\frac{\partial L}{\partial\dot{\boldsymbol{q}}}\right)-\frac{\partial L}{\partial\boldsymbol{q}}=\boldsymbol{0} \tag{1.3}$$

根据两端位移 $\boldsymbol{q}_a,\boldsymbol{q}_b$，可采用有限元插值的近似方法，积分而得到近似作用量。以下转向分析结构力学的表述，此时作用量成为区段变形能，所以记为 $U(\boldsymbol{q}_a,\boldsymbol{q}_b;t_a,t_b)$，以代替$S(\boldsymbol{q}_a,\boldsymbol{q}_b;t_a,t_b)$。

设有给定区段(t_a,t_b)。区段作用量 $U(\boldsymbol{q}_a,\boldsymbol{q}_b;t_a,t_b)$只是两端位移 $\boldsymbol{q}_a,\boldsymbol{q}_b$ 的函数[(t_a,t_b)不变]，而与如何达到该位移状态无关，这里并未作线性系统的假设。**线性系统时 $U(\boldsymbol{q}_a,\boldsymbol{q}_b;t_a,t_b)$是 $\boldsymbol{q}_a,\boldsymbol{q}_b$ 的二次函数**。注意动力学的时间区段作用量就是结构力学的区段变形能。其实能写成 $U(\boldsymbol{q}_a,\boldsymbol{q}_b)$已经蕴涵着只是两端位移$(\boldsymbol{q}_a,\boldsymbol{q}_b)$函数的意思。否则，还要设法表达经过怎样的途径达到位移状态$(\boldsymbol{q}_a,\boldsymbol{q}_b)$的，只写 $U(\boldsymbol{q}_a,\boldsymbol{q}_b)$就不够了。写 $U(\boldsymbol{q}_a,\boldsymbol{q}_b)$就是结构力学的思路了。

分别引入对于 $\boldsymbol{q}_a,\boldsymbol{q}_b$ 的对偶向量

$$\boldsymbol{p}_a=-\partial U/\partial\boldsymbol{q}_a,\quad \boldsymbol{p}_b=\partial U/\partial\boldsymbol{q}_b$$

或

$$p_{aj}=-\partial U/\partial q_{aj},\quad p_{bj}=\partial U/\partial q_{bj} \tag{1.4a,b}$$

与位移向量一起，共同组成两端的**状态向量**，

$$\boldsymbol{v}_a=\begin{Bmatrix}\boldsymbol{q}_a\\ \boldsymbol{p}_a\end{Bmatrix},\quad \boldsymbol{v}_b=\begin{Bmatrix}\boldsymbol{q}_b\\ \boldsymbol{p}_b\end{Bmatrix} \tag{1.5}$$

根据微积分偏微商次序无关规则，有

$$-\partial p_{ai}/\partial q_{bj}=\partial p_{bj}/\partial q_{ai}\quad (=\partial^2 U/\partial q_{ai}\partial q_{bj})$$

其中的偏微商是两端位移的函数。以下就分析结构力学讲述，时间(t_a,t_b)变成长度坐标(z_a,z_b)；或者将符号 t 就看成坐标 z 即可。

将方程(1.4a)对 $\boldsymbol{q}_{\mathrm{b}}$ 求解(求解的可能性是微积分教材的隐函数定理),可得

$$\boldsymbol{q}_{\mathrm{b}}=\boldsymbol{q}_{\mathrm{b}}(\boldsymbol{q}_{\mathrm{a}},\boldsymbol{p}_{\mathrm{a}};z_{\mathrm{a}},z_{\mathrm{b}}) \tag{1.6a}$$

将 (1.6a)的 $\boldsymbol{q}_{\mathrm{b}}$ 代入式(1.4b)给出

$$\boldsymbol{p}_{\mathrm{b}}=\boldsymbol{p}_{\mathrm{b}}(\boldsymbol{q}_{\mathrm{a}},\boldsymbol{p}_{\mathrm{a}};z_{\mathrm{a}},z_{\mathrm{b}}) \tag{1.6b}$$

这样,式(1.6a,b)成为从原对偶变量 $\boldsymbol{q}_{\mathrm{a}},\boldsymbol{p}_{\mathrm{a}}$ 到新对偶变量 $\boldsymbol{q}_{\mathrm{b}},\boldsymbol{p}_{\mathrm{b}}$ 的变换[方程(1.6)只是数学理论,并不要求数值求解]。正则变换是 $2n$ 维的变换,是状态向量的变换,而点变换则是 n 维位移的变换。应验证状态向量沿 z 方向的变换是正则变换。$\boldsymbol{q}_{\mathrm{a}},\boldsymbol{p}_{\mathrm{a}}$ 是在 z_{a} 处的状态对偶变量;而 $\boldsymbol{q}_{\mathrm{b}},\boldsymbol{p}_{\mathrm{b}}$ 则是在 z_{b} 处的状态对偶变量;力学意义很清楚。现采用微商的链式法则以导出变换,便于理解。动力学可将时间有限元采用两端边值条件,给定 $\boldsymbol{q}_{\mathrm{a}},\boldsymbol{q}_{\mathrm{b}}$,而将两端的对偶向量 $\boldsymbol{p}_{\mathrm{a}},\boldsymbol{p}_{\mathrm{b}}$ 用 $\boldsymbol{q}_{\mathrm{a}},\boldsymbol{q}_{\mathrm{b}}$ 来确定。但分析力学则通常采用对偶状态向量 $\boldsymbol{q}_{\mathrm{a}}$,$\boldsymbol{p}_{\mathrm{a}}$ 的初值条件,而将另一端的对偶变量 $\boldsymbol{q}_{\mathrm{b}},\boldsymbol{p}_{\mathrm{b}}$ 当成一个变换,即辛矩阵乘法的变换。该变换的条件非常有兴趣。

规定 m 维向量函数 $\boldsymbol{f}(\boldsymbol{q})$对 n 维向量变量 $\boldsymbol{q}$ 的微商为

$$\frac{\partial \boldsymbol{f}}{\partial \boldsymbol{q}}=\begin{pmatrix} \partial f_1/\partial q_1 & \partial f_1/\partial q_2 & \cdots & \partial f_1/\partial q_n \\ \partial f_2/\partial q_1 & \partial f_2/\partial q_2 & \cdots & \partial f_2/\partial q_n \\ \vdots & \vdots & & \vdots \\ \partial f_m/\partial q_1 & \partial f_m/\partial q_2 & \cdots & \partial f_m/\partial q_n \end{pmatrix} \tag{1.7}$$

这里的规定与 Jacobi 矩阵同。为一般起见,将 $\boldsymbol{f}$(就是 $\boldsymbol{q}_{\mathrm{b}}$)写成了 m 维向量。当然适用于 $m=n$。

这里,先将点变换与正则变换的关系讲一下。线性点变换可用 $n\times n$ 的非奇异矩阵 $\boldsymbol{U}$ 代表,令 $\boldsymbol{q}_{\mathrm{a}}=\boldsymbol{U}\boldsymbol{q}_{\mathrm{a}U}$ 代表从 $\boldsymbol{q}_{\mathrm{a}}$ 与 $\boldsymbol{q}_{\mathrm{a}U}$ 相互间的变换,如果从区段[a,b]看,则 $\boldsymbol{q}_{\mathrm{a}}=\boldsymbol{U}\boldsymbol{q}_{\mathrm{a}U}$,$\boldsymbol{q}_{\mathrm{b}}=\boldsymbol{U}\boldsymbol{q}_{\mathrm{b}U}$ 两端按同一的矩阵进行点变换。对应地,区段作用量不变,而刚度矩阵也要变换,从而对偶力也要变换。这是从点变换引申出来的结果。

正则变换则是 $2n$ 维状态空间的,将位移与其对偶变量一起变换的,体现为状态向量的传递辛矩阵乘法。

设积分到 k 号时间区段$(t_{\mathrm{a}},t_{\mathrm{b}})$,$t_{\mathrm{a}}=t_{k-1}$,$t_{\mathrm{b}}=t_k$,函数是向量 $\boldsymbol{v}_{\mathrm{b}}(\boldsymbol{v}_{\mathrm{a}})$,而自变量 $\boldsymbol{v}_{\mathrm{a}}$ 也是向量。其偏微商是

$$\frac{\partial \boldsymbol{v}_k}{\partial \boldsymbol{v}_{k-1}}=\begin{pmatrix} \partial \boldsymbol{q}_k/\partial \boldsymbol{q}_{k-1} & \partial \boldsymbol{q}_k/\partial \boldsymbol{p}_{k-1} \\ \partial \boldsymbol{p}_k/\partial \boldsymbol{q}_{k-1} & \partial \boldsymbol{p}_k/\partial \boldsymbol{p}_{k-1} \end{pmatrix}=\boldsymbol{S}_k$$

要探讨的是变换(1.6a,b)的性质。现在要证明 $2n\times 2n$ 矩阵

$$\frac{\partial \boldsymbol{v}_{\mathrm{b}}}{\partial \boldsymbol{v}_{\mathrm{a}}}=\begin{pmatrix} \partial \boldsymbol{q}_{\mathrm{b}}/\partial \boldsymbol{q}_{\mathrm{a}} & \partial \boldsymbol{q}_{\mathrm{b}}/\partial \boldsymbol{p}_{\mathrm{a}} \\ \partial \boldsymbol{p}_{\mathrm{b}}/\partial \boldsymbol{q}_{\mathrm{a}} & \partial \boldsymbol{p}_{\mathrm{b}}/\partial \boldsymbol{p}_{\mathrm{a}} \end{pmatrix}=\boldsymbol{S} \tag{1.8}$$

是传递辛矩阵，其中$\partial \boldsymbol{q}_\text{b}/\partial \boldsymbol{p}_\text{a}$等皆为$n\times n$矩阵。

一定要注意，现在面临非线性问题，与线性问题的传递辛矩阵$\boldsymbol{S}$取常值不同，传递辛矩阵$\boldsymbol{S}$是两端位移$\boldsymbol{q}_\text{a},\boldsymbol{q}_\text{b}$的函数。非线性问题要求存在真实解，这里标记真实解的$\boldsymbol{q}_\text{a},\boldsymbol{q}_\text{b}$为$\boldsymbol{q}_{\text{a}*},\boldsymbol{q}_{\text{b}*}$。有如变分法，一定要区别真实解$\boldsymbol{q}_{\text{a}*},\boldsymbol{q}_{\text{b}*}$与可能的变分$\delta\boldsymbol{q}_\text{a},\delta\boldsymbol{q}_\text{b}$，它们是两回事。两端对偶向量也有真实解与其变分。事实上，$\boldsymbol{S}$阵也是指$\boldsymbol{S}_*$，在$\boldsymbol{q}_{\text{a}*},\boldsymbol{q}_{\text{b}*}$处取值的。显然

$$\boldsymbol{q}_\text{a}=\boldsymbol{q}_{\text{a}*}+\delta\boldsymbol{q}_\text{a} \tag{1.9}$$

$$\boldsymbol{q}_\text{b}=\boldsymbol{q}_{\text{b}*}+\delta\boldsymbol{q}_\text{b} \tag{1.10}$$

注意，离散系统只是对于时间坐标的离散，而状态则仍然是连续的。分析动力学的Lagrange括号、Poisson括号传统是在连续系统下讲述的；以下对非线性离散系统的讲述需要Jacobi矩阵等内容，这是在工科大学微积分中一定有的。在前面§2.3.1坐标变换的Jacobi矩阵已经复习过了。

3.1.2 传递辛矩阵，Lagrange括号与Poisson括号

要验证式(1.8)的$\boldsymbol{S}$是传递辛矩阵，就应验证等式$\boldsymbol{S}^\text{T}\boldsymbol{J}\boldsymbol{S}=\boldsymbol{J}$成立。执行矩阵乘法，有

$$\boldsymbol{S}^\text{T}=\begin{pmatrix}(\partial\boldsymbol{q}_\text{b}/\partial\boldsymbol{q}_\text{a})^\text{T} & (\partial\boldsymbol{p}_\text{b}/\partial\boldsymbol{q}_\text{a})^\text{T}\\ (\partial\boldsymbol{q}_\text{b}/\partial\boldsymbol{p}_\text{a})^\text{T} & (\partial\boldsymbol{p}_\text{b}/\partial\boldsymbol{p}_\text{a})^\text{T}\end{pmatrix} \tag{1.11}$$

$$\boldsymbol{J}\boldsymbol{S}=\begin{pmatrix}\partial\boldsymbol{p}_\text{b}/\partial\boldsymbol{q}_\text{a} & \partial\boldsymbol{p}_\text{b}/\partial\boldsymbol{p}_\text{a}\\ -\partial\boldsymbol{q}_\text{b}/\partial\boldsymbol{q}_\text{a} & -\partial\boldsymbol{q}_\text{b}/\partial\boldsymbol{p}_\text{a}\end{pmatrix} \tag{1.12}$$

乘出来，

$$\boldsymbol{S}^\text{T}\boldsymbol{J}\boldsymbol{S}=\begin{pmatrix}\{\boldsymbol{q}_\text{a},\boldsymbol{q}_\text{a}\}_{\boldsymbol{q}_\text{b},\boldsymbol{p}_\text{b}} & \{\boldsymbol{q}_\text{a},\boldsymbol{p}_\text{a}\}_{\boldsymbol{q}_\text{b},\boldsymbol{p}_\text{b}}\\ \{\boldsymbol{p}_\text{a},\boldsymbol{q}_\text{a}\}_{\boldsymbol{q}_\text{b},\boldsymbol{p}_\text{b}} & \{\boldsymbol{p}_\text{a},\boldsymbol{p}_\text{a}\}_{\boldsymbol{q}_\text{b},\boldsymbol{p}_\text{b}}\end{pmatrix} \tag{1.13}$$

其中$\{\boldsymbol{q}_\text{a},\boldsymbol{p}_\text{a}\}_{\boldsymbol{q}_\text{b},\boldsymbol{p}_\text{b}}$就是Lagrange括号，是一种简写。当然也指在真实解处的。而

$$\{\boldsymbol{q}_\text{a},\boldsymbol{q}_\text{a}\}_{\boldsymbol{q}_\text{b},\boldsymbol{p}_\text{b}}=\left(\frac{\partial\boldsymbol{q}_\text{b}}{\partial\boldsymbol{q}_\text{a}}\right)^\text{T}\cdot\frac{\partial\boldsymbol{p}_\text{b}}{\partial\boldsymbol{q}_\text{a}}-\left(\frac{\partial\boldsymbol{p}_\text{b}}{\partial\boldsymbol{q}_\text{a}}\right)^\text{T}\cdot\frac{\partial\boldsymbol{q}_\text{b}}{\partial\boldsymbol{q}_\text{a}}$$

$$\{\boldsymbol{q}_\text{a},\boldsymbol{p}_\text{a}\}_{\boldsymbol{q}_\text{b},\boldsymbol{p}_\text{b}}=\left(\frac{\partial\boldsymbol{q}_\text{b}}{\partial\boldsymbol{q}_\text{a}}\right)^\text{T}\cdot\frac{\partial\boldsymbol{p}_\text{b}}{\partial\boldsymbol{p}_\text{a}}-\left(\frac{\partial\boldsymbol{p}_\text{b}}{\partial\boldsymbol{q}_\text{a}}\right)^\text{T}\cdot\frac{\partial\boldsymbol{q}_\text{b}}{\partial\boldsymbol{p}_\text{a}}$$

$$\{\boldsymbol{p}_\text{a},\boldsymbol{q}_\text{a}\}_{\boldsymbol{q}_\text{b},\boldsymbol{p}_\text{b}}=\left(\frac{\partial\boldsymbol{q}_\text{b}}{\partial\boldsymbol{p}_\text{a}}\right)^\text{T}\cdot\frac{\partial\boldsymbol{p}_\text{b}}{\partial\boldsymbol{q}_\text{a}}-\left(\frac{\partial\boldsymbol{p}_\text{b}}{\partial\boldsymbol{p}_\text{a}}\right)^\text{T}\cdot\frac{\partial\boldsymbol{q}_\text{b}}{\partial\boldsymbol{q}_\text{a}}$$

$$\{\boldsymbol{p}_\text{a},\boldsymbol{p}_\text{a}\}_{\boldsymbol{q}_\text{b},\boldsymbol{p}_\text{b}}=\left(\frac{\partial\boldsymbol{q}_\text{b}}{\partial\boldsymbol{p}_\text{a}}\right)^\text{T}\cdot\frac{\partial\boldsymbol{p}_\text{b}}{\partial\boldsymbol{p}_\text{a}}-\left(\frac{\partial\boldsymbol{p}_\text{b}}{\partial\boldsymbol{p}_\text{a}}\right)^\text{T}\cdot\frac{\partial\boldsymbol{q}_\text{b}}{\partial\boldsymbol{p}_\text{a}}$$

许多时候在真实解处不能显式表达，要由读者自行辨识了。

分析力学一般讨论的是多维。现在给出n维问题Lagrange括号的定义。n维的位移与对偶向量是n维的$\boldsymbol{q}_\text{b},\boldsymbol{p}_\text{b}$，状态空间就是$2n$维了。设有2个独立的参变量$u,v$，而有

$\boldsymbol{q}_{\mathrm{b}}(u,v)$，$\boldsymbol{p}_{\mathrm{b}}(u,v)$的函数。当 u，v 变化时，给出了 $2n$ 维状态空间的 2 维超曲面。在状态空间 Lagrange 括号$\{u,v\}_{\boldsymbol{q}_{\mathrm{b}},\boldsymbol{p}_{\mathrm{b}}}$的定义是

$$\{u,v\}_{\boldsymbol{q}_{\mathrm{b}},\boldsymbol{p}_{\mathrm{b}}}=\sum_{k=1}^{n}\left(\frac{\partial q_{\mathrm{b}k}}{\partial u}\frac{\partial p_{\mathrm{b}k}}{\partial v}-\frac{\partial q_{\mathrm{b}k}}{\partial v}\frac{\partial p_{\mathrm{b}k}}{\partial u}\right)$$

$$=\sum_{k=1}^{n}\left|\frac{\partial(q_{\mathrm{b}k},p_{\mathrm{b}k})}{\partial(u,v)}\right| \tag{1.14}$$

它给出 Jacobi 行列式的纯量之和。单自由度 $n=1$ 时，求和号就没有了。参变量 u，v 似乎很抽象，但式(1.14)中出现的$\{\boldsymbol{q}_{\mathrm{a}},\boldsymbol{p}_{\mathrm{a}}\}_{\boldsymbol{q}_{\mathrm{b}},\boldsymbol{p}_{\mathrm{b}}}$ 表明向量 $\boldsymbol{q}_{\mathrm{b}}$，$\boldsymbol{p}_{\mathrm{b}}$ 只出现在 Lagrange 括号的定义中，而参变量 u，v 的地位是向量 $\boldsymbol{q}_{\mathrm{a}}$，$\boldsymbol{p}_{\mathrm{a}}$；即 u，v 是变换前状态 $\boldsymbol{q}_{\mathrm{a}}$，$\boldsymbol{p}_{\mathrm{a}}$ 的任意分量。这表明可以取

$$u=q_{\mathrm{a},i},\quad v=q_{\mathrm{a},j};\quad u=q_{\mathrm{a},i},\quad v=p_{\mathrm{a},j};$$

$$u=p_{\mathrm{a},i},\quad v=q_{\mathrm{a},j};\quad u=p_{\mathrm{a},i},\quad v=p_{\mathrm{a},j};\quad 0<i,j\leqslant n$$

等 4 种选择，写成 u，v 是更一般些。现在检验 Lagrange 括号，因

$$\frac{\partial\boldsymbol{q}_{\mathrm{b}}}{\partial\boldsymbol{q}_{\mathrm{a}}}=\begin{pmatrix}\partial q_{\mathrm{b}1}/\partial q_{\mathrm{a}1} & \partial q_{\mathrm{b}1}/\partial q_{\mathrm{a}2} & \cdots & \partial q_{\mathrm{b}1}/\partial q_{\mathrm{a}n}\\ \partial q_{\mathrm{b}2}/\partial q_{\mathrm{a}1} & \partial q_{\mathrm{b}2}/\partial q_{\mathrm{a}2} & \cdots & \partial q_{\mathrm{b}2}/\partial q_{\mathrm{a}n}\\ \vdots & \vdots & & \vdots\\ \partial q_{\mathrm{b}n}/\partial q_{\mathrm{a}1} & \partial q_{\mathrm{b}n}/\partial q_{\mathrm{a}2} & \cdots & \partial q_{\mathrm{b}n}/\partial q_{\mathrm{a}n}\end{pmatrix}$$

有

$$\{q_{\mathrm{a}i},q_{\mathrm{a}j}\}_{\boldsymbol{q}_{\mathrm{b}},\boldsymbol{p}_{\mathrm{b}}}=\left(\frac{\partial\boldsymbol{q}_{\mathrm{b}}}{\partial q_{\mathrm{a}i}}\right)^{\mathrm{T}}\cdot\left(\frac{\partial\boldsymbol{p}_{\mathrm{b}}}{\partial q_{\mathrm{a}j}}\right)-\left(\frac{\partial\boldsymbol{p}_{\mathrm{b}}}{\partial q_{\mathrm{a}i}}\right)^{\mathrm{T}}\cdot\left(\frac{\partial\boldsymbol{q}_{\mathrm{b}}}{\partial q_{\mathrm{a}j}}\right)$$

$$=\sum_{k=1}^{n}\left(\frac{\partial q_{\mathrm{b}k}}{\partial q_{\mathrm{a}i}}\frac{\partial p_{\mathrm{b}k}}{\partial q_{\mathrm{a}j}}-\frac{\partial q_{\mathrm{b}k}}{\partial q_{\mathrm{a}j}}\frac{\partial p_{\mathrm{b}k}}{\partial q_{\mathrm{a}i}}\right)$$

$$=\sum_{k=1}^{n}\left|\frac{\partial(q_{\mathrm{b}k},p_{\mathrm{b}k})}{\partial(q_{\mathrm{a}i},q_{\mathrm{a}j})}\right|$$

符合定义(1.14)。

用 4 个 $n\times n$ 子矩阵 $\boldsymbol{S}_{qq}$，$\boldsymbol{S}_{qp}$，$\boldsymbol{S}_{pq}$，$\boldsymbol{S}_{pp}$ 表达辛矩阵 $\boldsymbol{S}$

$$\boldsymbol{S}=\begin{pmatrix}\boldsymbol{S}_{qq} & \boldsymbol{S}_{qp}\\ \boldsymbol{S}_{pq} & \boldsymbol{S}_{pp}\end{pmatrix},\quad \boldsymbol{S}_{qq}=\{\boldsymbol{q}_{\mathrm{a}},\boldsymbol{q}_{\mathrm{a}}\}_{\boldsymbol{q}_{\mathrm{b}},\boldsymbol{p}_{\mathrm{b}}},\quad \boldsymbol{S}_{qp}=\{\boldsymbol{q}_{\mathrm{a}},\boldsymbol{p}_{\mathrm{a}}\}_{\boldsymbol{q}_{\mathrm{b}},\boldsymbol{p}_{\mathrm{b}}}$$

$$\boldsymbol{S}_{pq}=\{\boldsymbol{p}_{\mathrm{a}},\boldsymbol{q}_{\mathrm{a}}\}_{\boldsymbol{q}_{\mathrm{b}},\boldsymbol{p}_{\mathrm{b}}},\quad \boldsymbol{S}_{pp}=\{\boldsymbol{p}_{\mathrm{a}},\boldsymbol{p}_{\mathrm{a}}\}_{\boldsymbol{q}_{\mathrm{b}},\boldsymbol{p}_{\mathrm{b}}} \tag{1.15}$$

具体表达出来

$$\boldsymbol{S}_{qq}=\begin{pmatrix}\{q_{\mathrm{a}1},q_{\mathrm{a}1}\}_{\boldsymbol{q}_{\mathrm{b}},\boldsymbol{p}_{\mathrm{b}}} & \{q_{\mathrm{a}1},q_{\mathrm{a}2}\}_{\boldsymbol{q}_{\mathrm{b}},\boldsymbol{p}_{\mathrm{b}}} & \cdots & \{q_{\mathrm{a}1},q_{\mathrm{a}n}\}_{\boldsymbol{q}_{\mathrm{b}},\boldsymbol{p}_{\mathrm{b}}}\\ \{q_{\mathrm{a}2},q_{\mathrm{a}1}\}_{\boldsymbol{q}_{\mathrm{b}},\boldsymbol{p}_{\mathrm{b}}} & \{q_{\mathrm{a}2},q_{\mathrm{a}2}\}_{\boldsymbol{q}_{\mathrm{b}},\boldsymbol{p}_{\mathrm{b}}} & \cdots & \{q_{\mathrm{a}2},q_{\mathrm{a}n}\}_{\boldsymbol{q}_{\mathrm{b}},\boldsymbol{p}_{\mathrm{b}}}\\ \vdots & \vdots & & \vdots\\ \{q_{\mathrm{a}n},q_{\mathrm{a}1}\}_{\boldsymbol{q}_{\mathrm{b}},\boldsymbol{p}_{\mathrm{b}}} & \{q_{\mathrm{a}n},q_{\mathrm{a}2}\}_{\boldsymbol{q}_{\mathrm{b}},\boldsymbol{p}_{\mathrm{b}}} & \cdots & \{q_{\mathrm{a}n},q_{\mathrm{a}n}\}_{\boldsymbol{q}_{\mathrm{b}},\boldsymbol{p}_{\mathrm{b}}}\end{pmatrix}$$

$$\boldsymbol{S}_{qp}=\begin{pmatrix}\{q_{a1},p_{a1}\}_{\boldsymbol{q}_b,\boldsymbol{p}_b} & \{q_{a1},p_{a2}\}_{\boldsymbol{q}_b,\boldsymbol{p}_b} & \cdots & \{q_{a1},p_{an}\}_{\boldsymbol{q}_b,\boldsymbol{p}_b}\\ \{q_{a2},p_{a1}\}_{\boldsymbol{q}_b,\boldsymbol{p}_b} & \{q_{a2},p_{a2}\}_{\boldsymbol{q}_b,\boldsymbol{p}_b} & \cdots & \{q_{a2},p_{an}\}_{\boldsymbol{q}_b,\boldsymbol{p}_b}\\ \vdots & \vdots & & \vdots\\ \{q_{an},p_{a1}\}_{\boldsymbol{q}_b,\boldsymbol{p}_b} & \{q_{an},p_{a2}\}_{\boldsymbol{q}_b,\boldsymbol{p}_b} & \cdots & \{q_{an},p_{an}\}_{\boldsymbol{q}_b,\boldsymbol{p}_b}\end{pmatrix}$$

$$\boldsymbol{S}_{pq}=\begin{pmatrix}\{p_{a1},q_{a1}\}_{\boldsymbol{q}_b,\boldsymbol{p}_b} & \{p_{a1},q_{a2}\}_{\boldsymbol{q}_b,\boldsymbol{p}_b} & \cdots & \{p_{a1},q_{an}\}_{\boldsymbol{q}_b,\boldsymbol{p}_b}\\ \{p_{a2},q_{a1}\}_{\boldsymbol{q}_b,\boldsymbol{p}_b} & \{p_{a2},q_{a2}\}_{\boldsymbol{q}_b,\boldsymbol{p}_b} & \cdots & \{p_{a2},q_{an}\}_{\boldsymbol{q}_b,\boldsymbol{p}_b}\\ \vdots & \vdots & & \vdots\\ \{p_{an},q_{a1}\}_{\boldsymbol{q}_b,\boldsymbol{p}_b} & \{p_{an},q_{a2}\}_{\boldsymbol{q}_b,\boldsymbol{p}_b} & \cdots & \{p_{an},q_{an}\}_{\boldsymbol{q}_b,\boldsymbol{p}_b}\end{pmatrix}$$

$$\boldsymbol{S}_{pp}=\begin{pmatrix}\{p_{a1},p_{a1}\}_{\boldsymbol{q}_b,\boldsymbol{p}_b} & \{p_{a1},p_{a2}\}_{\boldsymbol{q}_b,\boldsymbol{p}_b} & \cdots & \{p_{a1},p_{an}\}_{\boldsymbol{q}_b,\boldsymbol{p}_b}\\ \{p_{a2},p_{a1}\}_{\boldsymbol{q}_b,\boldsymbol{p}_b} & \{p_{a2},p_{a2}\}_{\boldsymbol{q}_b,\boldsymbol{p}_b} & \cdots & \{p_{a2},p_{an}\}_{\boldsymbol{q}_b,\boldsymbol{p}_b}\\ \vdots & \vdots & & \vdots\\ \{p_{an},p_{a1}\}_{\boldsymbol{q}_b,\boldsymbol{p}_b} & \{p_{an},p_{a2}\}_{\boldsymbol{q}_b,\boldsymbol{p}_b} & \cdots & \{p_{an},p_{an}\}_{\boldsymbol{q}_b,\boldsymbol{p}_b}\end{pmatrix}$$

其中全部是下标$\boldsymbol{q}_b,\boldsymbol{p}_b$,矩阵当然包含了 $0<i\leqslant n,0<j\leqslant n$ 顺序的全部元素。读者看到对应于辛矩阵的定义,Lagrange 括号的出现是自然的,而不是突然冒出来的东西。

根据定义,Lagrange 括号具有反对称的性质

$$\{u,v\}_{\boldsymbol{q}_b,\boldsymbol{p}_b}=-\{v,u\}_{\boldsymbol{q}_b,\boldsymbol{p}_b} \tag{1.16}$$

反对称性质表明,

$$\boldsymbol{S}_{qq}=-\boldsymbol{S}_{qq}^{\mathrm{T}},\quad \boldsymbol{S}_{pp}=-\boldsymbol{S}_{pp}^{\mathrm{T}},\quad \boldsymbol{S}_{qp}=-\boldsymbol{S}_{pq}^{\mathrm{T}} \tag{1.17}$$

但这并不足以说明 $\boldsymbol{S}$ 是传递辛矩阵。以下来证明 $\boldsymbol{S}$ 是传递辛矩阵。

区段作用量 $U(\boldsymbol{q}_a,\boldsymbol{q}_b)$是两端位移的函数。认为 $U(\boldsymbol{q}_a,\boldsymbol{q}_b)$是 2 次连续可微的,因此在$(\boldsymbol{q}_{a*},\boldsymbol{q}_{b*})$的邻域可运用 Taylor 展开而得到

$$\begin{aligned}U(\boldsymbol{q}_a,\boldsymbol{q}_b)=&U_{0*}-\boldsymbol{p}_{a*}^{\mathrm{T}}\cdot\delta\boldsymbol{q}_a+\boldsymbol{p}_{b*}^{\mathrm{T}}\cdot\delta\boldsymbol{q}_b+(\delta\boldsymbol{q}_a^{\mathrm{T}})\boldsymbol{K}_{aa*}(\delta\boldsymbol{q}_a)/2+\\&(\delta\boldsymbol{q}_b^{\mathrm{T}})\boldsymbol{K}_{bb*}(\delta\boldsymbol{q}_b)/2+(\delta\boldsymbol{q}_a^{\mathrm{T}})\boldsymbol{K}_{ab*}(\delta\boldsymbol{q}_b)+O[(\delta\boldsymbol{q})^3]\end{aligned} \tag{1.18}$$

或用向量表示,令 $2n$ 维的两端位移变分向量

$$\delta\boldsymbol{q}=\begin{pmatrix}\delta\boldsymbol{q}_a\\ \delta\boldsymbol{q}_b\end{pmatrix} \tag{1.19}$$

则可写出

$$U(\boldsymbol{q}_a,\boldsymbol{q}_b)=U_{0*}-\boldsymbol{p}_{a*}^{\mathrm{T}}\cdot\delta\boldsymbol{q}_a+\boldsymbol{p}_{b*}^{\mathrm{T}}\cdot\delta\boldsymbol{q}_b+\delta\boldsymbol{q}^{\mathrm{T}}\cdot\boldsymbol{K}_*\cdot\delta\boldsymbol{q}/2+O[(\delta\boldsymbol{q})^3] \tag{1.20}$$

二次微商的区段刚度矩阵仍是位移$(\boldsymbol{q}_a,\boldsymbol{q}_b)$或 $\boldsymbol{q}$ 的函数,其中 $\boldsymbol{K}_*$ 表示其取值就是在真实解的$(\boldsymbol{q}_{a*},\boldsymbol{q}_{b*})$处,是对称矩阵,端部对偶向量$(\boldsymbol{p}_{a*},\boldsymbol{p}_{b*})$同,它们已经是确定值了。$\delta\boldsymbol{q}$ 与$(\boldsymbol{q}_a,\boldsymbol{q}_b)$完全不是一回事,是独立的。同样,不标注的$(\boldsymbol{q}_a,\boldsymbol{q}_b)$则还要包含增量,$\boldsymbol{q}_a=\boldsymbol{q}_{a*}+$

$\delta \boldsymbol{q}_{\mathrm{a}}$ 等，当然 $\delta \boldsymbol{q}_{\mathrm{a}}$ 等是小量。

传递辛矩阵是微商得到的，要考虑处于真实解的邻域。Lagrange 括号、Jacobi 矩阵等全部是真实解在其邻域经过微商后再取值在真实解处而得到的。两端的对偶力是

$$\boldsymbol{p}_{\mathrm{a}}=-\partial U/\partial \boldsymbol{q}_{\mathrm{a}}=\boldsymbol{p}_{\mathrm{a}*}+\delta \boldsymbol{p}_{\mathrm{a}}, \quad \boldsymbol{p}_{\mathrm{b}}=\partial U/\partial \boldsymbol{q}_{\mathrm{b}}=\boldsymbol{p}_{\mathrm{b}*}+\delta \boldsymbol{p}_{\mathrm{b}} \tag{1.21}$$

这样，根据 Taylor 展开有

$$\begin{aligned}\boldsymbol{p}_{\mathrm{a}}&=\boldsymbol{p}_{\mathrm{a}*}-\boldsymbol{K}_{\mathrm{aa}*}\cdot\delta \boldsymbol{q}_{\mathrm{a}}-\boldsymbol{K}_{\mathrm{ab}*}\cdot\delta \boldsymbol{q}_{\mathrm{b}}\\ \boldsymbol{p}_{\mathrm{b}}&=\boldsymbol{p}_{\mathrm{b}*}+\boldsymbol{K}_{\mathrm{ba}*}\cdot\delta \boldsymbol{q}_{\mathrm{a}}+\boldsymbol{K}_{\mathrm{bb}*}\cdot\delta \boldsymbol{q}_{\mathrm{b}}\end{aligned} \tag{1.22}$$

高阶小量 $O[(\delta \boldsymbol{q})^2]$ 就不写了。因此微商就要注意上面的 $\delta \boldsymbol{q},\delta \boldsymbol{p}$ 等。Taylor 展开式表明，$\boldsymbol{K}_{\mathrm{ab}*}=\boldsymbol{K}_{\mathrm{ba}*}^{\mathrm{T}}$，即刚度矩阵是对称的。从式(1.22)看到，有 $2n$ 个方程、4 个向量变分 $\delta \boldsymbol{q}_{\mathrm{a}}$，$\delta \boldsymbol{q}_{\mathrm{b}}$；$\delta \boldsymbol{p}_{\mathrm{a}}$，$\delta \boldsymbol{p}_{\mathrm{b}}$，因此其中 2 个向量变分是独立的。式(1.22)中，刚度矩阵

$$\boldsymbol{K}_{*}=\begin{pmatrix}\boldsymbol{K}_{\mathrm{aa}*} & \boldsymbol{K}_{\mathrm{ab}*}\\ \boldsymbol{K}_{\mathrm{ba}*} & \boldsymbol{K}_{\mathrm{bb}*}\end{pmatrix}，\text{简单些 } \boldsymbol{K}=\begin{pmatrix}\boldsymbol{K}_{\mathrm{aa}} & \boldsymbol{K}_{\mathrm{ab}}\\ \boldsymbol{K}_{\mathrm{ba}} & \boldsymbol{K}_{\mathrm{bb}}\end{pmatrix} \tag{1.23}$$

加上标记的 $\boldsymbol{K}_{\mathrm{aa}*}$ 等无非是明确非线性系统取值于真实解处，简单些就不写了。$U(\boldsymbol{q}_{\mathrm{a}},\boldsymbol{q}_{\mathrm{b}})$ 是非线性两阶连续可微函数，$\boldsymbol{K}$ 阵是 Taylor 展开时出现的，也是 $\boldsymbol{q}_{\mathrm{a}},\boldsymbol{q}_{\mathrm{b}}$ 的函数。这样就有在何处取值的问题。因 Taylor 展开式是在真实位移 $(\boldsymbol{q}_{\mathrm{a}*},\boldsymbol{q}_{\mathrm{b}*})$ 处，所以应在 $(\boldsymbol{q}_{\mathrm{a}*},\boldsymbol{q}_{\mathrm{b}*})$ 处取值，写成 $\boldsymbol{K}_{*}$。为了简单起见而写成 $\boldsymbol{K}$，当然是 $2n\times 2n$ 对称矩阵。

于是运用矩阵/向量来表达

$$\boldsymbol{p}=\boldsymbol{p}_{*}+\boldsymbol{K}\cdot\delta \boldsymbol{q}, \quad \boldsymbol{p}=(-\boldsymbol{p}_{\mathrm{a}}^{\mathrm{T}} \quad \boldsymbol{p}_{\mathrm{b}}^{\mathrm{T}})^{\mathrm{T}}, \quad \delta \boldsymbol{p}=\boldsymbol{K}\cdot\delta \boldsymbol{q} \tag{1.24}$$

负号是从式(1.4a,b)的规定来的。

$\delta \boldsymbol{q},\delta \boldsymbol{p}$ 各有 $2n$ 个分量，方程(1.24)表明 $\delta \boldsymbol{p}$ 由 $\delta \boldsymbol{q}$ 决定，而 $\delta \boldsymbol{q}$ 的 $2n$ 个分量则是独立变分的，这是按两端边界条件的提法出来的。情况又一次回到从文献[3]§1.1 就开始讲的：两端边界条件可以转化到传递形式，从而得到传递辛矩阵。依然是那一套，将(1.24)分解写成

$$\delta \boldsymbol{p}_{\mathrm{a}}=-(\boldsymbol{K}_{\mathrm{aa}}\delta \boldsymbol{q}_{\mathrm{a}}+\boldsymbol{K}_{\mathrm{ab}}\delta \boldsymbol{q}_{\mathrm{b}}), \quad \delta \boldsymbol{p}_{\mathrm{b}}=(\boldsymbol{K}_{\mathrm{ba}}\delta \boldsymbol{q}_{\mathrm{a}}+\boldsymbol{K}_{\mathrm{bb}}\delta \boldsymbol{q}_{\mathrm{b}}) \tag{1.25}$$

将 $\delta \boldsymbol{q}_{\mathrm{b}},\delta \boldsymbol{p}_{\mathrm{b}}$ 求解为状态变量 $\delta \boldsymbol{q}_{\mathrm{a}},\delta \boldsymbol{p}_{\mathrm{a}}$ 的函数，当然应在

$$\det(\boldsymbol{K}_{\mathrm{ab}})\neq 0 \tag{1.26}$$

的条件下实行转化：

$$\begin{aligned}\delta \boldsymbol{q}_{\mathrm{b}}&=-\boldsymbol{K}_{\mathrm{ab}}^{-1}\boldsymbol{K}_{\mathrm{aa}}\cdot\delta \boldsymbol{q}_{\mathrm{a}}-\boldsymbol{K}_{\mathrm{ab}}^{-1}\cdot\delta \boldsymbol{p}_{\mathrm{a}}\\ \delta \boldsymbol{p}_{\mathrm{b}}&=(\boldsymbol{K}_{\mathrm{ba}}-\boldsymbol{K}_{\mathrm{bb}}\boldsymbol{K}_{\mathrm{ab}}^{-1}\boldsymbol{K}_{\mathrm{aa}})\cdot\delta \boldsymbol{q}_{\mathrm{a}}-\boldsymbol{K}_{\mathrm{bb}}\boldsymbol{K}_{\mathrm{ab}}^{-1}\cdot\delta \boldsymbol{p}_{\mathrm{a}}\end{aligned} \tag{1.27}$$

变分形式的 $\delta \boldsymbol{q}_{\mathrm{a}},\delta \boldsymbol{p}_{\mathrm{a}}$；$\delta \boldsymbol{q}_{\mathrm{b}},\delta \boldsymbol{p}_{\mathrm{b}}$，可化成为 Jacobi 矩阵的形式，写成矩阵-向量形式

$$\frac{\partial \boldsymbol{v}_{\mathrm{b}}}{\partial \boldsymbol{v}_{\mathrm{a}}}=\frac{\partial(\boldsymbol{q}_{\mathrm{b}},\boldsymbol{p}_{\mathrm{b}})}{\partial(\boldsymbol{q}_{\mathrm{a}},\boldsymbol{p}_{\mathrm{a}})}=\begin{pmatrix}\partial \boldsymbol{q}_{\mathrm{b}}/\partial \boldsymbol{q}_{\mathrm{a}} & \partial \boldsymbol{q}_{\mathrm{b}}/\partial \boldsymbol{p}_{\mathrm{a}}\\ \partial \boldsymbol{p}_{\mathrm{b}}/\partial \boldsymbol{q}_{\mathrm{a}} & \partial \boldsymbol{p}_{\mathrm{b}}/\partial \boldsymbol{p}_{\mathrm{a}}\end{pmatrix}$$

$$=\begin{pmatrix} -\boldsymbol{K}_{\mathrm{ab}}^{-1}\boldsymbol{K}_{\mathrm{aa}} & -\boldsymbol{K}_{\mathrm{ab}}^{-1} \\ (\boldsymbol{K}_{\mathrm{ba}}-\boldsymbol{K}_{\mathrm{bb}}\boldsymbol{K}_{\mathrm{ab}}^{-1}\boldsymbol{K}_{\mathrm{aa}}) & -\boldsymbol{K}_{\mathrm{bb}}\boldsymbol{K}_{\mathrm{ab}}^{-1} \end{pmatrix}=\boldsymbol{S} \tag{1.28}$$

计算一遍 $\boldsymbol{S}^{\mathrm{T}}\boldsymbol{J}\boldsymbol{S}=\boldsymbol{J}$ 就可检验 $\boldsymbol{S}$ 是辛矩阵,在式(1.5.8)之后已经认真地用矩阵乘法予以验证过了。因为辛矩阵很重要,所以一再地讲,必须有所体会。

按式(1.15)也就验证了 Lagrange 括号有

$$\{\boldsymbol{q}_{\mathrm{a}},\boldsymbol{q}_{\mathrm{a}}\}_{\boldsymbol{q}_{\mathrm{b}},\boldsymbol{p}_{\mathrm{b}}}=\boldsymbol{0},\quad \{\boldsymbol{p}_{\mathrm{a}},\boldsymbol{p}_{\mathrm{a}}\}_{\boldsymbol{q}_{\mathrm{b}},\boldsymbol{p}_{\mathrm{b}}}=\boldsymbol{0},\quad \{\boldsymbol{q}_{\mathrm{a}},\boldsymbol{p}_{\mathrm{a}}\}_{\boldsymbol{q}_{\mathrm{b}},\boldsymbol{p}_{\mathrm{b}}}=\boldsymbol{I}_n \tag{1.29}$$

具体地写出来,当 $0<i,j\leqslant n$ 时

$$\begin{aligned}\{q_{\mathrm{a}i},q_{\mathrm{a}j}\}_{\boldsymbol{q}_k,\boldsymbol{p}_k} &= \sum_{k=1}^{n}\left(\frac{\partial q_{\mathrm{b}k}}{\partial q_{\mathrm{a}i}}\frac{\partial p_{\mathrm{b}k}}{\partial q_{\mathrm{a}j}}-\frac{\partial q_{\mathrm{b}k}}{\partial q_{\mathrm{a}j}}\frac{\partial p_{\mathrm{b}k}}{\partial q_{\mathrm{a}i}}\right)\\ &= \sum_{k=1}^{n}\left|\frac{\partial(q_{\mathrm{b}k},p_{\mathrm{b}k})}{\partial(q_{\mathrm{a}i},q_{\mathrm{a}j})}\right|=0\end{aligned} \tag{1.30a}$$

同理

$$\begin{aligned}\{p_{\mathrm{a}i},p_{\mathrm{a}j}\}_{\boldsymbol{q}_k,\boldsymbol{p}_k} &= \sum_{k=1}^{n}\left(\frac{\partial q_{\mathrm{b}k}}{\partial p_{\mathrm{a}i}}\frac{\partial p_{\mathrm{b}k}}{\partial p_{\mathrm{a}j}}-\frac{\partial q_{\mathrm{b}k}}{\partial p_{\mathrm{a}j}}\frac{\partial p_{\mathrm{b}k}}{\partial p_{\mathrm{a}i}}\right)\\ &= \sum_{k=1}^{n}\left|\frac{\partial(q_{\mathrm{b}k},p_{\mathrm{b}k})}{\partial(p_{\mathrm{a}i},p_{\mathrm{a}j})}\right|=0\end{aligned} \tag{1.30b}$$

及

$$\begin{aligned}\{q_{\mathrm{a}i},p_{\mathrm{a}j}\}_{\boldsymbol{q}_k,\boldsymbol{p}_k} &= \sum_{k=1}^{n}\left(\frac{\partial q_{\mathrm{b}k}}{\partial q_{\mathrm{a}i}}\frac{\partial p_{\mathrm{b}k}}{\partial p_{\mathrm{a}j}}-\frac{\partial q_{\mathrm{b}k}}{\partial p_{\mathrm{a}j}}\frac{\partial p_{\mathrm{b}k}}{\partial q_{\mathrm{a}i}}\right)\\ &= \sum_{k=1}^{n}\left|\frac{\partial(q_{\mathrm{b}k},p_{\mathrm{b}k})}{\partial(q_{\mathrm{a}i},p_{\mathrm{a}j})}\right|=\delta_{ij}\end{aligned} \tag{1.30c}$$

这些公式给出从 $\boldsymbol{q}_{\mathrm{a}},\boldsymbol{p}_{\mathrm{a}}$ 到 $\boldsymbol{q}_{\mathrm{b}},\boldsymbol{p}_{\mathrm{b}}$ 的传递辛矩阵的充分必要条件。读者对比看到,这些与一维的证明如出一辙,老一套。证毕。##

于是,$\boldsymbol{S}=\partial\boldsymbol{v}_{\mathrm{b}}/\partial\boldsymbol{v}_{\mathrm{a}}$确实是传递辛矩阵,情况又与线性系统时符合了。这表明用区段变形能,即动力学的作用量产生的 $\boldsymbol{v}_{\mathrm{a}},\boldsymbol{v}_{\mathrm{b}}$ 的变分是传递辛矩阵的乘法关系。以后会讲清楚:传递辛矩阵乘法就是正则变换。正则变换是 Hamilton 体系的本性,用摄动法(Perturbation)近似求解时,正则变换是很重要的。

传递辛矩阵 $\boldsymbol{S}=\partial\boldsymbol{v}_{\mathrm{b}}/\partial\boldsymbol{v}_{\mathrm{a}}$是偏微商,偏微商当然是对于增量讲的。

按区段作用量 $U(\boldsymbol{q}_{\mathrm{a}},\boldsymbol{q}_{\mathrm{b}})$给出的两端状态向量增量,无非是区段$(t_{\mathrm{a}},t_{\mathrm{b}})$的两端变换。如果紧接着有区段$(t_{\mathrm{b}},t_{\mathrm{c}})$,则同样处理得到从 $\boldsymbol{v}_{\mathrm{b}}$ 到 $\boldsymbol{v}_{\mathrm{c}}$ 的增量变换。两个正则变换的合成依然是正则变换。即辛矩阵乘法给出的仍是辛矩阵,辛矩阵有群的性质。

顺次两个变换的合成是讲,从 $\boldsymbol{q}_{\mathrm{a}},\boldsymbol{p}_{\mathrm{a}}$ 到 $\boldsymbol{q}_{\mathrm{b}},\boldsymbol{p}_{\mathrm{b}}$ 再到 $\boldsymbol{q}_{\mathrm{c}},\boldsymbol{p}_{\mathrm{c}}$ 的变换,并不涉及对纵向坐标 t 的微商,因此适用于离散坐标体系。设从 $\boldsymbol{q}_{\mathrm{a}},\boldsymbol{p}_{\mathrm{a}}$ 到 $\boldsymbol{q}_{\mathrm{b}},\boldsymbol{p}_{\mathrm{b}}$ 的传递辛矩阵 $\boldsymbol{S}_{\mathrm{a-b}}=\partial\boldsymbol{v}_{\mathrm{b}}/\partial\boldsymbol{v}_{\mathrm{a}}$,而从 $\boldsymbol{q}_{\mathrm{b}},\boldsymbol{p}_{\mathrm{b}}$ 到 $\boldsymbol{q}_{\mathrm{c}},\boldsymbol{p}_{\mathrm{c}}$ 的传递辛矩阵 $\boldsymbol{S}_{\mathrm{b-c}}=\partial\boldsymbol{v}_{\mathrm{c}}/\partial\boldsymbol{v}_{\mathrm{b}}$,合成就是

$$\boldsymbol{S}_{a-c}=\boldsymbol{S}_{b-c}\cdot\boldsymbol{S}_{a-b}=(\partial\boldsymbol{v}_c/\partial\boldsymbol{v}_b)\cdot(\partial\boldsymbol{v}_b/\partial\boldsymbol{v}_a)=\partial\boldsymbol{v}_c/\partial\boldsymbol{v}_a$$

辛矩阵的乘法，其实就是 Jacobi 矩阵的乘法。道理无非是链式微商而已。进一步还应证明：传递辛矩阵乘法的合成相当于两个相邻区段的区段变形能合并，即两者是一致的。具体略。

将式(1.30)表达成分量形式，是

$$\{q_i,q_j\}=0,\quad \{p_i,p_j\}=0,\quad \{q_i,p_j\}=\delta_{ij} \tag{1.31}$$

虽然 Lagrange 括号写的是全量，但注意其定义(1.14)是偏微商的，蕴涵了增量。

与 Lagrange 括号相对应的有 Poisson 括号。Poisson 括号则反过来，将 u,v 看成为状态向量 $\boldsymbol{q},\boldsymbol{p}$ 的任意两个函数 $u(\boldsymbol{q},\boldsymbol{p}),v(\boldsymbol{q},\boldsymbol{p})$。Poisson 括号的定义为

$$\begin{aligned}[u,v]_{\boldsymbol{q},\boldsymbol{p}}&\underset{\text{def}}{=}\left(\frac{\partial u}{\partial \boldsymbol{q}}\right)^{\mathrm{T}}\frac{\partial v}{\partial \boldsymbol{p}}-\left(\frac{\partial u}{\partial \boldsymbol{p}}\right)^{\mathrm{T}}\frac{\partial v}{\partial \boldsymbol{q}}\\&=\sum_{k=1}^{n}\begin{vmatrix}\partial u/\partial q_k & \partial u/\partial p_k\\ \partial v/\partial q_k & \partial v/\partial p_k\end{vmatrix}=\sum_{k=1}^{n}\left|\frac{\partial(u,v)}{\partial(q_k,p_k)}\right|\end{aligned} \tag{1.32}$$

其中 $\partial u/\partial\boldsymbol{q}$ 是向量，其转置 $(\partial u/\partial\boldsymbol{q})^{\mathrm{T}}$ 是行向量，乘积仍然是纯量，等；于是 Poisson 括号给出一个纯量，其中 u,v 也可是坐标 t 的函数，t 只是一个参数。显然也有 $[u,v]_{\boldsymbol{q},\boldsymbol{p}}=-[v,u]_{\boldsymbol{q},\boldsymbol{p}}$，即 Poisson 括号是反对称的。Poisson 括号是传统分析动力学的主要内容，其应用是很广泛的。

如果 $\boldsymbol{u}$ 是一个向量而 v 是纯量，则 $\partial\boldsymbol{u}/\partial\boldsymbol{q}$ 是矩阵，$(\partial\boldsymbol{u}/\partial\boldsymbol{q})^{\mathrm{T}}$ 是其转置阵，于是 $(\partial\boldsymbol{u}/\partial\boldsymbol{q})^{\mathrm{T}}\cdot(\partial\boldsymbol{v}/\partial\boldsymbol{q})$ 仍给出向量；如果 $\boldsymbol{u},\boldsymbol{v}$ 全部是向量，则 Poisson 括号给出的就是矩阵了。该矩阵 i,j 行列的元素是 $[u_i,v_j]_{\boldsymbol{q},\boldsymbol{p}}$。

揭示 Lagrange 括号及 Poisson 括号与辛矩阵的关系有启发意义。记 $\boldsymbol{v}_b=\boldsymbol{v}_b(\boldsymbol{v}_a)$，则

$$\partial\boldsymbol{v}_b/\partial\boldsymbol{v}_a=\boldsymbol{S}$$

就是式(1.8)。前面证明 $\boldsymbol{S}$ 是辛矩阵，满足 $\boldsymbol{S}^{\mathrm{T}}\boldsymbol{J}\boldsymbol{S}=\boldsymbol{J}$，就给出了 Lagrange 括号的(1.30)。故 Lagrange 括号的式(1.30abc)与 $\boldsymbol{S}$ 为辛矩阵是互为因果关系的，Lagrange 括号的(1.30abc)就是**共轭辛正交归一关系**。

根据 $\boldsymbol{S}$ 为辛矩阵，就可验证 Poisson 括号的特征。因根据辛矩阵群的性质，知道 $\boldsymbol{S}^{\mathrm{T}}$ 也是辛矩阵，有 $\boldsymbol{S}\boldsymbol{J}\boldsymbol{S}^{\mathrm{T}}=\boldsymbol{J}$。将 $\boldsymbol{S}\boldsymbol{J}\boldsymbol{S}^{\mathrm{T}}=\boldsymbol{J}$ 乘出来，就得到用 Poisson 括号组成的矩阵。为了看清楚 Poisson 括号，将 $\boldsymbol{S}\boldsymbol{J}\boldsymbol{S}^{\mathrm{T}}=\boldsymbol{J}$ 具体表达为

$$\boldsymbol{S}=\begin{pmatrix}\partial\boldsymbol{q}_b/\partial\boldsymbol{q}_a & \partial\boldsymbol{q}_b/\partial\boldsymbol{p}_a\\ \partial\boldsymbol{p}_b/\partial\boldsymbol{q}_a & \partial\boldsymbol{p}_b/\partial\boldsymbol{p}_a\end{pmatrix},\quad \boldsymbol{J}\boldsymbol{S}^{\mathrm{T}}=\begin{pmatrix}(\partial\boldsymbol{q}_b/\partial\boldsymbol{p}_a)^{\mathrm{T}} & (\partial\boldsymbol{p}_b/\partial\boldsymbol{p}_a)^{\mathrm{T}}\\ -(\partial\boldsymbol{q}_b/\partial\boldsymbol{q}_a)^{\mathrm{T}} & -(\partial\boldsymbol{p}_b/\partial\boldsymbol{q}_a)^{\mathrm{T}}\end{pmatrix}$$

$$\boldsymbol{S}\boldsymbol{J}\boldsymbol{S}^{\mathrm{T}}=\begin{pmatrix}\dfrac{\partial\boldsymbol{q}_b}{\partial\boldsymbol{q}_a}\left(\dfrac{\partial\boldsymbol{q}_b}{\partial\boldsymbol{p}_a}\right)^{\mathrm{T}}-\dfrac{\partial\boldsymbol{q}_b}{\partial\boldsymbol{p}_a}\left(\dfrac{\partial\boldsymbol{q}_b}{\partial\boldsymbol{q}_a}\right)^{\mathrm{T}} & \dfrac{\partial\boldsymbol{q}_b}{\partial\boldsymbol{q}_a}\left(\dfrac{\partial\boldsymbol{p}_b}{\partial\boldsymbol{p}_a}\right)^{\mathrm{T}}-\dfrac{\partial\boldsymbol{q}_b}{\partial\boldsymbol{p}_a}\left(\dfrac{\partial\boldsymbol{p}_b}{\partial\boldsymbol{q}_a}\right)^{\mathrm{T}}\\ \dfrac{\partial\boldsymbol{p}_b}{\partial\boldsymbol{q}_a}\left(\dfrac{\partial\boldsymbol{q}_b}{\partial\boldsymbol{p}_a}\right)^{\mathrm{T}}-\dfrac{\partial\boldsymbol{p}_b}{\partial\boldsymbol{p}_a}\left(\dfrac{\partial\boldsymbol{q}_b}{\partial\boldsymbol{q}_a}\right)^{\mathrm{T}} & \dfrac{\partial\boldsymbol{p}_b}{\partial\boldsymbol{q}_a}\left(\dfrac{\partial\boldsymbol{p}_b}{\partial\boldsymbol{p}_a}\right)^{\mathrm{T}}-\dfrac{\partial\boldsymbol{p}_b}{\partial\boldsymbol{p}_a}\left(\dfrac{\partial\boldsymbol{p}_b}{\partial\boldsymbol{q}_a}\right)^{\mathrm{T}}\end{pmatrix}=\boldsymbol{J}$$

看左上的子矩阵，取其 i,j 行列的元素，为

$$(\boldsymbol{SJS}^{\mathrm{T}})_{\boldsymbol{qq}}=\left(\frac{\partial q_{\mathrm{b},i}}{\partial \boldsymbol{q}_{\mathrm{a}}}\right)^{\mathrm{T}}\cdot\frac{\partial q_{\mathrm{b},j}}{\partial \boldsymbol{p}_{\mathrm{a}}}-\left(\frac{\partial q_{\mathrm{b},i}}{\partial \boldsymbol{p}_{\mathrm{a}}}\right)^{\mathrm{T}}\cdot\frac{\partial q_{\mathrm{b},j}}{\partial \boldsymbol{q}_{\mathrm{a}}}=[q_{\mathrm{b},i},q_{\mathrm{b},j}]_{\boldsymbol{q}_{\mathrm{a}},\boldsymbol{p}_{\mathrm{a}}}$$

省略 Poisson 括号的下标 $\boldsymbol{q}_{\mathrm{a}},\boldsymbol{p}_{\mathrm{a}}$，有

$$(\boldsymbol{SJS}^{\mathrm{T}})_{\boldsymbol{qq}}=\begin{pmatrix}[q_{\mathrm{b}1},q_{\mathrm{b}1}] & [q_{\mathrm{b}1},q_{\mathrm{b}2}] & \cdots & [q_{\mathrm{b}1},q_{\mathrm{b}n}]\\ [q_{\mathrm{b}2},q_{\mathrm{b}1}] & [q_{\mathrm{b}2},q_{\mathrm{b}2}] & \cdots & [q_{\mathrm{b}2},q_{\mathrm{b}n}]\\ \vdots & \vdots & & \vdots\\ [q_{\mathrm{b}n},q_{\mathrm{b}1}] & [q_{\mathrm{b}n},q_{\mathrm{b}2}] & \cdots & [q_{\mathrm{b}n},q_{\mathrm{b}n}]\end{pmatrix}=\boldsymbol{0}$$

$$(\boldsymbol{SJS}^{\mathrm{T}})_{\boldsymbol{qp}}=\begin{pmatrix}[q_{\mathrm{b}1},p_{\mathrm{b}1}] & [q_{\mathrm{b}1},p_{\mathrm{b}2}] & \cdots & [q_{\mathrm{b}1},p_{\mathrm{b}n}]\\ [q_{\mathrm{b}2},p_{\mathrm{b}1}] & [q_{\mathrm{b}2},p_{\mathrm{b}2}] & \cdots & [q_{\mathrm{b}2},p_{\mathrm{b}n}]\\ \vdots & \vdots & & \vdots\\ [q_{\mathrm{b}n},p_{\mathrm{b}1}] & [q_{\mathrm{b}n},p_{\mathrm{b}2}] & \cdots & [q_{\mathrm{b}n},p_{\mathrm{b}n}]\end{pmatrix}=\boldsymbol{I}$$

$$(\boldsymbol{SJS}^{\mathrm{T}})_{\boldsymbol{pq}}=\begin{pmatrix}[p_{\mathrm{b}1},q_{\mathrm{b}1}] & [p_{\mathrm{b}1},q_{\mathrm{b}2}] & \cdots & [p_{\mathrm{b}1},q_{\mathrm{b}n}]\\ [p_{\mathrm{b}2},q_{\mathrm{b}1}] & [p_{\mathrm{b}2},q_{\mathrm{b}2}] & \cdots & [p_{\mathrm{b}2},q_{\mathrm{b}n}]\\ \vdots & \vdots & & \vdots\\ [p_{\mathrm{b}n},q_{\mathrm{b}1}] & [p_{\mathrm{b}n},q_{\mathrm{b}2}] & \cdots & [p_{\mathrm{b}n},q_{\mathrm{b}n}]\end{pmatrix}=-\boldsymbol{I}$$

$$(\boldsymbol{SJS}^{\mathrm{T}})_{\boldsymbol{pp}}=\begin{pmatrix}[p_{\mathrm{b}1},p_{\mathrm{b}1}] & [p_{\mathrm{b}1},p_{\mathrm{b}2}] & \cdots & [p_{\mathrm{b}1},p_{\mathrm{b}n}]\\ [p_{\mathrm{b}2},p_{\mathrm{b}1}] & [p_{\mathrm{b}2},p_{\mathrm{b}2}] & \cdots & [p_{\mathrm{b}2},p_{\mathrm{b}n}]\\ \vdots & \vdots & & \vdots\\ [p_{\mathrm{b}n},p_{\mathrm{b}1}] & [p_{\mathrm{b}n},p_{\mathrm{b}2}] & \cdots & [p_{\mathrm{b}n},p_{\mathrm{b}n}]\end{pmatrix}=\boldsymbol{0}$$

这符合 Poisson 括号的反对称性质。所以 Lagrange 括号与 Poisson 括号是密切关联的，无非是：若 $\boldsymbol{S}$ 为辛矩阵，则根据辛矩阵群的性质，知道 $\boldsymbol{S}^{\mathrm{T}}$ 也是辛矩阵。按上面辛矩阵的性质有

$$[q_{\mathrm{a}i},q_{\mathrm{a}j}]_{\boldsymbol{q},\boldsymbol{p}}=0,\quad [p_{\mathrm{a}i},p_{\mathrm{a}j}]_{\boldsymbol{q},\boldsymbol{p}}=0,\quad [q_{\mathrm{a}i},p_{\mathrm{a}j}]_{\boldsymbol{q},\boldsymbol{p}}=\delta_{ij} \tag{1.33}$$

也是**共轭辛正交归一关系**。因 $\boldsymbol{q}_{\mathrm{a}},\boldsymbol{p}_{\mathrm{a}}$ 与 $\boldsymbol{q},\boldsymbol{p}$ 是传递辛矩阵乘法变换关系，根据链式微商的规则，有

$$\begin{aligned}[u,v]_{\boldsymbol{q},\boldsymbol{p}}&=\sum_{k=1}^{n}\begin{vmatrix}\partial u/\partial q_k & \partial u/\partial p_k\\ \partial v/\partial q_k & \partial v/\partial p_k\end{vmatrix}\\ &=\sum_{k=1}^{n}\sum_{i=1}^{n}\begin{vmatrix}\partial u/\partial q_{\mathrm{a}i} & \partial u/\partial p_{\mathrm{a}i}\\ \partial v/\partial q_{\mathrm{a}i} & \partial v/\partial p_{\mathrm{a}i}\end{vmatrix}\cdot\begin{vmatrix}\partial q_{\mathrm{a}i}/\partial q_k & \partial q_{\mathrm{a}i}/\partial p_k\\ \partial p_{\mathrm{a}i}/\partial q_k & \partial p_{\mathrm{a}i}/\partial p_k\end{vmatrix}\\ &=[u,v]_{\boldsymbol{q}_{\mathrm{a}},\boldsymbol{p}_{\mathrm{a}}}=[u,v]\end{aligned} \tag{1.34}$$

表明 Poisson 括号在(传递辛矩阵乘法变换)正则变换下不变，故可将其下标省略掉。读

者可看到，Lagrange 括号和 Poisson 括号的出现是很自然的，两者关系也很清楚。那些分析力学著作，只讲 Poisson 括号而不讲 Lagrange 括号似乎不够清楚。

采用辛的表示也许更简洁些

$$[u_1, u_2]_v = (\partial u_1/\partial \boldsymbol{v})^{\mathrm{T}} \boldsymbol{J} (\partial u_2/\partial \boldsymbol{v}), \quad \boldsymbol{v} = (\boldsymbol{q}^{\mathrm{T}}, \boldsymbol{p}^{\mathrm{T}})^{\mathrm{T}} \tag{1.35}$$

其中 u_1, u_2 当然是 $\boldsymbol{q}, \boldsymbol{p}$ 的函数。如果 u_1, u_2 直接选自正则变量的分量，易知

$$[q_i, q_j] = 0, \quad [p_i, p_j] = 0,$$

$$[q_i, p_j] = \delta_{ij}, \quad [p_i, q_j] = -\delta_{ij}, \quad i, j = 1, 2, \cdots, n$$

这些正则变量都是 $\boldsymbol{v}$ 的分量。若将 Poisson 括号写成 $2n \times 2n$ 矩阵，有

$$[\boldsymbol{v}, \boldsymbol{v}] = \boldsymbol{J} \tag{1.36}$$

对时不变的线性系统，$\boldsymbol{S}$ 是定常辛矩阵；对变系数线性方程，则 $\boldsymbol{S}$ 是随坐标 t 而变的辛矩阵；对非线性系统，则 $\boldsymbol{S}$ 是状态的辛矩阵。以上阐述并无对长度坐标 t 的微商，故**适用于离散系统**。事实上这一节的理论就是在离散坐标下推导的。离散系统才能与有限元法相衔接。再说，一般非线性系统的求解总是要离散的，所以**适用于离散系统**很重要。以上是分析力学理论一般的描述。

以上讲的 Lagrange 括号与 Poisson 括号是在**传递辛矩阵**的基础上建立的，切合本书的标题：**辛讲**。按**传递辛矩阵**群的性质，自然就将它们建立起来了，相互之间的关系也表达得很清楚，容易理解。从教学的角度看，**辛讲**优点在此得到体现。**传递辛矩阵**就是从区段能量来的。

Poisson 括号是得到许多应用的。Hamilton 正则方程的要点，是在正则变换下其形式不变。现在 Poisson 括号也是在正则变换下不变。事实上正则方程可以用 Poisson 括号来表示

$$\dot{\boldsymbol{q}} = [\boldsymbol{q}, H], \quad \dot{\boldsymbol{p}} = [\boldsymbol{p}, H], \quad \text{或 } \dot{\boldsymbol{v}} = [\boldsymbol{v}, H] \tag{1.37}$$

括号中一个是向量，一个是 Hamilton 函数 H，H 为纯量，结果仍是向量。无非是将 n 个方程写在一起而已。采用 Poisson 括号的辛表示

$$[\boldsymbol{v}, H] = \boldsymbol{J}\, \partial H/\partial \boldsymbol{v} \tag{1.38}$$

以上方程(1.37)、(1.38)是将正则变量直接代入 Poisson 括号。如对任意函数 $u(\boldsymbol{q}, \boldsymbol{p}, t)$ 求 t 的全微商，则有

$$\begin{aligned} \dot{u} &= \mathrm{d}u/\mathrm{d}t = (\partial u/\partial \boldsymbol{q})^{\mathrm{T}} \dot{\boldsymbol{q}} + (\partial u/\partial \boldsymbol{p})^{\mathrm{T}} \dot{\boldsymbol{p}} + \partial u/\partial t \\ &= (\partial u/\partial \boldsymbol{q})^{\mathrm{T}} (\partial H/\partial \boldsymbol{p}) - (\partial u/\partial \boldsymbol{p})^{\mathrm{T}} (\partial H/\partial \boldsymbol{q}) + \partial u/\partial t \\ &= [u, H] + \partial u/\partial t \end{aligned} \tag{1.39}$$

或

$$\dot{u} = (\partial u/\partial \boldsymbol{v})^{\mathrm{T}} \dot{\boldsymbol{v}} + \partial u/\partial t = (\partial u/\partial \boldsymbol{v})^{\mathrm{T}} \boldsymbol{J} (\partial H/\partial \boldsymbol{v}) + \partial u/\partial t \tag{1.39$'$}$$

这就是辛表示。如果将 Hamilton 函数 H 代替上式中的 u，则因对于任意的向量 $\boldsymbol{v}_a$ 恒有 $\boldsymbol{v}_a^{\mathrm{T}}\boldsymbol{J}\boldsymbol{v}_a=0$，故有

$$\mathrm{d}H/\mathrm{d}t=\partial H/\partial t$$

正则坐标 $\boldsymbol{q},\boldsymbol{p}$ 是用于描述运动的坐标系统，而 Hamilton 函数 H 是针对某一运动而给的，因此说 Hamilton 函数 H 生成了一个运动。

3.2 Poisson 括号的代数，李代数

上文看到 Poisson 括号的重要性，因此对 Poisson 括号的代数运算当然也有极大的兴趣了。从代数的角度看，Poisson 括号的运算可以看成为两个函数 u_1 与 u_2 的乘法，双目运算。

(1)首先是它的反对称性：

$$[u_1,u_2]=-[u_2,u_1],\quad [u,u]=0 \tag{2.1}$$

(2)它有线性分配律：

$$[au_1+bu_2,u_3]=a[u_1,u_3]+b[u_2,u_3] \tag{2.2}$$

其中 a,b 为任意常数，u_1,u_2,u_3 是任意 $\boldsymbol{q},\boldsymbol{p},t$ 的函数。根据反对称性质，可推导出后一个元素的线性分配律

$$\begin{aligned}[u_3,(au_1+bu_2)]&=-[au_1+bu_2,u_3]\\&=-a[u_1,u_3]-b[u_2,u_3]\\&=a[u_3,u_1]+b[u_3,u_2]\end{aligned}$$

(3)乘法元素$(u_1\cdot u_2)$代入时，有规则：

$$[(u_1\cdot u_2),u_3]=[u_1,u_3]u_2+u_1[u_2,u_3] \tag{2.3}$$

(4)Poisson 括号还有一个性质，就是 Jacobi 恒等式：

$$[u,[v,w]]+[v,[w,u]]+[w,[u,v]]\equiv 0 \tag{2.4}$$

即双重 Poisson 括号，将任意三个函数 $u(\boldsymbol{q},\boldsymbol{p},t),v(\boldsymbol{q},\boldsymbol{p},t),w(\boldsymbol{q},\boldsymbol{p},t)$，作循环一周时其和为零。

现予以证明上式。式(2.4)中第 1 项只有 u 的一阶微商，只有第 2 项、第 3 项的二项有 u 的二阶微商。所有式(2.4)的展开式中，全都是两个一阶微商与一个二阶微商的乘积。按二阶微商项的组集，当其系数皆为零时，全式就成为零。

将式(2.4)的第三项展开，首先是以 $\boldsymbol{\zeta}$ 当作正则变量，采用 Poisson 括号的辛表示式(1.35)，便有

$$[u,v]=\left(\frac{\partial u}{\partial \boldsymbol{\zeta}}\right)^{\mathrm{T}}\boldsymbol{J}\left(\frac{\partial v}{\partial \boldsymbol{\zeta}}\right)$$

它也是 $\boldsymbol{\zeta}$ 的一个函数，于是(2.4)的第三个双重 Poisson 括号成为

$$[w,[u,v]]=\left(\frac{\partial w}{\partial \boldsymbol{\zeta}}\right)^{\mathrm{T}}\boldsymbol{J}\frac{\partial}{\partial \boldsymbol{\zeta}}\left(\left(\frac{\partial u}{\partial \boldsymbol{\zeta}}\right)^{\mathrm{T}}\boldsymbol{J}\frac{\partial v}{\partial \boldsymbol{\zeta}}\right)=\left(\frac{\partial w}{\partial \boldsymbol{\zeta}}\right)^{\mathrm{T}}\boldsymbol{J}\left(\frac{\partial^2 u}{\partial \boldsymbol{\zeta}\partial \boldsymbol{\zeta}}\boldsymbol{J}\frac{\partial v}{\partial \boldsymbol{\zeta}}-\frac{\partial^2 v}{\partial \boldsymbol{\zeta}\partial \boldsymbol{\zeta}}\boldsymbol{J}\frac{\partial u}{\partial \boldsymbol{\zeta}}\right)$$

其中只有前一项有 u 的二阶偏微商，并且$\partial^2 u/\partial\boldsymbol{\zeta}\partial\boldsymbol{\zeta}$是一个对称 $2n\times 2n$ 阵。将 u,v,w 3 个函数循环之，有

$$[v,[w,u]]=\left(\frac{\partial v}{\partial \boldsymbol{\zeta}}\right)^{\mathrm{T}}\boldsymbol{J}\left(\frac{\partial^2 w}{\partial \boldsymbol{\zeta}\partial \boldsymbol{\zeta}}\boldsymbol{J}\frac{\partial u}{\partial \boldsymbol{\zeta}}-\frac{\partial^2 u}{\partial \boldsymbol{\zeta}\partial \boldsymbol{\zeta}}\boldsymbol{J}\frac{\partial w}{\partial \boldsymbol{\zeta}}\right)$$

其中包含 u 的二阶偏微商只有一项，该项是一个纯量。取转置有

$$-\left(\frac{\partial v}{\partial \boldsymbol{\zeta}}\right)^{\mathrm{T}}\boldsymbol{J}\left(\frac{\partial^2 u}{\partial \boldsymbol{\zeta}\partial \boldsymbol{\zeta}}\right)\boldsymbol{J}\left(\frac{\partial w}{\partial \boldsymbol{\zeta}}\right)=-\left(\frac{\partial w}{\partial \boldsymbol{\zeta}}\right)^{\mathrm{T}}\boldsymbol{J}\left(\frac{\partial^2 u}{\partial \boldsymbol{\zeta}\partial \boldsymbol{\zeta}}\right)\boldsymbol{J}\left(\frac{\partial v}{\partial \boldsymbol{\zeta}}\right)$$

可知 u 的二阶微商的项相互抵消。同理，$\boldsymbol{v}$ 与 $\boldsymbol{w}$ 的二阶微商的项也相互抵消。因此雅可比恒等式得证。证毕。＃＃

从代数的角度看，Poisson 括号的运算可以看成为两个函数 u_1 与 u_2 的乘法。乘法的普通规则常常是服从结合律的，例如对矩阵乘法，$(\boldsymbol{AB})\boldsymbol{C}=\boldsymbol{A}(\boldsymbol{BC})$。但如将 Poisson 括号当成乘法，则结合律不成立，而有$[u,[v,w]]\neq[[u,v],w]=-[w,[u,v]]$。雅可比恒等式取代了乘法结合律。

方程(2.1)、(2.2)、(2.3)及(2.4)定义了一种非结合律的代数，称为**李代数**(Lie Algebra)。Poisson 括号并不是仅有的李代数。将矩阵的交叉乘

$$[\boldsymbol{A},\boldsymbol{B}]=\boldsymbol{AB}-\boldsymbol{BA}$$

看成为乘法，也是一种李代数的例子。**李代数**很重要，它与李群密切相关。**传递辛矩阵群**是在离散时间系统的前提下给出的，而动力学的正则方程本是在连续时间条件下的，微分方程给出的是李群。当离散节点非常密集时，证明**传递辛矩阵群**收敛于李群，就要用到**李代数**。

3.3　保辛-守恒积分的参变量方法

固体有弹塑性的性质，工程中不能回避，计算力学当然要解决这些问题。尤其机械工程中常见的接触问题。这些情况的特点是本构关系出现转折而不能微商。为此计算力学提出了参变量变分原理以及对应的参变量 2 次规划算法，见[23,24]，有效地予以解决。

冯康提出，动力学方程的积分，采用差分近似，其差分格式应当**保辛**。但随后的研究却得到“不可积系统，保辛近似算法不能使能量守恒”(“approximate symplectic algorithms cannot preserve energy for nonintegrable system”)[25]的误判，随后著作[4]又肯定了该误判。将**保辛**与守恒对立起来，错了!

采用参变量方法就能达成离散近似系统在**保辛**的同时，依然可让能量**保守**，即可破除“保辛则能量不能守恒”的误判，见文献[26]。

参变量方法对于动力学是否也有效呢？以下以一个最简单的一维非线性振动问题为例，看参变量方法如何解决离散系统的保辛-守恒算法的。最简单的问题就是：无阻尼Duffing弹簧振动的求解。

方法论：Hilbert在《数学问题》报告中说："在讨论数学问题时，我们相信特殊化比一般化起着更为重要的作用。可能在大多数场合，我们寻找一个问题的答案而未能成功的原因，是在于这样的事实，即有一些比手头的问题更简单、更容易的问题没有完全解决或是完全没有解决。这时，一切都有赖于找出这些比较容易的问题并使用尽可能完善的方法和能够推广的概念来解决它们。这种方法是克服数学困难的最重要的杠杆之一。"

中国哲学主张的境界是"**返璞归真**"，从这些论述中得到了体认。笼统地讲理论不适宜于工程师，用具体的例题来表述便于理解。看清楚计算无阻尼Duffing弹簧振动的求解，理清思路，推广就容易了。再说本书的思路是只讲简单基本的内容！下面用熟知的无阻尼Duffing弹簧自由振动为例来介绍。微分方程是

$$\ddot{q}(t)+(\omega_s^2+\beta q^2)q(t)=0 \tag{3.1}$$

初始条件为$q(0)$和$\dot{q}(0)$。Lagrange函数为

$$L(q,\dot{q})=(\dot{q}^2-\omega_s^2 q^2-\beta q^4/2)/2 \tag{3.2}$$

该方程有Jacobi椭圆函数的分析解[27]，而Jacobi椭圆函数可用精细积分法计算[28]，数值上可达到计算机精度。这里不采用椭圆函数的分析解，而是进行离散数值求解。

非线性方程一般难以分析求解，只能采用近似数值积分。近似系统应当也是Hamilton系统，其保辛是近似系统的保辛。近似系统保辛不能保证近似解对于原系统保辛，甚至原系统的能量也未必保守，故应使用参变量等多种方法。注意，近似方法中还有摄动法可用。

在选择摄动出发点的基本近似解时也应遵循保辛的性质。原系统(1.44)是非线性微分方程的初值问题，设积分已经到达时刻t_a，得到了q_a，p_a；而下一步是t_b，要求计算此时的q_b，p_b。作为时间区段$(t_a\sim t_b)$的基本近似解，可选择常系数线性振动的解。即取时间区段$(t_a\sim t_b)$的近似系统为

$$S_c(q_a,q_b)=\int_{t_a}^{t_b}L_c(q,\dot{q})\mathrm{d}t\,,\quad L_c(q,\dot{q})=\dot{q}^2/2-\omega^2 q^2/2 \tag{3.3}$$

其中弹簧力$\omega^2 q$的选择是切线或某割线近似。虽然有**保辛**的要求，近似方法仍然是有选择余地的，即常系数ω^2的选择。对应的微分方程为

$$\ddot{q}_c(t)+\omega^2 q_c(t)=0 \tag{3.4}$$

实在说要找一个**保辛**近似解，还不容易吗？只要找一个近似保守系统的分析解就**保辛**了，困难的是找到原系统的精确解。现在就是单自由度线性常系数系统ω^2的选择，对于任意的ω^2，其分析解当然就是**保辛**的，但毕竟不是原系统的精确解。至于常系数ω^2的选择可

根据某个条件来选定，成为留有余地的所谓参变量。初值问题求解比较简单，当然是按给定参变量 ω^2 而求解的，得到时段结束时 t_b 的状态向量 q_b, p_b。参变量 ω^2 尚未完全确定，由于希望保持能量守恒，恰好可通过调整参变量 ω^2 使原系统能量在时段结束时刻 t_b 守恒。由于近似方程(3.4)为 Hamilton 系统并可解析求解，能确保保辛，并且在保辛基础上通过调整参变量 ω^2 保证能量在积分格点上守恒。

还可以通过摄动得到更为精细的方法。近似系统(3.4)的 Hamilton 函数为

$$H_c(\boldsymbol{v}) = p^2/2 + \omega^2 q^2/2$$

是线性时不变系统，利用它可执行时变正则变换。引入 Hamilton 函数 $H_c(\boldsymbol{v})$ 标志的近似线性系统，就是要基于它进行基于线性时不变系统的时变正则变换。因此要将二次 Hamilton 函数表达为

$$H_c(\boldsymbol{v}) = -\boldsymbol{v}^{\mathrm{T}}(\boldsymbol{J}\boldsymbol{H}_c)\boldsymbol{v}/2 \tag{3.5}$$

根据矩阵 $\boldsymbol{H}_c$，容易计算本征向量辛矩阵 $\boldsymbol{\Psi}_c$，而单位初始矩阵的响应辛矩阵为

$$\boldsymbol{S}_c(t) = \exp(\boldsymbol{H}_c t) \tag{3.6}$$

可验证 $\boldsymbol{S}_c^{\mathrm{T}}\boldsymbol{J}\boldsymbol{S}_c = \boldsymbol{J}$。运用 $\boldsymbol{S}_c(t)$ 可进行时变的正则变换

$$\boldsymbol{v} = \boldsymbol{S}_c(t) \cdot \boldsymbol{v}_e \quad 或 \quad \boldsymbol{v}_e = \boldsymbol{S}_c^{-1}\boldsymbol{v} = -\boldsymbol{J}\boldsymbol{S}_c^{\mathrm{T}}\boldsymbol{J}\boldsymbol{v} \tag{3.7}$$

变换后待求状态向量函数是 $\boldsymbol{v}_e(t)$，微分方程是

$$\dot{\boldsymbol{v}}_e = \boldsymbol{H}_e\boldsymbol{v}_e, \quad \boldsymbol{H}_e = \boldsymbol{J}\boldsymbol{S}_c^{\mathrm{T}}\boldsymbol{J}(\boldsymbol{H}_c - \boldsymbol{H})\boldsymbol{S}_c = \boldsymbol{S}_c^{-1}(\boldsymbol{H} - \boldsymbol{H}_c)\boldsymbol{S}_c \tag{3.8}$$

其中

$$\boldsymbol{H}_c - \boldsymbol{H} = \begin{pmatrix} 0 & 0 \\ \omega_s^2 + \beta q^2 - \omega^2 & 0 \end{pmatrix} \tag{3.9}$$

ω_s^2 见式(3.2)。容易验证 $\boldsymbol{H}_e$ 是 Hamilton 矩阵。参变量 ω^2 仍是待定，根据格点处能量保守，t_b 时刻原系统的能量守恒成为补充条件，可提供一个方程，用以确定参变量 ω^2。非线性方程，求解要迭代。作为参变量的初值，在普通情况下可用切线的 ω^2；或用通常的保辛差分法，例如保辛 Euler 差分法等再结合割线近似等。虽然开始的参变量初值不够准，在迭代中是可逐步修正的。

变换后的微分方程(3.8)的求解也要初始条件。根据方程(3.7)，并且由于 $\boldsymbol{S}_a(t_0) = \boldsymbol{I}$，故

$$\boldsymbol{v}_{e0} = \boldsymbol{v}_0 \tag{3.10}$$

方程(3.8)也是 Hamilton 系统，对此可用例如保辛差分或时间有限元等保辛近似方法求解。因 $\boldsymbol{H}_c$ 是原系统 H 的主要部分，而近似系统 $\boldsymbol{H}_c$ 是非常精细地求解的，并且正则变换本身是精确的，所以 H 的主要部分已经“消化”了。从而对于 $\boldsymbol{H}_e$ 的近似求解所带来的误差已经是高阶小量了，可以得到满意的数值解。通过能量守恒求解参变量 ω^2 必然导致迭

代。迭代有各种各样的方法,可设想如下:

(1)根据 q_0,p_0,采用参变量 ω^2 的初值问题。最粗略的方法是用切线近似 ω^2,然而讲究些也可用简单的差分法近似计算一个 q_f,再采用割线近似的 ω^2 等;

(2)根据 q_0,p_0,ω^2 精细求解初值问题,得到辛矩阵以及 q_{f0},p_{f0};

(3)根据辛矩阵进行其乘法的正则变换得到矩阵 $\boldsymbol{H}_e$,见方程(3.8);

(4)摄动后的初值边界条件见方程(3.10);

(5)近似保辛求解变换后 $\boldsymbol{H}_e$ 的系统,并计算 t_b 处的 q_b,p_b 与能量 H_b;

(6)比较初始 Hamilton 函数 $H_a=H(q_a,p_a)$ 与 $H_b=H(q_b,p_b)$ 之差:$\Delta H(\omega^2)=H_b-H_a$,如果误差 ΔH 满足指定精度则接受,否则修改新的参变量 ω_{new}^2;

(7)修改 ω_{new}^2 的方法可以是:根据临近两次的 ω^2 和对应的 Hamilton 函数,通过割线按直线插值确定新的参变量 ω_{new}^2。然后返回步骤(2)。

应当证明,不论参变量 ω^2 选择什么数值,以上的积分总是保辛的。证明为:因为变换用辛矩阵乘法 $\boldsymbol{v}=\boldsymbol{S}_c(t)\cdot\boldsymbol{v}_e$,故

$$\boldsymbol{v}_a=\boldsymbol{S}_{ca}\cdot\boldsymbol{v}_{ea},\quad \boldsymbol{v}_b=\boldsymbol{S}_{cb}\cdot\boldsymbol{v}_{eb}$$

其中 $\boldsymbol{S}_{ca},\boldsymbol{S}_{cb}$ 是辛矩阵。又因正则变换后,采用例如区段变形能的有限元法推导的传递

$$\boldsymbol{v}_{eb}=\boldsymbol{S}_{e\Delta}\cdot\boldsymbol{v}_{ea}$$

其中 $\boldsymbol{S}_{e\Delta}$ 也是辛矩阵,从而得到

$$\boldsymbol{v}_b=\boldsymbol{S}_{cf}\boldsymbol{S}_{e\Delta}\boldsymbol{v}_{ea}=(\boldsymbol{S}_{cf}\boldsymbol{S}_{e\Delta}\boldsymbol{S}_{ca}^{-1})\boldsymbol{v}_a=\boldsymbol{S}_{\Delta}\cdot\boldsymbol{v}_a,\quad \boldsymbol{S}_{\Delta}=\boldsymbol{S}_{cb}\boldsymbol{S}_{e\Delta}\boldsymbol{S}_{ca}^{-1}$$

则传递矩阵 $\boldsymbol{S}_{\Delta}$ 是 3 个辛矩阵的乘积;根据辛矩阵群的性质,$\boldsymbol{S}_{\Delta}$ 也是辛矩阵。故不论 ω^2 如何选择,状态传递总是保辛的。这样,在保辛条件外,还有参变量 ω^2 的选择余地,还可满足更多的条件,当前应选择格点处能量守恒条件得以满足。通俗地讲,参变量方法是有弹性的,"太极拳",留有后招,有含蓄。

状态传递保辛后,能量是否守恒也重要。任意选择的参变量 ω^2 不能保证格点处的状态使原系统的能量守恒。好在参变量 ω^2 的选择可按能量守恒而求解。因此在有参变量 ω^2 的情况下进行辛矩阵乘法的正则变换后,再进行保辛近似,既保辛又使能量守恒,打破了所谓保辛则能量不能守恒,能量守恒就不能保辛的两难命题。这个相互冲突的结论只适用于刚性的有限差分积分格式。因差分格式没有参变量,故要求保辛后就没有选择余地了。运用含有参变量的辛矩阵乘法正则变换可达到能量守恒,故可称为"保辛-守恒算法"。

从数学的角度看,以上的算法依赖于参变量 ω^2 的选择,因为每步时间区段的离散积分,给出的数值结果对于参变量 ω^2 是连续变化的,符合拓扑学的同伦。就如同有两个点 $(x_1,y_1<0)$、$(x_2,y_2>0)$,两点间连通一根连续曲线,则必然会与 $y=0$ 的线相交。关键点

是连续变化，这是最简单的同伦(Homotopy)，可有助于理解。

前面讲述是在可精细求解的近似系统基础上再运用辛矩阵乘法摄动而求解的。直接运用精细积分近似系统的解而不进行摄动也可实现保辛-守恒。摄动求解当然可使精度大幅度提高，但也有较大的计算工作量。但不摄动而减少离散格点的步长也能提高精度。

参变量正则变换的保辛-守恒算法显现出了其优越性。保辛说的是“近似解的传递保辛”，守恒说的是“近似解使原系统在格点处守恒”。单自由度问题只能有一个参变量；而 n 自由度问题就可以有 n 维的参变向量。这样在保辛后还可使多个守恒条件得到满足，有足够的弹性。虽然现在用 Duffing 弹簧的例题讲解，但参变量方法是一般适用的。但有多个守恒量时，非线性联立方程的求解会麻烦些。

算例 1：考虑上述的 Duffing 方程，取参数为 $\omega_s=0.2$ 和 $\beta=1.0$，非线性度比较深；初始条件为 $q(0)=1, p(0)=1$。在 0 到 20(s)区间上积分，时间积分步长为 $\eta=0.1$。

采用线性系统(3.4)来近似 Duffing 方程，并通过调整参变量 ω^2 使原系统能量在积分格点守恒，即未曾使用保辛摄动时，给出的计算结果如图 3-1(a)～(d)所示，分别表示 Duffing 方程的相轨迹、位移、Hamilton 函数的相对误差以及参变量 ω^2 的变化情况。在图 3-1(a)和(b)中，实线为通过椭圆函数计算的解析解，而圆圈为本书方法结果。图 3-1(a)表明相平面上近似解与精确解的椭圆函数轨道符合很好。图 3-1(c)表明，上述方法得到的 Hamilton 函数的相对误差已经达到 10^{-14}，这已经接近计算机精度。当然如果计算机系统的精度更高，则 Hamilton 函数也能达到更高的精度。

若采用线性系统(3.4)的单位响应矩阵 $\boldsymbol{S}_c(t)$ 作时变正则变换，然后通过保辛方法求解方程(3.8)，并同样调整参变量 ω^2 使原系统能量在积分格点守恒，则结果如图 3-2(a)～(d)所示，它们与图 3-1 表示的含义相同。图 3-1 和图 3-2 的差别很小，若采用数值比较可知图 3-2 的结果更精确一些。

以上两种近似解的误差表现在相位上，当时间长时会表现出来。若积分到 200(s)，则以上两种方法的位移与解析解有明显差别，其中第二种方法更精确些，但需要的计算量也显著增加，这也说明正则变换摄动法精度更好些。

至此看到，参变量保辛-守恒算法确实达到了保辛-守恒，虽然只是一个简单例题，也表明文献[25]所述有误。

算例 2：考虑 Kepler 问题，Lagrange 与 Hamilton 函数分别是

$$L(\boldsymbol{q},\dot{\boldsymbol{q}})=(\dot{q}_1^2+\dot{q}_2^2)/2+1/\sqrt{q_1^2+q_2^2}$$

$$H(\boldsymbol{q},\boldsymbol{p})=(p_1^2+p_2^2)/2-1/\sqrt{q_1^2+q_2^2} \tag{3.11}$$

其 Hamilton 正则方程为

$$\dot{q}_1=p_1, \quad \dot{q}_2=p_2$$

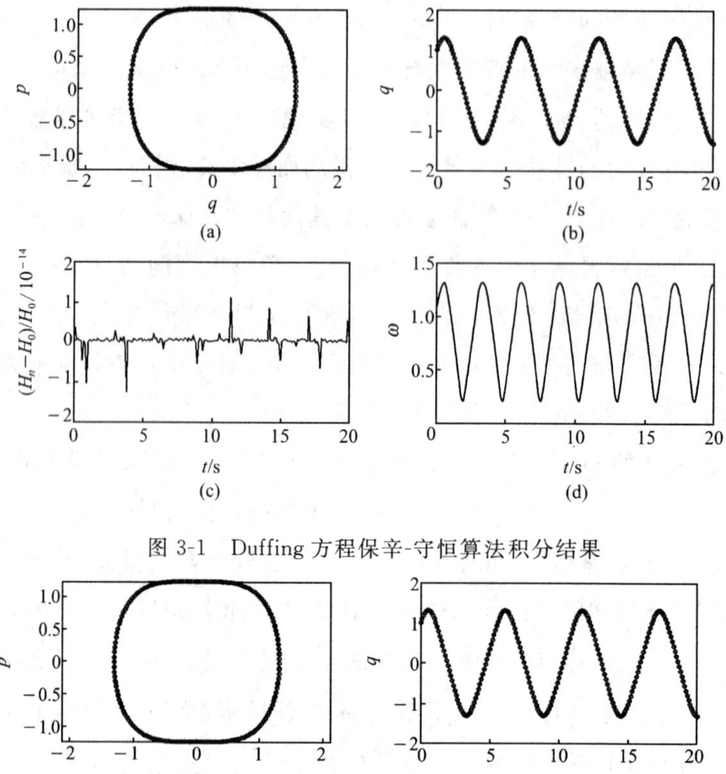

图 3-1 Duffing 方程保辛-守恒算法积分结果

图 3-2 Duffing 方程保辛摄动-守恒算法积分结果

$$\dot{p}_1=-q_1/(q_1^2+q_2^2)^{3/2}, \quad \dot{p}_2=-q_2/(q_1^2+q_2^2)^{3/2} \tag{3.12}$$

初始条件取为 $q_1=0.4, q_2=0, p_1=0, p_2=2$。此问题除了 Hamilton 函数是守恒量外，角动量也是守恒量，即

$$\Theta=q_1p_2-q_2p_1 \tag{3.13}$$

守恒。对于本问题，当然可如前面运用精细积分与切线近似求解，但参变量方法还可用于时间有限元积分。以下的阐述与计算是运用参变量时间有限元方法的。时间区域的有限元法是 O. C. Zienkiewicz 先提出的，见[29]，但他没有考虑**保辛**等特点。后来 Marsden 等也提出了作用量的近似算法[5]，[30]介绍了保辛时间有限元法。

采用区段变形能单点积分近似，积分点的选择也可带上参变量的。令 η 代表时间步

长。运用时间有限元的近似作用量

$$S=\int_{t_a}^{t_b} L(\boldsymbol{q},\dot{\boldsymbol{q}})\mathrm{d}t\approx\eta\cdot L(\bar{\boldsymbol{q}},\Delta\boldsymbol{q}/\eta) \tag{3.14}$$

这近乎是微积分的中值定理。例如,取

$$\bar{\boldsymbol{q}}=(\boldsymbol{q}_a+\boldsymbol{q}_b)/2 \tag{3.15}$$

这是直线插值。于是

$$S=\eta L(\bar{\boldsymbol{q}},(\boldsymbol{q}_b-\boldsymbol{q}_a)/\eta) \tag{3.16}$$

只是 $\boldsymbol{q}_a,\boldsymbol{q}_b$ 的函数而没有参变量。应引入参变量,带上参变向量的时间有限元就能达到守恒的。仔细分析可知,被积分函数是 $L(\boldsymbol{q},\dot{\boldsymbol{q}})$,微积分中值定理讲是时间区段内某一点。取直线插值的$\bar{\boldsymbol{q}}$,无非是取中点近似而已。选择了 $\boldsymbol{q}_b$ 就完全确定了。然而实际轨道不能说是直线,在 $\bar{\boldsymbol{q}}=(\boldsymbol{q}_a+\boldsymbol{q}_b)/2$附近的位移也可以选择。可在中点$(\boldsymbol{q}_a+\boldsymbol{q}_b)/2$附近选择积分点,以引入参变量。取

$$\bar{\boldsymbol{q}}=(\boldsymbol{q}_a+\boldsymbol{q}_b)/2+\mathrm{diag}(\nabla L)\cdot\boldsymbol{\gamma} \tag{3.17}$$

其中 n 维向量 $\boldsymbol{\gamma}$ 就是参变向量;而∇L 是梯度向量

$$\nabla L\approx\partial L/\partial\boldsymbol{q}\big|_{\bar{\boldsymbol{q}},(\boldsymbol{q}_b-\boldsymbol{q}_a)/\Delta t}\approx\partial L/\partial\boldsymbol{q}\big|_{\boldsymbol{q}_a,(\boldsymbol{q}_b-\boldsymbol{q}_a)/\Delta t} \tag{3.18}$$

就是运用出发点附近的近似也可以,$(\boldsymbol{q}_b-\boldsymbol{q}_a)/\eta$也不用反复迭代,只要用第一次计算的即可,就是说$\nabla L$ 只需计算一次以减少计算工作量。而 $\mathrm{diag}(\nabla L)$是以∇L 为对角元的对角矩阵。因此可支持不超过 n 个守恒量。如果有 n 个守恒量,系统就是可积分的了。一般实际的系统有 $m<n$ 个守恒量,则只要选择 m 个参变量就可以了。当只有一个守恒量时,只需要一个参变量,可选择

$$\bar{\boldsymbol{q}}_\gamma=(\boldsymbol{q}_a+\boldsymbol{q}_b)2+\gamma\cdot\nabla L \tag{3.19}$$

其中 γ 是参变量。调整参变量 γ 可达到能量守恒,通常向量 $\gamma\cdot\nabla L$ 是很小的。这样

$$S=\eta L(\bar{\boldsymbol{q}}_\gamma,\Delta\boldsymbol{q}/\eta)=f(\boldsymbol{q}_a,\boldsymbol{q}_b,\gamma) \tag{3.20}$$

是参变量 γ 的函数;从而时间有限元方法得到的传递辛矩阵 $\boldsymbol{S}(\gamma)$,成为参数 γ 的矩阵函数;确定参数 γ 只要根据 Hamilton 函数守恒的条件即可。

这说明参变量差分法也是可行的。

对于本算例的 Kepler 问题,我们选择一个参变量 γ 以保证 Hamilton 函数守恒。在 0～1000(s)上积分,时间步长为 $\eta=0.1$。图 3-3(a)～(d)分别给出了 Hamilton 函数的相对误差与角动量的相对误差,参变量 γ 随时间变化以及 Kepler 问题的轨迹。数值近似给出了计算机精度的 Hamilton 函数,而角动量大体上自动守恒。积分得到的轨道出现椭圆轨道进动,这是近似积分无法避免的。

若在 0～4π(s)上积分,时间步长为 $\eta=\pi/30$。分别采用保辛的中点近似方法和本书保辛-守恒方法积分,计算结果分别如图 3-4 所示,其中黑点表示解析解,而实线和虚线分

别给出保辛-守恒方法和中点近似方法的积分结果。在上面给出的初始条件下，Kepler 椭圆轨道的周期为 2π，图 3-4 表明这两种方法都会出现椭圆轨道进动，但保辛-守恒方法的椭圆轨道进动要慢一些，更精确一些。这些例题是从文献[26]取来的。

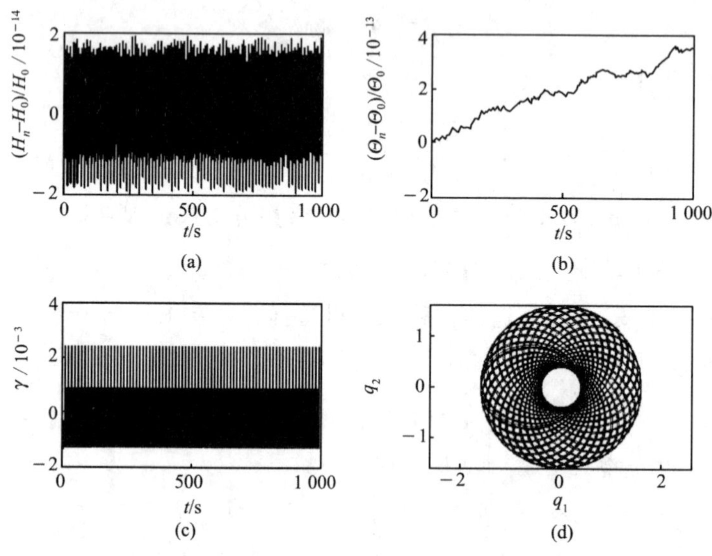

图 3-3　Kepler 问题保辛-守恒算法积分结果

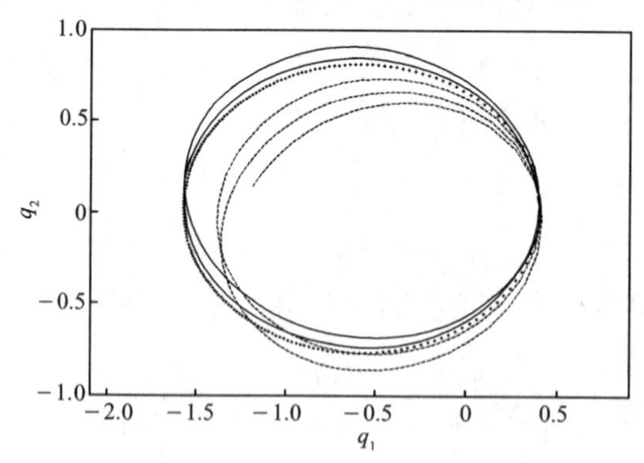

图 3-4　保辛中点近似方法和保辛-守恒方法比较

以上的例题表明**保辛-守恒算法**，并非必须采用**正则变换**不可的。但正则变换属于分析动力学的核心内容。过去没有计算机，正则变换的表达，经常采用生成函数的方法讲述[1]。此时，要用生成函数的偏微商去求解，以得到正则变换，运用的是隐函数定理。理论上讲，全部成立。但这给正则变换的数值计算带来许多困难。数值计算需要显式表达正则变换。

讨论：保辛-守恒的意义在于尽量提高长期数值计算的精度，保持系统本来具备的性质。离散毕竟是近似，能保持的性质应尽量保持。**保辛-守恒**是针对动力学保守系统的离散讲的，所谓算法阻尼，不过是没办法而已。一般来说，系统本来总是有阻尼的，通常很小。保守系统是其很好的近似。但小阻尼的因素怎么在积分中计及呢?

动力学有摄动法,是可将一些小的因素计及的。首先是将忽略了小因素的系统积分好,**保辛-守恒**积分的结果就是摄动的出发点。在此基础上可将阻尼等因素在计算中计及。考虑了阻尼因素,系统就不再能量守恒了,本来也不保守么。妥当的计算应将数值结果尽量符合实际发生的情况。所以,**保辛-守恒**是手段,而不是目的,不能"包打天下";它可提供近似系统很好的近似解,进一步还要有后续步骤,组合起来方才可取得符合实际的数值结果。

数字化时代,毕竟是需要将数学力学理论转化到能实际应用的算法的。非线性动力学问题的求解很难。上面的例题只是一个自由度或一个质点,虽然理论上可以达成保辛-守恒。但实际问题是复杂的,毕竟要解决真正的许多自由度的非线性问题。

可是非线性动力学问题不是简单地直接求解就可以做好的。而线性动力学问题相对可以得到各种有效算法。所以首先要将线性保守系统问题的算法做好。结构动力学教材,着重讲了线性振动分析,解决了许多实际工程问题。但并未讲保辛等重要内容。从分析力学的角度还有很大发展空间。将线性动力学问题的求解做好,在此基础上再用摄动法等有效近似方法,以处理非线性问题。

正则变换是分析力学的中心内容之一。应具体应用于数值计算实际问题。将线性动力学问题求解好,运用传递辛矩阵,就可以显式表达正则变换的。这样,与分析力学的理论就结合起来了。下面就讲用辛矩阵乘法表述的正则变换。

3.4 用辛矩阵乘法表述的正则变换

根据**辛对称群**理论,辛矩阵乘法不改变正则变换的根本性质。群论总体高深,其实我们用到的只是其基本内容。辛矩阵乘法给出的依然是辛矩阵等,只是其最基本的性质。并未涉及高深内容。

正则变换属于分析力学的核心内容。通常,正则变换是由变分原理与生成函数(Generating Function)①导出的[1],但这并不是唯一的表述方法。正则变换也可用通过**辛矩阵乘法**来表述,在[7]的附录 5 已经就弹簧的并联化到串联表述过了。在数学理论上二者是一致的,但形式上相差很大。在数值计算的应用方面,辛矩阵乘法的正则变换是有优点的。辛矩阵乘法表达可**显式**提供正则变换的公式。用辛矩阵乘法,关键点在于辛矩阵群的性质;正则变换后仍然是保辛的。保辛摄动法需要有一个很好的保辛近似解作为出发点。能分析求解的多维问题,一般是线性定常系统。所以线性定常系统的分析求解首

①按著作[1],生成函数有 4 种,就是结构力学的两端位移、左端位移右端力、左端力右端位移、两端力的 4 种边界条件。其实 n 维系统,每个变量皆分别有 4 种,共有 4^n 种,见[45]。

先必须做好。然后在此基础上摄动求解。

以下将辛矩阵乘法的正则变换划分为时不变的变换与时变的变换，分别讲述之。辛对称群是 Hamilton 体系之根本理论，离散处理就成为传递辛矩阵群，计算需要离散。

3.4.1 时不变正则变换的辛矩阵乘法表述

时不变正则变换可用状态空间的本征向量展开表述。

时不变点变换：
$$\boldsymbol{Q}=\boldsymbol{Q}(\boldsymbol{q}) \tag{4.1}$$

时不变正则变换：
$$\boldsymbol{Q}=\boldsymbol{Q}(\boldsymbol{q},\boldsymbol{p}),\quad \boldsymbol{P}=\boldsymbol{P}(\boldsymbol{q},\boldsymbol{p}) \tag{4.2a,b}$$

由此看到，点变换是 n 维位移向量的变换，而正则变换是 $2n$ 维状态空间的变换。

取 Hamilton 函数为 $H_{\mathrm{a}}(\boldsymbol{v})$的时不变线性对偶方程

$$\dot{\boldsymbol{q}}=(\partial H_{\mathrm{a}}/\partial \boldsymbol{p})=\boldsymbol{A}\boldsymbol{q}+\boldsymbol{D}\boldsymbol{p}$$
$$\dot{\boldsymbol{p}}=-\partial H_{\mathrm{a}}/\partial \boldsymbol{q}=-\boldsymbol{B}\boldsymbol{q}-\boldsymbol{A}^{\mathrm{T}}\boldsymbol{p}$$

或
$$\dot{\boldsymbol{v}}=\boldsymbol{H}_{\mathrm{a}}\boldsymbol{v},\quad \boldsymbol{H}_{\mathrm{a}}=\begin{pmatrix}\boldsymbol{A} & \boldsymbol{D}\\ -\boldsymbol{B} & -\boldsymbol{A}^{\mathrm{T}}\end{pmatrix} \tag{4.3}$$

其中 $n\times n$ 矩阵 $\boldsymbol{A},\boldsymbol{B},\boldsymbol{D}$ 取常值，就存在与时间 t 无关的本征向量辛矩阵 $\boldsymbol{\Psi}_{\mathrm{a}}$。求解可用本征向量展开法，表达为

$$\boldsymbol{v}=\boldsymbol{\Psi}_{\mathrm{a}}\boldsymbol{v}_{\mathrm{e}}\quad 或\quad \boldsymbol{v}_{\mathrm{e}}=\boldsymbol{\Psi}_{\mathrm{a}}^{-1}\boldsymbol{v}=-\boldsymbol{J}\boldsymbol{\Psi}_{\mathrm{a}}^{\mathrm{T}}\boldsymbol{J}\boldsymbol{v} \tag{4.4}$$

加上下标 a 就代表近似解。因本征向量阵 $\boldsymbol{\Psi}_{\mathrm{a}}$ 与时间 t 无关，故式(4.4)给出了辛矩阵乘法的时不变的正则变换。这个正则变换是线性的。本征向量辛矩阵 $\boldsymbol{\Psi}_{\mathrm{a}}$ 的展开可将方程(4.3)在变换后正交化了。$\boldsymbol{v}_{\mathrm{e}}$ 代替 $\boldsymbol{v}$ 为待求向量。

正则变换与原 Hamilton 函数无关。近似时不变线性系统 $H_{\mathrm{a}}(\boldsymbol{v})$的选择应与原系统的 Hamilton 函数 $H(\boldsymbol{v},t)$相差不大。选择近似的线性系统就是为了得到其变换辛矩阵 $\boldsymbol{\Psi}_{\mathrm{a}}$[本征向量展开法进行正则变换]。式(4.4)是正则变换的方程，将 $\boldsymbol{v}=\boldsymbol{\Psi}_{\mathrm{a}}\boldsymbol{v}_{\mathrm{e}}$ 代入 $H(\boldsymbol{v},t)$，导出的新 Hamilton 函数是 $H_{\mathrm{e}}(\boldsymbol{v}_{\mathrm{e}},t)=H(\boldsymbol{\Psi}_{\mathrm{a}}\boldsymbol{v}_{\mathrm{e}},t)$。这样就得到求解 $\boldsymbol{v}_{\mathrm{e}}$ 的 Hamilton 体系，而 $H_{\mathrm{e}}(\boldsymbol{v}_{\mathrm{e}},t)$就是变换后的 Hamilton 函数，矩阵 $\boldsymbol{\Psi}_{\mathrm{a}}$ 是时不变的，故这是时不变的正则变换。

近似线性系统 $H_{\mathrm{a}}(\boldsymbol{v})$的完全解可帮助推导正则变换，但近似系统的完全解不是变换后的对偶向量 $\boldsymbol{v}_{\mathrm{e}}$。近似线性系统 $H_{\mathrm{a}}(\boldsymbol{v})$的完全解也并非一定要分析解。事实上本征向量辛矩阵 $\boldsymbol{\Psi}_{\mathrm{a}}$ 一般是用数值方法计算求解的，具体算法见下章。虽然讲了许多本征向量辛矩阵 $\boldsymbol{\Psi}_{\mathrm{a}}$ 的理论与性质，但毕竟不是完全分析的解；事实上一般情况的 $\boldsymbol{\Psi}_{\mathrm{a}}$ 是要用数值方法计算求解的。

如 $H(\boldsymbol{v},t)$是时变的线性系统 $H(\boldsymbol{v},t)=-\boldsymbol{v}^{\mathrm{T}}\boldsymbol{J}\boldsymbol{H}(t)\boldsymbol{v}/2$，则变换后

$$H_{\mathrm{e}}(\boldsymbol{v}_{\mathrm{e}},t)=H(\boldsymbol{\Psi}_{\mathrm{a}}\boldsymbol{v}_{\mathrm{e}},t)=-\boldsymbol{v}_{\mathrm{e}}^{\mathrm{T}}\boldsymbol{H}_{\mathrm{e}}\boldsymbol{v}_{\mathrm{e}}/2$$

$$\boldsymbol{H}_{\mathrm{e}}(t)=\boldsymbol{\Psi}_{\mathrm{a}}^{\mathrm{T}}\boldsymbol{J}\boldsymbol{H}(t)\boldsymbol{\Psi}_{\mathrm{a}} \tag{4.5}$$

这就是对于时变线性系统的情况，可用于时变系统的 Riccati 微分方程求解。近似线性系统 Hamilton 矩阵 $\boldsymbol{H}_{\mathrm{a}}$ 的选择有一定的任意性，例如取 $\boldsymbol{H}(t)$的平均值等。这样 $\boldsymbol{J}\boldsymbol{H}_{\mathrm{e}}(t)$大体上就接近对角化了，对于数值求解是有帮助的。

以上讲的是时不变正则变换，只用到本征向量辛矩阵 $\boldsymbol{\Psi}_{\mathrm{a}}$，是同一个辛矩阵乘法的变换。然而时不变系统的解也可用于时变正则变换的，见下节。

3.4.2　时变正则变换的辛矩阵乘法表述

[7]的附录 5 用**离散**坐标的**区段变形能**函数(作用量)，介绍了不同辛矩阵乘法的正则变换，现在要在连续坐标中讲述。在时间坐标上的不同辛矩阵乘法就表明是时变的变换。时变正则变换要寻找函数

$$\boldsymbol{q}_{\mathrm{e}}=\boldsymbol{q}_{\mathrm{e}}(\boldsymbol{q},\boldsymbol{p},t),\quad \boldsymbol{p}_{\mathrm{e}}=\boldsymbol{p}_{\mathrm{e}}(\boldsymbol{q},\boldsymbol{p},t)$$

或

$$\boldsymbol{v}_{\mathrm{e}}=\boldsymbol{v}_{\mathrm{e}}(\boldsymbol{v},t),\quad \boldsymbol{v}_{\mathrm{e}}^{\mathrm{T}}=(\boldsymbol{q}_{\mathrm{e}}^{\mathrm{T}},\boldsymbol{p}_{\mathrm{e}}^{\mathrm{T}}) \tag{4.6}$$

其中函数 $\boldsymbol{q}_{\mathrm{e}},\boldsymbol{p}_{\mathrm{e}}$ 或 $\boldsymbol{v}_{\mathrm{e}}$ 是变换后的状态。正则变换要求变换后的状态变量微分方程，依然有 Hamilton 正则方程的形式。原来系统的状态向量是 $\boldsymbol{v}(t)$，其 Hamilton 正则方程为

$$\dot{\boldsymbol{v}}=\mathrm{d}\boldsymbol{v}/\mathrm{d}t=\boldsymbol{J}\cdot(\partial H/\partial\boldsymbol{v}),\quad \boldsymbol{v}(t_0)=\boldsymbol{v}_{\mathrm{s}} \tag{4.7}$$

当然有初始条件 $\boldsymbol{v}(t_0)=\boldsymbol{v}_0$，问题在于方程(4.7)求解困难。所以要在正则变换后再求解。最一般的非线性系统，其$(\partial H/\partial\boldsymbol{v})$可取任何形式。这里只考虑函数 $H(\boldsymbol{q},\boldsymbol{p},t)=H(\boldsymbol{v},t)$是二次可微的情况，就是要求

$$(\partial H/\partial\boldsymbol{v})=\boldsymbol{H}(\boldsymbol{v},t)\cdot\boldsymbol{v} \tag{4.7a}$$

其中 $\boldsymbol{H}(\boldsymbol{v},t)$也是可微的。

3.4.3　基于线性时不变系统的时变正则变换

动力学非线性系统的求解是时间积分初值问题，时间步是不长的。在时间步内，可运用时不变的正则变换，从 $\boldsymbol{v}(t)$通过正则变换后成为对于状态向量 $\boldsymbol{v}_{\mathrm{e}}(t)$的 Hamilton 系统，其对应的 Hamilton 函数是 $H_{\mathrm{e}}(\boldsymbol{q}_{\mathrm{e}},\boldsymbol{p}_{\mathrm{e}},t)=H_{\mathrm{e}}(\boldsymbol{v}_{\mathrm{e}},t)$，对偶方程

$$\mathrm{d}\boldsymbol{v}_{\mathrm{e}}/\mathrm{d}t=\dot{\boldsymbol{v}}_{\mathrm{e}}=\boldsymbol{J}\cdot(\partial H_{\mathrm{e}}/\partial\boldsymbol{v}_{\mathrm{e}}) \tag{4.8}$$

时变正则变换也要寻找一个能得到完全解的近似的 Hamilton 系统。可用时不变线性 Hamilton 系统来执行时变正则变换，其 Hamilton 函数记为 $H_{\mathrm{a}}(\boldsymbol{v})$，原因是时不变线性系统容易寻求完全解。从应用的角度看，选择 $H_{\mathrm{a}}(\boldsymbol{v})$应在考虑的时间区段内与原问题的 Hamilton 函数 $H(\boldsymbol{v},t)$相差不多。

式(4.4)给出了近似线性时不变系统 $H_{\mathrm{a}}(\boldsymbol{v})$的本征向量辛矩阵 $\boldsymbol{\Psi}_{\mathrm{a}}$ 的时不变正则变换。然而，近似线性时不变系统 $H_{\mathrm{a}}(\boldsymbol{v})$也可提供时变的正则变换。求解了本征向量辛矩阵 $\boldsymbol{\Psi}_{\mathrm{a}}$ 后，还有单位初始矩阵的响应辛矩阵

$$\begin{aligned}\boldsymbol{S}_{\mathrm{a}}(t)&=\exp(\boldsymbol{H}_{\mathrm{a}}t)=\exp[\boldsymbol{\Psi}_{\mathrm{a}}(\boldsymbol{D}_{\mathrm{p}}t)\boldsymbol{\Psi}_{\mathrm{a}}^{-1}]\\&=\boldsymbol{\Psi}_{\mathrm{a}}[\boldsymbol{I}+(\boldsymbol{D}_{\mathrm{p}}t)+(\boldsymbol{D}_{\mathrm{p}}t)^2/2+\cdots]\boldsymbol{\Psi}_{\mathrm{a}}^{-1}\\&=\boldsymbol{\Psi}_{\mathrm{a}}\cdot\boldsymbol{D}(t)\cdot\boldsymbol{\Psi}_{\mathrm{a}}^{-1},\quad \boldsymbol{D}(t)=\exp(\boldsymbol{D}_{\mathrm{p}}t)\end{aligned}\tag{4.9}$$

可验证 $\boldsymbol{S}_{\mathrm{a}}^{\mathrm{T}}\boldsymbol{J}\boldsymbol{S}_{\mathrm{a}}=\boldsymbol{J}$。运用 $\boldsymbol{S}_{\mathrm{a}}(t)$可进行辛矩阵乘法的正则变换

$$\boldsymbol{v}=\boldsymbol{S}_{\mathrm{a}}(t)\cdot\boldsymbol{v}_{\mathrm{e}}\quad 或\quad \boldsymbol{v}_{\mathrm{e}}=\boldsymbol{S}_{\mathrm{a}}^{-1}\boldsymbol{v}=-\boldsymbol{J}\boldsymbol{S}_{\mathrm{a}}^{\mathrm{T}}\boldsymbol{J}\boldsymbol{v}\tag{4.10}$$

因 $\boldsymbol{S}_{\mathrm{a}}(t)$是时间的函数，故是时变辛矩阵乘法的时变正则变换。

以下要探讨在式(4.11)时变的正则变换后，$\boldsymbol{v}_{\mathrm{e}}=-\boldsymbol{J}\boldsymbol{S}_{\mathrm{a}}^{\mathrm{T}}\boldsymbol{J}\boldsymbol{v}$ 所满足的微分方程。对 $\boldsymbol{v}_{\mathrm{e}}$ 微商可推导微分方程

$$\dot{\boldsymbol{v}}_{\mathrm{e}}=\boldsymbol{H}_{\mathrm{e}}\boldsymbol{v}_{\mathrm{e}},\quad \boldsymbol{H}_{\mathrm{e}}=\boldsymbol{J}\boldsymbol{S}_{\mathrm{a}}^{\mathrm{T}}\boldsymbol{J}(\boldsymbol{H}_{\mathrm{a}}-\boldsymbol{H})\boldsymbol{S}_{\mathrm{a}}=\boldsymbol{S}_{\mathrm{a}}^{-1}(\boldsymbol{H}-\boldsymbol{H}_{\mathrm{a}})\boldsymbol{S}_{\mathrm{a}}\tag{4.11}$$

具体推导过程如下

$$\begin{aligned}\dot{\boldsymbol{v}}_{\mathrm{e}}&=-\boldsymbol{J}\dot{\boldsymbol{S}}_{\mathrm{a}}^{\mathrm{T}}\boldsymbol{J}\boldsymbol{v}+\boldsymbol{S}_{\mathrm{a}}^{-1}\dot{\boldsymbol{v}}=-\boldsymbol{J}\boldsymbol{S}_{\mathrm{a}}^{\mathrm{T}}(\boldsymbol{H}_{\mathrm{a}}^{\mathrm{T}}\boldsymbol{J})\boldsymbol{v}-\boldsymbol{J}\boldsymbol{S}_{\mathrm{a}}^{\mathrm{T}}\boldsymbol{J}\cdot\boldsymbol{J}(\partial H/\partial\boldsymbol{v})\\&=\boldsymbol{J}\boldsymbol{S}_{\mathrm{a}}^{\mathrm{T}}\boldsymbol{J}\boldsymbol{H}_{\mathrm{a}}\boldsymbol{S}_{\mathrm{a}}\boldsymbol{v}_{\mathrm{e}}+\boldsymbol{J}\boldsymbol{S}_{\mathrm{a}}^{\mathrm{T}}(\partial H/\partial\boldsymbol{v})\big|_{\boldsymbol{v}=\boldsymbol{S}_{\mathrm{a}}(t)\cdot\boldsymbol{v}_{\mathrm{e}}}=\boldsymbol{H}_{\mathrm{e}}\boldsymbol{v}_{\mathrm{e}}\end{aligned}\tag{4.11a}$$

此即 $\boldsymbol{v}_{\mathrm{e}}$ 满足的微分方程。根据式(4.7a)，$\boldsymbol{J}(\partial H/\partial\boldsymbol{v})\big|_{\boldsymbol{v}=\boldsymbol{v}_{\mathrm{e}}}=\boldsymbol{H}\boldsymbol{v}_{\mathrm{e}}$。方程(4.11)仍是 Hamilton 正则方程，这要认真验证。先验证 $\boldsymbol{H}_{\mathrm{e}}$ 是 Hamilton 矩阵；即验证$(\boldsymbol{J}\boldsymbol{H}_{\mathrm{e}})^{\mathrm{T}}=\boldsymbol{J}\boldsymbol{H}_{\mathrm{e}}$，如下：

$$(\boldsymbol{J}\boldsymbol{H}_{\mathrm{e}})^{\mathrm{T}}=[\boldsymbol{J}\boldsymbol{J}\boldsymbol{S}_{\mathrm{a}}^{\mathrm{T}}\boldsymbol{J}(\boldsymbol{H}_{\mathrm{a}}-\boldsymbol{H})\boldsymbol{S}_{\mathrm{a}}]^{\mathrm{T}}=-\boldsymbol{S}_{\mathrm{a}}^{\mathrm{T}}[\boldsymbol{J}(\boldsymbol{H}_{\mathrm{a}}-\boldsymbol{H})]^{\mathrm{T}}\boldsymbol{S}_{\mathrm{a}}=\boldsymbol{J}\boldsymbol{H}_{\mathrm{e}}$$

因为出现了矩阵因子$(\boldsymbol{H}_{\mathrm{a}}-\boldsymbol{H})$；而按条件，$\boldsymbol{H}_{\mathrm{a}}$ 的选择应是接近于 $\boldsymbol{H}$ 的，故正则变换后 $\boldsymbol{H}_{\mathrm{e}}$ 已经是小量了。正则变换其实就是为了得到$(\boldsymbol{H}_{\mathrm{a}}-\boldsymbol{H})$的减法；也就是说，正则变换式(4.10)已经将近似线性系统的解“消化”掉了。让 $\boldsymbol{H}_{\mathrm{e}}$ 成为小量的 Hamilton 矩阵，然后再进行近似计算，即使有些误差，从整体来看误差就很小了。验证了$(\boldsymbol{J}\boldsymbol{H}_{\mathrm{e}})^{\mathrm{T}}=\boldsymbol{J}\boldsymbol{H}_{\mathrm{e}}$，即变换后仍是 Hamilton 体系，就保辛了。在此看到，选择好 $\boldsymbol{H}_{\mathrm{a}}$ 的近似线性系统很重要，也只有线性系统才能通过计算得到很精确的数值解，因此花费许多篇幅讲述精细积分法与线性系统的本征向量展开法求解，是值得的。

要求 $\boldsymbol{H}_{\mathrm{a}}$ 的选择应接近于 $\boldsymbol{H}$，事实上还有不同的接近方法。在 $\boldsymbol{H}_{\mathrm{a}}$ 的选择时仍留有余地，即容许存在参变量。此参变量为数值求解，发展**保辛-守恒算法**是重要因素。

3.4.4 包含时间坐标的正则变换

从理论上讲，正则变换还应考虑时间变量 t 一起参加的变换。以上的讲述认为时间 t 完全是自变量，一切函数全部是 t 的函数。现在时间也要处理为变量，与对偶向量一样参加变换。这可利用前面讲述的给定时间区段的正则变换。其实 t 本身也可以当作正则变换的函数的，办法是顶替原来的时间，引入某一个参变量 s，而将时间 t 看成是该参变量 s 的函数。当 t 变换时 s 不变。从分析结构力学的

$$\mathrm{d}U=(\partial U/\partial\boldsymbol{q}_{\mathrm{a}})^{\mathrm{T}}\cdot\mathrm{d}\boldsymbol{q}_{\mathrm{a}}+(\partial U/\partial\boldsymbol{q}_{\mathrm{b}})^{\mathrm{T}}\cdot\mathrm{d}\boldsymbol{q}_{\mathrm{b}}+(\partial U/\partial t_{\mathrm{a}})\mathrm{d}t_{\mathrm{a}}+(\partial U/\partial t_{\mathrm{b}})\mathrm{d}t_{\mathrm{b}}$$

$$= \sum_{i=1}^{n} [p_{bi}\mathrm{d}q_{bi} - p_{ai}\mathrm{d}q_{ai}] + H(\boldsymbol{q}_a, \boldsymbol{p}_a, t_a)\mathrm{d}t_a - H(\boldsymbol{q}_b, \boldsymbol{p}_b, t_b)\mathrm{d}t_b \tag{4.12}$$

实际上，对于分析动力学这就是

$$\begin{gathered}\mathrm{d}S(\boldsymbol{q}_a, t_a; \boldsymbol{q}_b, t_b) = \boldsymbol{p}_b^{\mathrm{T}}\mathrm{d}\boldsymbol{q}_b - \boldsymbol{p}_a^{\mathrm{T}}\mathrm{d}\boldsymbol{q}_a - H_b \cdot \mathrm{d}t_b + H_a \cdot \mathrm{d}t_a \\ H_b = H(\boldsymbol{q}_b, \boldsymbol{p}_b, t_b), \quad H_a = H(\boldsymbol{q}_a, \boldsymbol{p}_a, t_a) \\ \boldsymbol{p}_a = -\partial S/\partial \boldsymbol{q}_a, \quad \boldsymbol{p}_b = \partial S/\partial \boldsymbol{q}_b \\ \partial S/\partial t_a = H_a, \quad \partial S/\partial t_b = -H_b\end{gathered} \tag{4.13}$$

让时间 t 与位移向量 $\boldsymbol{q}$ 共同参与正则变换，将参变量 s 代替原系统的“时间”。在正则变换前 s 就是时间 t，而 t 是参加变换的，但 s 不变换。参变量 s 系统的位移向量是 $n+1$ 维的，构造为

$$\tilde{\boldsymbol{q}}^{\mathrm{T}} = (\boldsymbol{q}^{\mathrm{T}}, t), \quad \tilde{\boldsymbol{p}}^{\mathrm{T}} = (\boldsymbol{p}^{\mathrm{T}}, -H) \tag{4.14}$$

以下系统就成为按自变量 s 离散的“时间”区段的 $n+1$ 维的“时”不变体系。

将方程(4.13)用 $\tilde{\boldsymbol{q}}_a, \tilde{\boldsymbol{q}}_b$ 表达，将作用量 S 看成是 $\tilde{S}(\tilde{\boldsymbol{q}}_a, \tilde{\boldsymbol{q}}_b)$，两端的 s_a, s_b 不参加变分。于是 s_a 处的 $\tilde{\boldsymbol{q}}_a$ 就由原来的 $\boldsymbol{q}_a$ 与 t_a 构成，见式(4.14)；$\tilde{\boldsymbol{q}}_b$ 同。而

$$\begin{gathered}\mathrm{d}\tilde{S}(\tilde{\boldsymbol{q}}_a, \tilde{\boldsymbol{q}}_b) = \tilde{\boldsymbol{p}}_b^{\mathrm{T}}\mathrm{d}\,\tilde{\boldsymbol{q}}_b - \tilde{\boldsymbol{p}}_a^{\mathrm{T}}\mathrm{d}\,\tilde{\boldsymbol{q}}_a \\ \tilde{\boldsymbol{p}}_b = \partial\tilde{S}/\partial\tilde{\boldsymbol{q}}_b, \quad \tilde{\boldsymbol{p}}_a = -\partial\tilde{S}/\partial\tilde{\boldsymbol{q}}_a\end{gathered} \tag{4.15}$$

就是新作用量 $\tilde{S}(\tilde{\boldsymbol{q}}_a, \tilde{\boldsymbol{q}}_b)$ 的全微分。其实新作用量在数值上就是旧的作用量，

$$\tilde{S}(\tilde{\boldsymbol{q}}_a, \tilde{\boldsymbol{q}}_b) = S(\boldsymbol{q}_a, t_a; \boldsymbol{q}_b, t_b) \tag{4.16}$$

表述不同而已。但 $\boldsymbol{q}_b$ 是 n 维向量而 $\tilde{\boldsymbol{q}}_b$ 是 $n+1$ 维向量。

新引入的作用量 $\tilde{S}(\tilde{\boldsymbol{q}}_a, \tilde{\boldsymbol{q}}_b)$，它应只是两端状态向量 $\tilde{\boldsymbol{q}}_a, \tilde{\boldsymbol{q}}_b$ 的函数，而与途径无关。这显然能够达到。式(4.15)引入的是坐标 s 的 $n+1$ 维离散系统；它与时间 t 的 n 维离散系统本质一致，只是接纳了 t_a, t_b 的变量。式(4.16)表达了作用量的继承关系。

离散系统是从连续系统来的，本来

$$S(\boldsymbol{q}_a, t_a; \boldsymbol{q}_b, t_b) = \int_{t_a}^{t_b} L(\boldsymbol{q}, \dot{\boldsymbol{q}})\mathrm{d}t$$

数值计算时，离散将时间区段 (t_a, t_b) 变换到固定的 (s_a, s_b)，区段长度小，所以可取变换 $t \leftrightarrow s$ 是线性的，即

$$\mathrm{d}t/\mathrm{d}s = m = 常数 \tag{4.17}$$

其中斜率 $m \leqslant 1$ 是待定常数，积分有

$$(t_b - t_a)/(s_b - s_a) = m, \quad t_b = t_a + m \cdot \eta$$

于是从 m 可计算 t_b。端部位移依然是 $\boldsymbol{q}(s_b) = \boldsymbol{q}(t_b)$ 的 n 维向量。不同于 $\tilde{\boldsymbol{q}}_b^{\mathrm{T}} = (\boldsymbol{q}_b^{\mathrm{T}}, t_b)^{\mathrm{T}}$。理论上需要区段内的位移 $\boldsymbol{q}(s) = \boldsymbol{q}(t(s))$，线性离散时

$$\tilde{S}(\tilde{\boldsymbol{q}}_a, \tilde{\boldsymbol{q}}_b) = S(\boldsymbol{q}_a, t_a; \boldsymbol{q}_b, t_b) = \int_{t_a}^{t_b} L(\boldsymbol{q}, \dot{\boldsymbol{q}})\mathrm{d}t$$

$$
\begin{aligned}
&= \int_{s_a}^{s_b} L(\boldsymbol{q},\dot{\boldsymbol{q}})(\mathrm{d}t/\mathrm{d}s)\mathrm{d}s \\
&= \int_{s_a}^{s_b} L\left(\boldsymbol{q}(\mathrm{s}),\frac{\mathrm{d}\boldsymbol{q}(\mathrm{s})}{m\mathrm{d}s}\right)m\,\mathrm{d}s\left(=\int_{s_a}^{s_b}\tilde{\mathrm{L}}(\tilde{\boldsymbol{q}},\frac{\mathrm{d}\tilde{\boldsymbol{q}}}{\mathrm{d}s})\mathrm{d}s\right)
\end{aligned} \tag{4.18}
$$

变换后的 Lagrange 函数 $\tilde{\mathrm{L}}(\tilde{\boldsymbol{q}},\mathrm{d}\tilde{\boldsymbol{q}}/\mathrm{d}s)$，也是从原来的 Lagrange 函数继承的，但与通常不同之处是时间因素，即 $n+1$ 维向量 $\tilde{\boldsymbol{q}}$ 的最后一个分量不是显式出现，只是以参数变量 m 出现，当然非线性。

"时"不变体系讲究其特征方程，其中 $n+1$ 维的"能量"是守恒的；而新的自变量 s 的区段是不变的。重要的区别是关于线性体系，这对于求解非常需要。即使原先 n 维的系统是线性的，但在 $n+1$ 维中已经不再是线性了。既然扩展系统脱胎于原来的线性系统，当然要充分利用原来系统的所有特性。恰当运用扩展系统与原来系统的关系成为重要课题。

本书是讲究应用的，不认可空讲理论。于是讲可能的应用成为必要。最优控制的方程是 Hamilton 系统的，通常是给定时间区段的。但**时间长度就是控制的重要目标之一**，给定时间区段则会无法予以修改。这表明将时间也当作变量的理论是必要的。再请注意，最优控制与分析结构力学相模拟，结构力学的 Hamilton 函数是混合能，故混合能的理论是很重要的。另一方面，结构优化有修改区域的理论与方法。结合起来是必要的。这样，Hamilton 体系理论与结构优化也联系起来了。

以往，结构优化与 Hamilton 体系理论未曾发生关系。现在证明结构力学有限元与 Hamilton 体系相互关联；而结构力学与最优控制有模拟关系，其基础便是 Hamilton 体系。所以结构优化尤其是区域变化与最优控制应联系在一起考虑。这些体系考虑给出了方向性的认识，当然要具体化。不过这是要结合工程需求不断深入的。

将时间也当作变量，实际问题怎么应用，要通过具体问题表现出来，举例显然重要。

可用结构动力学的一维振动问题，质量为 M，其弹簧的拉、压刚度不同，分别为 k_1，k_2。非线性振动问题，只能数值积分予以求解。单自由度积分的时间区段，如不经过刚度的转折点，积分可用普通(例如时间)有限元方法进行。但当时间区段内的位移通过 $q(t)=q_b$ 时，出现弹簧刚度转折时，什么时间 t_b 通过 $q(t_b)=q_b$，成为积分的要点。此时，不能根据预先划分好的时间区段进行积分，因通过转折点 t_b 的时间是变量，当然造成问题非线性。确定 t_b 的问题可迭代求解得到。问题简单，故取为例题。

该课题一维振动的 Lagrange 函数为

$$
L(q,\dot{q})=m\dot{q}^2/2-k_1q^2/2+(k_1-k_2)\cdot H(q_b-q)(q-q_b)^2/2
$$

其中 Heaviside 函数 $H(x)$ 的意义为

$$
H(x)=\begin{cases}1, x\geqslant 0\\ 0, x<0\end{cases}
$$

该模型可模拟螺钉预紧的作用。通常拉力不太大的振动时，螺钉刚度与预紧的接触刚度共同提供支撑，其合并的刚度是 k_1；而当位移 $q(t)$ 大，使得 $q \geqslant q_b$ 时，预紧接触力放松成为 0，此时只有螺钉的刚度 $k_1 - k_2$ 起作用，用 Heaviside 函数来表达。此时，位移-抗力的曲线在 q_b 处成为折线。

单自由度 $q(t)$ 的振动，本来容易积分。但因为有刚度在 $q \geqslant q_b$ 的突然变化，成为非线性振动，其振动周期与振幅有关。对于螺钉预紧的结构大振幅振动周期的影响，不容忽视。可用计算机模拟分析。

当然关注在 $q = q_b$ 点附近。在其前后是简单的一维线性振动，问题是发生转折的时间 t_b 要确定。

因为该问题简单，对 $q < q_b$ 区域和 $q \geqslant q_b$ 区域可分别用分析法积分。只要有初始条件，确定发生转折的时间 t_b 比较方便。得到的是该模型下的精确解。

本来，采用等步长的保辛数值时间积分，能量保守的效果比较好。但随着振幅变大，螺钉本构关系出现转折。在转折处的时间 t_b 是待求的，而转折处的位移 $q = q_b$ 为已知。对此，分析解是可达到保守的。但在遭遇转折点时，要求等时间步长数值积分，已经不能做到了，必然要用不等步长的时间积分了。积分时 t_b 成为变量，而 $q(t_b) = q_b$，却是已知位移，不等时间步长的问题出现了。保辛数值积分在不等时间步长的情况下，能量保守如何是要验证的。

对不等式约束的线性螺钉运动，其运动特点要摸清楚。数值例题验证是必需的。

例题：设有单自由度系统。质量为 $m = 1$，刚度 $k_1 = 2$，$k_2 = 1$，$q_b = 2$。初始条件：位移和速度分别为 $q_0 = 1$，$\dot{q}_0 = 3$。要求数值积分。

在不经过转折点的积分步，时间步长取为 $\eta = 0.1$，根据以往经验，等步长的时间有限元保辛积分。能量虽然不能绝对保证为常数，但有一些抖动，不至于使累积的偏离很大的。但在积分步经过转折点时，若改变时间步长以恰好到达转折点，此时就需要将时间 t_b 作为变量，而 $q(t_b) = q_b$，却是已知位移。

采用两种方法。第一种，在转折点 t_b 的能量，与上一积分步结束的时刻 t_a，取其能量相等(图 3-5 中深色结果)。第二种，在转折点 t_b，取其能量与初始时的能量相等(图 3-5 中浅色结果)。两种方案积分过程中，能量的变化如图 3-5 所示，第二种方法的结果在真实的能量附近变化，不会显著增加或减小；而第一种方法的结果先减小，然后稳定在一个固定值附近。显然，第二种方法的结果更满意。

积分过程中，时间步长的变化如图 3-6～3-8 所示，其中图 3-6 为 50000 个积分步的步长，而图 3-7 和图 3-8 分别为开始 100 个积分步和最后 100 个积分步的时间步长。无论哪种方法，当积分到充分长时间后，积分步长呈现周期变化。

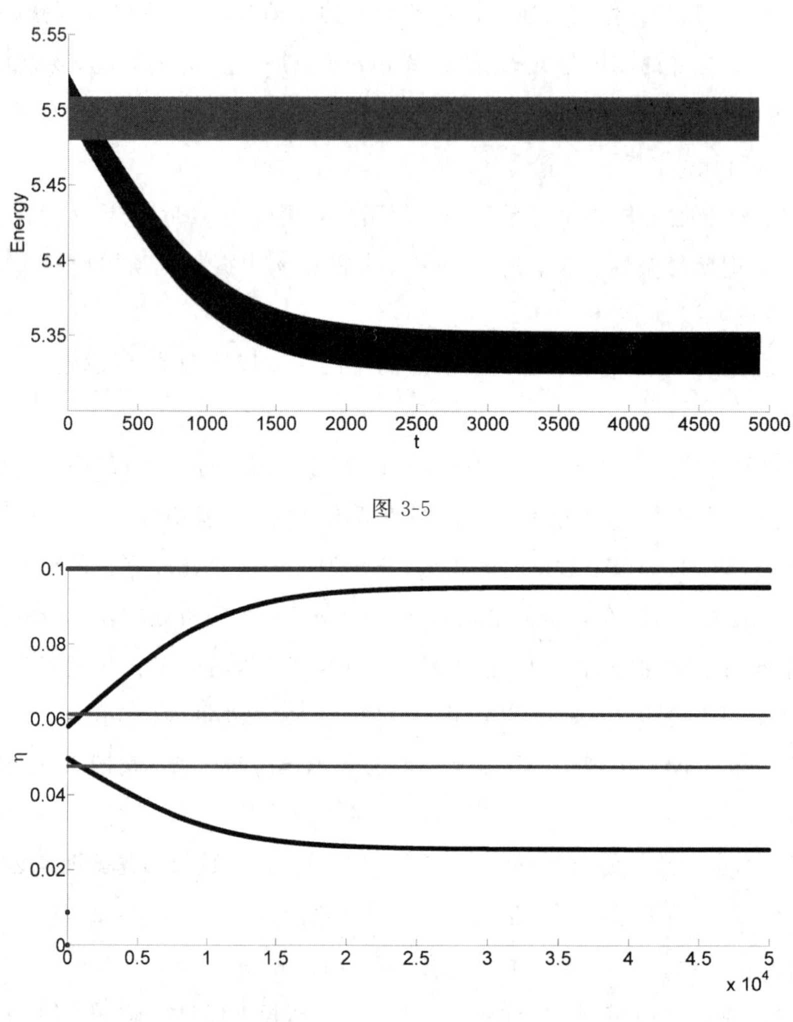

图 3-5

图 3-6

积分得到的位移 q 和动量 p 如图 3-9 和 3-10 所示，位移是连续的，而当位移为 $q=q_b=2$ 时，对应的动量不连续。

此问题的精确解是周期函数。采用以上两种方法积分，系统的周期变化如图 3-11 所示，其中实线和虚线分别表示能量守恒算法和能量不守恒算法。可以看到，对于能量守恒算法，系统的周期不随积分过程变化，而对于能量不守恒算法，系统的周期开始时不断增大，然后趋于稳定。非线性问题，振动周期与初始条件有关，对当前例题，两种方法的周期相差不多。振动周期对于共振影响大，是工程师比较关心的。从这些数值结果看，要提高积分的近似效果，在遭遇到转折时的积分时，采用保辛-守恒算法是有必要的。

螺钉，制造业常见的基础件，对振动的影响很大。共振关心频率，结构振动是整体的，螺钉是影响结构频率的因素之一。看来开展研究有必要。

单自由度振动可用分析法。但多自由度振动有很多个螺钉，用分析法处理接触点，积

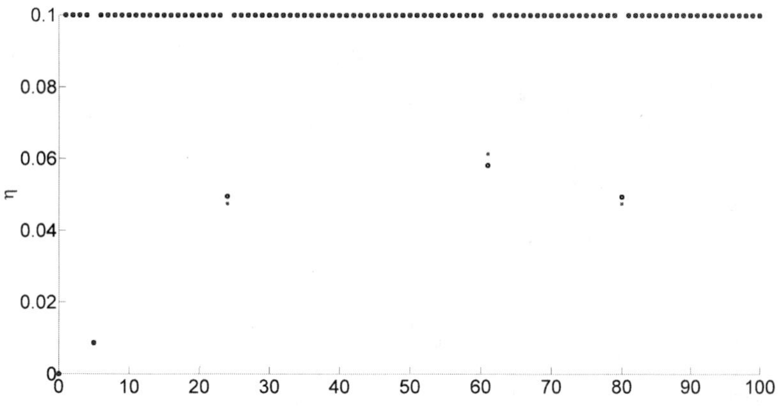
0.1
0.08
0.06
0.04
0.02
0
η
0
10
20
30
40
50
60
70
80
90
100

图 3-7

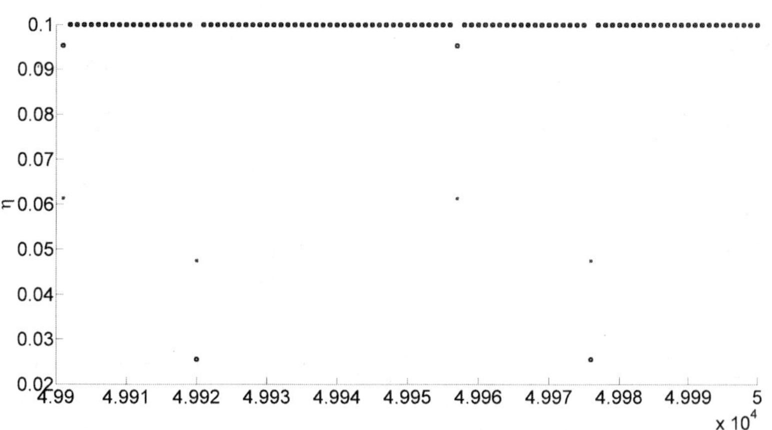
0.1
0.09
0.08
0.07
0.06
0.05
0.04
0.03
0.02
η
4.99
4.991
4.992
4.993
4.994
4.995
4.996
4.997
4.998
4.999
5
x 10^4

图 3-8

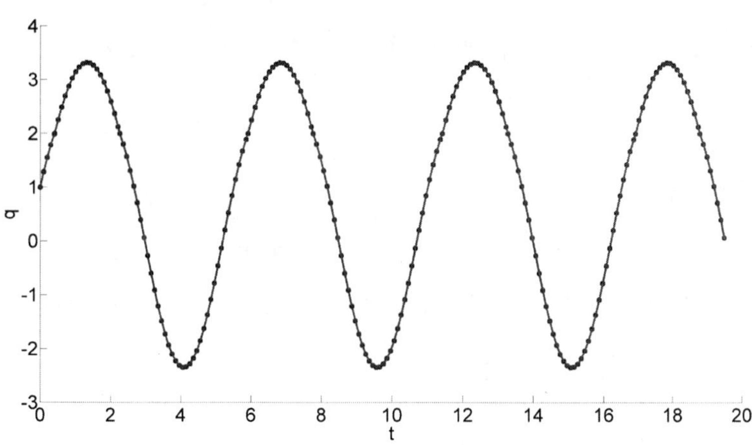
4
3
2
1
0
-1
-2
-3
q
0
2
4
6
8
10
12
14
16
18
20
t

图 3-9

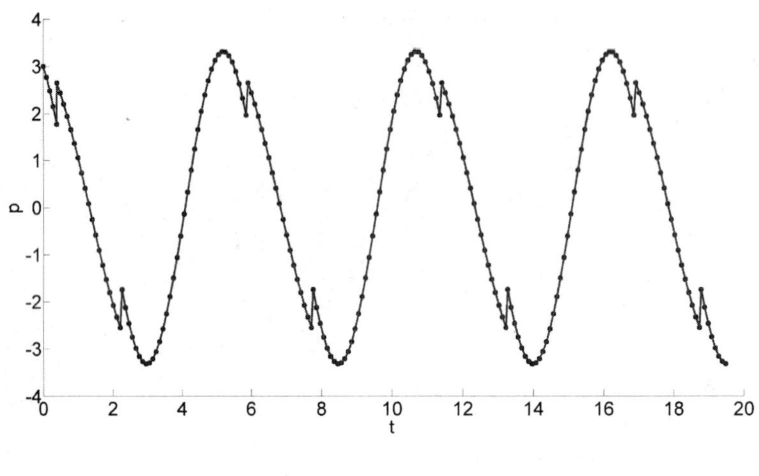

图 3-10

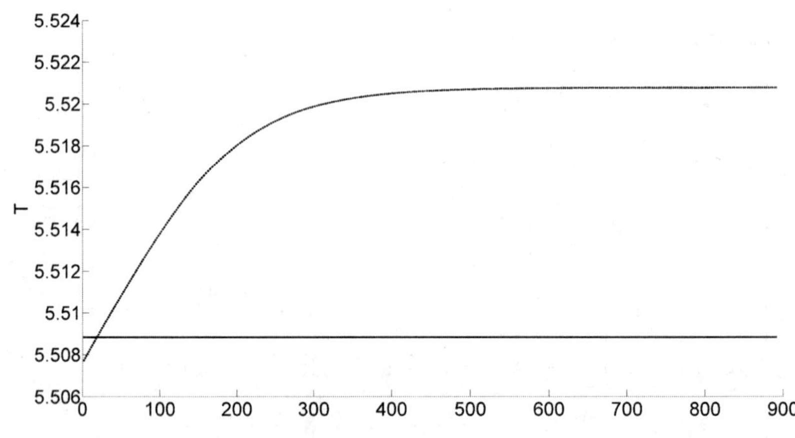

图 3-11

分将不胜其烦。对比离散后参变量变分原理的求解结果有现实意义。将进一步在第 9 章探讨。

3.5 本章结束语

辛数学与有关学科结合，是可以起飞的。**“行成于思，毁于随”**，不可盲目随着别人走。人家愿意走连续坐标、**辛几何**的抽象路；我们可以走自己离散坐标、**辛代数**的路，结合力学、物理等，调整思路，自己干。“走自己的路”么。

多体动力学一般受约束的限制，其积分是有广泛应用的，哪怕约束方程只是代数的，没有微商，因此只是微分-代数方程 DAE，其求解也还有很多问题，国外发展的 DAE 求解理论和方法未必高明。后文第 8 章将讨论这方面的问题。“走自己的路”么。

第 4 章　多维线性经典力学的求解

孙中山先生有名言:“*世界潮流,浩浩荡荡,顺之者昌,逆之者亡*”。我们必须有数字化时代清醒的发展对策,**计算机模拟**。

钱学森在文章《我对今日力学的认识》中指出:“**总起来一句话:今日的力学要充分利用计算机和现代计算技术去回答一切宏观的实际科学技术问题,计算方法非常重要;另一个辅助手段是巧妙设计的实验**”。实际上也强调了**计算机模拟**的方向。

计算机模拟并不是喊口号,而是要实干的。要对问题理解,要模型,要**算法**,要计算机程序系统,要**集成**,要与工程师结合,等等,“**道路决定命运**”。与工程师结合就要简明,有很长的路要走。

多维的线性动力学有大量著作,结构振动动力学是工程中不可缺少的部分。惯性系统内的振动不必列举各种参考著作了。然而,有关陀螺系统的振动,却还不够充分。状态空间的数值分析也很少,还有必要深入。

4.1　动力系统的分离变量求解

动力系统的分离变量求解这个问题应分几个层次表述。

4.1.1　多维线性分析动力学求解

众多结构振动著作,讲述的是惯性系统内的振动。线性动力方程

$$\boldsymbol{M}\ddot{\boldsymbol{q}}+\boldsymbol{K}\boldsymbol{q}=\boldsymbol{f}_1(t)$$

其中 $n\times n$ 的质量阵 $\boldsymbol{M}$ 对称正定,$n\times n$ 的刚度矩阵 $\boldsymbol{K}$ 对称。该动力方程的求解,做得非常精致,有程序系统可用。例如工程抗震问题,已经有规范,怎样做有效;尤其是基于本征向量展开处理随机荷载问题等。因此,读者可参考多种结构振动的著作。应当指出,林家浩教授首创的随机激励下的响应分析,给出了效率远远超出国外算法的虚拟激励法,见[31],已经被公路桥梁等规范采用,成为具有中国特色的亮丽成果。

旋转坐标(非惯性坐标)内,位移法的多(n 个)自由度的一般线性振动方程为

$$\boldsymbol{M}\ddot{\boldsymbol{q}}+\boldsymbol{G}\dot{\boldsymbol{q}}+\boldsymbol{K}\boldsymbol{q}=\boldsymbol{f}_1(t) \tag{1.1}$$

其中 $\boldsymbol{M},\boldsymbol{G},\boldsymbol{K}$ 为 $n\times n$ 矩阵。$\boldsymbol{M}$ 阵对称正定，刚度矩阵 $\boldsymbol{K}$ 虽然对称但未必保证正定，$\boldsymbol{G}$ 阵为反对称陀螺矩阵。如果 $\boldsymbol{G}$ 为对称正定阵，就是阻尼矩阵。通常阻尼很小，可在解出本征向量之后再加以考虑。$\boldsymbol{q}(t)$ 为待求 n 维位移向量。$\boldsymbol{f}_1(t)$ 为给定 n 维外力，非齐次项。应在求解了齐次方程后再加以考虑。齐次方程为

$$\boldsymbol{M}\ddot{\boldsymbol{q}}+\boldsymbol{G}\dot{\boldsymbol{q}}+\boldsymbol{K}\boldsymbol{q}=\boldsymbol{0} \tag{1.2}$$

对应的系统是保守的。其 Lagrange 函数为

$$L(\boldsymbol{q},\dot{\boldsymbol{q}})=\dot{\boldsymbol{q}}^{\mathrm{T}}\boldsymbol{M}\dot{\boldsymbol{q}}/2+\dot{\boldsymbol{q}}^{\mathrm{T}}\boldsymbol{G}\boldsymbol{q}/2-\boldsymbol{q}^{\mathrm{T}}\boldsymbol{K}\boldsymbol{q}/2 \tag{1.3}$$

对应的作用量为

$$S(\boldsymbol{q}_{\mathrm{a}},\boldsymbol{q}_{\mathrm{b}};t_{\mathrm{a}},t_{\mathrm{b}})=\int_{t_{\mathrm{a}}}^{t_{\mathrm{b}}}L(\boldsymbol{q},\dot{\boldsymbol{q}},t)\,\mathrm{d}t \tag{1.4}$$

它是待求位移 $\boldsymbol{q}(t)$ 的泛函。Lagrange 方程可从变分原理 $\delta S=0$ 导出，即给出方程(1.2)。

将方程(1.2)对比单自由度方程，多了一个陀螺项 $\boldsymbol{G}\dot{\boldsymbol{q}}$，其中 $\boldsymbol{G}$ 为反对称矩阵。方程(1.2)依然是二阶微分方程，许多振动著作中多自由度振动系统只考虑其动能 $T=\dot{\boldsymbol{q}}^{\mathrm{T}}\boldsymbol{M}\dot{\boldsymbol{q}}/2$ 及势能 $U=\boldsymbol{q}^{\mathrm{T}}\boldsymbol{K}\boldsymbol{q}/2$，因只考虑在惯性坐标内的振动之故。此时动力方程为 $\boldsymbol{M}\ddot{\boldsymbol{q}}+\boldsymbol{K}\boldsymbol{q}=\boldsymbol{0}$，可用*分离变量法*求解之。分离变量后导致本征值问题，有 Rayleigh 商的变分原理，本征值还有极小-极大原理等，解决得很好。因为已经成熟，教材也很丰富，所以本书就不再多讲了。本书讲究的是特色。

但由于陀螺项 $\boldsymbol{G}\dot{\boldsymbol{q}}$ 的出现，通常的分离变量法就无法对方程(1.2)顺利实施了。这是因为方程(1.2)是二阶联立常微分方程，所以有三项。其对应的变量只有一类变量、位移。所以说是在一类变量的 Lagrange 体系之中描述的。在一维振动问题中，陀螺项必定是零，不出现，所以解决得很好。求解多自由度有陀螺项的振动方程应作变换，引入对偶变量(动量)

$$\boldsymbol{p}=\partial L/\partial\dot{\boldsymbol{q}}=\boldsymbol{M}\dot{\boldsymbol{q}}+\boldsymbol{G}\boldsymbol{q}/2 \tag{1.5}$$

因 $\det(\boldsymbol{M})\neq 0$ 时，求解给出

$$\dot{\boldsymbol{q}}=-\boldsymbol{M}^{-1}\boldsymbol{G}\boldsymbol{q}/2+\boldsymbol{M}^{-1}\boldsymbol{p} \tag{1.6}$$

进行 Legendre 变换，引入 Hamilton 函数

$$\begin{gathered}H(\boldsymbol{q},\boldsymbol{p})=\boldsymbol{p}^{\mathrm{T}}\dot{\boldsymbol{q}}-L(\boldsymbol{q},\dot{\boldsymbol{q}})=\boldsymbol{p}^{\mathrm{T}}\boldsymbol{D}\boldsymbol{p}/2+\boldsymbol{p}^{\mathrm{T}}\boldsymbol{A}\boldsymbol{q}+\boldsymbol{q}^{\mathrm{T}}\boldsymbol{B}\boldsymbol{q}/2\\ \boldsymbol{D}=\boldsymbol{M}^{-1},\quad \boldsymbol{A}=-\boldsymbol{M}^{-1}\boldsymbol{G}/2,\quad \boldsymbol{B}=\boldsymbol{K}+\boldsymbol{G}^{\mathrm{T}}\boldsymbol{M}^{-1}\boldsymbol{G}/4\end{gathered} \tag{1.7}$$

$\boldsymbol{D}$ 阵为对称正定阵，而对称阵 $\boldsymbol{B}$ 未必能保证为正定。变分原理依然为

$$S=\int_{t_0}^{t_{\mathrm{f}}}[\boldsymbol{p}^{\mathrm{T}}\dot{\boldsymbol{q}}-H(\boldsymbol{q},\boldsymbol{p})]\mathrm{d}t=0,\quad \delta S=0 \tag{1.8}$$

完成变分推导，得到一对 Hamilton 正则方程

$$\dot{\boldsymbol{q}}=\partial H/\partial \boldsymbol{p}=\boldsymbol{A}\boldsymbol{q}+\boldsymbol{D}\boldsymbol{p} \tag{1.9a}$$

$$\dot{\boldsymbol{p}}=-\partial H/\partial \boldsymbol{q}=-\boldsymbol{B}\boldsymbol{q}-\boldsymbol{A}^{\mathrm{T}}\boldsymbol{p} \tag{1.9b}$$

其中前一式就是式(1.6)。根据 Hamilton 矩阵式(1.7)的 $\boldsymbol{D},\boldsymbol{A},\boldsymbol{B}$ 也可返回位移法的 $\boldsymbol{M}$，$\boldsymbol{G},\boldsymbol{K}$ 的。Hamilton 正则方程

$$\dot{\boldsymbol{q}}=\partial H/\partial \boldsymbol{p},\quad \dot{\boldsymbol{p}}=-\partial H/\partial \boldsymbol{q} \tag{1.10}$$

对于非线性体系依然适用。分别乘以 $\dot{\boldsymbol{p}},\dot{\boldsymbol{q}}$ 并相减，有

$$0=(\partial H/\partial \boldsymbol{p})\cdot\dot{\boldsymbol{p}}+(\partial H/\partial \boldsymbol{q})\dot{\boldsymbol{q}}=\mathrm{d}H/\mathrm{d}t-\partial H/\partial t$$

表明定常系统的 Hamilton 函数守恒。

将 $\boldsymbol{q},\boldsymbol{p}$ 合在一起组成状态向量 $\boldsymbol{v}(t)$，于是对偶正则方程便可写成矩阵/向量形式

$$\dot{\boldsymbol{v}}=\boldsymbol{H}\boldsymbol{v} \tag{1.11}$$

其中

$$\boldsymbol{H}=\begin{pmatrix}\boldsymbol{A} & \boldsymbol{D}\\ -\boldsymbol{B} & -\boldsymbol{A}^{\mathrm{T}}\end{pmatrix},\quad \boldsymbol{v}=\begin{pmatrix}\boldsymbol{q}\\ \boldsymbol{p}\end{pmatrix},\text{或}\quad \dot{\boldsymbol{v}}=\boldsymbol{J}\cdot\partial H/\partial \boldsymbol{v} \tag{1.12}$$

初值条件是

$$\boldsymbol{q}_0 \overset{\text{def}}{=\!=} \boldsymbol{q}(0)=\text{已知},\quad \dot{\boldsymbol{q}}_0 \overset{\text{def}}{=\!=} \dot{\boldsymbol{q}}(0)=\text{已知} \tag{1.13}$$

但在求解本征向量与本征值时，暂时还用不到初值条件。

Hamilton 矩阵是实数的，下面要讲其本征值问题。实数矩阵的本征解有性质：**如果其本征值是复数，则其复数共轭也是本征值；且其两个对应的本征向量也是相互复数共轭的。当然实数 Hamilton 矩阵也如此。**

4.1.2　线性动力系统的分离变量法与本征问题

求解振动方程，最常用的二类方法便是：(1)**直接积分法**，(2)**分离变量法**。直接积分法通常总是逐步积分。以往总是用差分近似来推导逐步积分公式；有了精细积分法后，可积分达到计算机精度。因此，下文就讲述分离变量法。

分离变量之后，一般导向本征值问题。先讲述其要点。矩阵 $\boldsymbol{K}$ 只要对称，不必正定。状态动力方程(1.11)有时间坐标，向量的各个分量相当于一个自变量，离散的自变量，由其向量的下标来代表。分离变量就是要将时间 t 与这个下标分离。令

$$\boldsymbol{v}(t)=\boldsymbol{\psi}\cdot\varphi(t)$$

其中 $\boldsymbol{\psi}$ 是一个常值 $2n$ 维状态向量，$\varphi(t)$ 是一个纯量函数而与向量的下标无关。代入式(1.12)导向

$$\boldsymbol{\psi}\cdot(\dot{\varphi}/\varphi)=\boldsymbol{H}\boldsymbol{\psi}$$

右侧与时间无关，故 $\dot{\varphi}/\varphi=\mu$ 一定是一个常数，从而分离了变量

$$\boldsymbol{H}\boldsymbol{\psi}=\mu\boldsymbol{\psi},\quad \varphi=\exp(\mu t) \tag{1.14}$$

导向了 $2n\times 2n$ 的 $\boldsymbol{H}$ 矩阵的本征问题。

先讲清楚 $\boldsymbol{H}$ 是 Hamilton 矩阵,因

$$\left.\begin{array}{l} \boldsymbol{JH}=\begin{pmatrix} -\boldsymbol{B} \\ -\boldsymbol{A} \end{pmatrix}=(\boldsymbol{JH})^{\mathrm{T}},\quad \boldsymbol{J}=\begin{pmatrix} \boldsymbol{0} & \boldsymbol{I}_n \\ -\boldsymbol{I}_n & \boldsymbol{0} \end{pmatrix} \\ \boldsymbol{JJ}=-\boldsymbol{I}_{2n},\quad \boldsymbol{J}^{\mathrm{T}}=\boldsymbol{J}^{-1}=-\boldsymbol{J},\quad \boldsymbol{JHJ}=\boldsymbol{H}^{\mathrm{T}} \end{array}\right\} \tag{1.15}$$

Hamilton 矩阵 $\boldsymbol{H}$ 的定义就是:$\boldsymbol{JH}=(\boldsymbol{JH})^{\mathrm{T}}$ 是对称矩阵。$\boldsymbol{J}$ 既是辛矩阵,也是正交矩阵。线性系统的 Hamilton 矩阵 $\boldsymbol{H}$ 与 Hamilton 函数的关系是:$H(\boldsymbol{q},\boldsymbol{p})=H(\boldsymbol{v})=-\boldsymbol{v}^{\mathrm{T}}(\boldsymbol{JH})\boldsymbol{v}/2$。任 2 个 Hamilton 矩阵之和仍是 Hamilton 矩阵;Hamilton 矩阵 $\boldsymbol{H}$ 的逆阵 $\boldsymbol{H}^{-1}$(假定能求逆)也是 Hamilton 矩阵。请自行验证。

Hamilton 矩阵的本征问题具有许多特点。首先:

若 μ 是其本征值,则 $-\mu$ 也一定是其本征值。

证明如下。由式(1.14),有

$$-\boldsymbol{JHJJ\psi}=\mu\boldsymbol{J\psi},\quad \boldsymbol{H}^{\mathrm{T}}(\boldsymbol{J\psi})=-\mu(\boldsymbol{J\psi})$$

这表明$(\boldsymbol{J\psi})$是 $\boldsymbol{H}^{\mathrm{T}}$ 的本征向量而本征值为$-\mu$。但 $\boldsymbol{H}^{\mathrm{T}}$ 的本征值也必是 $\boldsymbol{H}$ 的本征值,证毕。##

于是 $\boldsymbol{H}$ 阵的 $2n$ 个本征值可以划分为二类:

$$\begin{array}{l} (\alpha)\mu_i,\mathrm{Re}(\mu_i)<0 \text{ 或 } \mathrm{Re}(\mu_i)=0\wedge \mathrm{Im}(\mu_i)>0; \\ (\beta)\mu_{n+i},\mu_{n+i}=-\mu_i,\quad i=1,2,\cdots,n。 \end{array} \tag{1.16}$$

其中 $\mathrm{Re}(\mu_i)=0$ 的情况是特殊的,表明随时间增加,α 类的解不会随时间增加而趋于 0;β 类解也不会趋于无穷。

若 $\mu=0$ 是本征值时,它必是一个重根,因 $\mu=-\mu$。并且会出现约当(Jordan)型。弹性力学中常有这种情况。μ_i 与 μ_{n+i}的一对本征解称为互相辛共轭。

出现 $\boldsymbol{J}$ 阵,就表示有辛的性质。以下证明 $\boldsymbol{H}$ 阵的本征向量有辛正交的性质。设

$$\boldsymbol{H\psi}_i=\mu_i\boldsymbol{\psi}_i,\quad \boldsymbol{H\psi}_j=\mu_j\boldsymbol{\psi}_j$$

则

$$\boldsymbol{H}^{\mathrm{T}}(\boldsymbol{J\psi}_i)=-\mu_i\boldsymbol{J\psi}_i,\quad \boldsymbol{JH\psi}_j=\mu_j\boldsymbol{J\psi}_j$$

$$\boldsymbol{\psi}_j^{\mathrm{T}}\boldsymbol{H}^{\mathrm{T}}\boldsymbol{J\psi}_i=-\mu_i\boldsymbol{\psi}_j^{\mathrm{T}}\boldsymbol{J\psi}_i,\quad \boldsymbol{\psi}_i^{\mathrm{T}}\boldsymbol{JH\psi}_j=\mu_j\boldsymbol{\psi}_i^{\mathrm{T}}\boldsymbol{J\psi}_j$$

$$\boldsymbol{\psi}_i^{\mathrm{T}}\boldsymbol{JH\psi}_j=-\mu_i\boldsymbol{\psi}_i^{\mathrm{T}}\boldsymbol{J\psi}_j$$

从而 $(\mu_i+\mu_j)\boldsymbol{\psi}_i^{\mathrm{T}}\boldsymbol{J\psi}_j=0$。以上二列的下一行是从上一行推导的。以上证明表明,除非 $j=n+i$或 $i=n+j$ 的互相辛共轭,$\mu_i+\mu_j=0$,否则本征向量 $\boldsymbol{\psi}_i$ 与 $\boldsymbol{\psi}_j$ 一定互相辛正交:

$$\boldsymbol{\psi}_i^{\mathrm{T}}\boldsymbol{J\psi}_j=0,\quad \boldsymbol{\psi}_j^{\mathrm{T}}\boldsymbol{J\psi}_i=0,\text{当 } \mu_i+\mu_j\neq 0 \text{ 时} \tag{1.17}$$

这种正交称为辛正交,因为中间出现了 $\boldsymbol{J}$ 阵。普通的对称矩阵本向量之间也有正交性,

但中间是 $\boldsymbol{I}$ 阵，或者对于广义本征问题，中间有非负的对称质量阵 $\boldsymbol{M}$。现在的 $\boldsymbol{J}$ 阵反对称，这是辛的特征。任何状态向量必定自相辛正交。当然也一定有

$$\boldsymbol{\psi}_i^{\mathrm{T}}\boldsymbol{J}\boldsymbol{H}\boldsymbol{\psi}_j=0,\text{当 } \mu_i+\mu_j\neq 0 \text{ 时} \tag{1.18}$$

本征向量可以任意乘一个常数因子。因此可以要求

$$\boldsymbol{\psi}_i^{\mathrm{T}}\boldsymbol{J}\boldsymbol{\psi}_{n+i}=1,\quad \text{取转置有}\quad \boldsymbol{\psi}_{n+i}^{\mathrm{T}}\boldsymbol{J}\boldsymbol{\psi}_i=-1 \tag{1.19}$$

这种关系称为归一化。因此常称共轭辛正交归一关系。应当注意，$\boldsymbol{\psi}_i$ 与 $\boldsymbol{\psi}_{n+i}$ 各有一个常数可乘，当 $\mathrm{Re}(\mu_i)<0$ 时，为此可以再规定，例如 $\boldsymbol{\psi}_i^{\mathrm{T}}\boldsymbol{\psi}_i=\boldsymbol{\psi}_{n+i}^{\mathrm{T}}\boldsymbol{\psi}_{n+i}$。

将全部本征向量按编号排成列，而构成 $2n\times 2n$ 阵

$$\boldsymbol{\Psi}=(\boldsymbol{\psi}_1,\boldsymbol{\psi}_2,\cdots,\boldsymbol{\psi}_n;\boldsymbol{\psi}_{n+1},\boldsymbol{\psi}_{n+2},\cdots,\boldsymbol{\psi}_{2n}) \tag{1.20}$$

则根据共轭辛正交归一关系，有

$$\boldsymbol{\Psi}^{\mathrm{T}}\boldsymbol{J}\boldsymbol{\Psi}=\boldsymbol{J} \tag{1.21}$$

由此知，$\boldsymbol{H}$ 的本征向量矩阵 $\boldsymbol{\Psi}$ 也是一个辛矩阵。本征向量矩阵 $\boldsymbol{\Psi}$ 可分块为

$$\boldsymbol{\Psi}=\begin{pmatrix}\boldsymbol{Q}_{\mathrm{a}} & \boldsymbol{Q}_{\mathrm{b}}\\ \boldsymbol{P}_{\mathrm{a}} & \boldsymbol{P}_{\mathrm{b}}\end{pmatrix}\begin{matrix}n\\ n\end{matrix}$$

其中 $n\times n$ 矩阵 $\boldsymbol{Q}_{\mathrm{a}},\boldsymbol{Q}_{\mathrm{b}}$ 是位移，而 $\boldsymbol{P}_{\mathrm{a}},\boldsymbol{P}_{\mathrm{b}}$ 是对偶力。$\boldsymbol{\Psi}$ 的行列式值为 1，故知其所有的列向量，即辛本征向量，张成了 $2n$ 维空间的一组基底。因此，$2n$ 维空间（相空间）内任一向量皆可由本征向量来展开。即任意向量 $\boldsymbol{v}$ 可表示为

$$\left.\begin{aligned}\boldsymbol{v}&=\sum_{i=1}^{n}(a_i\boldsymbol{\psi}_i+b_i\boldsymbol{\psi}_{n+i})\\ a_i&=-\boldsymbol{\psi}_{n+i}^{\mathrm{T}}\boldsymbol{J}\boldsymbol{v},\quad b_i=\boldsymbol{\psi}_i^{\mathrm{T}}\boldsymbol{J}\boldsymbol{v}\end{aligned}\right\} \tag{1.22}$$

这就是运用 Hamilton 矩阵本征向量的展开定理。

本征向量矩阵 $\boldsymbol{\Psi}$ 满足方程

$$\dot{\boldsymbol{\Psi}}=\boldsymbol{H}\boldsymbol{\Psi}=\boldsymbol{\Psi}\boldsymbol{D}_{\mathrm{p}},\boldsymbol{D}_{\mathrm{p}}=\mathrm{diag}[\mathrm{diag}(\mu_i),-\mathrm{diag}(\mu_i)] \tag{1.23}$$

其中 $\mathrm{diag}(\mu_i)=\mathrm{diag}(\mu_1,\mu_2,\cdots,\mu_n)$。应当指出，以上的推导是在所有的本征值 μ_i 皆为单根的条件下做出的。在此条件下还应当补充一个证明，即相互辛共轭的本征向量 $\boldsymbol{\psi}_i$ 与 $\boldsymbol{\psi}_{n+i}$ 不可能互相辛正交。否则任意常数因子是无法达成(1.19)的辛共轭归一性质的。

Rayleigh 商本征问题早已为大家所熟知，是结构振动求解非常重要的基础。Rayleigh 商给出的本征向量互相正交。因为相互正交，所以各个本征向量互相独立无关。但 Rayleigh 商本征问题处理的是对称矩阵，其本征向量具有**自共轭**(self-adjoint)的性质，自己对自己共轭。因为独立性，故可选择若干个本征向量进行后续处理，等等。由此发展出来的多种应用已经为工程实践所证实，并已经得到广泛认可。

辛矩阵的本征问题，得到的本征向量也有类似性质，本征向量是**共轭辛正交归一**。其特点也是相互间的独立无关，不过情况更复杂些，因为任何状态向量一定自己对自己辛正

交，只有其辛共轭的向量，才可能相互辛共轭。因此称为**共轭辛正交归一**，等等。

寻求到辛矩阵的对偶本征解，则其相互辛共轭的一对本征解，就有独立性。因为它有独立性的特点，在其对偶子空间内的求解，就与其余的补空间的解分离了。因为有共轭辛正交归一关系，根据共轭辛正交归一关系，就有**展开定理**。Rayleigh 商本征解，因为自共轭，所以一个本征向量就有独立性；但 Hamilton 矩阵的本征向量，只有相互辛共轭的本征向量，才有独立性。

展开定理可用于非齐次方程的求解

$$\dot{\boldsymbol{v}}(t)=\boldsymbol{H}\boldsymbol{v}+\boldsymbol{f},\quad \boldsymbol{v}(0)=\boldsymbol{v}_0=\text{已知} \tag{1.24}$$

很有用。对 $\boldsymbol{v}$ 的展开就采用式(1.22)，对 $\boldsymbol{f}$ 则公式也类同，只是 a_i,b_i 换成 f_{ai},f_{bi} 而已；当然，a_i,b_i 等皆为 t 的函数。采用本征向量展开后，利用本征方程得

$$\dot{a}_i=\mu_i a_i+f_{ai},\quad \dot{b}_i=-\mu_i b_i+f_{bi};\quad a_i(0)=a_{i0},\quad b_i(0)=b_{i0} \tag{1.25}$$

对 a_i 及 b_i 的脉冲响应函数为简单的纯量函数

$$\boldsymbol{\Phi}_{ai}(t,\tau)=\exp[\mu_i(t-\tau)],\quad \boldsymbol{\Phi}_{bi}(t,\tau)=\exp[-\mu_i(t-\tau)] \tag{1.26}$$

原因是本征向量将向量方程最大限度地解耦了。然后根据 Duhamel 积分得

$$\begin{aligned} a_i &= a_{i0}\mathrm{e}^{\mu_i t}+\int_0^t \Phi_{ai}(t,\tau)f_{ai}(\tau)\mathrm{d}\tau \\ b_i &= b_{i0}\mathrm{e}^{-\mu_i t}+\int_0^t \Phi_{bi}(t,\tau)f_{bi}(\tau)\mathrm{d}\boldsymbol{\tau} \end{aligned} \tag{1.27}$$

这些就是常规的了。

于是问题现在归结为怎样将 $\boldsymbol{H}$ 阵的本征值与本征向量求解出来。可以看到，这里的思路与通常的多自由度振动是平行的。从式(1.23)知 $\boldsymbol{H}=\boldsymbol{\Psi}\boldsymbol{D}_{\mathrm{p}}\boldsymbol{\Psi}^{-1}$，又得到了 Hamilton 函数。

观察 Hamilton 函数为正定的情况。运用式(1.5)和式(1.7)

$$\boldsymbol{p}=\partial L/\partial\dot{\boldsymbol{q}}=\boldsymbol{M}\dot{\boldsymbol{q}}+\boldsymbol{G}\boldsymbol{q}/2$$

进行 Legendre 变换，引入 Hamilton 函数，推导给出

$$\begin{aligned} H(\boldsymbol{q},\boldsymbol{p})&=\boldsymbol{p}^{\mathrm{T}}\dot{\boldsymbol{q}}-L(\boldsymbol{q},\dot{\boldsymbol{q}}) \\ &=(\boldsymbol{M}\dot{\boldsymbol{q}}+\boldsymbol{G}\boldsymbol{q}/2)^{\mathrm{T}}\dot{\boldsymbol{q}}-(\dot{\boldsymbol{q}}^{\mathrm{T}}\boldsymbol{M}\dot{\boldsymbol{q}}/2+\dot{\boldsymbol{q}}^{\mathrm{T}}\boldsymbol{G}\boldsymbol{q}/2-\boldsymbol{q}^{\mathrm{T}}\boldsymbol{K}\boldsymbol{q}/2) \\ &=(\dot{\boldsymbol{q}}^{\mathrm{T}}\boldsymbol{M}-\boldsymbol{q}^{\mathrm{T}}\boldsymbol{G}/2)\dot{\boldsymbol{q}}-(\dot{\boldsymbol{q}}^{\mathrm{T}}\boldsymbol{M}\dot{\boldsymbol{q}}/2+\dot{\boldsymbol{q}}^{\mathrm{T}}\boldsymbol{G}\boldsymbol{q}/2-\boldsymbol{q}^{\mathrm{T}}\boldsymbol{K}\boldsymbol{q}/2) \\ &=\dot{\boldsymbol{q}}^{\mathrm{T}}\boldsymbol{M}\dot{\boldsymbol{q}}/2+\boldsymbol{q}^{\mathrm{T}}\boldsymbol{K}\boldsymbol{q}/2 \end{aligned}$$

因 $\boldsymbol{G}$ 是反对称矩阵，有 $-(\boldsymbol{q}^{\mathrm{T}}\boldsymbol{G}\dot{\boldsymbol{q}})/2-\dot{\boldsymbol{q}}^{\mathrm{T}}\boldsymbol{G}\boldsymbol{q}/2=0$，故有上式。这样，只要质量阵 $\boldsymbol{M}$ 与刚度矩阵 $\boldsymbol{K}$ 为正定，Hamilton 函数成为 2 个正定项之和，所以 Hamilton 函数正定。从速度 $\dot{\boldsymbol{q}}$ 变换到动量 $\boldsymbol{p}$，不过是向量变换而已，不影响其正定性质的。陀螺矩阵 $\boldsymbol{G}$ 与正定性质无关。变换到 $\boldsymbol{A},\boldsymbol{B},\boldsymbol{D}$ 表达的状态空间后，Hamilton 函数成为

$$H(\boldsymbol{q},\boldsymbol{p})=\frac{1}{2}\begin{pmatrix}\boldsymbol{q}\\\boldsymbol{p}\end{pmatrix}^{\mathrm{T}}\begin{pmatrix}-\boldsymbol{B} & -\boldsymbol{A}^{\mathrm{T}}\\-\boldsymbol{A} & -\boldsymbol{D}\end{pmatrix}\begin{pmatrix}\boldsymbol{q}\\\boldsymbol{p}\end{pmatrix}$$

而动力方程与 Hamilton 矩阵是

$$\dot{\boldsymbol{v}}=\boldsymbol{H}\boldsymbol{v},\quad \boldsymbol{H}=\begin{pmatrix}\boldsymbol{A} & \boldsymbol{D}\\-\boldsymbol{B} & -\boldsymbol{A}^{\mathrm{T}}\end{pmatrix},\quad \boldsymbol{H}(\boldsymbol{q},\boldsymbol{p})=\frac{1}{2}\begin{pmatrix}\boldsymbol{q}\\\boldsymbol{p}\end{pmatrix}^{\mathrm{T}}(-\boldsymbol{J}\boldsymbol{H})\begin{pmatrix}\boldsymbol{q}\\\boldsymbol{p}\end{pmatrix}$$

Hamilton 函数 $H(\boldsymbol{q},\boldsymbol{p})$正定，就是矩阵$(-\boldsymbol{J}\boldsymbol{H})$为正定之意。对于任意不为 0 的状态向量 $\boldsymbol{v}$，有 $H(\boldsymbol{v})>0$。

Hamilton 函数 $H(\boldsymbol{v})$正定对其本征值赋予了一个性质，即此时 Hamilton 矩阵的本征值问题 $\boldsymbol{H}\boldsymbol{\psi}=\mu\boldsymbol{\psi}$，其本征值 μ 全为纯虚数。以下给出其证明。

最简单是考虑其 Hamilton 函数。因根据 $H(\boldsymbol{v})$应保持为常值，

$$\mathrm{d}H/\mathrm{d}t=(\partial H/\partial\boldsymbol{q})^{\mathrm{T}}\dot{\boldsymbol{q}}+(\partial H/\partial\boldsymbol{p})^{\mathrm{T}}\dot{\boldsymbol{p}}=-\dot{\boldsymbol{p}}^{\mathrm{T}}\dot{\boldsymbol{q}}+\dot{\boldsymbol{q}}^{\mathrm{T}}\dot{\boldsymbol{p}}=0$$

函数 $H(\boldsymbol{v})$应在运行时守恒。令本征值取复数值，其状态向量解为

$$\boldsymbol{v}=\boldsymbol{\psi}_i\mathrm{e}^{\mu_i t}$$

将 Hamilton 函数扩展到复值向量，写成

$$H(\boldsymbol{v})=-\boldsymbol{v}^{\mathrm{H}}(-\boldsymbol{J}\boldsymbol{H})\boldsymbol{v}/2$$

则

$$H(\boldsymbol{v})=-\boldsymbol{\psi}_i^{\mathrm{H}}\boldsymbol{J}\boldsymbol{H}\boldsymbol{\psi}_i/2\cdot\exp[(\mu_i+\mu_i^*)t]$$

其中，上标 H 表示取厄米(Hermite)转置(取复数共轭再做转置)；而右上的星号则表示取复数共轭之意。

既然 Hamilton 函数为正定，即矩阵$(-\boldsymbol{J}\boldsymbol{H})$为正定对称之意。因此 $\boldsymbol{\psi}_i^{\mathrm{H}}(-\boldsymbol{J}\boldsymbol{H})\boldsymbol{\psi}_i/2$ 取正值而不为零，$H(\boldsymbol{v})$函数在运行时守恒必然要求$(\mu_i+\bar{\mu}_i)=0$，即本征值 μ_i 为纯虚数。并且即使出现重根，因 $H(\boldsymbol{v})$守恒也不会出现 Jordan 型。证毕。# #

这里有了复数运算。复数运算毕竟也是一种理解上的麻烦。但 Hamilton 矩阵的本征向量却无法避免出现复数。现在从另一角度再给一个证明，这对以后也有用处。因

$$\boldsymbol{H}\boldsymbol{\psi}=\mu\boldsymbol{\psi}\text{，意味着 }-\boldsymbol{\psi}^{\mathrm{H}}\boldsymbol{J}\boldsymbol{H}\boldsymbol{\psi}=\boldsymbol{\psi}^{\mathrm{H}}\boldsymbol{J}\boldsymbol{\psi}\cdot(-\mu)=\text{正实数}$$

但 $\boldsymbol{\psi}^{\mathrm{H}}\boldsymbol{J}\boldsymbol{\psi}=\boldsymbol{q}^{\mathrm{H}}\boldsymbol{p}-\boldsymbol{p}^{\mathrm{H}}\boldsymbol{q}$，因右侧的二项互为复共轭，故得纯虚数。因此本征值 μ 必须也是纯虚数方能等于正实数，证毕。# #

其实证明都很简单。

纯虚数本征值的重要特点，是本征值的共轭复数也就是其辛共轭的本征值。

变分原理、本征值的 Rayleigh 商、极大-极小性质、约束下的本征值、本征值计数等这一套理论，在 Hamilton 函数为正定的条件下，是可以进一步探讨的。

辛正交 $\boldsymbol{\psi}_i^{\mathrm{T}}\boldsymbol{J}\boldsymbol{\psi}_j=0$ 是什么物理意义？这是在 $2n$ 维状态向量空间的正交。在 1.7 节

(几何形态的考虑)之中已经从类比的角度介绍了其几何意义。状态空间因此是 $2n$ 维,辛正交相当于功的互等定理等,也已经在 1.7 节讲过。但在力学意义上,尚需深入。例如 n 维 Rayleigh 商的本征向量正交,$\boldsymbol{q}_i^{\mathrm{T}}\boldsymbol{K}\boldsymbol{q}_j=\delta_{ij}$ 是(j 方向的力对于 i 方向的位移做功为零)之意。本征解的每个本征向量的子空间,积分时不会影响其他的本征向量子空间,表明其独立性,等等。从结构力学的角度解释,在状态空间成为功的互等 $\boldsymbol{\psi}_i^{\mathrm{T}}\boldsymbol{J}\boldsymbol{\psi}_j=0$,当 $i\neq n+j$,即

$$(j\text{ 方向的力对于 }i\text{ 方向的位移做功})=(i\text{ 方向的力对于 }j\text{ 方向的位移做功})$$

是熟知的概念。既然是本征向量,则必然有独立性。状态空间的独立性是对应于辛对偶子空间$(i,n+i)$,$\boldsymbol{\psi}_i^{\mathrm{T}}\boldsymbol{J}\boldsymbol{\psi}_{n+i}=1$ 讲的。总体 $2n$ 维状态向量矩阵 $\boldsymbol{\Psi}=(\boldsymbol{\psi}_1,\boldsymbol{\psi}_2,\cdots,\boldsymbol{\psi}_n;\boldsymbol{\psi}_{n+1},\boldsymbol{\psi}_{n+2},\cdots,\boldsymbol{\psi}_{2n})$,共轭辛正交归一关系是 $\boldsymbol{\Psi}^{\mathrm{T}}\boldsymbol{J}\boldsymbol{\Psi}=\boldsymbol{J}$。重新编排本征向量的次序为

$$\boldsymbol{\Psi}_{j1}=(\boldsymbol{\psi}_1,\boldsymbol{\psi}_{n+1};\boldsymbol{\psi}_2,\boldsymbol{\psi}_{n+2};\cdots;\boldsymbol{\psi}_n,\boldsymbol{\psi}_{2n})$$

则对应地其共轭辛正交归一关系也成为 $\boldsymbol{\Psi}_{j1}^{\mathrm{T}}\boldsymbol{J}_{j1}\boldsymbol{\Psi}_{j1}=\boldsymbol{J}_{j1}$,其中

$$\boldsymbol{J}_{j1}=\mathrm{diag}_n(\boldsymbol{J}_1)$$

状态空间的独立性是对应于辛对偶子空间$(i,n+i)$说的。

将 $2n$ 维矩阵 $\boldsymbol{\Psi}$ 写成分块形式

$$\boldsymbol{\Psi}=\begin{pmatrix}\boldsymbol{Q}_{\mathrm{a}} & \boldsymbol{Q}_{\mathrm{b}}\\ \boldsymbol{P}_{\mathrm{a}} & \boldsymbol{P}_{\mathrm{b}}\end{pmatrix}=(\boldsymbol{\Psi}_{\mathrm{a}}\quad\boldsymbol{\Psi}_{\mathrm{b}}),\quad \boldsymbol{\Psi}_{\mathrm{a}}=\begin{pmatrix}\boldsymbol{Q}_{\mathrm{a}}\\ \boldsymbol{P}_{\mathrm{a}}\end{pmatrix},\quad \boldsymbol{\Psi}_{\mathrm{b}}=\begin{pmatrix}\boldsymbol{Q}_{\mathrm{b}}\\ \boldsymbol{P}_{\mathrm{b}}\end{pmatrix}\begin{matrix}n\\ n\end{matrix} \tag{1.28}$$

其中每列全部是辛本征向量。按式(1.16),前 n 列下标是 a,属于 α 类,随时间增加而衰减;而后 n 列下标是 b,属于 β 类,随时间增加而发散。这些衰减和发散的解也是逐对成为辛对偶的。这些解的特点是其局部性质。只要时间区段$(t_{\mathrm{a}},t_{\mathrm{b}})$足够长,则 t_{b} 处的状态对于 t_{a} 端无甚影响。反之,t_{a} 处的状态对于 t_{b} 端无甚影响。

从分析动力学与分析结构力学两方面看,虽然其边界条件的提法不同,但在分析理论方面是一致的。以上分析是在线性动力学方面展开的,没有讲边界条件。所以对于结构力学也可用。当然讲到边界条件时,就完全不同了。

第 5 章讲结构力学与最优控制的模拟关系。因为最优控制的边界条件是两端边界条件,与结构力学一致。最优控制的关键是求解 Riccati 矩阵微分方程,其实它的解的物理意义就是结构区段的端部刚度矩阵(LQ 控制)或柔度阵(Kalman 滤波)。用本征解展开可以求解,但最优控制理论要求达到可控制性(Controllable)与可观测性(Observable),则这些条件在结构力学看来,就相当于要求变形能密度(Lagrange 函数)为正定。后文证明,此时不存在纯虚数的辛本征值解。因此沿长度成为局部的解。求解 Riccati 矩阵微分方程,完全可以用例如精细积分法求解之,这些在第 5 章讲。

结构力学的周期结构或能带分析，在频率域求解时，沿结构的长度分析也是两端边值条件。当 $\mathrm{Re}(\mu_i)=0$ 时，成为等振幅的波动。其中还要区分：α 类是向无穷远处传播的波，而 β 类是从无穷远处入射的波，需要更深入些。将本征值在单位圆 $\mu_i=\exp(\pm \mathrm{j}\theta)$ 的通带解分离出去后，也就成为局部的解，禁带解。在禁带部分用本征向量展开，也可写成

$$\boldsymbol{v}=\begin{Bmatrix}\boldsymbol{q}\\\boldsymbol{p}\end{Bmatrix}=\boldsymbol{\Psi}_{\mathrm{a}}\boldsymbol{a}+\boldsymbol{\Psi}_{\mathrm{b}}\boldsymbol{b}=\begin{Bmatrix}\boldsymbol{Q}_{\mathrm{a}}\boldsymbol{a}+\boldsymbol{Q}_{\mathrm{b}}\boldsymbol{b}\\\boldsymbol{P}_{\mathrm{a}}\boldsymbol{a}+\boldsymbol{P}_{\mathrm{b}}\boldsymbol{b}\end{Bmatrix}\begin{matrix}n\\n\end{matrix} \tag{1.29}$$

其中 $\boldsymbol{a},\boldsymbol{b}$ 皆为 n 维向量，当然包含了禁带的全部本征解。但只要求出全部通带辛本征解，则其余部分的禁带解也可不用求解全部辛本征解了。此时也可用矩阵 Riccati 微分方程的解法。这些在第 7 章讲。

4.1.3　多维线性分析结构力学求解

前面是动力学的讲述，对应地应当考虑结构静力学的 Hamilton 函数的本征值问题。此时**变形能密度**(Lagrange 函数)的表达式为

$$U_{\mathrm{d}}=\dot{\boldsymbol{q}}^{\mathrm{T}}\boldsymbol{K}_{11}\dot{\boldsymbol{q}}/2+\dot{\boldsymbol{q}}^{\mathrm{T}}\boldsymbol{K}_{12}\boldsymbol{q}+\boldsymbol{q}^{\mathrm{T}}\boldsymbol{K}_{22}\boldsymbol{q}/2 \tag{1.30}$$

其中长度方向的坐标是 z 而 $\dot{\boldsymbol{q}}=\mathrm{d}\boldsymbol{q}/\mathrm{d}z$。$\boldsymbol{q}$ 是 n 维的位移向量，$\boldsymbol{K}_{11}$ 是对称正定矩阵，$\boldsymbol{K}_{22}$ 是对称矩阵；如果同时也正定，则是正定 Lagrange 函数了。已经一再解释，与动力问题的 Lagrange 函数

$$L(\boldsymbol{q},\dot{\boldsymbol{q}})=\dot{\boldsymbol{q}}^{\mathrm{T}}\boldsymbol{M}\dot{\boldsymbol{q}}/2+\dot{\boldsymbol{q}}^{\mathrm{T}}\boldsymbol{G}\boldsymbol{q}/2-\boldsymbol{q}^{\mathrm{T}}\boldsymbol{K}\boldsymbol{q}/2$$

的差别，就在 $\boldsymbol{K}_{22}$ 前的正负号变化，其他只是矩阵记号不同而已。所以不多重复了。下面继续讲本征值问题。

正定 Hamilton 矩阵动力学的辛本征值全部在虚轴上。分析结构力学，如果 $\boldsymbol{K}_{22}$ 保证正定又如何？

动力学的正定是 Hamilton 函数正定；而结构力学则体现在 Lagrange 函数为正定上。关于结构力学的辛本征值的性质，应在 Lagrange 函数为正定的基础上证明。此时可证明：沿长度 z 轴，不可能存在位移的周期解。即不可能有 $\boldsymbol{q}(z)=\boldsymbol{q}\exp(\mathrm{i}\mu z)$，$\mu\neq 0$ 的周期解。

证明：取一个周期长为 $l=2\pi/\mu$ 的区段 $[z_{\mathrm{a}},z_{\mathrm{b}}(=z_{\mathrm{a}}+l)]$，而两端的力是 $-\boldsymbol{p}_{\mathrm{a}}=\boldsymbol{p}$，$\boldsymbol{p}_{\mathrm{b}}=\boldsymbol{p}$，全部是 $\boldsymbol{p}$，因为周期；而位移是全部是 $\boldsymbol{q}$，所以两端做功之和为零。而长 $l=2\pi/\mu$ 的区段有正定的变形能。于是两端外力做功不等于变形能，不符合功能原理而造成了矛盾，所以不可能有沿长度方向的周期解。证毕。##

所以，当 Lagrange 函数为正定时，本征值为纯虚数的本征值是不可能的。恰好与正定的 $\boldsymbol{M},\boldsymbol{G},\boldsymbol{K}$ 振动问题本征值相反。

以上讲的是连续坐标系统分离变量法的求解。标题表明适用于线性系统。但经典力

学经常面临的是非线性系统。基于结构力学与状态空间控制理论的模拟关系,表明它们实际上是同一问题。线性控制系统的求解见第 5 章。而非线性控制系统的求解问题则应采用不同思路。结构力学的有限元分析有丰富的算法,应予以借鉴,在第 6 章讲述了多层次算法,取得了有效结果。

虽然讲了许多辛本征向量矩阵 $\boldsymbol{\Psi}$ 的理论与性质,但并非完全的分析解。毕竟,一般情况的 $\boldsymbol{\Psi}$ 是要用数值方法求解计算的。辛矩阵 $\boldsymbol{\Psi}$ 可用于时不变正则变换,这在第 3 章中已经讲过了。

计算科学时代,离散求解是大势所趋。结构力学沿长度方向离散,就成为一系列的区段。而 Hamilton 矩阵也变换为传递辛矩阵。它也有本征值问题,下节讲述。

普通振动问题 n 维 Rayleigh 商在数值求解时,Gram-Schmidt 正交化手续很重要,其意义就是独立性。让剩余空间内的任意向量,与已经得到的本征向量子空间互相正交,即独立无关。

对应地,$2n$ 维状态空间在数值求解时,辛 Gram-Schmidt 正交归一手续也很重要,其意义也就是独立性。看问题一定要基于对偶子空间。让剩余对偶子空间内的任意状态向量,与已经得到的对偶辛本征向量的对偶子空间互相辛正交,即其状态对偶子空间的独立无关性。既然是线性体系,独立无关意味着在其独立状态子空间内可以独立处理,“你打你的,我打我的”。辛 Gram-Schmidt 正交归一手续可见[16]7.4 节。辛 Gram-Schmidt 正交归一手续在第 7 章的能带分析中将予以讲述,应用中起重要作用。

4.2 传递辛矩阵的本征问题

传递辛矩阵是对于离散坐标体系讲的。第 1 章的讲述就是从结构力学离散坐标体系切入的。设有 $2n\times 2n$ 的对称矩阵 $\boldsymbol{K}$

$$\boldsymbol{K}=\begin{pmatrix}\boldsymbol{K}_{\mathrm{aa}} & \boldsymbol{K}_{\mathrm{ab}}\\ \boldsymbol{K}_{\mathrm{ba}} & \boldsymbol{K}_{\mathrm{bb}}\end{pmatrix}\begin{matrix}n\\ n\end{matrix},\quad \begin{matrix}\boldsymbol{K}_{\mathrm{aa}}^{\mathrm{T}}=\boldsymbol{K}_{\mathrm{aa}},\boldsymbol{K}_{\mathrm{bb}}^{\mathrm{T}}=\boldsymbol{K}_{\mathrm{bb}}\\ \boldsymbol{K}_{\mathrm{ab}}^{\mathrm{T}}=\boldsymbol{K}_{\mathrm{ba}}\end{matrix}$$

则在 $\boldsymbol{K}_{\mathrm{ab}}$ 可求逆时,其对应的传递辛矩阵 $\boldsymbol{S}$ 是

$$\boldsymbol{S}=\begin{pmatrix}\boldsymbol{S}_{11} & \boldsymbol{S}_{12}\\ \boldsymbol{S}_{21} & \boldsymbol{S}_{22}\end{pmatrix},\quad \begin{matrix}\boldsymbol{S}_{11}=-\boldsymbol{K}_{\mathrm{ab}}^{-1}\boldsymbol{K}_{\mathrm{aa}}, & \boldsymbol{S}_{22}=-\boldsymbol{K}_{\mathrm{bb}}\boldsymbol{K}_{\mathrm{ab}}^{-1}\\ \boldsymbol{S}_{12}=-\boldsymbol{K}_{\mathrm{ab}}^{-1}, & \boldsymbol{S}_{21}=\boldsymbol{K}_{\mathrm{ab}}^{\mathrm{T}}-\boldsymbol{K}_{\mathrm{bb}}\boldsymbol{K}_{\mathrm{ab}}^{-1}\boldsymbol{K}_{\mathrm{aa}}\end{matrix}\tag{1.5.8①}$$

辛矩阵定义的等式 $\boldsymbol{S}^{\mathrm{T}}\boldsymbol{J}\boldsymbol{S}=\boldsymbol{J}$ 可自行验证。

传递辛矩阵本身,已经表明它对于实际问题是非常有用的,例如周期结构的分析,等等。物质到了微细尺度,分子、原子的效应就呈现出来,就出现了周期性质的结构。跨越

①(1.5.8)指第 1 章(5.8)

一个结构周期，就是一次传递辛矩阵的乘法。

对于 $2n\times 2n$ 的传递辛矩阵 $\boldsymbol{S}$，该矩阵的本征值问题

$$\boldsymbol{S}\boldsymbol{v}=\mu\boldsymbol{v} \tag{2.1}$$

的特性是感兴趣的，首先是其理论性质。既然是 $2n\times 2n$ 矩阵，当然有 $2n$ 个本征值。设 λ 是 $\boldsymbol{S}$ 的本征值，则用 $\boldsymbol{S}^{\mathrm{T}}\boldsymbol{J}$ 左乘方程(2.1)，根据辛矩阵的等式 $\boldsymbol{S}^{\mathrm{T}}\boldsymbol{J}\boldsymbol{S}=\boldsymbol{J}$，得

$$\boldsymbol{S}^{\mathrm{T}}(\boldsymbol{J}\boldsymbol{v})=\lambda^{-1}(\boldsymbol{J}\boldsymbol{v})$$

表明其转置矩阵 $\boldsymbol{S}^{\mathrm{T}}$ 的本征值是 λ^{-1}，其对应的本征向量是$(\boldsymbol{J}\boldsymbol{v})$。

但按矩阵理论，转置矩阵的本征值与原矩阵同。故知 λ^{-1}也是矩阵 $\boldsymbol{S}$ 的本征值

$$\boldsymbol{S}\boldsymbol{v}_{\mathrm{r}}=\lambda^{-1}\boldsymbol{v}_{\mathrm{r}} \tag{2.2}$$

于是 $\boldsymbol{S}$ 的本征值可划分为 2 类：

(α) λ_i，$\mathrm{abs}(\lambda_i)<1$ 或 $\mathrm{abs}(\lambda_i)=1\wedge \mathrm{Im}(\lambda_i)>0$；

(β)λ_{n+i}，$\lambda_{n+i}=\lambda_i^{-1}$，$i=1,2,\cdots,n$。 (2.3)

其中 $\mathrm{abs}(\lambda_i)=1$ 的情况是很特殊的。若 $\lambda_i=1$ 是本征值时，它必是一个重根，因此时 $\lambda=\lambda^{-1}$。并且通常会出现约当(Jordan)型的指数型。

λ_i 与 λ_{n+i}的一对本征解称为互相辛共轭。以下证明 $\boldsymbol{S}$ 阵的本征向量有辛正交的性质。设

$$\boldsymbol{S}\boldsymbol{\psi}_i=\lambda_i\boldsymbol{\psi}_i,\quad \boldsymbol{S}\boldsymbol{\psi}_j=\lambda_j\boldsymbol{\psi}_j$$

则

$$\boldsymbol{S}^{\mathrm{T}}(\boldsymbol{J}\boldsymbol{\psi}_i)=\lambda_i^{-1}(\boldsymbol{J}\boldsymbol{\psi}_i),\quad \boldsymbol{J}\boldsymbol{S}\boldsymbol{\psi}_j=\lambda_j\boldsymbol{J}\boldsymbol{\psi}_j$$

$$\boldsymbol{\psi}_j^{\mathrm{T}}\boldsymbol{S}^{\mathrm{T}}\boldsymbol{J}\boldsymbol{\psi}_i=\lambda_i^{-1}\boldsymbol{\psi}_j^{\mathrm{T}}\boldsymbol{J}\boldsymbol{\psi}_i,\quad \boldsymbol{\psi}_i^{\mathrm{T}}\boldsymbol{J}\boldsymbol{S}\boldsymbol{\psi}_j=\lambda_j\boldsymbol{\psi}_i^{\mathrm{T}}\boldsymbol{J}\boldsymbol{\psi}_j$$

取转置，$\boldsymbol{\psi}_i^{\mathrm{T}}\boldsymbol{J}\boldsymbol{S}\boldsymbol{\psi}_j=\lambda_i^{-1}\boldsymbol{\psi}_i^{\mathrm{T}}\boldsymbol{J}\boldsymbol{\psi}_j$。以上二列的下一行是从上一行推导出来的。对比双方有

$$(\lambda_i^{-1}-\lambda_j)\boldsymbol{\psi}_i^{\mathrm{T}}\boldsymbol{J}\boldsymbol{\psi}_j=0 \tag{2.4}$$

公式(2.4)表明，除非 $j=n+i$ 或 $i=n+j$，互相辛共轭，$\lambda_i^{-1}=\lambda_{n+i}$，否则本征向量 $\boldsymbol{\psi}_i$ 与 $\boldsymbol{\psi}_j$ 一定互相辛正交：

$$\boldsymbol{\psi}_i^{\mathrm{T}}\boldsymbol{J}\boldsymbol{\psi}_j=0\ ,\quad \boldsymbol{\psi}_j^{\mathrm{T}}\boldsymbol{J}\boldsymbol{\psi}_i=0\ ,\quad \text{当 } \lambda_i^{-1}\neq\lambda_j \text{ 时} \tag{2.5}$$

这种正交称为辛正交，因为中间出现了 $\boldsymbol{J}$ 阵。

因本征向量可任意乘一个常数因子，互相辛共轭的本征向量有两个常数乘法因子，可要求归一化

$$\boldsymbol{\psi}_i^{\mathrm{T}}\boldsymbol{J}\boldsymbol{\psi}_{n+i}=1,\quad \boldsymbol{\psi}_{n+i}^{\mathrm{T}}\boldsymbol{J}\boldsymbol{\psi}_i=-1 \tag{2.6}$$

因为有两个因子，可再要求例如 $\boldsymbol{\psi}_i^{\mathrm{T}}\boldsymbol{\psi}_i=\boldsymbol{\psi}_{n+i}^{\mathrm{T}}\boldsymbol{\psi}_{n+i}$ 等。情况与 Hamilton 矩阵的本征解类似。

将全部本征向量按编号排成列，而构成 $2n\times 2n$ 阵

$$\boldsymbol{\Psi}=(\boldsymbol{\psi}_1,\boldsymbol{\psi}_2,\cdots,\boldsymbol{\psi}_n;\boldsymbol{\psi}_{n+1},\boldsymbol{\psi}_{n+2},\cdots,\boldsymbol{\psi}_{2n}) \tag{2.7}$$

则根据共轭辛正交归一关系，有

$$\boldsymbol{\Psi}^{\mathrm{T}}\boldsymbol{J}\boldsymbol{\Psi}=\boldsymbol{J} \tag{2.8}$$

由此知，辛矩阵 $\boldsymbol{S}$ 的本征向量矩阵 $\boldsymbol{\Psi}$ 也是一个辛矩阵。$\boldsymbol{\Psi}$ 的行列式值为 1，故知其所有的列向量，即辛本征向量，张成了 $2n$ 维空间的一组基底。因此，$2n$ 维空间（相空间）内任意一个向量皆可由本征向量来展开。即任意向量 $\boldsymbol{v}$ 可表示为

$$\left.\begin{aligned}\boldsymbol{v} &= \sum_{i=1}^{n}(a_i\boldsymbol{\psi}_i+b_i\boldsymbol{\psi}_{n+i})\\ a_i &= -\boldsymbol{\psi}_{n+i}^{\mathrm{T}}\boldsymbol{J}\boldsymbol{v},\quad b_i=\boldsymbol{\psi}_i^{\mathrm{T}}\boldsymbol{J}\boldsymbol{v}\end{aligned}\right\} \tag{2.9}$$

分别用 $\boldsymbol{\psi}_{n+i}^{\mathrm{T}}$，$\boldsymbol{\psi}_i^{\mathrm{T}}$ 左乘，运用共轭辛正交归一定理就可证明的。这就是运用辛矩阵本征向量的展开定理。

本征向量矩阵 $\boldsymbol{\Psi}$ 满足方程

$$\boldsymbol{S}\boldsymbol{\Psi}=\boldsymbol{\Psi}\boldsymbol{D}_{\mathrm{e}},\quad \boldsymbol{D}_{\mathrm{e}}=\mathrm{diag}[\mathrm{diag}(\lambda_i),\mathrm{diag}(\lambda_i^{-1})] \tag{2.10}$$

其中 $\mathrm{diag}(\lambda_i)=\mathrm{diag}(\lambda_1,\lambda_2,\cdots,\lambda_n)$。应当指出，以上的推导是在所有的本征值 λ_i 皆为单根的条件下做出的。在此条件下还应当补充一个证明，即相互辛共轭的本征向量 $\boldsymbol{\Psi}_i$ 与 $\boldsymbol{\Psi}_{n+i}$ 不可能互相辛正交。否则任意常数因子是无法达成式(2.6)的辛共轭归一性质的。情况与 Hamilton 矩阵的本征值问题相对应。事实上，传递辛矩阵群也有对应的李代数，就是 Hamilton 矩阵乘区段长，这里就不再证明了。

应当看清楚 Hamilton 矩阵与传递辛矩阵的关系。事实上，Hamilton 矩阵 $\boldsymbol{H}\cdot\Delta t$ 的指数函数 $\exp(\boldsymbol{H}\cdot\Delta t)=\boldsymbol{S}$ 就是传递辛矩阵。

证明：指数函数有 Taylor 展开式

$$\boldsymbol{S}=\exp(\boldsymbol{H}\cdot\Delta t)=\boldsymbol{I}+\boldsymbol{H}\cdot\Delta t+(\boldsymbol{H}\cdot\Delta t)^2/2!+\cdots+(\boldsymbol{H}\cdot\Delta t)^k/k!+\cdots$$

而 Hamilton 矩阵 $\boldsymbol{H}\cdot\Delta t$ 有本征向量展开

$$\boldsymbol{H}=\boldsymbol{\Psi}\boldsymbol{D}_{\mathrm{p}}\boldsymbol{\Psi}^{-1}=\boldsymbol{\Psi}\begin{pmatrix}\mathrm{diag}(\mu_i) & \boldsymbol{0}\\ \boldsymbol{0} & \mathrm{diag}(-\mu_i)\end{pmatrix}\boldsymbol{\Psi}^{-1}$$

将该表示代入

$$(\boldsymbol{H}\cdot\Delta t)^k/k!=\boldsymbol{\Psi}(\boldsymbol{D}_{\mathrm{p}}\cdot\Delta t)^k\boldsymbol{\Psi}^{-1}/k!=\boldsymbol{\Psi}(\boldsymbol{D}_{\mathrm{p}}\cdot\Delta t)^k\boldsymbol{\Psi}^{-1}/k!$$

$$\boldsymbol{D}_{\mathrm{p}}^k=\begin{pmatrix}\mathrm{diag}(\mu_i)^k & \boldsymbol{0}\\ \boldsymbol{0} & \mathrm{diag}(-\mu_i)^k\end{pmatrix}$$

所以

$$\boldsymbol{S}=\exp(\boldsymbol{H}\cdot\Delta t)=\boldsymbol{\Psi}\begin{pmatrix}\mathrm{diag}(\lambda_i) & \boldsymbol{0}\\ \boldsymbol{0} & \mathrm{diag}(\lambda_i^{-1})\end{pmatrix}\boldsymbol{\Psi}^{-1} \tag{2.11}$$

$$\lambda_i=\exp(\mu_i\Delta t)=1+\mu_i\Delta t+\cdots+(\mu_i\Delta t)^k/k!+\cdots$$

这就是式(2.10)。注意 $\boldsymbol{\Psi}$ 就是 Hamilton 矩阵 $\boldsymbol{H}\cdot\Delta t$ 的本征向量矩阵,因此知传递辛矩阵 $\boldsymbol{S}$ 的本征向量阵就是对应 $\boldsymbol{H}\cdot\Delta t$ 的本征向量阵,同时有其本征值关系:

$$\lambda_i=\exp(\mu_i\Delta t) \tag{2.12}$$

Hamilton 矩阵 $\boldsymbol{H}\cdot\Delta t$ 与其对应的传递辛矩阵之间的关系,是意味深长的。

展开定理可用于齐次差分方程初始问题的求解。设有周期结构,其对应的传递辛矩阵是 $\boldsymbol{S}$,所传递的状态向量是 $\boldsymbol{v}$。周期结构有一系列编号的站,设为 $i=0,1,\cdots$,对应地有状态向量 $\boldsymbol{v}_0,\boldsymbol{v}_1,\cdots$。传递就是

$$\boldsymbol{v}_i=\boldsymbol{S}\boldsymbol{v}_{i-1},\quad i>0 \tag{2.13}$$

设初始条件是给出状态向量 $\boldsymbol{v}_0$

$$\boldsymbol{v}(0)=\boldsymbol{v}_0=\text{已知} \tag{2.14}$$

则传递就是一系列的矩阵 $\boldsymbol{S}$ 的左乘。计算 $\boldsymbol{S}$ 的本征值可展现定常系统传递的性质。要计算例如 $\boldsymbol{v}_{100}$,当然可进行 100 次矩阵 $\boldsymbol{S}$ 的乘法;但也可用本征向量展开法。将 $\boldsymbol{v}_0$ 用本征向量展开

$$\boldsymbol{v}_0=\sum_{i=1}^{n}(a_{i0}\boldsymbol{\psi}_i+b_{i0}\boldsymbol{\psi}_{n+i}),\quad a_{i0}=-\boldsymbol{\psi}_{n+i}^{\mathrm{T}}\boldsymbol{J}\boldsymbol{v}_0,\quad b_{i0}=\boldsymbol{\psi}_i^{\mathrm{T}}\boldsymbol{J}\boldsymbol{v}_0$$

然后,每站的状态就可得到为

$$\boldsymbol{v}_k=\sum_{i=1}^{n}(a_{ik}\boldsymbol{\psi}_i+b_{ik}\boldsymbol{\psi}_{n+i}),\quad a_{ik}=a_{i0}\lambda_i^k,\quad b_{ik}=b_{i0}\cdot\lambda_i^{-k} \tag{2.15}$$

初始条件问题通常可用于系统性质随时间周期变化的系统,例如对于 Floquet 问题等。初值问题怕出现 $|\lambda_i|\neq 1$ 的本征值,此时系统是不稳定的。双曲型偏微分方程的离散可用时间-空间混和有限元离散求解,要求积分结果不发散,就应考察其传递辛矩阵的本征值。

前面讲:Hamilton 矩阵 $\boldsymbol{H}\cdot\Delta t$ 的指数函数 $\exp(\boldsymbol{H}\cdot\Delta t)=\boldsymbol{S}$ 就是传递辛矩阵。在第 3 章 3.2 节讲:$\boldsymbol{S}$ 是 Δt 时间区段的传递辛矩阵群的元素,而 $\boldsymbol{H}\cdot\Delta t$ 是其对应的李代数体的元素。知道这些比较好,就不感觉玄了;不知道问题也不大。本书希望中庸,简易。

结构力学、固体物理等的能带分析问题,也是周期微分方程,不过用的是两端边界条件。后面第 7 章讲周期结构的能带分析。

以上讲的是基本理论,没有讲怎么计算。在计算科学、制造业数字化的年代,不讲述如何得到数值解,事情就没有做好。所以,下面要介绍如何得到数值解的问题。

4.3 Lagrange 函数或 Hamilton 函数不正定的情况

4.3.1 分析动力学与分析结构静力学的辛本征问题计算

以上就一般的 Hamilton 矩阵以及辛矩阵的本征值问题进行了讨论。不过主要是从数学理论方面讨论的,与动力学的振动及结构力学的静力分析问题有何特点,则没有展示。这里要联系这些方面的问题进行讲述。讲本征值问题当然是线性分析。

首先,讲振动的辛本征值问题,有质量矩阵 $\boldsymbol{M}$、陀螺矩阵 $\boldsymbol{G}$ 与弹性矩阵 $\boldsymbol{K}$,维数是 $n\times n$,是 Lagrange 体系位移 $\boldsymbol{q}$ 的表达。$\boldsymbol{M},\boldsymbol{K}$ 为对称阵而 $\boldsymbol{G}$ 是反对称阵。陀螺系统的动力分析本征值问题在 4.1.1 节已经给出,此处不重复。

首先是 Hamilton 函数为正定的情况。此时运用(1.5)和(1.7)

$$\boldsymbol{p}=\partial L/\partial\dot{\boldsymbol{q}}=\boldsymbol{M}\dot{\boldsymbol{q}}+\boldsymbol{G}\boldsymbol{q}/2$$

进行 Legendre 变换,引入 Hamilton 函数,推导给出

$$\begin{aligned}H(\boldsymbol{q},\boldsymbol{p})&=\boldsymbol{p}^{\mathrm{T}}\dot{\boldsymbol{q}}-L(\boldsymbol{q},\dot{\boldsymbol{q}})\\&=(\boldsymbol{M}\dot{\boldsymbol{q}}+\boldsymbol{G}\boldsymbol{q}/2)^{\mathrm{T}}\dot{\boldsymbol{q}}-(\dot{\boldsymbol{q}}^{\mathrm{T}}\boldsymbol{M}\dot{\boldsymbol{q}}/2+\dot{\boldsymbol{q}}^{\mathrm{T}}\boldsymbol{G}\boldsymbol{q}/2-\boldsymbol{q}^{\mathrm{T}}\boldsymbol{K}\boldsymbol{q}/2)\\&=(\dot{\boldsymbol{q}}^{\mathrm{T}}\boldsymbol{M}-\boldsymbol{q}^{\mathrm{T}}\boldsymbol{G}/2)\dot{\boldsymbol{q}}-(\dot{\boldsymbol{q}}^{\mathrm{T}}\boldsymbol{M}\dot{\boldsymbol{q}}/2+\dot{\boldsymbol{q}}^{\mathrm{T}}\boldsymbol{G}\boldsymbol{q}/2-\boldsymbol{q}^{\mathrm{T}}\boldsymbol{K}\boldsymbol{q}/2)\\&=\dot{\boldsymbol{q}}^{\mathrm{T}}\boldsymbol{M}\dot{\boldsymbol{q}}/2+\boldsymbol{q}^{\mathrm{T}}\boldsymbol{K}\boldsymbol{q}/2\end{aligned}$$

因 $\boldsymbol{G}$ 是反对称矩阵,有 $-(\boldsymbol{q}^{\mathrm{T}}\boldsymbol{G}\dot{\boldsymbol{q}})/2-\dot{\boldsymbol{q}}^{\mathrm{T}}\boldsymbol{G}\boldsymbol{q}/2=0$,故有上式。这样,只要质量阵 $\boldsymbol{M}$ 与刚度矩阵 $\boldsymbol{K}$ 为正定,Hamilton 函数成为 2 个正定项之和,所以 Hamilton 函数正定。从速度 $\dot{\boldsymbol{q}}$ 变换到动量 $\boldsymbol{p}$,不过是向量变换而已,不影响其正定性质的。陀螺矩阵 $\boldsymbol{G}$ 与正定性质无关。变换到 $\boldsymbol{A},\boldsymbol{B},\boldsymbol{D}$ 表达的状态空间后,Hamilton 函数

$$H(\boldsymbol{q},\boldsymbol{p})=\frac{1}{2}\begin{pmatrix}\boldsymbol{q}\\\boldsymbol{p}\end{pmatrix}^{\mathrm{T}}\begin{pmatrix}-\boldsymbol{B}&-\boldsymbol{A}^{\mathrm{T}}\\-\boldsymbol{A}&-\boldsymbol{D}\end{pmatrix}\begin{pmatrix}\boldsymbol{q}\\\boldsymbol{p}\end{pmatrix}\tag{3.1}$$

动力方程与 Hamilton 矩阵是

$$\dot{\boldsymbol{v}}=\boldsymbol{H}\boldsymbol{v},\quad \boldsymbol{H}=\begin{pmatrix}\boldsymbol{A}&\boldsymbol{D}\\-\boldsymbol{B}&-\boldsymbol{A}^{\mathrm{T}}\end{pmatrix},\quad H(\boldsymbol{q},\boldsymbol{p})=\frac{1}{2}\begin{pmatrix}\boldsymbol{q}\\\boldsymbol{p}\end{pmatrix}^{\mathrm{T}}(-\boldsymbol{J}\boldsymbol{H})\begin{pmatrix}\boldsymbol{q}\\\boldsymbol{p}\end{pmatrix}$$

因此 Hamilton 函数正定,就是矩阵$(-\boldsymbol{J}\boldsymbol{H})$为正定之意。

Hamilton 函数 $H(\boldsymbol{v})$正定对其本征值赋予了一个性质,即此时 Hamilton 矩阵的本征值问题 $\boldsymbol{H}\boldsymbol{\psi}=\mu\boldsymbol{\psi}$,其本征值 μ 全为纯虚数。其证明在 4.1.2 节已经给出了。

纯虚数本征值的重要特点,是本征值的共轭复数也就是其辛共轭的本征值。在物理上说,振动不会随时间衰减,而是不断重复。符合无阻尼振动的特点。

4.3.2　动力学本征值的变分原理

既然已证明，当 Hamilton 函数为正定时相应 Hamilton 矩阵的本征值必为纯虚数。记之为

$$\boldsymbol{H}\boldsymbol{\psi}=\mu\boldsymbol{\psi},\quad \mu=\mathrm{i}\omega,\quad \boldsymbol{\psi}=\boldsymbol{\psi}_{\mathrm{r}}+\mathrm{i}\boldsymbol{\psi}_{\mathrm{i}} \tag{3.2}$$

其中 ω 为实数，即本征值的虚部。$\boldsymbol{\psi}$ 为复向量，故有其实部的 $\boldsymbol{\psi}_{\mathrm{r}}$ 及虚部的 $\boldsymbol{\psi}_{\mathrm{i}}$，它们都是 $2n$ 维的实状态向量。

纯虚数本征值 $\mu=\mathrm{i}\omega$ 有辛共轭本征值 $-\mathrm{i}\omega$，等于其复数共轭的特点。因此本征方程的复共轭就是辛共轭本征方程，$\boldsymbol{H}(\boldsymbol{\psi}_{\mathrm{r}}-\mathrm{i}\boldsymbol{\psi}_{\mathrm{i}})=-\mathrm{i}\omega(\boldsymbol{\psi}_{\mathrm{r}}-\mathrm{i}\boldsymbol{\psi}_{\mathrm{i}})$，其辛共轭本征向量为 $(\boldsymbol{\psi}_{\mathrm{i}}+\mathrm{i}\boldsymbol{\psi}_{\mathrm{r}})$，而本征向量的复共轭乘 $-\mathrm{i}$ 即其辛共轭向量。将方程划分为二个实型方程

$$\boldsymbol{H}\boldsymbol{\psi}_{\mathrm{r}}=-\omega\boldsymbol{\psi}_{\mathrm{i}},\quad \boldsymbol{H}\boldsymbol{\psi}_{\mathrm{i}}=\omega\boldsymbol{\psi}_{\mathrm{r}} \tag{3.3$'$}$$

以 $-\boldsymbol{\psi}_{\mathrm{r}}^{\mathrm{T}}\boldsymbol{J}$ 左乘其第 1 个方程，$-\boldsymbol{\psi}_{\mathrm{i}}^{\mathrm{T}}\boldsymbol{J}$ 左乘其第 2 个方程，相加即导出

$$\omega=[\boldsymbol{\psi}_{\mathrm{r}}^{\mathrm{T}}(-\boldsymbol{JH})\boldsymbol{\psi}_{\mathrm{r}}+\boldsymbol{\psi}_{i}^{\mathrm{T}}(-\boldsymbol{JH})\boldsymbol{\psi}_{i}]/(2\boldsymbol{\psi}_{\mathrm{r}}^{\mathrm{T}}\boldsymbol{J}\boldsymbol{\psi}_{\mathrm{i}})$$

这个推导只是表明本征值虚部可以由本征向量的实部与虚部计算，但这可以扩展为变分原理，其变分的向量写为 $\boldsymbol{u}_{\mathrm{r}}$ 与 $\boldsymbol{u}_{\mathrm{i}}$ 以代替 $\boldsymbol{\psi}_{\mathrm{r}}$ 与 $\boldsymbol{\psi}_{\mathrm{i}}$，对 $\boldsymbol{u}_{\mathrm{i}}$ 的选用要求上式分母取正值。则对 ω 有变分原理

$$\omega=\min_{\boldsymbol{u}_{\mathrm{r}}^{\mathrm{T}}\boldsymbol{J}\boldsymbol{u}_{\mathrm{i}}>0}[\boldsymbol{u}_{\mathrm{r}}^{\mathrm{T}}(-\boldsymbol{JH})\boldsymbol{u}_{\mathrm{r}}+\boldsymbol{u}_{\mathrm{i}}^{\mathrm{T}}(-\boldsymbol{JH})\boldsymbol{u}_{\mathrm{i}}]/(2\boldsymbol{u}_{\mathrm{r}}^{\mathrm{T}}\boldsymbol{J}\boldsymbol{u}_{\mathrm{i}}) \tag{3.4}$$

可称广义 Rayleigh 商。

证明：该泛函的 2 个实型自变状态向量 $\boldsymbol{u}_{\mathrm{r}}$ 与 $\boldsymbol{u}_{\mathrm{i}}$，只有一个不等式条件。分子则因 Hamilton 函数为正定，两项分别为正定，相加也正定。所以分式是有下界的，可以取最小。现在取变分为零，有

$$\delta\omega=[\delta\boldsymbol{u}_{\mathrm{r}}^{\mathrm{T}}(-\boldsymbol{JH}\boldsymbol{u}_{\mathrm{r}}-\boldsymbol{J}\boldsymbol{u}_{\mathrm{i}}\omega)+\delta\boldsymbol{u}_{\mathrm{i}}^{\mathrm{T}}(-\boldsymbol{JH}\boldsymbol{u}_{\mathrm{i}}+\boldsymbol{J}\boldsymbol{u}_{\mathrm{r}}\omega)]/\boldsymbol{u}_{\mathrm{r}}^{\mathrm{T}}\boldsymbol{J}\boldsymbol{u}_{i}=0$$

因有不等式条件，故 $-\delta\boldsymbol{u}_{\mathrm{r}}^{\mathrm{T}}$ 与 $-\delta\boldsymbol{u}_{\mathrm{i}}^{\mathrm{T}}$ 所乘的项应分别为零，导致式(3.3)的两套实型方程。证毕。##

变分原理是一阶变分为零，毕竟不如取最小、最大。于是我们又想起了 Rayleigh 商的最大-最小性质，它在当前依然成立吗？以下就要建立当前的本征值最小-最大性质。

由于采用了实型 $\boldsymbol{u}_{\mathrm{r}}$ 与 $\boldsymbol{u}_{\mathrm{i}}$ 作为变分向量，因此要将辛正交条件用实型向量来表示。为免于混淆，下标 r 与 i 专门用来标记实部与虚部，而用 j,k 来表示本征向量序号。辛正交：

$$\boldsymbol{\psi}_{\mathrm{r}j}^{\mathrm{T}}\boldsymbol{J}\boldsymbol{\psi}_{\mathrm{r}k}-\boldsymbol{\psi}_{\mathrm{i}j}^{\mathrm{T}}\boldsymbol{J}\boldsymbol{\psi}_{\mathrm{i}k}=0,\quad \boldsymbol{\psi}_{\mathrm{r}j}^{\mathrm{T}}\boldsymbol{J}\boldsymbol{\psi}_{\mathrm{i}k}+\boldsymbol{\psi}_{\mathrm{i}j}^{\mathrm{T}}\boldsymbol{J}\boldsymbol{\psi}_{\mathrm{r}k}=0,\text{当 }\mu_k+\mu_j\neq 0 \tag{3.5a}$$

以及

$$\boldsymbol{\psi}_{\mathrm{r}j}^{\mathrm{T}}\boldsymbol{JH}\boldsymbol{\psi}_{\mathrm{r}k}-\boldsymbol{\psi}_{\mathrm{i}j}^{\mathrm{T}}\boldsymbol{JH}\boldsymbol{\psi}_{\mathrm{i}k}=0,\quad \psi_{\mathrm{r}j}^{\mathrm{T}}\boldsymbol{JH}\boldsymbol{\psi}_{\mathrm{i}k}+\boldsymbol{\psi}_{\mathrm{i}j}^{\mathrm{T}}\boldsymbol{JH}\boldsymbol{\psi}_{\mathrm{r}k}=0,\text{当 }\mu_k+\mu_j\neq 0 \tag{3.5b}$$

根据当前讨论的是$(-\boldsymbol{JH})$为正定阵的情况，复共轭就是辛共轭。式(3.5)的辛正交式中，除非 $n+j=k$ 的辛共轭情形，否则加、减号都可改成±号。既然辛共轭的一对本征

向量即互相复共轭的一对,故可一起考虑其辛正交,于是可写成实型的形式

$$\boldsymbol{\psi}_{rj}^{T}\boldsymbol{J}\boldsymbol{\psi}_{rk}=0\ ,\ \boldsymbol{\psi}_{ij}^{T}\boldsymbol{J}\boldsymbol{\psi}_{ik}=0\ ,\ \boldsymbol{\psi}_{rj}^{T}\boldsymbol{J}\boldsymbol{\psi}_{ik}=\delta_{jk}/2\ ,\ \boldsymbol{\psi}_{ij}^{T}\boldsymbol{J}\boldsymbol{\psi}_{rk}=-\delta_{jk}/2$$

$$\boldsymbol{\psi}_{rj}^{T}\boldsymbol{J}\boldsymbol{H}\boldsymbol{\psi}_{rk}=\boldsymbol{\psi}_{ij}^{T}\boldsymbol{J}\boldsymbol{H}\boldsymbol{\psi}_{ik}=-\omega_j\,\delta_{jk}/2\ ,\quad \boldsymbol{\psi}_{rj}^{T}\boldsymbol{J}\boldsymbol{H}\boldsymbol{\psi}_{ik}=\boldsymbol{\psi}_{ij}^{T}\boldsymbol{J}\boldsymbol{H}\boldsymbol{\psi}_{rk}=0,\quad j,k\leqslant n \tag{3.6}$$

其中本征值的编排为

$$0<\omega_1<\omega_2<\cdots<\omega_n \tag{3.7}$$

现在要证明如式(3.7)的这些本征值 ω_j 具有最大-最小性质。

既已证明了正定 Hamilton 函数时其本征值全部取虚数,则 ω^2 必定为实值。式(3.7)的编排对 ω^2 成立。因此可采用对于 ω^2 的变分原理。将式(3.3)的两个方程综合,可导出

$$-\boldsymbol{H}^2\boldsymbol{\psi}_r=\omega^2\boldsymbol{\psi}_r\ \text{或}\ -\boldsymbol{H}^2\boldsymbol{\psi}_i=\omega^2\boldsymbol{\psi}_i$$

虽然这是本征值方程,但矩阵 $\boldsymbol{H}^2$ 并不是对称矩阵。然而 $-\boldsymbol{J}\boldsymbol{H}$ 是对称矩阵,并且因 Hamilton 函数的正定性,$-\boldsymbol{J}\boldsymbol{H}$ 也是对称正定阵。因此,将上式乘上 $-\boldsymbol{J}\boldsymbol{H}$ 阵,给出

$$\boldsymbol{J}\boldsymbol{H}^3\boldsymbol{\psi}_r=\omega^2(-\boldsymbol{J}\boldsymbol{H})\boldsymbol{\psi}_r \tag{3.8}$$

还要验证矩阵 $\boldsymbol{J}\boldsymbol{H}^3$ 的对称正定性。对称性的验证则为

$$(\boldsymbol{J}\boldsymbol{H}^3)^T=[(\boldsymbol{J}\boldsymbol{H})\boldsymbol{J}(\boldsymbol{J}\boldsymbol{H})\boldsymbol{J}(\boldsymbol{J}\boldsymbol{H})]^T=(\boldsymbol{J}\boldsymbol{H})\boldsymbol{J}^T(\boldsymbol{J}\boldsymbol{H})\boldsymbol{J}^T(\boldsymbol{J}\boldsymbol{H})=\boldsymbol{J}\boldsymbol{H}^3$$

又

$$\begin{aligned}\boldsymbol{v}^T\boldsymbol{J}\boldsymbol{H}^3\boldsymbol{v}&=\boldsymbol{v}^T(\boldsymbol{J}\boldsymbol{H})^T\boldsymbol{H}(\boldsymbol{H}\boldsymbol{v})=-\boldsymbol{v}^T\boldsymbol{H}^T\boldsymbol{J}\boldsymbol{H}(\boldsymbol{H}\boldsymbol{v})\\&=(\boldsymbol{H}\boldsymbol{v})^T(-\boldsymbol{J}\boldsymbol{H})(\boldsymbol{H}\boldsymbol{v})>0\end{aligned}$$

而根据 $-\boldsymbol{J}\boldsymbol{H}$ 为正定的性质,$\boldsymbol{H}\boldsymbol{v}$ 必定不是零向量。所以只要 $\boldsymbol{v}$ 不是零向量,则上面不等式成立,这就是 $\boldsymbol{J}\boldsymbol{H}^3$ 正定之意,证毕。# #

这样,本征值问题式(1.23)就成为两个对称正定的 $2n\times 2n$ 矩阵 $\boldsymbol{J}\boldsymbol{H}$ 与 $\boldsymbol{J}\boldsymbol{H}^3$ 的广义本征值问题,可组成相应的 Rayleigh 商变分原理

$$\omega^2=\min_{\boldsymbol{u}}[\boldsymbol{u}^T\boldsymbol{J}\boldsymbol{H}^3\boldsymbol{u}/\boldsymbol{u}^T(-\boldsymbol{J}\boldsymbol{H})\boldsymbol{u}] \tag{3.9}$$

于是这就相当于典型的 $2n$ 维振动问题的本征值问题。所以,上文关于本征值包含定理、本征值计数定理,W-W 算法等都成立。本征值方程是

$$\boldsymbol{J}\boldsymbol{H}^3\boldsymbol{\psi}_i=\omega^2(-\boldsymbol{J}\boldsymbol{H})\boldsymbol{\psi}_i \tag{3.10}$$

Rayleigh 商的计算是成熟的,所以不必再多说了。只要归化到 Rayleigh 商,那么计算问题就算解决了。方程(3.10)与方程(3.9)同。本来是 n 自由度的陀螺振动系统,有 n 个本征值,因此一定出现重根。

回顾 $n\times n$ 的 Hermite 矩阵的本征问题,可归化到实数表达的 $2n\times 2n$ 矩阵的本征值问题,也一定出现重根。实际两者是一回事。

设有 $n\times n$ 的 Hermite 矩阵 $\boldsymbol{H}_h=\boldsymbol{H}_h^H$,上标 H 代表 Hermite 转置。求解其全部本征解

$$\boldsymbol{H}_{\mathrm{h}}\boldsymbol{\psi}_i=\mu_i\boldsymbol{\psi}_i,\quad i=1,2,\cdots,n$$

其中本征值 μ_i 全部是实数，而本征向量 $\boldsymbol{\psi}_i$ 可以是复数向量。这些复数向量相互 Hermite 正交归一，即 $\boldsymbol{\psi}_i^{\mathrm{H}}\cdot\boldsymbol{\psi}_j=\delta_{ij}$；于是必然有 $\boldsymbol{\psi}_i^{\mathrm{H}}\cdot\boldsymbol{H}_{\mathrm{h}}\cdot\boldsymbol{\psi}_j=\mathrm{diag}_n(\mu_i)\delta_{ij}$。实际上 Hermite 矩阵 $\boldsymbol{H}_{\mathrm{h}}$ 也可通过 Rayleigh 商求解其本征解

$$\omega^2=\min_{\boldsymbol{\psi}}(\boldsymbol{\psi}^{\mathrm{H}}\boldsymbol{H}_{\mathrm{h}}\boldsymbol{\psi}/\boldsymbol{\psi}^{\mathrm{H}}\boldsymbol{\psi})$$

两个对称正定矩阵组成的本征值问题，一定给出正定的本征值 ω^2。所以辛本征值 $\mu=\mathrm{i}\omega$ 全部在虚轴上。这个结论是在动力学问题正定 Hamilton 矩阵的基础上得到的。原线性动力学问题的矩阵 $\boldsymbol{M},\boldsymbol{G},\boldsymbol{K}$ 为 $n\times n$ 矩阵，$\boldsymbol{M}$ 阵为对称正定，$\boldsymbol{G}$ 阵为反对称陀螺矩阵，刚度矩阵 $\boldsymbol{K}$ 同时也保证正定的条件下，可得到正定 Hamilton 矩阵。

以往在处理 Rayleigh 商时，有 W-W 算法[6]。简单地说，针对给定频率 $\omega^2=\omega_{\#}^2$ 的动力刚度矩阵 $\boldsymbol{R}(\omega_{\#}^2)=\boldsymbol{K}-\omega_{\#}^2\boldsymbol{M}$，运用 Sturm 序列的性质并加以改造，对动力刚度矩阵进行三角化，$\boldsymbol{R}(\omega_{\#}^2)=\boldsymbol{LDL}^{\mathrm{T}}$，完成算法后，再统计对角矩阵 $\boldsymbol{D}$ 出现的负元素的个数，就是 $\omega^2\leqslant\omega_{\#}^2$ 的本征值计数。[6]中已经给出了内容，这里就不讲了。W-W 算法给计算 Rayleigh 商本征值提供了方便。

4.3.3　分析结构力学本征值的变分原理

前面是线性动力学的讲述。对应地应当考虑正定的结构静力学的 Hamilton 函数的本征值问题。此时变形能密度（Lagrange 函数）的表达式为

$$U_{\mathrm{d}}=\dot{\boldsymbol{q}}^{\mathrm{T}}\boldsymbol{K}_{11}\dot{\boldsymbol{q}}/2+\dot{\boldsymbol{q}}^{\mathrm{T}}\boldsymbol{K}_{12}\boldsymbol{q}+\boldsymbol{q}^{\mathrm{T}}\boldsymbol{K}_{22}\boldsymbol{q}/2 \tag{3.11}$$

其中长度方向的坐标是 z 而 $\dot{\boldsymbol{q}}=\mathrm{d}\boldsymbol{q}/\mathrm{d}z$。$\boldsymbol{q}$ 是 n 维的位移向量。$\boldsymbol{K}_{11},\boldsymbol{K}_{22}$ 是对称正定矩阵。已经一再解释，与动力问题的差别就在 $\boldsymbol{K}_{22}$ 前的正负号变化。

怎么会发生变形能密度不正定的呢？简单的解释就是：频率域的动力刚度矩阵。本来有时间变量 t，但 t 转换到频率域 ω 后，有因子 $\exp(-\mathrm{j}\omega t)$，在长度方向就有 $-m\omega^2\boldsymbol{q}$ 的分布惯性力。将该惯性力考虑后，就相当于负弹簧。此时就可能发生变形能密度不正定。下面就用频率域惯性力产生的动力刚度矩阵密度考虑。

设 $2n\times 2n$ 变形能密度矩阵

$$\boldsymbol{K}_{\mathrm{d}}(\omega^2)=\begin{pmatrix}\boldsymbol{K}_{11} & \boldsymbol{K}_{12}\\ \boldsymbol{K}_{121} & \boldsymbol{K}_{22}\end{pmatrix},\quad \begin{matrix}\boldsymbol{K}_{11}=\boldsymbol{K}_{11}^{\mathrm{T}}\\ \boldsymbol{K}_{22}=\boldsymbol{K}_{22}^{\mathrm{T}}\end{matrix},\quad \boldsymbol{K}_{21}=\boldsymbol{K}_{12}^{\mathrm{T}} \tag{3.12}$$

对称正定。即 $\boldsymbol{K}_{11},\boldsymbol{K}_{22}$ 对称正定，并且 $\boldsymbol{K}_{12}$ 不很大。当 $m\omega^2$ 很小时，$\boldsymbol{K}_{\mathrm{d}}(\omega^2)$ 是正定的。

关于本征值问题。其性质已经在 4.1.3 讲过了。所以 Lagrange 函数为正定时，本征值为纯虚数的本征值是不可能的。恰与正定 $\boldsymbol{M},\boldsymbol{G},\boldsymbol{K}$ 振动问题本征值相反，其实是相互补充的。

4.3.4 结构力学 Lagrange 函数不正定的情况

考虑 Lagrange 函数不正定，即矩阵 $\boldsymbol{K}_{\mathrm{d}}$ 不正定。此时不排除有沿长度的周期解了。仍以转换到 Hamilton 对偶状态系统为好。

$$\boldsymbol{p}=\boldsymbol{K}_{11}\dot{\boldsymbol{q}}+\boldsymbol{K}_{12}\boldsymbol{q} \tag{3.13}$$

其 Hamilton 函数的混合能密度为

$$H(\boldsymbol{q},\boldsymbol{p})=\boldsymbol{p}^{\mathrm{T}}\boldsymbol{D}\boldsymbol{p}/2+\boldsymbol{p}^{\mathrm{T}}\boldsymbol{A}\boldsymbol{q}+\boldsymbol{q}^{\mathrm{T}}\boldsymbol{B}\boldsymbol{q}/2 \tag{3.14}$$

其中并无对 z 的微商。

式(3.14)的二次齐次的 Hamilton 函数仍可以应用。齐次对偶方程为

$$\dot{\boldsymbol{q}}=\boldsymbol{A}\boldsymbol{q}+\boldsymbol{D}\boldsymbol{p},\quad \dot{\boldsymbol{p}}=\boldsymbol{B}\boldsymbol{q}-\boldsymbol{A}^{\mathrm{T}}\boldsymbol{p} \tag{3.15a,b}$$

其相应的变分原理为

$$S=\int_{z_0}^{z_{\mathrm{f}}}[\boldsymbol{p}^{\mathrm{T}}\dot{\boldsymbol{q}}-\boldsymbol{H}(\boldsymbol{q},\boldsymbol{p})]\mathrm{d}t,\quad \delta S=0 \tag{3.16}$$

将 $\boldsymbol{q},\boldsymbol{p}$ 合在一起组成状态向量 $\boldsymbol{v}(t)$，于是对偶正则方程便可写成矩阵/向量形式

$$\dot{\boldsymbol{v}}=\boldsymbol{H}\boldsymbol{v} \tag{1.11}$$

其中

$$\boldsymbol{H}=\begin{pmatrix}\boldsymbol{A} & \boldsymbol{D}\\ \boldsymbol{B} & -\boldsymbol{A}^{\mathrm{T}}\end{pmatrix},\boldsymbol{v}=\begin{pmatrix}\boldsymbol{q}\\ \boldsymbol{p}\end{pmatrix},\text{或}\quad \dot{\boldsymbol{v}}=\boldsymbol{J}\cdot\partial H/\partial\boldsymbol{v} \tag{3.17}$$

与前面(1.12)对比，无非是子矩阵 $\boldsymbol{B}$ 前面少了负号。以下的推导全部一样。这些讲过不少了。分析结构力学与分析动力学分析理论方面的相似性么。

设有 $\boldsymbol{q}(\mathrm{z})=\boldsymbol{q}\exp(\mathrm{j}\mu z)$，$\mu\neq0$，因 Hamilton 系统的本征值成对出现，$\pm\mathrm{j}\mu$ 同时为辛本征值。这样，连同频率因子有

$$\exp[\mathrm{j}(\pm\mu z-\omega t)] \tag{3.18}$$

显然，$\mu>0$ 时是波传播到 z 的正向，而当 $\mu<0$ 时，波传播向 z 的反向。这样，出现了波传播问题。回想在波动方程的基础上，引入频率域因子 $\exp(-\mathrm{j}\omega t)$，于是只剩下长度坐标，化到辛对偶状态变量求解，就出现以上的情况。

波的传播将状态 Hamilton 矩阵的方程(1.11)分离变量，出现了方程(3.18)的因子，体现了波的双向传播。分析结构力学在频率域分析，如果给定频率 ω^2 不大，则出现的变形能密度(Lagrange 函数)虽然不能达到正定，但负的位移状态也不多。负的位移状态对应于波的传播。所以将这些波传播的辛本征解

$$[\pm\mathrm{j}\mu_i,\boldsymbol{\psi}_i],\quad i=1\sim m_{\mathrm{pb}} \tag{3.19}$$

予以全部求解，共 m_{pb} 对，其中 m_{pb} 的下标代表 Pass-Band(通带)之意。

前面全部的讲解，是在给出 ω^2 而生成动力刚度矩阵，然后转换到状态向量 $\boldsymbol{v}$ 空间。分离变量，得到 Hamilton 矩阵的本征问题，上面讲得很多了。这些对于分析动力学、分

析结构力学，在分析层面是一样的，可统称分析力学。但考虑到边界条件，则完全不同了。Hamilton 矩阵为正定时，体现出动力学问题的辛本征值全部在虚数轴上。而当 Lagrange 函数为正定时，体现出变形能密度的矩阵 $\boldsymbol{K}_d$ 正定，辛本征值必定不在虚数轴上。双方性质的对偶，可谓壁垒分明。

当前设 $\boldsymbol{K}_d$ 加入了惯性因素，给定 ω^2 而成为动力刚度矩阵密度，于是不能保证正定。如何求解辛本征问题，成为问题了。是否能改变思路？设定波状态向量传播的通带辛本征值 $\pm j\mu$，反过来求解振动频率 ω^2。此时，成为求解 Rayleigh 商的问题了。一旦到了求解 Rayleigh 商的阶段，这已经有大量研究，问题就算基本上解决了。

因为式(3.18)中 $\exp[j(\pm\mu z-\omega t)]$ 因子的出现，显然是波传播问题。后面第 7 章将对于周期结构讲述波传播、波的散射，以及能带分析等问题。所以这里就讲到此处。

4.3.5　动力学 Hamilton 函数不完全正定的情况

前面考虑的分析结构力学的变形能密度的矩阵 $\boldsymbol{K}_d$ 不能达到正定的问题，出现了波的传播。

还要考虑 Hamilton 函数不是正定的情况，此时 $\boldsymbol{M},\boldsymbol{G},\boldsymbol{K}$ 的刚度矩阵 $\boldsymbol{K}$ 不能达到正定。Rayleigh 商要求 $(-\boldsymbol{JH})$ 为正定。如果 $(-\boldsymbol{JH})$ 不能达到正定，则就是 Hamilton 函数不正定了。此时当然要带来些麻烦。往往发生的情况是：维数 n 大，但刚度矩阵 $\boldsymbol{K}$ 如果对角化时，只有少数几个本征值是负的，设为 n_n 个。

当 $(-\boldsymbol{JH})$ 不能达到正定时，怎样寻求其本征值一定要解决。矩阵运算给出

$$(\boldsymbol{JH}^2)^{\mathrm{T}}=-\boldsymbol{H}^{\mathrm{T}}\boldsymbol{H}^{\mathrm{T}}\boldsymbol{J}=-(\boldsymbol{JHJ})(\boldsymbol{JHJ})\boldsymbol{J}=-(\boldsymbol{JH}^2) \tag{3.20}$$

知 $\boldsymbol{JH}^2$ 是反对称矩阵。对 Hamilton 矩阵本征值方程 $\boldsymbol{H\psi}=\mu\boldsymbol{\psi}$，双方左乘 $\boldsymbol{JH}$ 阵有

$$\boldsymbol{JH}^2\boldsymbol{\psi}=\mu\boldsymbol{J}(\boldsymbol{H\psi})=\mu^2\boldsymbol{J\psi} \tag{3.21}$$

得到对于反对称矩阵 $\boldsymbol{JH}^2$ 的辛本征值问题。[18]的 2.3.3.3 节，和[6]的 2.5.2.3 节，已经给出了反对称满矩阵的本征值问题算法。虽然用于大规模矩阵的本征值问题并不满意，然而如果只关心部分重要的本征值，则还有[16] 中 §7.4 的共轭辛子空间迭代法可用。

既然不能保证正定 Hamilton 矩阵，那么本征值也不是全部在虚数轴上。不正定 Hamilton 矩阵的本征向量依然具有共轭辛正交归一的性质。因此可将本征值为纯虚数的本征向量组成辛对偶子空间，以及本征值为非纯虚数的对偶子空间。

从理论上看，正定 Hamilton 矩阵的本征解，在考虑了正定阻尼，可产生渐近稳定，即当 $t\to\infty$ 时，$\boldsymbol{q}\to\boldsymbol{0}$，不可能发生不稳定。但不正定 Hamilton 矩阵的情况，虽然得到纯虚数本征值的本征解稳定的，但若有一点很小的阻尼，仍可能发生不稳定的结果。就是说本来 $\boldsymbol{M},\boldsymbol{G},\boldsymbol{K}$ 的系统就不稳定，而是靠陀螺项而导致稳定的。这样就会因阻尼反而产生不稳

定。这方面有 Thomson 和 Tait 给出的结果[18]。通过 2 维的例题,就可以明白。

具体举例利于理解。设有不稳定的二自由度系统,

$$\ddot{q}_1+k_1q_1=0,\quad \ddot{q}_2+k_2q_2=0\quad (k_1<0,k_2<0)$$

现在再加上陀螺力,成为方程组

$$\ddot{q}_1+\Gamma\dot{q}_2+k_1q=0,\quad \ddot{q}_2-\Gamma\dot{q}_1+k_2q=0$$

$$\boldsymbol{M}\ddot{\boldsymbol{q}}+\boldsymbol{G}\dot{\boldsymbol{q}}+\boldsymbol{K}\boldsymbol{q}=\boldsymbol{0},\quad H(\boldsymbol{q},\boldsymbol{p})=\boldsymbol{p}^{\mathrm{T}}\boldsymbol{D}\boldsymbol{p}/2+\boldsymbol{p}^{\mathrm{T}}\boldsymbol{A}\boldsymbol{q}+\boldsymbol{q}^{\mathrm{T}}\boldsymbol{B}\boldsymbol{q}/2$$

或

$$\boldsymbol{M}=\begin{pmatrix}1 & 0\\ 0 & 1\end{pmatrix},\quad \boldsymbol{K}=\begin{pmatrix}k_1 & 0\\ 0 & k_2\end{pmatrix},\quad \boldsymbol{G}=\begin{pmatrix}0 & \Gamma\\ -\Gamma & 0\end{pmatrix}\tag{3.22}$$

$$\boldsymbol{D}=\boldsymbol{M}^{-1}=\boldsymbol{I},\quad \boldsymbol{A}=\begin{pmatrix}0 & -\Gamma/2\\ \Gamma/2 & 0\end{pmatrix},\quad \boldsymbol{B}=\begin{pmatrix}k_1+\Gamma^2/4 & 0\\ 0 & k_2+\Gamma^2/4\end{pmatrix}$$

当 $k_1<0,k_2<0$ 时,这是 Hamilton 函数不正定的情形。Hamilton 矩阵及本征问题为

$$\boldsymbol{H}=\begin{pmatrix}\boldsymbol{A} & \boldsymbol{D}\\ -\boldsymbol{B} & -\boldsymbol{A}^{\mathrm{T}}\end{pmatrix},\quad \boldsymbol{H}\boldsymbol{\psi}=\mu\boldsymbol{\psi}$$

本征值 μ 的方程自 $\det(\boldsymbol{H}-\mu\boldsymbol{I})=0$ 导出

$$\mu^4+(\Gamma^2+k_1+k_2)\mu^2+k_1k_2=0$$

如

$$k_1k_2>0,\quad \Gamma^2+k_1+k_2>0,\quad (\Gamma^2+k_1+k_2)^2-4k_1k_2>0$$

则 μ^2 的根将取负值,从而 μ 为纯虚数,运动就是稳定的;但并非渐近稳定。而 $k_1<0$, $k_2<0$已保证满足了第 1 个条件,这表明只要陀螺项够大,则系统就是稳定的。

结论是陀螺项对于稳定是有利的,而且只有**偶数个**纯虚数本征值才可能发生依靠陀螺项而达到稳定的辛模态(Thomson-Tait)。

偶数自由度才能依靠陀螺项而达到稳定,为什么?因为达到稳定的是辛共轭的一对,才能达到稳定。达到稳定前,实数本征值是互为倒数的。产生的必然是共轭辛正交的一对,所以一定是偶数自由度。虽然是陀螺系统,也有其 Hamilton 函数。在陀螺项增大时,本征值连续变化,如果有两个本征值突然变为稳定,必然本来是互为实倒数的一对。刚达到稳定时,一定在本征值 1 附近。

但依靠陀螺项而达到稳定的辛模态,在正定阻尼的作用下,有可能反而造成不稳定,见[18]。而正定 Hamilton 体系的本征值向量,在正定阻尼作用下,不可能发生不稳定的。因此需要将正定的 Hamilton 体系部分区分出来。就是说,除不在虚轴的本征值,要将虚数部分的、要依靠陀螺项才达到稳定的 n_z 对辛模态,区分出来。

通常 $n_z<n$。剩下的就是正定的 Hamilton 体系部分,通常是 $n-n_z$ 对正定的 Hamil-

ton 函数部分。只要排除了这 n_z 对共轭辛本征向量，剩下的就是正定的 Hamilton 函数部分，计算可用 Rayleigh 商方法，效率就高了。

前面提到共轭辛子空间迭代法，现要用于将 n_z 对本征向量，即不属于正定的 Hamilton 函数的部分予以生成。只要得到了 n_z 对辛本征向量，运用辛正交归一关系，就可排除这 n_z 对共轭辛本征向量的辛子空间，于是剩下的就是 $n-n_z$ 对正定的 Hamilton 函数部分。对子空间仍需要求解非正定 Hamilton 矩阵的本征值。求解方程(3.13)的方法见[6,18]的有关算法。

总维数 n 可能比较大，而 n_z 却是有限的几个，而且绝对值不大，正好可用共轭辛子空间迭代法将这些 n_z 对本征解找到。然后就是

$$\omega^2=\min_{\boldsymbol{u}}[\boldsymbol{u}^{\mathrm{T}}\boldsymbol{J}\boldsymbol{H}^3\boldsymbol{u}/\boldsymbol{u}^{\mathrm{T}}(-\boldsymbol{J}\boldsymbol{H})\boldsymbol{u}]$$

Rayleigh 商的计算了。当然其中的 $\boldsymbol{H}$ 阵是排除了这些 n_z 对本征解后的辛对偶子空间。

辛本征值问题有没有移轴的方法呢？有！反对称矩阵的方程

$$\boldsymbol{J}\boldsymbol{H}^2\boldsymbol{\psi}=\mu\boldsymbol{J}(\boldsymbol{H}\boldsymbol{\psi})=\mu^2\boldsymbol{J}\boldsymbol{\psi}$$

可先求解

$$\boldsymbol{J}(\boldsymbol{H}^2+\chi\boldsymbol{I})\boldsymbol{\psi}=(\mu^2+\chi)\boldsymbol{J}\boldsymbol{\psi} \tag{3.23}$$

其中 χ 就是移轴量，并且不改变本征向量。

迭代法要运用共轭辛正交关系生成子空间，并且不断得到其辛本征值。移轴可加速迭代法的收敛。

移轴后本征值方程所给出的本征值是$(\mu^2+\chi)$。先从动力学本征值问题开始。首先 $\mu=\mathrm{i}\omega$，$\mu^2=-\omega^2$。当 $\boldsymbol{K},\boldsymbol{M}$ 皆正定时，μ^2 必定是负数。

当 $\boldsymbol{M}$ 正定而 $\boldsymbol{K}$ 不能保证正定时，$(-\boldsymbol{J}\boldsymbol{H})$ 也不能保证正定。前面讲到共轭辛子空间迭代法，可用子空间迭代的移轴加速收敛。

4.3.6　传递辛矩阵的本征值问题

Hamilton 矩阵本征值问题已经讲得很多了。现在要转换到传递**辛矩阵** $\boldsymbol{S}$ 的本征值问题 $\boldsymbol{S}\boldsymbol{\psi}=\lambda\boldsymbol{\psi}$。已经证明

$$\boldsymbol{S}\boldsymbol{\Psi}=\boldsymbol{\Psi}\boldsymbol{D}_{\mathrm{e}},\quad \boldsymbol{D}_{\mathrm{e}}=\mathrm{diag}[\mathrm{diag}(\lambda_i),\mathrm{diag}(\lambda_i^{-1})] \tag{3.24}$$

或者说，辛矩阵的分解形式是

$$\boldsymbol{S}=\boldsymbol{\Psi}\boldsymbol{D}_{\mathrm{e}}\boldsymbol{\Psi}^{-1} \tag{3.25}$$

其中 $\boldsymbol{\Psi}$ 恰是需要求解的本征向量所构成的辛矩阵。只是只讲理论不够，需要的是数值求解。数值求解还需要有可执行的计算途径。从 Hamilton 矩阵的求解看，是通过将全部本征值化到重根，再求解反对称矩阵的辛本征值问题而执行的。

辛矩阵与 Hamilton 矩阵同出一源，连本征向量也相同，当然仍可顺着同样思路而求解。不过本征值变成 $\lambda_{\pm}=\exp(\pm \mathrm{j}\theta)$，$\mu=\theta$。

将以上的辛矩阵求逆，得到

$$\boldsymbol{S}^{-1}=\boldsymbol{\Psi}\boldsymbol{D}_{\mathrm{e}}^{-1}\boldsymbol{\Psi}^{-1}, \quad \boldsymbol{D}_{\mathrm{e}}^{-1}=\mathrm{diag}(\mathrm{diag}(\lambda_i^{-1}),\mathrm{diag}(\lambda_i))$$

这样有

$$\boldsymbol{S}+\boldsymbol{S}^{-1}=\boldsymbol{\Psi}(\boldsymbol{D}_{\mathrm{e}}+\boldsymbol{D}_{\mathrm{e}}^{-1})\boldsymbol{\Psi}^{-1} \tag{3.26}$$

而简单推导可得到

$$(\boldsymbol{D}_{\mathrm{e}}+\boldsymbol{D}_{\mathrm{e}}^{-1})=\mathrm{diag}(\mathrm{diag}(\lambda_i^{-1}+\lambda_i),\mathrm{diag}(\lambda_i^{-1}+\lambda_i))$$

依然得到了$(\lambda_i^{-1}+\lambda_i)(i=1,2,\cdots,n)$的重根，而本征向量矩阵是 $\boldsymbol{\Psi}$。

下面的问题是引入矩阵 $\boldsymbol{S}_{\mathrm{c}}=\boldsymbol{S}+\boldsymbol{S}^{-1}$ 后，矩阵 $\boldsymbol{J}\boldsymbol{S}_{\mathrm{c}}$ 是否仍是反对称矩阵。验证为：从 $\boldsymbol{S}^{\mathrm{T}}\boldsymbol{J}\boldsymbol{S}=\boldsymbol{J}$ 可得到等式 $\boldsymbol{S}^{\mathrm{T}}=-\boldsymbol{J}\boldsymbol{S}^{-1}\boldsymbol{J}$，$\boldsymbol{S}^{-\mathrm{T}}=-\boldsymbol{J}\boldsymbol{S}\boldsymbol{J}$，且本征向量阵也是辛矩阵；也容易验证 $\boldsymbol{J}(\boldsymbol{D}_{\mathrm{e}}+\boldsymbol{D}_{\mathrm{e}}^{-1})\boldsymbol{J}=-(\boldsymbol{D}_{\mathrm{e}}+\boldsymbol{D}_{\mathrm{e}}^{-1})$。这样，有

$$\begin{aligned}(\boldsymbol{J}\boldsymbol{S}_{\mathrm{c}})^{\mathrm{T}}&=-[\boldsymbol{\Psi}(\boldsymbol{D}_{\mathrm{e}}+\boldsymbol{D}_{\mathrm{e}}^{-1})\boldsymbol{\Psi}^{-1}]^{\mathrm{T}}\boldsymbol{J}=-\boldsymbol{\Psi}^{-\mathrm{T}}(\boldsymbol{D}_{\mathrm{e}}+\boldsymbol{D}_{\mathrm{e}}^{-1})\boldsymbol{\Psi}^{\mathrm{T}}\boldsymbol{J}\\&=-(-\boldsymbol{J}\boldsymbol{\Psi}\boldsymbol{J})(\boldsymbol{D}_{\mathrm{e}}+\boldsymbol{D}_{\mathrm{e}}^{-1})(-\boldsymbol{J}\boldsymbol{\Psi}^{-1}\boldsymbol{J})\boldsymbol{J}\\&=-\boldsymbol{J}[\boldsymbol{\Psi}(\boldsymbol{D}_{\mathrm{e}}+\boldsymbol{D}_{\mathrm{e}}^{-1})\boldsymbol{\Psi}^{-1}]\\&=-\boldsymbol{J}\boldsymbol{S}_{\mathrm{c}}, \quad \boldsymbol{S}_{\mathrm{c}}=\boldsymbol{S}+\boldsymbol{S}^{-1}\end{aligned} \tag{3.27}$$

验证了 $\boldsymbol{J}\boldsymbol{S}_{\mathrm{c}}$ 确实是反对称矩阵。其实从 Hamilton 矩阵有 $\boldsymbol{H}^2\boldsymbol{\Psi}=\boldsymbol{\Psi}\boldsymbol{D}_{\mathrm{H}}^2$，而 $\boldsymbol{J}\boldsymbol{H}^2$ 是反对称矩阵的命题，已经可想到 $\boldsymbol{J}\boldsymbol{S}_{\mathrm{c}}$ 也是反对称矩阵的。

直接计算 $\boldsymbol{S}^{-1}$ 是工作量比较大的，运用辛矩阵的定义 $\boldsymbol{S}^{\mathrm{T}}\boldsymbol{J}\boldsymbol{S}=\boldsymbol{J}$ 知 $\boldsymbol{S}^{-1}=-\boldsymbol{J}\boldsymbol{S}^{\mathrm{T}}\boldsymbol{J}$，避免了矩阵求逆。而转置与乘 $\boldsymbol{J}$ 则是简单操作。

这样，求解就归结到 $2n\times 2n$ 反对称矩阵 $\boldsymbol{A}$ 的辛本征值问题

$$\boldsymbol{A}\boldsymbol{\psi}=\mu^2\boldsymbol{J}\boldsymbol{\psi} \tag{3.28}$$

的求解了。这方面的算法请见[6,18]，然而加快收敛还有移轴的技术理论应予以关注。这与对应的辛矩阵本征值问题有相同线路。

以下讲本征值移轴的算法。无阻尼结构振动

$$\boldsymbol{M}\ddot{\boldsymbol{q}}+\boldsymbol{K}\boldsymbol{q}=\boldsymbol{0}$$

其中 $\boldsymbol{M}$ 是对称正定矩阵。分离变量导致频率 ω^2 的本征值问题

$$(\boldsymbol{K}-\omega^2\boldsymbol{M})\boldsymbol{q}=\boldsymbol{0}$$

导出 Rayleigh 商变分原理

$$\omega^2=\min_{x}(\boldsymbol{q}^{\mathrm{T}}\boldsymbol{K}\boldsymbol{q}/\boldsymbol{q}^{\mathrm{T}}\boldsymbol{M}\boldsymbol{q})$$

对称矩阵的本征值问题已经有详细研究。如果刚度矩阵 $\boldsymbol{K}$ 只对称但不是正定，则可运用移轴的方法进行计算，实践已经证明很有效。

那么辛本征值问题有没有移轴的方法呢？有！反对称矩阵的

$$\boldsymbol{J}\boldsymbol{H}^2\boldsymbol{\psi}=\mu\boldsymbol{J}(\boldsymbol{H}\boldsymbol{\psi})=\mu^2\boldsymbol{J}\boldsymbol{\psi}$$

其求解可先求解

$$\boldsymbol{J}(\boldsymbol{H}^2+\chi\boldsymbol{I})\boldsymbol{\psi}=(\mu^2+\chi)\boldsymbol{J}\boldsymbol{\psi} \tag{3.29}$$

其中 χ 就是移轴量。以上讲的是 Hamilton 矩阵的本征值 μ。

现在要求解辛矩阵的本征值问题，具体些

$$\boldsymbol{S}\boldsymbol{\psi}=\lambda\boldsymbol{\psi}$$

要考虑维数 $2n\times 2n$ 的辛矩阵。

对于周期结构有能带分析。按辛矩阵本征值的分布，在单位圆上的辛本征值表征通带，其对应的反对称辛本征值方程是

$$\boldsymbol{J}\boldsymbol{S}_{\mathrm{c}}\boldsymbol{\psi}=(\lambda+\lambda^{-1})\boldsymbol{J}\boldsymbol{\psi} \tag{3.30}$$

注意 $\boldsymbol{S}_{\mathrm{c}}$ 本身已经不是辛矩阵。单位圆的本征值

$$\lambda=\exp(\mathrm{j}\theta),\quad \lambda+\lambda^{-1}=2\cos\theta,\quad \mu=\theta \tag{3.31}$$

必然是实数；禁带解的本征值 λ 如果是实数，则必然 $\lambda+\lambda^{-1}>2$；而禁带解的本征值如果是复数，则必然是复数。分辨不困难。在迭代过程中有了近似的 χ，就用它作为移轴量，求解

$$\boldsymbol{J}(\boldsymbol{S}_{\mathrm{c}}-\chi)\boldsymbol{\psi}=(\lambda+\lambda^{-1}-\chi)\boldsymbol{J}\boldsymbol{\psi} \tag{3.32}$$

因 $\boldsymbol{A}=\boldsymbol{J}\boldsymbol{S}_{\mathrm{c}}-\chi\cdot\boldsymbol{J}$ 仍是反对称矩阵，对应地其本征值问题成为

$$\boldsymbol{A}\boldsymbol{\psi}=(\lambda+\lambda^{-1}-\chi)\boldsymbol{J}\boldsymbol{\psi} \tag{3.33a}$$

恰当选择移轴量 χ 而迭代求解$(\lambda+\lambda^{-1})$，从而计算$(\lambda+\lambda^{-1})$的收敛速度必然会大幅度加快。给出了 ω^2 就有了动力刚度矩阵，寻找通带本征值 λ。按式(3.18)，移轴量就有公式了，可以移轴迭代，与以往的 Rayleigh 商迭代求解类似。

以上讲述了从 Hamilton 矩阵 $\boldsymbol{H}$ 或传递辛矩阵 $\boldsymbol{S}$ 的本征问题，可推导出反对称矩阵的本征问题。但任意给出一个反对称矩阵 $\boldsymbol{A}$，并未证明一定是有对应的传递辛矩阵 $\boldsymbol{S}$ 的。当前既然讲的是经典力学，所以就认为反对称矩阵 $\boldsymbol{A}$ 是从 Hamilton 矩阵 $\boldsymbol{H}$ 或传递辛矩阵 $\boldsymbol{S}$ 的本征问题来的，也就可以了。

设 $\boldsymbol{A}$ 是从传递辛矩阵 $\boldsymbol{S}$ 来的，求解得到了

$$\boldsymbol{A}\boldsymbol{\psi}=(\lambda+\lambda^{-1})\boldsymbol{J}\boldsymbol{\psi} \tag{3.34}$$

的本征解，即本征值$(\lambda+\lambda^{-1})$和对应的本征向量，则$(\lambda+\lambda^{-1})$必定是重根。而对应的本征向量一定是对应 $\boldsymbol{S}$ 阵的辛共轭的一对本征向量的线性组合。按照对应 $\boldsymbol{S}$ 阵的本征值的特点，或者是通带，或者是禁带。在通带时，其本征值$(\lambda+\lambda^{-1})$一定是实数。而在禁带本征

值时，还应区分λ是实数和λ是复数的两种情况。禁带实数本征值时$(\lambda+\lambda^{-1})\geqslant 2$；而禁带复数本征值时$(\lambda+\lambda^{-1})$一定仍取复数。区分是容易的。

与动力问题的Hamilton函数正定相对照，结构力学问题讲究Lagrange函数为正定，也就是变形能密度正定。当Lagrange函数为正定时，不存在纯虚数的本征值，即没有通带。最优控制的可控制性以及可观测性条件(见第5章)在一起，就相当于结构力学变形能密度正定的条件。但固体物理周期结构要求解能带。具有通带的辛矩阵，是周期结构波传播的重要问题。第7章将就周期结构能带分析的通带本征值求解算法讲述。

反对称矩阵$\boldsymbol{A}$的回代求解算法需要算法，下节提供。

4.3.7 反对称矩阵的计算

辛矩阵的计算与反对称矩阵的计算有密切关系。最简单的反对称矩阵是2×2的矩阵

$$\boldsymbol{J}_1=\begin{pmatrix}0 & 1\\ -1 & 0\end{pmatrix} \tag{3.35}$$

在辛数学中，它有些像单位元素。

在动力学Hamilton体系分析中，未知数总是以对偶形式出现的，广义位移$\boldsymbol{q}$与广义动量$\boldsymbol{p}$皆为n维向量。将它们组成在一起的状态向量$\boldsymbol{v}$是$2n$维的。所以反对称矩阵是$2n\times 2n$的。状态向量$\boldsymbol{v}$的编排习惯上是

$$\boldsymbol{v}=(q_1,q_2,\cdots,q_n;\ p_1,p_2,\cdots,p_n)^{\mathrm{T}} \tag{3.36}$$

的形式，因此前文看到的共轭辛正交归一关系以$\boldsymbol{J}_n$为辛度量矩阵

$$\boldsymbol{J}_n=\begin{pmatrix}\boldsymbol{0} & \boldsymbol{I}_n\\ -\boldsymbol{I}_n & \boldsymbol{0}\end{pmatrix},\quad \boldsymbol{J}_n^{\mathrm{T}}=\boldsymbol{J}_n^{-1}=-\boldsymbol{J}_n \tag{3.37}$$

从反对称矩阵计算的角度看，$\boldsymbol{J}_n$矩阵很像对称矩阵中的单位矩阵。

然而状态向量并非一定要编排成为式(3.21)的形式的。从计算的角度看，也可以编排成为如下形式

$$\boldsymbol{v}'=(q_1,p_1;q_2,p_2;\cdots,q_n,p_n)^{\mathrm{T}} \tag{3.38}$$

自然，状态向量的重新编排在矩阵方面也要对应地执行。例如矩阵$\boldsymbol{J}_n$也应重新编排为

$$\boldsymbol{J}_n{}'=\begin{pmatrix}0 & 1 & 0 & 0 & 0 & 0\\ -1 & 0 & 0 & 0 & 0 & 0\\ 0 & 0 & 0 & 1 & 0 & 0\\ 0 & 0 & -1 & 0 & 0 & 0\\ 0 & 0 & 0 & 0 & \ddots & \\ 0 & 0 & 0 & 0 & & \ddots\end{pmatrix}=\mathrm{diag}_n(\boldsymbol{J}_1,\boldsymbol{J}_1,\cdots,\boldsymbol{J}_1) \tag{3.39}$$

这里看到，矩阵 $\boldsymbol{J}_1$ 就好像单位元素的角色，而 $2n\times 2n$ 矩阵则可以看成为：以 2×2 的小矩阵（称为胞块 cell）为元素的 $n\times n$ 胞块阵。因此可以设想，在求解 $2n\times 2n$ 反对称矩阵的联立方程时，就可以将反对称矩阵看成为以胞块为基本元素的 $n\times n$ 矩阵来进行。

通常的联立方程求解，其基本元素是实数。三角化分解是广泛采用的算法。同样的思路可运用于反对称矩阵，因为其基本元素已经用胞块取代。对称矩阵常用的 LDLT 分解可以用于反对称矩阵 $\boldsymbol{A}$，得到胞块的三角化分解

$$\boldsymbol{A}=\boldsymbol{L}\boldsymbol{D}_J\boldsymbol{L}^{\mathrm{T}}\text{，其中 }\boldsymbol{D}_J=\mathrm{diag}_n(d_i\cdot\boldsymbol{J}_1) \tag{3.40}$$

其中 $d_i(i=1,2,\cdots,n)$ 是纯量。在执行分解时，最好用选择大元之法，还要求行、列同时互换。在上式分解中 $\boldsymbol{L}$ 是胞块的下三角矩阵，其对角胞块为 $\boldsymbol{I}_2$。因 $\boldsymbol{D}_J$ 是反对称矩阵，所以 $\boldsymbol{L}\boldsymbol{D}_J\boldsymbol{L}^{\mathrm{T}}$ 也是反对称的。

分解算法的公式可表述为

$$\begin{aligned}\boldsymbol{L}_{ij}&=\Big(\boldsymbol{A}_{ij}\sum_{k=1}^{j-1}\boldsymbol{L}_{ik}\boldsymbol{D}_{Jk}\boldsymbol{L}_{jk}^{\mathrm{T}}\Big)\boldsymbol{D}_{Jj}^{-1}\text{，当 } j<i\\ \boldsymbol{D}_{Ji}&=\Big(\boldsymbol{A}_{ii}-\sum_{k=1}^{i-1}\boldsymbol{L}_{ik}\boldsymbol{D}_{Jk}\boldsymbol{L}_{ik}^{\mathrm{T}}\Big)\text{，当 } j=i\end{aligned} \tag{3.41}$$

只须先按 $i=1,2,\cdots,n$，再对 $j=1,2,\cdots,i$ 的顺序执行上式，就完成了三角化分解。该算法公式其实与普通的 LDLT 算法同。只是将原来的实数操作更换成为胞块操作而已。

至于回代求解联立方程 $\boldsymbol{A}\boldsymbol{x}=\boldsymbol{b}$，其中 $\boldsymbol{A}$ 已经三角化，而右端 $\boldsymbol{b}$ 为给定，求解 $\boldsymbol{x}$ 的算法。其公式与对称矩阵的情形同，详情略去。

例题：设给定 $n=3$，$\boldsymbol{A}$ 就是 6×6 的反对称矩阵。

$$\boldsymbol{A}=\begin{pmatrix}0 & 2 & -5 & -7 & -4 & -2\\ -2 & 0 & -6 & -8 & -2 & -2\\ 5 & 6 & 0 & 10 & -5 & -2\\ 7 & 8 & -10 & 0 & -6 & -2\\ 4 & 2 & 5 & 6 & 0 & 4\\ 2 & 2 & 2 & 2 & -4 & 0\end{pmatrix},\quad \boldsymbol{b}=\begin{pmatrix}1\\2\\3\\4\\5\\6\end{pmatrix}$$

执行胞块三角化后

$$\boldsymbol{L}=\begin{pmatrix}1 & 0 & & \boldsymbol{0} & & \boldsymbol{0}\\ 0 & 1 & & & & \\ 3 & -2.5 & 1 & 0 & & \boldsymbol{0}\\ 4 & -3.5 & 0 & 1 & & \\ 1 & -2 & -3/11 & 2/11 & 1 & 0\\ 1 & 1 & 3/11 & -1/11 & 0 & 1\end{pmatrix}$$

$$D_J=\mathrm{diag}\left(\begin{pmatrix}0 & 2\\ -2 & 0\end{pmatrix}\quad\begin{pmatrix}0 & 11\\ -11 & 0\end{pmatrix}\quad\begin{pmatrix}0 & 25/11\\ -25/11 & 0\end{pmatrix}\right)$$

最后执行回代求解，有

$$x=(0.16\quad -2.88\quad -2.36\quad 1.28\quad -2.76\quad 3.56)^{\mathrm{T}}$$

解毕。

以上求解只能用于偶数维矩阵。现在要证明奇数维反对称矩阵一定是奇异矩阵。证明如下：

设有 $m\times m$ 矩阵 $\boldsymbol{A}$，m 为奇数，故 $m=2n+1$。$\boldsymbol{A}$ 阵的构成为

$$\boldsymbol{A}=\begin{pmatrix}\boldsymbol{0} & -\boldsymbol{b}_{2n}^{\mathrm{T}}\\ \boldsymbol{b}_{2n} & \boldsymbol{A}_{2n}\end{pmatrix}\begin{matrix}1\\ 2n\end{matrix}$$

其中子矩阵 $\boldsymbol{A}_{2n}$ 是非奇异的反对称矩阵，$\boldsymbol{b}_{2n}$ 是向量。只要证明 $\boldsymbol{A}$ 阵第一列可由其余列的线性组合表示，则 $\boldsymbol{A}$ 一定是奇异矩阵。

构造方程

$$\boldsymbol{A}_{2n}\boldsymbol{x}=\boldsymbol{b}_{2n} \tag{3.42}$$

按前面所述，可求解得到 $\boldsymbol{x}$。这表明第一列的 $2\sim 2n$ 元素已经由 $\boldsymbol{A}_{2n}$ 的列线性表达。还有第一个元素要求验证也是 0。将上面方程取转置，因 $\boldsymbol{A}_{2n}$ 是反对称矩阵，故 $-\boldsymbol{A}_{2n}=\boldsymbol{A}_{2n}^{\mathrm{T}}$，有

$$(\boldsymbol{A}_{2n}\boldsymbol{x})^{\mathrm{T}}=-\boldsymbol{x}^{\mathrm{T}}\boldsymbol{A}_{2n}=\boldsymbol{b}_{2n}^{\mathrm{T}}$$

对式(3.27)左乘向量 $\boldsymbol{x}^{\mathrm{T}}$，故有 $\boldsymbol{x}^{\mathrm{T}}\boldsymbol{A}_{2n}\boldsymbol{x}=\boldsymbol{x}^{\mathrm{T}}\boldsymbol{b}_{2n}$。但 $\boldsymbol{A}_{2n}$ 是反对称矩阵，故 $\boldsymbol{x}^{\mathrm{T}}\boldsymbol{A}_{2n}\boldsymbol{x}=0$，这验证了 $\boldsymbol{b}_{2n}^{\mathrm{T}}\boldsymbol{x}=0$，表明第一列的第一个元素也用其余的列表达了，所以奇数反对称矩阵的行列式为零，一定是奇异矩阵。证毕。##

4.3.8 共轭辛子空间迭代法

前文讲到 $2n\times 2n$ 反对称矩阵 $\boldsymbol{A}$ 的辛本征值问题 $\boldsymbol{A\psi}=\mu^2\boldsymbol{J\psi}$ 的求解，以及移轴的方程。

当维数 n 大时，往往通带的数目 n_{pb} 不大。也可设计子空间迭代法，将 n_{pb} 本征解对计算出来。再用共轭辛正交归一算法，将 n_{pb} 对子空间排除。

于是辛矩阵就排除了通带解了，但并非保证正定 Lagrange 函数了。排除通带解，表明剩余的全部传递辛矩阵的本征值是实数，因此 $\boldsymbol{JS}_{\mathrm{c}}\boldsymbol{\psi}=(\mu+\mu^{-1})\boldsymbol{J\psi}$ 的本征值必然有 $|\mu+\mu^{-1}|>2$。因此可用反对称矩阵移轴的方法求解之。

Rayleigh 商的本征值求解，大家已经熟悉。已经有成熟的程序模块可调用求解，其中子空间移轴迭代法是常用的。在排除了通带辛本征值后，同样可用于反对称矩阵的本征值问题。

熟悉动力学计算的，知道动力学积分有直接积分法以及本征向量展开法这两种求解

方法。上面介绍的是辛本征向量展开法。至于与直接积分法对应的，在空间坐标上则对应的边界条件是两端边界条件，是求解 Riccati 方程。这是最优控制问题最常用的。

正定 Lagrange 函数所对应的 Riccati 微分方程，在最优控制问题中非常重要。下章就讲最优控制。然而一般的动力刚度矩阵转换来的辛矩阵，即使排除了通带解，也不能保证 Lagrange 函数为正定。线性系统时，Lagrange 函数是二次型。

以上讲了辛矩阵和 Hamilton 矩阵的本征问题及其求解。本征值问题只是对于线性系统讲的，然而实际问题往往是非线性的。我们应看到，一般非线性系统直接求出分析解非常困难，因此各种近似求解方法一定要用。摄动法(perturbation，钱学森称之为 PLK 方法，[44])是经常要采用的。作为摄动法的基本出发点，就是线性近似，此时必须将近似线性系统求解好。此时本征向量展开法是必要的。求解了近似线性系统后，摄动应当采用正则变换、以改造原来系统，辛对称群的性质要充分使用。在第 3 章提出用辛矩阵乘法显式表达的正则变换，本征向量展开的线性系统解，很起作用的。

毕竟本书是教材，而且这部分是基础篇，应讲一些基本的。后面的应用篇，将会用到本征问题的解的。

再从动力刚度阵考虑本征值计数问题。对给定的 ω，动力刚度阵为

$$\boldsymbol{R}(\omega)=\boldsymbol{K}=\mathrm{i}\omega\boldsymbol{G}-\omega^2\boldsymbol{M} \tag{3.43}$$

在 $\boldsymbol{K}$ 为正定而保证 Hamilton 函数为正定的条件下，$\boldsymbol{M},\boldsymbol{G},\boldsymbol{K}$ 陀螺系统的固有振动频率 ω_i，按条件

$$\omega_i<\omega \quad (i=1,2,\cdots,m) \tag{3.44}$$

问这个计数 m 怎样确定。当然这不是要将 n 个本征值全部求出来，再确定 m，而是要根据动力刚度阵 $\boldsymbol{R}(\omega)$将 m 定下来。由于 $\boldsymbol{G}$ 为反对称阵，故当前 $\boldsymbol{G}(\omega)$是厄米(Hermite)对称阵。

厄米阵的行列式值是实数。$\boldsymbol{R}$ 阵的主对角块也都是厄米阵。将 $\boldsymbol{R}$ 阵一系列主对角块的行列式值，构成其 Sturm 序列。

本征值计数 m，可以统计 Sturm 序列 $d_0,d_1,\cdots,d_n$ 的符号变化，就可以给出其计数。既然包含定理与无陀螺项时相同。行列式尺度小，就相当于多加了一个约束，以下的推导理由与无陀螺项时相同。结论是:Sturm 序列的变号次数，就是小于 ω 的本征值个数 m。

为了免于计算一系列厄米阵的行列式值，可以利用厄米阵的 $\boldsymbol{LDL}^{\mathrm{H}}$ 三角分解。其实值对角阵 $\boldsymbol{D}$ 中对角元为负元的个数，就是计数。

第5章　结构力学与最优控制的模拟关系

本章标题说明了跨学科。用到的数学并不艰深，但仍有困难，主要是跨学科的困难。控制理论与结构力学之间，本来完全是两码事，完全不同的学科方向，似乎互不相干。表明学科的跨度大，联系在一起似乎没有可能等；所以也会存在由此带来的心理问题。

结构力学有限元一般考虑3维空间结构。一个坐标的链式结构静力学是以往关注不够的。而现代控制理论是得到关注的领域，在航空航天、机器人、海洋、国防、安全等竞争性领域是非常重要的。事实上，结构力学与最优控制有一一对应的**模拟关系**，理论、计算等方面可以互通有无，相互促进。最优控制用时间坐标，要用逐步积分方法，非线性问题效率成问题；而结构静力学用空间坐标，有丰富的有限元计算法，效率很高。因此面对动力学与控制的需要，分析动力学与分析结构力学就有很大功能了。

分析结构静力学选择长度坐标 z，沿着坐标 z，结构在横方向用有限元方法离散，所谓半解析法。位移 $\boldsymbol{q}$ 是有 n 个自由度的向量。第1章的开始就是结构力学最简单的Hooke定律，弹簧结构。沿长度 z 方向是**离散**坐标，用 $z_0, z_1, \cdots, z_{n_f}$ 表示各站。相应地，各站有位移向量 $\boldsymbol{q}_0, \boldsymbol{q}_1, \cdots, \boldsymbol{q}_{n_f}$。见示意图5-1，子结构链。

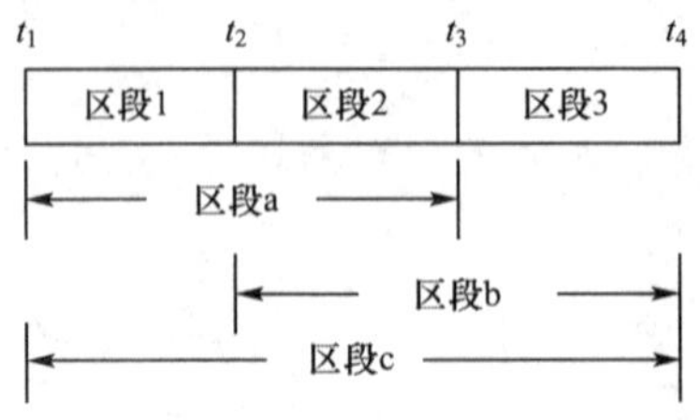

图5-1　子结构链

子结构链有 n_f+1 站，n 段子结构；第 $k^{\#}$ 号（区段）子结构处于 $(k-1, k)$ 站之间。$\boldsymbol{q}_{k-1}, \boldsymbol{q}_k$ 就是两端位移，或写成 $k^{\#}$ 号子结构的 $\boldsymbol{q}_a, \boldsymbol{q}_b$ 即左、右端位移之意。$\boldsymbol{q}_a, \boldsymbol{q}_b$ 是出口位移，而 $k^{\#}$ 号子结构的内部位移已经被消元，所以不出现了。

本章将结构力学以及对应的现代控制理论，按模拟关系一一对应地讲述。可方便读者理解。

结构力学与最优控制的模拟关系是奠基于子结构链混合能变分原理、Hamilton体系理论基础上的，是**国货**。用好就可成为**奇兵**，以摆脱依靠洋人程序的依赖，“走自己的路”。

孙子兵法曰:“攻其无备,出其不意”正可在此得到体现。**独立自主,自力更生**,自己开发程序系统 PIM-PSD,可以做得更好。现在已经挂入 SiPESC 程序平台之中,可以与其他领域的课题综合,以面对广泛领域的课题。

以上简单地讲述了结构力学与最优控制的模拟关系,太简单了,读者可能感觉不太明白。这方面请参看著作[9]。

5.1　多维(n 维)的离散线性结构静力学

能量原理是最通常运用的,平衡方程就包含其中。设子结构链只在两端有力而内部没有外力,则变形能是各区段变形能

$$U_k(\boldsymbol{q}_\mathrm{a},\boldsymbol{q}_\mathrm{b})=\frac{1}{2}\begin{pmatrix}\boldsymbol{q}_\mathrm{a}\\ \boldsymbol{q}_\mathrm{b}\end{pmatrix}^\mathrm{T}\begin{pmatrix}\boldsymbol{K}_\mathrm{aa} & \boldsymbol{K}_\mathrm{ab}\\ \boldsymbol{K}_\mathrm{ba} & \boldsymbol{K}_\mathrm{bb}\end{pmatrix}\begin{pmatrix}\boldsymbol{q}_\mathrm{a}\\ \boldsymbol{q}_\mathrm{b}\end{pmatrix}\tag{1.1}$$

$\boldsymbol{K}_\mathrm{aa}$ 等为 $n\times n$ 矩阵,$\boldsymbol{q}_\mathrm{a}$,$\boldsymbol{q}_\mathrm{b}$ 皆为 n 维位移向量。变形势能与外力势能分别是

$$U=\sum_{k=1}^{k_\mathrm{f}}U_k(\boldsymbol{q}_{k-1},\boldsymbol{q}_k),\quad U_\mathrm{e}=-\boldsymbol{f}_\mathrm{f}^{\mathrm{T}}\boldsymbol{q}_\mathrm{f}-\boldsymbol{f}_0^{\mathrm{T}}\boldsymbol{q}_0\tag{1.2}$$

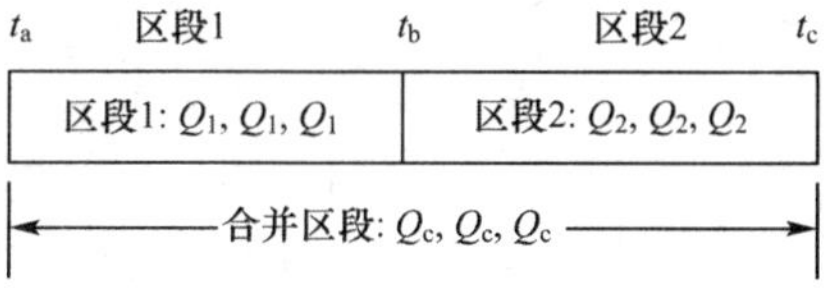

t_a　区段1　t_b　区段2　t_c

区段1: Q_1, Q_1, Q_1　区段2: Q_2, Q_2, Q_2

合并区段: $Q_\mathrm{c}, Q_\mathrm{c}, Q_\mathrm{c}$

图 5-2　区段混合能合并

在位移 $q_k(k=1,2,\cdots,k_\mathrm{f})$ 的变分原理,应取总势能 $U+U_\mathrm{e}$ 最小

$$\min_{q}(U+U_\mathrm{e})\tag{1.3}$$

其中认为 $\boldsymbol{q}_0=\boldsymbol{0}$ 是固定。

请注意,结构力学位移法的边界条件是在结构链的两端给出的。结构力学适用两端边界条件,不论是给位移或给力。其实,结构力学用得很多的是端部为铰支承的边界条件,部分给力而部分给位移。不同于动力学适用初始边界条件。

变分原理(1.3)是一类位移变量的,相当于 Lagrange 体系的表述。对于区段(z_{k-1},z_k)引入对偶变量的两端力

$$\boldsymbol{p}_\mathrm{a}=-\partial U_k/\partial\boldsymbol{q}_\mathrm{a}=-\boldsymbol{K}_\mathrm{aa}\boldsymbol{q}_\mathrm{a}-\boldsymbol{K}_\mathrm{ab}\boldsymbol{q}_\mathrm{b}\tag{1.4a}$$

$$\boldsymbol{p}_\mathrm{b}=-\partial U_k/\partial\boldsymbol{q}_\mathrm{b}=\boldsymbol{K}_\mathrm{ba}\boldsymbol{q}_\mathrm{a}+\boldsymbol{K}_\mathrm{bb}\boldsymbol{q}_\mathrm{b}\tag{1.4b}$$

可转换为二类变量的变分原理。对于 $\boldsymbol{q}_\mathrm{b}$ 求解有

$$\boldsymbol{q}_\mathrm{b}=\boldsymbol{K}_\mathrm{bb}^{-1}\boldsymbol{p}_\mathrm{b}-\boldsymbol{K}_\mathrm{bb}^{-1}\boldsymbol{K}_\mathrm{ba}\boldsymbol{q}_\mathrm{a}\tag{1.5}$$

引入区段混合能[按规定,下标 a,b 分别就是 $k-1,k$]

$$V_k(\boldsymbol{q}_\mathrm{a},\boldsymbol{p}_\mathrm{b})=\boldsymbol{p}_\mathrm{b}^{\mathrm{T}}\boldsymbol{q}_\mathrm{b}-U_k(\boldsymbol{q}_\mathrm{a},\boldsymbol{q}_\mathrm{b})\tag{1.6}$$

上式中右侧虽然有 $\boldsymbol{q}_\mathrm{b}$,但它不是独立变量,因为将式(1.5)代入式(1.6)消去了。这样混合能就是$(\boldsymbol{q}_\mathrm{a},\boldsymbol{p}_\mathrm{b})$的函数。完成该消元操作,给出

$$V(\boldsymbol{q}_\mathrm{a},\boldsymbol{p}_\mathrm{b})=\boldsymbol{p}_\mathrm{b}^{\mathrm{T}}\boldsymbol{G}\boldsymbol{p}_\mathrm{b}/2+\boldsymbol{p}_\mathrm{b}^{\mathrm{T}}\boldsymbol{F}\boldsymbol{q}_\mathrm{a}-\boldsymbol{q}_\mathrm{a}^{\mathrm{T}}\boldsymbol{Q}\boldsymbol{q}_\mathrm{a}/2\tag{1.7}$$

其中 $\boldsymbol{Q}$,$\boldsymbol{G}$,$\boldsymbol{F}$ 皆为 $n\times n$ 矩阵,表达式是

$$G=K_{bb}^{-1}, \quad F=K_{bb}^{-1}K_{ba}, \quad Q=K_{aa}-K_{ab}K_{bb}^{-1}K_{ba} \tag{1.8}$$

以上推导适用于线性系统，区段变形能(1.1)的 $U_k(\boldsymbol{q}_a,\boldsymbol{q}_b)$ 是两端位移的二次函数。毕竟非线性系统的推导也是重要的。

一般非线性系统 $k^{\#}$ 区段的变形能 $U_k(\boldsymbol{q}_a,\boldsymbol{q}_b)$ 只是两端位移 $\boldsymbol{q}_a,\boldsymbol{q}_b$ 的函数，而与如何达到 $\boldsymbol{q}_a,\boldsymbol{q}_b$ 的历史无关。此时偏微商

$$\boldsymbol{p}_a=-\partial U_k/\partial\boldsymbol{q}_a, \quad \boldsymbol{p}_b=\partial U_k-\partial\boldsymbol{q}_b \tag{1.4$'$}$$

的公式依然可用。但两端力 $\boldsymbol{p}_a,\boldsymbol{p}_b$ 线性依赖于位移 $\boldsymbol{q}_a,\boldsymbol{q}_b$ 的关系不再成立了。写成区段变形能的全变分形式

$$\delta U_k(\boldsymbol{q}_a,\boldsymbol{q}_b)=-\boldsymbol{p}_a^{\mathrm{T}}\delta\boldsymbol{q}_a+\boldsymbol{p}_b^{\mathrm{T}}\delta\boldsymbol{q}_b \tag{1.9}$$

这是纯位移法的表达，从区段变形能计算两端力的公式。

讲清楚区段能量与两端力的关系，就要考虑区段的操作。将首尾相连的两个区段 $k^{\#}$、$(k+1)^{\#}$，其两端位移分别为 $\boldsymbol{q}_a,\boldsymbol{q}_b$ 与 $\boldsymbol{q}_b,\boldsymbol{q}_c$ 的合并，成为 $\boldsymbol{q}_a,\boldsymbol{q}_c$ 的大区段的公式。显然 b 站是中间站，应当在连接时将 b 站的两个端部力相平衡。即

$$\boldsymbol{p}_b|_k=\boldsymbol{p}_b|_{k+1}, \quad \text{i.e.} \quad \partial U_k/\partial\boldsymbol{q}_b=-\partial U_{k+1}/\partial\boldsymbol{q}_b \tag{1.10}$$

从整个合并区段(a,c)看，其变形能是两个合成区段变形能之和

$$U_{a\sim c}(\boldsymbol{q}_a,\boldsymbol{q}_c)=U_k(\boldsymbol{q}_a,\boldsymbol{q}_b)+U_{k+1}(\boldsymbol{q}_b,\boldsymbol{q}_c) \tag{1.11}$$

其中中间 b 站的位移 $\boldsymbol{q}_b$ 应当消去。将表达式(1.11)的 $U_{a\sim c}(\boldsymbol{q}_a,\boldsymbol{q}_c)$ 对于 $\boldsymbol{q}_b$ 取偏微商为零，得到的 $\partial U_k/\partial\boldsymbol{q}_b+\partial U_{k+1}/\partial\boldsymbol{q}_b$ 就是式(1.10)的平衡方程 $\boldsymbol{p}_b|_k=\boldsymbol{p}_b|_{k+1}$，如图 5-2 所示。结构静力学时，变形能是正定的，所以偏微商为零就是取最小；但动力问题时，动力变形能未必是正定的，因此不能说是取最小，但取驻值是可以说的。因此写成

$$U_{a\sim c}(\boldsymbol{q}_a,\boldsymbol{q}_c)=\delta_{\boldsymbol{q}_b}[U_k(\boldsymbol{q}_a,\boldsymbol{q}_b)+U_{k+1}(\boldsymbol{q}_b,\boldsymbol{q}_c)]=\boldsymbol{0} \tag{1.12}$$

是可以的。这是理论上的，非线性问题求解非线性方程也不是轻而易举的。即使是线性问题，区段动力变形能也不能保证正定，也是取驻值(Stationary Value)的，同样适用区段合并算法。

以下转到混合能形式，前面引入区段混合能

$$V_k(\boldsymbol{q}_a,\boldsymbol{p}_b)=\boldsymbol{p}_b^{\mathrm{T}}\boldsymbol{q}_b-U_k(\boldsymbol{q}_a,\boldsymbol{q}_b) \tag{1.13}$$

上式中右侧虽然有 $\boldsymbol{q}_b$，但它不是独立变量。$\boldsymbol{q}_b$ 应自(1.4b)求解，再代入(1.13)消去 $\boldsymbol{q}_b$，故 V_k 只是 $\boldsymbol{q}_a,\boldsymbol{p}_b$ 的函数。可以看到，

$$V_k(\boldsymbol{q}_a,\boldsymbol{p}_b)=\max_{\boldsymbol{q}_b}[\boldsymbol{p}_b^{\mathrm{T}}\boldsymbol{q}_b-U_k(\boldsymbol{q}_a,\boldsymbol{q}_b)] \tag{1.14}$$

混合能的列式(1.14)就是由变形能对其变量 $\boldsymbol{q}_b$ 作了勒让德变换。勒让德(Legendre)变换的意义可从以下偏微商看出

$$\partial V_k/\partial\boldsymbol{p}_b=\boldsymbol{q}_b+\boldsymbol{p}_b^{\mathrm{T}}(\partial\boldsymbol{q}_b/\partial\boldsymbol{p}_b)-(\partial U_k/\partial\boldsymbol{q}_b)^{\mathrm{T}}(\partial\boldsymbol{q}_b/\partial\boldsymbol{p}_b)=\boldsymbol{q}_b \tag{1.15a}$$

这是因(1.4b)之故。还有

$$\partial V_k/\partial\boldsymbol{q}_a=\boldsymbol{p}_b^{\mathrm{T}}(\partial\boldsymbol{q}_b/\partial\boldsymbol{q}_a)-\partial U_k/\partial\boldsymbol{q}_a-(\partial U_k/\partial\boldsymbol{q}_b)^{\mathrm{T}}(\partial\boldsymbol{q}_b/\partial\boldsymbol{q}_a)=\boldsymbol{p}_a \tag{1.15b}$$

这也是用(1.4a,b)而得的。因此区段混合能的全变分为

$$\delta V(\boldsymbol{q}_a,\boldsymbol{p}_b)=\boldsymbol{q}_b^{\mathrm{T}}\delta\boldsymbol{p}_b+\boldsymbol{p}_a^{\mathrm{T}}\delta\boldsymbol{q}_a \tag{1.16}$$

上式并不限于 U 是二次式。当 U 为二次式时，混合能的表达式已经给出在式(1.7)

与(1.8)了。完成变分式(1.9)的偏微商,有齐次对偶方程组

$$\boldsymbol{q}_{\mathrm{b}}=\boldsymbol{F}\boldsymbol{q}_{\mathrm{a}}+\boldsymbol{G}\boldsymbol{p}_{\mathrm{b}},\quad \boldsymbol{p}_{\mathrm{a}}=-\boldsymbol{Q}\boldsymbol{q}_{\mathrm{a}}+\boldsymbol{F}^{\mathrm{T}}\boldsymbol{p}_{\mathrm{b}} \tag{1.17a,b}$$

以上的推导是从数学的角度给出的,还应对这些矩阵做出物理解释。

将 $\boldsymbol{q}_{\mathrm{a}}=\boldsymbol{0}$ 代入式(1.17a),即 a 端固定。该方程即成为 b 端的作用力 $\boldsymbol{p}_{\mathrm{b}}$ 而引起 b 端的位移 $\boldsymbol{q}_{\mathrm{b}}$。于是矩阵 $\boldsymbol{G}$ 即为 a 端固定,b 端自由,而在 b 端的柔度阵。

其次,将 $\boldsymbol{p}_{\mathrm{b}}=\boldsymbol{0}$ 代入式(1.17b)时,即 a 端有给定位移 $\boldsymbol{q}_{\mathrm{a}}$,b 端自由而无外力作用时,在 a 端的力向量 $\boldsymbol{p}_{\mathrm{a}}$。表明 $\boldsymbol{Q}$ 矩阵是 b 端自由时 a 端的刚度阵,负号表明 $\boldsymbol{p}_{\mathrm{a}}$ 的内力,在左端其正向与位移 $\boldsymbol{q}_{\mathrm{a}}$ 的方向相反之故。

再次,令 $\boldsymbol{p}_{\mathrm{b}}=\boldsymbol{0}$,式(1.17a)表明 $\boldsymbol{F}$ 阵乃是 a 端位移向端位移的传递阵,等等。

可以看出,结构模型总是 a 端为给定位移,b 端为给定力。这是典型的"悬臂梁"式的边界条件。混合能表达恰好适应于该"悬臂梁"式模型的边界条件。

区段混合能是从区段势能通过 Legendre 变换得到的,有关系

$$V_k(\boldsymbol{q}_{\mathrm{a}},\boldsymbol{p}_{\mathrm{b}})=\max_{\boldsymbol{q}_{\mathrm{b}}}[\boldsymbol{p}_{\mathrm{b}}^{\mathrm{T}}\boldsymbol{q}_{\mathrm{b}}-U_k(\boldsymbol{q}_{\mathrm{a}},\boldsymbol{q}_{\mathrm{b}})]$$

$$\delta V(\boldsymbol{q}_{\mathrm{a}},\boldsymbol{p}_{\mathrm{b}})=\boldsymbol{q}_{\mathrm{b}}^{\mathrm{T}}\delta\boldsymbol{p}_{\mathrm{b}}+\boldsymbol{p}_{\mathrm{a}}^{\mathrm{T}}\delta\boldsymbol{q}_{\mathrm{a}}$$

因 $\delta(\boldsymbol{p}_{\mathrm{b}}^{\mathrm{T}}\boldsymbol{q}_{\mathrm{b}})=\boldsymbol{q}_{\mathrm{b}}^{\mathrm{T}}\delta\boldsymbol{p}_{\mathrm{b}}+\boldsymbol{p}_{\mathrm{b}}^{\mathrm{T}}\delta\boldsymbol{q}_{\mathrm{b}}$,再加上 $\delta V(\boldsymbol{q}_{\mathrm{a}},\boldsymbol{p}_{\mathrm{b}})$ 的公式,综合有

$$V(\boldsymbol{q}_{\mathrm{a}},\boldsymbol{p}_{\mathrm{b}})=\boldsymbol{p}_{\mathrm{b}}^{\mathrm{T}}\boldsymbol{G}\boldsymbol{p}_{\mathrm{b}}/2+\boldsymbol{p}_{\mathrm{b}}^{\mathrm{T}}\boldsymbol{F}\boldsymbol{q}_{\mathrm{a}}-\boldsymbol{q}_{\mathrm{a}}^{\mathrm{T}}\boldsymbol{Q}\boldsymbol{q}_{\mathrm{a}}/2$$

$$\boldsymbol{G}=\boldsymbol{K}_{\mathrm{bb}}^{-1},\quad \boldsymbol{F}=-\boldsymbol{K}_{\mathrm{bb}}^{-1}\boldsymbol{K}_{\mathrm{ba}},\quad \boldsymbol{Q}=\boldsymbol{K}_{\mathrm{aa}}-\boldsymbol{K}_{\mathrm{ab}}\boldsymbol{K}_{\mathrm{bb}}^{-1}\boldsymbol{K}_{\mathrm{ba}}$$

上面就一个区段讲述了区段混合能。整个链式结构是有许多首尾相连的区段组成,其最小总势能原理是

$$U=\sum_{k=1}^{k_{\mathrm{f}}}U_k(\boldsymbol{q}_{k-1},\boldsymbol{q}_k),\quad U_{\mathrm{e}}=-\boldsymbol{f}_{\mathrm{f}}^{\mathrm{T}}\boldsymbol{q}_{\mathrm{f}}-\boldsymbol{f}_0^{\mathrm{T}}\boldsymbol{q}_0$$

总势能 $U+U_{\mathrm{e}}$ 取最小。任何 k 站相关的区段是 $k^{\#}$,$(k+1)^{\#}$,取变分有对变分 $\delta\boldsymbol{q}_k$ 的项是

$$(\partial U_k/\partial\boldsymbol{q}_k-\partial U_{k+1}/\partial\boldsymbol{q}_k)^{\mathrm{T}}\delta\boldsymbol{q}_k$$

所以有平衡方程

$$\partial U_k/\partial\boldsymbol{q}_k+\partial U_{k+1}/\partial\boldsymbol{q}_k=\boldsymbol{p}_k^{(k)\#}-\boldsymbol{p}_k^{(k+1)\#}=\boldsymbol{0}$$

而右端部的方程是边界条件成为

$$\partial U_{k_{\mathrm{f}}}/\partial\boldsymbol{q}_{k_{\mathrm{f}}}-\boldsymbol{f}_{\mathrm{f}}=\boldsymbol{0}$$

采用混合能变分原理应当如何?因

$$U_k(\boldsymbol{q}_{\mathrm{a}},\boldsymbol{q}_{\mathrm{b}})=\min_{\boldsymbol{p}_{\mathrm{b}}}[V_k(\boldsymbol{q}_{\mathrm{a}},\boldsymbol{p}_{\mathrm{b}})-\boldsymbol{p}_{\mathrm{b}}^{\mathrm{T}}\boldsymbol{q}_{\mathrm{b}}]$$

将此式代入总变形能,变成二类变量的变分原理

$$\min_{\boldsymbol{q}}(U+U_{\mathrm{e}})=\min_{\boldsymbol{q}}\max_{\boldsymbol{p}}\{[\boldsymbol{p}_{\mathrm{b}}^{\mathrm{T}}\boldsymbol{q}_{\mathrm{b}}-V_k(\boldsymbol{q}_{\mathrm{a}},\boldsymbol{p}_{\mathrm{b}})]+U_{\mathrm{e}}\} \tag{1.18}$$

其中写成 min 与 max 适用于正定变形能的列式,不过即使在不正定时,改成取驻值也是成立的。

前面讲了从对称区段刚度阵 $\boldsymbol{K}_{\mathrm{aa}}$,$\boldsymbol{K}_{\mathrm{ab}}$,$\boldsymbol{K}_{\mathrm{bb}}$ 变换到传递辛矩阵

$$\boldsymbol{S}_j=\begin{pmatrix}\boldsymbol{S}_{11}^{(j)} & \boldsymbol{S}_{12}^{(j)}\\ \boldsymbol{S}_{21}^{(j)} & \boldsymbol{S}_{22}^{(j)}\end{pmatrix},\begin{matrix}\boldsymbol{S}_{11}^{(j)}=-(\boldsymbol{K}_{\mathrm{ab}}^{(j)})^{-1}\boldsymbol{K}_{\mathrm{aa}}^{(j)},\boldsymbol{S}_{22}^{(j)}=-\boldsymbol{K}_{\mathrm{bb}}^{(j)}(\boldsymbol{K}_{\mathrm{ab}}^{(j)})^{-1}\\ \boldsymbol{S}_{12}^{(j)}=-(\boldsymbol{K}_{\mathrm{ab}}^{(j)})^{-1},\quad \boldsymbol{S}_{21}^{(\mathrm{k})}=(\boldsymbol{K}_{\mathrm{ab}}^{(j)})^{\mathrm{T}}-\boldsymbol{K}_{\mathrm{bb}}^{(j)}(\boldsymbol{K}_{\mathrm{ab}}^{(j)})^{-1}\boldsymbol{K}_{\mathrm{aa}}^{(j)}\end{matrix} \tag{1.19}$$

引入了区段混合能矩阵 $\boldsymbol{F},\boldsymbol{G},\boldsymbol{Q}$，还应讲 $\boldsymbol{F},\boldsymbol{G},\boldsymbol{Q}$ 转换到传递辛矩阵的公式

$$\boldsymbol{S}=\begin{bmatrix}\boldsymbol{S}_{11} & \boldsymbol{S}_{12}\\ \boldsymbol{S}_{21} & \boldsymbol{S}_{22}\end{bmatrix},\quad \begin{matrix}\boldsymbol{S}_{11}=\boldsymbol{F}+\boldsymbol{G}\boldsymbol{F}^{-\mathrm{T}}\boldsymbol{Q}, & \boldsymbol{S}_{12}=\boldsymbol{G}\boldsymbol{F}^{-\mathrm{T}}\\ \boldsymbol{S}_{21}=\boldsymbol{F}^{-\mathrm{T}}\boldsymbol{Q}, & \boldsymbol{S}_{22}=\boldsymbol{F}^{-\mathrm{T}}\end{matrix} \tag{1.20}$$

表明区段刚度阵、区段混合能与传递辛矩阵，相互间是可沟通的。反过来，也可将 $2n\times 2n$ 的 $\boldsymbol{S}$ 阵转换成 3 个混合能的 $n\times n$ 矩阵

$$\boldsymbol{F}_k=\boldsymbol{S}_{22}^{-\mathrm{T}},\quad \boldsymbol{G}_k=\boldsymbol{S}_{12}\boldsymbol{S}_{22}^{-1},\quad \boldsymbol{Q}_k=\boldsymbol{S}_{22}^{-1}\boldsymbol{S}_{21} \tag{1.21}$$

运用混合能的区段合并有具体算法，用于精细积分算法时特别有效。在后面关于最优控制的理论与算法中有具体讲述。

合理的最优控制系统有可控制性以及可观测性的要求。后面证明，这就是保证区段变形能正定的要求，所以可保证 Riccati 方程解的正定性的。

5.2 多维(n 维)的离散线性最优控制理论

控制是要对动力学过程取最优，时间是连续变量，所以连续时间控制是很重要的，从离散控制开始是为了简单些。

5.2.1 控制理论简介

将以往的**一般力学**修改为**动力学与控制**是近年来力学学科分类的重要举措，也符合西方的惯例。虽然钱学森的名著《工程控制论》已经表明，力学工作者可以在控制论方面做出重大推进，但在学科理论的融合方面，尚需深入。经典力学著作讲控制理论的很少。因此有必要对读者做一些介绍。

自动控制理论脱胎于力学，然而长期以来已发展成为独立的主干大学科了。在 20 世纪 50 年代前，经典控制系统理论已经发展得相当成熟，并在不少工程技术领域中得到了成功的应用。

经典控制的数学基础是常微分方程理论、Laplace 变换、传递函数等；主要的分析和综合是根轨迹法、频率响应法等。它对于**单输入-单输出**线性定常系统的分析与综合是很有效的，但在处理**多输入-多输出**系统、**饱和**等因素时便有困难，并且经典理论对系统内部特性也缺乏描述。

经典控制论将系统看成“黑箱”，将注意力集中在输出变量 $y(t)$ 怎样随控制输入变量 $u(t)$ 而变化。虽然系统本是多自由度体系，但数学上仍尽量消元使基本方程成为单输入-单输出的一个高阶常微分方程；在工程力学中这种方法论也是传统典型的。对于时不变线性系统，并且只有一个输入 u 和一个输出变量 y 时，则其外部的数学描述为一个常系数线性常微分方程

$$\begin{aligned}&y^{(n)}+a_{n-1}y^{(n-1)}+\cdots+a_1y^{(1)}+a_0y\\ &=b_{n-1}u^{(n-1)}+b_{n-2}u^{(n-2)}+\cdots+b_1u^{(1)}+b_0u\end{aligned}$$

其中 a_i,b_i 均为实常数，而 $y^{(i)}=\mathrm{d}^iy/\mathrm{d}t^i$。对上式取 Laplace 变换，并假定输入、输出变量 u,y 皆有零初始条件，则得到系统的频域描述

$$\tilde{y}(s)=G(s)\times\tilde{u}(s)$$

$$L(y)=\tilde{y}(s)=\int_0^{+\infty}\mathrm{e}^{-st}y(t)\mathrm{d}t$$

$$L^{-1}(\tilde{y}) = y(t) = \frac{1}{2\pi \mathrm{i}}\int_{\sigma-\mathrm{i}\infty}^{\sigma+\mathrm{i}\infty} \mathrm{e}^{ts}\tilde{y}(s)\mathrm{d}s$$

其中 $\tilde{y}(s)$,$\tilde{u}(s)$为输出与输入的 Laplace 变换的像函数,而

$$\tilde{G}(s)=\frac{b_{n-1}s^{n-1}+\cdots+b_1 s+b_0}{s^n+a_{n-1}s^{n-1}+\cdots+a_1 s+a_0}=\frac{B(s)}{A(s)}$$

则称为该系统的**传递函数**。

根据传递函数,一大套理论发展起来,主要是围绕系统稳定性。零点一极点,根轨迹法(Root Locus Method),Nyquist-Plot,Bode 图,等等。

经典控制论着重分析**系统的输入-输出及其传递函数**,主要的关注点是**系统的稳定性**。然而输入-输出的描述是对系统的不完全描述,它不能讲清黑箱内的情况。在苏联首先发射了人造卫星后,美国感到落后了。于是大力发展航天、登月等活动,促进了控制理论的**换代**,出现了现代控制论。

5.2.2　现代控制论简介

在计算技术的冲击下,20 世纪 60 年代控制系统理论发生了从经典控制论向以**状态空间法为标志的现代控制论**的过渡。现代控制论并不只是在原有经典控制理论体系上加以延伸而已,而是改变了**方法论**,使控制论的基本理论体系也发生了根本性的更迭,达到了新的境界。状态空间描述**进入了体系的内部,而不仅仅是描述输入-输出关系**。可直接在时间域内对有限时间段研讨。系统的**可控性与可观测性**表明了对系统结构的深入理解。线性系统理论是系统与控制理论中的基础部分。

现代控制论既已按自身的规律发展,产生了体系换代,粗想起来在理论体系上将离开应用力学更远了。然而交叉学科的研究表明,现代控制论的数学问题与结构力学中的某类问题,是**一一对应地相互模拟的**[16]。表明应用力学与控制论之间,在理论和算法上可互相渗透,取长补短,以取得新的推进。前面讲述的精细积分、Hamilton 矩阵本征问题、共轭辛正交归一、黎卡提微分方程等,一系列理论与方法,都将在现代控制论中得到应用。学科一旦交叉就缩短了双方的距离。这对与工程力学与控制的教学也有很大好处。

状态空间描述,可用图 5-3 表示。由图 5-3 看出 $\boldsymbol{u}(t)=(u_1,u_2,\cdots,u_m)^{\mathrm{T}}$ 是系统的输入向量,而输出向量为 $\boldsymbol{y}(t)=(y_1,y_2,\cdots,y_q)^{\mathrm{T}}$。向量 $\boldsymbol{u}$,$\boldsymbol{y}$ 又被称为系统的**外部**变量。深入到系统内部,刻画系统随时间变化的是系统的**状态向量**

$$\boldsymbol{x}(t)=(x_1(t),x_2(t),\cdots,x_n(t))^{\mathrm{T}} \tag{2.1}$$

输入向量	状态向量	输出向量
$\boldsymbol{u}=(u_1,u_2,\cdots,u_m)^{\mathrm{T}}$	$\boldsymbol{x}=(x_1,x_2,\cdots,x_n)^{\mathrm{T}}$	$\boldsymbol{y}=(y_1,y_2,\cdots,y_q)^{\mathrm{T}}$

图 5-3　状态空间法

状态向量的变化当然也经量测而成为系统的输出,但同时也刻画了系统的(内部)行为。

状态空间法深入到系统内部,能给出系统完全的动力学特性。现代控制论奠基于**状态空间**的描述基础上是很大的进步。状态空间不是新概念,在质点和刚体动力学中早就有了系统的表达与应用。Hamilton 体系就是用状态空间法描述的。动力学系统的状态定义为:完全表征系统时间域行为的一个最小变量组,记之为 n 维向量 $\boldsymbol{q}(t)$,式(2.1)表达

了**状态向量**。**状态向量**的运动规律用一阶微分方程，即动力学方程表达。只要在 $t=t_0$ 给出初始状态，并且确定了系统的 m_u 维输入控制向量 $\boldsymbol{u}(t)$，在无外界其他干扰的条件下，系统状态以后的运动就确定了。

现代控制理论的**状态空间法**，系统未必保守，条件宽泛得多。控制理论的**状态向量** $\boldsymbol{x}(t)$的动力方程认为是一阶的联立微分方程组。控制理论则还有输入向量 $\boldsymbol{u}(t)$和干扰向量 $\boldsymbol{w}(t)$，以及后文的 n 维协态向量 $\boldsymbol{\lambda}(t)$等。

分析力学的 Hamilton 体系的正则方程就是一阶联立方程组，系统的**状态向量** $\boldsymbol{v}(t)$包括了位移与动量，是保守体系。与现代控制论的状态向量不同。

现代控制理论系统的**状态向量**理解为状态的运动是由一组常微分方程描述的。现代控制理论发展形成时，并未想到会与 Hamilton 系统理论的名称冲突。不幸也定名为状态向量，但这组方程中总有一些参数，这些参数并不是很精确地确定的，尤其是系统总在不断受到外界的随机干扰 $\boldsymbol{w}(t)$，因此仅仅根据 t_0 的初始状态，对于长时间地有干扰运行的估计是不够的。因此控制系统一定要不断地量测，这就给出 m_y 维量测向量 $\boldsymbol{y}(t)$，用于对当前状态 $\boldsymbol{x}(t)$的估计。当然最好是将当前的状态 $\boldsymbol{x}(t)$全部予以量测，但这非常费事甚至不可能，因此量测到的向量 $\boldsymbol{y}$ 只是 $q\leqslant n$ 个。

状态空间的数学模型可用**动力方程与初始条件**来表述

$$\dot{\boldsymbol{x}}(t)=\boldsymbol{f}(\boldsymbol{x},\boldsymbol{u},t),\quad \boldsymbol{x}(0)=\boldsymbol{x}_0$$

还有 m_y 维的**量测输出**

$$\boldsymbol{y}=\boldsymbol{g}(\boldsymbol{x},\boldsymbol{u},t)$$

其中 $\boldsymbol{f}$ 与 $\boldsymbol{g}$ 都是向量函数。以上表示是比较笼统的，另外还应有随机干扰等项。这类一般的表示比较抽象，$\boldsymbol{f}$ 与 $\boldsymbol{g}$ 都可以是非线性函数。一般来说，实际系统都是非线性的。

非线性系统的一般求解方法在数学上有很大困难，好在相当多的实际系统都可以按线性系统来近似地分析处理，其结果可接近于系统的实际运动状态。如果只限于考虑系统在某个**标称**运动 $\boldsymbol{x}_*(t)$，$\boldsymbol{u}_*(t)$的邻域内运动时，则在此邻域内可以用一个**线性系统**来近似，便于数学处理。具体请见[9]的 2.1 节。

作者们是力学出身，而不是控制专业的。但只要思路对头，也可掌握控制理论的。本书是经典力学，似乎与控制距离很大，有陌生感，其实感觉陌生不要怕，以平常的道理去理解就可以了，不很玄的。换换**思路**就行了。

回顾 Galois 的年代，法国有许多绝顶聪明的数学家们，他们在分析方面取得了辉煌成就。但突然出现了另类的代数思路，以致措手不及，没有跟上 Galois 的**思路**，实在是委屈了天才 Galois 了。

控制理论中还有一种重要区分，即连续时间系统与离散时间系统。以上表述都是在 t 连续变化下推导的，这是**连续时间系统**，其状态变化用微分方程描述。

5.2.3 离散时间线性最优控制求解

当系统的状态变量只取值于离散时刻时，相应地系统的运动方程将成为差分形式。这可以是一类实际的**离散时间**的数学问题，如许多社会经济问题、生态问题等；也可以本是一个连续时间系统，因采用数字计算机作计算或控制的需要而人为地加以时间离散化而导出的模型。在计算结构力学中，常常采用子结构的分析，这是相类同的。不考虑随机干扰，**线性离散时间系统**的状态空间描述为 $\boldsymbol{x}(k)=\boldsymbol{F}(k-1)\boldsymbol{x}(k-1)+\boldsymbol{B}(k-1)\boldsymbol{u}(k-1)$，或

$$\boldsymbol{x}_k=\boldsymbol{F}_{k-1}\boldsymbol{x}_{k-1}+\boldsymbol{B}_{k-1}\boldsymbol{u}_{k-1} \tag{2.2}$$

$$\boldsymbol{z}_k=\boldsymbol{C}_{zk}\boldsymbol{x}_k \tag{2.3}$$

其中 k 是离散时间的站号，$\boldsymbol{B}_k$ 是 $n\times m_u$ 矩阵，$\boldsymbol{C}_{zk}$ 是 $n\times m_z$ 矩阵，其他矩阵皆有恰当维数。以上是时变系统，而当 $\boldsymbol{F},\boldsymbol{B},\boldsymbol{C}$ 皆与 k 无关时，就成为时不变系统，k 相当于时间坐标。不妨认为 $k-1\to k$ 是等时间差的，$\eta=t_k-t_{k-1}$。

笼统地讲不容易理解，应具体给出公式。状态向量 $\boldsymbol{x}(t)$（见式(2.1)）是连续时间的，在离散时间的表达是 $\boldsymbol{x}_k(k=0,1,\cdots)$；其动力方程是(2.2)，量测输出方程是(2.3)。不妨认为系统是时不变的，即式(2.2)、(2.3)的矩阵 $\boldsymbol{F},\boldsymbol{B},\boldsymbol{C}$，皆与 k 无关。

但是控制输入向量 $\boldsymbol{u}_k$ 怎么确定却尚未提及。最优控制需要有一个指标 J 泛函取最小。取离散系统目标泛函

$$J(\boldsymbol{x},\boldsymbol{u})=\frac{1}{2}\Big[\sum_{k=1}^{k_f}(\boldsymbol{x}_k^{\mathrm{T}}\boldsymbol{Q}_k\boldsymbol{x}_k+\boldsymbol{u}_k^{\mathrm{T}}\boldsymbol{R}_k\boldsymbol{u}_k)+\boldsymbol{x}_f^{\mathrm{T}}\boldsymbol{S}_f\boldsymbol{x}_f\Big],\quad \min_{\boldsymbol{u}}J(\boldsymbol{x},\boldsymbol{u}) \tag{2.4}$$

就是最基本、最简单的 LQ(Linear Quadratic)控制问题。物理意义要求 $n\times n$ 对称矩阵 $\boldsymbol{Q}_k,\boldsymbol{S}_f$ 至少是非负的矩阵，而 $m_u\times m_u$ 矩阵 $\boldsymbol{R}_k$ 则是正定的，表示控制向量 $\boldsymbol{u}_k$ 是有代价的。矩阵 $\boldsymbol{Q}_k$ 一般是用输出向量 $\boldsymbol{z}_k=\boldsymbol{C}_{zk}\boldsymbol{x}_k$，通过例如 $\boldsymbol{z}_k^{\mathrm{T}}\boldsymbol{W}_c\boldsymbol{z}_k$ 生成的，$\boldsymbol{Q}_k=\boldsymbol{C}_{zk}^{\mathrm{T}}\boldsymbol{W}_c\boldsymbol{C}_{zk}$ 代表量测到的状态偏离对于指标的影响，矩阵 $\boldsymbol{W}_c$ 是 $m_z\times m_z$ 正定权重矩阵，指标应运用输出数据 $\boldsymbol{z}_k$ 么。问题讲清楚了，以下是怎么求解。以上就是数学模型，数学模型的恰当建立非常重要。

现代控制理论线性时不变系统有两个基本的重要概念：**可控制性与可观测性**。

可控制性说的是给出 n 维的初始状态向量 $\boldsymbol{x}_0$，总可以通过 $m_u<n$ 维的控制向量 $\boldsymbol{u}_k$，经若干步后，将状态变换到给定的 $\boldsymbol{x}_k$。

可观测性说的是给出 n 维的初始状态向量 $\boldsymbol{x}_0$，虽然量测方程 $\boldsymbol{z}_k=\boldsymbol{C}_{xk}\boldsymbol{x}_k$ 只是 $m_u<n$ 维，总可通过若干步的量测，观测到初始状态向量 $\boldsymbol{x}_0$ 的。

注意，**可控制性**根本未提及量测，实际上认为系统状态是完全量测的；

可观测性根本未提及控制，实际上认为系统是自由运行的，即无控制向量的。

可控制性与**可观测性**是线性控制理论的基本性质。对应地在结构力学中，它们的综合代表对应的结构，**区段变形能为正定**。这也是第 4 章中讲的分析结构力学的基本性质：Lagrange 函数为正定，即不存在波的传播解之意。这方面在后文，讲述连续时间最优控制的情况时再表述。

式(2.4)取最小不是无条件的，动力方程就是条件。对此引入 n 维的 Lagrange 乘子向量 $\boldsymbol{\lambda}_k$，扩展了指标，写成 J_A。

$$J_A(\boldsymbol{x},\boldsymbol{u},\boldsymbol{\lambda})=\boldsymbol{x}_f^{\mathrm{T}}\boldsymbol{S}_f\boldsymbol{x}_f/2-\sum_{k=1}^{k_f}[\boldsymbol{\lambda}_k^{\mathrm{T}}\boldsymbol{x}_k-H_k]$$

$$H_k=(\boldsymbol{x}_{k-1}^{\mathrm{T}}\boldsymbol{Q}_{k-1}\boldsymbol{x}_{k-1}+\boldsymbol{u}_{k-1}^{\mathrm{T}}\boldsymbol{R}_{k-1}\boldsymbol{u}_{k-1})/2+\boldsymbol{\lambda}_k^{\mathrm{T}}(\boldsymbol{F}_{k-1}\boldsymbol{x}_{k-1}+\boldsymbol{R}_{k-1}\boldsymbol{u}_{k-1})$$

$$\delta[\min_{\boldsymbol{u}}J_A(\boldsymbol{x},\boldsymbol{u})]=0 \tag{2.5}$$

这是 3 类变量的变分原理。先完成 H_k 对 $\boldsymbol{u}_{k-1}$ 取最大，即取

$$V_k(\boldsymbol{x}_{k-1},\boldsymbol{\lambda}_k)=\max_{\boldsymbol{u}_{k-1}} H_k \tag{2.6}$$

有

$$\boldsymbol{u}_{k-1}=\boldsymbol{R}_{k-1}^{-1}\boldsymbol{B}_{k-1}\boldsymbol{\lambda}_k \tag{2.7}$$

代回去得

$$V_k(\boldsymbol{x}_{k-1},\boldsymbol{\lambda}_k)=\boldsymbol{\lambda}_k^{\mathrm{T}}\boldsymbol{G}_{k-1}\boldsymbol{\lambda}_k/2+\boldsymbol{\lambda}_k^{\mathrm{T}}\boldsymbol{F}_{k-1}\boldsymbol{x}_{k-1}-\boldsymbol{x}_{k-1}^{\mathrm{T}}\boldsymbol{Q}_{k-1}\boldsymbol{x}_{k-1}/2 \tag{2.8}$$

其中

$$\boldsymbol{G}_{k-1}=\boldsymbol{B}_{k-1}^{\mathrm{T}}\boldsymbol{R}_{k-1}^{-1}\boldsymbol{B}_{k-1} \tag{2.9}$$

定常系统的矩阵 $\boldsymbol{Q},\boldsymbol{F},\boldsymbol{B},\boldsymbol{R}$ 等皆与下标无关，公式就干净些。

式(2.8)可对比式(1.7)的混合能，公式相同。同样有变分

$$\begin{aligned}\delta V_k(\boldsymbol{x}_{k-1},\boldsymbol{\lambda}_k)&=(\partial V_k/\partial\boldsymbol{\lambda}_k)^{\mathrm{T}}\delta\boldsymbol{\lambda}_k+(\partial V_k/\partial\boldsymbol{x}_{k-1})^{\mathrm{T}}\delta\boldsymbol{x}_{k-1}\\&=\boldsymbol{x}_k^{\mathrm{T}}\delta\boldsymbol{\lambda}_k+\boldsymbol{\lambda}_{k-1}^{\mathrm{T}}\delta\boldsymbol{x}_{k-1}\end{aligned}$$

得到对偶方程

$$\boldsymbol{x}_k=\boldsymbol{F}_{k-1}\boldsymbol{x}_{k-1}+\boldsymbol{G}_{k-1}\boldsymbol{\lambda}_k,\quad \boldsymbol{\lambda}_{k-1}=-\boldsymbol{Q}_{k-1}\boldsymbol{x}_{k-1}+\boldsymbol{F}_{k-1}^{\mathrm{T}}\boldsymbol{\lambda}_k \tag{2.10a,b}$$

这两个对偶方程，$\boldsymbol{\lambda}_{k-1}$ 是从 $\max\limits_{\boldsymbol{x}_{k-1}} V_k(\boldsymbol{x}_{k-1},\boldsymbol{\lambda}_k)$ 来的，$\boldsymbol{x}_k$ 是从 $\min\limits_{\boldsymbol{\lambda}_k} V_k(\boldsymbol{x}_{k-1},\boldsymbol{\lambda}_k)$ 来的，取最大或最小，比一次微商更明确。对偶方程(2.10a,b)可与方程(1.17a,b)对比，

$$\boldsymbol{q}_{\mathrm{b}}=\boldsymbol{F}\boldsymbol{q}_{\mathrm{a}}+\boldsymbol{G}\boldsymbol{p}_{\mathrm{b}},\quad \boldsymbol{p}_{\mathrm{a}}=-\boldsymbol{Q}\boldsymbol{q}_{\mathrm{a}}+\boldsymbol{F}^{\mathrm{T}}\boldsymbol{p}_{\mathrm{b}} \tag{2.11a,b}$$

按规则，下标a，b就是 $k-1,k$，将下标更换过来，两套对偶方程一致了。看到 Lagrange 乘子向量 $\boldsymbol{\lambda}$ 与位移向量 $\boldsymbol{x}$ 成为对偶，就如 $\boldsymbol{q},\boldsymbol{p}$ 的关系一样，$\boldsymbol{x}$ 称**状态向量**，故称 $\boldsymbol{\lambda}$ 为**协态向量**。

这里要明确一个称呼，以前讲结构力学时，将位移和对偶力一起组成的向量称为**状态向量**；然而现代控制的状态向量已经将**状态向量**名称用掉了，读者务必区分现代控制论的**状态向量**的意义与结构力学的状态向量意义完全不同，不幸在名称上**“撞车”**了。著作[9]将控制的状态向量与其对偶的协态向量在一起组成的向量，称为**全状态向量**，以资区别。

从结构力学的角度看，式(2.11a,b)相当于混合能的区段表达。

以上只讲了一个区段的混合能，毕竟问题需要整个区段 $(0,k_{\mathrm{f}})$ 的变分原理。将式(2.7)代入式(2.5)的三类变量变分原理，得二类变量变分原理

$$\begin{gathered}J_2(\boldsymbol{x},\boldsymbol{\lambda})=\boldsymbol{x}_{\mathrm{f}}^{\mathrm{T}}\boldsymbol{S}_{\mathrm{f}}\boldsymbol{x}_{\mathrm{f}}/2-\sum_{k=1}^{k_{\mathrm{f}}}[\boldsymbol{\lambda}_k^{\mathrm{T}}\boldsymbol{x}_k-V_k(\boldsymbol{x}_{k-1},\boldsymbol{\lambda}_k)]\\ \delta[J_2(\boldsymbol{x},\boldsymbol{\lambda})]=0\end{gathered} \tag{2.12}$$

如果写成取最大、最小，则更明确了。

仅仅差分方程是不够的，求解尚需要 $k=0,k=k_{\mathrm{f}}$ 的两端边界条件。控制在 $k=0$ 处已经给出初始的状态向量 $\boldsymbol{q}_0$，但在 $k=k_{\mathrm{f}}$ 处还要边界条件。根据二类变量的混合能变分原理，变分操作导出

$$\begin{gathered}\delta\boldsymbol{x}_k^{\mathrm{T}}(\boldsymbol{\lambda}_k-\partial V_{k+1}/\partial\boldsymbol{x}_k)+\delta\boldsymbol{\lambda}_k^{\mathrm{T}}(\boldsymbol{x}_k-\partial V_k/\partial\boldsymbol{\lambda}_k)=0,\ k<k_{\mathrm{f}}\\ \delta\boldsymbol{x}_{k_{\mathrm{f}}}^{\mathrm{T}}[\boldsymbol{\lambda}_{k_{\mathrm{f}}}+\boldsymbol{S}_{\mathrm{f}}\boldsymbol{x}_{k_{\mathrm{f}}}]=0\end{gathered}$$

给出了对偶方程(2.11a,b)，以及初始条件

$$\boldsymbol{x}_0=\text{given} \tag{2.13}$$

终端 $k=k_{\mathrm{f}}$ 的边界条件

$$\boldsymbol{\lambda}_{k_f} = -\boldsymbol{S}_f \boldsymbol{x}_{k_f} \tag{2.14}$$

从原来的动力系统、初值条件，因引入了**协态向量** $\boldsymbol{\lambda}$，而转化成为两端边值问题，意味深长。两端边界条件是结构力学的特征，所以找到了结构力学与最优控制理论之间的模拟关系。成为数值求解的基本手段。

从表 5-1 可看到离散体系下，结构力学与最优控制间的对应关系：

表 5-1　离散体系下，结构力学与最优控制间的对应关系

长度离散结构力学	时间离散线性二次控制
空间长度坐标 z	时间坐标 t
节点 a 的 n 维位移向量 $\boldsymbol{q}_a$	节点 a 的 n 维状态向量
位移、内力 $\boldsymbol{q}_a,\boldsymbol{p}_a$	状态、协态的对偶向量 $\boldsymbol{x}_a,\boldsymbol{\lambda}_a$
$k^{\#}$ 长度区段$(z_{k-1},z_k]$	$k^{\#}$ 时间区段$(t_{k-1},t_k]$
长度区段$(z_a,z_b]$	时间区段$(t_a,t_b]$
区段两端表达 $\boldsymbol{q}_a,\boldsymbol{p}_b$	时间区段两端表达 $\boldsymbol{x}_a,\boldsymbol{\lambda}_b$
区段混合能 $H(\boldsymbol{q}_a,\boldsymbol{p}_b)$	时间区段混合能 $H(\boldsymbol{x}_a,\boldsymbol{\lambda}_b)$
$k^{\#}$ 区段的混合能矩阵 $\boldsymbol{F}_k,\boldsymbol{G}_k,\boldsymbol{Q}_k$	$\boldsymbol{F}_k,\boldsymbol{G}_k,\boldsymbol{Q}_k$
右端 z_f 处弹性支承矩阵 $\boldsymbol{S}_f$	结束时间 t_f 端部指标矩阵 $\boldsymbol{S}_f$
对偶方程 $\boldsymbol{q}_b=\boldsymbol{F}\boldsymbol{q}_a+\boldsymbol{G}\boldsymbol{p}_b$， $\boldsymbol{p}_a=-\boldsymbol{Q}\boldsymbol{q}_a+\boldsymbol{F}^{T}\boldsymbol{p}_b$	对偶方程 $\boldsymbol{\lambda}_{k-1}=\boldsymbol{F}_k^{T}\boldsymbol{\lambda}_k-\boldsymbol{Q}_k\boldsymbol{x}_{k-1}$， $\boldsymbol{x}_k=\boldsymbol{F}_k\boldsymbol{x}_{k-1}+\boldsymbol{G}_k\boldsymbol{\lambda}_k$
区段变形势能	时段$[0,k_t)$的指标 J_{e,k_t}
总体区段变形势能	时段$[0,k_t)$的扩展指标 J_A
⋮	⋮

求解的有效方法之一是**区段合并**算法，见图 5-2。设有相邻的两个区段(k_a,k_b)，(k_b,k_c)，其中要将 k_b 点消元，则就实现了区段合并的消元算法而成为合并区段(k_a,k_c)。取出混合能变分原理的有关部分是(k_a,k_b)的 $V_{a,b}(\boldsymbol{x}_a,\boldsymbol{\lambda}_b)$和$(k_b,k_c)$的 $V_{b,c}(\boldsymbol{x}_b,\boldsymbol{\lambda}_c)$。

与结构力学相同，可引入 k 站的状态向量

$$\boldsymbol{v}_k^{T} = (\boldsymbol{x}_k^{T},\boldsymbol{\lambda}_k^{T}) \tag{2.15}$$

设区段 $k^{\#}=[k-1,k]$，$(k+1)^{\#}=[k,k+1]$，要合并消元（站 $k-1,k,k+1$ 分别相当于 a,b,c 站），成为$[k-1,k+1]$，表明要消去 $\boldsymbol{x}_k,\boldsymbol{\lambda}_k$。变分原理与 $\boldsymbol{x}_k,\boldsymbol{\lambda}_k$ 有关的部分是

$$\boldsymbol{\lambda}_k^{T}\boldsymbol{x}_k - V_k(\boldsymbol{x}_{k-1},\boldsymbol{\lambda}_k) - V_{k+1}(\boldsymbol{x}_k,\boldsymbol{\lambda}_{k+1}) \rightarrow V_c(\boldsymbol{x}_{k-1},\boldsymbol{\lambda}_{k+1}) \tag{2.16}$$

下标 c 代表合并后之意。对此取偏微商$\partial\cdot/\partial\boldsymbol{x}_k=0$，　$\partial\cdot/\partial\boldsymbol{\lambda}_k=0$，得

$$\begin{aligned} \delta\boldsymbol{x}_k^{T}:\boldsymbol{\lambda}_k &= \partial V_{k+1}/\partial\boldsymbol{x}_k = \boldsymbol{F}_k^{T}\boldsymbol{\lambda}_{k+1} - \boldsymbol{Q}_k\boldsymbol{x}_k \\ \delta\boldsymbol{\lambda}_k^{T}:\boldsymbol{x}_k &= \partial V_k/\partial\boldsymbol{\lambda}_k = \boldsymbol{F}_{k-1}\boldsymbol{x}_{k-1} + \boldsymbol{G}_{k-1}\boldsymbol{\lambda}_k \end{aligned} \tag{2.17}$$

这是对求解 $\boldsymbol{x}_k,\boldsymbol{\lambda}_k$ 的联立方程，求解给出

$$\begin{aligned} \boldsymbol{x}_k &= (\boldsymbol{I}+\boldsymbol{G}_{k-1}\boldsymbol{Q}_k)^{-1}(\boldsymbol{F}_{k-1}\boldsymbol{x}_{k-1} + \boldsymbol{G}_{k-1}\boldsymbol{F}_k^{T}\boldsymbol{\lambda}_{k+1}) \\ \boldsymbol{\lambda}_k &= (\boldsymbol{I}+\boldsymbol{Q}_k\boldsymbol{G}_{k-1})^{-1}(\boldsymbol{F}_k^{T}\boldsymbol{\lambda}_{k+1} - \boldsymbol{Q}_k\boldsymbol{F}_{k-1}\boldsymbol{x}_{k-1}) \end{aligned} \tag{2.18a,b}$$

将此代入 $V_c(\boldsymbol{x}_{k-1},\boldsymbol{\lambda}_{k+1})=\boldsymbol{\lambda}_k^{T}\boldsymbol{x}_k - V_k(\boldsymbol{x}_{k-1},\boldsymbol{\lambda}_k) - V_{k+1}(\boldsymbol{x}_k,\boldsymbol{\lambda}_{k+1})$，有

$$V_c(\boldsymbol{x}_{k-1},\boldsymbol{\lambda}_{k+1}) = \boldsymbol{\lambda}_{k+1}^{T}\boldsymbol{G}_c\boldsymbol{\lambda}_{k+1}/2 + \boldsymbol{\lambda}_{k+1}^{T}\boldsymbol{F}_c\boldsymbol{x}_{k-1} - \boldsymbol{x}_{k-1}^{T}\boldsymbol{Q}_c\boldsymbol{x}_{k-1}/2 \tag{2.19}$$

其中运用了矩阵等式$(\boldsymbol{AB})^{-1}=\boldsymbol{B}^{-1}\boldsymbol{A}^{-1}$。合并后的矩阵

$$\begin{aligned}\boldsymbol{Q}_c&=\boldsymbol{Q}_{k-1}+\boldsymbol{F}_{k-1}^{\mathrm{T}}(\boldsymbol{Q}_k^{-1}+\boldsymbol{G}_{k-1})^{-1}\boldsymbol{F}_{k-1}\\ \boldsymbol{G}_c&=\boldsymbol{G}_k+\boldsymbol{F}_k(\boldsymbol{G}_{k-1}^{-1}+\boldsymbol{Q}_k)^{-1}\boldsymbol{F}_k^{\mathrm{T}}\\ \boldsymbol{F}_c&=\boldsymbol{F}_k(\boldsymbol{I}+\boldsymbol{G}_{k-1}\boldsymbol{Q}_k)^{-1}\boldsymbol{F}_{k-1}\end{aligned}\tag{2.20}$$

区段合并后仍然是区段,无非是区段长了些。因此式(2.20)对于连续坐标时的Riccati微分方程的精细积分法很有用,见[9]。

最优控制的操作,最重要的是确定反馈向量 $\boldsymbol{u}_k$。对离散系统的控制方程(2.10a,b)求解,

$$\boldsymbol{\lambda}_{k-1}=-\boldsymbol{Q}_{k-1}\boldsymbol{x}_{k-1}-\boldsymbol{F}_{k-1}^{\mathrm{T}}\boldsymbol{S}_k\boldsymbol{x}_k\tag{2.21}$$

应先求解协态向量 $\boldsymbol{\lambda}_k$,然后按式(2.7)得到 $\boldsymbol{u}_{k-1}=\boldsymbol{R}_{k-1}^{-1}\boldsymbol{B}_{k-1}\boldsymbol{\lambda}_k$,当然 $\boldsymbol{x}_k,\boldsymbol{\lambda}_k$ 要满足两端边界条件:(2.14)是终端条件,以及 $\boldsymbol{x}_0$ 的初始条件。

方程(2.14)是 $\boldsymbol{\lambda}_{k_f}=-\boldsymbol{S}_f\boldsymbol{x}_{k_f}$,其中矩阵 $\boldsymbol{S}_f$ 是对称非负的。就是 $k=k_f$ 时的公式

$$\boldsymbol{\lambda}_k=-\boldsymbol{S}_k\boldsymbol{x}_k\tag{2.22}$$

将该式代入式(2.18a)成为

$$\boldsymbol{x}_k=(\boldsymbol{I}+\boldsymbol{G}_{k-1}\boldsymbol{S}_k)^{-1}\boldsymbol{F}_{k-1}\boldsymbol{x}_{k-1}\tag{2.23}$$

再将式(2.23)代入式(2.18b),有

$$\boldsymbol{\lambda}_{k-1}=-[\boldsymbol{F}_{k-1}^{\mathrm{T}}\boldsymbol{S}_k(\boldsymbol{I}+\boldsymbol{G}_{k-1}\boldsymbol{S}_k)^{-1}\boldsymbol{F}_{k-1}+\boldsymbol{Q}_{k-1}]\boldsymbol{x}_{k-1}$$

这依然是 $\boldsymbol{\lambda}_{k-1}=-\boldsymbol{S}_{k-1}\boldsymbol{x}_{k-1}$,其中

$$\begin{aligned}\boldsymbol{S}_{k-1}&=\boldsymbol{Q}_{k-1}+\boldsymbol{F}_{k-1}^{\mathrm{T}}\boldsymbol{S}_k(\boldsymbol{I}+\boldsymbol{G}_{k-1}\boldsymbol{S}_k)^{-1}\boldsymbol{F}_{k-1}\\ &=\boldsymbol{Q}_{k-1}+\boldsymbol{F}_{k-1}^{\mathrm{T}}(\boldsymbol{S}_k^{-1}+\boldsymbol{G}_{k-1})^{-1}\boldsymbol{F}_{k-1}\end{aligned}\tag{2.24}$$

其中右侧的矩阵皆为已经推出的。这样就出现了递推的形式:如果对于 k 成立,则对于($k-1$)也成立,而终端 $k=k_f$ 时边界条件保证是成立的。根据数学归纳法,公式(2.24)对于任何站 k 皆成立。

从力学意义上说,矩阵 $\boldsymbol{S}_k$ 的结构力学意义便是刚度阵。

式(2.24)是 Riccati 递归公式,是离散时间最优控制的重要公式。计算得到各 $\boldsymbol{S}_k$,根据

$$\boldsymbol{u}_{k-1}=\boldsymbol{R}_{k-1}^{-1}\boldsymbol{B}_{k-1}\boldsymbol{\lambda}_k\Rightarrow\boldsymbol{u}_{k-1}=-\boldsymbol{R}_{k-1}^{-1}\boldsymbol{B}_{k-1}\boldsymbol{S}_k\boldsymbol{x}_k\tag{2.25}$$

然后将动力方程(2.2)代入,有

$$\boldsymbol{u}_{k-1}=-\boldsymbol{R}_{k-1}^{-1}\boldsymbol{B}_{k-1}\boldsymbol{S}_k(\boldsymbol{F}_{k-1}\boldsymbol{x}_{k-1}+\boldsymbol{B}_{k-1}\boldsymbol{u}_{k-1})\tag{2.26}$$

求解 $\boldsymbol{u}_{k-1}$ 得到

$$\boldsymbol{u}_{k-1}=-(\boldsymbol{B}_{k-1}^{\mathrm{T}}\boldsymbol{S}_k\boldsymbol{B}_{k-1}+\boldsymbol{R}_{k-1})^{-1}\boldsymbol{B}_{k-1}^{\mathrm{T}}\boldsymbol{S}_k\boldsymbol{F}_{k-1}\boldsymbol{x}_{k-1}=-\boldsymbol{K}_{k-1}\boldsymbol{x}_{k-1}\tag{2.27}$$

其中

$$\boldsymbol{K}_{k-1}=(\boldsymbol{B}_{k-1}^{\mathrm{T}}\boldsymbol{S}_k\boldsymbol{B}_{k-1}+\boldsymbol{R}_{k-1})^{-1}\boldsymbol{B}_{k-1}^{\mathrm{T}}\boldsymbol{S}_k\boldsymbol{F}_{k-1}\tag{2.28}$$

是系统的最优状态增益矩阵,$\boldsymbol{B}_{k-1}$ 是 $n\times m_u$ 矩阵,而 $\boldsymbol{R}_{k-1}$ 是 $m_u\times m_u$ 矩阵。

上式表明,可直接从当时 $k-1$ 的状态求得极值的控制,从而实现闭环控制。故式(2.28)形式的控制矩阵在理论上和工程上都具有重要意义。

以上给出了 Riccati 矩阵的递归公式(2.24),讲的是有限时间 k_f 的最优控制。一个特殊的情况是 $k_f\to\infty$ 的时不变控制,通常称为定常调节器问题。当 k_f 很长时,矩阵 $\boldsymbol{S}_k\to\boldsymbol{S}_\infty$,代入式(2.24),得

$$\boldsymbol{S}_{\infty}=\boldsymbol{Q}+\boldsymbol{F}^{\mathrm{T}}(\boldsymbol{S}_{\infty}^{-1}+\boldsymbol{G})^{-1}\boldsymbol{F} \tag{2.29}$$

的 Riccati 代数方程。这个方程是非线性的代数方程，对于 n 维的控制问题，对称矩阵共有$n\times(n+1)/2$个未知数待求。代数 Riccati 方程是重要而有兴趣的课题。其实根据式(2.24)，采用 2^N 算法，迭代收敛是很快的。只要系统是完全可观测和完全可控制的，$\boldsymbol{S}_{\infty}$ 是对称正定的。从结构力学角度看，是**刚度矩阵**。

国外的程序包，往往将混合能矩阵转换到传递辛矩阵，然后寻求其全部本征解，将全部本征向量按编号排而构成 $2n\times 2n$ 阵

$$\boldsymbol{\Psi}=(\boldsymbol{\psi}_1,\boldsymbol{\psi}_2,\cdots,\boldsymbol{\psi}_n;\boldsymbol{\psi}_{n+1},\boldsymbol{\psi}_{n+2},\cdots,\boldsymbol{\psi}_{2n}) \tag{4.2.7}$$

再用分块矩阵表示

$$\boldsymbol{\Psi}=\begin{pmatrix}\boldsymbol{Q}_{\mathrm{a}} & \boldsymbol{Q}_{\mathrm{b}}\\ \boldsymbol{P}_{\mathrm{a}} & \boldsymbol{P}_{\mathrm{b}}\end{pmatrix}=(\boldsymbol{\Psi}_{\mathrm{a}}\quad \boldsymbol{\Psi}_{\mathrm{b}}),\quad \boldsymbol{\Psi}_{\mathrm{a}}=\begin{pmatrix}\boldsymbol{Q}_{\mathrm{a}}\\ \boldsymbol{P}_{\mathrm{a}}\end{pmatrix},\quad \boldsymbol{\Psi}_{\mathrm{b}}=\begin{pmatrix}\boldsymbol{Q}_{\mathrm{b}}\\ \boldsymbol{P}_{\mathrm{b}}\end{pmatrix}\begin{matrix}n\\ n\end{matrix} \tag{4.1.28}$$

其中 $\boldsymbol{\Psi}_{\mathrm{a}}$ 部分的本征向量是向无穷远处衰减的解所构成。因为控制稳定性要求其**可控制性**和**可观测性**，这两个条件汇合而成不存在纯虚数本征值解的性质。于是有无穷时间 Riccati 方程对称正定的解为

$$\boldsymbol{S}_{\infty}=\boldsymbol{Q}_{\mathrm{a}}\boldsymbol{P}_{\mathrm{a}}^{-1} \tag{2.30}$$

这个矩阵对于无穷时间的调节器很有用处。

因 $\boldsymbol{\Psi}$ 是辛矩阵，故

$$\boldsymbol{\Psi}^{-1}=-\boldsymbol{J}\boldsymbol{\Psi}^{\mathrm{T}}\boldsymbol{J}=\begin{pmatrix}\boldsymbol{P}_{\mathrm{b}}^{\mathrm{T}} & -\boldsymbol{Q}_{\mathrm{b}}^{\mathrm{T}}\\ -\boldsymbol{P}_{\mathrm{a}}^{\mathrm{T}} & \boldsymbol{Q}_{\mathrm{a}}^{\mathrm{T}}\end{pmatrix}$$

恒等式 $\boldsymbol{\Psi}^{-1}\boldsymbol{\Psi}=\boldsymbol{I}_{2n}$给出了共轭辛正交归一关系

$$\boldsymbol{P}_{\mathrm{b}}^{\mathrm{T}}\boldsymbol{Q}_{\mathrm{a}}-\boldsymbol{Q}_{\mathrm{b}}^{\mathrm{T}}\boldsymbol{P}'_{\mathrm{a}}=\boldsymbol{I}_n,\quad \boldsymbol{P}_{\mathrm{b}}^{\mathrm{T}}\boldsymbol{Q}_{\mathrm{b}}-\boldsymbol{Q}_{\mathrm{b}}^{\mathrm{T}}\boldsymbol{P}_{\mathrm{b}}=\boldsymbol{0}_n$$

$$-\boldsymbol{P}'^{\mathrm{T}}_{\mathrm{a}}\boldsymbol{Q}'_{\mathrm{a}}+\boldsymbol{Q}'^{\mathrm{T}}_{\mathrm{a}}\boldsymbol{P}'_{\mathrm{a}}=\boldsymbol{0}_n,\quad -\boldsymbol{P}'^{\mathrm{T}}_{\mathrm{a}}\boldsymbol{Q}'_{\mathrm{b}}+\boldsymbol{Q}'^{\mathrm{T}}_{\mathrm{a}}\boldsymbol{P}'_{\mathrm{b}}=\boldsymbol{I}_n$$

从其中第三式有 $\boldsymbol{Q}_{\mathrm{a}}\boldsymbol{P}_{\mathrm{a}}^{-1}=(\boldsymbol{Q}_{\mathrm{a}}\boldsymbol{P}_{\mathrm{a}}^{-1})^{\mathrm{T}}$，即矩阵 $\boldsymbol{Q}_{\mathrm{a}}\boldsymbol{P}_{\mathrm{a}}^{-1}$ 对称。

但计算全部辛矩阵本征值和本征向量是比较费力的，不如采用区段合并消元的 2^N 算法有效。

以上是在离散长度坐标条件下讲的，当然还有连续长度坐标的问题。见下。

5.3　多维(n 维)的连续线性结构静力学

讲了离散坐标系统，仍应讲连续坐标系统。

首先是连续系统的方程。一般 n 维系统比较抽象些，有具体例题就比较容易理解。Timoshenko 梁的理论可选择为具体例题，见[6]。

该例题是 $n=2$ 维的课题，其位移

$$\boldsymbol{q}=(u,\psi)^{\mathrm{T}},\quad \dot{\boldsymbol{q}}=(\dot{u},\dot{\psi})^{\mathrm{T}} \tag{3.1}$$

采用给定频率 ω 的动力刚度方法。采用矩阵-向量列式有利于概括为一般情况。其中 $\dot{\#}=\mathrm{d}\#/\mathrm{d}z$。

对应于 Timoshenko 梁的方程，可给出相应的势能变分原理

$$\delta\frac{1}{2}\int_0^L[EJ(\mathrm{d}\psi/\mathrm{d}z)^2+kGA(\mathrm{d}u/\mathrm{d}z-\psi)^2-\rho\omega^2(Au^2+J\psi^2)-2gu-2m\psi]\mathrm{d}z=0 \tag{3.2}$$

其中由于有了动力项，它已经不能保证 Lagrange 函数为最小势能，但仍应取驻值。用矩阵/向量表示，变分式成为

$$S(\boldsymbol{q}(z)) = U + U' = \int_0^L L(\boldsymbol{q}, \dot{\boldsymbol{q}}) \mathrm{d}z, \quad \delta S = 0 \tag{3.3}$$

其中

$$\begin{gathered} L(\boldsymbol{q}, \dot{\boldsymbol{q}}) = U_{\mathrm{d}} + U'_{\mathrm{d}}, \quad U'_{\mathrm{d}} = -\boldsymbol{g}^{\mathrm{T}} \boldsymbol{q} \\ U_{\mathrm{d}} = \dot{\boldsymbol{q}}^{\mathrm{T}} \boldsymbol{K}_{22} \dot{\boldsymbol{q}}/2 + \dot{\boldsymbol{q}}^{\mathrm{T}} \boldsymbol{K}_{21} \boldsymbol{q} + \boldsymbol{q}^{\mathrm{T}} \boldsymbol{K}_{11} \boldsymbol{q}/2 \end{gathered} \tag{3.4}$$

区段变形能

$$U_k(\boldsymbol{q}_{\mathrm{a}}, \boldsymbol{q}_{\mathrm{b}}) = \frac{1}{2} \begin{Bmatrix} \boldsymbol{q}_{\mathrm{a}} \\ \boldsymbol{q}_{\mathrm{b}} \end{Bmatrix}^{\mathrm{T}} \begin{bmatrix} \boldsymbol{K}_{\mathrm{aa}} & \boldsymbol{K}_{\mathrm{ab}} \\ \boldsymbol{K}_{\mathrm{ba}} & \boldsymbol{K}_{\mathrm{bb}} \end{bmatrix} \begin{Bmatrix} \boldsymbol{q}_{\mathrm{a}} \\ \boldsymbol{q}_{\mathrm{b}} \end{Bmatrix}$$

对于 Timoshenko 梁理论，

$$\boldsymbol{K}_{22} = \begin{pmatrix} kGA & 0 \\ 0 & EJ \end{pmatrix}, \quad \boldsymbol{K}_{21} = \begin{pmatrix} 0 & -kGA \\ 0 & 0 \end{pmatrix}$$

$$-\boldsymbol{K}_{11} = \begin{bmatrix} \rho A \omega^2 & 0 \\ 0 & \rho J \omega^2 - kGA \end{bmatrix}, \quad \begin{aligned} \boldsymbol{K}_{12} &= \boldsymbol{K}_{21}^{\mathrm{T}} \\ \boldsymbol{g} &= (g, m)^{\mathrm{T}} \end{aligned} \tag{3.5}$$

式(3.2)、(3.5)是适用于 Timoshenko 梁的。对于一般情况的单连续坐标问题，式(3.3)与(3.4)仍可适用。这里的讲述是面对一般情况的。完成(3.3)的变分有 Lagrange 方程

$$(\mathrm{d}/\mathrm{d}z)(\partial L/\partial \dot{\boldsymbol{q}}) - \partial L/\partial \boldsymbol{q} = \boldsymbol{0} \tag{3.6}$$

只是以往的时间坐标 t 换成了空间坐标 z，为

$$\boldsymbol{K}_{22} \ddot{\boldsymbol{q}} + (\boldsymbol{K}_{21} - \boldsymbol{K}_{12}) \dot{\boldsymbol{q}} - \boldsymbol{K}_{11} \boldsymbol{q} + \boldsymbol{g} = \boldsymbol{0} \tag{3.7}$$

采用矩阵-向量列式可以用于一般情况，而不限于 Timoshenko 梁。以下的求解当然是对于一般情况的，认为 $\boldsymbol{q}$ 是 n 维的而不限于 Timoshenko 梁的二维。而 Timoshenko 梁正可作为其例题。式(3.3)的积分 S 给出的是总势能。

对偶变量

$$\boldsymbol{p} = \boldsymbol{K}_{22} \dot{\boldsymbol{q}} + \boldsymbol{K}_{21} \boldsymbol{q} \quad [= (kGA(\dot{u} - \psi), EJ\dot{\psi})^{\mathrm{T}} = (Q, -M)^{\mathrm{T}}] \tag{3.8}$$

其力学意义为广义内力(剪力、弯矩)。再看其矩阵

$$\boldsymbol{D} = \begin{bmatrix} (kGA)^{-1} & 0 \\ 0 & (EJ)^{-1} \end{bmatrix}, \quad \boldsymbol{A} = \begin{pmatrix} 0 & 1 \\ 0 & 0 \end{pmatrix}, \quad \boldsymbol{B} = \begin{bmatrix} -\rho\omega^2 A & 0 \\ 0 & -\rho\omega^2 J \end{bmatrix}$$

$$\boldsymbol{H} = \begin{pmatrix} \boldsymbol{A} & \boldsymbol{D} \\ \boldsymbol{B} & -\boldsymbol{A}^{\mathrm{T}} \end{pmatrix} \tag{3.9}$$

其 Hamilton 函数的混合能密度为

$$H(\boldsymbol{q}, \boldsymbol{p}) = \boldsymbol{p}^{\mathrm{T}} \boldsymbol{D} \boldsymbol{p}/2 + \boldsymbol{p}^{\mathrm{T}} \boldsymbol{A} \boldsymbol{q} + \boldsymbol{q}^{\mathrm{T}} \boldsymbol{B} \boldsymbol{q}/2 \tag{3.10}$$

其中并无对 z 的微商。因为 z 对应于分析动力学的时间 t，Hamilton 函数中应当没有时间微商的。

Timoshenko 梁是用于 $n=2$ 维问题的，继续讲解的目的是对**一般的 n 维问题**，采用矩阵表达就可以，是连续坐标系统。此时式(2.10)表达的二次齐次 Hamilton 函数仍可以应用。齐次对偶方程为

$$\dot{\boldsymbol{q}}=\boldsymbol{A}\boldsymbol{q}+\boldsymbol{D}\boldsymbol{p},\quad \dot{\boldsymbol{p}}=\boldsymbol{B}\boldsymbol{q}-\boldsymbol{A}^{\mathrm{T}}\boldsymbol{p} \tag{3.11a,b}$$

其相应的变分原理为

$$S=\int_{z_0}^{z_f}[\boldsymbol{p}^{\mathrm{T}}\dot{\boldsymbol{q}}-H(\boldsymbol{q},\boldsymbol{p})]\mathrm{d}t,\quad \delta S=0 \tag{3.12}$$

5.3.1　分离变量，本征值问题，共轭辛正交归一关系

对偶方程(3.11a,b)的求解大体上可分为两类方法：**直接积分法**与**分离变量法**。直接积分法对当前的两端边值问题的积分应注意方法，对于维数 n 不太大时可以用精细积分法来计算。即使用精细积分也应注意，如将它当成初值问题来硬做，将会碰到严重的数值病态问题，对于两端边值问题的精细积分应当采用求解黎卡提(Riccati)微分方程的算法，方能取得较好的效果。对此可给出其相应的**精细积分算法**。

分离变量法与本征向量展开法求解，也是非常有效的。有时应当将两者混合使用。这里先讲分离变量法。齐次方程

$$\dot{\boldsymbol{v}}=\boldsymbol{H}\boldsymbol{v} \tag{3.13}$$

中的 $\boldsymbol{H}$ 是 Hamilton 矩阵。分离变量法要寻求以下形式的解

$$\boldsymbol{v}(z)=\boldsymbol{\psi}\cdot Z(z) \tag{3.14}$$

其中 $Z(z)$ 只是 z 的函数，而与 $\boldsymbol{v}$ 的哪一个分量无关；而 $\boldsymbol{\psi}$ 则是 $2n$ 维的向量，它与 z 无关

$$\boldsymbol{\Psi}=(\boldsymbol{\psi}_1,\boldsymbol{\psi}_2,\cdots,\boldsymbol{\psi}_{2n})^{\mathrm{T}} \tag{3.15}$$

它代表了“横向”的变化。将式(3.14)代入式(3.13)可导出

$$\boldsymbol{H}\boldsymbol{\psi}_i=(\dot{Z}/Z)\boldsymbol{\psi}_i,\quad i=1,2,\cdots,2n$$

上式左端与 z 无关，右端的 $(\dot{Z}/Z)$ 也必与 z 无关，所以只能为常量 μ。这样有 $Z(z)=\exp(\mu z)$，以及

$$\boldsymbol{H}\boldsymbol{\psi}=\mu\cdot\boldsymbol{\psi} \tag{3.16}$$

Hamilton 矩阵的本征问题与陀螺系统振动理论是平行的。

$2n$ 维矩阵的本征方程一定有 $2n$ 个根 $\mu_i(i=1,2,\cdots,2n)$。Hamilton 矩阵的这些本征根是有特点的。将式(3.16)左乘 $\boldsymbol{J}$，且因 $\boldsymbol{J}^2=-\boldsymbol{I}_{2n}$，有

$$-\boldsymbol{J}\boldsymbol{H}\boldsymbol{J}\cdot\boldsymbol{J}\boldsymbol{\psi}=\mu\cdot\boldsymbol{J}\boldsymbol{\psi}\ \text{或}\ \boldsymbol{H}^{\mathrm{T}}(\boldsymbol{J}\boldsymbol{\psi})=-\mu(\boldsymbol{J}\boldsymbol{\psi})$$

这说明 $\boldsymbol{H}$ 的转置矩阵必有以 $\boldsymbol{J}\boldsymbol{\psi}$ 为其本征向量而以 $-\mu$ 为其本征值的解。由于转置阵与原阵应有相同的本征值，因此推知 $\boldsymbol{H}$ 阵必定还有本征值 $-\mu$。这样，$2n$ 个本征值可以分成为如下二组：

$$(\alpha)\mu_i,\mathrm{Re}(\mu_i)<0\ \text{或}\ \mathrm{Re}(\mu_i)=0\wedge\mathrm{Im}(\mu_i)>0(i=1,2,\cdots,n) \tag{3.17a}$$

$$(\beta)\mu_{n+i}=-\mu_i(i=1,2,\cdots,n) \tag{3.17b}$$

在(α)组中还可以按 $\mathrm{Re}(\mu_i)$ 的大小来编排，例如负得越少越在前。

$\boldsymbol{H}$ 阵是不对称矩阵，因此可能出现复数根，而且还可能产生重根。出现重根时还可以有约当(Jordan)型的本征向量与次级本征向量发生。在弹性力学问题中不能完全回避约当型。在 $\mathrm{Re}(\mu)\neq 0$ 时出现约当型是很偶然的，例如对边简支板的弯曲。在一般理论推导中，对这种偶然情况并不很强调，虽然在理论上仍是很感兴趣的。

本征值 $\mu=0$ 是特殊情况。该值并不包含在(2.17)中，所以(2.17)的写法仍嫌不足。在结构静力学、弹性静力学中 $\mu=0$ 是常见的，这反而容易求解。但在理论上却带来了某

种问题，此时 $\mu=-\mu$，其辛对偶的本征向量与其约当型的解混在一起。其处理是应当将零本征值解的子空间先行求出，并将 Hamilton 矩阵降维到不含有零本征值，使之适应于式(2.17)的划分。

零本征值解是结构力学或弹性力学解中最重要的部分，因为它没有指数衰减的性质。在波传播问题中，$\mathrm{Re}(\mu)=0$ 的解也无指数衰减部分，相应于传播波的解非常重要，而 $\mathrm{Re}(\mu)\neq 0$的解则代表局部效应。

实对称矩阵的本征问题因结构振动、稳定理论，以及其他理论的需要已作了深入的研究。它的全部本征值皆为实数，即使有重根也不会有约当型；全部本征向量互相皆正交，因此可以正交归一化；以本征向量为列编排而成的矩阵必为正交矩阵。这些本征向量张成了全空间，该空间的任一向量皆可由这些本征向量线性组合而成，这就是展开定理。

Hamilton 矩阵的本征问题也可证明其共轭辛正交归一关系。设有编号为 i 与 j 的两个本征向量

$$\boldsymbol{H\psi}_i=\mu_i\boldsymbol{\psi}_i,\quad \boldsymbol{H\psi}_j=\mu_j\boldsymbol{\psi}_j$$

运用式(2.16)以下的推导有 $\boldsymbol{H}^{\mathrm{T}}\boldsymbol{J\psi}_i=-\mu_i\boldsymbol{J\psi}_i$；再用 $\boldsymbol{\psi}_j^{\mathrm{T}}$ 左乘该式，并因纯量可任意取其转置，故

$$\boldsymbol{\psi}_j^{\mathrm{T}}\boldsymbol{H}^{\mathrm{T}}\boldsymbol{J\psi}_i=-\boldsymbol{\psi}_i\boldsymbol{JH\psi}_j=-\mu_i\boldsymbol{\psi}_j^{\mathrm{T}}\boldsymbol{J\psi}_i=\mu_i\boldsymbol{\psi}_i^{\mathrm{T}}\boldsymbol{J\psi}_j$$

另一方面，以 $\boldsymbol{\psi}_i^{\mathrm{T}}\boldsymbol{J}$ 左乘 $\boldsymbol{\psi}_j$ 的本征方程，有 $\boldsymbol{\psi}_i^{\mathrm{T}}\boldsymbol{JH\psi}_j=\mu_j\boldsymbol{\psi}_i^{\mathrm{T}}\boldsymbol{J\psi}_j$，两式相加有

$$(\mu_i+\mu_j)\boldsymbol{\psi}_i^{\mathrm{T}}\boldsymbol{J\psi}_j=0 \tag{3.18}$$

从这个方程即得到本征向量之间的共轭辛正交关系

$$\boldsymbol{\psi}_i^{\mathrm{T}}\boldsymbol{J\psi}_j=0,\text{当 }\mu_i+\mu_j\neq 0\text{ 时} \tag{3.19}$$

先考虑全部本征值皆为单重的情形。$2n$ 个本征根可以按式(3.17)所示分组编排。对于 $\mu_i(i\leqslant n)$的本征向量 $\boldsymbol{\psi}_i$，只有一个 $j=n+i$ 的 $\boldsymbol{\psi}_j$ 与之非辛正交，即共轭；其余 $2n-1$ 个本征向量包括 $\boldsymbol{\psi}_i$ 自身，与 $\boldsymbol{\psi}_i$ 全是辛正交的。读者在此见到，这一段与陀螺系统振动的 Hamilton 矩阵本征解是平行的。

回顾对称矩阵本征问题中的正交关系为 $\boldsymbol{\psi}_i^{\mathrm{T}}\cdot\boldsymbol{\psi}_j=0$，或写成为 $\boldsymbol{\psi}_i^{\mathrm{T}}\boldsymbol{I\psi}_j=0$，即向量内积等于零。与共轭辛正交的公式相比为 $\boldsymbol{I}$ 换成了 $\boldsymbol{J}$，这相当于度量矩阵由欧几里得型过渡到了辛型了。相应地就有了向量辛内积的概念，两个向量 $\boldsymbol{v}_i,\boldsymbol{v}_j$ 的辛内积定义为

$$\boldsymbol{v}_i^{\mathrm{T}}\boldsymbol{Jv}_j=-\boldsymbol{v}_j^{\mathrm{T}}\boldsymbol{Jv}_i$$

在单本征根时，应当证明互相辛共轭的一对本征向量不可能辛正交，即

$$\boldsymbol{\psi}_i^{\mathrm{T}}\boldsymbol{J\psi}_{n+i}=1,\quad i=1,2,\cdots,n \tag{3.20}$$

其中由于本征向量可以任选常数乘子，故总可使其归一，可写成辛归一之形。其证明可以运用代数基本定理，如下。单根意味着其约当型方程$(\boldsymbol{H}-\mu_i\boldsymbol{I})\boldsymbol{v}=\boldsymbol{\psi}_i$无解。代数基本定理要求其转置阵方程$(\boldsymbol{H}^{\mathrm{T}}-\mu_i\boldsymbol{I})\boldsymbol{v}=\boldsymbol{0}$ 的解 $\boldsymbol{v}_*$，与 $\boldsymbol{\psi}_i$ 不正交，即 $\boldsymbol{v}_*^{\mathrm{T}}\boldsymbol{\psi}_i\neq\boldsymbol{0}$。但 $\boldsymbol{Jv}_*=\boldsymbol{\psi}_{n+i}$，于是知 $\boldsymbol{\psi}_{n+i}^{\mathrm{T}}\boldsymbol{J\psi}_i\neq\boldsymbol{0}$，通过常数选择，即达到式(3.20)的共轭辛归一。

$\boldsymbol{\psi}_i$ 与 $\boldsymbol{\psi}_{n+i}$有二个任意常数，故可令

$$\boldsymbol{\psi}_i^{\mathrm{T}}\boldsymbol{\psi}_i=\boldsymbol{\psi}_{n+i}^{\mathrm{T}}\boldsymbol{\psi}_{n+i},\quad i=1,2,\cdots,n \tag{3.21}$$

式(3.19)及式(3.20)在一起即共轭辛正交归一关系。将 $2n$ 个 $\boldsymbol{\psi}_i$ 当作列，组成 $2n\times 2n$ 矩阵

$$\boldsymbol{\Psi}=(\boldsymbol{\psi}_1,\boldsymbol{\psi}_2,\cdots,\boldsymbol{\psi}_{2n}) \tag{3.22}$$

根据共轭辛正交归一关系，不难验明

$$\boldsymbol{\Psi}^{\mathrm{T}}\boldsymbol{J}\boldsymbol{\Psi}=\boldsymbol{J} \tag{3.23}$$

凡满足上式的矩阵 $\boldsymbol{\Psi}$，皆称辛矩阵。该式也可以作为辛矩阵的定义。辛矩阵有突出的性质。

(1)**辛矩阵的乘积仍为辛矩阵。**

(2)**辛矩阵的逆阵为辛矩阵；转置阵也是辛矩阵。**

(3)**单位阵是辛矩阵，$\boldsymbol{J}$ 也是辛矩阵。**

(4)**辛矩阵的行列式值为 1(还有 −1 的，是另一支辛矩阵的子群)。**

对于本征向量阵 $\boldsymbol{\Psi}$，显然有

$$\boldsymbol{\Psi}^{-1}\boldsymbol{H}\boldsymbol{\Psi}=\mathrm{diag}(\mu_1,\mu_2,\cdots,\mu_n;-\mu_1,-\mu_2,\cdots,-\mu_n) \tag{3.24}$$

5.3.2　展开定理

既然 $2n$ 个本征向量线性无关，则该 $2n$ 维的状态空间内任一向量 $\boldsymbol{g}$ 皆可由这些本征向量的线性组合来表示，即

$$\boldsymbol{g}=\sum_{i=1}^{n}(a_i\boldsymbol{\psi}_i+b_i\boldsymbol{\psi}_{n+i}) \tag{3.25}$$

其中 a_i,b_i 为待定系数。利用共轭辛正交归一关系，就有展开定理

$$a_i=-\boldsymbol{\psi}_{n+i}^{\mathrm{T}}\boldsymbol{J}\boldsymbol{g},\quad b_i=\boldsymbol{\psi}_i^{\mathrm{T}}\boldsymbol{J}\boldsymbol{g} \tag{3.26}$$

Hamilton 矩阵本征值问题、辛正交这些内容，是引入了对偶变量、状态空间等而导出的。过去在 Timoshenco 的教材系统中不曾出现过这些概念。以上的讲述是从数学分离变量的角度推导的，物理的体现不够；但这些理论又是从力学问题导出的，理应有其力学意义。即辛正交的背景就是功的互等原理(Betti，Maxwell)[18-20]。

以上的推导是在以本征值为单根的条件下做出的。但 Hamilton 矩阵是不对称阵，此时对应于多重根(m 重)，可能有约当(Jordan)型出现。关于 Jordan 型，在弹性力学方面非常有用，读者可参考[19,20]，这里就不深入了。

5.3.3　共轭辛正交的物理意义—功的互等

共轭辛正交关系是一个数学名称，给出其物理背景可以帮助理解。力学系统原方程是方程(3.13)，运用分离变量法，求出了本征解$(\mu_i,\boldsymbol{\psi}_i)$，$(\mu_j,\boldsymbol{\psi}_j)$后，可以组成原方程的解

$$\boldsymbol{v}_i=\boldsymbol{\psi}_i\exp(\mu_i z),\quad \boldsymbol{v}_j=\boldsymbol{\psi}_j\exp(\mu_j z) \tag{3.27a,b}$$

方程(3.13)是由保守系统导来的，当然可以运用功的互等定理。

在 $z=0$ 及 $z=z_{\mathrm{b}}$ 二处取截面，相应地有位移 $\boldsymbol{q}_{0i}$、力 $\boldsymbol{p}_{0i}$ 与 $\boldsymbol{q}_{\mathrm{b}i},\boldsymbol{p}_{\mathrm{b}i}$；当然还有 $\boldsymbol{q}_{0j},\boldsymbol{p}_{0j}$ 以及 $\boldsymbol{q}_{\mathrm{b}j},\boldsymbol{p}_{\mathrm{b}j}$。功的互等要求分别计算解 i 的力对解 j 的位移所作的功，以及解 j 的力对解 i 的位移所作的功。写出解 i 的内力 $\boldsymbol{p}_i$ 对解 j 的位移 $\boldsymbol{q}_j$ 的功，因 $\boldsymbol{p}_{\mathrm{b}}$ 是内力，在 b 端为反向，故

$$\boldsymbol{p}_{0i}^{\mathrm{T}}\boldsymbol{q}_{0j}-\boldsymbol{p}_{\mathrm{b}i}^{\mathrm{T}}\boldsymbol{q}_{\mathrm{b}j}=[1-\exp(\mu_i+\mu_j)z]\cdot(\boldsymbol{p}_{0i}^{\mathrm{T}}\boldsymbol{q}_{0j})$$

因由式(3.27)，$\boldsymbol{v}_{0i}=\boldsymbol{\psi}_i$，故 $\boldsymbol{\psi}_i=(\boldsymbol{q}_{0i}^{\mathrm{T}},\boldsymbol{p}_{0i}^{\mathrm{T}})^{\mathrm{T}}$，对 j 同。又解 j 的内力 $\boldsymbol{p}_j$ 对解 i 的位移 $\boldsymbol{q}_i$ 的功为

$$\boldsymbol{p}_{0j}^{\mathrm{T}}\boldsymbol{q}_{0i}-\boldsymbol{p}_{\mathrm{b}j}^{\mathrm{T}}\boldsymbol{q}_{\mathrm{b}i}=[1-\exp(\mu_i+\mu_j)z](\boldsymbol{p}_{0j}^{\mathrm{T}}\boldsymbol{q}_{0i})$$

两者功相等,故

$$[1-\exp(\mu_i+\mu_j)z](\boldsymbol{\psi}_i^{\mathrm{T}}\boldsymbol{J}\boldsymbol{\psi}_j)=0 \tag{3.28}$$

故除非$(\mu_i+\mu_j)=0$,否则 $\boldsymbol{\psi}_i$ 与 $\boldsymbol{\psi}_j$ 必然辛正交。此即互等定理与共轭辛正交的关系,有明确的力学意义。

以上的推导是在单重本征根的前提下建立的,但还应当考虑 $\mu_i\neq0$ 是 m_i 重本征根约当型的情况。这里不必再深入,可见[6]。

5.3.4 非齐次方程的展开求解

以上讲的本征解是对于齐次方程的。本征解很重要的应用就是展开求解。非齐次方程既可以用精细积分法求解,也可以用本征向量展开求解。将非齐次对偶方程写成

$$\dot{\boldsymbol{v}}=\boldsymbol{H}\boldsymbol{v}+\boldsymbol{h} \tag{3.29}$$

外力向量 $\boldsymbol{h}(z)$是已知的。令

$$\boldsymbol{v}(z)=\sum_{i=1}^{n}[a_i(z)\boldsymbol{\psi}_i+b_i(z)\boldsymbol{\psi}_{n+i}] \tag{3.30}$$

$$\boldsymbol{h}(z)=\sum_{i=1}^{n}[c_i(z)\boldsymbol{\psi}_i+d_i(z)\boldsymbol{\psi}_{n+i}] \tag{3.31}$$

将它们代入式(3.29),再利用共轭辛正交归一关系,有

$$\dot{a}_i=\mu_i a_i+c_i,\quad \dot{b}_i=-\mu_i b_i+d_i,\quad (i=1,2,\cdots,n) \tag{3.32a,b}$$

这些公式认为本征根皆为单根,但即使有约当型,方程也并不复杂太多。这些方程已经最大限度的解耦了,其求解有标准的方法,一般可以用通式

$$a_i(z)=A_i\exp(\mu_i z)+\int_0^z\exp[\mu_i(z-\zeta)]c_i(\zeta)\mathrm{d}\zeta$$

$$b_i(z)=B_i\exp[\mu_i(z_b-z)]+\int_z^{z_b}\exp[\mu_i(\zeta-z)]d_i(\zeta)\mathrm{d}\zeta\quad(i=1,2,\cdots,n) \tag{3.33a,b}$$

其中 A_i,B_i 为待定常数,由两端边值条件定出。至于 $c_i(z)$与$d_i(z)$,则可由共轭辛正交关系定出

$$c_i(z)=-\boldsymbol{\psi}_{n+i}^{\mathrm{T}}\boldsymbol{J}\boldsymbol{h}(z),\quad d_i(z)=\boldsymbol{\psi}_i^{\mathrm{T}}\boldsymbol{J}\boldsymbol{h}(z) \tag{3.34a,b}$$

非齐次方程也可利用本征向量展开与精细积分混合求解,以发挥各自的优点。随机振动的分析就奠基于展开求解。

展开求解将导致两端边界条件问题。结构力学的边界条件是多种多样的,可见[6]。

以上是关于辛本征向量展开的分析求解。结构力学也可用精细积分法求解。Riccati 微分方程等的精细积分法在著作[6,9,18]中已经给出。所以这里予以略去。

5.4 多维(n 维)的连续时间线性最优控制

结构力学与最优控制有模拟关系,上面是在离散时间坐标验证的;现在要在连续时间坐标验证之,参见[9]。这里将从开始时间 t_0 到结束时间 t_{f} 的过程做介绍。

前面介绍了状态空间理论。控制要了解当前的状态,这就要做状态估计。首先介绍状态最优估计的三类理论,对控制其理论与算法。

5.4.1　状态最优估计的三类理论

在科技领域中，估计是经常遇到的。通常可将估计分为两类，即**状态估计**与**参数估计**。状态估计是对给定的系统，在噪声干扰下对状态做出估计，状态 $\boldsymbol{x}(t)$是随机向量。参数估计则往往是对系统本身的参数进行辨识估计；参数估计也常常用于曲线拟合。最小二乘法则是在估计理论中最为常用的准则，主要对**状态**进行估计。

状态估计主要是对于动态系统而言的，静态系统只是动态系统的特例。设系统状态动力方程和量测方程分别为

$$\dot{\boldsymbol{x}}(t)=\boldsymbol{A}(t)\boldsymbol{x}+\boldsymbol{B}_{\mathrm{u}}(t)\boldsymbol{u}(t)+\boldsymbol{B}_{\mathrm{w}}(t)\boldsymbol{w}(t) \tag{4.1}$$

$$\boldsymbol{y}(t)=\boldsymbol{C}_{\mathrm{y}}(t)\boldsymbol{x}(t)+\boldsymbol{v}(t) \tag{4.2}$$

其中 $\boldsymbol{x}(t)$，$\boldsymbol{y}(t)$，$\boldsymbol{u}(t)$分别为 n,q,m 维的**状态向量**、**量测向量和控制向量**；$\boldsymbol{v}(t)$，$\boldsymbol{w}(t)$为 q,l 维的量测噪声向量与过程噪声向量。$\boldsymbol{A}$，$\boldsymbol{B}_{\mathrm{w}}$，$\boldsymbol{B}_{\mathrm{u}}$，$\boldsymbol{C}_{\mathrm{y}}$ 为已知矩阵。估计，就是要根据量测到的 $\boldsymbol{y}(\tau)(\tau\leqslant t)$来估计状态向量 $\boldsymbol{x}(t)$。连续时间系统常用 Kalman-Bucy 滤波来做出估计，对离散时间系统的估计称为 Kalman 滤波[9]。以上的提法是滤波估计的提法。滤波所用的量测数据是不违反因果律(Causality)的。

在控制理论方面，LQ 最优控制需要用状态向量 $\boldsymbol{x}(t)$来确定反馈向量 $\boldsymbol{u}(t)$，但状态向量并未直接量测到，因此其反馈只能采用状态的滤波估计值 $\hat{\boldsymbol{x}}(t)$来代替，从而 Kalman 滤波便成为 LQG(Linear Quadratic Gaussian)最优控制的重要组成部分。

通常，假定 $\boldsymbol{w}$，$\boldsymbol{v}$ 是期望为零的白噪声，相互独立，其协方差阵分别为

$$\begin{gathered}\mathrm{E}[\boldsymbol{w}(t)]=\boldsymbol{0}\\ \mathrm{E}[\boldsymbol{v}(t)]=\boldsymbol{0},\quad \mathrm{E}[\boldsymbol{w}(t)\boldsymbol{w}^{\mathrm{T}}(\tau)]=\boldsymbol{W}(t)\delta(t-\tau)\\ \mathrm{E}[\boldsymbol{v}(t)\boldsymbol{v}^{\mathrm{T}}(\tau)]=\boldsymbol{V}(t)\delta(\mathrm{t}-\tau),\quad \mathrm{E}[\boldsymbol{w}(t)\boldsymbol{v}^{\mathrm{T}}(\tau)]=\boldsymbol{0}\end{gathered} \tag{4.3}$$

其中 $\delta(t-\tau)$是 Dirac-函数，$\boldsymbol{W}$，$\boldsymbol{V}$ 皆为对称正定矩阵，它们是白噪声的协方差矩阵。

初始状态的数学期望及协方差矩阵为

$$\mathrm{E}[\boldsymbol{x}(0)]=\hat{\boldsymbol{x}}_0,\quad \mathrm{E}[(\boldsymbol{x}(0)-\hat{\boldsymbol{x}}_0)(\boldsymbol{x}(0)-\hat{\boldsymbol{x}}_0)^{\mathrm{T}}]=\boldsymbol{P}_0 \tag{4.4}$$

而且还认为噪声与初始状态无关。$\mathrm{E}[(\boldsymbol{x}(0)-\hat{\boldsymbol{x}}_0)\boldsymbol{w}^{\mathrm{T}}]=\boldsymbol{0}$ 等。

设量测向量是 $\boldsymbol{y}(\tau)(0\leqslant\tau\leqslant t_1)$，而 t 是当前时刻。有三种可能(1)$t>t_1$，(2)$t=t_1$，(3)$t<t_1$。问题是要根据动力方程、量测以及初始条件，找出状态 $\boldsymbol{x}(t)$ 的最优估计 $\hat{\boldsymbol{x}}(t)$，以及其估计误差的协方差矩阵 $\boldsymbol{P}(t)$

$$\mathrm{E}[\boldsymbol{x}(t)]=\hat{\boldsymbol{x}}(t),\quad \mathrm{E}[(\boldsymbol{x}(t)-\hat{\boldsymbol{x}}(t))(\boldsymbol{x}(t)-\hat{\boldsymbol{x}}(t))^{\mathrm{T}}]=\boldsymbol{P}(t) \tag{4.5}$$

按照量测的三种划分：(1) $t_1<t$ 时，乃是一种预测问题。更具体点说是$(0,t_1)$之间的估计是有量测核对的，但 t 已经超前，在(t_1,t)之间并无量测结果以资核对，只能根据动力方程进行推算。对该种问题的求解是首先进行滤波分析到 t_1，得到 $\hat{\boldsymbol{x}}(t_1)$与 $\boldsymbol{P}(t_1)$；下一步以此作为 t_1 处的初始条件，对时段(t_1,t)进行无量测的分析，这一段就是**预测**(Prediction)。

(2)如果量测也是直到 $t_1=t$，要求估计 $\hat{\boldsymbol{x}}(t)$，这是最常用的提法，称为**滤波**(Filtering)。实时响应的分析应当用滤波。

(3)当 $t<t_1$时，称为**平滑**(Smoothing)问题。这是根据较长时间的数据来估计 t 时刻

的状态。例如用于现场实测，回家再进行分析。这已经是离线的分析了。

预测估计因为可资利用的数据最少，因此其估计的精度不如滤波的高；平滑估计则可资利用的量测数据比滤波估计还要多，因此平滑估计的精度比滤波估计还要高。也就是说，预测估计的方差比滤波的方差大，而平滑估计的方差比滤波估计的方差小。

实际系统大部都是非线性的，当然最好能对一般非线性系统做出其预测、滤波、平滑的理论分析及响应算法。但这在当前是十分困难的。在应用中往往是在某个**标称**(Nominal)状态附近对方程作线性近似，往往可以得到满意的近似。化成线性系统后，在数学上就有许多方法可用。因此下文着重只讲线性系统的估计，并且特别着重于算法。一般来说，非线性系统的求解也可在线性系统求解的基础上用**保辛摄动**法来迭代逼近。

现代控制论紧密地依赖滤波估计。如图 5-4 所示，从控制起始时间 t_0 到结束时间 t_f，由当前时刻 t 划分为**过去**与**未来**两个时段。当然 t 总是从 t_0 逐步增加直至 t_f。在**过去时段**，控制向量 $\boldsymbol{u}$ 业已选定并实施，已成为历史。对过去时段应当是根据对系统的认识与量测记录，以认识当前的状态。由于有过程噪音与量测噪音的影响，不可能测知当前的真实确切状态，只能得到其最佳估计 $\hat{\boldsymbol{x}}(t)$ 以及其协方差矩阵 $\boldsymbol{P}(t)$。这就是说，过去时段的任务是滤波。进一步也还要对系统性能作再认识的工作，这就是系统辨识。首先的一步是滤波，这是下文要着重讲的。至于系统辨识是进一步的要求，相关联的课题便是自适应控制了。

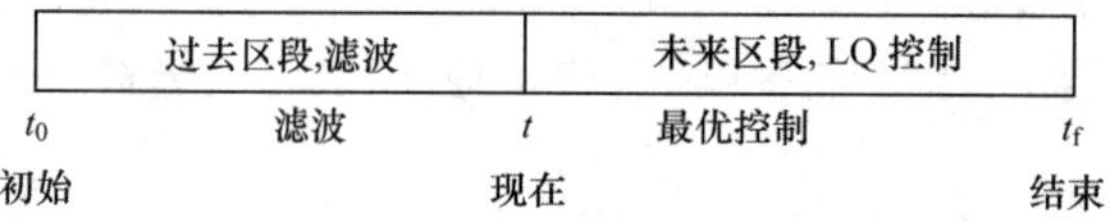

图 5-4　过去、现在、将来，基于状态空间的控制

对**未来时段**则应当进行**线性二次**(LQ, Linear Quadratic)最优控制的分析，其初始条件便是**当前时刻的状态估计**(**滤波**)$\hat{\boldsymbol{x}}(t)$，当然也还有对**当前状态协方差矩阵**的要求。

在**当前时刻** t，应当给出**反馈控制向量** $\boldsymbol{u}(t)$，这应基于对**过去时段的滤波**与对**未来时段的控制分析**的结果。反馈控制向量 $\boldsymbol{u}(t)$ 必须**实时**提供。因此分析计算应当分成两部分，**离线计算**与**在线计算**部分。凡是与量测数据 $\boldsymbol{y}$ 无关的数据可以预先计算出来并存储好，而与量测数据有关的计算只能**实时执行**，这一部分计算工作量应降到最低。本书后面只介绍其控制部分。

关于计算方面的 Riccati 微分方程，以及**状态估计**(**滤波**)$\hat{\boldsymbol{x}}(t)$ 的求解等，当然非常重要。这方面请见[9]以及相应的著作[8]。滤波是[9]着重讲述的，还有鲁棒滤波与控制等，但篇幅过长，超出本书范围了。虽然重要，却也只能割爱，有兴趣的读者可从那里阅读。这里不重复。

5.4.2　未来时间区段的最优控制

按上节所述，最优控制是对于未来时间区段$(t,t_f]$的。当前时间 $t(t_0<t<t_f)$将时间划分为过去区段$(t_0,t]$与未来区段$(t,t_f]$，如图 5-4 所示。过去区段已经成为历史，对过去区段可做的分析是认识系统、进行滤波以得出 $\hat{\boldsymbol{x}}(t)$ 及其方差阵 $\boldsymbol{P}(t)$，或者进一步对系统本身也进行识别。[9]对于滤波的理论与计算已作了详细的介绍。

未来时段是可以控制的。在最优控制理论中，要求在动力方程得到满足的条件下，使其二次型指标函数取最小；满足该准则的解便当成是最优。这里分析其动力方程为线性而指标函数为二次的课题，称为线性二次最优控制。LQ 控制是对未来时段的分析，因此没有量测可言，但却可以有输出 $\boldsymbol{z}(t)$。未来时段的状态向量完全是在动力方程控制下运行而并无量测数据检验的。其控制向量 $\boldsymbol{u}(\tau)$则在分析中只能根据状态向量 $\boldsymbol{x}(\tau)$来选定，$t<\tau\leqslant t_{\mathrm{f}}$。

虽然过去时段的滤波以及未来时段的 LQ 控制本是互相无关的二个课题，但它们是整个控制分析的二个组成部分。其相互连接之处便是当前时刻 t。对 LQ 控制来说，其初值为

$$\boldsymbol{x}(\tau)=\hat{\boldsymbol{x}}(t),\quad 当\ \tau=t\ 时 \tag{4.6}$$

就是说，将滤波的状态值当作最优控制段的初值，即状态的连续性。根据未来时段的 LQ 控制理论，确定出来的控制输入向量 $\boldsymbol{u}(t)$便是当前时刻的反馈控制向量。因此要讲清楚未来时段$(t,t_{\mathrm{f}}]$的 LQ 控制的理论与计算。

5.4.3　未来时段线性二次控制的理论推导

动力方程是受控对象的运动规律，线性动力方程为

$$\dot{\boldsymbol{x}}(\tau)=\boldsymbol{A}(\tau)\boldsymbol{x}(\tau)+\boldsymbol{B}_{\mathrm{u}}(\tau)\boldsymbol{u}(\tau) \tag{4.7}$$

其中未考虑随机干扰，初值条件已经于式(4.6)给出。输出方程为 p 维向量 $\boldsymbol{z}(\tau)$

$$\boldsymbol{z}(\tau)=\boldsymbol{C}_{z}(\tau)\boldsymbol{x}(\tau)+\boldsymbol{D}_{\mathrm{u}}(\tau)\boldsymbol{u}(\tau) \tag{4.8}$$

显式表明了系统矩阵 $\boldsymbol{A},\boldsymbol{B}_{\mathrm{u}},\boldsymbol{B}_{1},\boldsymbol{C}_{z},\boldsymbol{D}_{\mathrm{u}}$ 可以是时间的函数，理论推导是适用于时变系统的。在计算时，这些矩阵将认为是时不变的，这样方能用分析法或精细积分法来求解。

在动力方程中，控制向量 $\boldsymbol{u}(\tau)$是任意选择的。其选择的准则应是以下的二次指标泛函 J 取最小

$$J=\int_{t}^{t_{\mathrm{f}}}(\boldsymbol{z}^{\mathrm{T}}\boldsymbol{z}/2)\mathrm{d}\tau+\boldsymbol{x}_{\mathrm{f}}^{\mathrm{T}}\boldsymbol{S}_{\mathrm{f}}\boldsymbol{x}_{\mathrm{f}}/2,\quad \boldsymbol{x}_{\mathrm{f}}\overset{\mathrm{def}}{=\!=}\boldsymbol{x}(t_{\mathrm{f}})=已知 \tag{4.8a}$$

其中 $\boldsymbol{S}_{\mathrm{f}}$ 为对称非负矩阵。将式(4.7)代入，通过恰当线性变换，在输出方程中可选择

$$\boldsymbol{C}_{z}^{\mathrm{T}}\boldsymbol{D}_{\mathrm{u}}=0\ ,\quad \boldsymbol{D}_{\mathrm{u}}^{\mathrm{T}}\boldsymbol{D}_{\mathrm{u}}=\boldsymbol{I}_{m} \tag{4.9}$$

故有

$$J=\int_{t}^{t_{\mathrm{f}}}(\boldsymbol{x}^{\mathrm{T}}\boldsymbol{C}_{z}^{\mathrm{T}}\boldsymbol{C}_{z}\boldsymbol{x}/2+\boldsymbol{u}^{\mathrm{T}}\boldsymbol{u}/2)\mathrm{d}\tau+\boldsymbol{x}_{\mathrm{f}}^{\mathrm{T}}\boldsymbol{S}_{\mathrm{f}}\boldsymbol{x}_{\mathrm{f}}/2,\quad \min_{\boldsymbol{u}}\mathrm{J} \tag{4.10}$$

这是有条件的极小，动力方程(4.7)便是其条件。采用 Lagrange 乘子函数 $\boldsymbol{\lambda}(\tau)$($n$ 维向量)以解除其约束条件，得

$$J_{\boldsymbol{A}}=\int_{t}^{t_{\mathrm{f}}}[\boldsymbol{\lambda}^{\mathrm{T}}(\dot{\boldsymbol{x}}-\boldsymbol{A}\boldsymbol{x}-\boldsymbol{B}_{u}\boldsymbol{u})+\boldsymbol{x}^{\mathrm{T}}\boldsymbol{C}_{z}^{\mathrm{T}}\boldsymbol{C}_{z}\boldsymbol{x}/2+\boldsymbol{u}^{\mathrm{T}}\boldsymbol{u}/2]\mathrm{d}\tau+\boldsymbol{x}_{\mathrm{f}}^{\mathrm{T}}\boldsymbol{S}_{\mathrm{f}}\boldsymbol{x}_{\mathrm{f}}/2,$$

$$\delta\mathrm{J}_{\boldsymbol{A}}=0$$

$J_{\boldsymbol{A}}$为扩展的指标泛函，对它的变分已无约束条件，但有三类变量 $\boldsymbol{x},\boldsymbol{\lambda},\boldsymbol{u}$。变分式中没有 $\boldsymbol{u}$ 对 τ 的微商，故可先完成其取最小(即 Pontryagen 的极小值原理)，有

$$\boldsymbol{u}=\boldsymbol{B}_{\mathrm{u}}^{\mathrm{T}}\boldsymbol{\lambda} \tag{4.11}$$

将它代回到 $J_{\boldsymbol{A}}$的算式中有

$$J_A=\int_t^{t_f}[\boldsymbol{\lambda}^T\dot{\boldsymbol{x}}-H(\boldsymbol{x},\boldsymbol{\lambda})]d\tau+\boldsymbol{x}_f^T\boldsymbol{S}_f\boldsymbol{x}_f/2,\quad \min_{\boldsymbol{x}}\max_{\boldsymbol{\lambda}}J_A \tag{4.12}$$

$$H(\boldsymbol{x},\boldsymbol{\lambda})=\boldsymbol{\lambda}^T\boldsymbol{A}\boldsymbol{x}+\boldsymbol{\lambda}^T\boldsymbol{B}_u\boldsymbol{B}_u^T\boldsymbol{\lambda}/2-\boldsymbol{x}^T\boldsymbol{C}_z^T\boldsymbol{C}_z\boldsymbol{x}/2 \tag{4.13}$$

当然还有初始条件式(4.6)。现在变分式中只有互为对偶的二类变量 $\boldsymbol{x},\boldsymbol{\lambda}$ 了。这已是典型的哈密顿体系的变分原理了。因此它与结构力学问题是一致的,尤其是它将导致的两端边值问题。将变分式(4.13)展开可导得

$$\dot{\boldsymbol{x}}(\tau)=\boldsymbol{A}\boldsymbol{x}+\boldsymbol{B}_u\boldsymbol{B}_u^T\boldsymbol{\lambda},\quad \boldsymbol{x}(t)=\hat{\boldsymbol{x}}(t) \tag{4.14a}$$

$$\dot{\boldsymbol{\lambda}}(\tau)=\boldsymbol{C}_z^T\boldsymbol{C}_z\boldsymbol{x}-\boldsymbol{A}^T\boldsymbol{\lambda},\quad \boldsymbol{\lambda}(t_f)=-\boldsymbol{S}_f\boldsymbol{x}_f \tag{4.14b}$$

这是一套齐次的对偶方程。

在求解对偶方程(4.14a,b)之前,先讲一下最优控制与结构力学的相模拟理论。齐次对偶方程的变分原理为

$$J_A=\int_t^{t_f}[\boldsymbol{\lambda}^T\dot{\boldsymbol{x}}-H(\boldsymbol{x},\boldsymbol{\lambda})]d\tau+\boldsymbol{x}_f^T\boldsymbol{S}_f\boldsymbol{x}_f/2,\ \min_{\boldsymbol{x}}\max_{\boldsymbol{\lambda}}J_A \tag{4.12}$$

另一方面,回顾结构力学的对偶方程组、变分原理和 Hamilton 函数,即知它们在数学上是同一个问题。$\boldsymbol{S}_f$ 项相当于在变分式变形能中再加上一个 z_f 处的变形能$\boldsymbol{x}_f^T\boldsymbol{S}_f\boldsymbol{x}_f/2$,其力学意义便是端部的弹性支承。可从表 5-2 中看到结构力学与最优控制间的对应关系。

表 5-2　结构力学与最优控制间的对应关系

结构力学	线性二次控制
位移 $\boldsymbol{q}$、内力 $\boldsymbol{p}$	对偶向量 $\boldsymbol{x},\boldsymbol{\lambda}$
空间坐标 z	时间坐标 t
区段$(z_0,z_f]$	时间区段$(t,t_f]$
混合能 $H(\boldsymbol{q},\boldsymbol{p})$	Hamilton 函数 $H(\boldsymbol{x},\boldsymbol{\lambda})$
$\boldsymbol{A},\boldsymbol{B},\boldsymbol{D}$	$\boldsymbol{A},\boldsymbol{C}_z^T\boldsymbol{C}_z,\boldsymbol{B}_u\boldsymbol{B}_u^T$
弹性支承矩阵 $\boldsymbol{S}_f$	端部指标矩阵 $\boldsymbol{S}_f$
协调微分方程	动力微分方程
平衡微分方程	协态微分方程
变形能函数,作用量函数	指标函数 J_A
区段变形势能	时段$[0,k_t)$的指标 J_{e,k_t}
⋮	⋮

这是**结构力学与最优控制之间的模拟关系**,双方沟通是有很有用的。

对齐次方程组(4.14)的求解,可采用齐次变换

$$\boldsymbol{\lambda}(\tau)=-\boldsymbol{S}(\tau)\boldsymbol{x}(\tau) \tag{4.15}$$

代入(4.14)并消去$\dot{\boldsymbol{x}}$,有

$$(\dot{\boldsymbol{S}}+\boldsymbol{C}_z^T\boldsymbol{C}_z+\boldsymbol{A}^T\boldsymbol{S}+\boldsymbol{S}\boldsymbol{A}-\boldsymbol{S}\boldsymbol{B}_u\boldsymbol{B}_u^T\boldsymbol{S})\cdot\boldsymbol{x}=\boldsymbol{0}$$

由于 $\boldsymbol{x}(\tau)$是任意选择的向量,故必有

$$\dot{\boldsymbol{S}}(\tau)=-\boldsymbol{C}_z^T\boldsymbol{C}_z-\boldsymbol{A}^T\boldsymbol{S}-\boldsymbol{S}\boldsymbol{A}+\boldsymbol{S}\boldsymbol{B}_u\boldsymbol{B}_u^T\boldsymbol{S},\quad \boldsymbol{S}(t_f)=\boldsymbol{S}_f \tag{4.16}$$

这是 Riccati 微分方程,是对有限时段$(t,t_f]$的一阶联立微分方程组,初值条件于 t_f 处给出,逆向积分,$\boldsymbol{S}_f$ 为对称非负给定矩阵。因微分方程右侧也为对称(如果 $\boldsymbol{S}$ 为对称阵),故

知 $\boldsymbol{S}(\tau)$为对称阵。后文证明：只要$(\boldsymbol{A},\boldsymbol{B}_{\mathrm{u}})$可控，$(\boldsymbol{A},\boldsymbol{C}_z)$可测，则 $\boldsymbol{S}(\tau)$必为正定矩阵。

当$(t_{\mathrm{f}}-t)$的长度很大而趋于无穷时，时不变系统有极限

$$\boldsymbol{S}_{\infty}=\lim_{\tau\to\infty}\boldsymbol{S}(\tau)$$

它满足代数黎卡提方程(Algebraic Riccati Equation，ARE)：

$$-\boldsymbol{C}_z^{\mathrm{T}}\boldsymbol{C}_z-\boldsymbol{A}^{\mathrm{T}}\boldsymbol{S}_{\infty}-\boldsymbol{S}_{\infty}\boldsymbol{A}+\boldsymbol{S}_{\infty}\boldsymbol{B}_{\mathrm{u}}\boldsymbol{B}_{\mathrm{u}}^{\mathrm{T}}\boldsymbol{S}_{\infty}=\boldsymbol{0} \tag{4.17}$$

这个情况与 Kalman-Bucy 滤波的 Riccati 方程有类同之处。

解出 Riccati 方程的主要用处在于，将式(4.15)代入式(4.11)，有

$$\boldsymbol{u}(\tau)=-\boldsymbol{B}_{\mathrm{u}}^{\mathrm{T}}\boldsymbol{S}(\tau)\boldsymbol{x}(\tau)=-\boldsymbol{K}(\tau)\boldsymbol{x}(\tau),\quad \boldsymbol{K}(\tau)=\boldsymbol{B}_{\mathrm{u}}^{\mathrm{T}}\boldsymbol{S}(\tau) \tag{4.18}$$

该公式给出了反馈控制向量。而状态向量可由式(4.14a)得

$$\dot{\boldsymbol{x}}(\tau)=[\boldsymbol{A}-\boldsymbol{B}_{\mathrm{u}}\boldsymbol{B}_{\mathrm{u}}^{\mathrm{T}}\boldsymbol{S}(\tau)]\boldsymbol{x},\quad \boldsymbol{x}(t)=\hat{\boldsymbol{x}}(t) \tag{4.19}$$

这是对状态均值的微分方程。矩阵 $\boldsymbol{K}(\tau)$称为增益阵(Gain matrix)。

式(4.14a,b)为齐次线性变系数微分方程组，其解正比于初值$\hat{\boldsymbol{x}}(t)$。方程(4.19)虽是变系数的微分方程组，但却是可以精细地求解的。见[9]的§6.3.2。毕竟重点在于反馈控制。在做出数值计算以前，讲清楚其稳定性质是很重要的。

5.4.4 可控制、可观测性，Riccati 矩阵的正定性，系统稳定性

按线性二次最优控制的理论，上文导出了受控状态均值的运动微分方程(4.18)。随之而来就有问题：这个运动微分方程是否稳定？

方程(4.18)是变系数微分方程，不能用求矩阵本征值的方法分析其稳定性性质。采用李雅普诺夫(Lyapunov)第二方法是较好的选择。

稳定性分析对线性方程组是其本身的特性，因此可令外荷载 $\boldsymbol{w}=\boldsymbol{0}$ 来分析。于是控制方程为齐次方程组(4.14a,b)。在数值上 $J=J_{\boldsymbol{A}}$，故

$$\begin{aligned}
J(t)&=J_{\boldsymbol{A}}(t)\\
&=\boldsymbol{x}_{\mathrm{f}}^{\mathrm{T}}\boldsymbol{S}_{\mathrm{f}}\boldsymbol{x}_{\mathrm{f}}/2+\int_t^{t_{\mathrm{f}}}[\boldsymbol{\lambda}^{\mathrm{T}}\dot{\boldsymbol{x}}-\boldsymbol{\lambda}^{\mathrm{T}}\boldsymbol{A}\boldsymbol{x}-\boldsymbol{\lambda}^{\mathrm{T}}\boldsymbol{B}_{\mathrm{u}}\boldsymbol{B}_{\mathrm{u}}^{\mathrm{T}}\boldsymbol{\lambda}/2+\boldsymbol{x}^{\mathrm{T}}\boldsymbol{C}_z^{\mathrm{T}}\boldsymbol{C}_z\boldsymbol{x}/2]\mathrm{d}\tau\\
&=\boldsymbol{x}_{\mathrm{f}}^{\mathrm{T}}\boldsymbol{S}_{\mathrm{f}}\boldsymbol{x}_{\mathrm{f}}/2+\int_t^{t_{\mathrm{f}}}[\boldsymbol{\lambda}^{\mathrm{T}}\boldsymbol{B}_{\mathrm{u}}\boldsymbol{B}_{\mathrm{u}}^{\mathrm{T}}\boldsymbol{\lambda}/2+\boldsymbol{x}^{\mathrm{T}}\boldsymbol{C}_z^{\mathrm{T}}\boldsymbol{C}_z\boldsymbol{x}/2]\mathrm{d}\tau\\
&=\boldsymbol{x}_{\mathrm{f}}^{\mathrm{T}}\boldsymbol{S}_{\mathrm{f}}\boldsymbol{x}_{\mathrm{f}}/2+\int_t^{t_{\mathrm{f}}}[\boldsymbol{\lambda}^{\mathrm{T}}\dot{\boldsymbol{x}}-\boldsymbol{\lambda}^{\mathrm{T}}\boldsymbol{A}\boldsymbol{x}+\boldsymbol{x}^{\mathrm{T}}\dot{\boldsymbol{\lambda}}+\boldsymbol{x}^{\mathrm{T}}\boldsymbol{A}^{\mathrm{T}}\boldsymbol{\lambda}]\mathrm{d}\tau/2\\
&=-\boldsymbol{\lambda}^{\mathrm{T}}(t)\boldsymbol{x}(t)/2=\boldsymbol{x}^{\mathrm{T}}(t)\boldsymbol{S}(t)\boldsymbol{x}(t)/2
\end{aligned} \tag{4.20}$$

其中运用了式(4.14a,b)、(4.15)。指标 J 肯定不取负值，因此 $\boldsymbol{S}$ 阵必为对称非负矩阵。

只证明 $\boldsymbol{S}(t)$阵为对称非负阵还不够，只要为可控，且为可测，则 $\boldsymbol{S}(t)$阵必为对称正定阵。下文将予以证明。

1. 可控性与可测性的格拉姆(Gram)矩阵

考虑可控性时是不涉及输出的，因此可认为 $\boldsymbol{C}_z=\boldsymbol{0}$，从而齐次对偶方程退化成为[注：请对比(4.29)]

$$\dot{\boldsymbol{x}}=\boldsymbol{A}\boldsymbol{x}+\boldsymbol{B}_{\mathrm{u}}\boldsymbol{B}_{\mathrm{u}}^{\mathrm{T}}\boldsymbol{\lambda},\quad \dot{\boldsymbol{\lambda}}=-\boldsymbol{A}^{\mathrm{T}}\boldsymbol{\lambda} \tag{4.21}$$

初始条件为 $\boldsymbol{x}(0)=\boldsymbol{x}_0$，$\boldsymbol{x}_0$ 为任意向量。对于给定的时间 t，$t>t_0$ 由 $\boldsymbol{\lambda}$ 的方程可解出

$$\boldsymbol{\lambda}(\tau)=\exp[\boldsymbol{A}^{\mathrm{T}}\cdot(t-\tau)]\cdot\boldsymbol{\lambda}(t) \tag{4.22}$$

于是,对状态可解出

$$
\begin{aligned}
\boldsymbol{x}(t)&=\exp[\boldsymbol{A}\cdot(t-t_0)]\cdot\boldsymbol{x}_0+\int_{t_0}^{t}\exp[\boldsymbol{A}\cdot(t-\tau)]\boldsymbol{B}_{\mathrm{u}}\boldsymbol{B}_{\mathrm{u}}^{\mathrm{T}}\boldsymbol{\lambda}(\tau)\mathrm{d}\tau\\
&=\exp[\boldsymbol{A}\cdot(t-t_0)]\cdot\boldsymbol{x}_0+\int_{t_0}^{t}\exp[\boldsymbol{A}\cdot(t-\tau)]\boldsymbol{B}_{\mathrm{u}}\boldsymbol{B}_{\mathrm{u}}^{\mathrm{T}}\exp[\boldsymbol{A}^{\mathrm{T}}\cdot(t-\tau)]\mathrm{d}\tau\cdot\boldsymbol{\lambda}(t)\\
&=\exp[\boldsymbol{A}\cdot(t-t_0)]\cdot\boldsymbol{x}_0+\boldsymbol{W}_{\mathrm{c}}(t,t_0)\cdot\boldsymbol{\lambda}(t)
\end{aligned}
$$

其中矩阵

$$
\boldsymbol{W}_{\mathrm{c}}(t,t_0)\overset{\mathrm{def}}{=\!=\!=}\int_{t_0}^{t}\exp[\boldsymbol{A}\cdot(t-\tau)]\boldsymbol{B}_{\mathrm{u}}\boldsymbol{B}_{\mathrm{u}}^{\mathrm{T}}\exp[\boldsymbol{A}^{\mathrm{T}}\cdot(t-\tau)]\mathrm{d}\tau
$$

对时不变系统,$\boldsymbol{W}_{\mathrm{c}}(t,t_0)=\boldsymbol{W}_{\mathrm{c}}(t-t_0)$只与时间差有关。这就是可控性 Gram 矩阵,该矩阵正定表明由任意的初始状态 $\boldsymbol{x}_0$ 出发,欲达到任意的状态 $\boldsymbol{x}(t)$,总可以通过 $\boldsymbol{u}=\boldsymbol{B}_{\mathrm{u}}^{\mathrm{T}}\boldsymbol{\lambda}$ 的控制来实现。由于 $\boldsymbol{W}_{\mathrm{c}}$ 为正定,故总可由上式解出该 $\boldsymbol{\lambda}(t)$。

还有对可测性的推导。可测性实际是可控性的对偶。考虑可测性时是不涉及控制的,因此可取 $\boldsymbol{B}_{\mathrm{u}}=\boldsymbol{0}$,从而有

$$
\dot{\boldsymbol{x}}_2=\boldsymbol{A}\boldsymbol{x}_2,\quad \dot{\boldsymbol{\lambda}}_2=-\boldsymbol{A}^{\mathrm{T}}\boldsymbol{\lambda}_2+\boldsymbol{C}_z^{\mathrm{T}}\boldsymbol{C}_z\boldsymbol{x}_2 \tag{4.23}
$$

这里为了区别于可控性,故加一个下标 2。先解出

$$
\boldsymbol{x}_2(\tau)=\exp[\boldsymbol{A}\cdot(\tau-t_0)]\cdot\boldsymbol{x}_0 \tag{4.24}
$$

然后再解出

$$
\begin{aligned}
\boldsymbol{\lambda}_2(t_0)&=\exp[\boldsymbol{A}^{\mathrm{T}}\cdot(t-t_0)]\cdot\boldsymbol{\lambda}_2(t)-\int_{t_0}^{t}\exp[\boldsymbol{A}^{\mathrm{T}}\cdot(\tau-t_0)]\boldsymbol{C}_z^{\mathrm{T}}\boldsymbol{C}_z\boldsymbol{x}_2(\tau)\mathrm{d}\tau\\
&=\exp[\boldsymbol{A}^{\mathrm{T}}\cdot(t-t_0)]\cdot\boldsymbol{\lambda}_2(t)-\int_{t_0}^{t}\exp[\boldsymbol{A}^{\mathrm{T}}\cdot(\tau-t_0)]\boldsymbol{C}_z^{\mathrm{T}}\boldsymbol{C}_z\exp[\boldsymbol{A}\cdot(\tau-t_0)]\mathrm{d}\tau\cdot\boldsymbol{x}_0\\
&=\exp[\boldsymbol{A}^{\mathrm{T}}\cdot(t-t_0)]\cdot\boldsymbol{\lambda}_2(t)-\boldsymbol{W}_{\mathrm{o}}(t,t_0)\cdot\boldsymbol{x}_0
\end{aligned}
$$

其中

$$
\boldsymbol{W}_{\mathrm{o}}(t,t_0)\overset{\mathrm{def}}{=\!=\!=}\int_{t_0}^{t}\exp[\boldsymbol{A}^{\mathrm{T}}\cdot(\tau-t_0)]\boldsymbol{C}_z^{\mathrm{T}}\boldsymbol{C}_z\exp[\boldsymbol{A}\cdot(\tau-t_0)]\mathrm{d}\tau
$$

对时不变系统,$\boldsymbol{W}_{\mathrm{o}}(t,t_0)=\boldsymbol{W}_{\mathrm{o}}(t-t_0)$只与时间差有关。此即可测性的 Gram 矩阵。此矩阵为正定表明 $\boldsymbol{x}_0$ 可求解为

$$
\boldsymbol{x}_0=\boldsymbol{W}_{\mathrm{o}}^{-1}\cdot\{\exp[\boldsymbol{A}^{\mathrm{T}}\cdot(t-t_0)]\boldsymbol{\lambda}_2(t)-\boldsymbol{\lambda}_2(t_0)\}
$$

但 $\boldsymbol{\lambda}_2$ 本身不能量测,量测到的是 $\boldsymbol{z}=\boldsymbol{C}_z\boldsymbol{x}_2$。由方程

$$
\dot{\boldsymbol{\lambda}}_2=-\boldsymbol{A}^{\mathrm{T}}\boldsymbol{\lambda}_2+\boldsymbol{C}_z^{\mathrm{T}}\boldsymbol{z}
$$

可解得

$$
\boldsymbol{\lambda}_2(A)=\exp[\boldsymbol{A}^{\mathrm{T}}\cdot(t-t_0)]\boldsymbol{\lambda}_2(t)-\int_{t_0}^{t}\exp[\boldsymbol{A}^{\mathrm{T}}\cdot(\tau-t_0)]\boldsymbol{C}_z^{\mathrm{T}}\boldsymbol{z}(\tau)\mathrm{d}\tau
$$

故

$$
\boldsymbol{x}_0=\boldsymbol{W}_{\mathrm{o}}^{-1}\cdot\int_{t_0}^{t}\exp[\boldsymbol{A}^{\mathrm{T}}\cdot(\tau-t_0)]\boldsymbol{C}_z^{\mathrm{T}}\boldsymbol{z}(\tau)\mathrm{d}\tau \tag{4.25}
$$

这表明 $\boldsymbol{x}_0$ 已根据量测 $\boldsymbol{z}(\tau)$求得,即可测。

可以直接验证,可控性及可测性的 Gram 矩阵($n\times n$ 阵)

$$
\boldsymbol{W}_{\mathrm{c}}(t)=\int_0^t\mathrm{e}^{\boldsymbol{A}\tau}\boldsymbol{B}_{\mathrm{u}}\boldsymbol{B}_{\mathrm{u}}^{\mathrm{T}}\mathrm{e}^{\boldsymbol{A}^{\mathrm{T}}\tau}\mathrm{d}\tau\quad 及\quad \boldsymbol{W}_{\mathrm{o}}(t)=\int_0^t\mathrm{e}^{\boldsymbol{A}^{\mathrm{T}}\tau}\boldsymbol{C}_z^{\mathrm{T}}\boldsymbol{C}_z\mathrm{e}^{\boldsymbol{A}\tau}\mathrm{d}\tau
$$

分别满足 Lyapunov 微分方程

$$\dot{\boldsymbol{W}}_{\mathrm{c}}(t)=\boldsymbol{A}\boldsymbol{W}_{\mathrm{c}}+\boldsymbol{W}_{\mathrm{c}}\boldsymbol{A}^{\mathrm{T}}+\boldsymbol{B}_{\mathrm{u}}\boldsymbol{B}_{\mathrm{u}}^{\mathrm{T}},\quad \dot{\boldsymbol{W}}_{\mathrm{o}}(t)=\boldsymbol{W}_{\mathrm{o}}\boldsymbol{A}+\boldsymbol{A}^{\mathrm{T}}\boldsymbol{W}_{\mathrm{o}}+\boldsymbol{C}_z^{\mathrm{T}}\boldsymbol{C}_z$$

以 $\boldsymbol{W}_{\mathrm{c}}(t)$ 为例，验证为：根据恒等式 $f(t)\equiv\int_0^t(\mathrm{d}/\mathrm{d}\tau)f(\tau)\mathrm{d}\tau+f(0)$，有

$$\begin{aligned}\dot{\boldsymbol{W}}_{\mathrm{c}}(t)&=\mathrm{e}^{\boldsymbol{A}t}\boldsymbol{B}_{\mathrm{u}}\boldsymbol{B}_{\mathrm{u}}^{\mathrm{T}}\mathrm{e}^{\boldsymbol{A}^{\mathrm{T}}t}=\int_0^t(\mathrm{d}/\mathrm{d}\tau)[\mathrm{e}^{\boldsymbol{A}\tau}\boldsymbol{B}_{\mathrm{u}}\boldsymbol{B}_{\mathrm{u}}^{\mathrm{T}}\mathrm{e}^{\boldsymbol{A}^{\mathrm{T}}\tau}]\mathrm{d}\tau+\boldsymbol{B}_{\mathrm{u}}\boldsymbol{B}_{\mathrm{u}}^{\mathrm{T}}\\&=\boldsymbol{A}\boldsymbol{W}_{\mathrm{c}}+\boldsymbol{W}_{\mathrm{c}}\boldsymbol{A}^{\mathrm{T}}+\boldsymbol{B}_{\mathrm{u}}\boldsymbol{B}_{\mathrm{u}}^{\mathrm{T}}\end{aligned}$$

2. Riccati 矩阵的正定性

在推导可测与可控的 Gram 矩阵 $\boldsymbol{W}_{\mathrm{o}}$ 与 $\boldsymbol{W}_{\mathrm{c}}$ 后，就可证明 $\boldsymbol{S}$ 阵的正定性了。当然这是在系统为可控、可测的条件下方才成立。

式(4.20)给出了 $\boldsymbol{S}(t)$ 阵与指标泛函 $J(t)$ 之间的关系。$J(t)$ 的被积分函数由 $\boldsymbol{u}$ 与 $\boldsymbol{C}_z\boldsymbol{x}$ 两部分组成，见式(4.10)。只要证明这二项不可能同时恒为零，就保证 $\boldsymbol{S}(t)$ 为正定了。设 $\boldsymbol{u}(\tau)=\boldsymbol{0}$，亦即 $\boldsymbol{B}_{\mathrm{u}}^{\mathrm{T}}\boldsymbol{\lambda}=\boldsymbol{0}$，在此条件下验证 $\boldsymbol{z}=\boldsymbol{C}_z\boldsymbol{x}$ 是否能保证不为零。由于 $\boldsymbol{u}=\boldsymbol{0}$ 的假设，其齐次对偶方程恰成(4.23)之形，正对应于可测性分析的情况。按式(4.24)有

$$\boldsymbol{x}(\tau)=\exp[\boldsymbol{A}\cdot(\tau-t)]\cdot\boldsymbol{x}(t)$$

代回 $J(t)$ 的积分中，得

$$\begin{aligned}&\boldsymbol{x}^{\mathrm{T}}(t)\int_t^{t_{\mathrm{f}}}\exp[\boldsymbol{A}^{\mathrm{T}}(\tau-t)]\boldsymbol{C}_z^{\mathrm{T}}\boldsymbol{C}_z\exp[\boldsymbol{A}(\tau-t)]\mathrm{d}\tau\cdot\boldsymbol{x}(t)/2\\&\quad=\boldsymbol{x}^{\mathrm{T}}(t)\boldsymbol{W}_{\mathrm{o}}(t_{\mathrm{f}},t)\boldsymbol{x}(t)/2\end{aligned}$$

由于积分项恰为可测性的 Gram 矩阵 $\boldsymbol{W}_{\mathrm{o}}$，按系统为可测的条件，它保证为正定，因此不论 $\boldsymbol{x}(t)$ 为何种不恒为零的向量，皆有 $J(t)>0$。即 $\boldsymbol{S}(t)$ 为正定。证毕。# #

令 $\boldsymbol{S}_{\mathrm{f}}$ 为零阵，$\boldsymbol{S}(t)$ 就是 $\boldsymbol{Q}(t)$ 阵，故 $\boldsymbol{Q}(t)$ 也保证正定。

Kalman-Bucy 滤波与 LQ 最优控制是成对偶的问题，可控性、可测性与正定性有密切的因果关系，也应从结构力学的角度来进一步加以观察。从结构力学的角度看，可控性与可测性要求变形势能为正定，即排除了刚体位移的存在，另一方面柔度阵也不可以为零，即排除了刚性的受力状态。更多的结论可参见[9]。

3. 稳定性分析

对于 LQ 控制问题，要分析其状态均值微分方程(4.19)的稳定性。虽然有截止时间，但分析仍有意义。采用 Lyapunov 第二方法，关键是要给出其状态 $\boldsymbol{x}$ 的 Lyapunov 函数 $L(\boldsymbol{x})$，要求该函数为正定。一个现成的函数便是其指标函数 $J(t)$，令

$$L(\boldsymbol{x})=J(t)=\boldsymbol{x}^{\mathrm{T}}(t)\boldsymbol{S}(t)\boldsymbol{x}(t)/2$$

其正定性已经证明。其对时间的全微商便是

$$-(\boldsymbol{x}^{\mathrm{T}}\boldsymbol{C}_z^{\mathrm{T}}\boldsymbol{C}_z\boldsymbol{x}/2+\boldsymbol{u}^{\mathrm{T}}\boldsymbol{u}/2)=\dot{L}(\boldsymbol{x})<0$$

这是由 $\boldsymbol{J}(t)$ 的定义就看出的。由其可测性 Gram 矩阵的正定性即知其不断下降，直至 t_{f} 处的 $\boldsymbol{x}_{\mathrm{f}}^{\mathrm{T}}\boldsymbol{S}_{\mathrm{f}}\boldsymbol{x}_{\mathrm{f}}/2$，故知控制系统的变系数微分方程(4.19)为稳定。# #

以上从系统稳定性的角度，观察了可控制性与可观察性的重要性。其实作用量正定还可确定对应的 Lagrange 函数为正定，故对应的 Hamilton 矩阵没有通带本征值，这是第 4 章证明的。

LQ 控制的计算，自然是关心的。本书只是从用辛数学来讲述分析力学。具体的算

法已经在[9]中给出了。

从控制向量的方程(4.18)知道，求解 Riccati 矩阵对于增益矩阵是很重要的，因此要求解微分方程(4.16)。用精细积分法予以求解，可得达到计算机精度的解，非常有兴趣。

以上讲了以状态空间法为基础的**现代控制论**以及它与结构力学的模拟关系。在引入了对偶的协态向量 $\boldsymbol{\lambda}(t)$后，原来 n 维的动力系统初值问题变换为 $2n$ 维的两端边值问题。在线性系统时，问题转化为 Riccati 方程的求解，有多种手段，响应时间可以很短。时间滞后往往不是很严重。控制要求实时响应，时间滞后如果大些，后果是很严重的。时间滞后大时，求解应考虑界带理论的作用，可从[13]找到相关的一些内容。

控制的动力学原问题往往是非线性的。化到状态空间后，求解成为严重问题。非线性问题的求解，一般要迭代，响应时间长，时间滞后的因素就突显了。寻找有效算法，快速求解成为非常重要的问题。国外最优控制算法，往往使用打靶法(Shooting Method)，这是当作初值问题来求解的。现在许多控制求解文章，采用动态规划(Dynamic Programming)法，就是从初值问题考虑的。计算效率成为很大问题。

好在**结构力学与最优控制的模拟理论**，对于非线性问题依然成立，故可引入结构分析的有效算法。第 6 章："*保辛摄动，非线性问题的分层求解*"，就要直面非线性问题的求解。其基础便是基于模拟理论的结构力学分层解法，非线性控制问题的快速求解，这些内容是在出版[9]之后发表的，具有很重要的实际意义。

第 6 章　保辛摄动，非线性控制问题的分层求解

绝大部分实际动力学问题是**非线性**的。非线性问题的求解是严重挑战。大数学家们成世纪的努力，用分析法求解出的非线性方程积分，数目很少。不得不求助于数值方法，Euler 就给出了微分方程求解的一批差分格式。计算机的出现也是为了数值计算。计算机之父 J. von Neumann 在《论大规模计算机器的原理》[11]中指出：“*在纯粹数学方面我们只需看看偏微分方程和积分方程理论，而在应用数学方面我们可以参看声学、电动力学和量子力学。在此时，分析的前沿沿着非线性问题的整个前沿停滞下来。*”又说：“*我们将不得不发展新的计算方法，或者从更本质的方面讲，必须发展‘切实性’和‘优美性’的新标准。*”

历史上，计算机就是应计算能力的需求而发明的。非线性动力学的积分计算本来就困难，再加上非线性的最优控制，其求解计算问题就更加突出了。本章就连续可微商函数的非线性系统进行分析计算的探讨。

我国力学界将动力学与控制列为一个重要地位。动力学是现代制造业多方面之所必需，非线性动力学要予以精确控制，并且要快速响应，对于算法有很高要求。前面讲的现代控制理论，全部认为计算反馈是瞬时响应的，而这是比较粗糙的近似。如果计算用了许多时间，响应慢了，就会发生时间滞后的影响，影响控制的精度。当今科技先进国家大讲什么“**精确控制**、**精确制导**、**精确打击**、**反导**、**隐形**”等等，在此种现状下，当然不能掉以轻心，在这方面控制能力是其关键之一。自然对中国全部是**禁运**的。在著作[9]中，提出了时间滞后的解决方法，不过在本书不讲而已，不是不重要。本书应用篇的宗旨是将经典力学与许多相关学科的关系建立。至于深入，那就应参考有关论文，以及以后的发展。

这里要强调的是，非线性控制算法的**高速**、**精确**执行，对于什么“**精确控制**、**精确制导**、**精确打击**、**反导**”等是事关紧要的。

前面讲了控制理论与结构力学的模拟关系，这并不限于线性系统。线性系统控制是基础，从线性系统控制和结构力学的模拟理论，可将两大方面融合。现在面对非线性系统的控制问题，也可运用相应的模拟理论。特别要关注非线性控制算法的**高速**、**精确**执行。

事实上，非线性控制与结构力学同样可建立模拟理论的。从而，非线性控制的计算分析完全可用非线性结构力学有限元法的多方面发展，大有发挥余地。结构力学与最优控制的模拟关系是我国独有的理论，是**国货**。完全可摆脱对于“洋人”程序的依赖。著作[8]

提供了自主研制的程序系统，已经装入我们自主研制的 SiPESC 集成程序系统，比买来的 MatLab 提供的 Control Tool Box 等高明多了。

孙子兵法曰："攻其无备，出其不意"，恰可在此得到体现。**独立自主，自力更生**，自己动手做更好。我们提出了分层次算法[49]，用这个算法给出的部分例题，见后文，取得了出人意料的效果，尤其是**高速**、**精确**地执行。国外的动态规划算法有维数困难(Dimensional Curse)，后来国外又大力发展了许多诸如 Gauss 伪谱等算法，某些文章跟着"洋人"思路走，当然 SCI 多的是。与这些"洋人"的算法相比，本章给出的多层次算法，可提高计算速度数十倍，而精度也得到大幅度提高。表明两大领域的模拟关系理论是有效的，可取得很好效果，非常值得介绍给大家。算法的效果不是吹出来的，用实际课题比一比，就知道了。**"实践是检验真理的唯一标准"**么。

最优控制与一维结构力学相模拟，可以在此得到重要发挥。模拟关系是国货。再根据一维结构力学与分析动力学的模拟，基于正则变换的保辛摄动等一套国产理论的融合，扩充了经典力学。**奇兵**。

有限元方法一般用于 3 维复杂结构，一维结构力学的有限元似乎根本谈不上什么。可是一旦通过模拟关系进入到非线性控制，意义完全不同了，融合了有限元的丰富算法就大有发挥，起到出人意料的效果。

6.1 保辛摄动法

动力学非线性问题的积分是必须面对的课题，分析求解有困难，只好数值求解。Poincare 提出摄动法(Perturbation，微扰)，从近似线性系统的解作为摄动法的出发；将比较小的非线性因素用一个小参数 ε 表达，微分方程中偏离线性近似解的项表示为带一个 ε 的乘子，而偏离线性解的部分表达为 ε 的 Taylor 级数展开项。因为 ε 比较小，所以可以运用 ε 的 Taylor 展开来求解，并将 ε 的高次项忽略。

然而，保守体系常用的**小参数摄动法全保辛**吗？应予具体分析。事实上其他许多近似算法是否保辛等都应研讨。根据动力学问题(初值条件)与结构力学(两端边界条件)之间的模拟关系，它们只有边界条件的不同。而结构力学提供了丰富算法。沟通两者，有很多好处。既然是非线性问题，当然摄动法是一定要涉及的。

用一个比较简单的例题来表述，来了解摄动法的梗概。因优化设计等原因，结构参数要作小修改，表现在刚度阵的修改上，有一个小参数 ε。现设最简单的结构由 m 个子结构串联而成，两端及连接面编号为 $0,1,\cdots,m$。子结构 k 的连接为$(k-1,k)$，出口位移为 $\boldsymbol{q}_{k-1},\boldsymbol{q}_k$，而出口刚度阵为

$$\boldsymbol{K}_k=\boldsymbol{K}_{0k}+\varepsilon\boldsymbol{K}'_k \tag{1.1}$$

设两端位移 $\boldsymbol{q}_0,\boldsymbol{q}_m$ 给定。子结构组合成结构的总位移向量由各连接面的位移组成

$$\boldsymbol{q}=(\boldsymbol{q}_1^{\mathrm{T}},\boldsymbol{q}_2^{\mathrm{T}},\cdots,\boldsymbol{q}_{m-1}^{\mathrm{T}})^{\mathrm{T}}$$

外力 $\boldsymbol{f}$。总刚度阵组合为 $\boldsymbol{K}=\boldsymbol{K}_0+\varepsilon\boldsymbol{K}'$。平衡方程

$$\boldsymbol{K}\boldsymbol{q}=\boldsymbol{f},\quad \boldsymbol{K}=\boldsymbol{K}_0+\varepsilon\boldsymbol{K}' \tag{1.2}$$

对应于变分原理

$$U(\boldsymbol{q})=\boldsymbol{q}^{\mathrm{T}}\boldsymbol{K}\boldsymbol{q}/2-\boldsymbol{q}^{\mathrm{T}}\boldsymbol{f},\quad \delta U=0 \tag{1.3}$$

当 $\varepsilon=0$ 时，设已从近似方程 $\boldsymbol{K}_0\boldsymbol{q}_0=\boldsymbol{f}$ 解出了总位移向量 $\boldsymbol{q}_0$。现要分析 $\varepsilon\neq 0$ 时的总位移向量，可采用小参数法。通常取

$$\boldsymbol{q}=\boldsymbol{q}_0+\varepsilon\boldsymbol{q}_{\mathrm{a}} \tag{1.4}$$

代入平衡方程有 $(\boldsymbol{K}_0+\varepsilon\boldsymbol{K}')(\boldsymbol{q}_0+\varepsilon\boldsymbol{q}_{\mathrm{a}})\approx\boldsymbol{K}_0\boldsymbol{q}_0+\varepsilon\boldsymbol{K}'\boldsymbol{q}_0+\varepsilon\boldsymbol{K}_0\boldsymbol{q}_{\mathrm{a}}=\boldsymbol{f}$，其 ε 的 1 次项给出

$$\boldsymbol{K}_0\boldsymbol{q}_{\mathrm{a}}=-\boldsymbol{K}'\boldsymbol{q}_0 \tag{1.5}$$

由此解出 $\boldsymbol{q}_{\mathrm{a}}=-\boldsymbol{K}_0^{-1}\boldsymbol{K}'\boldsymbol{K}_0^{-1}\boldsymbol{f}$。可得原方程的一次摄动近似为

$$\boldsymbol{q}=\boldsymbol{K}_{\varepsilon1}^{-1}\boldsymbol{f},\quad \boldsymbol{K}_0^{-1}-\varepsilon\boldsymbol{K}_0^{-1}\boldsymbol{K}'\boldsymbol{K}_0^{-1}=\boldsymbol{K}_{\varepsilon1}^{-1} \tag{1.6}$$

因 $\boldsymbol{K}_{\varepsilon1}^{-1}$ 仍为对称矩阵，相当于变分原理

$$U_{\varepsilon1}(\boldsymbol{q})=\boldsymbol{q}^{\mathrm{T}}\boldsymbol{K}_{\varepsilon1}\boldsymbol{q}/2-\boldsymbol{q}^{\mathrm{T}}\boldsymbol{f},\quad \delta U_{\varepsilon1}=0 \tag{1.7}$$

即用矩阵 $\boldsymbol{K}_{\varepsilon1}$ 近似地代替了原有的总刚度阵 $\boldsymbol{K}$。因仍为保守体系的变分原理，故结构分析有限元位移法的小参数摄动是保辛的。

钱学森先生称 Poincare 提出的摄动法为 PLK 方法，见[44]，因为后来 Lighthill 和郭永怀等又做出了推进，Lighthill 引入了坐标摄动；而郭永怀等的边界层求解后来总结为奇异摄动法(Singular Perturbation)。

摄动法已经发展为求解非线性问题的重要手段，传统摄动法已经有著作专门讲述[32,33]，所以这里就不多讲了。要指出的是，这些著作中没有提及辛数学的概念。今天看来是不够的。

但摄动法是否**保辛**，却是未曾考虑的。保辛摄动在著作[6,9]中有所讲述，但用传递辛矩阵乘法表述的正则变换还应加强，在数值化年代，只讲李群是不够的。注意传递辛矩阵群，它只在矩阵乘法下保辛，而加法不能保辛。而 Taylor 级数展开却是加法，所以不能适合保辛的需求，按辛矩阵群的理论，只有乘法可以。

请注意，公式(1.2)表明，摄动法是因为刚度阵具有 $\boldsymbol{K}=\boldsymbol{K}_0+\varepsilon\boldsymbol{K}'$ 的形式，刚度加法。最简单的刚度加法就是弹簧的并联。

第 1 章引入辛矩阵，是从两端状态传递的角度讲的。因为是状态传递，所以自然就出现状态传递矩阵；另一方面传递矩阵有辛矩阵的数学性质，传递决定了辛矩阵的运算适用矩阵的乘法，串联弹簧的传递就对应于辛矩阵的乘法。大家很熟悉的弹簧 k_1 和 k_2 的并联，本来简单地就是 $k_c=k_1+k_2$。但并联与辛矩阵操作有何关系，也应关切。并联是弹簧刚度相加，是 $\boldsymbol{K}=\boldsymbol{K}_0+\varepsilon\boldsymbol{K}'$ 的最简单形式。用弹簧并联的简单问题介绍传递辛矩阵，从而对理解经典力学的正则变换也有好处。因正则变换是经典力学的核心内容之一，在传统经典动力学的学习中也是难点之一。

从离散系统的角度，用辛矩阵的乘法介绍正则变换以及其对于弹簧并联的运用。弹簧系统相当于离散坐标，这表明离散系统也适用正则变换的。从离散系统的角度，用辛矩阵的乘法介绍正则变换的运用，可得到最基本的概念。

正则变换是状态空间的变换，是不改变状态空间系统特性的变换。弹性系统的特性就是有正定变形能，其线性系统的刚度矩阵是对称的，从而其状态向量的传递是辛矩阵相乘。原来的系统符合这些条件，则进行状态空间正则变换后所得到的变换后的系统仍应满足这些条件。

从区段变形能看，弹簧并联的作用就是能量相加，化到单元刚度阵的相加，简单地就是弹簧刚度相加，与式(1.3)一致。

从辛矩阵的传递看，也是很清楚。辛矩阵与对称刚度阵相对应，辛矩阵还可用于变换。用恒常的辛矩阵 $\boldsymbol{S}$ 进行变换有：任意 2 个状态向量 $\boldsymbol{v}_1,\boldsymbol{v}_2$ 的变换 $\boldsymbol{S}\boldsymbol{v}_1,\boldsymbol{S}\boldsymbol{v}_2$，恒有不变的辛内积。即两个状态向量，用同一个辛矩阵做乘法变换，不改变状态向量的辛内积。第 1 章第 1.7 节已经讲了。

正则变换与辛矩阵的乘法变换有密切关系。这可用简单的弹簧模型来展示。弹簧有两端的状态向量 $\boldsymbol{v}_1,\boldsymbol{v}_2$，它们的传递是对应的辛矩阵 $\boldsymbol{S}$。传递给出 $\boldsymbol{v}_2=\boldsymbol{S}\boldsymbol{v}_1$。已经知道状态向量 $\boldsymbol{v}_1,\boldsymbol{v}_2$，用恒常的辛矩阵 $\boldsymbol{S}$ 变换，即 $\boldsymbol{v}'_1=\boldsymbol{S}\boldsymbol{v}_1,\boldsymbol{v}'_2=\boldsymbol{S}\boldsymbol{v}_2$，则有 $\boldsymbol{v}_1^{\mathrm{T}}\boldsymbol{J}\boldsymbol{v}_2=\boldsymbol{v}'^{\mathrm{T}}_1\boldsymbol{J}\boldsymbol{v}'_2$。

如果用不同的辛矩阵 $\boldsymbol{S}_1$，$\boldsymbol{S}_2$ 相乘做变换，就是正则变换了。

$$\boldsymbol{v}'_1=\boldsymbol{S}_1\boldsymbol{v}_1,\quad \boldsymbol{v}'_2=\boldsymbol{S}_2\boldsymbol{v}_2 \tag{1.8}$$

情况就不同了，有

$$\boldsymbol{v}_2=\boldsymbol{S}\boldsymbol{v}_1\quad\Rightarrow\quad \boldsymbol{v}'_2=(\boldsymbol{S}_2\cdot\boldsymbol{S}\cdot\boldsymbol{S}_1^{-1})\boldsymbol{v}'_1 \tag{1.9}$$

原来的传递辛矩阵 $\boldsymbol{S}$ 变换成矩阵$(\boldsymbol{S}_2\cdot\boldsymbol{S}\cdot\boldsymbol{S}_1^{-1})$的传递。按辛矩阵的**群**的性质，辛矩阵的求逆、乘法仍给出辛矩阵，即

$$\boldsymbol{S}'=(\boldsymbol{S}_2\cdot\boldsymbol{S}\cdot\boldsymbol{S}_1^{-1}) \tag{1.10}$$

仍然是**传递辛矩阵**。传递辛矩阵用于串联最方便。

既然是传递辛矩阵，一定可以返回到对称刚度阵

$$\boldsymbol{v}'_2=\boldsymbol{S}'\cdot\boldsymbol{v}'_1\Rightarrow U=\frac{1}{2}\begin{pmatrix}\boldsymbol{q}'_1\\ \boldsymbol{q}'_2\end{pmatrix}^{\mathrm{T}}\begin{pmatrix}\boldsymbol{K}'_{11} & \boldsymbol{K}'_{12}\\ \boldsymbol{K}'_{21} & \boldsymbol{K}'_{22}\end{pmatrix}\begin{pmatrix}\boldsymbol{q}'_1\\ \boldsymbol{q}'_2\end{pmatrix} \tag{1.11}$$

这就是辛矩阵乘法变换的作用，将单元刚度阵也变换了。但没有改变刚度阵对称的性质。所以不同辛矩阵的乘法变换也是正则变换。简单地说，正则变换对应于辛矩阵的乘法变换。此性质对于运用正则变换进行保辛摄动是有用的。这里出现了“摄动”(Perturbation)的名词，物理学称“微扰”。摄动法往往是 Lagrange 函数出现加一个小项，相当于弹簧加一个小项。

如果式(1.10)选择 $\boldsymbol{S}_1=\boldsymbol{I}$，$\boldsymbol{S}_2=\boldsymbol{S}^{-1}$，则有 $\boldsymbol{S}'=\boldsymbol{I}$ 的恒等变换。传递矩阵为单位阵，相当于弹簧刚度无穷大。弹簧好像就不存在了，“消化”掉了。

前面介绍了弹簧的并联。现将传递辛矩阵用于弹簧并联。设有弹簧 k_{a}，k_{b} 的并联，其中 k_{b} 远比 k_{a} 小，我们说 k_{b} 是对于 k_{a} 的摄动(微扰)。刚度相加给出 $k_{\mathrm{a}}+k_{\mathrm{b}}=k_+$，对应的传递辛矩阵 $\boldsymbol{S}_+$ 可按常规求出。弹簧并联本来不必用正则变换，刚度做加法很简单，这里不过为了举例而已。

设已求出 k_{a} 的传递辛矩阵 $\boldsymbol{S}_{\mathrm{a}}$，则可采用不同辛矩阵相乘的正则变换。选择 $\boldsymbol{S}_1=\boldsymbol{I}$，$\boldsymbol{S}_2=\boldsymbol{S}_{\mathrm{a}}^{-1}$，式(1.10)给出辛矩阵表达的正则变换后的传递矩阵

$$\boldsymbol{S}'=\boldsymbol{S}_{\mathrm{a}}^{-1}\cdot\boldsymbol{S}_+ \tag{1.12}$$

依然是辛矩阵。这表明变换 $\boldsymbol{S}_1=\boldsymbol{I}$，$\boldsymbol{S}_2=\boldsymbol{S}_{\mathrm{a}}^{-1}$ 是**保辛**的，因此是正则变换。将变换 $\boldsymbol{S}_1=\boldsymbol{I}$，$\boldsymbol{S}_2=\boldsymbol{S}_{\mathrm{a}}^{-1}$ 用于弹簧并联，验证为

$$\boldsymbol{S}_{\mathrm{a}}=\begin{pmatrix}1 & 1/k_{\mathrm{a}}\\ 0 & 1\end{pmatrix},\quad \boldsymbol{S}_{\mathrm{a}}^{-1}=\begin{pmatrix}1 & -1/k_{\mathrm{a}}\\ 0 & 1\end{pmatrix},\quad \boldsymbol{S}_+=\begin{pmatrix}1 & 1/(k_{\mathrm{a}}+k_{\mathrm{b}})\\ 0 & 1\end{pmatrix}$$

$$\boldsymbol{S}_{\mathrm{a}}^{-1}\cdot\boldsymbol{S}_{+}=\begin{pmatrix}1 & 1/(k_{\mathrm{a}}+k_{\mathrm{b}})-1/k_{\mathrm{a}}\\0 & 1\end{pmatrix}=\begin{pmatrix}1 & 1/k_{\mathrm{c}}\\0 & 1\end{pmatrix}$$

其中

$$k_{\mathrm{c}}=\frac{-(k_{\mathrm{a}}+k_{\mathrm{b}})k_{\mathrm{a}}}{k_{\mathrm{b}}}$$

因 k_{b} 很小，正则变换后得到的弹簧刚度 k_{c} 取很大负值，怎么理解 k_{c} 呢？如果将 k_{c} 与 k_{a} 串联，则仍应给出 $k_{\mathrm{a}}+k_{\mathrm{b}}$。验证如下：弹簧串联公式是 $1/k_{\mathrm{a}}+1/k_{\mathrm{c}}=1/k_{\mathrm{a}}-k_{\mathrm{b}}/k_{\mathrm{a}}(k_{\mathrm{a}}+k_{\mathrm{b}})=1/(k_{\mathrm{a}}+k_{\mathrm{b}})$，其逆为 $k_{\mathrm{a}}+k_{\mathrm{b}}$，验证符合。

为什么 k_{c} 取很大负值？也需要加以解释。设 $k_{\mathrm{b}}>0$ 是小量，近似系统的柔度$1/k_{\mathrm{a}}$估计偏大，所以需要一个负的柔度$1/k_{\mathrm{c}}$相加（减）；因$1/k_{\mathrm{c}}$的数值很小，所以 k_{c} 的数值就很大了。这一段是说明辛矩阵的正则变换是合理的。正则变换的作用原来是将弹簧的并联化成串联。

弹簧并联这类简单的课题本来有分析解，正则变换反而将问题变复杂了。然而在处理一般**非线性**问题时，严格分析解难以找到，只好近似进行**摄动**求解。此时只可能对于主要的刚度 k_{a} 有分析解。剩余部分 k_{b} 扰动虽小，却没有分析解。此时运用正则变换很有利，因为对于主要的刚度 k_{a} 有分析解。正则变换可利用分析解，将其主要部分“消化”掉，这是有利于分析与求解的。

弹簧的例题表明，用辛矩阵乘法做正则变换是可行的。

例如，卫星绕地球飞行时，除地球外还有其他天体的引力作用，引力很小。单纯考虑地球引力的卫星运动是 Kepler 问题，有分析解。可考虑为主要刚度 k_{a}。而其他天体的引力较复杂但很小，可考虑为剩余部分 k_{b}，刚度相加。这相当于弹簧 k_{a} 与 k_{b} 并联。运用 Kepler 问题的分析解求出正则变换的辛矩阵；进行辛矩阵的乘法变换，可分离出很小的剩余部分。如果一概用刚度表达，则剩余部分将表现为非常大的刚度。然而串联弹簧是柔度相加的，刚度大则柔度就很小。辛矩阵相乘本质上对应于串联的概念，故以采用柔度为好。

航天技术、机器人等现代新领域对于分析动力学提出了挑战性课题。空间飞行、多体动力学、微分-代数方程以及许多非线性问题的数值求解，需要辛矩阵、正则变换摄动等的理论与方法。本书在第 3 章已经讲了**用辛矩阵乘法表述的正则变换**，正则变换已经保证了**保辛**。现在也要运用**辛矩阵乘法变换于保辛摄动法**。**辛矩阵乘法表述的正则变换**是我们在文献[26]提出的，但应用方面还很不够，需要实际考验。

前面也讲了结构力学，与控制之间，两者可交叉应用，第 5 章讲解了结构力学与最优控制的模拟关系及其应用。两方面的求解思路是不同的。最优控制将这表达为时间积分，因此是初值问题，然后求解的思路是打靶法（Shooting Method）。给定初始状态，然后求解之，要求命中目标等以符合另一端边界条件的要求，典型的是动态规划（Dynamic Programming）法。动态规划法有一个很大的困难，称为维数诅咒（Dimensional Curse）或维数灾难。当未知数维数数目大时，以及积分步数多时，计算工作量指数式地增长，难以接受。国外因此发展了许多例如 Gauss 伪谱等的算法。我们应考虑发展自己的特色算法。相对应地，根据模拟理论，结构力学的求解对应于结构静力学。结构力学的求解有变分原理的有限元法，将微分方程看成为两端边界条件。两端边界条件和初值问题计算方法有很大的差别。结构力学有限元分析有许多有效方法，其中多层次网格法比较突出。唯有结合实际课题，方可考验方法的有效性。

算法特色，要走自己的路。结构力学与最优控制的模拟关系是国货。用好就可成为"奇兵"，出奇制胜。"夫未战而庙算胜者，得算多也；未战而庙算不胜者，得算少也。多算胜、少算不胜，何况于无算乎。吾以此观之，胜负见矣。"一律用"洋货"，再按动态规划做，方向正确吗？"行成于思，毁于随"呀。

6.2 非线性结构静力学的保辛多层网格法

传统有限元的插值是局部的，其单元刚度阵只与局部位移有关，因此组装的总刚度阵有稀疏性。线性问题时，单元刚度阵与位移无关，一次生成的总刚度阵可长远反复用下去，此时求解可用总刚度阵的三角分解，是很有效的。

但非线性问题所生成的单元刚度阵与位移有关，而位移则与全局情况相关，故非线性有限元的求解要迭代。非线性问题的迭代求解使稀疏总刚度阵的三角分解不再有效。

既然要迭代，则收敛快、减少迭代次数成为首先的考虑因素，而不是总刚度阵的稀疏性。单元刚度阵的局部位移就不再是决定因素，应考虑其他收敛快的插值方法。多层网格法(Multi-grid method)是得到关注的。如果与分析结构力学、有限元法相结合，则可得到更好的发展。

以往一大批差分格式是脱离了变分原理而根据微分算子凭经验凑合的，五花八门而缺乏一般规则。有限元列式虽然也是五花八门，但在变分原理导引下生成的单元，保证了单元刚度阵的对称性，从而保持了保守体系的基本规则，故**自动保辛**，这是很大的优点。分析结构力学要面对一般的非线性系统。可先对一维非线性问题探讨多层次的有限元分析，容易理解些。况且，非线性控制，对时间本来就是一维问题，根据与结构力学的模拟理论，恰到好处。

6.2.1 多层次有限元

可从简单例题来讲述，例如一维悬链线问题。该非线性问题有分析解。现用有限元法求解。设原来直线长 L 等分成 2^N 个单元，例如 $N=10$。设 $N=2$，则中间只有 3 点，有 3 个未知数 $w_i(i=1,2,3)$。

将单元局部插值并非有限元当然的方法。子结构分析时，可将整体划分成两个子结构(单元)。只在中间连接，位移 w_2。如果线性，即认为 w_1, w_3 等于$w_2/2$，三角形；但 w_1，w_3 并非$w_2/2$。补救的方法是引入未知数

$$w_1'=w_1-w_2/2, \quad w_3'=w_3-w_2/2 \tag{2.1a}$$

以代替绝对位移 w_1, w_3，即**相对位移未知数**。于是在子结构内成为相对位移的插值，而整体位移就是线性插值与子结构相对位移插值之和。单元内部的插值函数则仍然线性。$N=2$，故是 2 层次的有限元。独立位移未知数是 w_1', w_2, w_3'，仍然是 $n=3$ 个，即($n=2^N-1$)个。与绝对位移的关系是

$$w_1=w_1'+w_2/2, \quad w_3=w_3'+w_2/2 \tag{2.1b}$$

这相当于绝对位移与相对位移间有一个线性变换。传统有限元是用绝对位移组成总刚度阵的,而多层次有限元则用相对位移组成总刚度阵。应指出,当网格密度增加时,相对位移未知数是很小的。

位移法、有限元列式仍然是从最小势能原理出发,传统的有限元推导全部成立。尤其是**变分原理**。分析结构力学表明变分原理推导的有限元自动保辛。传统有限元刚度阵是对于绝对位移 $\boldsymbol{w}$ 的,总位移向量 $2^N-1=3$ 维,但单元的出口位移是 2 维。多层次有限元应当用**相对位移** $\boldsymbol{w}'$。相对位移的总位移向量 $\boldsymbol{w}'$ 与传统绝对总位移向量 $\boldsymbol{w}$ 之间相差一个 $n\times n$ 的线性变换矩阵 $\boldsymbol{T}$($\boldsymbol{T}$ 的生成后讲)

$$\boldsymbol{w}=\boldsymbol{T}\boldsymbol{w}' \tag{2.2}$$

但传统单元刚度阵是 2 维的,相当于从 $\boldsymbol{T}$ 阵中提取有关的列,提取操作有单元位移的"对号",得到 $\boldsymbol{T}_e$ 阵,2×3 维阵。于是传统绝对位移的 2×2 单元刚度阵 $\boldsymbol{R}$,转换到全局相对位移的 $n\times n$ 单元刚度阵为

$$\boldsymbol{R}_e'=\boldsymbol{T}_e^{\mathrm{T}}\boldsymbol{R}\boldsymbol{T}_e \tag{2.3}$$

因已经对号、扩维,组装进相对位移的总刚度阵时,只要简单地加起来即可,总刚度阵(相对位移的)是满阵。

满阵的求解当然不如稀疏矩阵。线性有限元生成总刚度阵一次,三角化后可多次使用。故使用绝对位移稀疏矩阵而求解是有效的。但非线性问题必然要**迭代**求解,单元刚度阵与总刚度阵都要反复生成,计算效率主要应从迭代的收敛性方面考虑。联立方程的求解也要反复进行。不同层次间的扩维,加入的相对位移未知数的数值很小,对刚度阵非线性的近似好。故应考虑用相对位移求解。

以一维为例,每个节点 1 个位移。设 $N=2$,故有 $n=2^N-1=3$ 个内部点,两端位移 w_0,w_4 给定。用 w_i,w_i' 分别代表绝对和相对位移。线性插值:

第一层:　$w_2=w_2'+(w_0+w_4)/2$

第二层:　$w_1=(w_0+w_2)/2+w_1'=[3w_0/4+w_2'/2+w_4/4]+w_1'$

$w_3=(w_2+w_4)/2+w_3'=[w_0/4+w_2'/2+3w_4/4]+w_3'$

$$\begin{pmatrix}w_1\\w_2\\w_3\end{pmatrix}=\boldsymbol{w}=\boldsymbol{T}\boldsymbol{w}'+\boldsymbol{T}_0\boldsymbol{w}_{\mathrm{bd}},\quad \boldsymbol{T}=\begin{pmatrix}1&0.5&0\\0&1&0\\0&0.5&1\end{pmatrix}$$

$$\boldsymbol{T}_0=\begin{pmatrix}3/4&1/4\\1/2&1/2\\1/4&3/4\end{pmatrix},\quad \boldsymbol{w}_{\mathrm{bd}}=\begin{pmatrix}w_0\\w_4\end{pmatrix}$$

其中,w_2 是第一层次节点的位移;w_1,w_3 是第二层次节点的位移。系数其实就是分层线性插值的结果。以后即使不是等分的网格,也可生成计算转换阵。

如果 $N=3$,则有 $n=2^N-1=7$ 个内部点。有转换阵

$$
\boldsymbol{T}=\begin{pmatrix}
1 & 0.5 & 0 & 0.25 & 0 & 0 & 0\\
0 & 1 & 0 & 0.5 & 0 & 0 & 0\\
0 & 0.5 & 1 & 0.75 & 0 & 0 & 0\\
0 & 0 & 0 & 1 & 0 & 0 & 0\\
0 & 0 & 0 & 0.75 & 1 & 0.5 & 0\\
0 & 0 & 0 & 0.5 & 0 & 1 & 0\\
0 & 0 & 0 & 0.25 & 0 & 0.5 & 1
\end{pmatrix}
$$

注意，$\boldsymbol{T}$ 阵第一层次位移 w_4 的插值，与以下层次的相对位移无关，故中间行除对角元外全部是 0。中间列表明 w_4 对全部绝对位移有作用，显示了线性插值。

第二层：左上角与右下角的对角 3×3 阵就是第二层的转换阵，右上、左下的零表明了不同子区位移之间的相互无关性。

例如 5 号单元(4,5)，连结绝对位移 w_4，w_5，可仍用普通有限元插值计算得到单元刚度阵。然后抽取

$$
\begin{pmatrix} w_4 \\ w_5 \end{pmatrix}=\boldsymbol{T}_{e=5}\boldsymbol{w}',\quad \boldsymbol{T}_{e=5}=\begin{pmatrix}0 & 0 & 0 & 1 & 0 & 0 & 0\\ 0 & 0 & 0 & 0.75 & 1 & 0.5 & 0\end{pmatrix}
$$

按式(2.3)就得到该单元对总刚度阵(相对位移)的贡献。

既然总刚度阵是满阵，位移次序可任意编排。可将高划分层次的节点位移编排在先。最高层次位移影响全局。对任何结构的有限元节点位移都有插值影响，表现在转换阵 $\boldsymbol{T}$ 对应列是满的。

将位移重新编排：

$$
\boldsymbol{w}=\begin{pmatrix} w_4\\ w_2\\ w_6\\ w_1\\ w_3\\ w_5\\ w_7\end{pmatrix},\quad \boldsymbol{T}=\begin{pmatrix}
1 & 0 & 0 & 0 & 0 & 0 & 0\\
0.5 & 1 & 0 & 0 & 0 & 0 & 0\\
0.5 & 0 & 1 & 0 & 0 & 0 & 0\\
0.25 & 0.5 & 0 & 1 & 0 & 0 & 0\\
0.75 & 0.5 & 0 & 0 & 1 & 0 & 0\\
0.75 & 0 & 0.5 & 0 & 0 & 1 & 0\\
0.25 & 0 & 0.5 & 0 & 0 & 0 & 1
\end{pmatrix},\quad \boldsymbol{w}=\boldsymbol{T}\boldsymbol{w}'
$$

其中系数是线性插值决定的，无非是行、列互换而已。

非线性问题的任何位移，对变形都会起作用，这是要求解的。但位移的有限元插值，有分层次的影响。

只用最高层次位移 w_4 线性插值不够细，还要再进一步划分。选择若干节点为下层次 w_2，w_6 的节点。在插值时下层次节点的相对位移 w_2'，w_6' 对高层次的位移无作用。表现在转换阵 $\boldsymbol{T}$ 中高层次位移所对应的行为零。下层次节点位移对上层次一律无影响，故上半三角转换阵为零。最低层次相对位移只能影响自己，故对应的右下块为单位阵。

分层次求解，表明网格越来越细，近似解越逼近于真解。全部位移皆应迭代求解。

6.2.2 多层次的迭代求解

非线性问题的满阵求解，必然要迭代。设有 $N=10$ 个层次，共有(2^N-1)个未知数。

迭代求解可逐步**按层次**进行。每个层次的联立方程也是**非**线性的，也需要迭代求解。k 层次求解的相对位移用 $\boldsymbol{w}^{(k)}$ 表示。$\boldsymbol{w}^{(k)}$ 中独立的相对位移数为 2^k-1，其余 2^N-2^k 个相对位移为零。应指出，非线性有限元迭代时，单元刚度阵也需要反复生成。除非特别声明，以后总是讲相对位移的。

当层次 k 比较低时，只要少量的迭代次数便可。k 层次的计算要继承上$(k-1)$层次的结果，从而 k 层次开始迭代求解时，其单元刚度阵与总刚度阵是 $\boldsymbol{w}^{(k-1)}$ 的函数，其中有$(2^{k-1}-1)$个元素非零。但 k 层次迭代要求解 $\boldsymbol{w}^{(k)}$，其中有(2^k-1)个元素非零。虽然最后划分网格很细，$(2^N-1)\times(2^N-1)$阵，但层次 k 有效的只是对应于$(2^k-1)\times(2^k-1)$的子对角阵。

启动时 $k=1$，开始迭代时 $\boldsymbol{w}^{(0)}=\boldsymbol{0}$，误差很大。非线性代数方程要迭代求解，但维数小且不需要很多次的迭代计算。网格划分很粗，中间点的相对位移是零，相当于绝对位移的线性插值。有限元可直接用**粗网格**进行，直接生成其分块总刚度阵，然后求解。粗网格的非线性刚度阵也要迭代的，但只要少量迭代即可；再说未知数少，故迭代的代价也不大。

$k=2$ 层次迭代时已经有了 $\boldsymbol{w}^{(1)}$，虽然不理想，但对绝对位移的近似已经好多了。误差来源是网格的线性插值，网格粗时误差大；而当网格密度增加时，误差急剧减少，**平方逼近**，迭代的收敛会加快。

k 层次迭代的控制误差应按 2^{-k}作**指数量级**的减少。k 层次总刚度阵的生成也不必从生成最后的细网格$(2^N-1)\times(2^N-1)$总刚度阵，再抽取其子对角矩阵。可直接用对应的网格生成其 k 层次的子总刚度阵。

层次增加时，其子总刚度阵的尺度逐步增加。记网格直径为$d=O(2^{-k})$，则相对位移的误差为 $O(d^2)$，迭代收敛就很快。高密度时，新增加的相对位移数值小，故收敛快，是其很大优点。

6.2.3　数值例题

最简单的非线性的例题可用悬链线，设该线的拉伸刚度为比较大的 EF。原来单位长度的重量为 ρF。两端固定，$x_0=0$，$y_0=0$；$x_a=0.9\times L$，$y_a=0$。每个内部节点有 2 个独立位移未知数。设划分单元长度为 L/m 的 m 段，有限元分析时，外力集中在节点上为 $\rho FL/m$，向下。

对悬链线参数无量纲化具体赋值如下：$EF=2.4\times10^5$，$\rho F=25$，$L=100$。将分析解代入具体数值得到如图 6-1 所示的结果，可以看到悬链线考虑弹性变形和完全刚性的时候有比较明显的差别。这个分析解可以用来与后面本书数值解作对比。

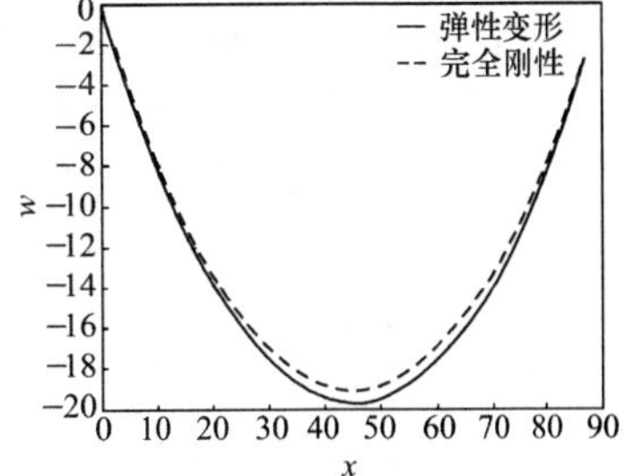

图 6-1　悬链线分析解

采用多层次有限元的方法以相对位移作为未知数，随着层数的增加，悬链线问题的计算过程如图 6-2～图 6-5所示。对于这个悬链线问题，只经过了很少的层次迭代就接近真解，到第五层次时曲线已经非常光滑，所以收敛速度是很快的。这个结论可以从图 6-7 中得到，将第六层次的多层次有限元计算结果和分析解进行了对比。

从图 6-6 中可以看到第六层次有限元计算结果已经和分析解几乎重合，吻合非常好，说明计算精度高。具体的数值对比见表 6-1。图 6-7 则从多层次有限元解与分析解误差的角度说明了收敛速度快的特点，只进行到第六层次，绝对误差就很小了，与理论分析的结果吻合。

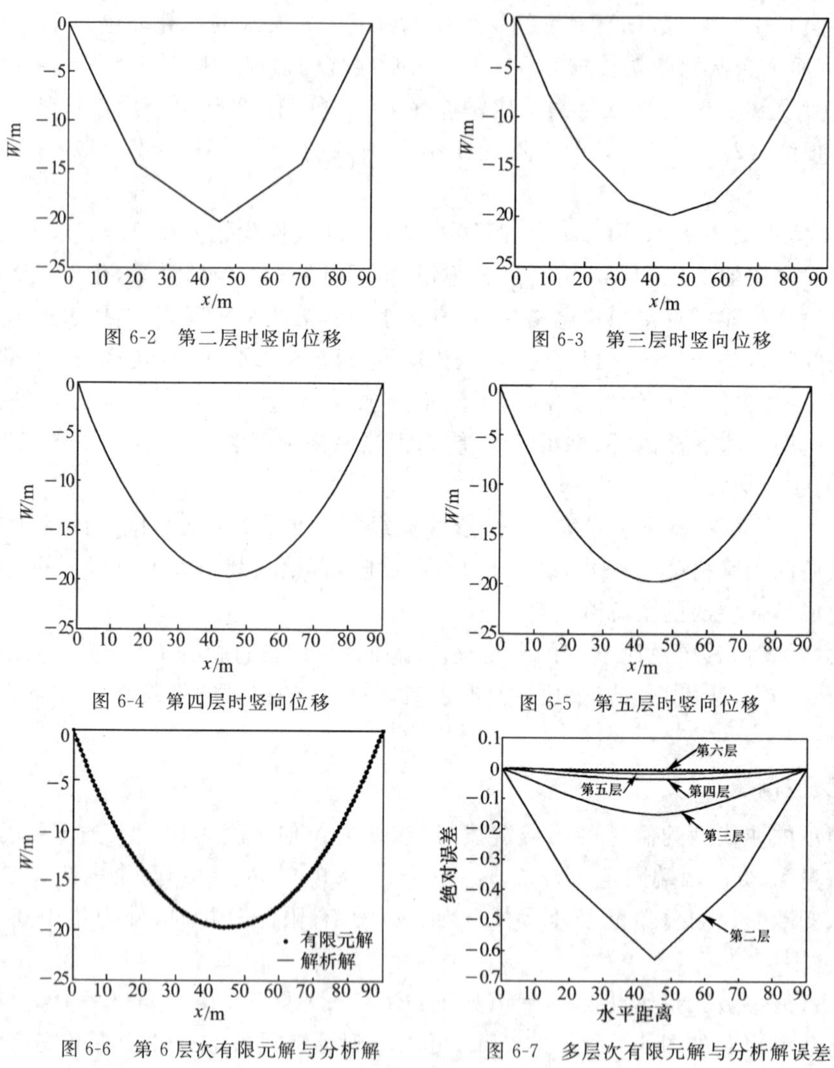

图 6-2　第二层时竖向位移

图 6-3　第三层时竖向位移

图 6-4　第四层时竖向位移

图 6-5　第五层时竖向位移

图 6-6　第 6 层次有限元解与分析解

图 6-7　多层次有限元解与分析解误差

表 6-1　第六层次时多层次有限元解与解析解(纵向位移)

水平横坐标	多层次有限元解	解析解
7.031 3	−5.091 091	−5.103 069
28.125 0	−16.535 032	−16.534 537
45.0	−19.714 248	−19.713 283
53.437 5	−18.902 259	−18.901 521
71.718 8	−12.048 960	−12.049 589
87.187 5	−2.100 093	−2.101 307

重要的是多层次有限元方法较之一般几何非线性有限元方法的主要优点是计算效率的提高。从图 6-8 中可以观察到这一结论。图 6-8 采用以绝对位移为未知数求解。为了

体现对比性，图中两种方法在对单元循环，即单元刚度阵累加总刚度阵时采用单元结点转换矩阵 $\boldsymbol{G}$ 实现。其实可以根据本书提出的多层次有限元方法的思想加以灵活运用。图 6-9 采用绝对位移为未知数求解此问题。由于是绝对位移，故不需要单元刚度阵经过式(2.3)的转换。同样为了具有可比性，在对单元循环，即单元刚度阵累加总刚度阵时对结点位置直接“对号入座”。在图 6-8 与图 6-9 中的计算时间是三次的平均。可以看到，传统几何非线性有限元计算时间随着剖分密度加大，也就是节点未知数的增加，计算时间非线性的增长。而多层次有限元方法只是随着计算未知数的增加近乎线性增长，与多重网格方法有着异曲同工之处。从图 6-8 与图 6-9 的对比可以看到无论是采用相对位移还是绝对位移为未知数，多层次有限元方法较之传统有限元方法，计算效率都有显著的提高。

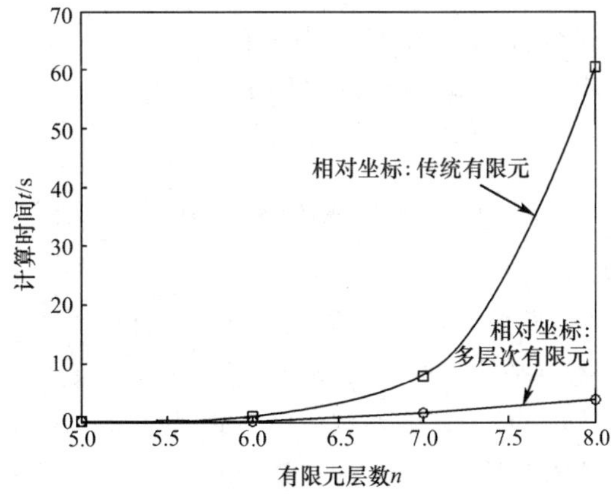

图 6-8　相对坐标：传统有限元与多层次有限元计算效率的对比

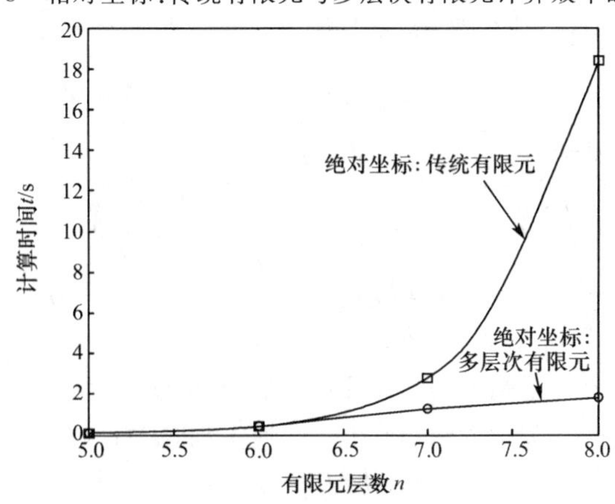

图 6-9　绝对坐标：传统有限元与多层次有限元计算效率的对比

讨论　本书主要是提出多层次有限元方法的思想，故给出了一个较简单的数值算例。从理论上分析多层次有限元迭代过程中，采用相对位移为未知数要比采用绝对位移为未知数迭代计算效率高。由于本书数值算例比较简单，没有体现出很大差别，但都比直接采用绝对位移为未知数的传统有限元直接迭代计算效率高。相对位移数值小，是对于近似结果的摄动。摄动当然要求小参数，采用结构力学有限元变分原理，其结果自然是保辛的。至于具体实施多层次有限元过程中采用哪种方式，可在以后研究复杂非线性问题中进一步研究。

从悬链线例题，可看到多层次有限元是很有效的。这是结构力学问题，好在有结构力学与最优控制的模拟关系。以下要将多层次有限元方法用于最优控制的计算。

悬链线在实际工程中是重要的。海洋工程，要开发海底石油，需要称为脐带的综合管线，南海荔湾油田水深已达 2 000 米。脐带从水平面下去只能是悬链线。

6.3 非线性动力学最优控制的保辛多层网格法

为了进一步说明以上方法的有效性，将保辛多层网格方法扩展到非线性控制问题[38]。

考虑非线性系统的最优控制问题，其状态方程为

$$\dot{\boldsymbol{x}}(t)=f(\boldsymbol{x}(t),\boldsymbol{u}(t),t) \tag{3.1}$$

性能指标为

$$J=\int_0^{t_f}\Phi(\boldsymbol{x}(t),\boldsymbol{u}(t),t)\,\mathrm{d}t \tag{3.2}$$

其中 $\boldsymbol{x}$ 是 d 维状态向量，$\boldsymbol{u}$ 是 p 维控制向量。

通过引入 Lagrange 乘子 $\boldsymbol{\lambda}$ 将状态方程(3.1)作为约束条件引入到性能指标(3.2)中，采用变分法得到关于最优控制输入的必要条件，进一步将控制输入 $\boldsymbol{u}(t)$ 表示成状态变量 $\boldsymbol{x}$ 与协态变量 $\boldsymbol{\lambda}$ 的函数，即 $\boldsymbol{u}(t)=g(\boldsymbol{x}(t),\boldsymbol{\lambda}(t))$。此时 Hamilton 函数只是关于状态变量 $\boldsymbol{x}$ 与协态变量 $\boldsymbol{\lambda}$ 两类变量的函数

$$H(\boldsymbol{x},\boldsymbol{\lambda},g(\boldsymbol{x},\boldsymbol{\lambda}))=\Phi(\boldsymbol{x}(t),g(\boldsymbol{x},\boldsymbol{\lambda}),t)+\boldsymbol{\lambda}f(\boldsymbol{x}(t),g(\boldsymbol{x},\boldsymbol{\lambda}),t) \tag{3.3}$$

那么 Hamilton 函数(3.3)对应的变分原理为

$$S=\int_0^{\eta}(\boldsymbol{\lambda}^{\mathrm{T}}\dot{\boldsymbol{x}}-H(\boldsymbol{x},\boldsymbol{\lambda}))\,\mathrm{d}t,\quad \delta S=0 \tag{3.4}$$

对作用量 S 取驻值，即对式(3.4)进行变分，有

$$\delta S=\int_0^{\eta}(\delta\boldsymbol{x})^{\mathrm{T}}\left(-\dot{\boldsymbol{\lambda}}-\frac{\partial H}{\partial\boldsymbol{x}}\right)\mathrm{d}t+\int_0^{\eta}(\delta\boldsymbol{\lambda})^{T}\left(\dot{\boldsymbol{x}}-\frac{\partial H}{\partial\boldsymbol{\lambda}}\right)\mathrm{d}t+\boldsymbol{\lambda}^{\mathrm{T}}\delta\boldsymbol{x}\Big|_0^{\eta}=0 \tag{3.5}$$

若认为两端边界状态给定，则可以在域内得到 Hamilton 正则方程，求解此 Hamilton 正则方程即可得状态变量和协态变量，进而求出控制输入。

在数值求解 Hamilton 正则方程时，可从另一个角度利用变分原理(3.5)，即若认为在域内已经满足 Hamilton 正则方程，则可以得到作用量与两端状态的关系

$$\mathrm{d}S=\boldsymbol{\lambda}_{\eta}^{\mathrm{T}}\mathrm{d}\boldsymbol{x}_{\eta}-\boldsymbol{\lambda}_0^{\mathrm{T}}\mathrm{d}\boldsymbol{x}_0 \tag{3.6}$$

下面考虑以式(3.6)为出发点，研究两端状态作为独立变量情况的多层次保辛算法求解非线性最优控制问题。

6.3.1 连续系统的保辛格式离散

在构造数值算法的时候，连续时间域$(0,t_f)$被离散成一系列的离散时间点，即：$t_0=0$，$t_1=\eta,\cdots,t_j=j\eta,\cdots,t_f=J\eta$，其中时间步长度为 η，离散的时间区段个数为 J，如图 6-10 所示。

在构造数值算法的时候，根据第一类生成函数的性质，将状态变量 $\boldsymbol{x}(t)$ 和协态变量

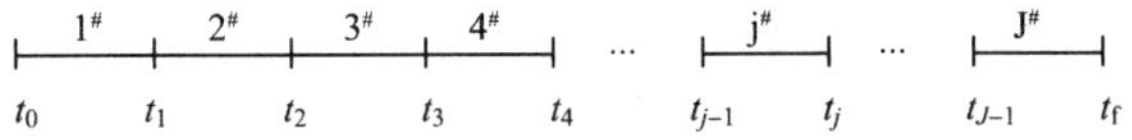

图 6-10　连续时域被离散示意图

$\boldsymbol{\lambda}(t)$在第 j 个子时间区段内分别采用 $m-1$ 阶和 $n-1$ 阶 Lagrange 多项式近似如下，如图 6-11 所示。

$$\boldsymbol{x}(t)=(M_1\otimes\boldsymbol{I})\boldsymbol{x}_{j-1}+(\overline{\boldsymbol{M}}\otimes\boldsymbol{I})\bar{\boldsymbol{x}}_j+(M_m\otimes\boldsymbol{I})\boldsymbol{x}_j \tag{3.7}$$

$$\boldsymbol{\lambda}(t)=(\boldsymbol{N}\otimes\boldsymbol{I})\bar{\boldsymbol{\lambda}}_j \tag{3.8}$$

其中，$\boldsymbol{I}$ 表示单位矩阵。变量 $\boldsymbol{x}_{j-1}$ 和 $\boldsymbol{x}_j$ 表示第 j 个子区段左端和右端的状态变量。变量 $\bar{\boldsymbol{x}}_j$ 是由第 j 个子区段内在插值点上的所有状态变量组成，即

$$\bar{\boldsymbol{x}}_j=(\bar{\boldsymbol{x}}_j^2,\bar{\boldsymbol{x}}_j^3,\cdots,\bar{\boldsymbol{x}}_j^{m-1})^{\mathrm{T}} \tag{3.9}$$

变量 $\bar{\boldsymbol{\lambda}}_j$ 是由第 j 个子区段内在插值点上的所有协态变量组成，即

$$\bar{\boldsymbol{\lambda}}_j=(\bar{\boldsymbol{\lambda}}_j^1,\bar{\boldsymbol{\lambda}}_j^2,\cdots,\bar{\boldsymbol{\lambda}}_j^n)^{\mathrm{T}} \tag{3.10}$$

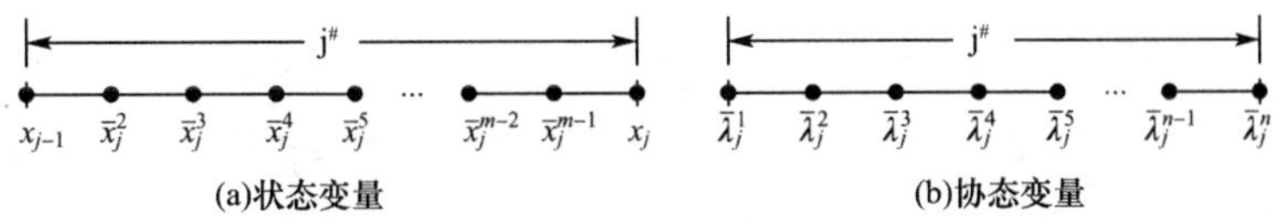

图 6-11　第 j 个时间子区段内的插值近似

由于子区段两端的状态变量作为独立变量，所以采用符号 $\boldsymbol{x}_{j-1}$ 和 $\boldsymbol{x}_j$ 表示；而其他 Lagrange 多项式插值点上的状态变量和协态变量采用符号 $\bar{\boldsymbol{x}}_j$ 和 $\bar{\boldsymbol{\lambda}}_j$ 表示。在公式(3.9)、(3.10)中其他符号具体表示为

$$\overline{\boldsymbol{M}}=(M_2,M_3,\cdots,M_{m-1}) \tag{3.11}$$

$$\boldsymbol{N}=(N_1,N_2,\cdots,N_n) \tag{3.12}$$

$$M_i=\prod_{j=1,j\neq i}^{m}\frac{t-(j-1)\eta/(m-1)}{(i-j)\eta/(m-1)} \tag{3.13}$$

$$N_i=\prod_{j=1,j\neq i}^{n}\frac{t-(j-1)\eta/(n-1)}{(i-j)\eta/(n-1)} \tag{3.14}$$

并且方程(3.7)、(3.8)中的符号$\otimes$表示两个矩阵的 Kronecker 乘积。一个 $k\times l$ 维矩阵 $\boldsymbol{A}$ 和另一个 $s\times t$ 维矩阵 $\boldsymbol{B}$ 的 Kronecker 乘积 $\boldsymbol{A}\otimes\boldsymbol{B}$ 是如下一个 $ks\times lt$ 的矩阵

$$\boldsymbol{A}\otimes\boldsymbol{B}=\begin{pmatrix} a_{11}\boldsymbol{B} & \cdots & a_{1l}\boldsymbol{B} \\ \vdots & \ddots & \vdots \\ a_{k1}\boldsymbol{B} & \cdots & a_{kl}\boldsymbol{B} \end{pmatrix} \tag{3.15}$$

将近似的状态变量式(3.7)和协态变量式(3.8)代入作用量的式(3.4)，得

$$V_j(\boldsymbol{x}_{j-1},\boldsymbol{x}_j,\bar{\boldsymbol{x}}_j,\bar{\boldsymbol{\lambda}}_j)=\int_0^{\eta}(\boldsymbol{\lambda}^{\mathrm{T}}\dot{\boldsymbol{x}}-H(\boldsymbol{x},\boldsymbol{\lambda}))_j\,\mathrm{d}t,\quad j=1,2,\cdots,J \tag{3.16}$$

根据最小作用量原理，如果哈密顿正则方程在域内得到满足，那么作用量只是两端状态的函数。因此，近似作用量$S_j(\boldsymbol{x}_{j-1},\boldsymbol{x}_j)$在第 j 个子区段内可以表达为

$$S_j(\boldsymbol{x}_{j-1},\boldsymbol{x}_j)=\underset{\bar{\boldsymbol{x}}_j,\bar{\boldsymbol{\lambda}}_j}{\mathrm{stat}}V_j(\boldsymbol{x}_{j-1},\boldsymbol{x}_j,\bar{\boldsymbol{x}}_j,\bar{\boldsymbol{\lambda}}_j) \tag{3.17}$$

驻值条件式(3.17)等价于

$$\frac{\partial V_j(\boldsymbol{x}_{j-1},\boldsymbol{x}_j,\bar{\boldsymbol{x}}_j,\bar{\boldsymbol{\lambda}}_j)}{\partial\bar{\boldsymbol{x}}_j}=0,\quad j=1,2,\cdots,J \tag{3.18}$$

$$\frac{\partial V_j(\boldsymbol{x}_{j-1},\boldsymbol{x}_j,\bar{\boldsymbol{x}}_j,\bar{\boldsymbol{\lambda}}_j)}{\partial\bar{\boldsymbol{\lambda}}_j}=0,\quad j=1,2,\cdots,J \tag{3.19}$$

将所有子区段内的近似作用量 $S_j(\boldsymbol{x}_{j-1},\boldsymbol{x}_j)$ 求和并完成对状态变量的变分运算，则整个时域内的近似作用量可以表示为

$$S(\boldsymbol{x}_0,\boldsymbol{x}_J)=\underset{\boldsymbol{x}_k,k=1,2,\cdots,J-1}{\text{stat}}\left(\sum_{j=1}^{J}S_j(\boldsymbol{x}_{j-1},\boldsymbol{x}_j)\right) \tag{3.20}$$

方程(3.20)中的驻值条件可以具体表示为

$$\frac{\partial S_j}{\partial\boldsymbol{x}_j}+\frac{\partial S_{j+1}}{\partial\boldsymbol{x}_j}=0,\quad j=1,2,\cdots,J-1 \tag{3.21}$$

当整个时域内的近似作用量 $S(\boldsymbol{x}_0,\boldsymbol{x}_J)$ 通过式(3.20)得到以后，根据式(3.6)得到整个时域两端协态变量为

$$\boldsymbol{\lambda}_0=-\frac{\partial S}{\partial\boldsymbol{x}_0},\quad \boldsymbol{\lambda}_J=\frac{\partial S}{\partial\boldsymbol{x}_J} \tag{3.22}$$

至此，基于最小作用量原理，非线性最优控制问题已经转化为一系列非线性代数方程(3.18)、(3.19)、(3.21)和(3.22)的求解。

6.3.2 非线性方程组的显式 Jacobi 矩阵

为了求解非线性代数方程，本书采用牛顿法进行迭代求解。为了加快牛顿法计算的收敛速度，需要提供解析形式的 Jacobi 矩阵。进一步，为了方便 Jacobi 矩阵公式的推导，采用如下符号定义：

$$\boldsymbol{F}_1^j=\frac{\partial S_j}{\partial\boldsymbol{x}_{j-1}}=\int_0^{\eta}\left(\dot{\mathrm{M}}_1\otimes\boldsymbol{\lambda}-M_1\otimes\frac{\partial H}{\partial\boldsymbol{x}}\right)_j\mathrm{d}t,\quad j=1,2,\cdots,J \tag{3.23}$$

$$\boldsymbol{F}_2^j=\frac{\partial V_j}{\partial\bar{\boldsymbol{x}}_j}=\int_0^{\eta}\left(\dot{\boldsymbol{M}}^{\mathrm{T}}\otimes\boldsymbol{\lambda}-\boldsymbol{M}^{\mathrm{T}}\otimes\frac{\partial H}{\partial\boldsymbol{x}}\right)_j\mathrm{d}t,\quad j=1,2,\cdots,J \tag{3.24}$$

$$\boldsymbol{F}_3^j=\frac{\partial V_j}{\partial\bar{\boldsymbol{\lambda}}_j}=\int_0^{\eta}\left(\boldsymbol{N}^{\mathrm{T}}\otimes\left(\dot{\boldsymbol{x}}-\frac{\partial H}{\partial\boldsymbol{\lambda}}\right)\right)_j\mathrm{d}t,\quad j=1,2,\cdots,J \tag{3.25}$$

$$\boldsymbol{F}_4^j=\frac{\partial S_j}{\partial\boldsymbol{x}_j}=\int_0^{\eta}\left(\dot{\mathrm{M}}_m\otimes\boldsymbol{\lambda}-M_m\otimes\frac{\partial H}{\partial\boldsymbol{x}}\right)_j\mathrm{d}t,\quad j=1,2,\cdots,J \tag{3.26}$$

其中

$$\dot{\boldsymbol{x}}(t)=(\dot{\mathrm{M}}_1\otimes\boldsymbol{I})\boldsymbol{x}_{j-1}+(\dot{\boldsymbol{M}}\otimes\boldsymbol{I})\bar{\boldsymbol{x}}_j+(\dot{\mathrm{M}}_{\mathrm{m}}\otimes\boldsymbol{I})\boldsymbol{x}_j \tag{3.27}$$

因此，非线性代数方程(3.18)、(3.19)、(3.21)和(3.22)可以重新写为

$$\boldsymbol{F}_1^1+\boldsymbol{\lambda}_0=\boldsymbol{0} \tag{3.28}$$

$$\boldsymbol{F}_2^j=\boldsymbol{0} \tag{3.29}$$

$$\boldsymbol{F}_3^j=\boldsymbol{0} \tag{3.30}$$

$$\boldsymbol{F}_1^{j+1}+\boldsymbol{F}_4^j=\boldsymbol{0} \tag{3.31}$$

$$\boldsymbol{F}_4^J-\boldsymbol{\lambda}_J=\boldsymbol{0} \tag{3.32}$$

采用牛顿法求解非线性方程组(3.28)～(3.32)，其中未知变量是($\boldsymbol{x}_0^{\mathrm{T}}$；$\bar{\boldsymbol{x}}_1^{\mathrm{T}}$，$\bar{\boldsymbol{\lambda}}_1^{\mathrm{T}}$，$\boldsymbol{x}_1^{\mathrm{T}}$；$\bar{\boldsymbol{x}}_2^{\mathrm{T}}$，$\bar{\boldsymbol{\lambda}}_2^{\mathrm{T}}$，$\boldsymbol{x}_2^{\mathrm{T}}$；…；$\bar{\boldsymbol{x}}_J^{\mathrm{T}}$，$\bar{\boldsymbol{\lambda}}_J^{\mathrm{T}}$，$\boldsymbol{x}_J^{\mathrm{T}}$)^{T}，将非线性方程(3.28)～(3.32)对未知变量求导数，得到

如下 Jacobi 矩阵

$$
\boldsymbol{K}=\begin{bmatrix}
\ddots \\
& \boldsymbol{K}_{11}^{j} & \boldsymbol{K}_{12}^{j} & \boldsymbol{K}_{13}^{j} & \boldsymbol{K}_{14}^{j} \\
& \boldsymbol{K}_{21}^{j} & \boldsymbol{K}_{22}^{j} & \boldsymbol{K}_{23}^{j} & \boldsymbol{K}_{24}^{j} \\
& \boldsymbol{K}_{31}^{j} & \boldsymbol{K}_{32}^{j} & \boldsymbol{K}_{33}^{j} & \boldsymbol{K}_{34}^{j} \\
& & & & \boldsymbol{K}_{44}^{j}+\boldsymbol{K}_{11}^{j+1} & \boldsymbol{K}_{12}^{j+1} & \boldsymbol{K}_{13}^{j+1} & \boldsymbol{K}_{14}^{j+1} \\
& & & & \boldsymbol{K}_{21}^{j+1} & \boldsymbol{K}_{22}^{j+1} & \boldsymbol{K}_{23}^{j+1} & \boldsymbol{K}_{24}^{j+1} \\
& & & & \boldsymbol{K}_{31}^{j+1} & \boldsymbol{K}_{32}^{j+1} & \boldsymbol{K}_{33}^{j+1} & \boldsymbol{K}_{34}^{j+1} \\
& & & & & & & \boldsymbol{K}_{44}^{j+1}+\boldsymbol{K}_{11}^{j+2} & \boldsymbol{K}_{12}^{j+2} \\
& & & & & & & \boldsymbol{K}_{21}^{j+2} & \boldsymbol{K}_{22}^{j+2} \\
& & & & & & & & & \ddots
\end{bmatrix} \tag{3.33}
$$

其中，公式(3.33)中 $\boldsymbol{K}^j$ 的具体元素表达为

$$\boldsymbol{K}_{11}^{j}=-\int_0^{\eta}\left(M_1M_1\otimes\frac{\partial^2 H}{\partial \boldsymbol{x}^2}\right)_j \mathrm{d}t \tag{3.34}$$

$$\boldsymbol{K}_{12}^{j}=(\boldsymbol{K}_{21}^{j})^{\mathrm{T}}=-\int_0^{\eta}\left(M_1\boldsymbol{M}\otimes\frac{\partial^2 H}{\partial \boldsymbol{x}^2}\right)_j \mathrm{d}t \tag{3.35}$$

$$\boldsymbol{K}_{13}^{j}=(\boldsymbol{K}_{31}^{j})^{\mathrm{T}}=\int_0^{\eta}\left(\dot{M}_1\boldsymbol{N}\otimes\boldsymbol{I}-M_1\boldsymbol{N}\otimes\frac{\partial^2 H}{\partial \boldsymbol{x}\partial\boldsymbol{\lambda}}\right)_j \mathrm{d}t \tag{3.36}$$

$$\boldsymbol{K}_{14}^{j}=(\boldsymbol{K}_{41}^{j})^{\mathrm{T}}=-\int_0^{\eta}\left(M_1M_m\otimes\frac{\partial^2 H}{\partial \boldsymbol{x}^2}\right)_j \mathrm{d}t \tag{3.37}$$

$$\boldsymbol{K}_{22}^{j}=-\int_0^{\eta}\left(\boldsymbol{M}^{\mathrm{T}}\boldsymbol{M}\otimes\frac{\partial^2 H}{\partial \boldsymbol{x}^2}\right)_j \mathrm{d}t \tag{3.38}$$

$$\boldsymbol{K}_{23}^{j}=(\boldsymbol{K}_{32}^{j})^{\mathrm{T}}=\int_0^{\eta}\left(\dot{\boldsymbol{M}}^{\mathrm{T}}\boldsymbol{N}\otimes\boldsymbol{I}-\boldsymbol{M}^{\mathrm{T}}\boldsymbol{N}\otimes\frac{\partial^2 H}{\partial \boldsymbol{x}\partial\boldsymbol{\lambda}}\right)_j \mathrm{d}t \tag{3.39}$$

$$\boldsymbol{K}_{24}^{j}=(\boldsymbol{K}_{42}^{j})^{\mathrm{T}}=-\int_0^{\eta}\left(\boldsymbol{M}^{\mathrm{T}}M_m\otimes\frac{\partial^2 H}{\partial \boldsymbol{x}^2}\right)_j \mathrm{d}t \tag{3.40}$$

$$\boldsymbol{K}_{33}^{j}=-\int_0^{\eta}\left(\boldsymbol{N}^{\mathrm{T}}\boldsymbol{N}\otimes\frac{\partial^2 H}{\partial \boldsymbol{\lambda}^2}\right)_j \mathrm{d}t \tag{3.41}$$

$$\boldsymbol{K}_{34}^{j}=(\boldsymbol{K}_{43}^{j})^{\mathrm{T}}=\int_0^{\eta}\left(\boldsymbol{N}^{\mathrm{T}}\dot{M}_m\otimes\boldsymbol{I}-\boldsymbol{N}^{\mathrm{T}}M_m\otimes\frac{\partial^2 H}{\partial \boldsymbol{\lambda}\partial\boldsymbol{x}}\right)_j \mathrm{d}t \tag{3.42}$$

$$\boldsymbol{K}_{44}^{j}=-\int_0^{\eta}\left(M_mM_m\otimes\frac{\partial^2 H}{\partial \boldsymbol{x}^2}\right)_j \mathrm{d}t \tag{3.43}$$

牛顿法迭代过程中的右端向量可以表示为

$$
\boldsymbol{F}=\begin{Bmatrix}
\vdots \\
((\boldsymbol{F}_4^{j-2}+\boldsymbol{F}_1^{j-1})^{\mathrm{T}},(\boldsymbol{F}_2^{j-1})^{\mathrm{T}},(\boldsymbol{F}_3^{j-1})^{\mathrm{T}})^{\mathrm{T}} \\
((\boldsymbol{F}_4^{j-1}+\boldsymbol{F}_1^{j})^{\mathrm{T}},(\boldsymbol{F}_2^{j})^{\mathrm{T}},(\boldsymbol{F}_3^{j})^{\mathrm{T}})^{\mathrm{T}} \\
((\boldsymbol{F}_4^{j}+\boldsymbol{F}_1^{j+1})^{\mathrm{T}},(\boldsymbol{F}_2^{j+1})^{\mathrm{T}},(\boldsymbol{F}_3^{j+1})^{\mathrm{T}})^{\mathrm{T}} \\
\vdots
\end{Bmatrix} \tag{3.44}
$$

至此，牛顿法求解非线性方程组所需的 Jacobi 矩阵和右端向量都已准备完毕。根据公式(3.33)可以看出，Jacobi 矩阵呈现稀疏对称特性并且具有较小的带宽。在每一次非

线性方程组迭代求解过程中，采用稀疏线性求解器可以进一步加速计算。最后，根据最优控制得到 Hamilton 系统两点边值问题的不同边界条件，需要进一步对 Jacobi 矩阵和右端向量进行修正。

（1）终端状态自由情况。非线性方程组的未知变量更改为$(\bar{\boldsymbol{x}}_1^{\mathrm{T}}, \bar{\boldsymbol{\lambda}}_1^{\mathrm{T}}, \boldsymbol{x}_1^{\mathrm{T}}; \bar{\boldsymbol{x}}_2^{\mathrm{T}}, \bar{\boldsymbol{\lambda}}_2^{\mathrm{T}}, \boldsymbol{x}_2^{\mathrm{T}}; \cdots; \bar{\boldsymbol{x}}_J^{\mathrm{T}}, \bar{\boldsymbol{\lambda}}_J^{\mathrm{T}}, \boldsymbol{x}_J^{\mathrm{T}})^{\mathrm{T}}$。根据未知变量的修改，删除 Jacobi 矩阵 $\boldsymbol{K}$((式(3.33))对应的前 d 行和前 d 列，同时删除右端向量 $\boldsymbol{F}$(式(3.44))的前 d 行，其中 d 是状态向量 $\boldsymbol{x}$ 的维数。根据非线性方程组求解得到节点上的状态变量数值结果，协态变量可以采用如下公式进行计算：

$$\boldsymbol{\lambda}_{j-1} = -\frac{\partial V_j}{\partial \boldsymbol{x}_{j-1}} = -\int_0^\eta \left(\dot{M}_1 \otimes \boldsymbol{\lambda} - M_1 \otimes \frac{\partial H}{\partial \boldsymbol{x}}\right)_j \mathrm{d}t, \quad j = 1,2,\cdots,J \tag{3.45}$$

（2）终端状态固定情况。非线性方程组的未知变量更改为$(\bar{\boldsymbol{x}}_1^{\mathrm{T}}, \bar{\boldsymbol{\lambda}}_1^{\mathrm{T}}, \boldsymbol{x}_1^{\mathrm{T}}; \bar{\boldsymbol{x}}_2^{\mathrm{T}}, \bar{\boldsymbol{\lambda}}_2^{\mathrm{T}}, \boldsymbol{x}_2^{\mathrm{T}}; \cdots; \bar{\boldsymbol{x}}_J^{\mathrm{T}}, \bar{\boldsymbol{\lambda}}_J^{\mathrm{T}})^{\mathrm{T}}$。根据未知变量的修改，删除 Jacobi 矩阵 $\boldsymbol{K}$(式(3.33))对应的前 d 行和前 d 列以及最后 d 行和最后 d 列，同时删除右端向量式 $\boldsymbol{F}$(式(3.44))的前 d 行和最后 d 行。根据非线性方程组求解得到节点上的状态变量数值结果，协态变量可以采用如下公式进行计算：

$$\boldsymbol{\lambda}_{j-1} = -\frac{\partial V_j}{\partial \boldsymbol{x}_{j-1}} = -\int_0^\eta \left(\dot{M}_1 \otimes \boldsymbol{\lambda} - M_1 \otimes \frac{\partial H}{\partial \boldsymbol{x}}\right)_j \mathrm{d}t, \quad j = 1,2,\cdots,J \tag{3.46}$$

$$\boldsymbol{\lambda}_J = \frac{\partial V_J}{\partial \boldsymbol{x}_J} = \int_0^\eta \left(\dot{M}_m \otimes \boldsymbol{\lambda} - M_m \otimes \frac{\partial H}{\partial \boldsymbol{x}}\right)_J \mathrm{d}t \tag{3.47}$$

以上为了直观理解对不同边界条件处理的具体过程，具体编程实现过程中为提高计算效率，可在程序中直接形成对应不同边界条件的 Jacobi 矩阵和右端向量，而不必做删除处理。

6.3.3 保辛多层次算法

以上部分给出了以区段两端状态为独立变量的保辛算法，用以求解非线性最优控制问题。而这种保辛算法归结为非线性方程组的求解，那么非线性方程组迭代速度的快慢便成为非线性最优控制在线实施的主要决定因素。因此，本书进一步提出一种多层次求解算法，以提高非线性最优控制问题的求解速度，其主要思想是先在比较粗的网格划分上求解，然后将粗网格上的解插值到密网格上作为初值，再迭代求解。具体实现过程如下：

（1）对给定求解时间区域长度为 L 的非线性最优控制问题，最终希望得到将求解区域等分为 2^N 份时的解。

（2）首先将求解区域等分为 2^{N_0} $(N_0<N)$份，并选取迭代初值，记 $k=N_0$。

（3）按照本书的保辛算法求解非线性最优控制问题，求得各个离散时间点的状态变量和协态变量。

（4）如果达到(1)的划分要求，则结束；否则将时间网格划分加密一倍，并记 $k=k+1$，然后将状态变量和协态变量通过 Lagrange 插值分配到新增的时间点上，即通过插值公式(3.7)和(3.8)实现状态变量与协态变量的分配，示意图如图 6-12 所示。

（5）返回第(3)步。

多层次求解算法开始时，时间网格离散的区段数较少，因此非线性代数方程组的维数

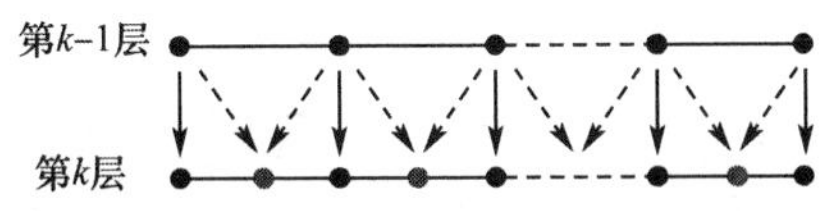

图 6-12　多层次递推实现

小，并且收敛精度控制得较低，故迭代的计算量不大。当逐步加密网格划分时，计算已经继承上一次计算的结果，虽然不理想，但状态变量与协态变量对真解的近似已经好多了，故迭代的收敛会加快，迭代次数会降低。

6.3.4　非线性最优控制保辛算法的航天应用

为了进一步说明以上方法的有效性，选取两个非线性航天任务问题，将多层次有限元算法与国外杂志流行很广的高斯伪谱(Gauss Pseudo-Spectra)方法进行比较。为了保证比较结果的可靠性，高斯伪谱算法的程序采用目前常用的 Matlab 工具箱。多层次有限元方法的程序当然是我们自己研制的。由于本书的两个数值算例属于强非线性最优控制问题，没有分析解，因此采用 Matlab 提供的 bvp4c 函数求解非线性 Hamilton 系统两点边值问题，并将 bvp4c 函数的绝对误差和相对误差选项分别设定为 10^{-14} 和 10^{-12}，这样得到的系统状态 $\boldsymbol{x}^*(t)$、协态 $\boldsymbol{\lambda}^*(t)$ 与控制输入 $\boldsymbol{u}^*(t)$ 作为参考解。

算例 1　考虑一个近地轨道卫星编队重构问题。在时间固定的情况下，一组由六颗小卫星组成的卫星编队，在连续小推力的作用下，由初始直线编队变化到目标位置并构成圆形编队，如图 6-13 所示。图 6-13(a)的中心球体表示地球，实线表示主卫星运行的圆轨道，方块表示在总体视角下看到的六颗小卫星群，图 6-13(b)中的五角星表示小卫星，且反映了在局部视角下，初始时刻六颗小卫星的直线编队构型。

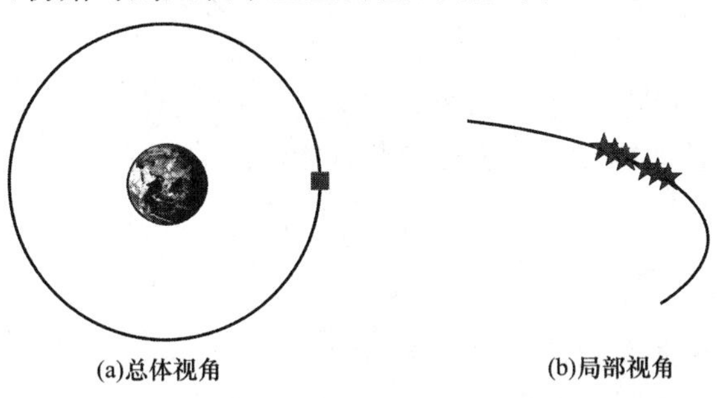

图 6-13　近地轨道卫星编队重构的初始状态
(在出版社网站可下载动画演示过程)

选择以常角速度运行在圆形参考轨道的主卫星为坐标原点建立旋转坐标系统。以 x,y,z 表示“从星”相对坐标原点的半径、切线和法线方向的位置，$\dot{x},\dot{y},\dot{z}$ 和 u_x,u_y,u_z 分别为对应三个位置的速度分量与控制输入加速度分量。为了方便运算，将编队卫星的受控动力学方程进行了无量纲化。并选取状态变量为 $\boldsymbol{x}=(x,y,z,\dot{x},\dot{y},\dot{z})^{\mathrm{T}}=(x_1,x_2,x_3,x_4,x_5,x_6)^{\mathrm{T}}$，控制变量为 $\boldsymbol{u}=(u_x,u_y,u_z)^{\mathrm{T}}=(u_1,u_2,u_3)^{\mathrm{T}}$，则在状态空间中无量纲化的航天器受控动力学方程可以表达为

$$\begin{cases}\dot{x}_1=x_4\\ \dot{x}_2=x_5\\ \dot{x}_3=x_6\\ \dot{x}_4=2x_5-(1+x_1)\left[1/\left(\sqrt{(x_1+1]^2+x_2^2+x_3^2}\right)^3-1\right)+u_1\\ \dot{x}_5=-2x_4-x_2\left[1/\left(\sqrt{(x_1+1)^2+x_2^2+x_3^2}\right)^3-1\right]+u_2\\ \dot{x}_6=-x_3/\left(\sqrt{(x_1+1)^2+x_2^2+x_3^2}\right)^3+u_3\end{cases}$$

为了使六颗小卫星在初始时刻位于同一条直线上，本书选择第 1 到第 6 颗小卫星的无量纲化初始值分别为

$$1\times10^{-5}(0,0.650\,3,0,0,0,0)^{\mathrm{T}}$$
$$1\times10^{-4}(0,0.130\,1,0,0,0,0)^{\mathrm{T}}$$
$$1\times10^{-4}(0,0.195\,1,0,0,0,0)^{\mathrm{T}}$$
$$1\times10^{-5}(0,-0.650\,3,0,0,0,0)^{\mathrm{T}}$$
$$1\times10^{-4}(0,-0.130\,1,0,0,0,0)^{\mathrm{T}}$$
$$1\times10^{-4}(0,-0.195\,1,0,0,0,0)^{\mathrm{T}}$$

在受控连续小推力的作用下，编队卫星的最终目标是要构成圆形编队，即第 1 到第 6 颗小卫星的无量纲化目标值分别为

$$1\times10^{-4}(0,-0.6503,0,0,0,0)^{\mathrm{T}}$$
$$1\times10^{-4}(-0.3251,0,0.5632,0,0,0)^{\mathrm{T}}$$
$$1\times10^{-4}(0.3251,0,0.5632,0,0,0)^{\mathrm{T}}$$
$$1\times10^{-4}(0.6503,0,0,0,0,0)^{\mathrm{T}}$$
$$1\times10^{-4}(0.3251,0,-0.5632,0,0,0)^{\mathrm{T}}$$
$$1\times10^{-4}(-0.3251,0,-0.5632,0,0,0)^{\mathrm{T}}$$

本书采用非线性最优控制方法进行最节省能量的编队重构操作，性能指标选择为

$$J_0=\frac{1}{2}\int_0^{t_f}(u_1^2+u_2^2+u_3^2)\mathrm{d}t$$

其中无量刚化时间 $t_f=1.191$。

采用本书算法求解此非线性最优控制问题，近地轨道小卫星编队重构过程如图 6-14 所示。图 6-14(a)～(d)表示在连续小推力的控制作用下，六颗小卫星由直线编队逐渐变成圆形编队的过程。

表 6-2 给出了不同离散区段个数情况下，本书算法和高斯伪谱方法计算得到的状态变量与控制变量的相对误差，表 6-3 给出了两种方法的计算时间比较。(采用 Matlab 提供的 bvp4c 函数求解非线性 Hamilton 系统两点边值问题作为参考解，求解此问题所需时间为 6.48 s)。在表 6-2 和 6-3 中，对于高斯伪谱方法，m 表示采用的高斯点的个数，而对于本书方法，m 表示整个求解区域被等分的份数，其中符号“—”表示由于选取高斯点数目过多导致高斯伪谱方法无法求解。从表 6-2 中可以看出，本书算法在状态变量和控制变量的求解精度上要明显高于高斯伪谱方法，尤其本书算法在 $N=5$ 时计算的结果也远高于高斯伪谱方法在 $N=7$ 时的计算精度。在计算效率方面，本书方法也要明显高于高斯伪谱方法，即使在 $N=9$ 的情况下，本书算法的计算时间也要远小于高斯伪谱方法在

$N=7$情况下的计算时间。

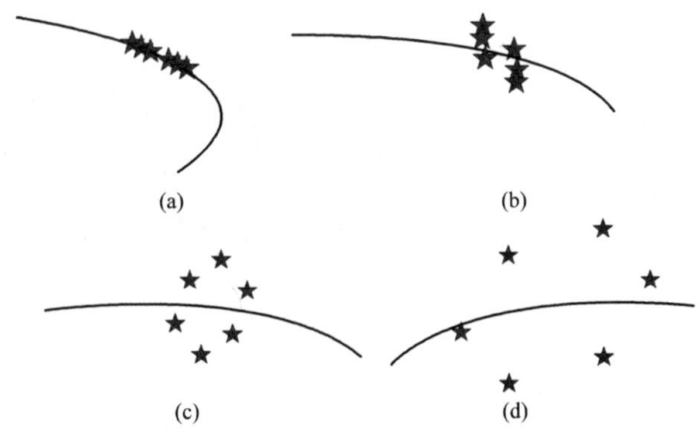

图 6-14　近地轨道卫星编队重构过程

表 6-2　本书算法与 Gauss 伪谱方法计算精度比较　($m=2^N$)

N	Gauss 伪谱方法				本书算法			
	x	z	u_x	u_z	x	z	u_x	u_z
5	0.005 6	0.004 4	0.061 7	0.057 9	$1.354\,6\times10^{-7}$	$7.355\,2\times10^{-8}$	$1.395\,2\times10^{-6}$	$3.337\,4\times10^{-6}$
6	0.004 2	0.003 2	0.049 1	0.038 9	$9.894\,9\times10^{-8}$	$5.333\,7\times10^{-8}$	$1.014\,8\times10^{-6}$	$2.383\,8\times10^{-6}$
7	0.004 1	0.002 3	0.037 5	0.026 8	$7.113\,1\times10^{-8}$	$3.820\,1\times10^{-8}$	$7.279\,1\times10^{-7}$	$1.694\,5\times10^{-6}$
8	—	—	—	—	$5.071\,7\times10^{-8}$	$2.718\,8\times10^{-8}$	$5.184\,2\times10^{-7}$	$1.201\,4\times10^{-6}$
9	—	—	—	—	$3.601\,2\times10^{-8}$	$1.928\,8\times10^{-8}$	$3.679\,0\times10^{-7}$	$8.506\,8\times10^{-7}$

表 6-3　本书算法与 Gauss 伪谱方法计算效率比较　($m=2^N$)

N	t/s	
	Gauss 伪谱方法	本书算法
5	2.24	0.10
6	4.01	0.21
7	18.99	0.41
8	—	0.83
9	—	1.72

算例 2　考虑一个深空小行星探测任务问题。假设从地球发射一颗航天器与小行星交会，伴随小行星飞行或停留一定时间，然后从小行星出发返回地球，整个过程要尽可能减少时间和燃料消耗。这里假设小行星为 2001GP2，且从地球出发到小行星和从小行星返回地球的发射窗口已知。地球和小行星采用绕太阳的二体动力学模型，地球和小行星 2001GP2 的轨道根数分别见表 6-4 和表 6-5。

表 6-4　地球的轨道根数(J2000 日心黄道惯性坐标系)

参数	数值	参数	数值
时间	MJD2000：2455	赤经/deg	175.40647696473
半长轴/AU	0.999988049532578	近地点幅角/deg	287.61577546182
偏心率	$1.671681163160\times10^{-2}$	平近点角/deg	257.60683707535
倾角/deg	$0.8854353079654\times10^{-3}$		

表 6-5　近地小行星 2001GP2 的轨道根数(J2000 日心黄道惯性坐标系)

参数	数值	参数	数值
时间	MJD2000：3255	赤经/deg	196.8766754
半长轴/AU	1.03777429866	近地点幅角/deg	111.2598931
偏心率	0.0740020626	平近点角/deg	342.3755971
倾角/deg	1.279105141		

为了方便运算,对受控航天器的动力学模型进行无量纲化,即

$$\begin{cases}\dot{x}_1=x_2\\ \dot{x}_2=-x_1/\left(\sqrt{x_1^2+x_3^2+x_5^2}\right)^3+u_1\\ \dot{x}_3=x_4\\ \dot{x}_4=-x_3/\left(\sqrt{x_1^2+x_3^2+x_5^2}\right)^3+u_2\\ \dot{x}_5=x_6\\ \dot{x}_6=-x_5/\left(\sqrt{x_1^2+x_3^2+x_5^2}\right)^3+u_3\end{cases}$$

其中 $\boldsymbol{x}=(x,\dot{x},y,\dot{y},z,\dot{z})^{\mathrm{T}}=(x_1,x_2,x_3,x_4,x_5,x_6)^{\mathrm{T}}$ 为状态向量,$\boldsymbol{u}=(u_x,u_y,u_z)^{\mathrm{T}}=(u_1,u_2,u_3)^{\mathrm{T}}$ 为控制输入。本书通过能量等高线法确定发射窗口,并取航天器从地球出发时候的初始状态选择为

$$\boldsymbol{x}_0=(-0.996\,8,\ 0.385\,0,-0.352\,0,-0.883\,0,\ 0.001\,1,\ 0.021\,4)^{\mathrm{T}}$$

航天器到达小行星时候的状态为

$$\boldsymbol{x}_1=(-0.953\,7,\ 0.287\,6,-0.304\,2,-0.956\,6,\ 0.000\,0,\ 0.000\,0)^{\mathrm{T}}$$

航天器从小行星返回地球时候的初始状态为

$$\boldsymbol{x}_2=(0.948\,6,-0.278\,6,\ 0.343\,1,\ 0.973\,5,-0.001\,2,-0.022\,5)^{\mathrm{T}}$$

航天器到达地球时候的状态为

$$\boldsymbol{x}_3=(-0.853\,4,\ 0.512\,1,-0.531\,0,-0.853\,0,\ 0.000\,0,\ 0.000\,0)^{\mathrm{T}}$$

而性能指标选择为

$$J_0=\frac{1}{2}\int_0^{t_{\mathrm{f}}}(u_1^2+u_2^2+u_3^2)\mathrm{d}t$$

其中,对于从地球探访小行星的无量纲化时间 $t_{\mathrm{f}}=6.794\,8$,而从小行星返回地球的无量纲化时间 $t_{\mathrm{f}}=3.285\,6$。

采用本书算法计算此非线性最优控制问题,航天器从地球出发探测小行星过程如图 6-15(a)～(d)顺序所示,航天器从小行星出发返回地球过程如图 6-16(a)－(d)顺序所示。图中的中心大球体表示太阳,另外一个球体表示地球,五角星表示航天器,方块表示小行星,虚线表示地球的运行轨迹,点线表示小行星的运行轨迹,实线表示航天器的运行轨迹。

表 6-6 给出了不同离散区段个数情况下,本书算法和高斯伪谱方法计算得到的状态与控制变量的相对误差;表 6-7 给出了两种方法的计算时间。(采用 Matlab 提供的 bvp4c 函数求解非线性 Hamilton 系统两点边值问题作为参考解,求解此问题所需时间为 36.81 s。)在表 6-6 和 6-7 中,对于高斯伪谱方法,m 表示采用的高斯点的个数,而对于本书方法,m 表示整个求解区域被等分的份数,其中符号"—"表示由于选取高斯点数目过多导致高斯伪谱方法无法求解。

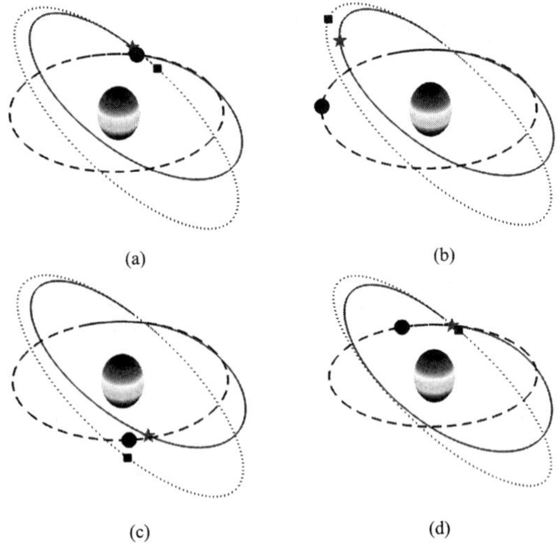

图 6-15　航天器从地球出发探测小行星过程
（在出版社网站可下载动画演示过程）

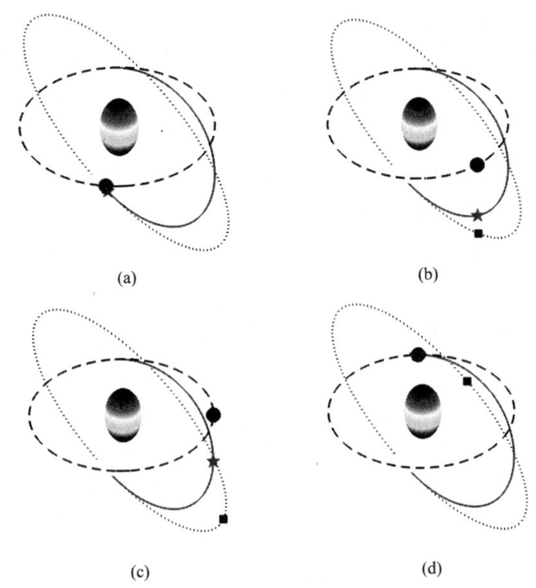

图 6-16　航天器从小行星出发返回地球过程
（在出版社网站可下载动画演示过程）

从表 6-6 中可以看出,本书算法在状态变量和控制变量的求解精度上要明显高于高斯伪谱方法,而随着离散区段数目的增加,本书算法无论是状态变量还是控制变量的计算精度都明显增加,而高斯伪谱方法的计算精度没有明显的变化。并且和算例 1 类似,本书算法在 $N=5$ 时计算的结果也远高于高斯伪谱方法在 $N=7$ 时的计算精度。

表 6-7 表明,在计算效率方面,本书方法也要优于高斯伪谱方法,高斯伪谱方法在 $N=7$ 情况下的计算时间约是本书算法的 84 倍。即使在 $N=9$ 的情况下,本书算法的计算时间也要远小于高斯伪谱方法在 $N=7$ 情况下的计算时间。

表 6-6　本书算法与 Gauss 伪谱方法计算精度比较　($m=2^N$)

N	Gauss 伪谱方法				本书算法			
	x	y	u_x	u_y	x	y	u_x	u_y
5	9.3683×10^{-5}	7.3384×10^{-5}	8.7263×10^{-5}	0.1579	3.0948×10^{-8}	3.2104×10^{-8}	4.2707×10^{-8}	4.4033×10^{-7}
6	6.7637×10^{-5}	4.1069×10^{-5}	6.3790×10^{-5}	0.1126	1.3925×10^{-9}	1.2685×10^{-9}	1.8290×10^{-9}	1.9510×10^{-8}
7	4.7728×10^{-5}	3.2860×10^{-5}	4.3620×10^{-5}	0.0800	6.2369×10^{-11}	5.2497×10^{-11}	7.9661×10^{-11}	8.5846×10^{-10}
8	—	—	—	—	2.9193×10^{-12}	1.8607×10^{-12}	3.5368×10^{-12}	3.7624×10^{-11}
9	—	—	—	—	2.3337×10^{-13}	3.7007×10^{-13}	2.1264×10^{-13}	1.5214×10^{-12}

表 6-7　本书算法与 Gauss 伪谱方法计算效率比较　($m=2^N$)

N	t/s	
	Gauss 伪谱方法	本书算法
5	5.96	0.47
6	24.85	0.88
7	146.60	1.75
8	—	3.46
9	—	7.19

以上非线性最优控制保辛算法一方面基于变分原理且满足最优控制理论的一阶必要条件，不需要对协态初值准确猜测，且能给出协态变量信息，进而验证数值解的最优性；另一方面又将非线性最优控制问题转化为非线性方程组求解，具有较快的收敛速度，避免了大规模非线性规划带来计算效率低下的问题。多层次的求解思想进一步提高了非线性最优控制问题的求解效率，使得在线实时计算成为可能。通过和其他数值方法(高斯伪谱等方法)的比较，充分说明无论在精度还是效率上非线性最优控制保辛数值方法都具有明显的优势。

计算科学的年代，离散求解是不可缺少的。计算力学虽然已经发展了半个多世纪，依然还要深入，时代方向么。以上给出的例题，表明非线性系统的离散求解，还要深入研究。**机会！**别轻易放过了。

作者们是学力学和工程结构的，但本书却大讲其辛数学。从数学家的眼光看，被认为不严格是必然的。工程师要正确的数据，只要求一定范围的精度。例如有限元法，虽然也经历过一番奋斗，现在已经被广泛接受。

以上例题，不存在刚性约束条件。例如控制向量 $\boldsymbol{u}(t)$，往往不能太大，而且是有非线性且有转折的；位移向量也是有禁区的，等等。出现这些情况，问题自然就是非线性的，即使在此类情况下，多层次有限元分析依然可用。不过为了适应各种情况，参变量变分原理可以协同发挥作用，这些就是以后研究的课题了。

数学是最严格的，但也不能绝对化。经历了 20 世纪上半叶的数学危机后，大数学家、人称计算机之父的 J. von Neumann 论述数学分析的发展时说：“在牛顿之后的一百五十多年里，唯一有的只是一个不精确的、半物理的描述！然而与这种不精确的、数学上不充分的背景形成对照的是，数学分析中的某些最重要的进展却发生在这段时间！这一时期数学上的一些领军人物，例如欧拉，在学术上显然并不严密；而其他人，总的来说与高斯或雅可比差不多。当时数学分析发展的混乱与模糊无以复加，并且它与经验的关系当然也不符合我们今天的(或欧几里得的)抽象与严密的概念。但是，没有哪一位数学家会把它排除在数学发展的历史长卷之外，这一时期产生的数学是曾经有过的第一流的数学！”

“很多最美妙的数学灵感来源于经验，而且很难相信会有绝对的、一成不变的、脱离所有人类经验的数学严密性概念。”

“人们根本就不清楚什么是所说的绝对严格。”

“大多数数学家决定无论如何还是要使用这个系统。毕竟古典数学正产生着既优美又实用的结果，……它至少是建立在如同电子的存在一样坚实的基础上的。因此，一个人愿意承认科学，那他同样会承认古典数学系统。”这些论述是很有启发意义的。

一般力学，现在改称动力学与控制了。钱学森的《工程控制论》已经表明，力学家可以在控制领域做出重大发挥。但可能限于我们的眼界，控制的专家却鲜见在力学领域有重大发挥。经典力学么，当然包含了动力学与控制这两个方面。当今，安全、航空航天等迫切需要动力学与控制的融合。这两方面的跨度似乎很大，然而本书已经表明两者是紧密模拟的，这套理论与算法是国货。当今信息社会，“反导”、“精确打击”等一系列前沿，离开动力学与控制的集成是难以想象的。本教材的写作，也是期望引起两个方面的重视，打好基础。两方面的融合对于发展安全方面的科技是很重要的。

第 7 章　周期结构线性分析的能带求解

完整晶体构造是具有周期性的，并且肯定是离散结构。周期结构振动分析的要点是能带结构。很多固体的特性可以用能带理论予以解释[34,35]。因此分析清楚能带是非常重要的基础。晶格本身的振动有能带，电子在晶格势场中的运动也有能带结构。能带结构的对象是理想晶体的周期结构。在分析清楚理想晶体的能带后，才能进一步考虑参杂等半导体的特性。

周期结构有沿长度方向的离散坐标，还有时间坐标。有如一维波的传播 D'Alembert 偏微分方程，2 维问题。不过现在[34]沿长度方向是离散的；时间坐标则运用频率域 $\exp(-\mathrm{j}\omega t)$展开而已。减少为沿长度一维、带有参数乘子 $\exp(-\mathrm{j}\omega t)$的结构分析问题。

周期结构的分析，可用区段动力刚度阵转换的传递辛矩阵的辛本征值问题求解。辛矩阵的辛本征值问题的求解，在第 4 章有比较多的介绍了。周期结构的辛本征值问题按得到的辛本征值 λ，可区分为通带与禁带。禁带的辛本征值一定不在单位圆上，这表示沿长度衰减，体现的是局部振动。而通带的辛本征值则必定在单位圆上，是成对的复数，既是复数共轭，又是辛共轭。考虑通带时可采用，给定辛本征值 $\lambda=\exp(\pm\mathrm{j}\omega t)$而求解振动的 Rayleigh 商本征值 ω^2 问题。这样，有两种本征值问题，即

(1)周期结构在长度方向有辛矩阵本征问题，需要给定频率 ω^2；

(2)给定了通带的辛本征值 $\lambda=\exp(\mathrm{j}\theta)$，求解振动的 Rayleigh 商本征值 ω^2。

两者相互关联。周期结构分析，当然是结构力学问题。现在从最简单的问题开始讲。

7.1　单位移单区段周期结构的能带分析

回顾单自由度振动是有启发的。

用 m 代表滑块的质量，k 代表弹簧常数。滑块只可在 x 方向滑动，如图 7-1 所示。滑块-弹簧系统构成了单自由度系统的振动。用$x(t)$代表滑块振动的位移坐标，当然是时间的函数。滑块的速度与加速度分别写为 $\dot{x}(t)$与 $\ddot{x}(t)$，$\dot{x}(t)$上面一点代表对时间的微商，即$\dot{x}(t)=\mathrm{d}x/\mathrm{d}t$。线性弹簧的力为 $k\cdot x(t)$。认为振动无阻尼，而外力为 $f(t)$，以 x 的同方向为正。按 Newton 定律

$$m\ddot{x}(t)+kx(t)=f(t),\quad x(0)=\text{已知},\quad \dot{x}(0)=\text{已知}$$

这是二阶常微分方程，定解需要给出两个初始条件，也已经列

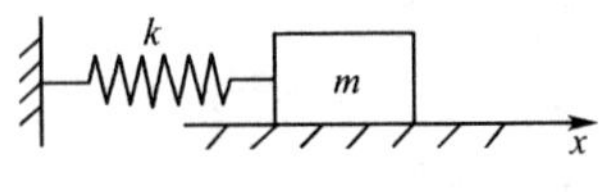

图 7-1　滑块-弹簧系统

出在上面方程之中。该方程的求解在传统理论力学或各种振动理论教材中是常见的。在此再讲是作为进入分析力学的引导。

上式是非齐次微分方程，从微分方程求解理论知，应先求解其齐次微分方程

$$m\ddot{x}(t)+kx(t)=0$$

这个方程的求解非常容易，读者应已熟悉。Newton 是求解微分方程的。

线性系统的振动分析常常采用频域法。将位移用指数函数$x(t)=a\exp[\mathrm{i}\omega t]$代入，得方程

$$(k-m\omega^2)a=0$$

时间坐标变换成了频率参数 ω^2。这等于将自变量减少了一维，现在是化成代数方程，便于分析。

周期力激励下的强迫振动

$$m\ddot{x}+c\dot{x}+kx=F_0\sin\omega t$$

当时间较长时，初值的影响将趋于消失，剩下只有稳态振动的解。取 X 为其振幅，ϕ 为其相位滞后

$$x=X\sin(\omega t-\phi)$$

解出

$$X=F_0/\sqrt{(k-m\omega^2)^2+(c\omega)^2},\quad \tan\varphi=c\omega/(k-m\omega^2)$$

用无量纲形式表达，令 $X_0=F_0/k$-静态位移，有

$$X/X_0=[(1-\omega^2/\omega_1^2)^2+(2\zeta\omega/\omega_1)^2]^{\frac{-1}{2}},\quad \tan\varphi=\frac{2\zeta\omega/\omega_1}{1-(\omega/\omega_1)^2}$$

大体上说，当外力圆频率 ω 等于自由振动圆频率 $\omega_1=\sqrt{k/m}$ 时发生共振。$X/X_0=1/(2\zeta)$，且 $\phi=\pi/2$ 为其相位差。振幅与相位差的曲线见图 7-2。

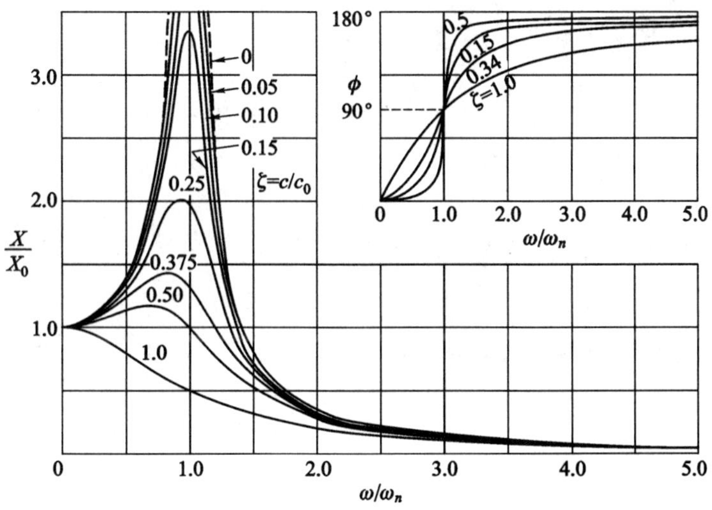

图 7 2　振幅与相位的曲线

应区分 3 种情况：

(1)$\omega^2<k/m$，放大响应；相位角 $\phi<\pi/2$，以弹簧反力为主。周期结构时，相当于频率禁带。

(2)$\omega^2=k/m$，左右共振；单自由度振动一个本征值，周期结构时，转化为一个频率的通带。

(3)$\omega^2>k/m$，高频率时滤波。频率 ω^2 越高响应振幅越小，$\phi>\pi/2$，是以质量惯性力为主的。周期结构时，又转化为高频率的禁带。

共振时，没有阻尼就是振幅无穷大。因此需要阻尼来消耗能量。该课题对于周期结构的能带分析有启示作用。周期结构毕竟有无穷多位移，情况不同，但启示仍是有益的。

这些对于单位移周期结构有参照作用，物理理解是必要的。以下考虑周期结构了。

先分析最简单的节点单自由度 $n=1$、单区段周期结构，组成单自由度链，如图 7-3 所示。问题比单质量情形复杂多了，是无穷多质量的系统。一个 $j^{\#}$ 号周期$[j-1,j]$内的构造是：弹簧 k_a 连接节点 $j-1$ 与 j，而 $j-1$ 有质量 m，弹簧 k_c 则处于节点 $j-1$ 与地面之间。

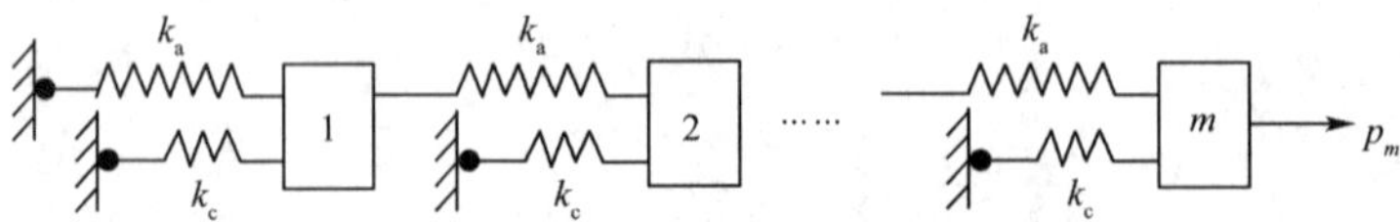

图 7-3　串联周期系统

节点 j 则既没有弹簧也没有质量。节点 j 的质量已经归于下一个区段$(j+1)^{\#}$号周期$[j,j+1]$了。于是按分析结构力学，区段 $j^{\#}$ 的两端位移是 q_{j-1}，q_j，贡献的动力 $j^{\#}$ 区段变形能是

$$U_{j\#}(\omega^2)=\frac{1}{2}\begin{pmatrix}q_{j-1}\\q_j\end{pmatrix}^{\mathrm{T}}\boldsymbol{K}_{\mathrm{D}}\begin{pmatrix}q_{j-1}\\q_j\end{pmatrix}\tag{1.1}$$

其中 $\boldsymbol{K}_{\mathrm{D}}(\omega^2)$是**动力刚度阵**，它的构成是

$$\boldsymbol{K}_{\mathrm{D}}(\omega^2)=\boldsymbol{K}_{\mathrm{s}}-\omega^2\boldsymbol{M}_{\mathrm{s}}\tag{1.2}$$

其中，

$$\boldsymbol{K}_{\mathrm{s}}=\begin{pmatrix}k_{\mathrm{a}}+k_{\mathrm{c}} & -k_{\mathrm{a}}\\-k_{\mathrm{a}} & k_{\mathrm{a}}\end{pmatrix},\quad \boldsymbol{M}_{\mathrm{s}}=\begin{pmatrix}m & 0\\0 & 0\end{pmatrix}$$

而 $\boldsymbol{K}_{\mathrm{s}}$ 是静力的刚度阵，与 ω^2 无关，$\boldsymbol{M}_{\mathrm{s}}$ 也是与 ω^2 无关的质量阵，两者皆为实数矩阵。动力区段变形能为

$$U_{j\#}(\omega^2)=\frac{1}{2}\boldsymbol{q}^{\mathrm{H}}\boldsymbol{K}_{\mathrm{D}}\boldsymbol{q},\quad \boldsymbol{q}=\begin{pmatrix}q_1\\q_2\end{pmatrix},\quad \boldsymbol{K}_{\mathrm{D}}(\omega^2)=\begin{pmatrix}K_{\mathrm{aa}} & K_{\mathrm{ab}}\\K_{\mathrm{ba}} & K_{\mathrm{bb}}\end{pmatrix}$$

$$K_{\mathrm{aa}}=k_{\mathrm{a}}+k_{\mathrm{c}}-m\omega^2,\quad K_{\mathrm{ab}}=K_{\mathrm{ba}}=-k_{\mathrm{a}},\quad K_{\mathrm{bb}}=k_{\mathrm{a}}\tag{1.3}$$

根据分析结构力学，有

$$\begin{aligned}p_{j-1}&=-\partial U_{j\#}/\partial q_{j-1}=-[(k_{\mathrm{a}}+k_{\mathrm{c}}-m\omega^2)q_{j-1}-k_{\mathrm{a}}q_j]\\p_j&=\partial U_{j\#}/\partial q_j=-k_{\mathrm{a}}q_{j-1}+k_{\mathrm{a}}q_j\end{aligned}\tag{1.4}$$

问题本来不出现复数的。

周期结构的分析有传递辛矩阵的方法。本书第 1 章就讲述了传递辛矩阵方法。将

$\boldsymbol{K}_{\mathrm{D}}(\omega^2)$的动力刚度阵转换到传递辛矩阵，有

$$\boldsymbol{S}(\omega^2)=\begin{pmatrix} S_{11} & S_{12} \\ S_{21} & S_{22} \end{pmatrix},\quad \begin{matrix} S_{11}=-K_{12}^{-1}K_{11}, & S_{22}=-K_{22}K_{12}^{-1} \\ S_{12}=-K_{12}^{-1}, & S_{21}=K_{12}-K_{22}K_{12}^{-1}K_{11} \end{matrix} \tag{1.5}$$

传递的是节点的状态向量

$$\boldsymbol{v}_j=\boldsymbol{S}\boldsymbol{v}_{j-1},\quad \boldsymbol{v}_j=(q_j,p_j)^{\mathrm{T}} \tag{1.6}$$

周期结构的求解可用传递辛矩阵的本征值解。方程为

$$\boldsymbol{S}\boldsymbol{\psi}=\lambda\boldsymbol{\psi} \tag{1.7}$$

其中 λ 是辛矩阵的本征值，而 $\boldsymbol{\psi}$ 是状态的本征向量。4.3.1 节讲了 Hamilton 矩阵与辛矩阵的本征值问题及其求解。

$$\det\begin{pmatrix} S_{11}-\lambda & S_{12} \\ S_{21} & S_{22}-\lambda \end{pmatrix}=0 \tag{1.8}$$

展开得到 λ 的二次代数方程，求解给出

$$\begin{aligned}\lambda&=\left[(S_{11}+S_{22})\pm\sqrt{(S_{11}+S_{22})^2-4}\,\right]/2\\&=\frac{1}{2}\left[-(K_{11}+K_{22})/K_{12}\pm\sqrt{[(K_{11}+K_{22})/K_{12}]^2-4}\,\right]\end{aligned} \tag{1.9}$$

问题简单，可用 $\boldsymbol{S}(\omega^2)$表达，也可用 $\boldsymbol{K}_{\mathrm{D}}(\omega^2)$表达。本征值要区分

$$(S_{11}+S_{22})^2=[(K_{11}+K_{22})/K_{12}]^2\leqslant 4$$

或

$$(S_{11}+S_{22})^2=[(K_{11}+K_{22})/K_{12}]^2>4$$

的情况分别考虑。

当$(S_{11}+S_{22})^2=[(K_{11}+K_{22})/K_{12}]^2\leqslant 4$ 时，辛本征值 λ 为复数了。从辛本征值问题知道，λ 和 λ^{-1}同时是辛本征值，故 λ 的复数共轭就是其辛共轭，从而一定有 $\lambda=\exp(\mathrm{j}\theta)$。这类本征值的解，沿长度传递不衰减，适用于两端无穷的结构。称为周期结构的通带(Pass-band)。

当$(S_{11}+S_{22})^2=[(K_{11}+K_{22})/K_{12}]^2>4$ 时，λ 是实数，$\mathrm{abs}(\lambda)\neq 1$。这样只能适用于周期结构的局部，称为禁带(Stop-band)。

于是辛本征值问题是：给定振动频率 ω^2，求解动力刚度阵转化来的辛矩阵本征值 λ；也可以是：给定通带辛本征值 $\lambda=\exp(\mathrm{j}\theta)$而求解周期结构振动 ω^2。两者互相关联。回顾单自由度振动，当 ω^2 较小时，不会出现通带；而当 ω^2 较大时也不会出现通带。只有在某个区域内，才会出现通带。

应先将通带问题分析清楚。先考虑周期只有一个区段的情况。就图 7-3 的链来举例。当辛本征值 $\lambda=1$ 时，按周期条件有

$$q_{j-1}=q_j,\quad p_{j-1}=p_j \tag{1.10}$$

给出

$$-[(k_{\mathrm{a}}+k_{\mathrm{c}}-m\omega^2)-k_{\mathrm{a}}]q=(-k_{\mathrm{a}}+k_{\mathrm{a}})q\Rightarrow-(k_{\mathrm{c}}-m\omega^2)=0$$

于是，按辛本征值 $\lambda=1$，周期条件(1.10)的频率方程为

$$\omega_{\mathrm{lower}}^2=k_{\mathrm{c}}/m \tag{1.11}$$

这恰好就是所期待的。问题的求解是在实数区域内的。

还有辛本征值为 $\lambda=\exp(\mathrm{j}\theta)=-1,\theta=\pi$ 的情况。周期条件 $q_{j-1}=-q_j,p_{j-1}=-p_j$，

此时

$$-[(k_a+k_c-m\omega^2)+k_a]q_{j-1}=(-k_a-k_a)q_{j\ 1}$$

$$\Rightarrow -(2k_a+k_c-m\omega^2)=2k_a$$

$$\omega_{\text{upper}}^2=(4k_a+k_c)/m \tag{1.12}$$

也是所期待的。这是按给定辛本征值 $\lambda=1$ 和 $\lambda=-1$ 而寻求本征值 ω^2 的，同时也是根据单区段两端的周期条件求解振动 ω^2 的。

与单自由度质量-弹簧系统相比，其单个固有频率、周期结构时转化成为一个带 $\omega_{\text{lower}}^2<\omega^2<\omega_{\text{upper}}^2$，是无穷多个本征值。而 $\omega^2>\omega_{\text{upper}}^2$ 和 $\omega^2<\omega_{\text{lower}}^2$ 则分别对应于单自由度质量-弹簧系统对应的频率段。

通带不是 $\lambda=1$ 和 $\lambda=-1$ 就能代表的，还要考虑区段两端位移的关系。问题是普通的结构振动，有(1.1)的区段变形能 $U_{j\#}(\omega^2)$ 可用。于是就可以运用变分原理了。结构振动的本征值问题计算，本来有 Rayleigh 商，即使每个节点有 n 个位移，两端共有 $2n$ 个位移

$$\omega^2=\min_{\boldsymbol{q}}(\boldsymbol{q}^{\mathrm{T}}\boldsymbol{K}_s\boldsymbol{q}/\boldsymbol{q}^{\mathrm{T}}\boldsymbol{M}_s\boldsymbol{q})$$

其中独立位移 $\boldsymbol{q}$ 是两端位移 $\boldsymbol{q}_a,\boldsymbol{q}_b$ 组合而成的，本来有 $2n$ 个独立位移。但在周期条件约束下，独立位移数目就减少了。

现在的振动问题是给定辛本征值 $\lambda=\exp(\mathrm{j}\theta)$，两端位移 $\boldsymbol{q}_a,\boldsymbol{q}_b$ 有复数约束

$$\boldsymbol{q}_b=\lambda\boldsymbol{q}_a=\boldsymbol{q}_a\exp(\mathrm{j}\theta) \tag{1.13}$$

这里指出，根据周期位移约束条件(1.13)，就可以计算其本征值，得到的解自然就满足 $\boldsymbol{p}_b=\lambda\boldsymbol{p}_a$ 的周期条件，称为自然周期条件。

节点维数为 n 时，既然有约束条件 $\boldsymbol{q}_b=\lambda\boldsymbol{q}_a=\boldsymbol{q}_a\exp(\mathrm{j}\theta)$，则 Rayleigh 商的位移向量就不是 $2n$ 个独立位移了，因为要预先满足约束条件。节点单自由度问题时，约束条件是 $q_b=\lambda q_a=q_a\exp(\mathrm{j}\theta)$。于是，独立位移就只有 q_a，变分原理成为

$$\min_{q_a}(q_a^{\mathrm{H}}\boldsymbol{K}_{\mathrm{H}}q_a/q_a^{\mathrm{H}}\boldsymbol{M}_{\mathrm{H}}q_a)$$

其中两个 $n\times n$ 矩阵为

$$\boldsymbol{M}_{\mathrm{H}}=\begin{pmatrix}1\\ \exp(\mathrm{j}\theta)\end{pmatrix}^{\mathrm{H}}\boldsymbol{M}_s\begin{pmatrix}1\\ \exp(\mathrm{j}\theta)\end{pmatrix},\quad \boldsymbol{K}_{\mathrm{H}}=\begin{pmatrix}1\\ \exp(\mathrm{j}\theta)\end{pmatrix}^{\mathrm{H}}\boldsymbol{K}_s\begin{pmatrix}1\\ \exp(\mathrm{j}\theta)\end{pmatrix}$$

上标 H 代表 Hermite 转置。因为是一维，$\boldsymbol{M}_{\mathrm{H}},\boldsymbol{K}_{\mathrm{H}}$ 皆为实数。

例题 上述单质量、单区段课题中，

$$\boldsymbol{M}_s=\begin{pmatrix}m & 0\\ 0 & 0\end{pmatrix},\quad \boldsymbol{K}_s=\begin{pmatrix}k_a+k_c & -k_a\\ -k_a & k_a\end{pmatrix}$$

$$\begin{aligned}\boldsymbol{K}_{\mathrm{H}}&=\begin{pmatrix}1\\ \exp(\mathrm{j}\theta)\end{pmatrix}^{\mathrm{H}}\begin{pmatrix}k_a+k_c & -k_a\\ -k_a & k_a\end{pmatrix}\begin{pmatrix}1\\ \exp(\mathrm{j}\theta)\end{pmatrix}\\ &=k_c+k_a[1-\exp(\mathrm{j}\theta)]+k_a[1-\exp(-\mathrm{j}\theta)]\\ &=k_c+2k_a[1-\cos\theta]=k_c+4k_a\sin^2(\theta/2)\end{aligned}$$

而

$$\boldsymbol{M}_{\mathrm{H}}=\begin{pmatrix}1\\ \exp(\mathrm{j}\theta)\end{pmatrix}^{\mathrm{H}}\boldsymbol{M}_s\begin{pmatrix}1\\ \exp(\mathrm{j}\theta)\end{pmatrix}=m$$

正是所期待的。Rayleigh 商本征值是 $\omega^2=[k_c-4k_a\sin^2(\theta/2)]/m$。对应的两端本征位移是 $q_a, q_b=q_a\cdot\exp(\pm \mathrm{j}\theta)$，其中 q_a 可取任意实数。

原来的两端位移 q_a, q_b 区段动力刚度阵 $\boldsymbol{K}_D=\boldsymbol{K}_s-\omega^2\boldsymbol{M}_s$，已经是最简单形式的周期结构了，因为 $n=1$。本节后面讲的一般节点自由度 $n>1$ 的周期结构，其 $2n\times 2n$ 维的区段动力刚度阵 $\boldsymbol{K}_D=\boldsymbol{K}_s-\omega^2\boldsymbol{M}_s$，用辛本征向量展开。通带本征解在实数范围内，最大限度的约化，也只能办到 2×2 的区段动力刚度阵。

通带辛本征值是 $\lambda_{\pm}=\exp(\pm \mathrm{j}\theta)$，连同时间一起观察，有因子

$$\lambda_+:\exp[\mathrm{j}(\theta-\omega t)],\quad \lambda_-:\exp[-\mathrm{j}(\theta+\omega t)] \tag{1.14}$$

从数学物理方法知道，它们分别代表了波传播的因子，分别对应于向无穷远处传输和自无穷远处传入的波。

既然本征值(1.14)相互复数共轭，而动力刚度阵 $\boldsymbol{K}_D$ 以及推导出来的传递辛矩阵都是实数矩阵，其对应的本征向量 $\boldsymbol{\psi}_+$，$\boldsymbol{\psi}_-$ 可推导为：辛矩阵是从实数的对称矩阵变换来的，见式(1.5.8)，所以也是实数矩阵。实数矩阵的普通本征解有性质：如果其本征值是复数，则其复数共轭也是本征值；且其两个对应的本征向量，也相互复数共轭的，但要达到共轭辛归一还有常数因子。按 $\lambda=\exp(\mathrm{j}\theta)(0<\theta<\pi)$ 的单位圆本征值求解，此时不可能有实数的辛本征向量，而是复数共轭的。$\boldsymbol{S\psi}=\lambda\boldsymbol{\psi}$ 有本征值 $\lambda=\exp(\pm \mathrm{j}\theta)$，则必有辛共轭归一的本征向量

$$\boldsymbol{\psi}_+=A\cdot(\boldsymbol{\psi}_r+\mathrm{j}\boldsymbol{\psi}_i)=A\begin{pmatrix}S_{12}\\ \cos\theta-S_{11}+\mathrm{j}\sin\theta\end{pmatrix}$$

$$\boldsymbol{\psi}_r=\begin{pmatrix}S_{12}\\ \cos\theta-S_{11}\end{pmatrix},\quad \boldsymbol{\psi}_i=\begin{pmatrix}0\\ \sin\theta\end{pmatrix}$$

$$\boldsymbol{\psi}_-=B(\mathrm{j}\boldsymbol{\psi}_+^*)=B\cdot(\boldsymbol{\psi}_i+\mathrm{j}\boldsymbol{\psi}_r)$$

$$q_r=S_{12},\quad p_r=\cos\theta-S_{12};q_i=0,\quad p_i=\sin\theta$$

其中 A, B 是待定的 2 个复常数，可要求 $A=|B|$ 是正实常数。因对任意状态向量有 $\boldsymbol{q}_r^{\mathrm{T}}\boldsymbol{J}\boldsymbol{q}_r=\boldsymbol{q}_i^{\mathrm{T}}\boldsymbol{J}\boldsymbol{q}_i=0$，故 $\boldsymbol{\psi}_+^{\mathrm{T}}\boldsymbol{J}\boldsymbol{\psi}_-=1$ 的辛共轭归一条件成为

$$\boldsymbol{\psi}_+^{\mathrm{T}}\boldsymbol{J}\boldsymbol{\psi}_-=2\boldsymbol{\psi}_r^{\mathrm{T}}\boldsymbol{J}\boldsymbol{\psi}_iAB=1,\quad 2(\boldsymbol{q}_r^{\mathrm{T}}\boldsymbol{p}_i-\boldsymbol{p}_r^{\mathrm{T}}\boldsymbol{q}_i)AB=2S_{12}\sin\theta AB=1$$

可得

$$A=(2S_{12}\sin\theta)^{-1/2},\quad B=(2S_{12}\sin\theta)^{-1/2}=A$$

将常数 A 并入 $\boldsymbol{\psi}_+$，$\boldsymbol{\psi}_-$ 之中，有

$$\boldsymbol{\psi}_+=\boldsymbol{\psi}_r+\mathrm{j}\boldsymbol{\psi}_i,\quad \boldsymbol{\psi}_-=(\mathrm{j}\boldsymbol{\psi}_+^*)=(\boldsymbol{\psi}_i+\mathrm{j}\boldsymbol{\psi}_r) \tag{1.15}$$

于是给定 $\lambda=\exp(\mathrm{j}\theta)$，共轭辛归一关系的向量 $\boldsymbol{\psi}_+$，$\boldsymbol{\psi}_-$ 确定。因节点只有 $n=1$ 的自由度，所以没有辛正交。

例题没有提到内力周期条件。但既然两端位移的周期条件全部满足，当然内力周期条件也必定得到满足。以下讲波的散射。

最简单的波的散射问题是 $n=1$ 的波。例题的反射与入射的辛本征向量分别是 $\boldsymbol{\psi}_1=\boldsymbol{\psi}_r+\mathrm{j}\boldsymbol{\psi}_i$，$\boldsymbol{\psi}_2=\mathrm{j}(\boldsymbol{\psi}_r-\mathrm{j}\boldsymbol{\psi}_i)$。本来辛本征向量的分解表明，各波的传播互相独立无关。但半无穷长的有端部 0 站的共振腔，它提供了 $n=1$ 维对称的动力刚度阵 $K_E(\omega^2)$。独立无关的传播波在 $K_E(\omega^2)$ 处发生散射，才互相发生关系。

辛本征向量表示波的状态在传播，$q_r, p_r; q_i, p_i$ 皆为实数

$$\boldsymbol{\psi}_1=\begin{pmatrix}q_r\\p_r\end{pmatrix}+\mathrm{j}\begin{pmatrix}q_i\\p_i\end{pmatrix},\quad \boldsymbol{\psi}_2=-\begin{pmatrix}q_i\\p_i\end{pmatrix}-\mathrm{j}\begin{pmatrix}q_r\\p_r\end{pmatrix}$$

组成 2×2 状态向量矩阵有 $\boldsymbol{\Psi}=(\boldsymbol{\psi}_1,\boldsymbol{\psi}_2)$，也是辛矩阵，是按照波的传播性质组成的：

$$\boldsymbol{\Psi}=\begin{pmatrix}q_r+\mathrm{j}q_i & -q_i-\mathrm{j}q_r\\ p_r+\mathrm{j}p_i & -p_i-\mathrm{j}p_r\end{pmatrix}$$

如果不喜欢用复数，则也可组成实数矩阵

$$\boldsymbol{\Psi}_r=\begin{pmatrix}q_r & q_i\\ p_r & p_i\end{pmatrix}\tag{1.15a}$$

因本征向量是 $\boldsymbol{\psi}_r+\mathrm{j}\boldsymbol{\psi}_i$，本征值 $\lambda=\exp(\mathrm{j}\theta)$ 有复数方程

$$\boldsymbol{S}(\boldsymbol{\psi}_r+\mathrm{j}\boldsymbol{\psi}_i)=(\cos\theta+\mathrm{j}\sin\theta)(\boldsymbol{\psi}_r+\mathrm{j}\boldsymbol{\psi}_i)$$

分成 2 个实数方程，有

$$\begin{matrix}\boldsymbol{S}\boldsymbol{\psi}_r=\boldsymbol{\psi}_r\cos\theta-\boldsymbol{\psi}_i\sin\theta\\ \boldsymbol{S}\boldsymbol{\psi}_i=\boldsymbol{\psi}_r\sin\theta+\boldsymbol{\psi}_i\cos\theta\end{matrix}\quad 或\quad \boldsymbol{S}\cdot(\boldsymbol{\psi}_r\quad\boldsymbol{\psi}_i)=(\boldsymbol{\psi}_r\quad\boldsymbol{\psi}_i)\begin{pmatrix}\cos\theta & \sin\theta\\ -\sin\theta & \cos\theta\end{pmatrix}\tag{1.15b}$$

实数矩阵毕竟计算比较方便，在计算时 $\boldsymbol{\psi}_r$ 可用作临时措施。

因此，位移与对偶力复数向量分别为

$$q_0=q_a a+q_b b,\quad p_0=\mathrm{p}_a a+\mathrm{p}_b b\tag{1.16}$$

其中反射波系数 a 为待求，而 b 为给定入射波系数。它们的关系由端部共振腔出口刚度阵 $K_E(\omega^2)$确定，为

$$p_0=K_E(\omega^2)q_0\tag{1.17}$$

将式(1.16)的 q_0，p_0 代入有

$$p_a a+p_b b=K_E(\omega^2)(q_a a+q_b b)\Rightarrow a=-(-K_E q_a+p_a)^{-1}(-K_E q_b+p_b)b=S_{ca}\cdot b\tag{1.18}$$

方程中右端皆为已知，就可算出待求反射系数 a，其中定义的 S_{ca} 称为散射系数。在 n 维时，便是 $n\times n$ 的散射矩阵了。##

例题很简单，$n=1$，单自由度、单区段而已。简单周期结构可用于刚体是动力子结构的情况。而动力子结构可有很复杂的构造，只要符合结构力学的体系就可以，而且其出口刚度阵也是实数的。只要设想如同列车那样，连接处就是一个钩子，而车厢可以是复杂结构；又如锚链结构，连接处可看成一个点，而链环结构本身可以非常复杂，等等。

到了动力子结构的计算，当然就要与大连理工大学研制的 SiPESC 程序平台相结合。通带计算需要的是实数凝聚的两端动力刚度阵、动力质量阵。至于之后的 Hermite 矩阵本征值计算，完全是以后另外的事了。前面部分的动力凝聚，SiPESC 程序平台有做动力子结构算法的专门程序块。不论子结构内部如何复杂，动力子结构算法都能凝聚出来的，见文献[46]。

但单自由度系统 $n=1$ 毕竟不满意，要推广到一般的 n。

7.2 多位移单区段周期结构的通带本征解

情况与上面课题类似。但差别在于两端位移向量 $\boldsymbol{q}_a$，$\boldsymbol{q}_b$ 是 n 维的。当然在分析周期结构时，认为区段的刚度阵、质量阵已经提供，现在要解决的是如何将周期条件加入。

问题与上节周期两端各为单自由度问题同。对多层子结构的动力凝聚算法的要求是

凝聚出 $2n$ 维的刚度阵、质量阵，全部是实数运算。得到凝聚矩阵后，在启动周期区段两端的位移约束用于 Rayleigh 商，其过程与单维的问题同。Rayleigh 商变分原理是

$$\min_{\boldsymbol{q}}(\boldsymbol{q}^{\mathrm{H}}\boldsymbol{K}_{\mathrm{s}}\boldsymbol{q}/\boldsymbol{q}^{\mathrm{H}}\boldsymbol{M}_{\mathrm{s}}\boldsymbol{q}) \tag{2.1}$$

其中上标写成 H。在实数向量时 H 与通常的转置 T 是相同的，而且

$$\boldsymbol{q}=(\boldsymbol{q}_{\mathrm{a}}^{\mathrm{T}},\boldsymbol{q}_{\mathrm{b}}^{\mathrm{T}})^{\mathrm{T}} \tag{2.2}$$

也是实数的 $2n$ 维位移向量。

两端位移 $\boldsymbol{q}_{\mathrm{a}}$，$\boldsymbol{q}_{\mathrm{b}}$ 本来是完全独立的。但因为周期条件，有 $\lambda=\exp(\mathrm{j}\theta)$ 的通带位移约束条件，

$$\boldsymbol{q}_{\mathrm{b}}=\boldsymbol{q}_{\mathrm{a}}\exp(\mathrm{j}\theta) \tag{2.3}$$

则独立位移只有 $\boldsymbol{q}_{\mathrm{a}}$ 了，有

$$\boldsymbol{q}=\begin{pmatrix}\boldsymbol{q}_{\mathrm{a}}\\ \boldsymbol{q}_{\mathrm{b}}\end{pmatrix}=\begin{pmatrix}\boldsymbol{q}_{\mathrm{a}}\\ \boldsymbol{q}_{\mathrm{a}}\exp(\mathrm{j}\theta)\end{pmatrix}=\begin{pmatrix}\boldsymbol{I}_n\\ \mathrm{diag}_n[\exp(\mathrm{j}\theta)]\end{pmatrix}\boldsymbol{q}_{\mathrm{a}} \tag{2.4}$$

代入 Rayleigh 商(2.1)，给出

$$\boldsymbol{M}_{\mathrm{H}}=\begin{pmatrix}\boldsymbol{I}_n\\ \mathrm{diag}_n[\exp(\mathrm{j}\theta)]\end{pmatrix}^{\mathrm{H}}\boldsymbol{M}_{\mathrm{s}}\begin{pmatrix}\boldsymbol{I}_n\\ \mathrm{diag}_n[\exp(\mathrm{j}\theta)]\end{pmatrix}$$

$$\boldsymbol{K}_{\mathrm{H}}=\begin{pmatrix}\boldsymbol{I}_n\\ \mathrm{diag}_n[\exp(\mathrm{j}\theta)]\end{pmatrix}^{\mathrm{H}}\boldsymbol{K}_{\mathrm{s}}\begin{pmatrix}\boldsymbol{I}_n\\ \mathrm{diag}_n[\exp(\mathrm{j}\theta)]\end{pmatrix}$$

这里出现的矩阵乘法，实际上很容易进行。因为 $\mathrm{diag}_n[\exp(\mathrm{j}\theta)]$ 的矩阵乘法就是乘一个常数 $\exp(\mathrm{j}\theta)$ 并且可与矩阵交换次序，故有

$$\boldsymbol{K}_{\mathrm{s}}=\begin{pmatrix}\boldsymbol{K}_{\mathrm{aa}} & \boldsymbol{K}_{\mathrm{ab}}\\ \boldsymbol{K}_{\mathrm{ba}} & \boldsymbol{K}_{\mathrm{bb}}\end{pmatrix}$$

$$\begin{aligned}\boldsymbol{K}_{\mathrm{H}}&=[\boldsymbol{K}_{\mathrm{aa}}+\boldsymbol{K}_{\mathrm{ba}}\exp(-\mathrm{j}\theta)\ \ \boldsymbol{K}_{\mathrm{ab}}+\boldsymbol{K}_{\mathrm{bb}}\exp(-\mathrm{j}\theta)]\cdot\begin{pmatrix}\boldsymbol{I}_n\\ \mathrm{diag}_n[\exp(\mathrm{j}\theta)]\end{pmatrix}\\ &=\boldsymbol{K}_{\mathrm{aa}}+\boldsymbol{K}_{\mathrm{ba}}\exp(-\mathrm{j}\theta)+\exp(\mathrm{j}\theta)\boldsymbol{K}_{\mathrm{ab}}+\boldsymbol{K}_{\mathrm{bb}}\end{aligned} \tag{2.5}$$

其中 $\boldsymbol{K}_{\mathrm{aa}}$ 等子矩阵皆为 $n\times n$ 的实数矩阵。而 $n\times n$ 矩阵 $\boldsymbol{K}_{\mathrm{H}}$ 则成为 Hermite 矩阵。质量阵同此。

于是，Rayleigh 商成为对于 $n\times n$ 的 Hermite 矩阵的了。Hermite 对称矩阵的本征问题，其本征值一定是实数，而本征向量是复值，向量的复数共轭也是本征向量[43]。

周期结构时，应区分 3 种情况：频率低于 $\omega^2<\omega_{\mathrm{lower}}^2$ 时是禁带放大响应；$\omega_{\mathrm{lower}}^2<\omega^2<\omega_{\mathrm{upper}}^2$ 时是通带；$\omega_{\mathrm{upper}}^2<\omega^2$ 时是禁带滤波，响应趋于 0。情况与开始时讲的单自由度振动类似，当然复杂许多，可以借鉴。

通带说明能量可传输到无穷远，所以不出现无穷大。$\omega_{\mathrm{upper}}^2<\omega^2$ 高频禁带表明振动传输不出去，而不断地被滤波，所以就衰减了。

7.3　多位移周期结构的能带

周期结构总有边界。有边界则在其附近求解，体现在其表面现象上，必须要用通带解与禁带解，共同进行分析。第 4 章讲了辛矩阵的本征值计算，只讲了本征值而尚未区分不同类型本征值的性能。尚需继续深入方才可用于禁带本征值的计算。

前面着重讲了通带本征解的计算。为的是运用共轭辛正交归一关系，将全部通带本征解予以排除。剩下的是缩减了的传递辛矩阵，它只有非单位圆的辛本征值了，其计算可全部在实数区域执行。固体的量子理论要求按能量，也就是结构力学的给定 ω^2 来求解传递辛矩阵的辛本征解。

给定了 ω^2，当然就可以将区段动力刚度阵转换到传递辛矩阵 $\boldsymbol{S}$。按第 4 章，求解 $\boldsymbol{S}$ 的本征值问题已经给出了数值求解的思路。引入矩阵 $\boldsymbol{S}_c=\boldsymbol{S}+\boldsymbol{S}^{-1}$ 后，虽然 $\boldsymbol{S}_c$ 已经不是辛矩阵，但已经证明 $\boldsymbol{J}\boldsymbol{S}_c$ 是反对称矩阵。直接计算 $\boldsymbol{S}^{-1}$ 的工作量是比较大的，运用辛矩阵的定义 $\boldsymbol{S}^{\mathrm{T}}\boldsymbol{J}\boldsymbol{S}=\boldsymbol{J}$ 知 $\boldsymbol{S}^{-1}=-\boldsymbol{J}\boldsymbol{S}^{\mathrm{T}}\boldsymbol{J}$，避免了矩阵求逆。而转置与乘 $\boldsymbol{J}$ 则是简单操作，有利于进行数值计算。

按给定的 ω^2，首先要找到 ω^2 处于哪些通带之中，将通带解的辛本征向量解出，用共轭辛正交归一关系，将辛矩阵缩减。通带的辛本征值是 $\lambda=\exp(\mathrm{j}\theta)$，$(\lambda+\lambda^{-1})=2\cos\theta<2$。运用移轴算法

$$\boldsymbol{J}[\boldsymbol{S}_c-\chi]\boldsymbol{\psi}=(\lambda+\lambda^{-1}-\chi)\boldsymbol{J}\boldsymbol{\psi} \tag{4.3.19}$$

可很快将辛本征值求出的。此时自然要用到反对称矩阵的胞块分解算法等，第 4 章已经提供。

寻求通带的辛本征解，是给定 ω^2 而求解 $\lambda=\exp(\mathrm{j}\theta)$ 的。前面讲 Rayleigh 商的求解，是给定 $\lambda=\exp(\mathrm{j}\theta)$ 而求解全部 ω^2 的。既然可以用动力子结构方法求解，则可给出许多 $\lambda=\exp(\mathrm{j}\theta)$，将全部 ω^2 求解出来，列成表，准备用于求解辛本征解。当给定 ω^2 后，可以找到它处于什么通带中，并且通过插值得到近似的 $\lambda_a(\omega^2)=\exp(\mathrm{j}\theta_a)$，于是可运用移轴量 χ 以加速收敛，然后再迭代得到辛本征值。

计算得到全部通带辛本征解，设为 $2m_{\mathrm{pb}}$ 个，因为 $\lambda=\exp(\pm\mathrm{j}\theta)$ 同时是通带本征值。运用共轭辛正交归一关系，可将辛矩阵 $\boldsymbol{S}$ 的通带辛本征解全部排除，得到维数是 $2m_{\mathrm{sb}}\times2m_{\mathrm{sb}}$ $(m_{\mathrm{sb}}+m_{\mathrm{pb}}=n)$ 的减缩传递辛矩阵 $\boldsymbol{S}_{\mathrm{R}}$。下标pb代表通带(pass-band)，sb代表禁带(stop-band)。而 $\boldsymbol{S}_{\mathrm{R}}$ 已经没有通带本征解。通带表示能量可传递到无穷远，一去不返。没有通带则振动能量不能向无穷远处传输。不过，这些是结构力学的说法。

这里还应将没有通带的传递辛矩阵的物理意义讲清楚。从固体的量子理论看到，电子运动服从 Schroedinger 方程。在周期场中的电子运动问题，例如完整晶体就可提供周期的势力场。晶体内的电子运动 Schroedinger 方程有能带结构。频率 ω^2 在量子力学中的意义便是能量 E，能带的名称是从量子力学来的。

固体的量子理论认为，在能带空白处，是没有自由电子的。但不空白处则有自由电子处于对应的 E 处。设固体材料有一段空白的能区，则在此空白区没有自由电子，电子从空白区的顶部 E_t 可以跃迁到空白区的底部 E_b，此时会发射光子，其频率正比于 E_t-E_b。跃迁有自发跃迁以及受激跃迁，激光就是利用了受激跃迁而放大的。这里只是提供最粗浅的概念而已。读者知道能带理论是很有用的就可以了。

自由电子可由少量的参杂分子提供，例如砷化镓，等等。所以说，材料的周期结构也不是绝对的。因为必然不能少了参杂，这样就不是绝对周期了。很难再要求参杂的分布周期，一般是随机分布的。怎么妥当处理以后再探讨吧。林家浩提出的虚拟激励法，值得借鉴。

只讲理论，不够具体。给一个周期结构的简单例题，如图 7-4 所示。

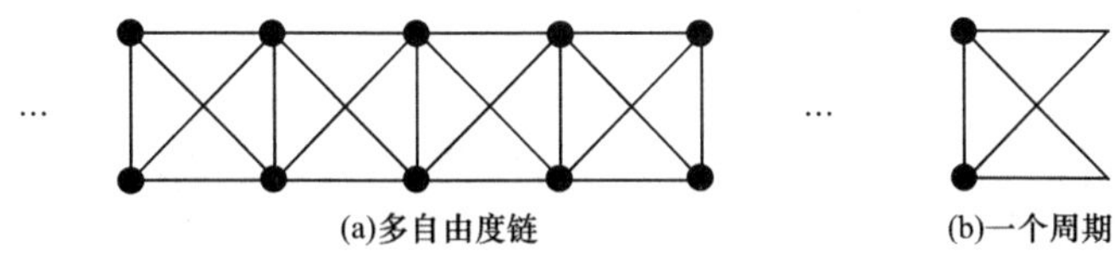

(a)多自由度链　　(b)一个周期

图 7-4

左端部链接一个如图 7-5 所示的端部弹性体：

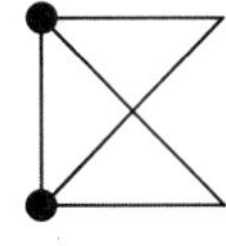

图 7-5

基本周期单元中 5 个杆的 EA 均为 2，2 个质量均为 2。弹性体中 5 个杆的刚度不变，上面小球的质量为 12，下面小球的质量为 10。

通过计算生成的基本周期单元的静力刚度阵为

$$\boldsymbol{K}_{\mathrm{s}}=\begin{pmatrix}\boldsymbol{K}_{\mathrm{aa}} & \boldsymbol{K}_{\mathrm{ab}}\\ \boldsymbol{K}_{\mathrm{ba}} & \boldsymbol{K}_{\mathrm{bb}}\end{pmatrix}$$

$$\boldsymbol{K}_{\mathrm{aa}}=\begin{pmatrix}2+\sqrt{2}/2 & \sqrt{2}/2 & 0 & 0\\ \sqrt{2}/2 & 2+\sqrt{2}/2 & 0 & -2\\ 0 & 0 & 2+\sqrt{2}/2 & -\sqrt{2}/2\\ 0 & -2 & -\sqrt{2}/2 & 2+\sqrt{2}/2\end{pmatrix}$$

$$\boldsymbol{K}_{\mathrm{bb}}=\begin{pmatrix}2+\sqrt{2}/2 & -\sqrt{2}/2 & 0 & 0\\ -\sqrt{2}/2 & \sqrt{2}/2 & 0 & 0\\ 0 & 0 & 2+\sqrt{2}/2 & \sqrt{2}/2\\ 0 & 0 & \sqrt{2}/2 & \sqrt{2}/2\end{pmatrix}$$

$$\boldsymbol{K}_{\mathrm{ab}}=(\boldsymbol{K}_{\mathrm{ba}})^{\mathrm{T}}=\begin{pmatrix}-2 & 0 & -\sqrt{2}/2 & -\sqrt{2}/2\\ 0 & 0 & -\sqrt{2}/2 & -\sqrt{2}/2\\ -\sqrt{2}/2 & \sqrt{2}/2 & -2 & 0\\ \sqrt{2}2 & -\sqrt{2}/2 & 0 & 0\end{pmatrix}$$

而质量阵为

$$\boldsymbol{M}_{\mathrm{s}}=\mathrm{diag}((2,\ 2,\ 2,\ 2,\ 0,\ 0,\ 0,\ 0))$$

端部弹性体的静力刚度阵不变，质量阵为

$$\boldsymbol{M}_{\mathrm{Es}}=\mathrm{diag}((12,\ 12,\ 10,\ 10,\ 0,\ 0,\ 0,\ 0))$$

在计算全部能带后，其能带结构如图 7-6 所示。

上面 7.2 节讲述的是给定 λ 寻求 ω^2 的算法，所以是 Rayleigh 商。取较密的 $0\leqslant\theta\leqslant\pi$ 划分，Rayleigh 商的计算给出了周期结构的全部通带，可连成 $\omega^2(\theta)$ 的曲线，就是图 7-6。有了这些计算结果，在给定 ω^2 的情况下，可求解周期结构的特性。既然给定了 ω^2 就可以找到周期区段两端的动力刚度阵，再转化到传递辛矩阵 $\boldsymbol{S}(\omega^2)$，从通带图 $\omega^2(\theta)$ 曲线就可

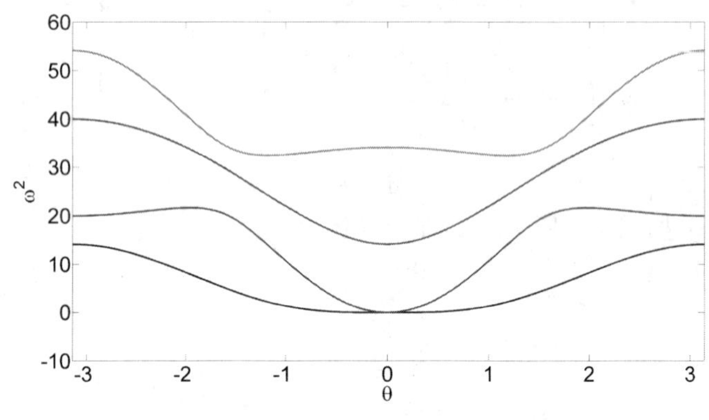

图 7-6　能带曲线

找到与其对应的 $\lambda(\omega^2)$。可用例如移轴的算法以提高计算效率，通带的特点是能量传输的波。通常，给定 ω^2 的通带数不是很多的。运用共轭辛正交归一关系，将通带的本征解予以排除，剩下就是单纯地计算对应于 ω^2 的禁带的有关问题了。

传递辛矩阵 $\boldsymbol{S}(\omega^2)$ 的通带本征解，按前面符号有 $2m_{\mathrm{pb}}$ 个，其辛本征值是 $\lambda=\exp(\pm \mathrm{j}\theta)$。其中 m_{pb} 个 $\lambda=\exp(\mathrm{j}\theta)$ 代表波向节点号增加的方向传输的，对应的辛本征向量

$$\lambda=\exp(\mathrm{j}\theta_i),\quad i\leqslant m_{\mathrm{pb}}:\quad \boldsymbol{\psi}_{\mathrm{i}}=\boldsymbol{\psi}_{\mathrm{r},i}+\mathrm{j}\boldsymbol{\psi}_{\mathrm{i},i} \tag{3.1}$$

而另 m_{pb} 个 $\lambda=\exp(-\mathrm{j}\theta)$ 代表波的反向传输，它们的辛本征向量是

$$\lambda=\exp(\mathrm{j}\theta_{n+i}),\quad i\leqslant m_{\mathrm{pb}}:\quad \boldsymbol{\psi}_{n+i}=-\mathrm{j}(\boldsymbol{\psi}_{\mathrm{r},i}-\mathrm{j}\boldsymbol{\psi}_{\mathrm{i},i}) \tag{3.2}$$

其中 $2n$ 维向量 $\boldsymbol{\psi}_{\mathrm{r},i}$，$\boldsymbol{\psi}_{\mathrm{i},i}$ 是实数向量。辛归一条件是 $2\boldsymbol{\psi}_{\mathrm{i},i}^{\mathrm{T}}\boldsymbol{J}\boldsymbol{\psi}_{\mathrm{r},i}=1$。

两端边值问题，禁带解是向无穷远衰减的解，沿长度坐标 z，或沿节点号 k 衰减的解。其辛矩阵本征值 $\mathrm{abs}(\lambda)\neq 1$ 的解，这是下节的任务。

7.4　多位移周期结构的局部振动

多位移系统的问题是周期结构链的端部有共振腔，会发生波的散射。起码要分析其散射矩阵。

没有通带的传递辛矩阵，表明只可能有局部振动。设要处理的问题是有一个端部的，因此有局部振动要考虑。对于半无穷周期结构，此时虽然可用辛矩阵本征向量展开的方法求解，但振动频率在通带时，是衰减的，因能量会发散到无穷，一去不返。但在禁带仍可有共振发生，往往其共振频率 ω^2 是所关心的。

从结构力学的角度看问题。设半无穷链端部连接一个无其他约束的弹性体 E，在与半无穷链连接处，链的 0 号站有一个弹性体的振动出口动力刚度阵 $\boldsymbol{K}_{\mathrm{e}}(\omega^2)$。或者说有出口刚度阵 $\boldsymbol{K}_{\mathrm{e}}$ 与出口质量阵 $\boldsymbol{M}_{\mathrm{e}}$。最简单的是在 0 号站的边界条件为固定的半无穷链结构。此时相当于 $\boldsymbol{K}_{\mathrm{e}}$ 是无穷大对角阵。

禁带解的物理意义是代表链的**局部振动**。半无穷长链端部连接有一个弹性体 E，则半无穷长链与该弹性体发生弹性耦合，弹性体的耦合振动会产生共振，频率为 ω_{bi}^2。其振动模态在连接的 0 号站有位移向量 $\boldsymbol{q}_0$，还有对偶向量 $\boldsymbol{p}_0$，当然共同构成了状态向量 $\boldsymbol{v}_0$。该状态向量是由辛矩阵的各个模态一起构成的，可以用全部辛本征向量展开。其中有通

带的本征解，也有禁带的本征解。如同前面所述，通带本征解的物理效应是能量向无穷远处传输，不会成为整体结构的本征解，所以问题转化成为散射。

因此求解通带本征解，一定要将本征向量提供，运用共轭辛正交归一关系，将原有辛矩阵通带的成分予以分离。设给定 ω^2 的辛矩阵 $\boldsymbol{S}(\omega^2)$，有 $2m_{\mathrm{pb}}$ 个通带，则排除通带后的独立位移只有 $2m_{\mathrm{sb}}$ 了，得到的禁带部分传递辛矩阵 $\boldsymbol{S}_{\mathrm{sb}}(\omega^2)$ 只有 $2m_{\mathrm{sb}}\times 2m_{\mathrm{sb}}$ 了。辛矩阵是从结构力学的区段变形能的表达通过变换来的，是实数矩阵。当然希望减缩矩阵排除通带后的 $\boldsymbol{S}_{\mathrm{sb}}(\omega^2)$ 也是实数矩阵，便于处理。

根据辛本征向量的独立性，通带解的状态空间与禁带解的状态空间是独立的。因此两方面可以分别求解。首先在给定 ω^2 下，将通带解的辛本征向量全部求出，并通过共轭辛正交归一予以排除。然后，对单纯的禁带进行求解。

回顾 n 维 Rayleigh 商在数值求解时，Gram-Schmidt 正交化手续很重要，其意义就是独立性。让剩余空间内的任意向量，与已经得到的本征向量子空间互相正交，即独立无关。

对应地，$2n$ 维状态空间在数值求解时，辛 Gram-Schmidt 正交化手续也很重要，其意义也就是独立性。看问题一定要基于对偶子空间。让剩余辛对偶子空间内的任意状态向量，与已经得到的对偶辛本征向量的对偶子空间互相辛正交，即其状态对偶子空间的独立无关性。既然是线性体系，独立无关意味着在其独立状态子空间内可以独立处理，“你打你的，我打我的。”辛 Gram-Schmidt 正交化手续可见[16]的 7.4 节，下文要讲述的。

前面讲，将整个 $2n$ 的对偶状态空间，划分为 $2m_{\mathrm{pb}}$ 的通带子空间，以及 $2m_{\mathrm{sb}}$ 的禁带子空间。说 $2m_{\mathrm{pb}}$ 的通带子空间，不如说成是 m_{pb} 个 2 维的状态通带子空间。

式(3.1)、(3.2)用 $2n$ 维实数向量 $\boldsymbol{\psi}_{\mathrm{r},i}$，$\boldsymbol{\psi}_{\mathrm{i},i}$ $(i=1,2,\cdots,m_{\mathrm{pb}})$ 表达了通带辛本征向量。$\boldsymbol{\psi}_{\mathrm{r},i}$，$\boldsymbol{\psi}_{\mathrm{i},i}$ 与禁带内的向量依然是共轭辛正交的，不同序号 i 的本征向量也是共轭辛正交的。以下可用这些 $\boldsymbol{\psi}_{\mathrm{r},i}$，$\boldsymbol{\psi}_{\mathrm{i},i}$ 向量，运行**共轭辛正交归一**算法。其目的就是要剩余的辛对偶子空间，与已经得到的辛正交归一的本征的辛对偶子空间，达到辛正交性。其目的也是独立性。故称为辛 Gram-Schmidt 正交化算法。

开始时，$2n$ 维的单位矩阵本来是辛矩阵，但当将 $\boldsymbol{\psi}_{\mathrm{r},i}$ 代替了 $i=1,2,\cdots,m_{\mathrm{pb}}$ 列，将 $\boldsymbol{\psi}_{\mathrm{i},i}$ 代替了 $i=n+1,n+2,\cdots,n+m_{\mathrm{pb}}$ 列后，中间就不是对角矩阵了。而剩余的禁带列，要用与 $\boldsymbol{\psi}_{\mathrm{r},i}$，$\boldsymbol{\psi}_{\mathrm{i},i}$ 共轭辛正交的列代替，这就是**共轭辛正交归一**算法。运行后得到的仍是 $2n\times 2n$ 辛矩阵。

算法可逐对进行。设已完成第$(k-1,n+k-1)$ $(k>m_{\mathrm{pb}})$ 对列的共轭辛正交归一，现在要完成$(k,n+k)$ $(k>m_{\mathrm{pb}})$ 对的共轭辛正交归一。首先取 $2n\times 2n$ 单位阵的一对状态向量，例如 $2n$ 维的零向量，只有分别在第 k 和第 $n+k$ 元素处为 1 的一对状态向量，记为 $\boldsymbol{v}_{k\mathrm{q}}$，$\boldsymbol{v}_{k\mathrm{p}}$。前面已经提供了共轭辛正交归一的状态向量基底的 $\boldsymbol{v}_{j\mathrm{q}}$，$\boldsymbol{v}_{j\mathrm{p}}$ $(j=1,2,\cdots,k-1)$ 子空间，要修改 $\boldsymbol{v}_{k\mathrm{q}}$，$\boldsymbol{v}_{k\mathrm{p}}$ 的第 k 对。

因为是在实数向量的范围内计算，所以 $\boldsymbol{v}_{j\mathrm{q}}$，$\boldsymbol{v}_{j\mathrm{p}}$ 有辛归一的要求

$$\boldsymbol{v}_{j\mathrm{q}}^{\mathrm{T}}\boldsymbol{J}\boldsymbol{v}_{j\mathrm{p}}=-\boldsymbol{v}_{j\mathrm{p}}^{\mathrm{T}}\boldsymbol{J}\boldsymbol{v}_{j\mathrm{q}}=1 \tag{4.1}$$

要对于 $j<k$ 的通带本征向量 $\boldsymbol{v}_{j\mathrm{q}}$，$\boldsymbol{v}_{j\mathrm{p}}$ 实现辛正交，则可以取

$$\boldsymbol{v}'_{k\mathrm{q}}=\boldsymbol{v}_{k\mathrm{q}}+a_1\boldsymbol{v}_{j\mathrm{q}}+a_2\boldsymbol{v}_{j\mathrm{p}},\quad \boldsymbol{v}'_{k\mathrm{p}}=\boldsymbol{v}_{k\mathrm{p}}+a_3\boldsymbol{v}_{j\mathrm{q}}+a_4\boldsymbol{v}_{j\mathrm{p}} \tag{4.2}$$

其中 a_1,a_2,a_3,a_4 待定。取辛正交

$$\boldsymbol{v}_{j\mathrm{p}}^{\mathrm{T}}\boldsymbol{J}\boldsymbol{v}_{k\mathrm{q}}'=\boldsymbol{v}_{j\mathrm{p}}^{\mathrm{T}}\boldsymbol{J}\boldsymbol{v}_{k\mathrm{q}}-a_1=0,\quad \boldsymbol{v}_{j\mathrm{q}}^{\mathrm{T}}\boldsymbol{J}\boldsymbol{v}_{k\mathrm{q}}'=\boldsymbol{v}_{j\mathrm{q}}^{\mathrm{T}}\boldsymbol{J}\boldsymbol{v}_{k\mathrm{q}}+a_2=0$$
$$\boldsymbol{v}_{j\mathrm{p}}^{\mathrm{T}}\boldsymbol{J}\boldsymbol{v}_{k\mathrm{p}}'=\boldsymbol{v}_{j\mathrm{q}}^{\mathrm{T}}\boldsymbol{J}\boldsymbol{v}_{k\mathrm{p}}-a_3=0,\quad \boldsymbol{v}_{j\mathrm{q}}^{\mathrm{T}}\boldsymbol{J}\boldsymbol{v}_{k\mathrm{p}}'=\boldsymbol{v}_{j\mathrm{q}}^{\mathrm{T}}\boldsymbol{J}\boldsymbol{v}_{k\mathrm{p}}+a_4=0 \tag{4.3}$$

可确定常数 a_1,a_2,a_3,a_4。再令 $\boldsymbol{v}_{k\mathrm{q}}=\boldsymbol{v}_{k\mathrm{q}}'$，$\boldsymbol{v}_{k\mathrm{p}}=\boldsymbol{v}_{k\mathrm{p}}'$，这样满足了辛正交。但还要辛归一，这只要乘一个常数就可以了。总之要求 $\boldsymbol{v}_{k\mathrm{q}}$，$\boldsymbol{v}_{k\mathrm{p}}$ 与以前的基底状态向量全部辛正交，并且 $\boldsymbol{v}_{k\mathrm{q}}$，$\boldsymbol{v}_{k\mathrm{p}}$ 也相互辛归一。这样就得到了前 k 对的共轭辛正交归一基底。这样，就可以求出全部禁带子空间的基底了。

辛 Gram-Schmidt 正交化可用元语言清楚地表达。ω^2 已经给定，并且已经解算得到全部 m_{pb} 个通带辛本征值及其本征向量。于是，其算法可设计为：[因 $\boldsymbol{I}_{2n}$ 是辛矩阵。设已有 m_{pb} 个通带本征解，其本征向量实、虚部分别为 $\boldsymbol{v}_{j\mathrm{q}}=\boldsymbol{\psi}_{j\mathrm{r}}$；$\boldsymbol{v}_{j\mathrm{p}}=\boldsymbol{\psi}_{j\mathrm{i}}$；将这些状态向量分别代替 $\boldsymbol{I}_{2n}$ 的 j，$n+j$ 列；得到的是初始的 $\boldsymbol{C}(\omega^2)$。]

for ($k=m_{\mathrm{pb}}+1$；$k\leqslant n$； k ++) {
(已经有初始状态向量 $\boldsymbol{c}_{k\mathrm{q}}$，$\boldsymbol{c}_{k\mathrm{p}}$，取 $\boldsymbol{v}_{k\mathrm{q}}=\boldsymbol{c}_k$； $\boldsymbol{v}_{k\mathrm{p}}=\boldsymbol{c}_{n+k}$；)
for ($j=1$；$j\leqslant k-1$；j ++) {
[修改 $\boldsymbol{v}_{k\mathrm{q}}$，$\boldsymbol{v}_{k\mathrm{p}}$ 完成与 $\boldsymbol{v}_{j\mathrm{q}}$，$\boldsymbol{v}_{j\mathrm{p}}$ 的状态对偶向量辛正交]
[$\boldsymbol{v}_{k\mathrm{q}}$，$\boldsymbol{v}_{k\mathrm{p}}$ 相互辛归一，代替 $\boldsymbol{c}_{k\mathrm{q}}$，$\boldsymbol{c}_{k\mathrm{p}}$] （注：$\boldsymbol{c}_{k\mathrm{q}}$，$\boldsymbol{c}_{k\mathrm{p}}$ 即 $\boldsymbol{c}_k$，$\boldsymbol{c}_{n+k}$）
}
} (4.4)

完成算法(4.4)的辛 Gram-Schmidt 正交归一化后，就具备了禁带的全部基底状态向量，虽然它们不是本征向量，但互相辛正交归一还是保证的。$\boldsymbol{S}(\omega^2)$ 的禁带本征向量当然在禁带子空间内，一定可由其全部基底向量线性组合而成。先将全部通带向量 $\boldsymbol{v}_{j\mathrm{q}}=\boldsymbol{\psi}_{j\mathrm{r}}$，$\boldsymbol{v}_{j\mathrm{p}}=\boldsymbol{\psi}_{j\mathrm{i}}(j\leqslant m_{\mathrm{pb}})$ 编排为 $1\sim m_{\mathrm{pb}}$，$n+1\sim n+m_{\mathrm{pb}}$ 列，然后将从(4.4)得到的 2 个 m_{sb} 列编排在后，就得到 $2n\times 2n$ 的实数矩阵。原来(4.4)给出了 $(m_{\mathrm{pb}}+1)\sim n$，$(n+m_{\mathrm{pb}}+1)\sim 2n$ 为禁带的基底，就得到 $2n\times 2n$ 的实数辛矩阵 $\boldsymbol{C}(\omega^2)$，因是辛 Gram-Schmidt 正交归一化算法给出的。给定了频率在长度方向的分析，是结构力学问题。

重新编排的规则，可用 $\boldsymbol{C}(\omega^2)$ 的分块表示：

$$\boldsymbol{C}(\omega^2)=(\boldsymbol{C}_{\mathrm{a}}\quad \boldsymbol{C}_{\mathrm{b}}),\quad \boldsymbol{C}_{\mathrm{a}}=\begin{pmatrix}\boldsymbol{Q}_{\mathrm{ac}}\\ \boldsymbol{P}_{\mathrm{ac}}\end{pmatrix},\ \boldsymbol{C}_{\mathrm{b}}=\begin{pmatrix}\boldsymbol{Q}_{\mathrm{bc}}\\ \boldsymbol{P}_{\mathrm{bc}}\end{pmatrix}\begin{matrix}n\\ n\end{matrix} \tag{4.5}$$

式(4.5)的编排，首先是区分左、右端，即 a，b；然后再进一步区分 m_{pb} 的通带与 m_{sb} 的禁带。

$$\boldsymbol{C}_{\mathrm{a}}=(\overset{m_{\mathrm{pb}}}{\boldsymbol{\varPsi}_{\mathrm{ar}}}\quad \overset{m_{\mathrm{sb}}}{\boldsymbol{V}_{\mathrm{a}}}),\qquad \boldsymbol{C}_{\mathrm{b}}=(\overset{m_{\mathrm{pb}}}{\boldsymbol{\varPsi}_{\mathrm{ai}}}\quad \overset{m_{\mathrm{sb}}}{\boldsymbol{V}_{\mathrm{b}}}) \tag{4.6}$$

其中 $\boldsymbol{V}_{\mathrm{a}}$，$\boldsymbol{V}_{\mathrm{b}}$ 是由辛 Gram-Schmidt 正交归一化算法(4.4)给出的，各是 m_{sb} 维禁带的列。这样辛矩阵 $\boldsymbol{C}(\omega^2)$ 的分块成为

$$\boldsymbol{C}(\omega^2)=(\boldsymbol{\varPsi}_{\mathrm{ar}}\quad \boldsymbol{V}_{\mathrm{a}};\quad \boldsymbol{\varPsi}_{\mathrm{ai}}\quad \boldsymbol{V}_{\mathrm{b}}) \tag{4.7}$$

其中 $\boldsymbol{\varPsi}_{\mathrm{ar}}=(\boldsymbol{\psi}_{\mathrm{r},1},\ \cdots,\boldsymbol{\psi}_{\mathrm{r},mpb})\cdot\sqrt{2}$，$\boldsymbol{\varPsi}_{\mathrm{br}}=(\boldsymbol{\psi}_{\mathrm{i},1},\ \cdots,\boldsymbol{\psi}_{\mathrm{i},mpb})\cdot\sqrt{2}$，而传递辛矩阵 $\boldsymbol{S}(\omega^2)$ 的通带本征向量是 $\boldsymbol{\psi}_{\mathrm{i}}=\boldsymbol{\psi}_{\mathrm{r},i}+\mathrm{j}\boldsymbol{\psi}_{\mathrm{i},i}$，见式(3.1)、(3.2)。

$\boldsymbol{C}$ 是辛矩阵，故有 $\boldsymbol{C}^{-1}=-\boldsymbol{J}\boldsymbol{C}^{\mathrm{T}}\boldsymbol{J}=\begin{pmatrix}\boldsymbol{P}_{\mathrm{bc}}^{\mathrm{T}} & -\boldsymbol{Q}_{\mathrm{bc}}^{\mathrm{T}}\\ -\boldsymbol{P}_{\mathrm{ac}}^{\mathrm{T}} & \boldsymbol{Q}_{\mathrm{ac}}^{\mathrm{T}}\end{pmatrix}$。$\boldsymbol{C}^{-1}\boldsymbol{C}=\boldsymbol{I}_{2n}$ 给出

$$\boldsymbol{P}_{bc}^{T}\boldsymbol{Q}_{ac}-\boldsymbol{Q}_{bc}^{T}\boldsymbol{P}_{ac}=\boldsymbol{I}_n,\quad \boldsymbol{P}_{bc}^{T}\boldsymbol{Q}_{bc}-\boldsymbol{Q}_{bc}^{T}\boldsymbol{P}_{bc}=\boldsymbol{0}_n$$
$$-\boldsymbol{P}_{ac}^{T}\boldsymbol{Q}_{ac}+\boldsymbol{Q}_{ac}^{T}\boldsymbol{P}_{ac}=\boldsymbol{0}_n,\quad -\boldsymbol{P}_{ac}^{T}\boldsymbol{Q}_{bc}+\boldsymbol{Q}_{ac}^{T}\boldsymbol{P}_{bc}=\boldsymbol{I}_n$$

体现了共轭辛正交归一关系。从其中第三式有 $\boldsymbol{Q}_{ac}\boldsymbol{P}_{ac}^{-1}=(\boldsymbol{Q}_{ac}\boldsymbol{P}_{ac}^{-1})^{T}$，说明 $\boldsymbol{Q}_{ac}\boldsymbol{P}_{ac}^{-1}$ 是对称矩阵。$\boldsymbol{Q}_{ac}$，$\boldsymbol{Q}_{bc}$的 n 维列向量全部是位移。

$\boldsymbol{C}(\omega^2)$可用于转换原有辛矩阵 $\boldsymbol{S}(\omega^2)$，使得通带与禁带子空间分离。因相似变换不改变本征值，将原有坐标的辛矩阵通过相似变换投影到 $\boldsymbol{C}(\omega^2)$的基底上，即取 $\boldsymbol{C}^{-1}\boldsymbol{SC}$ 的转换，仍是 $2n\times 2n$ 的辛矩阵 $\boldsymbol{S}_c$：

$$\boldsymbol{S}_c=\boldsymbol{C}^{-1}\boldsymbol{SC}=-\boldsymbol{JC}^{T}\boldsymbol{JSC}=\begin{pmatrix}\boldsymbol{D}_{pb11} & \boldsymbol{0} & \boldsymbol{D}_{pb12} & \boldsymbol{0}\\ \boldsymbol{0} & \boldsymbol{S}_{sb11} & \boldsymbol{0} & \boldsymbol{S}_{sb12}\\ \boldsymbol{D}_{pb21} & \boldsymbol{0} & \boldsymbol{D}_{pb22} & \boldsymbol{0}\\ \boldsymbol{0} & \boldsymbol{S}_{sb21} & \boldsymbol{0} & \boldsymbol{S}_{sb22}\end{pmatrix}\begin{matrix}m_{pb}\\ m_{sb}\\ m_{pb}\\ m_{sb}\end{matrix}\tag{4.8}$$

因 $\boldsymbol{C}(\omega^2)$的生成是完成了共轭辛正交归一关系的，所以 $\boldsymbol{S}_c$ 中出现许多零的子块，将通带与禁带分块辛对角化了，是很重要的优点。

辛矩阵的相似变换是常见的。辛矩阵全部本征向量的矩阵 $\boldsymbol{\Psi}$ 有方程 $\boldsymbol{S\Psi}=\boldsymbol{\Psi D}\Rightarrow \boldsymbol{\Psi}^{-1}\boldsymbol{S\Psi}=\boldsymbol{D}$，就是用 $\boldsymbol{\Psi}$ 进行的相似变换。其中 $\boldsymbol{D}$ 是本征值的对角矩阵。当前采用实数辛矩阵 $\boldsymbol{C}$ 进行相似变换，就给出式(4.8)。

然而，式(4.8)中的辛矩阵 $\boldsymbol{S}_c$ 形式，通带和禁带的子块划分仍不够清楚，可通过重新编排成为 2 个辛矩阵的对角，分别对应于通带 $\boldsymbol{D}_{pb}$与禁带 $\boldsymbol{S}_{sb}$的分块对角形式：

$$\boldsymbol{S}_{ex}=\begin{pmatrix}\boldsymbol{D}_{pb} & \boldsymbol{0}\\ \boldsymbol{0} & \boldsymbol{S}_{sb}\end{pmatrix}\begin{matrix}2m_{pb}\\ 2m_{sb}\end{matrix}=\mathrm{diag}(\boldsymbol{D}_{pb},\boldsymbol{S}_{sb})$$
$$\boldsymbol{D}_{pb}^{T}\boldsymbol{J}_{mpb}\boldsymbol{D}_{pb}=\boldsymbol{J}_{mpb},\quad \boldsymbol{S}_{sb}^{T}\boldsymbol{J}_{msb}\boldsymbol{S}_{sb}=\boldsymbol{J}_{msb}\tag{4.9}$$

$\boldsymbol{S}_{ex}$已经不是原来 $2n\times 2n$ 的辛矩阵了。重新编排成为两个辛矩阵的对角矩阵，对应地矩阵 $\boldsymbol{J}_n$ 也要重新编排，成为

$$\boldsymbol{J}_{ex}=\begin{pmatrix}\boldsymbol{J}_{mpb} & \boldsymbol{0}\\ \boldsymbol{0} & \boldsymbol{J}_{msb}\end{pmatrix}\begin{matrix}2m_{pb}\\ 2m_{sb}\end{matrix}=\mathrm{diag}(\boldsymbol{J}_{mpb},\boldsymbol{J}_{msb})\tag{4.10}$$

换行、换列的操作是常用的。讲“将 j 列与 i 列互换”，是用语言表达；用矩阵乘法表达就比较严格。其实就是代数的排列(Permutation)，在 1.8 节曾提到过排列群。

排列原来的表示，对于 6 个元素，重新排列为(1,3,6,2,4,5)。意思是 1 的位置不动，原来的第二元素放在第三处，原来的第三元素放在第六处，…。对应地用矩阵 $\boldsymbol{P}$ 表达，

$$(1,3,6,2,4,5)\Rightarrow\boldsymbol{P}=\begin{pmatrix}1 & & & & & \\ & & & 1 & & \\ & 1 & & & & \\ & & & & 1 & \\ & & & & & 1\\ & & 1 & & & \end{pmatrix}$$

$$
\boldsymbol{P}^{-1}=\begin{pmatrix}1&&&&&\\&&1&&&\\&&&&&1\\&1&&&&\\&&&1&&\\&&&&1&\end{pmatrix}=\boldsymbol{P}^{\mathrm{T}}
$$

任何行、列,皆只有一个元素为1,而其余元素为0。任何矩阵 $\boldsymbol{A}$ 右乘矩阵 $\boldsymbol{P}$ 后,原来 $\boldsymbol{A}$ 阵的第二列,成为 $\boldsymbol{AP}$ 的第三列;原来 $\boldsymbol{A}$ 阵的第三列,成为 $\boldsymbol{AP}$ 的第六列,…。也就是 $\boldsymbol{AP}$ 是矩阵 $\boldsymbol{A}$ 的列重新排列。如果乘法是 $\boldsymbol{P}^{\mathrm{T}}\boldsymbol{A}$,则 $\boldsymbol{A}$ 的第一行仍然是 $\boldsymbol{P}^{\mathrm{T}}\boldsymbol{A}$ 的第一行,而 $\boldsymbol{A}$ 的第二行成为 $\boldsymbol{P}^{\mathrm{T}}\boldsymbol{A}$ 的第三行;$\boldsymbol{A}$ 的第三行成为 $\boldsymbol{P}^{\mathrm{T}}\boldsymbol{A}$ 的第六行,…。$\boldsymbol{P}^{-1}$ 就是其转置 $\boldsymbol{P}^{\mathrm{T}}$。读者请验证之。

从 $\boldsymbol{J}_n$ 到 $\boldsymbol{J}_{\mathrm{ex}}$ 也是一系列行、列互换的结果。其实,列的编排,无非是一个排列,在一个排列后再继续一个排列,仍给出一个排列,相当于排列矩阵的乘积,称为群的线性表示。全体排列构成一个排列群。

将原来 $\boldsymbol{C}(\omega^2)$ 重新编排为

$$
\boldsymbol{C}_{\mathrm{ex}}(\omega^2)=(\boldsymbol{\Psi}_{\mathrm{ar}}\quad\boldsymbol{\Psi}_{\mathrm{ai}};\quad\boldsymbol{V}_{\mathrm{a}}\quad\boldsymbol{V}_{\mathrm{b}})=\boldsymbol{CP}_{\mathrm{ex}}\tag{4.11}
$$

其中 $\boldsymbol{P}_{\mathrm{ex}}$ 是排列矩阵。无非是矩阵列的互换而已,其实就是列的 Permutation。群论就是从 Permutation 群开始的,虽然不是用矩阵乘法表示的。群论是近世代数的开创之作。当年大家努力研究微积分分析,群的代数让许多人措手不及,难以理解。糟蹋了年轻的数学天才 Galois,太可惜了。

说明 全新的创造未必能一帆风顺。困难时要能忍,要等待时机么。康熙手书的题扁“戒急用忍”给予雍正很大启发。

将辛矩阵 $\boldsymbol{C}(\omega^2)$ 换列成 $\boldsymbol{C}_{\mathrm{ex}}$,可使得通带占有前 $1\sim 2m_{\mathrm{pb}}$ 行和列;而禁带则是后面的 $2m_{\mathrm{pb}}+1\sim 2n$ 的行和列,得到(4.11)的 $\boldsymbol{C}_{\mathrm{ex}}(\omega^2)$。

具体些,例如 $m_{\mathrm{pb}}=2$, $m_{\mathrm{sb}}=2$; $2n=8$, $\boldsymbol{C}(\omega^2)$ 换列成 $\boldsymbol{C}_{\mathrm{ex}}$ 就是将矩阵 $\boldsymbol{P}_{\mathrm{ex}}$ 右乘 $\boldsymbol{C}$, $\boldsymbol{C}_{\mathrm{ex}}=\boldsymbol{CP}_{\mathrm{ex}}$,其中

$$
\boldsymbol{P}_{\mathrm{ex}}=\begin{pmatrix}1&&&&&&&\\&1&&&&&&\\&&&&1&&&\\&&&&&1&&\\&&1&&&&&\\&&&1&&&&\\&&&&&&1&\\&&&&&&&1\end{pmatrix}
$$

将通带和禁带的子状态空间分离之后有

$$
\boldsymbol{S}_{\mathrm{ex}}=\boldsymbol{C}_{\mathrm{ex}}^{-1}\boldsymbol{SC}_{\mathrm{ex}}=\begin{pmatrix}\boldsymbol{D}_{\mathrm{pb}}&\boldsymbol{0}\\\boldsymbol{0}&\boldsymbol{S}_{\mathrm{sb}}\end{pmatrix}\begin{matrix}2m_{\mathrm{pb}}\\2m_{\mathrm{sb}}\end{matrix}\tag{4.12}
$$

其中 $2m_{sb}\times 2m_{sb}$ 子辛矩阵 $\boldsymbol{S}_{sb}$ 只包含 $2m_{sb}$ 个 $\boldsymbol{C}(\omega^2)$ 的禁带基底向量。而通带基底向量乘法给出的矩阵

$$\boldsymbol{D}_{pb}=\begin{pmatrix}\boldsymbol{D}_{pb11} & \boldsymbol{D}_{pb12}\\ \boldsymbol{D}_{pb21} & \boldsymbol{D}_{pb22}\end{pmatrix}\begin{matrix}m_{pb}\\ m_{pb}\end{matrix},\quad \boldsymbol{S}_{sb}=\begin{pmatrix}\boldsymbol{S}_{sb11} & \boldsymbol{S}_{sb12}\\ \boldsymbol{S}_{sb21} & \boldsymbol{S}_{sb22}\end{pmatrix}\begin{matrix}m_{sb}\\ m_{sb}\end{matrix} \tag{4.13}$$

其中

$$\begin{gathered}\boldsymbol{D}_{pb11}=\mathrm{diag}_{i=1\sim m_{pb}}(\cos\theta_i),\quad \boldsymbol{D}_{pb12}=\mathrm{diag}_{i=1\sim m_{pb}}(\sin\theta_i)\\ \boldsymbol{D}_{pb21}=\mathrm{diag}_{i=1\sim m_{pb}}(-\sin\theta_i),\quad \boldsymbol{D}_{pb22}=\boldsymbol{D}_{pb11}\end{gathered} \tag{4.14}$$

这些关系,可参照式(1.15b)的推导。通带和禁带相互之间,则因共轭辛正交归一算法,子空间互相正交,所以出现了 $2m_{pb}\times 2m_{sb}$ 的 **0** 阵,相互辛正交表明相互无关了。

式(4.12)给出的 $\boldsymbol{S}_{ex}$ 依然是传递辛矩阵。变换前的 $\boldsymbol{S}$ 传递的是原来空间的状态向量,$\boldsymbol{S}_{ex}$ 则传递的是通带子空间的状态向量,以及禁带子空间的状态向量。因式(4.12)的对角形式,两个子空间已经完全分离,并分别有 $2m_{pb}$ 维和 $2m_{sb}$ 维的状态向量:

$$\begin{pmatrix}\boldsymbol{a}_{mpb}\\ \boldsymbol{b}_{mpb}\end{pmatrix}\begin{matrix}m_{pb}\\ m_{pb}\end{matrix},\quad \begin{pmatrix}\boldsymbol{a}_{msb}\\ \boldsymbol{b}_{msb}\end{pmatrix}\begin{matrix}m_{sb}\\ m_{sb}\end{matrix}$$

将通带子空间与禁带子空间分离,可以分别处理,是以后处理波散射的基础。请对比 Rayleigh 商的分析,也要 Gram-Schmidt 算法,让子空间与其余的空间正交,同样的道理。

换行、换列后,式(4.12)表示已经不是通常的辛矩阵了。对应地,其中间的辛矩阵 $\boldsymbol{J}$ 也相应地改变为(4.10)的 $\boldsymbol{J}_{ex}=\mathrm{diag}(\boldsymbol{J}_{mpb},\boldsymbol{J}_{msb})$。

式(4.12)将通带子空间与禁带子空间的两个传递辛矩阵完全分开,表现在对角矩阵的形式。于是就可按问题的特性,分别予以处理。这是求解的关键步骤。

原来的转换辛矩阵 $\boldsymbol{C}(\omega^2)$ 可分块表达为

$$\boldsymbol{C}(\omega^2)=\begin{pmatrix}\boldsymbol{Q}_{ac} & \boldsymbol{Q}_{bc}\\ \boldsymbol{P}_{ac} & \boldsymbol{P}_{bc}\end{pmatrix}\begin{matrix}n\\ n\end{matrix} \tag{4.5}$$

按照其生成的规则,$\boldsymbol{Q}_{ac}$,$\boldsymbol{Q}_{bc}$ 是位移的 $n\times n$ 子矩阵块,其中只有前面 m_{pb} 列具有波传输的特性,$\boldsymbol{P}_{ac}$,$\boldsymbol{P}_{bc}$ 的对偶力基底同。因为执行过共轭辛正交归一的算法,可保证 $\boldsymbol{C}(\omega^2)$ 是辛矩阵。

既然式(4.12)中的传递辛矩阵 $\boldsymbol{S}_{sb}$ 是区段的一种传递表达形式,维数为 $2m_{sb}\times 2m_{sb}$。它还可以转换到两端位移的区段刚度阵或区段混合能形式。可选择$[k-1,k]$区段混合能的 $m_{sb}\times m_{sb}$ 矩阵 $\boldsymbol{F}_k$,$\boldsymbol{G}_k$,$\boldsymbol{Q}_k$ 的表达。从混合能矩阵 $\boldsymbol{F}_k$,$\boldsymbol{G}_k$,$\boldsymbol{Q}_k$ 转换到传递辛矩阵 $\boldsymbol{v}_k=\boldsymbol{S}\boldsymbol{v}_{k-1}$ 有[6]p.238

$$\boldsymbol{S}_{sb}=\begin{pmatrix}\boldsymbol{S}_{11} & \boldsymbol{S}_{12}\\ \boldsymbol{S}_{21} & \boldsymbol{S}_{22}\end{pmatrix},\quad \begin{gathered}\boldsymbol{S}_{11}=\boldsymbol{F}+\boldsymbol{G}\boldsymbol{F}^{-\mathrm{T}}\boldsymbol{Q},\quad \boldsymbol{S}_{12}=\boldsymbol{G}\boldsymbol{F}^{-\mathrm{T}}\\ \boldsymbol{S}_{21}=\boldsymbol{F}^{-\mathrm{T}}\boldsymbol{Q},\quad \boldsymbol{S}_{22}=\boldsymbol{F}^{-\mathrm{T}}\end{gathered} \tag{4.15}$$

反过来,也可以将禁带 $\boldsymbol{S}_{sb}$ 转换到 3 个混合能的 $m_{sb}\times m_{sb}$ 矩阵

$$\boldsymbol{F}_k=\boldsymbol{S}_{22}^{-\mathrm{T}},\quad \boldsymbol{G}_k=\boldsymbol{S}_{12}\boldsymbol{S}_{22}^{-1},\quad \boldsymbol{Q}_k=\boldsymbol{S}_{22}^{-1}\boldsymbol{S}_{21} \tag{4.16}$$

矩阵 $\boldsymbol{Q}_k$ 的物理意义代表 $k-1$ 站位移的刚度阵,矩阵 $\boldsymbol{G}_k$ 是 k 站对偶力的柔度阵,而矩阵 $\boldsymbol{F}_k$ 是两端位移和对偶力相互作用。现在是在 $2m_{sb}\times 2m_{sb}$ 的传递辛矩阵 $\boldsymbol{S}_{sb}$ 的子空间内了,返回到区段 $k^{\#}$:$(k-1,k)$两端混合能形式,就应明确,什么是对应的位移 $\boldsymbol{q}_{k-1}$ 和对偶

力 $\boldsymbol{p}_k$。

两个相邻的区段混合能有区段合并算法。根据禁带子状态空间的基底，生成一个区段的 $m_{sb}\times m_{sb}$ 混合能矩阵 $\boldsymbol{F}_k,\boldsymbol{G}_k,\boldsymbol{Q}_k$ 后，不妨运用区段合并、消元算法

$$\boldsymbol{Q}_c=\boldsymbol{Q}_{k-1}+\boldsymbol{F}_{k-1}^{\mathrm{T}}(\boldsymbol{Q}_k^{-1}+\boldsymbol{G}_{k-1})^{-1}\boldsymbol{F}_{k-1}$$
$$\boldsymbol{G}_c=\boldsymbol{G}_k+\boldsymbol{F}_k(\boldsymbol{G}_{k-1}^{-1}+\boldsymbol{Q}_k)^{-1}\boldsymbol{F}_k^{\mathrm{T}}$$
$$\boldsymbol{F}_c=\boldsymbol{F}_k(\boldsymbol{I}+\boldsymbol{G}_{k-1}\boldsymbol{Q}_k)^{-1}\boldsymbol{F}_{k-1} \tag{5.2.20}$$

迭代可用 2^N 型的算法，一直到交互阵 $\boldsymbol{F}_c$ 无足轻重时停止。这样就成为非常长区段端部的 $m_{sb}\times m_{sb}$ 动力刚度阵 $\boldsymbol{Q}_\infty$ 和另一端的柔度阵 $\boldsymbol{G}_\infty$，其混合能的表达为 $\boldsymbol{F}_\infty\to\boldsymbol{0},\boldsymbol{G}_\infty,\boldsymbol{Q}_\infty$。其中 $\boldsymbol{Q}_\infty$ 可以是不正定的。

$\boldsymbol{F}_\infty\to\boldsymbol{0}$ 意味着：很长区段的禁带位移，其两端位移是相互无关的。物理意义表明，在 $k=0$ 站的左端，周期结构的通带提供了入射波引起的散射，以及禁带位移的刚度阵 $\boldsymbol{Q}_\infty$，$\boldsymbol{p}_{msb}=-\boldsymbol{Q}_\infty\boldsymbol{q}_{msb}$。既然禁带在远处位移是衰减的，表明其振动是局部的。

转换辛矩阵 $\boldsymbol{C}(\omega^2)$ 的分块表达是式(4.6)。按照其生成的规则，$\boldsymbol{Q}_{ac},\boldsymbol{Q}_{bc}$ 是位移的 $n\times n$ 子矩阵块，其中只有前面 m_{pb} 列具有波传输的特性，$\boldsymbol{P}_{ac},\boldsymbol{P}_{bc}$ 的对偶力基底同。因为执行过共轭辛正交归一的算法，可保证 $\boldsymbol{C}(\omega^2)$ 是辛矩阵。其编排规则仍然是原来坐标的状态向量。举例显然是有益的。

例题续：给定 $\omega^2=35$，计算其禁带性能。对应的辛矩阵为

$$\boldsymbol{S}(\omega^2)\big|_{\omega^2=35}=\begin{pmatrix}-2.5 & 2.5 & 0 & 1 & 0.05 & -0.05 & 0 & 0\\ -2.5 & -0.33 & -1 & -5.07 & 0.05 & -0.05 & 0 & 0.14\\ 0 & -1 & -2.5 & -2.5 & 0 & 0 & 0.05 & 0.05\\ 1 & -5.07 & 2.5 & -0.33 & 0 & 0.14 & -0.05 & -0.05\\ -70 & 70 & 0 & 70 & 1 & -1 & 0 & -1\\ 0 & -20 & 0 & -50 & 0 & 0 & 0 & 1\\ 0 & -70 & -70 & -70 & 0 & 1 & 1 & 1\\ 0 & -50 & 0 & -20 & 0 & 1 & 0 & 0\end{pmatrix}$$

该辛矩阵有四个通带本征值为 $-0.4936+0.8697\mathrm{j}$ 和 $-0.4936-0.8697\mathrm{j}$，$-0.0760+0.9971\mathrm{j}$ 和 $-0.0760-0.9971\mathrm{j}$，对应本征向量的实数与虚数部分分别为

$$\boldsymbol{\psi}_r=\begin{pmatrix}0.22 & 0.11\\ 0.01 & -0.09\\ -0.22 & 0.11\\ 0.01 & 0.09\\ 8.11 & 7.33\\ -0.65 & -2.82\\ -8.11 & 7.33\\ -0.65 & 2.82\end{pmatrix},\quad \boldsymbol{\psi}_i=\begin{pmatrix}-0.05 & -0.1\\ 0.05 & -0.09\\ 0.05 & -0.1\\ 0.05 & 0.09\\ 0 & 0\\ 2.2 & 0\\ 0 & 0\\ 2.2 & 0\end{pmatrix}$$

$$m_{pb}=2,\quad m_{sb}=2\ \#\ \#$$

经过辛正交归一化后，得到的矩阵 $\boldsymbol{C}$ 为

$$C=\begin{pmatrix} 0.22 & 0.11 & -0.33 & -0.99 & -0.05 & -0.1 & 0 & 0.03 \\ 0.01 & -0.09 & -1.13 & 1.71 & 0.05 & -0.09 & -0.16 & 0 \\ -0.22 & 0.11 & -0.2 & 0 & 0.05 & -0.1 & 0 & 0 \\ 0.01 & 0.09 & 0.24 & 0.77 & 0.05 & 0.09 & 0.03 & 0 \\ 8.11 & 7.33 & 0 & -47.36 & 0 & 0 & 1.66 & 0.96 \\ -0.65 & -2.82 & -17.83 & 52.7 & 2.2 & 0 & -3.71 & -0.07 \\ -8.11 & 7.33 & 0 & 0 & 0 & 0 & 1 & 0 \\ -0.65 & 2.82 & -17.83 & 0 & 2.2 & 0 & -0.76 & 1 \end{pmatrix}$$

经过重新排列后为

$$C_{ex}=CP=\begin{pmatrix} 0.22 & 0.11 & -0.05 & -0.1 & -0.33 & -0.99 & 0 & 0.03 \\ 0.01 & -0.09 & 0.05 & -0.09 & -1.13 & 1.71 & -0.16 & 0 \\ -0.22 & 0.11 & 0.05 & -0.1 & -0.2 & 0 & 0 & 0 \\ 0.01 & 0.09 & 0.05 & 0.09 & 0.24 & 0.77 & 0.03 & 0 \\ 8.11 & 7.33 & 0 & 0 & 0 & -47.36 & 1.66 & 0.96 \\ -0.65 & -2.82 & 2.2 & 0 & -17.83 & 52.7 & -3.71 & -0.07 \\ -8.11 & 7.33 & 0 & 0 & 0 & 0 & 1 & 0 \\ -0.65 & 2.82 & 2.2 & 0 & -17.83 & 0 & -0.76 & 1 \end{pmatrix}$$

其中

$$P=\begin{pmatrix} 1 & 0 & 0 & 0 & 0 & 0 & 0 & 0 \\ 0 & 1 & 0 & 0 & 0 & 0 & 0 & 0 \\ 0 & 0 & 0 & 0 & 1 & 0 & 0 & 0 \\ 0 & 0 & 0 & 0 & 0 & 1 & 0 & 0 \\ 0 & 0 & 1 & 0 & 0 & 0 & 0 & 0 \\ 0 & 0 & 0 & 1 & 0 & 0 & 0 & 0 \\ 0 & 0 & 0 & 0 & 0 & 0 & 1 & 0 \\ 0 & 0 & 0 & 0 & 0 & 0 & 0 & 1 \end{pmatrix}$$

C_{ex}中,前两列为 ψ_r，ψ_i,是通带反射波特征向量的实部和虚部。

$$S_{ex}=C_{ex}^{-1}SC_{ex}=\begin{pmatrix} D_{pb} & 0 \\ 0 & S_{sb} \end{pmatrix}$$

$$D_{pb}=\begin{pmatrix} -0.4936 & 0 & 0.8697 & 0 \\ 0 & -0.076 & 0 & 0.9971 \\ -0.8697 & 0 & -0.4936 & 0 \\ 0 & -0.9971 & 0 & -0.076 \end{pmatrix}$$

$$S_{sb}=\begin{pmatrix} -0.68 & 18.16 & -0.44 & -0.25 \\ 2.57 & -3.48 & 0.25 & 0 \\ 40.7 & -120.32 & 5.47 & 0.93 \\ 52.7 & 184.61 & 0 & -3.83 \end{pmatrix}$$

对 S_{sb}用区段混合能合并 6 次,已经有$\|F_\infty\|\rightarrow 10^{-18}$,此时得 Q_∞ 为

$$\boldsymbol{Q}_{\infty}=\begin{pmatrix}10.67 & -16.27\\ -16.27 & -45.75\end{pmatrix}$$

其物理意义在于:合并区段长度为 $2^6=64$ 个基本区段长后,两端的相互影响已经消除。矩阵 $\boldsymbol{Q}_{\infty}$ 代表周期结构链左端在禁带位移子空间的刚度阵,反映局部性质。

至此,需要用 $\boldsymbol{\Psi}^{-1}\boldsymbol{S\Psi}=\boldsymbol{D}_{\mathrm{e}}$ 的对角形式,来划分通带与禁带子空间。$\boldsymbol{\psi}_{\mathrm{r}}$,$\boldsymbol{\psi}_{\mathrm{i}}$ 的子空间是显然的,但与该子空间共轭辛正交归一的子空间尚未确定。回顾在一类变量时 Rayleigh 商寻求本征解的迭代法,当得到一个精度足够的本征向量后,就通过正交归一的 Gram-Schmidt 算法,将剩余子空间与之正交化。这是对于对称矩阵本征问题的回顾。

设边缘在 $k=0$ 号站,周期结构连接一个弹性体 E,它具有 $n\times n$ 的动力刚度阵 $\boldsymbol{K}_{\mathrm{E}}(\omega^2)$,按上文例题的数据,为

$$\boldsymbol{K}_{\mathrm{E}}=\begin{pmatrix}28.41 & -7.39 & 0.82 & 0.37\\ -7.39 & 7.39 & -0.46 & -0.01\\ 0.82 & -0.46 & 28.57 & 7.33\\ 0.37 & -0.01 & 7.33 & 7.33\end{pmatrix}$$

对于它,给定 ω^2 的入射波从无穷远处传递到弹性体。以下要分析散射了。要将周期结构在连接处的 n 维位移向量表达清楚。位移向量可区分为波传播的 m_{pb} 个反射波

$$\sum_{i=1}^{m_{\mathrm{pb}}}a_i\boldsymbol{\psi}_i,\quad \lambda_i=\exp(\mathrm{j}\theta_i),\quad \boldsymbol{\psi}_{\mathrm{i}}=\boldsymbol{\psi}_{\mathrm{r},i}+j\boldsymbol{\psi}_{\mathrm{i},i} \tag{4.17}$$

其中 a_i 为待求未知数,可取复数值;以及 m_{pb} 个入射波

$$\sum_{i=1}^{m_{\mathrm{pb}}}b_i\boldsymbol{\psi}_i^*,\quad \lambda_{n+i}=\exp(-\mathrm{j}\theta_i),\quad \boldsymbol{\psi}_{n+i}=\boldsymbol{\psi}_{\mathrm{i}}^*=b_{\mathrm{i}}(\boldsymbol{\psi}_{\mathrm{r},i}-\mathrm{j}\boldsymbol{\psi}_{\mathrm{i},i}) \tag{4.18}$$

其中 b_i 为给定值。$\boldsymbol{\psi}_{\mathrm{i}}$ 是 $2n$ 维状态向量,位移包含于前 n 分量中。其中未知数 a_i 只有 m_{pb}个。这些通带的 a_i 和 b_i 可分别组成 m_{pb} 维向量 $\boldsymbol{a}_{m\mathrm{pb}}$ 和 $\boldsymbol{b}_{m\mathrm{pb}}$,代表反射和入射的波向量。

对应于通带的原空间位移,从式(4.11)看是 $\boldsymbol{q}=\boldsymbol{\Psi}_{\mathrm{ar}}\boldsymbol{a}_{m\mathrm{pb}}+\boldsymbol{\Psi}_{\mathrm{ai}}\boldsymbol{b}_{m\mathrm{pb}}$,但这是实数的表达。式(4.17)、(4.18)则是用复数本征向量了。只要解出复数的 m_{pb}维向量 $\boldsymbol{a}_{m\mathrm{pb}}$ 和 $\boldsymbol{b}_{m\mathrm{pb}}$,原空间的位移就得到了。

对于禁带的处理,已经讲过了,给出了 $\boldsymbol{F}_{\infty}\to\boldsymbol{0},\boldsymbol{G}_{\infty},\boldsymbol{Q}_{\infty}$。对于通带的 $2m_{\mathrm{pb}}\times 2m_{\mathrm{pb}}$子矩阵 $\boldsymbol{S}_{\mathrm{pb}}=\boldsymbol{D}_{\mathrm{pb}}$,前面

$$\boldsymbol{S}_{\mathrm{pb}}=\boldsymbol{D}_{\mathrm{pb}}=\begin{pmatrix}\boldsymbol{D}_{\mathrm{pb11}} & \boldsymbol{D}_{\mathrm{pb12}}\\ \boldsymbol{D}_{\mathrm{pb21}} & \boldsymbol{D}_{\mathrm{pb22}}\end{pmatrix}\begin{matrix}m_{\mathrm{pb}}\\ m_{\mathrm{pb}}\end{matrix}$$

其中

$$\boldsymbol{D}_{\mathrm{pb11}}=\mathrm{diag}_{i=1\sim m_{\mathrm{pb}}}(\cos\theta_i),\quad \boldsymbol{D}_{\mathrm{pb12}}=\mathrm{diag}_{i=1\sim m_{\mathrm{pb}}}(\sin\theta_i)$$
$$\boldsymbol{D}_{\mathrm{pb21}}=\mathrm{diag}_{i=1\sim m_{\mathrm{pb}}}(-\sin\theta_i),\quad \boldsymbol{D}_{\mathrm{pb22}}=\boldsymbol{D}_{\mathrm{pb11}} \tag{4.14}$$

为本征向量。因为已经用 $\boldsymbol{C}_{\mathrm{ex}}$ 相似变换过,所以已经与禁带独立无关,该 $2m_{\mathrm{pb}}\times 2m_{\mathrm{pb}}$ 的辛矩阵 $\boldsymbol{S}_{\mathrm{pb}}=\boldsymbol{D}_{\mathrm{pb}}$ 已经只限于通带子空间了。对应地也可以求出其辛本征问题,生成的就是其本征值以及对应的本征向量,但已经是 m_{pb} 对的了。同样有 $2m_{\mathrm{pb}}\times 2m_{\mathrm{pb}}$ 的本征向量矩阵

$$\boldsymbol{\Psi}_{\mathrm{pb}}(\omega^2)=\begin{pmatrix}\boldsymbol{Q}'_{\mathrm{apb}} & \boldsymbol{Q}'_{\mathrm{bpb}}\\ \boldsymbol{P}'_{\mathrm{apb}} & \boldsymbol{P}'_{\mathrm{bpb}}\end{pmatrix}\begin{matrix}m_{\mathrm{pb}}\\ m_{\mathrm{pb}}\end{matrix} \tag{4.19}$$

全部是通带的系统，其中子矩阵 $\boldsymbol{Q}'_{\mathrm{apb}}$ 等是复数的。其散射分析可在此基础上进行，下节开始时就讲。

在实际计算时，用 m_{pb} 维向量 $\boldsymbol{a}_{m\mathrm{pb}}$ 和 $\boldsymbol{b}_{m\mathrm{pb}}$ 作为通带子空间广义的状态。以后分析散射问题时，毕竟要用 $\boldsymbol{S}_{\mathrm{pb}}(\omega^2)=\boldsymbol{D}_{\mathrm{pb}}$ 的本征向量的，此时将出现复数。这可在将禁带完全消元后，剩下的完全是通带子空间的矩阵时再进行。

禁带位移则可看式(4.11)。辛正交归一算法，区分了通带与禁带的分块。禁带的基底状态向量，进行任何线性组合，与通带的辛本征向量仍然是互相辛正交的。

从 $2m_{\mathrm{sb}}\times 2m_{\mathrm{sb}}$ 禁带传递辛矩阵 $\boldsymbol{S}_{\mathrm{sb}}$[见式(4.8)和式(4.12)]，经过式(4.12)，投影到禁带子空间的状态基底向量，就是 $\boldsymbol{S}_{\mathrm{sb}}$ 的 $2m_{\mathrm{sb}}$ 列。然而这是 $2m_{\mathrm{sb}}$ 维的禁带状态空间的。还应提供在 $2n$ 的原来状态空间的禁带基底向量，原来状态空间 $2n\times 2n$ 矩阵 $\boldsymbol{C}_{\mathrm{ex}}(\omega^2)$ 中的 $2m_{\mathrm{sb}}\times 2n$ 子矩阵 $(\boldsymbol{V}_{\mathrm{a}},\boldsymbol{V}_{\mathrm{b}})$ 的 $2m_{\mathrm{sb}}$ 列，是原空间的基底向量。对应地要用 m_{sb} 维向量 $\boldsymbol{a}_{m\mathrm{sb}}$ 和 $\boldsymbol{b}_{m\mathrm{sb}}$ 作为禁带子空间广义的状态。

有了通带 m_{pb} 维向量 $\boldsymbol{a}_{m\mathrm{pb}}$ 和 $\boldsymbol{b}_{m\mathrm{pb}}$，以及禁带 m_{sb} 维向量 $\boldsymbol{a}_{m\mathrm{sb}}$ 和 $\boldsymbol{b}_{m\mathrm{sb}}$，以后就可组成左、右端的综合 n 维向量

$$\boldsymbol{a}_n=\begin{pmatrix}\boldsymbol{a}_{m\mathrm{pb}}\\ \boldsymbol{a}_{m\mathrm{sb}}\end{pmatrix},\quad \boldsymbol{b}_n=\begin{pmatrix}\boldsymbol{b}_{m\mathrm{pb}}\\ \boldsymbol{b}_{m\mathrm{sb}}\end{pmatrix} \tag{4.20}$$

表示区段状态了。数值计算可针对它们进行，充分利用两个子空间在周期结构相互辛正交的优点。

通带的原空间状态向量，就是其辛本征向量；认为用本征向量就给出 $\boldsymbol{C}'_{\mathrm{ex}}(\omega^2)$。而禁带则不必用本征向量展开求解了，而是回归混合能 $m_{\mathrm{sb}}\times m_{\mathrm{sb}}$ 矩阵 $\boldsymbol{F}_k,\boldsymbol{G}_k,\boldsymbol{Q}_k$，运用式(2.20)迭代求解的。因为独立性，不可能越出禁带状态向量的范围。最后到 $\boldsymbol{F}=\boldsymbol{0},\boldsymbol{G}_{\infty}$，$\boldsymbol{Q}_{\infty}$ 而停止，表明辛本征值划分为 $|\lambda|<1$ 的 m_{sb} 禁带本征向量，和 $|\lambda|>1$ 的 m_{sb} 禁带本征向量分离。

回顾 Rayleigh 商本征问题的求解，总是一系列的坐标变换，才将问题简化到易于求解的形式。当前问题比一类变量复杂得多，当然坐标变换是不可少的，并且复杂多了。

辛本征向量展开后，通带子空间与禁带子空间变成互相无关。这就是本征向量展开算法得到广泛应用的原因。振动问题，任意选择若干本征向量模态展开，而将其他模态忽略的理论根据就是其**正交性**。这表明，求解了全部通带本征解，经**辛共轭正交归一化**，区分了通带和禁带子空间后，它们有相互独立性，可分别予以处理。情况与 Rayleigh 商类同，利于理解。

注意，区段合并很长后，(4.12)的构造表明，不必将全部本征向量予以求解，而只要通带的本征向量。运用**辛共轭正交归一化**，得到的禁带基底，代表局部，可用区段合并消元的 2^N 算法解决。虽然从子传递辛矩阵 $\boldsymbol{S}_{\mathrm{sb}}$ 返回的混合能矩阵 $\boldsymbol{F}_k,\boldsymbol{G}_k,\boldsymbol{Q}_k$ 不保证正定，但 2^N 算法依然收敛，同样可得到 $m_{\mathrm{sb}}\times m_{\mathrm{sb}}$ 对称矩阵 $\boldsymbol{Q}_{\infty}$ 的，虽然不保证正定。因为整个 $2m_{\mathrm{sb}}\times 2m_{\mathrm{sb}}$ 辛矩阵 $\boldsymbol{S}_{\mathrm{sb}}$ 取实数。再因只考虑在端部 0 号站，波的散射，所以起作用的只有端部矩阵 $\boldsymbol{Q}_{\infty}$，而远处的 $\boldsymbol{G}_{\infty}$ 是不起作用的。前面已经给出数值例题了。

7.5　端部共振腔耦合分析、波激共振

波的传播会发生散射(Scattering),现在讨论的是周期结构的波散射问题。给出 ω^2,只讨论共振的稳态散射。只有通带才会有波的散射。设在 $k=0$ 号站,周期结构连接一个弹性体 E,具有 $n\times n$ 的动力刚度阵 $\boldsymbol{K}_{\mathrm{E}}(\omega^2)$,而又给定 ω^2 的入射波从无穷远处传递到弹性体。

通带的入射和反射波一般是用复数表示的。时间因子取为$\exp(-\mathrm{j}\omega t)$,而波导则在 $k=0,1,\cdots,\infty$站,则因子 $\exp[\mathrm{j}(k\theta-\omega t)]$说明,在 $\theta>0$ 时是向 $k\rightarrow\infty$ 发散的波;而入射波是 $\theta<0$ 的。

前面定义实数的辛转换矩阵是 $\boldsymbol{C}(\omega^2)$,通带没有采用真实波的本征向量

$$\begin{aligned}\lambda_i&=\exp(\mathrm{j}\theta_{\mathrm{i}}),\quad \boldsymbol{\psi}_i=\boldsymbol{\psi}_{\mathrm{r},i}+\mathrm{j}\boldsymbol{\psi}_{\mathrm{j},i}\\ \lambda_{n+i}&=\exp(\mathrm{j}\theta_{n+i}),\quad \boldsymbol{\psi}_{n+i}=-\mathrm{j}(\boldsymbol{\psi}_{\mathrm{r},i}-\mathrm{j}\boldsymbol{\psi}_{\mathrm{j},i})\quad i\leqslant m_{\mathrm{pb}}\end{aligned}\tag{5.1}$$

而是用 $\boldsymbol{\psi}_{\mathrm{r},i}$,$\boldsymbol{\psi}_{\mathrm{i},i}$分别取为$i$ 列和$(n+i)$列。目的是进行实数运算,这不妨害与禁带的共轭辛正交归一关系。

散射问题用状态向量的方法求解,一方面要用辛数学方法;另一方面在考虑与端部弹性体连接时,要求的是状态向量双方一致。前面第 3 章讲,正则变换可用辛矩阵乘法表示的。

较简单的问题是 $n=m_{\mathrm{pb}}$的全部是通带波。反射与入射的本征向量是 $\boldsymbol{\psi}_i=\boldsymbol{\psi}_{\mathrm{r},i}+\mathrm{j}\boldsymbol{\psi}_{\mathrm{i},i}$;$\boldsymbol{\psi}_{m_{\mathrm{pb}+i}}=-\mathrm{j}(\boldsymbol{\psi}_{\mathrm{r},i}-\mathrm{j}\boldsymbol{\psi}_{\mathrm{i},i})$;$i=1,2,\cdots,m_{\mathrm{pb}}$,其中共轭辛归一关系要求 $2\boldsymbol{\psi}_{\mathrm{r},i}^{\mathrm{T}}\boldsymbol{J}\boldsymbol{\psi}_{\mathrm{i},i}=1$,$i=1,\cdots,m_{\mathrm{pb}}$。本来辛本征向量的分解表明,各波的传播互相独立无关。只因有端部的共振腔,它提供了 m_{pb}维 Hermite 对称的动力刚度阵 $\boldsymbol{K}_{\mathrm{E}}(\omega^2)$。独立无关的传播波在 $\boldsymbol{K}_{\mathrm{E}}(\omega^2)$处发生散射,才互相发生关系。此时,只有 $\boldsymbol{a}_{mpb}$和 $\boldsymbol{b}_{mpb}$所代表的子空间了。

按生成规则有

$$\boldsymbol{\Psi}_{\mathrm{pb}}(\omega^2)=\begin{pmatrix}\boldsymbol{Q}'_{\mathrm{apb}} & \boldsymbol{Q}'_{\mathrm{bpb}}\\ \boldsymbol{P}'_{\mathrm{apb}} & \boldsymbol{P}'_{\mathrm{bpb}}\end{pmatrix}\begin{matrix}m_{\mathrm{pb}}\\ m_{\mathrm{pb}}\end{matrix}=(\boldsymbol{\Psi}_{\mathrm{apb}}\quad \boldsymbol{\Psi}_{\mathrm{bpb}})$$

$$\begin{pmatrix}\boldsymbol{Q}'_{\mathrm{apb}}\\ \boldsymbol{P}'_{\mathrm{apb}}\end{pmatrix}=\boldsymbol{\Psi}_{\mathrm{apb}}=(\boldsymbol{\psi}_1,\boldsymbol{\psi}_2,\cdots,\boldsymbol{\psi}_{m_{\mathrm{pb}}})$$

$$\begin{pmatrix}\boldsymbol{Q}'_{\mathrm{bpb}}\\ \boldsymbol{P}'_{\mathrm{bpb}}\end{pmatrix}=\boldsymbol{\Psi}_{\mathrm{bpb}}=(\boldsymbol{\psi}_{\mathrm{n}+1},\boldsymbol{\psi}_{\mathrm{n}+2},\cdots,\boldsymbol{\psi}_{n+m_{\mathrm{pb}}})$$

通带本征向量矩阵 $\boldsymbol{\Psi}$ 的子矩阵 $\boldsymbol{Q}'_{\mathrm{apb}}$,$\boldsymbol{Q}'_{\mathrm{bpb}}$;$\boldsymbol{P}'_{\mathrm{apb}}$,$\boldsymbol{P}'_{\mathrm{bpb}}$全部是复数的。上标$'$表示是复数的,以区别矩阵 $\boldsymbol{C}$ 的实数子矩阵 $\boldsymbol{Q}_{\mathrm{a}}$,$\boldsymbol{Q}_{\mathrm{b}}$,$\boldsymbol{P}_{\mathrm{a}}$,$\boldsymbol{P}_{\mathrm{b}}$。因此,端部位移与对偶力的复数向量分别为

$$\boldsymbol{q}_0=\boldsymbol{Q}'_{\mathrm{apb}}\boldsymbol{a}_{mpb}+\boldsymbol{Q}'_{\mathrm{bpb}}\boldsymbol{b}_{mpb},\qquad \boldsymbol{p}_0=\boldsymbol{P}'_{\mathrm{apb}}\boldsymbol{a}_{mpb}+\boldsymbol{P}'_{\mathrm{bpb}}\boldsymbol{b}_{mpb}\tag{5.2}$$

其中反射系数向量 $\boldsymbol{a}_{mpb}$为待求,而 $\boldsymbol{b}_{mpb}$为给定入射系数向量。其中 $\boldsymbol{Q}'_{\mathrm{apb}}$,$\boldsymbol{Q}'_{\mathrm{bpb}}$,$\boldsymbol{P}'_{\mathrm{apb}}$,$\boldsymbol{P}'_{\mathrm{bpb}}$皆为 $m_{\mathrm{pb}}\times m_{\mathrm{pb}}$的复数子矩阵。

因端部共振腔出口刚度阵 $m_{\mathrm{pb}}\times m_{\mathrm{pb}}$的 $\boldsymbol{K}_{\mathrm{E}}(\omega^2)$是 Hermite 对称矩阵,为

$$\boldsymbol{p}_0=\boldsymbol{K}_{\mathrm{E}}(\omega^2)\boldsymbol{q}_0$$

将式(5.2)代入有

$$
\begin{aligned}
&\boldsymbol{P}'_{\mathrm{apb}}\boldsymbol{a}_{m\mathrm{pb}}+\boldsymbol{P}'_{\mathrm{bpb}}\boldsymbol{b}_{m\mathrm{pb}}=\boldsymbol{K}_{\mathrm{E}}(\omega^2)(\boldsymbol{Q}'_{\mathrm{apb}}\boldsymbol{a}_{m\mathrm{pb}}+\boldsymbol{Q}'_{\mathrm{bpb}}\boldsymbol{b}_{m\mathrm{pb}})\Rightarrow\\
&\boldsymbol{a}_{m\mathrm{pb}}=-(\boldsymbol{P}'_{\mathrm{apb}}-\boldsymbol{K}_{\mathrm{E}}\boldsymbol{Q}'_{\mathrm{apb}})^{-1}(\boldsymbol{P}'_{\mathrm{bpb}}-\boldsymbol{K}_{\mathrm{E}}\boldsymbol{Q}'_{\mathrm{bpb}})\boldsymbol{b}_{m\mathrm{pb}}\underset{\mathrm{def}}{=}\boldsymbol{S}_{\mathrm{ca}}\cdot\boldsymbol{b}_{m\mathrm{pb}}
\end{aligned}
\tag{5.3}
$$

方程中右端皆为已知,就可算出待求复数反射向量 $\boldsymbol{a}_{m\mathrm{pb}}$,其中定义的 $\boldsymbol{S}_{\mathrm{ca}}$ 称散射矩阵。按定义

$$
\boldsymbol{S}_{\mathrm{ca}}=-(\boldsymbol{P}'_{\mathrm{apb}}-\boldsymbol{K}_{\mathrm{E}}\boldsymbol{Q}'_{\mathrm{apb}})^{-1}(\boldsymbol{P}'_{\mathrm{bpb}}-\boldsymbol{K}_{\mathrm{E}}\boldsymbol{Q}'_{\mathrm{bpb}})
\tag{5.4}
$$

前面讲一维的周期结构散射,基本是同样思路。注意,推导是在原来的物理坐标内的。# #

“白猫、黑猫,能抓耗子就是好猫。”

以上计算的是单纯通带的散射问题。现在要面对端部 $k=0$ 站左端的弹性体 E 与周期结构连接处提供的动力刚度阵是$\boldsymbol{K}_{\mathrm{E}}(\omega^2)$,是对于原来的坐标讲的,而周期结构则有 $n=m_{\mathrm{pb}}+m_{\mathrm{sb}}$ 个位移,其中 m_{pb} 是通带自由度,而 m_{sb} 是禁带自由度数目,要求是如何求解其 $m_{\mathrm{pb}}\times m_{\mathrm{pb}}$ 的散射矩阵 $\boldsymbol{S}_{\mathrm{ca}}$。

先将散射问题说明。反射波必然是通带 m_{pb} 维向量 $\boldsymbol{a}_{m\mathrm{pb}}$,还有入射波必然是给定的通带 m_{pb} 维向量 $\boldsymbol{b}_{m\mathrm{pb}}$,而要求解 $\boldsymbol{a}_{m\mathrm{pb}}=\boldsymbol{S}_{\mathrm{ca}}\boldsymbol{b}_{m\mathrm{pb}}$,其中 $\boldsymbol{S}_{\mathrm{ca}}$ 是 $m_{\mathrm{pb}}\times m_{\mathrm{pb}}$ 散射矩阵。只是对于通带本征解说的。但实际问题每站是 $n=m_{\mathrm{pb}}+m_{\mathrm{sb}}$ 个独立位移,此时也有散射问题。

本征向量矩阵是

$$
\boldsymbol{\Psi}(\omega^2)=\begin{pmatrix}\boldsymbol{Q}'_{\mathrm{a}} & \boldsymbol{Q}'_{\mathrm{b}}\\ \boldsymbol{P}'_{\mathrm{a}} & \boldsymbol{P}'_{\mathrm{b}}\end{pmatrix}\begin{matrix}n\\ n\end{matrix}
\tag{5.5}
$$

端部弹性体动力刚度阵 $\boldsymbol{K}_{\mathrm{E}}(\omega^2)$,与周期结构左端 0 站连接,其 n 维位移 $\boldsymbol{q}_0$ 待求,对应地连接力 $\boldsymbol{p}_0=\boldsymbol{K}_{\mathrm{E}}(\omega^2)\boldsymbol{q}_0$。构成状态向量,求解可用周期结构状态本征向量展开之法。

$$
\begin{gathered}
\boldsymbol{v}_0=\begin{pmatrix}\boldsymbol{q}_0\\ \boldsymbol{p}_0\end{pmatrix}=\begin{pmatrix}\boldsymbol{I}\\ \boldsymbol{K}_{\mathrm{E}}\end{pmatrix}\boldsymbol{q}_0=\begin{pmatrix}\boldsymbol{Q}'_{\mathrm{a}}\\ \boldsymbol{P}'_{\mathrm{a}}\end{pmatrix}\boldsymbol{a}_{\psi}+\begin{pmatrix}\boldsymbol{Q}'_{\mathrm{b}}\\ \boldsymbol{P}'_{\mathrm{b}}\end{pmatrix}\boldsymbol{b}_{\psi}\\
\boldsymbol{Q}'_{\mathrm{a}}\boldsymbol{a}_{\psi}+\boldsymbol{Q}'_{\mathrm{b}}\boldsymbol{b}_{\psi}=\boldsymbol{q}_0,\quad \boldsymbol{P}'_{\mathrm{a}}\boldsymbol{a}_{\psi}+\boldsymbol{P}'_{\mathrm{b}}\boldsymbol{b}_{\psi}=\boldsymbol{K}_{\mathrm{E}}\boldsymbol{q}_0
\end{gathered}
\tag{5.6}
$$

其中 a,b 采用下标,以区别用什么辛矩阵展开的。继续,简单处理方法就是

$$
\begin{gathered}
\boldsymbol{K}_{\mathrm{E}}(\boldsymbol{Q}'_{\mathrm{a}}\boldsymbol{a}_{\psi}+\boldsymbol{Q}'_{\mathrm{b}}\boldsymbol{b}_{\psi})[=\boldsymbol{K}_{\mathrm{E}}\boldsymbol{q}_0]=\boldsymbol{P}'_{\mathrm{a}}\boldsymbol{a}_{\psi}+\boldsymbol{P}'_{\mathrm{b}}\boldsymbol{b}_{\psi}\\
-(\boldsymbol{P}'_{\mathrm{a}}-\boldsymbol{K}_{\mathrm{E}}\boldsymbol{Q}'_{\mathrm{a}})\boldsymbol{a}_{\psi}=(\boldsymbol{P}'_{\mathrm{b}}-\boldsymbol{K}_{\mathrm{E}}\boldsymbol{Q}'_{\mathrm{b}})\boldsymbol{b}_{\psi}\\
\boldsymbol{a}_{\psi}=-(\boldsymbol{P}'_{\mathrm{a}}-\boldsymbol{K}_{\mathrm{E}}\boldsymbol{Q}'_{\mathrm{a}})^{-1}(\boldsymbol{P}'_{\mathrm{b}}-\boldsymbol{K}_{\mathrm{E}}\boldsymbol{Q}'_{\mathrm{b}})\boldsymbol{b}_{\psi}=\boldsymbol{S}_{\mathrm{ca}}\cdot\boldsymbol{b}_{\psi}
\end{gathered}
\tag{5.7}
$$

完成。然而现在不是全部皆通带,也不想求解全部禁带的本征解。

对于式(5.6)的 $n\times 2n$ 矩阵,用左侧的辛本征向量展开

$$
\boldsymbol{v}_0=\begin{pmatrix}\boldsymbol{q}_0\\ \boldsymbol{p}_0\end{pmatrix}=\begin{pmatrix}\boldsymbol{I}\\ \boldsymbol{K}_{\mathrm{E}}\end{pmatrix}\boldsymbol{q}_0=\begin{pmatrix}\boldsymbol{Q}'_{\mathrm{a}}\\ \boldsymbol{P}'_{\mathrm{a}}\end{pmatrix}\boldsymbol{a}_{\psi}+\begin{pmatrix}\boldsymbol{Q}'_{\mathrm{b}}\\ \boldsymbol{P}'_{\mathrm{b}}\end{pmatrix}\boldsymbol{b}_{\psi}=\boldsymbol{\Psi}_{\mathrm{a}}\boldsymbol{a}_{\psi}+\boldsymbol{\Psi}_{\mathrm{b}}\boldsymbol{b}_{\psi}
\tag{5.8}
$$

认为 $\boldsymbol{v}_0$ 已经全部是禁带的本征向量了,沿长度衰减。这样全部是辛本征向量了。$\boldsymbol{C}'_{\mathrm{a}}$ 就是 $\boldsymbol{\Psi}'_{\mathrm{a}}$。

因本征向量矩阵 $\boldsymbol{\Psi}(\omega^2)$ 是辛的,所以有

$$
\boldsymbol{\Psi}(\omega^2)=(\boldsymbol{\Psi}_{\mathrm{a}}\quad \boldsymbol{\Psi}_{\mathrm{b}})
$$

$$
\boldsymbol{\Psi}_{\mathrm{a}}=\begin{pmatrix}\boldsymbol{Q}'_{\mathrm{a}}\\ \boldsymbol{P}'_{\mathrm{a}}\end{pmatrix},\quad \boldsymbol{\Psi}_{\mathrm{b}}=\begin{pmatrix}\boldsymbol{Q}'_{\mathrm{b}}\\ \boldsymbol{P}'_{\mathrm{b}}\end{pmatrix}\begin{matrix}n\\ n\end{matrix},\quad \boldsymbol{\Psi}=\begin{pmatrix}\boldsymbol{Q}'_{\mathrm{a}} & \boldsymbol{Q}'_{\mathrm{b}}\\ \boldsymbol{P}'_{\mathrm{a}} & \boldsymbol{P}'_{\mathrm{b}}\end{pmatrix}
$$

$$\boldsymbol{\Psi}^{\mathrm{T}}\boldsymbol{J}\boldsymbol{\Psi}=\boldsymbol{J},\quad \begin{pmatrix} \boldsymbol{\Psi}_{\mathrm{a}}^{\mathrm{T}}\boldsymbol{J}\boldsymbol{\Psi}_{\mathrm{a}}=\boldsymbol{0} & \boldsymbol{\Psi}_{\mathrm{a}}^{\mathrm{T}}\boldsymbol{J}\boldsymbol{\Psi}_{\mathrm{b}}=\boldsymbol{I}_n \\ \boldsymbol{\Psi}_{\mathrm{b}}^{\mathrm{T}}\boldsymbol{J}\boldsymbol{\Psi}_{\mathrm{a}}=-\boldsymbol{I}_n & \boldsymbol{\Psi}_{\mathrm{b}}^{\mathrm{T}}\boldsymbol{J}\boldsymbol{\Psi}_{\mathrm{b}}=\boldsymbol{0} \end{pmatrix}$$

将分块矩阵乘出来，有

$$\boldsymbol{\Psi}^{\mathrm{T}}\boldsymbol{J}\boldsymbol{\Psi}=\begin{pmatrix} \boldsymbol{P}_{\mathrm{a}}'^{\mathrm{T}}\boldsymbol{Q}_{\mathrm{a}}'-\boldsymbol{Q}_{\mathrm{a}}'^{\mathrm{T}}\boldsymbol{P}_{\mathrm{a}}'=\boldsymbol{0} & \boldsymbol{P}_{\mathrm{a}}'^{\mathrm{T}}\boldsymbol{Q}_{\mathrm{b}}'-\boldsymbol{Q}_{\mathrm{a}}'^{\mathrm{T}}\boldsymbol{P}_{\mathrm{b}}'=\boldsymbol{I} \\ \boldsymbol{P}_{\mathrm{b}}'^{\mathrm{T}}\boldsymbol{Q}_{\mathrm{a}}'-\boldsymbol{Q}_{\mathrm{b}}'^{\mathrm{T}}\boldsymbol{P}_{\mathrm{a}}'=-\boldsymbol{I} & \boldsymbol{P}_{\mathrm{b}}'^{\mathrm{T}}\boldsymbol{Q}_{\mathrm{b}}'-\boldsymbol{Q}_{\mathrm{b}}'^{\mathrm{T}}\boldsymbol{P}_{\mathrm{b}}'=\boldsymbol{0} \end{pmatrix}$$

式(5.8)在全部本征向量展开下，运用共轭辛正交关系有

$$\boldsymbol{\Psi}_{\mathrm{b}}^{\mathrm{T}}\boldsymbol{J}\begin{pmatrix}\boldsymbol{I}\\ \boldsymbol{K}_{\mathrm{E}}\end{pmatrix}\boldsymbol{q}_0=-\boldsymbol{a}_{\psi},\quad \boldsymbol{\Psi}_{\mathrm{a}}^{\mathrm{T}}\boldsymbol{J}\begin{pmatrix}\boldsymbol{I}\\ \boldsymbol{K}_{\mathrm{E}}\end{pmatrix}\boldsymbol{q}_0=\boldsymbol{b}_{\psi} \tag{5.9}$$

双方用 $\boldsymbol{\Psi}_{\mathrm{b}}^{\mathrm{T}}\boldsymbol{J}$ 左乘，给出的是

$$(\boldsymbol{Q}_{\mathrm{b}}'^{\mathrm{T}}\quad \boldsymbol{P}_{\mathrm{b}}'^{\mathrm{T}})\begin{pmatrix}\boldsymbol{K}_{\mathrm{E}}\\ -\boldsymbol{I}\end{pmatrix}\boldsymbol{q}_0=\begin{pmatrix}\boldsymbol{Q}_{\mathrm{b}}'\\ \boldsymbol{P}_{\mathrm{b}}'\end{pmatrix}^{\mathrm{T}}\boldsymbol{J}\begin{pmatrix}\boldsymbol{Q}_{\mathrm{a}}'\\ \boldsymbol{P}_{\mathrm{a}}'\end{pmatrix}\boldsymbol{a}_{\psi}=-\boldsymbol{a}_{\psi}$$

$$\boldsymbol{a}_{\psi}=-(\boldsymbol{Q}_{\mathrm{b}}'^{\mathrm{T}}\boldsymbol{K}_{\mathrm{E}}-\boldsymbol{P}_{\mathrm{b}}'^{\mathrm{T}})\boldsymbol{q}_0$$

另一方面，用 $\boldsymbol{\Psi}_{\mathrm{a}}^{\mathrm{T}}\boldsymbol{J}$ 左乘，给出

$$(\boldsymbol{Q}_{\mathrm{a}}'^{\mathrm{T}}\quad \boldsymbol{P}_{\mathrm{a}}'^{\mathrm{T}})\begin{pmatrix}\boldsymbol{K}_{\mathrm{E}}\\ -\boldsymbol{I}\end{pmatrix}\boldsymbol{q}_0=(\boldsymbol{Q}_{\mathrm{a}}'^{\mathrm{T}}\boldsymbol{K}_{\mathrm{E}}-\boldsymbol{P}_{\mathrm{a}}'^{\mathrm{T}})\boldsymbol{q}_0=\boldsymbol{b}_{\psi}$$

$$\boldsymbol{q}_0=(\boldsymbol{Q}_{\mathrm{a}}'^{\mathrm{T}}\boldsymbol{K}_{\mathrm{E}}-\boldsymbol{P}_{\mathrm{a}}'^{\mathrm{T}})^{-1}\boldsymbol{b}_{\psi}$$

综合有

$$\boldsymbol{a}_{\psi}=-(\boldsymbol{Q}_{\mathrm{b}}'^{\mathrm{T}}\boldsymbol{K}_{\mathrm{E}}-\boldsymbol{P}_{\mathrm{b}}'^{\mathrm{T}})(\boldsymbol{Q}_{\mathrm{a}}'^{\mathrm{T}}\boldsymbol{K}_{\mathrm{E}}-\boldsymbol{P}_{\mathrm{a}}'^{\mathrm{T}})^{-1}\boldsymbol{b}_{\psi} \tag{5.10}$$

这个散射公式与式(5.7)不同，究竟有什么区别呢？(5.7)的散射公式是在原来物理空间内推导的，然而式(5.10)已经是在本征向量辛矩阵变换后的。分别用 $\boldsymbol{\Psi}_{\mathrm{b}}^{\mathrm{T}}\boldsymbol{J}$，$\boldsymbol{\Psi}_{\mathrm{a}}^{\mathrm{T}}\boldsymbol{J}$ 左乘，就是在变换后的状态空间观察的。所以散射矩阵(5.7)与(5.10)形式相差很大，但实际上是一致的。

证明 （这是研究生吴锋同志给出的） 式(5.7)和式(5.10)分别给出

$$\boldsymbol{S}_{\mathrm{ca1}}=-[\boldsymbol{P}_{\mathrm{a}}'-\boldsymbol{K}_{\mathrm{E}}\boldsymbol{Q}_{\mathrm{a}}']^{-1}[\boldsymbol{P}_{\mathrm{b}}'-\boldsymbol{K}_{\mathrm{E}}\boldsymbol{Q}_{\mathrm{b}}']$$

$$\begin{aligned}\boldsymbol{S}_{\mathrm{ca2}}&=-(\boldsymbol{Q}_{\mathrm{b}}'^{\mathrm{T}}\boldsymbol{K}_{\mathrm{E}}-\boldsymbol{P}_{\mathrm{b}}'^{\mathrm{T}})(\boldsymbol{Q}_{\mathrm{a}}'^{\mathrm{T}}\boldsymbol{K}_{\mathrm{E}}-\boldsymbol{P}_{\mathrm{a}}'^{\mathrm{T}})^{-1}\\ &=-[(\boldsymbol{P}_{\mathrm{a}}'-\boldsymbol{K}_{\mathrm{E}}\boldsymbol{Q}_{\mathrm{a}}')^{-1}(\boldsymbol{P}_{\mathrm{b}}'-\boldsymbol{K}_{\mathrm{E}}\boldsymbol{Q}_{\mathrm{b}}')]^{\mathrm{T}}\end{aligned}$$

要验证两者相同，需要用到 Poisson 括号的性质，因本征向量矩阵 $\boldsymbol{\Psi}$ 是辛的，根据辛矩阵群的性质，$\boldsymbol{\Psi}^{\mathrm{T}}$ 也是辛矩阵。第 3 章验证了 Lagrange 括号对应于 $\boldsymbol{\Psi}^{\mathrm{T}}\boldsymbol{J}\boldsymbol{\Psi}=\boldsymbol{J}$，而 Poisson 括号对应于 $\boldsymbol{\Psi}\boldsymbol{J}\boldsymbol{\Psi}^{\mathrm{T}}=\boldsymbol{J}$，将 $\boldsymbol{\Psi}\boldsymbol{J}\boldsymbol{\Psi}^{\mathrm{T}}$ 乘出来有

$$\boldsymbol{\Psi}\boldsymbol{J}\boldsymbol{\Psi}^{\mathrm{T}}=\begin{pmatrix} \boldsymbol{Q}_{\mathrm{a}}'\boldsymbol{Q}_{\mathrm{b}}'^{\mathrm{T}}-\boldsymbol{Q}_{\mathrm{b}}'\boldsymbol{Q}_{\mathrm{a}}'^{\mathrm{T}}=\boldsymbol{0} & \boldsymbol{Q}_{\mathrm{a}}'\boldsymbol{P}_{\mathrm{b}}'^{\mathrm{T}}-\boldsymbol{Q}_{\mathrm{b}}'\boldsymbol{P}_{\mathrm{a}}'^{\mathrm{T}}=\boldsymbol{I} \\ \boldsymbol{P}_{\mathrm{a}}'\boldsymbol{Q}_{\mathrm{b}}'^{\mathrm{T}}-\boldsymbol{P}_{\mathrm{b}}'\boldsymbol{Q}_{\mathrm{a}}'^{\mathrm{T}}=-\boldsymbol{I} & \boldsymbol{P}_{\mathrm{a}}'\boldsymbol{P}_{\mathrm{b}}'^{\mathrm{T}}-\boldsymbol{P}_{\mathrm{b}}'\boldsymbol{P}_{\mathrm{a}}'^{\mathrm{T}}=\boldsymbol{0} \end{pmatrix}$$

现在要证明 $\boldsymbol{S}_{\mathrm{ca1}}=\boldsymbol{S}_{\mathrm{ca2}}$，也即证明：

$$-(\boldsymbol{P}_{\mathrm{a}}'-\boldsymbol{K}_{\mathrm{E}}\boldsymbol{Q}_{\mathrm{a}}')^{-1}(\boldsymbol{P}_{\mathrm{b}}'-\boldsymbol{K}_{\mathrm{E}}\boldsymbol{Q}_{\mathrm{b}}')=-(\boldsymbol{Q}_{\mathrm{b}}'^{\mathrm{T}}\boldsymbol{K}_{\mathrm{E}}-\boldsymbol{P}_{\mathrm{b}}'^{\mathrm{T}})(\boldsymbol{Q}_{\mathrm{a}}'^{\mathrm{T}}\boldsymbol{K}_{\mathrm{E}}-\boldsymbol{P}_{\mathrm{a}}'^{\mathrm{T}})^{-1}$$

把上式的左边逆矩阵乘到右边，把右边逆矩阵乘到左边，可得

$$(\boldsymbol{P}_{\mathrm{b}}'-\boldsymbol{K}_{\mathrm{E}}\boldsymbol{Q}_{\mathrm{b}}')(\boldsymbol{Q}_{\mathrm{a}}'^{\mathrm{T}}\boldsymbol{K}_{\mathrm{E}}-\boldsymbol{P}_{\mathrm{a}}'^{\mathrm{T}})=(\boldsymbol{P}_{\mathrm{a}}'-\boldsymbol{K}_{\mathrm{E}}\boldsymbol{Q}_{\mathrm{a}}')(\boldsymbol{Q}_{\mathrm{b}}'^{\mathrm{T}}\boldsymbol{K}_{\mathrm{E}}-\boldsymbol{P}_{\mathrm{b}}'^{\mathrm{T}})$$

乘出来

$$\boldsymbol{P}_{\mathrm{b}}'\boldsymbol{Q}_{\mathrm{a}}'^{\mathrm{T}}\boldsymbol{K}_{\mathrm{E}}-\boldsymbol{P}_{\mathrm{b}}'\boldsymbol{P}_{\mathrm{a}}'^{\mathrm{T}}-\boldsymbol{K}_{\mathrm{E}}\boldsymbol{Q}_{\mathrm{b}}'\boldsymbol{Q}_{\mathrm{a}}'^{\mathrm{T}}\boldsymbol{K}_{\mathrm{E}}+\boldsymbol{K}_{\mathrm{E}}\boldsymbol{Q}_{\mathrm{b}}'\boldsymbol{P}_{\mathrm{a}}'^{\mathrm{T}}$$

$$=\boldsymbol{P}'_{\mathrm{a}}\boldsymbol{Q}'^{\mathrm{T}}_{\mathrm{b}}\boldsymbol{K}_{\mathrm{E}}-\boldsymbol{K}_{\mathrm{E}}\boldsymbol{Q}'_{\mathrm{a}}\boldsymbol{Q}'^{\mathrm{T}}_{\mathrm{b}}\boldsymbol{K}_{\mathrm{E}}-\boldsymbol{P}'_{\mathrm{a}}\boldsymbol{P}'^{\mathrm{T}}_{\mathrm{b}}+\boldsymbol{K}_{\mathrm{E}}\boldsymbol{Q}'_{\mathrm{a}}\boldsymbol{P}'^{\mathrm{T}}_{\mathrm{b}}$$

因此只要证明上面的式子成立就可以证明 $\boldsymbol{S}_{\mathrm{ca1}}=\boldsymbol{S}_{\mathrm{ca2}}$ 了。而根据 $\boldsymbol{\Psi J \Psi}^{\mathrm{T}}=\boldsymbol{J}$ 的性质，上式是显然成立的，因此 $\boldsymbol{S}_{\mathrm{ca1}}=\boldsymbol{S}_{\mathrm{ca2}}$。

实际上，从 $\boldsymbol{S}_{\mathrm{ca1}}$，$\boldsymbol{S}_{\mathrm{ca2}}$ 的表达式可看到 $\boldsymbol{S}^{\mathrm{T}}_{\mathrm{ca2}}=\boldsymbol{S}_{\mathrm{ca1}}$。又因为 $\boldsymbol{S}_{\mathrm{ca1}}=\boldsymbol{S}_{\mathrm{ca2}}$，所以有 $\boldsymbol{S}^{\mathrm{T}}_{\mathrm{ca1}}=\boldsymbol{S}_{\mathrm{ca1}}$，也即散射矩阵是复数对称的，非 Hermite 对称。# #

然而 $\boldsymbol{\Psi}(\omega^2)$ 是全体本征向量的矩阵，其中 $n=m_{\mathrm{pb}}+m_{\mathrm{sb}}$ 对维数之中，只有 m_{pb} 对是通带本征向量求解比较方便而且数目少，而 m_{sb} 对则是禁带的本征向量。禁带本征向量求解比较麻烦而且数目大，并不高明。现在并非全部皆通带，希望不必求解全部禁带的本征解。

有鉴于此，所以第 4 节特别强调了首先寻求全部通带本征向量，然后通过辛 Gram-Schmidt 正交归一化算法将 $2m_{\mathrm{pb}}\times 2m_{\mathrm{pb}}$ 的辛子空间孤立出来，而与 $2m_{\mathrm{sb}}\times 2m_{\mathrm{sb}}$ 的禁带子空间分离。让它们成为相互无关，分别处理。事实上禁带可以不必寻求本征解，只要回归混合能的表达，就可以用区段合并的 2^N 算法，寻求 Riccati 方程的解。此时不必要求全体本征向量矩阵 $\boldsymbol{\Psi}(\omega^2)$ 了，所以提供了式(4.5)～(4.7)以下的 $2n\times 2n$ 辛矩阵 $\boldsymbol{C}(\omega^2)=(\boldsymbol{\Psi}_{\mathrm{ar}}\quad \boldsymbol{V}_{\mathrm{a}};\quad \boldsymbol{\Psi}_{\mathrm{ai}}\quad \boldsymbol{V}_{\mathrm{b}})$。正则变换是可以用辛矩阵乘法表示的。在原来的正则空间变换，关键是周期结构便于与端部弹性体的连接。

按 3.4.1 节中时不变正则变换的辛矩阵乘法的表述，乘上一个辛矩阵，也是正则变换。原来的辛矩阵是 $\boldsymbol{S}(\omega^2)$，其传递的状态向量是 $\boldsymbol{v}$，取正则变换 $\boldsymbol{v}=\boldsymbol{C}\boldsymbol{v}_{\mathrm{c}}$，则传递辛矩阵成为 $\boldsymbol{S}_{\mathrm{cL}}(\omega^2)=\boldsymbol{SC}$，而传递的状态向量成为 $\boldsymbol{v}_{\mathrm{c}}$。这样，正则变换的辛矩阵 $\boldsymbol{C}$，有选择任意性。可选择(4.6)的辛矩阵 $\boldsymbol{C}$。这样用 $\boldsymbol{C}$ 的正则变换后，原来的传递辛矩阵 $\boldsymbol{S}(\omega^2)$ 已经成为(4.8)的 $\boldsymbol{S}_{\mathrm{c}}$ 之型，这是从周期结构方面观察的。还需要从弹性体方面看，刚度阵 $\boldsymbol{K}_{\mathrm{E}}$ 是对应于原来物理坐标的，也应按实数辛矩阵 $\boldsymbol{C}$ 而变换。展开

$$\boldsymbol{v}_0=\begin{pmatrix}\boldsymbol{q}_0\\ \boldsymbol{p}_0\end{pmatrix}=\begin{pmatrix}\boldsymbol{I}\\ \boldsymbol{K}_{\mathrm{E}}\end{pmatrix}\boldsymbol{q}_0=\boldsymbol{C}_{\mathrm{a}}\boldsymbol{a}_{\mathrm{c}}+\boldsymbol{C}_{\mathrm{b}}\boldsymbol{b}_{\mathrm{c}}=\begin{pmatrix}\boldsymbol{Q}_{\mathrm{ac}}\\ \boldsymbol{P}_{\mathrm{ac}}\end{pmatrix}\boldsymbol{a}_{\mathrm{c}}+\begin{pmatrix}\boldsymbol{Q}_{\mathrm{bc}}\\ \boldsymbol{P}_{\mathrm{bc}}\end{pmatrix}\boldsymbol{b}_{\mathrm{c}} \tag{5.11}$$

用 $\boldsymbol{C}^{\mathrm{T}}_{\mathrm{b}}\boldsymbol{J}$ 左乘，根据共轭辛正交归一关系，有

$$\boldsymbol{C}^{\mathrm{T}}_{\mathrm{b}}\boldsymbol{J}\begin{pmatrix}\boldsymbol{I}\\ \boldsymbol{K}_{\mathrm{E}}\end{pmatrix}\boldsymbol{q}_0=\boldsymbol{C}^{\mathrm{T}}_{\mathrm{b}}\boldsymbol{J}\begin{pmatrix}\boldsymbol{Q}_{\mathrm{ac}}\\ \boldsymbol{P}_{\mathrm{ac}}\end{pmatrix}\boldsymbol{a}_{\mathrm{c}}=-\boldsymbol{a}_{\mathrm{c}}\quad\Rightarrow\quad \boldsymbol{q}_0=(\boldsymbol{P}^{\mathrm{T}}_{\mathrm{bc}}-\boldsymbol{Q}^{\mathrm{T}}_{\mathrm{bc}}\boldsymbol{K}_{\mathrm{E}})^{-1}\boldsymbol{a}_{\mathrm{c}} \tag{5.12a}$$

用 $\boldsymbol{C}^{\mathrm{T}}_{\mathrm{a}}\boldsymbol{J}$ 左乘，给出

$$\boldsymbol{C}^{\mathrm{T}}_{\mathrm{a}}\begin{pmatrix}\boldsymbol{K}_{\mathrm{E}}\\ -\boldsymbol{I}\end{pmatrix}\boldsymbol{q}_0=\boldsymbol{C}^{\mathrm{T}}_{\mathrm{a}}\boldsymbol{J}\begin{pmatrix}\boldsymbol{Q}_{\mathrm{bc}}\\ \boldsymbol{P}_{\mathrm{bc}}\end{pmatrix}\boldsymbol{b}_{\mathrm{c}}\quad\Rightarrow\quad \boldsymbol{b}_{\mathrm{c}}=(\boldsymbol{Q}^{\mathrm{T}}_{\mathrm{ac}}\boldsymbol{K}_{\mathrm{E}}-\boldsymbol{P}^{\mathrm{T}}_{\mathrm{ac}})\boldsymbol{q}_0 \tag{5.12b}$$

认为正则变换后的 $\boldsymbol{a}_{\mathrm{c}}$，$\boldsymbol{b}_{\mathrm{c}}$ 分别代表广义位移和广义力，仍达到

$$\boldsymbol{b}_{\mathrm{c}}=\boldsymbol{K}_{\mathrm{Ec}}\boldsymbol{a}_{\mathrm{c}} \tag{5.13}$$

则 $\boldsymbol{K}_{\mathrm{Ec}}$ 就是正则变换 $\boldsymbol{C}$ 之后的端部刚度阵。

将式(5.12a)代入式(5.12b)，得知弹性体端部的刚度阵是

$$\begin{aligned}\boldsymbol{K}_{\mathrm{Ec}}&=(\boldsymbol{P}_{\mathrm{ac}}-\boldsymbol{K}_{\mathrm{E}}\boldsymbol{Q}_{\mathrm{ac}})^{\mathrm{T}}\cdot(\boldsymbol{P}^{\mathrm{bc}}-\boldsymbol{K}_{\mathrm{E}}\boldsymbol{Q}_{\mathrm{bc}})^{-\mathrm{T}}\\&=[(\boldsymbol{P}_{\mathrm{bc}}-\boldsymbol{K}_{\mathrm{E}}\boldsymbol{Q}_{\mathrm{bc}})^{-1}(\boldsymbol{P}_{\mathrm{ac}}-\boldsymbol{K}_{\mathrm{E}}\boldsymbol{Q}_{\mathrm{ac}})]^{\mathrm{T}}\end{aligned} \tag{5.14}$$

还要验证其对称性，即验证

$$\begin{aligned}\boldsymbol{K}_{\mathrm{E}*} &\underset{\mathrm{def}}{=} (\boldsymbol{P}_{\mathrm{bc}}-\boldsymbol{K}_{\mathrm{E}}\boldsymbol{Q}_{\mathrm{bc}})\boldsymbol{K}_{\mathrm{Ec}}(\boldsymbol{P}_{\mathrm{bc}}-\boldsymbol{K}_{\mathrm{E}}\boldsymbol{Q}_{\mathrm{bc}})^{\mathrm{T}}\\ &=(\boldsymbol{P}_{\mathrm{bc}}-\boldsymbol{K}_{\mathrm{E}}\boldsymbol{Q}_{\mathrm{bc}})(\boldsymbol{P}_{\mathrm{ac}}^{\mathrm{T}}-\boldsymbol{Q}_{\mathrm{ac}}^{\mathrm{T}}\boldsymbol{K}_{\mathrm{E}})\\ &=\boldsymbol{P}_{\mathrm{bc}}\boldsymbol{P}_{\mathrm{ac}}^{\mathrm{T}}+\boldsymbol{K}_{\mathrm{E}}\boldsymbol{Q}_{\mathrm{bc}}\boldsymbol{Q}_{\mathrm{ac}}^{\mathrm{T}}\boldsymbol{K}_{\mathrm{E}}-\boldsymbol{K}_{\mathrm{E}}\boldsymbol{Q}_{\mathrm{bc}}\boldsymbol{P}_{\mathrm{ac}}^{\mathrm{T}}-\boldsymbol{P}_{\mathrm{bc}}\boldsymbol{Q}_{\mathrm{ac}}^{\mathrm{T}}\boldsymbol{K}_{\mathrm{E}}\underset{\mathrm{def}}{=}\boldsymbol{K}_{\mathrm{E}*}\end{aligned}$$

为对称。取转置为

$$\boldsymbol{P}_{\mathrm{ac}}\boldsymbol{P}_{\mathrm{bc}}^{\mathrm{T}}+\boldsymbol{K}_{\mathrm{E}}\boldsymbol{Q}_{\mathrm{ac}}\boldsymbol{Q}_{\mathrm{bc}}^{\mathrm{T}}\boldsymbol{K}_{\mathrm{E}}-\boldsymbol{P}_{\mathrm{ac}}\boldsymbol{Q}_{\mathrm{bc}}^{\mathrm{T}}\boldsymbol{K}_{\mathrm{E}}-\boldsymbol{K}_{\mathrm{E}}\boldsymbol{Q}_{\mathrm{ac}}\boldsymbol{P}_{\mathrm{bc}}^{\mathrm{T}}=\boldsymbol{K}_{\mathrm{E}*}^{\mathrm{T}}$$

相减，根据 $\boldsymbol{C}^{\mathrm{T}}$ 也是辛矩阵群的性质，有 Poisson 括号式的关系

$$\boldsymbol{CJC}^{\mathrm{T}}=\begin{pmatrix}\boldsymbol{Q}_{\mathrm{ac}}\boldsymbol{Q}_{\mathrm{bc}}^{\mathrm{T}}-\boldsymbol{Q}_{\mathrm{bc}}\boldsymbol{Q}_{\mathrm{ac}}^{\mathrm{T}}=\boldsymbol{0} & \boldsymbol{Q}_{\mathrm{ac}}\boldsymbol{P}_{\mathrm{bc}}^{\mathrm{T}}-\boldsymbol{Q}_{\mathrm{bc}}\boldsymbol{P}_{\mathrm{ac}}^{\mathrm{T}}=\boldsymbol{I}\\ \boldsymbol{P}_{\mathrm{ac}}\boldsymbol{Q}_{\mathrm{bc}}^{\mathrm{T}}-\boldsymbol{P}_{\mathrm{bc}}\boldsymbol{Q}_{\mathrm{ac}}^{\mathrm{T}}=-\boldsymbol{I} & \boldsymbol{P}_{\mathrm{ac}}\boldsymbol{P}_{\mathrm{bc}}^{\mathrm{T}}-\boldsymbol{P}_{\mathrm{bc}}\boldsymbol{P}_{\mathrm{ac}}^{\mathrm{T}}=\boldsymbol{0}\end{pmatrix}$$

得知相减结果 $\boldsymbol{K}_{\mathrm{E}}-\boldsymbol{K}_{\mathrm{E}*}^{\mathrm{T}}=\boldsymbol{0}$，即知 $\boldsymbol{K}_{\mathrm{Ec}}$ 为对称矩阵。例题的数值结果也验证了该性质。＃＃

例题继续：按上面所述，和本题数据，可计算得

$$\boldsymbol{K}_{\mathrm{Ec}}=\begin{pmatrix}-1.21 & 0.06 & -0.35 & 0.59\\ 0.06 & -1.25 & -0.52 & -1.79\\ -0.35 & -0.52 & -4.15 & 14.52\\ 0.59 & -1.79 & 14.52 & 19.51\end{pmatrix}$$

数值 $\boldsymbol{K}_{\mathrm{Ec}}$ 显然对称，验证了理论。＃＃

这里推导的是对于端部刚度阵在正则变换后的变换公式，与周期结构没有关系。而周期结构的实数辛变换矩阵 $\boldsymbol{C}$ 是用于对角化通带与禁带的。所以正则变换后的广义位移和广义对偶力也应划分为通带和禁带

$$\boldsymbol{a}_{\mathrm{c}}=\begin{pmatrix}\boldsymbol{a}_{m\mathrm{pb}}\\ \boldsymbol{a}_{m\mathrm{sb}}\end{pmatrix}\quad 和\quad \boldsymbol{b}_{\mathrm{c}}=\begin{pmatrix}\boldsymbol{b}_{m\mathrm{pb}}\\ \boldsymbol{b}_{m\mathrm{sb}}\end{pmatrix}\tag{5.15}$$

对应地正则变换后的刚度阵 $\boldsymbol{K}_{\mathrm{Ec}}$ 也应当相应地分块

$$\boldsymbol{a}_{\mathrm{c}}^{\mathrm{T}}\boldsymbol{K}_{\mathrm{Ec}}\boldsymbol{a}_{\mathrm{c}}=\begin{pmatrix}\boldsymbol{a}_{m\mathrm{pb}}\\ \boldsymbol{a}_{m\mathrm{sb}}\end{pmatrix}^{\mathrm{T}}\begin{pmatrix}\boldsymbol{K}_{\mathrm{Ecpp}} & \boldsymbol{K}_{\mathrm{Ecps}}\\ \boldsymbol{K}_{\mathrm{Ecsp}} & \boldsymbol{K}_{\mathrm{Ecss}}\end{pmatrix}\begin{pmatrix}\boldsymbol{a}_{m\mathrm{pb}}\\ \boldsymbol{a}_{m\mathrm{sb}}\end{pmatrix}\tag{5.16}$$

请注意，正则变换后，通带与禁带已经在周期结构的部分完全分离，可分别处理。问题已经如同图 7-7 这样，有两个分离的周期结构分别连接到端部的弹性体上，维数分别为 m_{pb} 和 m_{sb}。前者全部是通带，而后者全部是禁带，可分别处理之。

周期结构方面，经过实数辛矩阵 $\boldsymbol{C}$ 乘法的正则变换，其状态已经用式(5.11)表示，其中 $\boldsymbol{a}_{\mathrm{c}}$ 和 $\boldsymbol{b}_{\mathrm{c}}$ 分别代表左、右端。周期结构在正则变换后已经将通带与禁带完全分离了。

式(4.8)的 $\boldsymbol{S}_{\mathrm{c}}$ 之型，也是辛矩阵乘法的正则变换。但不是简单地 $\boldsymbol{S}_{\mathrm{cL}}(\omega^2)=\boldsymbol{SC}$ 的正则变换了，而是

$$\boldsymbol{S}_{\mathrm{c}}=\boldsymbol{C}^{-1}\boldsymbol{SC}=-\boldsymbol{JC}^{\mathrm{T}}\boldsymbol{JSC}=\begin{pmatrix}\boldsymbol{D}_{\mathrm{pb11}} & \boldsymbol{0} & \boldsymbol{D}_{\mathrm{pb12}} & \boldsymbol{0}\\ \boldsymbol{0} & \boldsymbol{S}_{\mathrm{sb11}} & \boldsymbol{0} & \boldsymbol{S}_{\mathrm{sb12}}\\ \boldsymbol{D}_{\mathrm{pb21}} & \boldsymbol{0} & \boldsymbol{D}_{\mathrm{pb22}} & \boldsymbol{0}\\ \boldsymbol{0} & \boldsymbol{S}_{\mathrm{sb22}} & \boldsymbol{0} & \boldsymbol{S}_{\mathrm{sb21}}\end{pmatrix}\begin{matrix}m_{\mathrm{pb}}\\ m_{\mathrm{sb}}\\ m_{\mathrm{pb}}\\ m_{\mathrm{sb}}\end{matrix}\tag{4.8}$$

变换总是辛矩阵乘法。但仍不够方便，因此有了第 4 节对 $\boldsymbol{S}_{\mathrm{c}}$ 重新编排的举动。前面是用列的摄动 $\boldsymbol{P}_{\mathrm{ex}}$，使得成为 $\boldsymbol{C}_{\mathrm{ex}}(\omega^2)=\boldsymbol{CP}_{\mathrm{ex}}$。然后有(4.12)～(4.14)之型

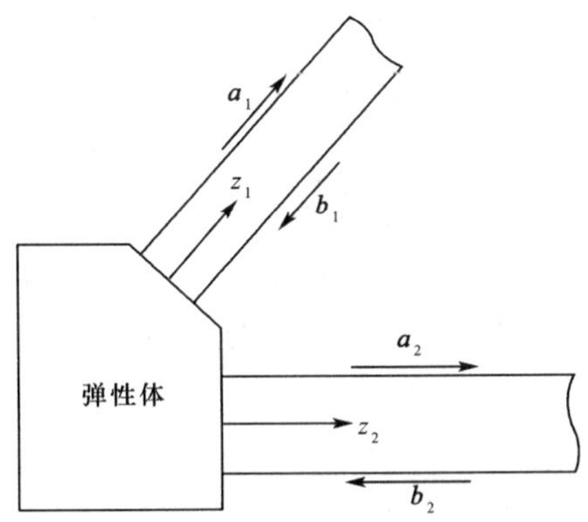

图 7-7　一个弹性体连接两个半无穷长波导

$$\boldsymbol{S}_{\text{ex}}=\boldsymbol{C}_{\text{ex}}^{-1}\boldsymbol{S}\boldsymbol{C}_{\text{ex}}=\begin{pmatrix}\boldsymbol{D}_{\text{pb}} & \boldsymbol{0}\\ \boldsymbol{0} & \boldsymbol{S}_{\text{sb}}\end{pmatrix}\begin{matrix}2m_{\text{pb}}\\ 2m_{\text{sb}}\end{matrix} \tag{4.12}$$

$\boldsymbol{S}_{\text{ex}}$已经是对角的辛矩阵了，不是原来意义的 $2n\times 2n$；而分别是 $2m_{\text{pb}}\times 2m_{\text{pb}}$的通带和 $2m_{\text{sb}}\times 2m_{\text{sb}}$禁带辛子空间的了，两者完全独立，分别发挥作用，如同图 7-5 那样。前面的 $2m_{\text{pb}}\times 2m_{\text{pb}}$块变换成为通带，而后面的 $2m_{\text{sb}}\times 2m_{\text{sb}}$成为禁带的 $\boldsymbol{F}_k,\boldsymbol{G}_k,\boldsymbol{Q}_k$。最突出的就是将通带与禁带分离并分别处理之，“*分而治之*”。禁带计算完全是在实数空间完成的。不必寻求本征解了，而是回归到混合能的形式，用 2^N 型的算法求解 Riccati 矩阵 $\boldsymbol{F}_\infty\to\boldsymbol{0}$，$\boldsymbol{G}_\infty,\boldsymbol{Q}_\infty$。弹性体在周期结构的左端，所以用 $\boldsymbol{Q}_\infty$，$\boldsymbol{b}_{m\text{sb}}=-\boldsymbol{Q}_\infty\boldsymbol{a}_{m\text{sb}}$，变形能为$\boldsymbol{a}_{m\text{sb}}^{\text{T}}\boldsymbol{Q}_\infty\boldsymbol{a}_{m\text{sb}}/2$。正则变换后 $\boldsymbol{a}_{m\text{sb}}$是禁带的广义位移，而 $\boldsymbol{b}_{m\text{sb}}$则是在与弹性体连接处的广义力。能量式是最好。至于在禁带的无穷远处，因 $\boldsymbol{F}_\infty\to\boldsymbol{0}$，广义位移、广义力是无关的。

在与弹性体的连接 $k=0$ 处，位移 $\boldsymbol{a}_{m\text{pb}},\boldsymbol{a}_{m\text{sb}}$将分别于通带、禁带连接。以上是从弹性体方面分块的，以便与周期结构相连接。

强调一点，以上所有的变换，全部是实数矩阵，因此 $\boldsymbol{K}_{\text{Ec}}$以及其子矩阵皆为实数矩阵。因禁带部分再无外力作用，故可先将变形能$\boldsymbol{a}_{\text{c}}^{\text{T}}\boldsymbol{K}_{\text{Ec}}\boldsymbol{a}_{\text{c}}/2+\boldsymbol{a}_{m\text{sb}}^{\text{T}}\boldsymbol{Q}_\infty\boldsymbol{a}_{m\text{sb}}/2$对 $\boldsymbol{a}_{m\text{sb}}$取极值，有

$$\boldsymbol{K}_{\text{Ecsp}}\boldsymbol{a}_{m\text{pb}}+\boldsymbol{K}_{\text{Ecss}}\boldsymbol{a}_{m\text{sb}}+\boldsymbol{Q}_\infty\boldsymbol{a}_{m\text{sb}}=\boldsymbol{0} \tag{5.17}$$

求解给出

$$\boldsymbol{a}_{m\text{sb}}=-(\boldsymbol{K}_{\text{Ecss}}+\boldsymbol{Q}_\infty)^{-1}\boldsymbol{K}_{\text{Ecsp}}\boldsymbol{a}_{m\text{pb}} \tag{5.18}$$

禁带端部广义位移 $\boldsymbol{a}_{m\text{sb}}$是通带端部位移 $\boldsymbol{a}_{m\text{pb}}$的线性函数，其中的矩阵皆可数值计算的。这相当于将刚度阵 $\boldsymbol{K}_{\text{Ec}}$的右下 $m_{\text{sb}}\times m_{\text{sb}}$子块 $\boldsymbol{K}_{\text{Ecss}}$叠加了 $\boldsymbol{Q}_\infty$，体现了周期结构的禁带部分的作用。将 $\boldsymbol{a}_{m\text{sb}}$作为 $\boldsymbol{a}_{m\text{pb}}$的函数(5.17)代入弹性体变形能，给出 $m_{\text{pb}}\times m_{\text{pb}}$的对称刚度阵 $\boldsymbol{K}_{Red}$。

$$\frac{1}{2}\begin{pmatrix}\boldsymbol{a}_{m\text{pb}}\\ \boldsymbol{a}_{m\text{sb}}\end{pmatrix}^{\text{T}}\begin{pmatrix}\boldsymbol{K}_{\text{Ecpp}} & \boldsymbol{K}_{\text{Ecps}}\\ \boldsymbol{K}_{\text{Ecsp}} & \boldsymbol{K}_{\text{Ecss}}\end{pmatrix}\begin{pmatrix}\boldsymbol{a}_{m\text{pb}}\\ \boldsymbol{a}_{m\text{sb}}\end{pmatrix}=\boldsymbol{a}_{m\text{pb}}^{\text{T}}\boldsymbol{K}_{Red}\boldsymbol{a}_{m\text{pb}}/2$$

$$\boldsymbol{K}_{Red}=\boldsymbol{K}_{\text{Ecpp}}-\boldsymbol{K}_{\text{Ecps}}(\boldsymbol{K}_{\text{Ecss}}+\boldsymbol{Q}_\infty)^{-1}\boldsymbol{K}_{\text{Ecsp}} \tag{5.19}$$

例题再继续：本题的凝聚矩阵 $\boldsymbol{K}_{Red}$为 $m_{\text{pb}}\times m_{\text{pb}}$，$m_{\text{pb}}=2$。

$$\boldsymbol{K}_{Red}=\begin{pmatrix}-1.2193 & -0.00896\\ -0.00896 & -1.1541\end{pmatrix}\#\#$$

于是只剩下 $\boldsymbol{a}_{mpb}$ 的通带广义位移向量了，已经归结到本节开始时的问题了。设给出周期结构，全部是通带的 $m_{pb}\times m_{pb}$ 辛矩阵 $\boldsymbol{D}_{pb}$，对于端部弹性体刚度阵为 $m_{pb}\times m_{pb}$ 的 $\boldsymbol{K}_{Red}$，求解其散射矩阵 $\boldsymbol{S}_{ca}$。

由于前面的计算全部在实数基础上完成，还要求解 $m_{pb}\times m_{pb}$ 辛矩阵 $\boldsymbol{D}_{pb}$ 的全部本征向量，一定是复数的了。当然是在正则变换后的广义状态空间内计算的。计算过程完全相同，本征向量是复数的，结果的 $m_{pb}\times m_{pb}$ 散射矩阵 $\boldsymbol{S}_{ca}$ 也将是复数的，但是对称的，然而不是 Hermite 对称的。

例题的散射阶段：$\boldsymbol{D}_{pb}$ 的全部本征向量为

$$\boldsymbol{\Phi}_{Da}=\begin{pmatrix}0.71 & 0\\ 0 & 0.71\\ 0.71j & 0\\ 0 & 0.71j\end{pmatrix},\quad \boldsymbol{\Phi}_{Db}=\begin{pmatrix}0.71j & 0\\ 0 & 0.71j\\ 0.71 & 0\\ 0 & 0.71\end{pmatrix}$$

所以散射矩阵为

$$\boldsymbol{S}_{ca}=\begin{pmatrix}-0.9806-0.1957j & 0.0013-0.0073j\\ 0.0013-0.0073j & -0.9898-0.1423j\end{pmatrix}$$

验证了散射矩阵确实是复数对称的，但不是 Hermite 对称的。

还要考虑功率流[6]守恒要求。按[6]，$\boldsymbol{a}_{pb}^{H}\boldsymbol{A}_{\alpha}\boldsymbol{a}_{pb}+\boldsymbol{b}_{pb}^{H}\boldsymbol{A}_{\beta}\boldsymbol{b}_{pb}=\boldsymbol{0}$，也即是要求 $\boldsymbol{S}_{ca}^{H}\boldsymbol{A}_{\alpha}\boldsymbol{S}_{ca}+\boldsymbol{A}_{\beta}=\boldsymbol{0}$，计算发现单位阵 $\boldsymbol{A}_{\alpha}$ 和 $\boldsymbol{A}_{\beta}$ 是负的单位阵，也即要求 $\boldsymbol{S}_{ca}^{H}\boldsymbol{S}_{ca}=\boldsymbol{I}$。实际数值计算为

$$\boldsymbol{S}_{ca}^{H}\boldsymbol{S}_{ca}=\begin{pmatrix}1 & 1.5\times10^{-16}+5.4\times10^{-15}j\\ 1.5\times10^{-16}-5.4\times10^{-15}j & 1\end{pmatrix}$$

即计算结果表明入射波的功率流等于反射波的功率流。# #

以下要关注共振腔的**波激共振**了。该问题事实上是考虑已经达到平衡态，即输入能量等于反射能量。实际上，进一步要考虑激发态，还未达到能量平衡之际，输入能量多而反射能量少，让它留在共振腔的振动中。这个问题要进一步研究了，已经超出本书范围。

将端部弹性体和禁带连接在一起，成为一个新的弹性体。该弹性体的刚度阵就是 $m_{pb}\times m_{pb}$ 的 $\boldsymbol{K}_{Red}(\omega^2)$，是在动力刚度阵给定 ω^2 下计算的。简单的 $\boldsymbol{K}_{d}(\omega^2)=\boldsymbol{K}_{s}-\omega^2\boldsymbol{M}$，实数动力刚度阵一般不正定。显然本征值 ω^2 的选择应使得 $\det[\boldsymbol{K}_{d}(\omega^2)]\approx 0$。这样，当

$$\det[\boldsymbol{K}_{Red}(\omega^2)]=0 \tag{5.20}$$

时就给出共振腔的本征频率。$\boldsymbol{K}_{Red}(\omega^2)$ 是由两部分组合而成的，即弹性体本身 $\boldsymbol{K}_{E}(\omega^2)$ 以及禁带的 $\boldsymbol{Q}_{\infty}(\omega^2)$ 两部分。此时，多重多级动力子结构分析[46]很有用。普遍认为 $\boldsymbol{Q}_{\infty}$ 比较小，取 $\det[\boldsymbol{K}_{E}(\omega^2)]=0$ 当作共振腔的共振频率了。通带传输的给定频率 ω^2，如果使得 (5.20) 近似成立，就是在共振腔发生共振了，**波激共振**。

用波导的周期结构传输能量，使共振腔发生共振，以积累能量。能量积累到很高时，就可采取措施，将共振能量快速发射出去，等等。雷达等方面，需要这类共振腔的。周期结构分析是结构力学，只有通过正则变换方才得到以上结果。结构力学模拟动力学是有意义的。

7.6　连续结构 Lagrange 函数不正定的辛分析

第 4 章讲连续长度坐标 z 的体系、分析结构力学的变形能密度 Lagrange 函数，因为考虑给定 ω^2，矩阵 $\boldsymbol{K}_\mathrm{d}$ 加入惯性因素后成为动力刚度阵密度，因此不能保证正定，带来求解辛本征解的问题。

可设定波状态向量传播的通带辛本征值 $\pm\mathrm{j}\mu$，反过来求解振动频率 ω^2。此时成为求解 Hermite 矩阵的 Rayleigh 商问题了，这里继续讲。

前面对于一个区段，引入传递辛矩阵的本征值，有位移的传递 $\boldsymbol{q}_\mathrm{b}=\boldsymbol{q}_\mathrm{a}\exp(\mathrm{j}\theta)$。以此作为约束条件，就得到 Hermite 对称矩阵的 Rayleigh 商，见(2.1)～(2.5)的推导，可作为借鉴。

连续长度坐标 z 的体系，没有区段可用。但本征状态向量 $\boldsymbol{\psi}_\mathrm{i}$ 也给出了其微商，$\dot{\boldsymbol{\psi}}_\mathrm{i}=\mathrm{j}\mu_\mathrm{i}\boldsymbol{\psi}_\mathrm{i}$，相当于对于位移有约束

$$\dot{\boldsymbol{q}}_\mathrm{i}=\mathrm{j}\mu_\mathrm{i}\boldsymbol{q}_\mathrm{i} \tag{6.1}$$

其中将 $\mathrm{j}\mu_\mathrm{i}$ 看成为给定，而将 ω^2 当作待求。

原来，分析结构力学的 Lagrange 函数为

$$L(\boldsymbol{q},\dot{\boldsymbol{q}})=U_\mathrm{d}=\dot{\boldsymbol{q}}^\mathrm{T}\boldsymbol{K}_{22}\dot{\boldsymbol{q}}/2+\dot{\boldsymbol{q}}^\mathrm{T}\boldsymbol{K}_{21}\boldsymbol{q}+\boldsymbol{q}^\mathrm{T}\boldsymbol{K}_{11}\boldsymbol{q}/2\quad(\dot{\boldsymbol{q}}=\mathrm{d}\boldsymbol{q}/\mathrm{d}z) \tag{6.2}$$

动力刚度阵

$$\boldsymbol{K}_\mathrm{d}(\omega^2)=\boldsymbol{K}_\mathrm{s}-\omega^2\boldsymbol{M}=\begin{bmatrix}\boldsymbol{K}_{22} & \boldsymbol{K}_{21}\\ \boldsymbol{K}_{12} & \boldsymbol{K}_{11}\end{bmatrix},\quad \boldsymbol{K}_{21}=\boldsymbol{K}_{12}^\mathrm{T}$$

$$L(\boldsymbol{q},\dot{\boldsymbol{q}})=U_\mathrm{d}=\frac{1}{2}\begin{pmatrix}\boldsymbol{q}\\ \dot{\boldsymbol{q}}\end{pmatrix}^\mathrm{T}(\boldsymbol{K}_\mathrm{s}-\omega^2\boldsymbol{M})\begin{pmatrix}\boldsymbol{q}\\ \dot{\boldsymbol{q}}\end{pmatrix} \tag{6.3}$$

其中 $\boldsymbol{K}_\mathrm{s}$ 是对称正定的静力刚度阵，但还有质量贡献的动力部分，一般它体现在子矩阵 $\boldsymbol{K}_{11}$ 之中。

既然 $\dot{\boldsymbol{q}}_\mathrm{i}=\mathrm{j}\mu_\mathrm{i}\boldsymbol{q}_\mathrm{i}$，以此代入有

$$\begin{aligned}L_z(\boldsymbol{q},\mu)=U_\mathrm{d}&=\frac{1}{2}\begin{pmatrix}\boldsymbol{q}\\ \mathrm{j}\mu\boldsymbol{q}\end{pmatrix}^\mathrm{H}\begin{bmatrix}\boldsymbol{K}_{22} & \boldsymbol{K}_{12}\\ \boldsymbol{K}_{21} & \boldsymbol{K}_{11}\end{bmatrix}\begin{pmatrix}\boldsymbol{q}\\ \mathrm{j}\mu\boldsymbol{q}\end{pmatrix}\\ &=\boldsymbol{q}^\mathrm{H}(\boldsymbol{K}_{22}+\mathrm{j}\mu(\boldsymbol{K}_{12}-\boldsymbol{K}_{12}^\mathrm{T})-\mu^2\boldsymbol{K}_{11})\boldsymbol{q}/2\end{aligned} \tag{6.4}$$

按条件，μ 是给定的，只有 ω^2 待寻求。在动力刚度阵 $\boldsymbol{K}_\mathrm{d}$ 中，ω^2 并未显式给出，而是蕴含于 $\boldsymbol{K}_{11}$ 之中。不如将静力与动力分开，写成

$$L_z(\boldsymbol{q},\mu)=U_\mathrm{d}=\frac{1}{2}\begin{pmatrix}\boldsymbol{q}\\ \mathrm{j}\mu\boldsymbol{q}\end{pmatrix}^\mathrm{H}(\boldsymbol{K}_\mathrm{s}-\omega^2\boldsymbol{M})\begin{pmatrix}\boldsymbol{q}\\ \mathrm{j}\mu\boldsymbol{q}\end{pmatrix}=\boldsymbol{q}^\mathrm{H}(\boldsymbol{K}_{qs\mu}-\omega^2\boldsymbol{M}_{q\mu})\boldsymbol{q}/2 \tag{6.5}$$

其中

$$\begin{aligned}\boldsymbol{K}_{qs\mu}&=\boldsymbol{K}_{22\mathrm{s}}+\mathrm{j}\mu(\boldsymbol{K}_{12\mathrm{s}}-\boldsymbol{K}_{12\mathrm{s}}^\mathrm{T})-\mu^2\boldsymbol{K}_{11\mathrm{s}}\\ \boldsymbol{M}_{q\mu}&=\boldsymbol{M}_{22}+\mathrm{j}\mu(\boldsymbol{M}_{12}-\boldsymbol{M}_{12}^\mathrm{T})-\mu^2\boldsymbol{M}_{11}\end{aligned} \tag{6.6}$$

皆为 $n\times n$ 的 Hermite 对称矩阵。本来 $\boldsymbol{K}_\mathrm{s}$，$\boldsymbol{M}$ 皆为实数对称矩阵。

对于位移 $\boldsymbol{q}$ 取极值，得

$$\delta L_z(\boldsymbol{q},\mu)=0 \tag{6.7}$$

其中辛本征值参数 μ 给定，得方程

$$(\boldsymbol{K}_{qs\mu}-\omega^2\boldsymbol{M}_{q\mu})\boldsymbol{q}=\boldsymbol{0} \tag{6.8}$$

与普通的振动问题本征值方程同，只是更换普通对称矩阵为 Hermite 对称矩阵了，同样可给出 Rayleigh 商

$$\omega^2=\min_{\boldsymbol{q}}(\boldsymbol{q}^{\mathrm{H}}\boldsymbol{K}_{qs\mu}\boldsymbol{q}/\boldsymbol{q}^{\mathrm{H}}\boldsymbol{M}_{q\mu}\boldsymbol{q}) \tag{6.9}$$

改换思路，是“太极推手”，将一些麻烦转移到 Rayleigh 商，问题就清楚而容易处理了[49]。

本征问题(6.9)有 n 个 ω^2 本征值。按大小次序排列，成为能带。画出 n 条曲线，就如第 3 节所为，画出能带曲线图。

然而，问题本来是给定 ω^2 求解 μ 的。还有许多不在虚数轴上的本征值 μ。这些不在虚数轴上的本征解不代表波，因此是局部的解。简单地说，可以用求解 Riccati 微分方程代替之。而求解 Riccati 微分方程是有精细积分法计算的，可免于求解辛本征值问题，第 5 章有讲述。给定了 ω^2，则根据能带曲线图可找出其对应的 m_{pb} 个近似辛本征值 $\pm\mathrm{j}\mu$，运用辛本征值移轴算法可加速收敛，见第 4 章，可计算出精确的 m_{pb} 个辛本征解 $\mathrm{j}\mu_k$，$\boldsymbol{\psi}_{\mathrm{r},k}+\mathrm{j}\boldsymbol{\psi}_{\mathrm{i},k}$，$k=1,2,\cdots,m_{\mathrm{pb}}$。安排好 $2m_{\mathrm{pb}}$ 个实数辛本征向量 $\boldsymbol{\psi}_{\mathrm{r},k}$，$\boldsymbol{\psi}_{\mathrm{i},k}$，$k=1,2,\cdots,m_{\mathrm{pb}}$，然后运用(4.4)的辛 Gram-Schmidt 正交归一化算法，得到如同第 4 节那样的辛矩阵 $\boldsymbol{C}$。连续长度坐标 z 的体系，截面有 $n=m_{\mathrm{pb}}+m_{\mathrm{sb}}$ 个自由度。对应地有 $2n\times 2n$ 的 Hamilton 矩阵 $\boldsymbol{H}$。而 Hamilton 矩阵 $\boldsymbol{H}\Delta t$ 的指数函数，就是辛矩阵 $\boldsymbol{S}_{\mathrm{H}}=\exp(\boldsymbol{H}\cdot\Delta t)$，见第 4 章。$\boldsymbol{H}\Delta\mathrm{t}$ 其实就是辛矩阵 $\boldsymbol{S}_{\mathrm{H}}$ 的李代数体。将辛矩阵分块对角化，同样可将对应的李代数体分块对角化。用辛矩阵 $\boldsymbol{C}$ 进行相似变换，这给出有如第 4 节的(4.8)的形式。再结合 Permutation 变换，将辛矩阵 $\boldsymbol{C}(\omega^2)$ 换列成 $\boldsymbol{C}_{\mathrm{ex}}$，可使得通带占有前 $1\sim 2m_{\mathrm{pb}}$ 行和列；而禁带则是后面的 $2m_{\mathrm{pb}}+1\sim 2n$ 的行和列，得到类似于(4.11)的 $\boldsymbol{C}_{\mathrm{ex}}(\omega^2)$。将通带和禁带的子状态空间分离之后有

$$\boldsymbol{H}_{\mathrm{ex}}=\boldsymbol{C}_{\mathrm{ex}}^{-1}\boldsymbol{H}\boldsymbol{C}_{\mathrm{ex}}=\begin{pmatrix}\boldsymbol{H}_{\mathrm{pb}} & \boldsymbol{0}\\ \boldsymbol{0} & \boldsymbol{H}_{\mathrm{sb}}\end{pmatrix}\begin{matrix}2m_{\mathrm{pb}}\\ 2m_{\mathrm{sb}}\end{matrix} \tag{6.10}$$

将 $\boldsymbol{H}$ 分块对角化，成为通带和禁带的子空间。将禁带 $2m_{\mathrm{sb}}\times 2m_{\mathrm{sb}}$ 的 Hamilton 子矩阵 $\boldsymbol{H}_{\mathrm{sb}}$ 计算出来后，就应运用精细积分法进行 $m_{\mathrm{sb}}\times m_{\mathrm{sb}}$ 的 $\boldsymbol{F}_{\mathrm{sb}\infty}\to\boldsymbol{0}$，$\boldsymbol{G}_{\mathrm{sb}\infty}$，$\boldsymbol{Q}_{\mathrm{sb}\infty}$ 矩阵。

沿长度方向连续的体系，计算了 Rayleigh 商本征值 ω^2，结合辛本征值 μ，有(4.3.18) $\exp[\mathrm{j}(\pm\mu z-\omega t)]$ 因子的出现，显然是双向波传播问题。

此后就可以考虑与端部共振腔的耦合，以及其散射问题了。当然，对于端部的刚度阵也要正则变换的。这些已经在离散的周期结构方面做过，这里就不必详细讲述了。

7.7 有限长周期结构的密集本征值

结构的密集本征值，究竟是什么原因产生的，为研究工作所关心。密集本征值给本征值分析会造成数值困难，也给例如统计能量分析(Statistical Energy Analysis)等提供了一些条件。现在从周期结构可能的密集本征值进行探讨。本章 7.1 节开始，就讲了单自由度振动问题，因为只有一个自由度，只能有一个振动本征值，可能发生共振。如果有 $n=1$ 的 N 段周期结构，其两端条件为 $w_0=0$，$w_N=0$，成为有限结构，设每段长度是 a，全

长为 $L=Na$，见图 7-3。既然整个结构的内部有位移自由度数 N，则本征值数也是 N，在 N 个本征值处可能发生共振。此时，这些本征值究竟分布何处，应予以探讨。

因为 $n=1$，最简单了，所以 ω^2 只有一个通带。N 个本征值全部在通带中，比较密集。因为 ω^2 在禁带时是不可能有本征值的，这可证明如下：

$n=1$ 的单自由度，其通带在(1.11)和(1.12)的上、下界本征值 $\omega_{\text{lower}}^2=k_c/m$和 $\omega_{\text{upper}}^2=(4k_a+k_c)/m$之间。而如果频率 $\omega^2>\omega_{\text{upper}}^2$，则超过了能带，则其辛本征值必定是 $\lambda_1>1$ 及其辛对偶 $\lambda_2=\lambda_1^{-1}<1$。

因本征值问题无外力，沿长度的解在满足 $w_0=0$ 条件下必定是 $w_k=\sinh(\lambda_1 k)$，此时已经无法满足在另一段 $w_N=0$ 的边界条件。所以不可能有整个结构的本征解。$\omega^2<\omega_{\text{lower}}^2$同。证毕。##

这样，$L=Na$ 长度的结构只有在 $\omega_{\text{upper}}^2\geqslant\omega^2\geqslant\omega_{\text{lower}}^2$才可能有辛本征值 $\lambda=\exp(\mathrm{j}\theta)$，对应的解是 $w_k=\sin(\lambda k)$满足 $k=0$ 站的边界条件，在另一端则提供方程 $w_N=\sin(\lambda N)=0$，由此可得到辛本征值 N 个 λ。

结构的区段数目 N 是没有限制的。因此当 N 比较大时就会出现密集本征值了。这里，给出了密集本征值出现的一条思路，供大家探讨。

例题是最简单的单区段、单自由度问题。但结合多重子结构的概念，在每个区段还可以有多种子结构的构造。再说，周期结构的连接也可以是多自由度的种种情况。详细深入就不是这本书的事了。

7.8　本章结束语

以上的能带理论波的散射计算和有限长周期结构本征值计算，全部采用**辛代数**的方法，展示了其优越性。回想 1995 年出版的著作《**弹性力学求解新体系**》，在其结束语中写道：“新体系还应进入数学物理方法，将传统的自共轭算子(Sturm-Liouville)谱分析推进到辛自共轭算子的对应理论。传统的欧几里得型的度量空间(正定、对称、三角形不等式)为基础的体系，看来也有发展一下的需要。”

当年书名没敢写“辛体系”而写成“新体系”，是怕读者不明白什么是辛。本书作者们不是严格的纯数学家，不强调 DTP(Definition, Theorem, Proof)的公理体系，而喜欢“**返璞归真**”，希望表达能**简单**、**优美**(Simplicity，Elegance)。18 年了，还要努力推进。本书《**经典力学辛讲**》也是努力的一步，希望本书能讲出“辛”的特色，为进一步的发展，起到推动的作用。

本章将辛数学发展到能带分析了，继续深入就要多方面的协作了。能带分析涉及许多领域，尤其是固体物理方面。今天科技已经发展到细观、微观，以至于纳观尺度的阶段，固体力学与固体物理的分界已经相当模糊，其实两者本来是衔接的么。

第 5～7 章是在结构力学基础上的发展。《经典力学辛讲》的结构力学部分到此，也可以停下来了，不可打算“包打天下”。我们也已经累坏了。以后大家共同努力吧。

以往分析力学只关注动力学，那么动力学的计算应已经比较成熟了吧。可实际情况是，差分格式的保辛是冯康率先提出的，表明动力学的计算方面也要努力。多体动力学微分-代数方程的积分，以及刚-柔体动力学的动力学积分，还有许多困难有待解决。第 8 章将在这方面进行探讨，其中提出了中国古代数学家祖冲之的成就。将祖冲之方法论与近代数学计算相融合，可统称祖冲之类的算法。读者可发现，祖冲之方法论得到了国外算法未曾达到的效果。中国人绝对不要自卑，我们的祖宗是有辉煌成就的，应当融合到我们的发展之中，会有出其不意的效果的。

第8章 受约束系统的经典动力学

J. von Neumann 有论述:"关于微积分最早的系统论述甚至在数学上并不严格。在牛顿之后的一百五十多年里,唯一有的只是一个不精确的、半物理的描述!然而与这种不精确的、数学上不充分的背景形成对照的是,数学分析中的某些最重要的进展却发生在这段时间!这一时期数学上的一些领军人物,例如欧拉,在学术上显然并不严密;而其他人,总的来说与高斯或雅可比差不多。当时数学分析发展的混乱与模糊无以复加,并且它与经验的关系当然也不符合我们今天的(或欧几里得的)抽象与严密的概念。但是,没有哪一位数学家会把它排除在数学发展的历史长卷之外,这一时期产生的数学是曾经有过的第一流的数学!"经典力学可是近代科学的基础学科,它就是这样发展来的,值得深思。

本书作者不是严格的数学家,但看到受约束系统数值求解发展的一些不如人意的地方,就要讲讲我们继承中国古人的成就而发展的有效方法。本书讲的,可谓"不精确的、半物理的描述"。受约束系统对应用很重要。好在有数值结果对比,优劣自见,故写出来供大家对比参考。

应用篇的第 5、6、7 的三章,主要是结构力学问题。第 8 章的约束动力学问题是动力学求解计算的难点之重要方面。值得探讨。

受约束系统分析,首先应就传统分析动力学,例如[1],对于约束的分类做进一步探讨。以往总是在连续时间系统之下分析问题。当看到有微分的约束时,有**完整系统**和**非完整系统**的划分。位移的代数约束认为是完整系统(Holonomic System)。因为运用隐函数定理,可将代数约束方程预先满足并加以消元,成为减维的独立位移系统,以满足 Lagrange 广义位移的要求,因此在分析力学分类中称为**完整**系统。但隐函数定理不是算法,真要数值求解不是很容易,于是就出现了微分-代数方程(Differential Algebraic Equation,DAE)的求解问题。在机构动力学等领域要数值计算的迫切要求之下,成为很热门的方向,约束是代数方程。一些著作习惯于将代数方程进行微商,微商的次数就是其指标(Index)。转化到联立微分方程来进行数值求解[5],可能是要归化到常微分方程组再进行数值求解吧。但先将代数约束进行微商,化到联立常微分方程组做数值求解的策略是否好的问题,值得探讨。

传统分析力学分类的非完整(Non-holonomic)系统,则是不能将约束通过消元的方法,变换到 Lagrange 独立广义位移的系统,其中包含有不能分析积分的微分等式约束以及不等式约束[1]。不能用分析法积分的微分等式约束(状态空间的约束)也带来了麻烦。

离散系统的约束不是直接对于每个节点的位移的，因为涉及位移的时间微商或动量，故无法在每个节点单独处理。用数值方法离散后，微分成为差分了，微分等式约束也就转化成为代数约束方程了。但该约束方程不是单个节点位移的方程，必然涉及相邻节点位移，处理上将带来一些麻烦。但这毕竟仍是代数约束方程，仍可予以迭代求解。在性质上与不等式约束不同。笼统地一概称之为非完整约束，将不同性质的问题归为同类，不够妥当。

所以从离散系统求解的角度进行分类时，划分为等式约束与不等式约束也许更好些。而划分为

- 完整约束(位移空间的约束)
- 非完整等式约束(状态空间的约束)
- 不等式约束

3 种更全面些。以下就这 3 种不同分类的约束，逐个讲述。

8.1 微分-代数方程的积分

从传统分析力学看到，哈密顿体系理论是很一般的，并不限于线性体系，而是对于保守体系的[1,5]。动力系统的数值积分吸引了众多研究，有代表性的著作见[37,5]。许多课题引导到约束的 Hamilton 系统(Constrained Hamilton System)，总是推导到微分-代数方程(DAE)。国外求解通常采用对于代数约束进行微商，Index 法，并归化到联立常微分方程组再进行数值求解的方法。但数学理论方便，并不代表数值方法有效。从数值求解的角度看，反而使问题变复杂了。

代数方程本来就是微分方程的积分，反而将它化成微分方程再进行数值积分，多余的**"虚功"**么。归化到微分方程组再进行离散数值积分，前面的归化步是连续的、精确的，而离散数值积分是近似的，**往返不等价**么。方法论已经不合适了，怎么可能比原来的代数方程约束更精确、更方便呢。**走偏路了!**

代数方程显然比微分方程容易数值处理，可在数值求解时作为等式约束同时迭代满足。等式约束比不等式约束的处理容易多了。求解 DAE 的内容可见文[36]，从其中的简单例题，可看到约束条件的满足是非常好的，表明 Index 积分方法不可取。虽然这是国外众多著作采用的，但数值例题表明不够理想。

传统的完整约束是直接对于位移的，在每个时间节点可以方便地表达而不涉及位移的时间微分或动量，所以容易在每个节点单独处理。理论上讲，约束条件是完全在位移空间的。节点位移满足约束条件，意味着位移和动量都只有 $n-n_c$ 个独立分量，其中 n,n_c 分别是位移和约束的维数。代数约束方程(位移空间的约束)不包含动量，故离散后的约束只与本节点的位移有关，而与相邻节点无关。节点 k 的相邻时间区段是 $k^{\#}:(k-1,k)$ 以及 $(k+1)^{\#}:(k,k+1)$。$k^{\#}$ 区段积分时得到的 $\boldsymbol{p}_k^{(k)\#}$，受到的约束与 $(k+1)^{\#}$ 区段的 k 点同，因为 $\boldsymbol{p}_k^{(k)\#}$ 总是与 k 点的位移约束方程的切面相垂直(理想约束)。因此 $\boldsymbol{p}_k^{(k)\#}$ 可直接用于 $\boldsymbol{p}_k^{(k+1)\#}$，即动量在节点处是连续的。这给 DAE 的求解带来了方便。

设 $\boldsymbol{q}(t)$ 是 n 维广义位移向量，无约束时动力系统的 Lagrange 函数为 $L(\boldsymbol{q},\dot{\boldsymbol{q}})=T(\boldsymbol{q},\dot{\boldsymbol{q}})-U(\boldsymbol{q})$，$T(\boldsymbol{q},\dot{\boldsymbol{q}})=\dot{\boldsymbol{q}}^{\mathrm{T}}\boldsymbol{M}(\boldsymbol{q})\dot{\boldsymbol{q}}/2$，$T,U$ 分别为动能、势能。但当运动时有 c 维的理

想约束，约束方程为

$$\boldsymbol{g}(\boldsymbol{q})=\boldsymbol{0} \tag{1.1}$$

运动只能在约束下的超曲面（流形，Manifold）上运动，即 $\boldsymbol{q}(t)$ 已不是独立的广义位移。其动力方程的推导是引入 c 维的 Lagrange 乘子函数 $\boldsymbol{\lambda}(t)$，

$$L_{\mathrm{e}}(\boldsymbol{q},\dot{\boldsymbol{q}},\boldsymbol{\lambda})=L(\boldsymbol{q},\dot{\boldsymbol{q}})-\boldsymbol{\lambda}^{\mathrm{T}}\cdot\boldsymbol{g}(\boldsymbol{q}) \tag{1.2}$$

导出的方程组是[37]

$$\begin{gathered}\boldsymbol{u}=\dot{\boldsymbol{q}}\\ \boldsymbol{M}(\boldsymbol{q})\dot{\boldsymbol{u}}=\boldsymbol{f}(\boldsymbol{q},\boldsymbol{u})-\boldsymbol{G}^{\mathrm{T}}(\boldsymbol{q})\cdot\boldsymbol{\lambda}\\ \boldsymbol{g}(\boldsymbol{q})=\boldsymbol{0}\end{gathered} \tag{1.3}$$

其中 $\boldsymbol{G}(\boldsymbol{q})=\partial\boldsymbol{g}/\partial\boldsymbol{q}$，$\boldsymbol{f}(\boldsymbol{q},\boldsymbol{u})=\boldsymbol{u}^{\mathrm{T}}(\partial\boldsymbol{M}/\partial\boldsymbol{q})\boldsymbol{u}/2-\partial U/\partial\boldsymbol{q}$。这构成了 $\boldsymbol{q},\boldsymbol{u}$ 的微分-代数方程组。

以上是用位移-速度空间推导的微分-代数方程。在 Hamilton 列式下，Legendre 变换给出 $\boldsymbol{p}=\partial L/\partial\dot{\boldsymbol{q}}=\boldsymbol{M}(\boldsymbol{q})\dot{\boldsymbol{q}}$，$\dot{\boldsymbol{q}}=\boldsymbol{M}^{-1}\boldsymbol{p}$。变换后，其 Hamilton 函数为 $H(\boldsymbol{q},\boldsymbol{p})=\boldsymbol{p}^{\mathrm{T}}\boldsymbol{M}^{-1}\boldsymbol{p}/2+U(\boldsymbol{q})$，而约束下的 Hamilton 函数为 $H_{\mathrm{e}}(\boldsymbol{q},\boldsymbol{p})=\boldsymbol{p}^{\mathrm{T}}\boldsymbol{M}^{-1}\boldsymbol{p}/2+U(\boldsymbol{q})+\boldsymbol{\lambda}^{\mathrm{T}}\boldsymbol{g}(\boldsymbol{q})$。对应的 DAE 为

$$\begin{gathered}\dot{\boldsymbol{q}}=\partial H/\partial\boldsymbol{p}\\ \dot{\boldsymbol{p}}=-\partial H/\partial\boldsymbol{q}-\boldsymbol{G}^{\mathrm{T}}(\boldsymbol{q})\cdot\boldsymbol{\lambda}\\ \boldsymbol{g}(\boldsymbol{q})=\boldsymbol{0}\end{gathered} \tag{1.4}$$

$H(\boldsymbol{q},\boldsymbol{p})=E$ 是保守的。此即在状态空间 $\boldsymbol{q},\boldsymbol{p}$ 下的微分-代数方程[5,37]。其求解方法论的基础是微分方程，要推出联立微分方程引起指标（Index）问题等，给理论上与计算上带来了复杂附加因素。

微分代数 DAE 方程的求解有广泛应用，但非线性系统的 DAE 并不是可轻易地求解的，多种常见的差分近似已经有了较深入的探讨[5,37]。但差分数值积分要保证其轨道满足约束条件，非常困难。因每步积分开始就采用差分近似以逼近微分方程，难于保证轨道节点满足约束条件。只能在每步积分后再采用投影等修补手段，这种修补成了一种干扰。因其方法论是先用差分法离散约束产生的微分方程，然后再考虑约束。差分近似本身的精度就不够，虽然注意到差分近似的保辛，但其投影修补是否保辛也是问题。随着该思路有许多研究，但不够理想，因方法论不理想，走偏路了。

“行成于思，毁于随。”既然现有求解方法论不理想，就应重新探讨。孙子兵法曰：“出其所不趋，趋其所不意”，本书要改变其求解方法论。其实中国数学祖师爷早已有世界首创的工作了。

中国古代南北朝著名数学家**祖冲之**（429—500），距今 15 个世纪多了。① 他计算圆周率 $\pi=3.14159265358979323846264 33\cdots$ 已经达到 $\pi=3.1415926\cdots$。可从圆周率是怎么计算开始探讨。祖冲之的方法就是用直径为 1 的正多角形边的总长度代替。只有多角形的角点，要求全部处于圆周上。角点的数目越多，多角形边的总长度就越逼近于 π。只要划分成 65536 的内接正多角形，就可以达到精度。

显然，边两端的节点处于圆周上，满足了约束条件，而其连接直线（二维空间 Euclid

① 西罗马帝国在476 年灭亡，开始进入中世纪的黑暗时代。

祖冲之

度量下的**短程线**)则不在圆周上,没有满足约束条件。所以说,约束条件不必处处满足,只要在节点处严格满足约束条件就可以了。

网上有介绍:祖冲之算出 π 的真值在 3.1415926 和 3.1415927 之间,相当于精确到小数第 7 位,这一纪录直到 1427 年才被阿拉伯学者卡西所超越。祖冲之提出约率 22/7 和密率 355/113,这一密率值是世界上最早被提出的,比欧洲早 1100 年,所以有人主张叫它“祖率”。直到 16 世纪才由荷兰人奥托得到。

祖冲之给出的思路是,约束条件不必处处满足,只要在节点处严格满足就可以了,而相邻节点间则可用短程线代替,而不用管约束条件。

同样的思路也可运用于 DAE 方程的求解。约束条件只要求在节点处严格满足,而轨道则可按无约束动力系统积分(动力学意义下的短程线),例如可用时间有限元近似积分。只要节点划分足够密,则轨道定会逼近真实解的。这样的思路下导出的算法,可称之为祖冲之方法论和祖冲之类算法。我们理应接住 1500 多年前祖师爷传来的“球”,继续挖掘,发扬光大,与近代数学融合。“古为今用,洋为中用”,向前冲之。

关于祖冲之的介绍,请见[52]。

回顾 Lagrange 力学的基本思想,是先引入广义位移以满足全部约束条件的,但以上的做法改变了其思路。Lagrange 体系要处处满足约束条件的广义位移难以找到,但本书运用分析结构力学的基本概念,进入离散系统来分析。首先保证离散积分点的约束条件严格满足;再在时间区段内,用时间有限元[29,30]离散代替差分离散,然后运用作用量的变分原理以代替微分方程,离散的时间步内积分就不再考虑约束了。分析结构力学理论保证可达到每步积分的自动保辛[6],继承了**祖冲之**方法论,称**祖冲之类算法**,**特色思路**么。祖冲之的古代,没有微积分、动力学等,但其思路可以继承。融合近代科学理论,得到的算法可称之为祖冲之类算法。中国在现代数学发展中,不可缺位。祖冲之类算法,可提供一个例证。

讨论 即使采用时间有限元,也还没有用精细积分法[6]。精细积分法具有很高的精度,故还有潜力有待发挥,这是以后的任务了。

8.1.1 微分-代数方程的时间有限元求解

基于分析结构力学理论的方法,可从最简单的例题着手阐明。

例题 1 质量为 m 的单摆振动,取 $\boldsymbol{q}(t)=(x,y)^{\mathrm{T}}$ 为未知数,而不用 $\theta(t)$ 为未知数,$x=r\sin\theta$, $y=r(1-\cos\theta)$。约束条件 $g(\boldsymbol{q})=r^2-(x^2+y^2)=0$,$r=1$。初始条件 $x(0)=0.99$,$\dot{x}(0)=0$。

解:y 坐标以向下为正,势能 $U(x,y)=-mg_{\mathrm{r}}y$, $g_{\mathrm{r}}=10\ \mathrm{m/s^2}$;动能 $T=m(\dot{x}^2+\dot{y}^2)/2$,Lagrange 函数 $L(\boldsymbol{q},\dot{\boldsymbol{q}})=T-U$,其变分原理为

$$S=\int_0^{t_{\mathrm{f}}}L(\boldsymbol{q},\dot{\boldsymbol{q}})\mathrm{d}t=\int_0^{t_{\mathrm{f}}}m[(\dot{x}^2+\dot{y}^2)/2+g_{\mathrm{r}}y]\mathrm{d}t,\quad \delta S=0$$

约束条件为

$$g(\boldsymbol{q})=r^2-(x^2+y^2)=0,\quad r=1$$

取离散时间区段 $\eta, t_0=0, t_1=\eta, \cdots, t_k=k\eta, \cdots$ 设 t_{k-1} 时的位移与速度是 x_{k-1}, y_{k-1}；$\dot{x}_{k-1}, \dot{y}_{k-1}$ 已知，当然 $x_{k-1}^2+y_{k-1}^2=1$。离散体系节点的位移连续条件及约束条件是满足的。连续时间模型 $\boldsymbol{g}(\boldsymbol{q})=\boldsymbol{0}$ 是处处满足的，故有微商的约束条件 $x_k\dot{x}_k+y_k\dot{y}_k=0$。回顾有限元法，在单元与单元之间，二阶微分方程只要求 C^0 连续性，其一次微商的连续性可通过变分原理来满足，有启发意义。表明微商约束条件 $x_k\dot{x}_k+y_k\dot{y}_k=0$ 也可通过变分原理来满足。

要积分下一个时间步的 $x_k, y_k; \dot{x}_k, \dot{y}_k$ 时，首先应满足约束条件 $x_k^2+y_k^2=1$。取 x_k 为独立未知数，$y_k=(1-x_k^2)^{1/2}$。(只有简单的约束方程，方可得到代数式的解，一般是难以做到的。)从而可计算区段 (t_{k-1}, t_k) 的作用量

$$S_k(x_{k-1}, x_k)=\int_{t_{k-1}}^{t_k} L(\boldsymbol{q}, \dot{\boldsymbol{q}})\mathrm{d}t=\int_{t_{k-1}}^{t_k} m[(\dot{x}^2+\dot{y}^2)/2+g_{\mathrm{r}}y]\mathrm{d}t$$

根据约束条件，作用量只是独立位移 (x_{k-1}, x_k) 的函数。二阶微分方程的微商约束条件 $x_k\dot{x}_k+y_k\dot{y}_k=0$ 可在有限元的意义下满足。

有限元 $\dot{x}=(x_k-x_{k-1})/\eta, \dot{y}=(y_k-y_{k-1})/\eta, g_{\mathrm{r}}y=g_{\mathrm{r}}(y_{k-1}+y_k)/2$ 分别对区段位移分量进行线性插值，单元内部的约束条件则放松掉。运用有限元法近似计算作用量 $S_k(x_{k-1}, x_k)$，它相当于结构力学的区段变形能。整体变形能无非是全部单元变形能之和

$$S(x_0, x_{k_{\mathrm{f}}})=\sum_{k=1}^{k_{\mathrm{f}}} S_k(x_{k-1}, x_k)$$

因 y_{k-1}, y_k 是 x_{k-1}, x_k 的非线性函数，故 $S_k(x_{k-1}, x_k)$ 是独立变量 x_{k-1}, x_k 的非线性函数，而与如何达到 x_{k-1}, x_k 无关。符合分析结构力学正则变换对区段作用量的要求。

取 $\dot{x}=(x_k-x_{k-1})/\eta, \dot{y}=(y_k-y_{k-1})/\eta, g_{\mathrm{r}}y=g_r(y_{k-1}+y_k)/2$ 的有限元法 $S_k(x_{k-1}, x_k)$，(在区段内不严格满足约束条件，而近似满足)

$$\begin{aligned}
S_k(x_{k-1}, x_k) &= \int_{t_{k-1}}^{t_k} m[(\dot{x}^2+\dot{y}^2)/2+g_{\mathrm{r}}y]\mathrm{d}t \\
&\approx \int_{t_{k-1}}^{t_k} m\{[(x_k-x_{k-1})^2+(y_k-y_{k-1})^2]/(2\eta^2)+g_r(y_k+y_{k-1})\}\mathrm{d}t \\
&= (m/2)\{[(x_k-x_{k-1})^2+(y_k-y_{k-1})^2]/(2\eta)+g_r\eta(y_k+y_{k-1})\}
\end{aligned}$$

其中 $y_k=(1-x_k^2)^{1/2}$(节点处代数约束条件满足)，因此 $S_k(x_{k-1}, x_k)$ 只是两端独立自变量 x_{k-1}, x_k 的函数。

注：偏微商时，$\partial y_k/\partial x_k=-x_k\cdot(1-x_k^2)^{-1/2}$，即 $x_k\dot{x}_k+y_k\dot{y}_k=0$ $(\dot{y}_k/\dot{x}_k=-x_k/y_k)$。

由于插值公式，相当于作用量(区段变形能)用的有限元近似与真实作用量略有不同。Lagrange 原理的位移约束条件已经在节点处严格满足，区段内部的约束条件则由有限元插值自然就近似满足了。

根据离散系统的分析结构力学，引入对偶变量

$$p_{k-1}=-\partial S_k/\partial x_{k-1},\quad p_k=\partial S_k/\partial x_k$$

则状态变量为

$$\boldsymbol{v}_k = (x_k, p_k)^{\mathrm{T}}$$

显然，区段(t_{k-1}, t_k)，(t_k, t_{k+1})的$S_k(x_{k-1}, x_k)$，$S_{k+1}(x_k, x_{k+1})$都产生p_k，两者相等就是动力方程

$$-\partial S_{k+1}/\partial x_k = \partial S_k/\partial x_k$$

这给从$\boldsymbol{v}_{k-1}$传递到$\boldsymbol{v}_k$提供了方程。根据分析结构力学理论，传递变换是辛矩阵，即保辛。

现在要考虑初始条件以确定p_0。x_0，$\dot{x}_0$为给定。与x_0相关的区段能量是$S_1(x_0, x_1)$，按分析结构力学有$p_0 = -\partial S_1/\partial x_0$。具体计算

$$\begin{aligned} S_1(x_0, x_1) &= \int_{t_0}^{t_1} m\{[(x_1 - x_0)^2 + (y_1 - y_0)^2]/(2\eta^2) + g_{\mathrm{r}} y\} \mathrm{d}t \\ &= m[(x_1 - x_0)^2 + (y_1 - y_0)^2]/(2\eta) + mg_{\mathrm{r}}(y_1 + y_0)\eta/2 \end{aligned}$$

其中$y_0 = (1 - x_0^2)^{1/2}$，是x_0的函数。故

$$\begin{aligned} p_0 &= -\partial S_1/\partial x_0 \\ &= mg_{\mathrm{r}}\eta\, \partial y_0/\partial x_0 - m[(x_1 - x_0) - (y_1 - y_0)(\partial y_0/\partial x_0)]/\eta \end{aligned}$$

取$\dot{x}_0 \approx (x_1 - x_0)/\eta$，$\dot{y}_0 = -\dot{x}_0 x_0/y_0$，代入就可得到$p_0$。这样，初始条件具备，时间有限元逐步保辛积分即可执行。数值积分计算结果，其约束条件必然满足得很好，因积分点的约束要求预先满足。图 8-1 显示其轨迹在圆上，以后不再显示约束条件满足好的图。

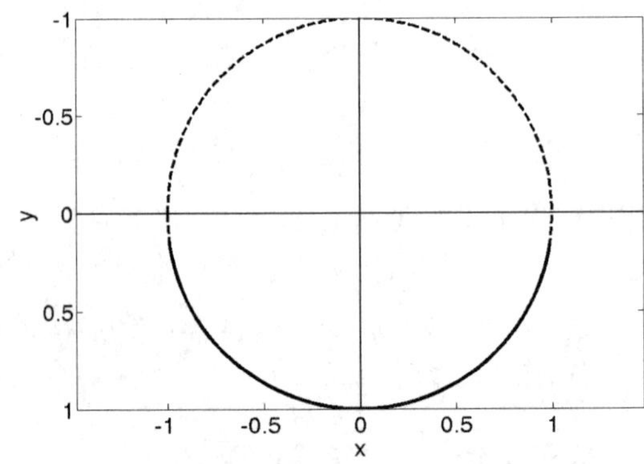

图 8-1　实线是单摆轨迹图，虚线是单位圆，积分步长 0.01 秒

以上的离散方法是直接以独立位移为未知数的，其好处是未知数少，但只有简单的约束方程可用。况且约束条件首先在节点满足，却带来了推导的非线性因素，除非代数约束方程特别简单，否则写成代数式以满足约束条件很困难，而只能求数值解。所以应推荐另一种方法，将节点约束条件(1.1)推迟到数值积分时一起处理。利用节点的c个 Lagrange 参变向量$\boldsymbol{\lambda}$，故其区段扩展 Lagrange 函数成为(1.2)的$L_{\mathrm{e}}(\boldsymbol{q}, \dot{\boldsymbol{q}}, \boldsymbol{\lambda})$，扩展区段作用量为

$$S_k(\boldsymbol{q}_{k-1}, \boldsymbol{q}_k, \boldsymbol{\lambda}_k) = \int_{t_{k-1}}^{t_k} [m(\dot{x}^2 + \dot{y}^2)/2 + mg_{\mathrm{r}} y]\mathrm{d}t - \boldsymbol{\lambda}_k^{\mathrm{T}} \boldsymbol{g}(x_k, y_k)$$

参变量$\boldsymbol{\lambda}_k$则用于处理t_k处的约束条件。单元内位移则用有限元插值

$$\boldsymbol{q}(t) = \boldsymbol{N}(t)\boldsymbol{d}_k, \quad \boldsymbol{d}_k = (\boldsymbol{q}_{k-1}^{\mathrm{T}}, \boldsymbol{q}_k^{\mathrm{T}})^{\mathrm{T}}$$

积分就得区段作用量$S_k(\boldsymbol{q}_{k-1}, \boldsymbol{q}_k, \boldsymbol{\lambda}_k)$。因未曾满足节点约束条件，故位移$\boldsymbol{q}_k$仍是原来$n$

维的，不是约束后的独立位移。该作用量对参变量 $\boldsymbol{\lambda}_k$ 是线性的，可表达为

$$S_k(\boldsymbol{q}_{k-1},\boldsymbol{q}_k,\boldsymbol{\lambda}_k)=S_{k0}(\boldsymbol{q}_{k-1},\boldsymbol{q}_k)-\boldsymbol{\lambda}_k^{\mathrm{T}}\cdot\boldsymbol{g}(\boldsymbol{q}_k)$$

根据

$$\boldsymbol{p}_{k-1}(\boldsymbol{q}_{k-1},\boldsymbol{q}_k,\boldsymbol{\lambda}_k)=-\partial S_k/\partial\boldsymbol{q}_{k-1}$$

$$\boldsymbol{p}_k(\boldsymbol{q}_{k-1},\boldsymbol{q}_k,\boldsymbol{\lambda}_k)=\partial S_k/\partial\boldsymbol{q}_k$$

与无约束系统相比，多了线性参变量 $\boldsymbol{\lambda}_k$。组成各站的 $2n$ 维状态向量

$$\boldsymbol{v}_k=(\boldsymbol{q}_k^{\mathrm{T}},\boldsymbol{p}_k^{\mathrm{T}})^{\mathrm{T}}$$

按分析结构力学方法进行，从 $\boldsymbol{v}_{k-1}$ 可递推 $\boldsymbol{v}_k$，该变换保辛，但带有参变量 $\boldsymbol{\lambda}_k$。确定 $\boldsymbol{\lambda}_k$ 要根据节点约束条件 $\boldsymbol{g}(\boldsymbol{q}_k)=\boldsymbol{0}$。

建议运用线性的有限元插值函数 $\boldsymbol{N}(t)$，因区段内的约束条件并未严格满足，用线性函数插值近似来满足，可能效果好些。

本方法用线性参变量 $\boldsymbol{\lambda}_k$ 满足节点约束条件 $\boldsymbol{g}(\boldsymbol{q}_k)=\boldsymbol{0}$。未知数包含线性参变量 $\boldsymbol{\lambda}_k$ 与全部节点位移，有 $2n+c$ 个未知数要求解，仍是非线性联立代数方程，保辛。与前面讲的方法相同。预先满足节点约束的方法，则未知数为 $2(n-c)$，但未必能用代数式求解，况且推导也复杂些。当然两种方法给出的数值结果相同。

可归纳分析结构力学(带参变量 $\boldsymbol{\lambda}_k$)的算法如下：

(1)形成 Lagrange 函数(动能－势能)，并引入约束的 Lagrange 参数，形成扩展 Lagrange函数。

(2)将时间坐标离散，得一系列的时间点 $t_0=0,t_1,\cdots,t_k,\cdots$，以各点的 n 维位移 $\boldsymbol{q}_k$ 当作未知数。

(3)按分析结构力学，计算区段(t_{k-1},t_k)的作用量 $S_k(\boldsymbol{q}_{k-1},\boldsymbol{q}_k,\boldsymbol{\lambda}_k)$，用有限元线性插值得作用量。

(4)生成对偶向量 $\boldsymbol{p}_{k-1}=-\partial S_k/\partial\boldsymbol{q}_{k-1}$，$\boldsymbol{p}_k=\partial S_k/\partial\boldsymbol{q}_k$，并组成状态向量。

(5)根据 $\boldsymbol{p}_{k-1}=-\partial S_k/\partial\boldsymbol{q}_{k-1}$ 以及初始条件，对 1 号单元，用插值公式计算初始 $\boldsymbol{p}_0$ 并组成初始状态。

(6)各单元的辛矩阵可从方程 $\boldsymbol{p}_{k-1}=-\partial S_k/\partial\boldsymbol{q}_{k-1}$，$\boldsymbol{p}_k=\partial S_k/\partial\boldsymbol{q}_k$，会同约束条件 $\boldsymbol{g}(\boldsymbol{q}_k)=\boldsymbol{0}$ 解出。成为根据 $\boldsymbol{q}_{k-1},\boldsymbol{p}_{k-1}$ 计算 $\boldsymbol{q}_k,\boldsymbol{p}_k,\boldsymbol{\lambda}_k$，完成逐步积分的保辛递推。

分析结构力学的算法运用时间有限元，不具体考虑约束对偶 $\boldsymbol{\lambda}$ 的微分方程，而是将 $\boldsymbol{\lambda}$ 逐点当作待定的常参数。因不涉及其微商，故不必考虑其微分方程，也不会产生 DAE 理论的指标(Index) [5,37]问题。通过数值例题可看到祖冲之方法论、祖冲之类算法特色思路的效果。

还有困难在于：祖冲之方法论，洋人不知道，难以接受，没有 SCI，对研究工作的评价特别不利。中国人的创造，自己不提倡弘扬，难道要等洋人来发掘、弘扬？什么逻辑，怪哉。

8.1.2　数值例题与讨论

可提供更多的数值例题以供比较。本书展示约束保守体系的分析结构力学有限元保辛算法。

例题 2:选择球面摆[5]p.210的例题。

解:按[5],重力加速度取 $g_r=1$,摆的长度为 1,质点质量为 1,z 坐标以向下为正。Hamilton 函数为 $H(\boldsymbol{q},\boldsymbol{p})=(p_x^2+p_y^2+p_z^2)/2+z$。初始位置为 $\boldsymbol{q}_0^{\mathrm{T}}=(0,\sin(0.1),-\cos(0.1))$,初始动量为 $\boldsymbol{p}_0^{\mathrm{T}}=(0.06,0,0)$,积分步长分别取为 0.03 秒和 0.1 秒。图 8-2 给出了球面摆质点的轨迹图。因满足约束条件是本算法的基本点,故不再展示约束。图 8-3 给出了系统的 Hamilton 函数随时间变化的情况。文献[5]213 页分别用辛欧拉算法和投影辛欧拉算法,给出了同样问题的 Hamilton 函数和质点偏离约束面的情况,可以看到两种算法的 Hamilton 函数都随时间线性增长,保辛效果不理想。将本书的图 8-3 与它们比较,可以看到本书算法的保辛效果好,对约束的满足具有非常高的精度,具有更大的优势。图 8-4～8-6 给出了球面摆质点 x,y,z 坐标随时间的变化,图 8-7～8-9 给出了球面摆质点 x,y,z 方向的动量随时间的变化。图 8-3～8-9 中,虚线与实线分别是积分步长为 0.03 秒与 0.1 秒的结果。

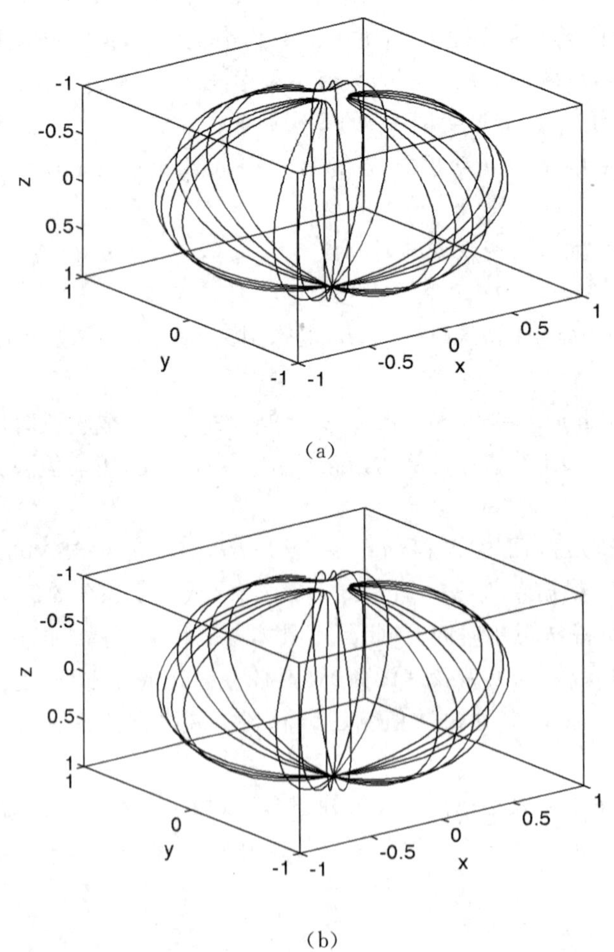

图 8-2　球面摆质点的轨迹图(步长分别为 0.03 秒和 0.1 秒)

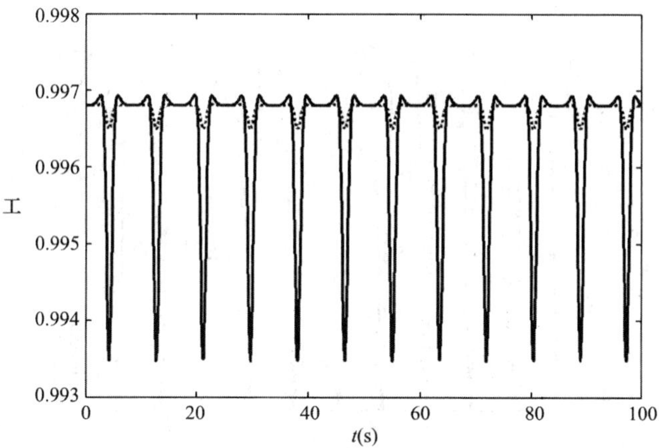

图 8-3　球面摆质点的 Hamilton 函数随时间的变化，真实 $H=0.99680$

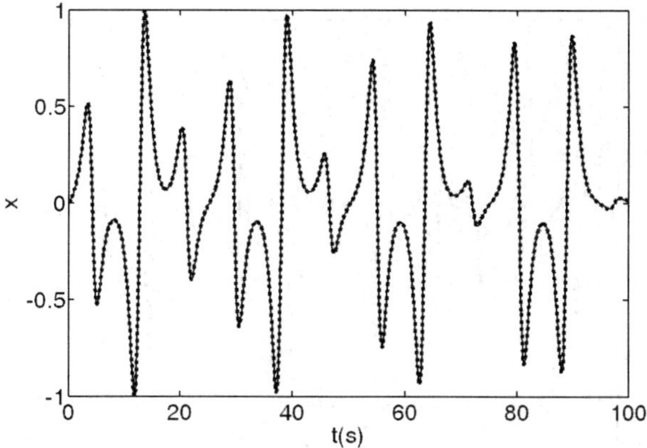

图 8-4　球面摆质点 x 坐标随时间的变化

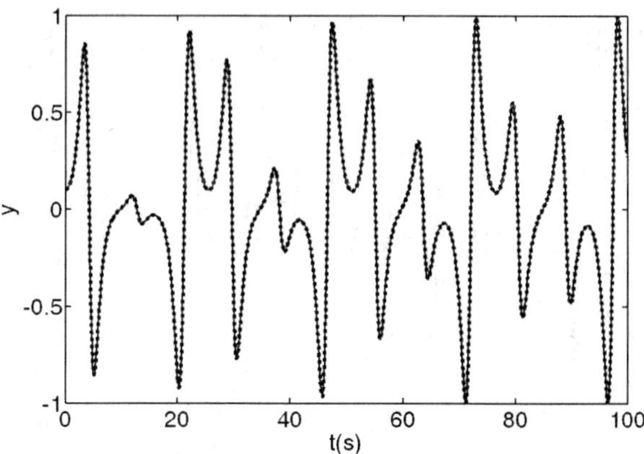

图 8-5　球面摆质点 y 坐标随时间的变化

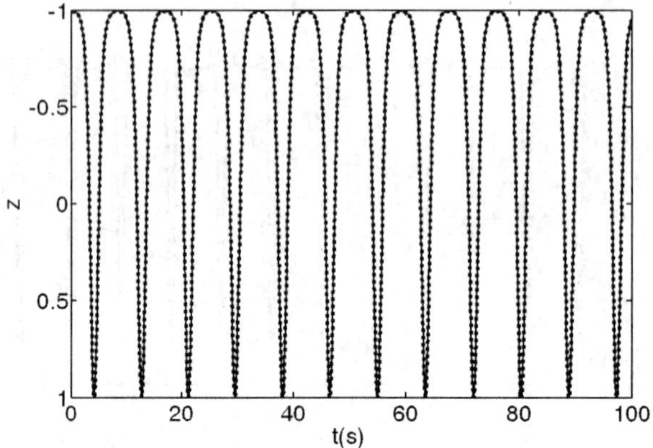

图 8-6　球面摆质点 z 坐标随时间的变化

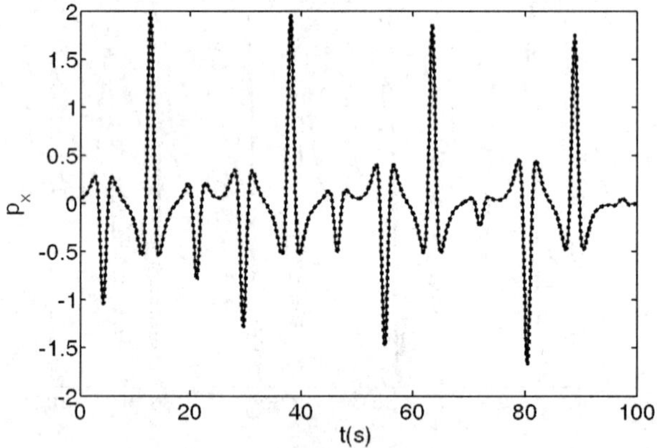

图 8-7　球面摆质点 x 方向动量随时间的变化

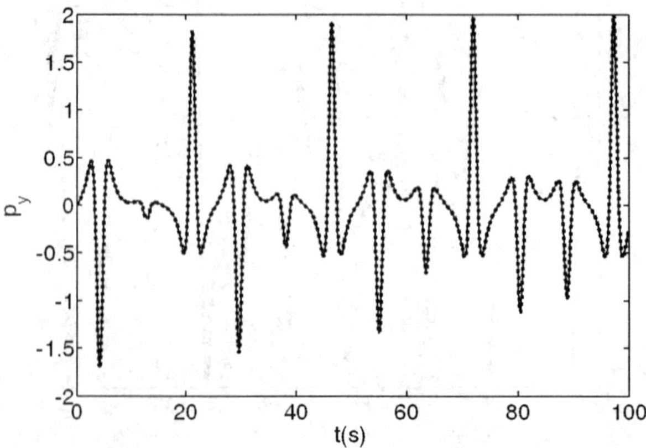

图 8-8　球面摆质点 y 方向动量随时间的变化

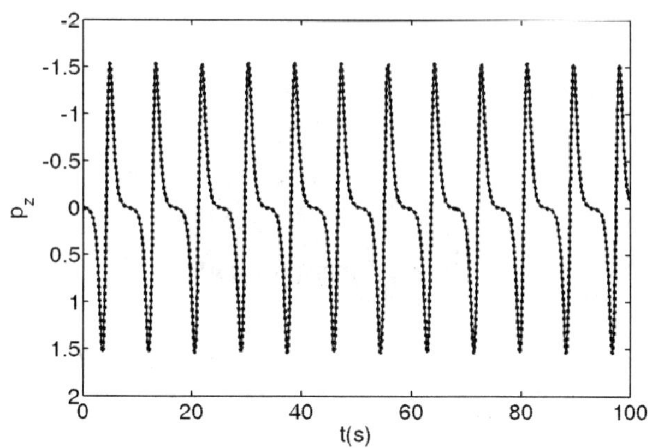

图 8-9　球面摆质点 z 方向动量随时间的变化

更详细的数值结果见文[36]。保辛的效果在此得到体现，虽然未要求能量守恒，Hamilton 函数有变化，但偏离后总能返回来。

空间双摆问题：质点 1 的初始位置是$(1/\sqrt{3},1/\sqrt{3},1/\sqrt{3})^{\mathrm{T}}$，初始速度是$(0.1,0,0)^{\mathrm{T}}$，质点 2 的初始位置是$(0,0,2/\sqrt{3})^{\mathrm{T}}$，初始速度是$(0.2,0,0)^{\mathrm{T}}$，积分步长为 0.01 秒。积分结果如图 8-10 所示。图 8-10 是质点 1 的轨迹图，图 8-11 是质点 2 相对于质点 1 的轨迹，图 8-12 是质点 2 的轨迹。图 8-13 是系统的 Hamilton 函数随时间变化情况，可以看到 Hamilton 函数在两个确定数值之间震荡，不会线性地偏离，并且这两个数值和系统真实的 Hamilton 函数相差很小，这说明保辛效果很好。

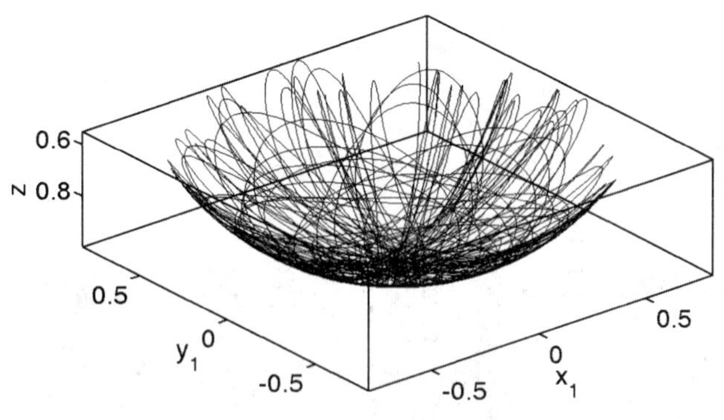

图 8-10　质点 1 的轨迹

通过这些数值例题，读者可看到如何计算求解，并看到其效果。这些数值结果，其位移曲线出现混沌现象。这是非线性系统的特性。该满足的约束条件，满足得非常好；等步长积分，能量 Hamilton 函数，虽然有所偏离但也满足得很好了。

DAE 不但在非线性动力学求解中非常有用，以上讲的例题全部是经典动力学的，而且在电网的网络控制问题等课题中也很有用。虽然问题早就存在，好在 DAE 求解数值问题得到关注的时间还不是很长。以上提出的迭代法逐步积分，与洋人的 Index 方法完全不同，其效果从这些简单例题中已经表达。让这些洋算法、进口洋禁运程序做做看，给

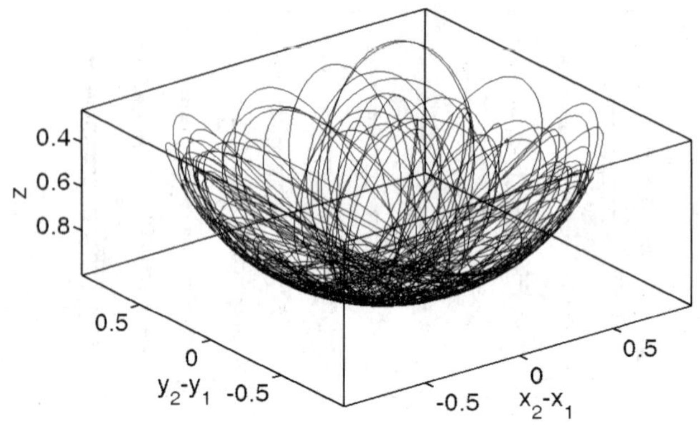

图 8-11　质点 2 相对于质点 1 的轨迹

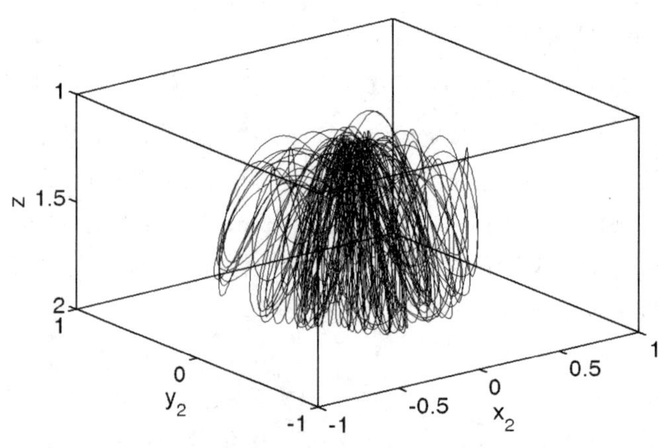

图 8-12　质点 2 的轨迹

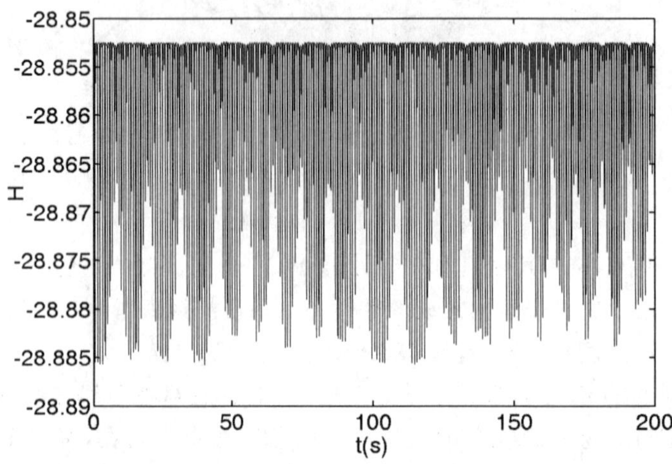

图 8-13　Hamilton 函数随时间变化，真实 $H=-28.852\ 51$

出什么结果？用事实说话。

本书的宗旨、**特色思路**已经呈现出来了。DAE 求解是基础理论与算法，在不同学科中出现不足为奇。我国科技发展比美国等落后，与忽视基础研究有关。洋人提出什么，不管它是否好，就有许多人盲目跟上去。反正只要发表几篇 SCI 的论文，评价就好了；而发展洋人不懂的**特色思路**，登不上 SCI，那就惨了。这样的评价体系，"独立自主，自力更生"，不知被置于何地。这种盲目评价会误事的，警惕呀。

8.2　刚体转动的积分

牛顿给出的定律，是在惯性坐标(X,Y,Z)中描述的。在其中，单刚体动力学的独立位移是 6 个。即刚体运动可区分为质心的 3 个平移和 3 个转动。质心平移比较好办，而刚体转动方面则做了大量的工作。其中 Euler 贡献了大量成果，刚体转动的基本微分方程组，称为 Euler 微分方程，见[1]204～205 页的方程(5～39′)。这里不再推导，而只是将问题讲清楚，并试图给出问题的数值积分解。Euler 方程组可自[1]抄录如下

$$\begin{aligned} I_1\dot{\omega}_1-\omega_2\omega_3(I_2-I_3)&=N_1\\ I_2\dot{\omega}_2-\omega_3\omega_1(I_3-I_1)&=N_2\\ I_3\dot{\omega}_3-\omega_1\omega_2(I_1-I_2)&=N_3 \end{aligned}\tag{2.1}$$

这是在贴体坐标(x_1,x_2,x_3)中描述的。贴体坐标是固定在刚体身上的坐标，而为了方便起见，贴体坐标的轴是与主惯性轴一致的。在该坐标中，转动惯量只有 I_1,I_2,I_3，而 $I_{12}=I_{23}=I_{31}=0$。贴体坐标不是惯性坐标。N_1,N_2,N_3 则是外力矩。该方程对于刚体定点转动也成立。该定点可取为 Euler 角旋转的顶点。

考虑一个对称刚体定点转动的例子。方程(2.1)对于定点转动也可应用。在 Z 方向的均匀重力场中，旋转刚体的定点正好处于其惯性主轴 $x_3=z$ 上，有许多实际应用是这样的情况。因为定点在惯性主轴 $x_3=z$ 上，对称刚体的质心也处于 $x_3=z$ 上，从定点到质心距离记为 l。围绕定点，刚体旋转向量有 3 个自由度，不论旋转到何处，总而言之是一个旋转变换，可用正交矩阵表示之。当然也可用 Euler 角表示，其中方位角(章动角)θ 是重力方向 Z 与刚体惯性主轴 $x_3=z$ 之间的夹角。

用欧拉(Euler)角表示正交矩阵，其操作比较麻烦。刚体转动与惯性坐标之间有一个正交变换，可用正交矩阵表达。普通可用三个 Euler 角(ϕ,θ,ψ)来表达，从而由绝对坐标(X,Y,Z)到刚体相对坐标的转换阵是

$$\boldsymbol{T}=\begin{pmatrix} [\cos\psi\cos\phi-\cos\theta\sin\phi\cos\psi] & [\cos\psi\sin\phi+\cos\theta\cos\phi\sin\psi] & [\sin\psi\sin\theta]\\ [-\sin\psi\cos\phi-\cos\theta\sin\phi\cos\psi] & [-\sin\psi\sin\phi+\cos\theta\cos\phi\cos\psi] & [\cos\psi\sin\theta]\\ [\sin\theta\sin\phi] & [-\sin\theta\cos\phi] & [\cos\theta] \end{pmatrix}\tag{2.2}$$

原来在惯性坐标的向量 $\boldsymbol{d}$，转换到贴体坐标中的向量是 $\boldsymbol{T}\cdot\boldsymbol{d}$。而从相对(贴体)坐标到绝对(惯性)坐标的转换阵则是 $\boldsymbol{T}^{\mathrm{T}}$。这是三维空间的实数变换阵。虽然只有一个刚体，也将它编号为第 i 号，这不失一般性。这样第 i 号刚体的欧拉角是(ϕ_i,θ_i,ψ_i)。

8.2.1　旋转的正交变换与四元数表示

线性代数关于本征值有定理：n 维对称矩阵 $\boldsymbol{R}$ 有 n 个本征值及对应的本征向量，它们

互相正交；以这些向量为列排列为矩阵，得到正交矩阵。这些是在实数区域内表达的。

扩展到复数域，实数对称矩阵对应于复数的 Hermite 对称矩阵 $\boldsymbol{R}_H$，$\boldsymbol{R}_H^{\mathrm{H}}=\boldsymbol{R}_H$，上标 H 代表 Hermite 转置，即对称的一对元素互相取对方的复数共轭。$\boldsymbol{R}_H$ 也取 n 个实数本征值及对应的本征向量，它们互相 Hermite 正交。所谓 Hermite 正交就是取 Hermite 转置成为行向量后再与另一本征值向量点乘之积为 0。互相 Hermite 正交向量组成的矩阵，称为幺正（Unitary，U-）矩阵。情况与对称矩阵本征值问题相雷同。一个复数由 2 个实数组成。2 维的复数矩阵可转换到 4 维的实数矩阵。而 3 维空间的正交变换阵，可从 2 维复数空间的变换，运用群论的同态（Homomorphic）关系理论，去寻求更基本、方便的机会。这方面数学物理做了许多研究。

希望将 U-矩阵的变换可用于从绝对坐标到第 i 号相对坐标的变换阵。而从 i 号坐标到 $i+1$ 号坐标也有坐标变换。如果全部用三个 Euler 角来表达，则给出从绝对坐标到 i 号坐标的三个 Euler 角，再给出从 $i+1$ 号坐标到 i 号坐标的三个 Euler 角，希望确定从绝对坐标到 $i+1$ 号坐标的三个 Euler 角，就比较麻烦。因此人们运用二维复数空间的特殊变换群 $SU(2)$（Special Unitary）与三维空间的正交变换群 $O^+(3)$ 的同态（Homomorphic）关系，给出了四元数（Quaternion）的表达，见著作[1]的 4.5 节。如果规定 $SU(2)$ 的元素 $\boldsymbol{Q}$ 只对应于 $O^+(3)$ 的元素，则对应关系称为同构（Isomorphism）。

用正交矩阵的相似变换是寻求对称矩阵本征值的基本手段。进行相似变换不改变对称矩阵的本征值，也不改变矩阵的迹（Trace）。迹就是矩阵对角线元素之和。空间旋转么，空间任何两点之间的长度也是不变的。

U-矩阵变换群也有类似性质。按[1]的 4～5 节所述，实数的三维变换与二维的复数变换密切关联。二维复数矩阵 U-矩阵为

$$\boldsymbol{Q}=\begin{pmatrix}\alpha & \beta\\ -\beta^* & \alpha^*\end{pmatrix},\quad \alpha\alpha^*+\beta\beta^*=1 \tag{2.3}$$

其中 α,β 为复数。重要的是，空间旋转的正交矩阵构成一个群，当然其行列式值为 1；而二维的 U-矩阵也构成一个群，要求其行列式为 1。这已经在 $\boldsymbol{Q}$ 阵的构造(2.3)中给定了。本来 α,β 的复数有 4 个实参数，但行列式值为 1 带来 1 个条件，只有 3 个参数了。正好可与 Euler 角的数目同。然而，只讲 U-变换阵，还没有明确对什么进行变换。必须将 U-阵的变换对象与 3 维实数空间的点联系起来。

用 3 维空间实数点的 (x,y,z) 坐标，构造一个 2 维 Hermite 矩阵

$$\boldsymbol{P}=\begin{pmatrix}z & x-\mathrm{i}y\\ x+\mathrm{i}y & -z\end{pmatrix} \tag{2.4}$$

其特点是迹为 0。这样就将空间点与 U-矩阵联系起来了。重要的是请注意，$\boldsymbol{P}$ 阵对于空间点 x,y,z 坐标是线性的。将 $\boldsymbol{P}$ 阵进行 U-矩阵 $\boldsymbol{Q}$ 的相似变换

$$\boldsymbol{P}'=\boldsymbol{Q}\boldsymbol{P}\boldsymbol{Q}^{\mathrm{H}} \tag{2.5}$$

于是 $\boldsymbol{P}'$ 也是 Hermite 矩阵，并且迹为零。本来就只有 4 个实数，迹为零的条件下，只有 3 个参数了。于是得到

$$\boldsymbol{P}'=\begin{pmatrix}z' & x'-\mathrm{i}y'\\ x'+\mathrm{i}y' & -z'\end{pmatrix} \tag{2.6}$$

这样就得到了从空间点 x,y,z 到 x',y',z' 的变换。

注:量子力学研究提出了 Pauli 矩阵

$$\boldsymbol{\sigma}_x=\begin{pmatrix}0 & 1\\ 1 & 0\end{pmatrix},\quad \boldsymbol{\sigma}_y=\begin{pmatrix}0 & -i\\ i & 0\end{pmatrix},\quad \boldsymbol{\sigma}_z=\begin{pmatrix}1 & 0\\ 0 & -1\end{pmatrix}$$

这些矩阵的迹(Trace),即矩阵对角元素之和皆为零。(2.4)的矩阵就是

$$\boldsymbol{P}=x\cdot\boldsymbol{\sigma}_x+y\cdot\boldsymbol{\sigma}_y+z\cdot\boldsymbol{\sigma}_z$$

Pauli 矩阵的线性组合。

相似变换不改变行列式的值。简单计算知,$\boldsymbol{P}$ 的行列式值是 $-(x^2+y^2+z^2)$,$\boldsymbol{P}'$ 的行列式值是 $-(x'^2+y'^2+z'^2)$,两者相等,表明长度不变。因 $\boldsymbol{P}$ 对于坐标是线性的,所以空间任何向量的长度全部不变,这表明仅仅是空间旋转,不会改变刚体的特性。

这样,2 维 U-矩阵

$$\boldsymbol{Q}=\begin{pmatrix}\alpha & \beta\\ -\beta^* & \alpha^*\end{pmatrix},\quad \alpha=e_0+\mathrm{i}e_3,\quad \beta=e_2+\mathrm{i}e_1,\quad \alpha\alpha^*+\beta\beta^*=1 \tag{2.7}$$

就与空间旋转变换发生了对应关系。

设有空间旋转变换矩阵 $\boldsymbol{B}$,当 $\boldsymbol{B}$ 作用于绝对坐标的空间点向量 $\boldsymbol{x}$,由 $\boldsymbol{x}$ 得到 $\boldsymbol{P}$ 矩阵(2.4)。

$$\boldsymbol{x}_1=\boldsymbol{B}\boldsymbol{x} \tag{2.8}$$

给出了空间旋转矩阵 $\boldsymbol{B}$。按前面与 2 维 U-矩阵的对应,$\boldsymbol{B}$ 对应于 $\boldsymbol{Q}_1$,于是 $\boldsymbol{P}$ 矩阵也进行了对应的同态(Homomorphic)变换

$$\boldsymbol{P}_1=\boldsymbol{Q}_1\boldsymbol{P}\boldsymbol{Q}_1^{\mathrm{H}} \tag{2.9}$$

如在描述 $\boldsymbol{x}_1$ 的相对坐标系统内再作用一个旋转变换矩阵 $\boldsymbol{A}$,将 $\boldsymbol{x}_1$ 变换到 $\boldsymbol{x}_2$,

$$\boldsymbol{x}_2=\boldsymbol{A}\boldsymbol{x}_1 \tag{2.10}$$

于是 $\boldsymbol{x}_2$ 直接变换到绝对坐标系统的变换矩阵是

$$\boldsymbol{x}_2=(\boldsymbol{A}\boldsymbol{B})\boldsymbol{x}=\boldsymbol{C}\boldsymbol{x},\quad \boldsymbol{C}=\boldsymbol{A}\boldsymbol{B} \tag{2.11}$$

这是从刚体旋转变换的角度得到的。矩阵乘法与次序有关,先有了 $\boldsymbol{B}$ 的旋转,然后再作用 $\boldsymbol{A}$ 的旋转变换的合成变换。对比传递辛矩阵的合成变换,是一样的。

从 3 维坐标空间的变换与 2 维复数空间的同态关系来观察,从旋转变换矩阵 $\boldsymbol{A}$ 作用的空间点(x_1,y_1,z_1),可构造 Hermite 矩阵

$$\boldsymbol{P}_1=\begin{pmatrix}z_1 & x_1-\mathrm{i}y_1\\ x_1+\mathrm{i}y_1 & -z_1\end{pmatrix}$$

其二维 U-矩阵的变换是

$$\boldsymbol{P}_2=\boldsymbol{Q}_2\boldsymbol{P}_1\boldsymbol{Q}_2^{\mathrm{H}}$$

从而有

$$\boldsymbol{P}_2=\boldsymbol{Q}_2(\boldsymbol{Q}_1\boldsymbol{P}\boldsymbol{Q}_1^{\mathrm{H}})\boldsymbol{Q}_2^{\mathrm{H}}=(\boldsymbol{Q}_2\boldsymbol{Q}_1)\boldsymbol{P}(\boldsymbol{Q}_1^{\mathrm{H}}\boldsymbol{Q}_2^{\mathrm{H}})=(\boldsymbol{Q}_2\boldsymbol{Q}_1)\boldsymbol{P}(\boldsymbol{Q}_2\boldsymbol{Q}_1)^{\mathrm{H}}$$

对应于 $\boldsymbol{C}=\boldsymbol{A}\boldsymbol{B}$,对应的二维复数矩阵合成 U-矩阵变换是

$$\boldsymbol{Q}_c=\boldsymbol{Q}_2\boldsymbol{Q}_1 \tag{2.12}$$

表明三维旋转变换可从二维复数矩阵 U-矩阵变换构建。二维复数矩阵 U-矩阵变换用

$$\alpha=e_0+\mathrm{i}e_3,\quad \beta=e_2+\mathrm{i}e_1 \tag{2.13}$$

表达，还有条件 $\alpha\alpha^*+\beta\beta^*=1$ 给出约束方程

$$e_0^2+e_1^2+e_2^2+e_3^2=1 \tag{2.14}$$

所以实际只有 3 个参数。

用 e_0,e_1,e_2,e_3 表达的三维旋转变换矩阵是

$$\boldsymbol{T}=\begin{pmatrix} e_0^2+e_1^2-e_2^2-e_3^2 & 2(e_1e_2+e_0e_3) & 2(e_1e_3-e_0e_2) \\ 2(e_1e_2-e_0e_3) & e_0^2-e_1^2+e_2^2-e_3^2 & 2(e_2e_3+e_0e_1) \\ 2(e_1e_3+e_0e_2) & 2(e_2e_3-e_0e_1) & e_0^2-e_1^2-e_2^2+e_3^2 \end{pmatrix} \tag{2.15}$$

这样，数值计算可用方程(2.13)进行，而三维旋转变换矩阵则用(2.15)表达，比较方便。用 Euler 角表达，

$$\begin{aligned} \alpha&=\exp[\mathrm{i}\,(\psi+\phi)/2]\cos(\theta/2) \\ \beta&=\mathrm{i}\exp[\mathrm{i}\,(\psi-\phi)/2]\sin(\theta/2) \end{aligned} \tag{2.16}$$

而对于 4 个参数则有

$$\begin{aligned} e_0&=\cos[(\psi+\phi)/2]\cos(\theta/2) \\ e_1&=\cos[(\phi-\psi)/2]\sin(\theta/2) \\ e_2&=\sin[(\phi-\psi)/2]\sin(\theta/2) \\ e_3&=\sin[(\phi+\psi)/2]\sin(\theta/2) \end{aligned} \tag{2.17}$$

而 $e_0=1$，$e_1=e_2=e_3=0$ 就是恒等变换。

用欧拉角表示，刚体旋转向量对于贴体旋转坐标的分量是

$$\begin{aligned} \omega_x&=\dot{\phi}\sin\theta\sin\psi+\dot{\theta}\cos\psi \\ \omega_y&=\dot{\phi}\sin\theta\cos\psi-\dot{\theta}\sin\psi \\ \omega_z&=\dot{\phi}\cos\theta+\dot{\psi} \end{aligned}$$

(ϕ,θ,ψ)分别称为进动角(Precession)、章动角(Azimuth)以及自旋角(Rotation)。

直到这里，讲的全部是有限的旋转。但动力学有微分方程，计算动能要角速度，要微商，微商要无穷小的旋转变换。无穷小的旋转变换可用 e_1,e_2,e_3 来表示，当然有约束条件(2.14)。从约束条件知 $1-e_0$ 已经是 e_1,e_2,e_3 的高阶小量了。原来在惯性坐标的向量 $\boldsymbol{d}$，转换到贴体坐标中的向量是 $\boldsymbol{T}\cdot\boldsymbol{d}$。贴体坐标是要随时间变换的，表明正交矩阵 $\boldsymbol{T}(t)$是时间的函数。在时间点增加很小的 η 后

$$\begin{aligned} \boldsymbol{A}(t)&=\lim_{\eta\to 0}[\boldsymbol{T}(t+\eta)-\boldsymbol{T}(t)]/\eta \\ \boldsymbol{T}(t+\eta)&\approx\boldsymbol{T}(t)+\eta\boldsymbol{A}(t) \end{aligned} \tag{2.18}$$

然而运用普通微商定义，有些不太理想。因为正交矩阵有群的性质，而群是由其乘法定义的。在群上也应有微商定义，应采用群的乘法规则

$$\boldsymbol{T}(t+\eta)=\boldsymbol{T}(\eta)\cdot\boldsymbol{T}(t),\quad \boldsymbol{T}(\eta)\approx[\boldsymbol{I}+\boldsymbol{A}(\eta)] \tag{2.18$'$}$$

其中 $\boldsymbol{T}(\eta)$是左乘。从刚体旋转的实际看，时间离散并给出了初始状态，就按时间次序一个个区段积分，其实就是正交矩阵群的乘法，到 t_{k-1}时已经进行了 $k-1$ 步，继续积分 η 当然应乘在左侧。步长 η 考虑为无穷小量，无穷小旋转也应表示为传递辛矩阵的乘法。按式(2.15)，$\boldsymbol{T}(\eta)\approx[\boldsymbol{I}+\boldsymbol{A}(\eta)]$，乘矩阵 $\boldsymbol{T}(\eta)$改变了原来的 $\boldsymbol{T}(t)$。$\boldsymbol{T}(\eta)$当然非常接近于单位阵。单位阵对应于 $e_0=1,e_1=e_2=e_3=0$；而 $\boldsymbol{A}(\eta)\approx\eta\boldsymbol{A}_0$ 的乘法因子改变了 $\boldsymbol{T}$，而 $\boldsymbol{A}(\eta)$

$\approx\eta\boldsymbol{A}_0$ 的无穷小旋转 $e_1,e_2,e_3=O(\eta)$，从而 $e_0=1-O(\eta^2)$。从而按式(2.15)，在 $O(\eta)$量级有

$$\boldsymbol{T}(\eta)\approx\boldsymbol{I}+\eta\boldsymbol{A}_0,\quad \boldsymbol{A}_0=\begin{pmatrix}0 & 2\dot{e}_3 & -2\dot{e}_2\\ -2\dot{e}_3 & 0 & 2\dot{e}_1\\ 2\dot{e}_2 & -2\dot{e}_1 & 0\end{pmatrix}\tag{2.19}$$

按微商的说法，$\dot{\boldsymbol{T}}(t)=\boldsymbol{A}_0\cdot\boldsymbol{T}(t)$，$\boldsymbol{A}_0=-\boldsymbol{A}_0^{\mathrm{T}}$，表明 $\boldsymbol{A}_0$ 是反对称矩阵。以上的表述是**在群上的微商**，变换矩阵全部在群上，保辛，**辛李群**。至于刚体运动的矩阵 $\boldsymbol{A}_0$ 则应按照动力学方程推导之，以上讲的全部是在运动学的范畴的。然而 e_1,e_2,e_3 究竟是运动的什么量，却未曾讲明。

$$\boldsymbol{T}=\begin{pmatrix}e_0^2+e_1^2-e_2^2-e_3^2 & 2(e_1e_2+e_0e_3) & 2(e_1e_3-e_0e_2)\\ 2(e_1e_2-e_0e_3) & e_0^2-e_1^2+e_2^2-e_3^2 & 2(e_2e_3+e_0e_1)\\ 2(e_1e_3+e_0e_2) & 2(e_2e_3-e_0e_1) & e_0^2-e_1^2-e_2^2+e_3^2\end{pmatrix}\tag{2.15}$$

$\boldsymbol{T}(t),e_0(t),e_1(t),e_2(t),e_3(t)$全部是时间的函数。

将 $\boldsymbol{T}(t)$对时间进行微商，就是 $\dot{\boldsymbol{T}}(t)=\boldsymbol{A}_0\cdot\boldsymbol{T}(t),\boldsymbol{A}_0=-\boldsymbol{A}_0^{\mathrm{T}}$。

8.2.2　相对坐标内的运动

相对坐标内的运动非常重要，在理论力学教学中一定会讲的。将定点 O 取为惯性坐标内的固定点，而相对坐标指的是贴体坐标，它本身也在运动，不是惯性坐标。定点 O 没有加速度，所以只要考虑旋转即可。牛顿定律不能在相对坐标内直接运用。定点旋转的顶点是不动的，相对坐标本身的运动只有角速度向量 $\boldsymbol{\omega}(t)$。分解到贴体坐标的分量是 $\omega_x,\omega_y,\omega_z$，而刚体任意点 $\boldsymbol{r}$ 在贴体坐标内不动，而在绝对坐标内是 $\boldsymbol{\omega}\times\boldsymbol{r}$，用右手规则的向量叉乘。这也可用反对称矩阵的乘法表示

$$\boldsymbol{\omega}\times\boldsymbol{r}=\begin{pmatrix}0 & -\omega_z & \omega_y\\ \omega_z & 0 & -\omega_x\\ -\omega_y & \omega_x & 0\end{pmatrix}\cdot\begin{pmatrix}x\\ y\\ z\end{pmatrix}=\begin{pmatrix}\omega_y z-\omega_z y\\ \omega_z x-\omega_x z\\ \omega_x y-\omega_y x\end{pmatrix}\tag{2.20}$$

注意其中的矩阵是**反对称**的，固定在刚体上的点 $\boldsymbol{r}$ 是常向量。如果旋转刚体上任意点 $\boldsymbol{r}$ 处还有另外的运动质点 p，相对于贴体坐标的相对位移是 $\boldsymbol{r}(t)$，则 $\boldsymbol{v}_{\mathrm{r}}=\mathrm{d}\boldsymbol{r}/\mathrm{d}t$ 是质点的相对速度，但不是绝对速度。绝对速度还要加上因刚体转动而带来的牵连速度 $\boldsymbol{v}_{\mathrm{e}}$ 而成为 $\boldsymbol{v}_{\mathrm{a}}=\mathrm{d}\boldsymbol{r}/\mathrm{d}t+\boldsymbol{v}_{\mathrm{e}}$，$\boldsymbol{v}_{\mathrm{e}}=\boldsymbol{v}_O+\boldsymbol{\omega}\times\boldsymbol{r}$，$\boldsymbol{v}_O=\boldsymbol{0}$。所以在相对坐标中运动的向量，其绝对微商公式是

$$\left(\frac{\mathrm{d}\,\bullet}{\mathrm{d}t}\right)_{\mathrm{a}}=\left(\frac{\mathrm{d}\,\bullet}{\mathrm{d}t}\right)_{\mathrm{r}}+\boldsymbol{\omega}\times\bullet\tag{2.21}$$

其中 • 代表一个向量，可以是相对位移，也可以是相对速度。下标 a 与 r 分别表示绝对坐标或相对坐标下的微商，在其他理论力学教材中可找到详细解释。$\boldsymbol{v}_{\mathrm{a}}=\mathrm{d}\boldsymbol{r}/\mathrm{d}t+\boldsymbol{\omega}\times\boldsymbol{r}$ 是将式(2.21)用于相对位移向量 $\boldsymbol{r}(t)$。如果用于相对速度 $\boldsymbol{v}_{\mathrm{a}}$，则有绝对加速度的公式

$$\boldsymbol{a}_{\mathrm{a}}=(\mathrm{d}^2\boldsymbol{r}/\mathrm{d}t^2)+2\boldsymbol{\omega}\times\boldsymbol{v}_{\mathrm{r}}+\boldsymbol{\omega}\times\boldsymbol{\omega}\times\boldsymbol{r}\tag{2.22}$$

其中 $\boldsymbol{a}_{\mathrm{r}}=(\mathrm{d}^2\boldsymbol{r}/\mathrm{d}t^2)$是相对加速度；$\boldsymbol{\omega}\times\boldsymbol{\omega}\times\boldsymbol{r}$ 是牵连加速度，在高速旋转时不可忽视 $\boldsymbol{r}$ 的变化；而 $2\boldsymbol{\omega}\times\boldsymbol{v}_{\mathrm{r}}$ 称为柯李奥里(Coriolis)加速度。Coriolis 加速度的解释如下：当相对运动改变了半径时，其绝对速度也引起变化，这是其一；其二是随着旋转，相对速度 $\boldsymbol{v}_{\mathrm{r}}$ 的方向也

变化了，所以引起乘 2。

回到式(2.19)的反对称矩阵$\boldsymbol{A}_0$。式(2.20)的反对称矩阵是由$\boldsymbol{\omega}(t)$的三个分量所组成。如用欧拉角(φ,θ,ψ)来表示旋转，哪怕只是围绕x轴旋转很小的角度，(φ,θ,ψ)也不是小量，不方便。$\boldsymbol{\omega}(t)$对比$\boldsymbol{A}_0$，取

$$2\dot{e}_3=\omega_z,\quad 2\dot{e}_2=\omega_y,\quad 2\dot{e}_1=\omega_x;\quad e_0=1-O(\eta^2) \tag{2.23}$$

其中$\omega_x,\omega_y,\omega_z$是在贴体坐标内表示的，因式(2.19)内的步长$\eta$很小，对应于$\boldsymbol{T}(\eta)$的$\omega_x,\omega_y,\omega_z$还要乘$\eta$，所以也很小。这样，$\boldsymbol{A}_0$成为步长$\eta$的旋转矩阵。按式(2.18′)有$\boldsymbol{T}(t+\eta)=\boldsymbol{T}(\eta)\cdot\boldsymbol{T}(t)$，是下一个时间点的旋转矩阵。$\dot{\boldsymbol{T}}(t)=\boldsymbol{A}_0\cdot\boldsymbol{T}(t)$，$\boldsymbol{A}_0=-\boldsymbol{A}_0^{\mathrm{T}}$已经说明反对称矩阵的指数矩阵是正交矩阵，表明反对称矩阵是正交矩阵群的李代数，见[1,5]。在此，回顾第 3 章，Hamilton 体系状态向量动力方程$\dot{\boldsymbol{v}}=\boldsymbol{H}\boldsymbol{v}$，其对应的李代数是$\boldsymbol{H}$；而刚体旋转运动正交矩阵$\boldsymbol{T}(t)$，其对应的李代数是反对称矩阵$\boldsymbol{A}_0$。Hamilton 体系$\dot{\boldsymbol{v}}=\boldsymbol{H}\boldsymbol{v}$，$\boldsymbol{v}$是状态向量，而$\boldsymbol{T}(t)$是旋转矩阵，有些不一致，应更换成向量。实际上，将$\boldsymbol{T}(t)$的旋转位移看成是用四元数$e_0(t),e_1(t),e_2(t),e_3(t)$表达的向量，但有一个约束条件，实际只有 3 个独立参数。

逐步积分时，用时间节点的四元数e_0,e_1,e_2,e_3以及一个约束条件。情况与 DAE 相似。

因反对称矩阵是正交矩阵的李代数，只要取

$$\boldsymbol{T}(\eta)=\exp(\boldsymbol{A}_0\eta) \tag{2.24}$$

就是做指数矩阵的计算么，对此精细积分法是有独到之处的。

以上讲的 DAE 多体动力学，部件是多刚体的；而应用还需要考虑多刚、柔体的动力性质的分析。

8.2.3 刚体定点转动的动力分析

积分了时间点t_{k-1}，就有了从惯性坐标(X,Y,Z)到贴体坐标$(x_{k-1},y_{k-1},z_{k-1})$的旋转矩阵$\boldsymbol{T}(t_{k-1})$。再积分一个很小的时间步$\eta$，

$$\boldsymbol{T}(t_k)=\boldsymbol{T}(\eta)\cdot\boldsymbol{T}(t_{k-1}) \tag{2.25}$$

旋转用贴体向量表示的$\omega_x,\omega_y,\omega_z$，其中贴体坐标轴$(x,y,z)$就是刚体的主惯性轴，因此可用于计算刚体旋转动能

$$T=\frac{1}{2}(I_x\omega_x^2+I_y\omega_y^2+I_z\omega_z^2) \tag{2.26}$$

其中$\omega_x,\omega_y,\omega_z$是在贴体坐标内表示的。对于刚体定点旋转(Top)运动，势能为

$$\Pi=Mgl\cos\theta \tag{2.27}$$

定点转动的位置是其 3 个未知数，可选择四元数

$$e_0(t),e_1(t),e_2(t),e_3(t) \tag{2.28}$$

予以表达。初始时间t_0给出了**初始位移**，用t_0代入就是，当然要满足约束条件(2.14)。但还要初始速度，在刚体旋转时表达为**初始角速度**$\omega_x(t_0),\omega_y(t_0),\omega_z(t_0)$。然而，角速度不是向量的时间微商。它构成的反对称矩阵是正交矩阵群的李代数。在第 3 章提到过。

有了动能和势能，写出 Lagrange 函数，积分η，其时间区段(t_{k-1},t_k)的作用量，是四元数e_0,e_1,e_2,e_3的函数，可进行逐步保辛积分了。完成了t_{k-1}的积分后，得到了$e_{0,k-1}$，

$e_{1,k-1}, e_{2,k-1}, e_{3,k-1}$以及 $\omega_{x,k-1}, \omega_{y,k-1}, \omega_{z,k-1}$；可分别认为它们是位移与速度，要积分时间点 t_k。积分点的四元数应满足约束条件(2.14)，所以是 $e_{1,k}, e_{2,k}, e_{3,k}$ 独立而还有 $e_{0,k}=(1-e_{1,k}^2-e_{2,k}^2-e_{3,k}^2)^{1/2}$ 的约束方程。要从离散角度看，根据祖冲之方法论，只要在积分格点 t_{k-1}, t_k 处满足即可，而在区段(t_{k-1}, t_k)内插值时，不用管约束条件的。

作用量要计算区段的 Lagrange 函数，动能需要区段平均的转动向量 $\omega_x, \omega_y, \omega_z$。注意式(2.23)，区段内的平均则用 $e_{1,k^\#}=(e_{1,k}+e_{1,k-1}]/2$ 等近似，区段内的插值不用管 $e_{0k^\#}$ 是否满足约束条件了，**祖冲之方法论**么，反正在时间节点处满足四元数约束(2.14)就可以了。

在 t_{k-1}处有 $e_{0,k-1}, e_{1,k-1}, e_{2,k-1}, e_{3,k-1}$ 和 $\omega_{x,k-1}, \omega_{y,k-1}, \omega_{z,k-1}$ 已经给定，要求解 $e_{0,k}$, $e_{1,k}, e_{2,k}, e_{3,k}$和 $\omega_{x,k}, \omega_{y,k}, \omega_{z,k}$。至于区段作用量，可用 $e_{1,k^\#}=(e_{1,k}+e_{1,k-1})/2$ 等与 $\omega_x \approx \frac{1}{2}(\omega_{x,k-1}+\omega_{x,k})$等中点平均值代入积分。虽然 t_k 处的 $e_{0,k}, e_{1,k}, e_{2,k}, e_{3,k}$ 和 $\omega_{x,k}, \omega_{y,k}, \omega_{z,k}$ 是待求的，有一个约束条件，要建立方程。关注方程(2.25)，$\boldsymbol{T}(t_k)=\boldsymbol{T}(\eta)\cdot\boldsymbol{T}(t_{k-1})$。根据给定的 $e_{0,k-1}, e_{1,k-1}, e_{2,k-1}, e_{3,k-1}$，表明$\boldsymbol{T}_{k-1}$也是已知的。因为时间步长 η 很小

$$\boldsymbol{T}(\eta)\approx\boldsymbol{I}+\eta\boldsymbol{A}_0, \quad \boldsymbol{A}_0=\begin{pmatrix} 0 & 2\dot{e}_3 & -2\dot{e}_2 \\ -2\dot{e}_3 & 0 & 2\dot{e}_1 \\ 2\dot{e}_2 & -2\dot{e}_1 & 0 \end{pmatrix} \tag{2.19}$$

注意，$\boldsymbol{A}_0$ 的系数 $\dot{e}_1, \dot{e}_2, \dot{e}_3$ 并非 $e_{0,k-1}, e_{1,k-1}, e_{2,k-1}, e_{3,k-1}$ 等的自然延伸，而是可由 $\omega_x \approx \frac{1}{2}(\omega_{x,k-1}+\omega_{x,k})$等表示的，虽然 $\omega_{x,k}$等是未知数。反对称矩阵要在方程

$$\boldsymbol{T}_k=\boldsymbol{T}(\eta)\cdot\boldsymbol{T}_{k-1} \tag{2.29}$$

中体现出来。这些全部是 3×3 矩阵，乘法还可以，但要根据正交矩阵$\boldsymbol{T}_k$ 反过来求解 $e_{0,k}$, $e_{1,k}, e_{2,k}, e_{3,k}$却比较麻烦；从四元数计算正交矩阵容易，而由正交矩阵计算四元数就麻烦，所以应直接求解 $e_{3,k}$等四元数。方法是返回到对应的式(2.7)的 U-矩阵表示

$$\boldsymbol{Q}=\begin{pmatrix} \alpha & \beta \\ -\beta^* & \alpha^* \end{pmatrix}, \quad \begin{matrix} \alpha=e_0+\mathrm{i}e_3, \quad \beta=e_2+\mathrm{i}e_1 \\ \alpha\alpha^*+\beta\beta^*=1 \end{matrix}$$

对于$\boldsymbol{T}_{k-1}, e_{0,k-1}, e_{1,k-1}, e_{2,k-1}, e_{3,k-1}$已知，表明 $\alpha_{k-1}, \beta_{k-1}$已知，$\boldsymbol{Q}_{k-1}$也已知；对于 $\boldsymbol{T}(\eta)$则用 $\omega_{x,k^\#}$ 等，其中 $k^\#$ 代表区段平均；转化到 $e_{1,k^\#}, e_{2,k^\#}, e_{3,k^\#}$；$e_{0,k}=1$ 就得到$\boldsymbol{Q}_\eta$ 阵，全部是 U-矩阵，$\boldsymbol{T}_k=\boldsymbol{T}(\eta)\cdot\boldsymbol{T}_{k-1}$转化为 U-矩阵的乘积

$$\boldsymbol{Q}_k=\boldsymbol{Q}_\eta\cdot\boldsymbol{Q}_{k-1} \tag{2.30}$$

然后，按式(2.15)转化到正交矩阵$\boldsymbol{T}_k$ 就可以了。因为矩阵 $\boldsymbol{Q}_\eta$ 的元素包含了未知数 $e_{0,k}$, $e_{1,k}, e_{2,k}, e_{3,k}$和 $\omega_{x,k}$ 等，迭代求解是必要的。这样，基于祖冲之类算法就可逐步数值积分了。

以下算例由研究生徐小明同志完成。

算例 1：考察如图 8-14 所示的对称重陀螺绕其尖点 O 的运动，该尖点固定于惯性空间。取陀螺的对称轴为贴体坐标 $Ox'y'z'$的 z'轴。著作[1]用许多篇幅讲述 Euler 陀螺(Top)，其中只有对称陀螺。陀螺质心与尖点的距离为 l，且

$$I_1=I_2=I, \quad I_3=J$$

陀螺的基本参数：$m=1$ kg，$l=0.04$ m，$I=0.002$ kg · m²，$J=0.0008$ kg · m²，$\omega_3=40\pi$ rad/s。取重力加速度 $g=9.8$ m/s²。

按下述3组初始条件对陀螺的运动进行仿真：

(1)$\omega_1=0,\omega_2=0;\theta_0=\pi/6$

(2)$\omega_1=4,\omega_2=0;\theta_0=\pi/3$

(3)$\omega_1=0,\omega_2=4;\theta_0=\pi/3$

这三组初始条件将产生对称重陀螺的3种著名的章动“尖点运动”“无环运动”和“有环运动”[48]。

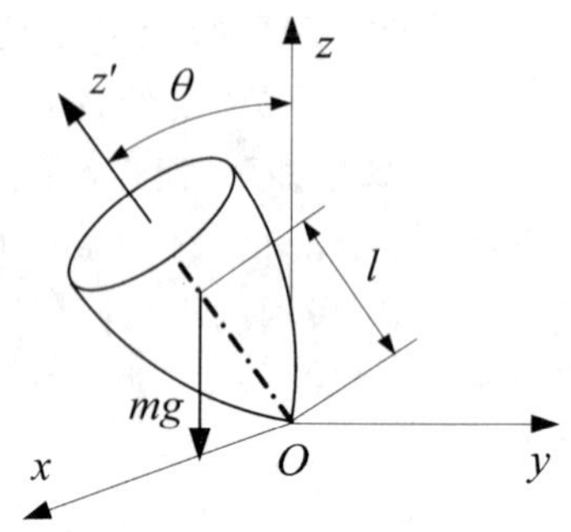

图 8-14　对称重陀螺

描绘陀螺运动的经典方法是以陀螺的尖点为球心在惯性空间做一个单位球，用陀螺对称轴在该单位球面上划出的迹线来描绘运动。设陀螺对称轴(z'轴)与单位球面的交点为 A，则任意时刻 A 点的位置由下式确定：

$$x=2(e_1e_3+e_0e_2)$$
$$y=2(e_2e_3-e_0e_1)$$
$$z=e_0^2-e_1^2-e_2^2+e_3^2$$

时间步长 $\Delta\tilde{t}=\omega_3\cdot\Delta t$，首先选择 $\Delta\tilde{t}=0.1$ 进行模拟。

(a)取 $\omega_1=0,\omega_2=0,\theta_0=\pi/6,\Delta\tilde{t}=0.1$。

给出对称重陀螺尖点运动轨迹如图 8-15 所示。

(b)取 $\omega_1=0,\omega_2=4;\theta_0=\pi/3;\Delta\tilde{t}=0.1$。

给出对称重陀螺无环运动轨迹，如图 8-16 所示。

(c)取 $\omega_1=4,\omega_2=0;\theta_0=\pi/3;\Delta\tilde{t}=0.1$。

给出对称重陀螺有环运动轨迹，如图 8-17 所示。

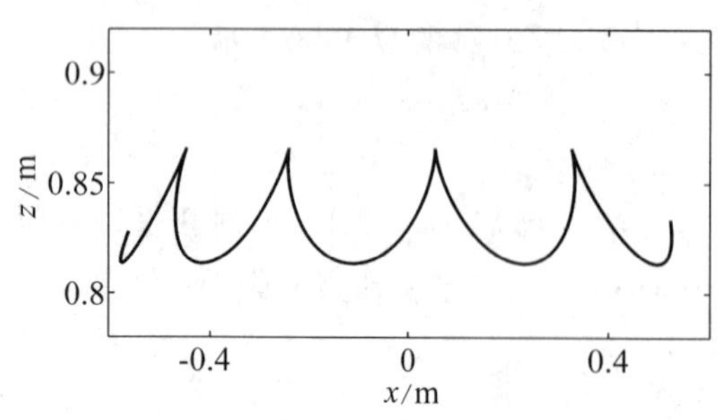

(a)对称重陀螺尖点运动轨迹，部分

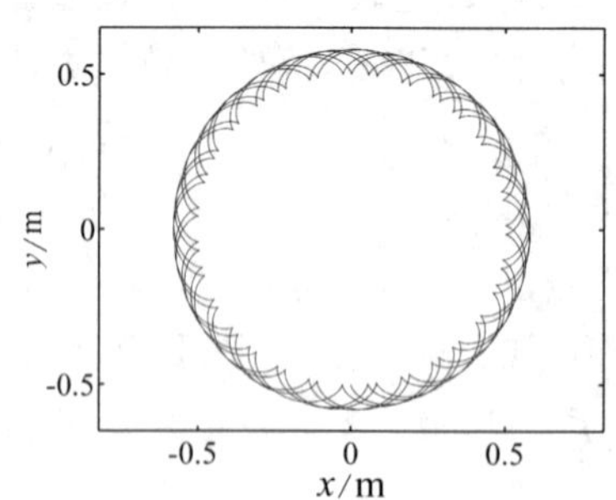

(b)对称重陀螺尖点运动轨迹，俯视图长时间轨迹

图 8-15

在大连理工出版社网站给出了三种运动的动画效果图，有兴趣的读者可以访问网站。其中对上述的三种初始条件略微做了改动。分别是：对“初始条件(b)”取 $\omega_{x'}=0,\omega_{y'}=1;\theta_0=\pi/6$；对“初始条件(c)”取 $\omega_{x'}=4,\omega_{y'}=0;\theta_0=\pi/6$。

通常，对称陀螺计算方面的文章发表很多。但不对称陀螺也重要。用祖冲之类算法计算，同样方便。见下面数值例题。

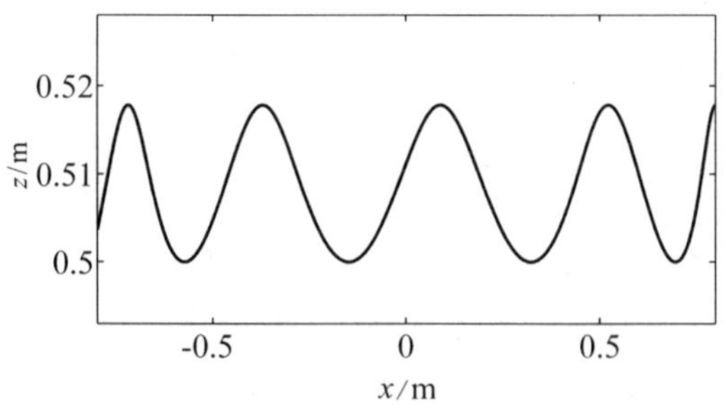

图 8-16　对称重陀螺无环运动轨迹

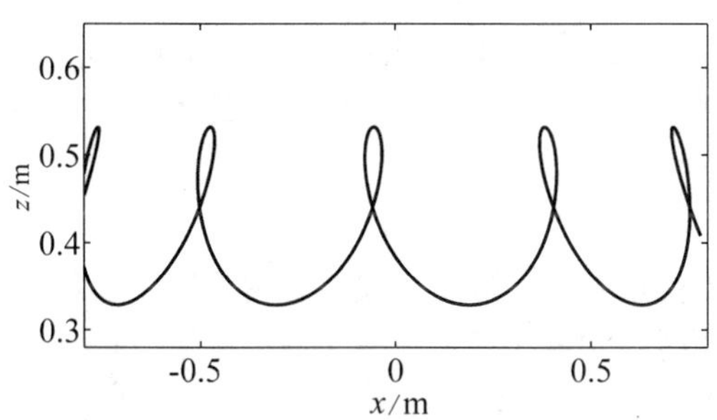

图 8-17　对称重陀螺有环运动轨迹

算例 2　重陀螺($I_1 \neq I_2$)

给定陀螺的基本参数:$m=1$ kg,$l=0.04$ m,$I_1=0.002\ 25$ kg·m^2,$I_2=0.001\ 75$ kg·m^2,$J=0.000\ 8$ kg·m^2。取重力加速度 $g=9.8$ m/s^2。初始状态参数为

$$\varphi_0=0,\quad \theta_0=\pi/6,\quad \psi_0=0;\quad \omega_1=0,\quad \omega_2=0,\quad \omega_3=40\pi\ \text{rad/s}$$

结果图形如图 8-18、8-19 所示。

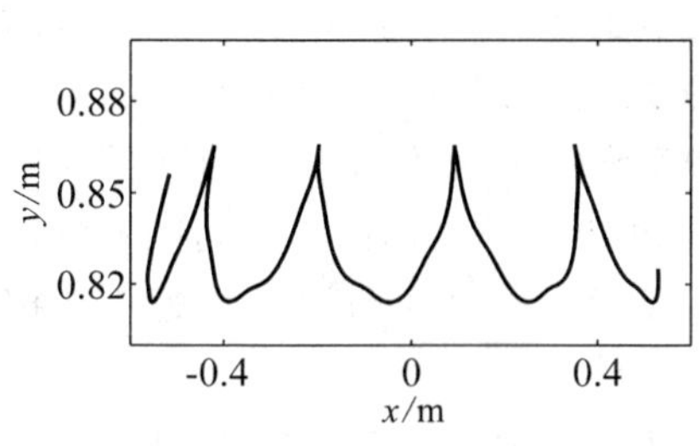

图 8-18　不对称重陀螺尖点运动轨迹

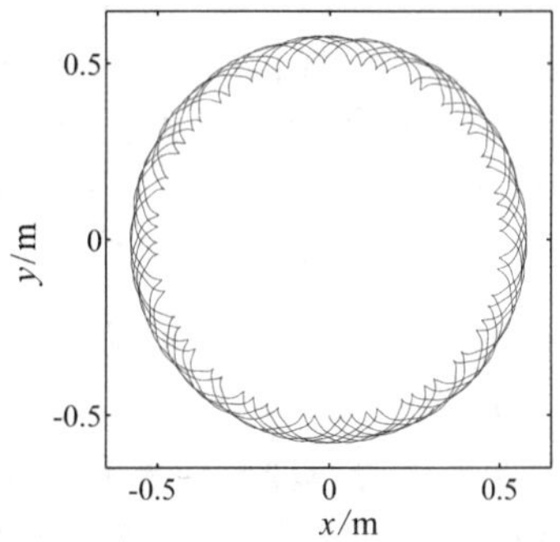

图 8-19　不对称重陀螺尖点运动轨迹,俯视图

从这些例题的数值结果,可看到结合祖冲之类算法的效果。我们中国祖师爷的优秀成果,理当挖掘继承,与近代数学融合,发扬光大。

以上只给出了一个数值例题,对称陀螺运动随自旋角速度分别为 $\omega_3=40\pi$ rad/s,30π rad/s,20π rad/s,10π rad/s 而变化的数值结果见文献[51]。

陀螺系统在应用方面是非常重要的。陀螺安装在有加速度的运动物体上,有导航的

作用。此时并无在惯性坐标中固定的定点。因此要研究计算在运动物体上的陀螺运动规律。这是要达到实际应用所必需的，前面的路还长着呢。

8.3 刚-柔体动力学的分析

前面讲述的空间双摆问题中的微分-代数方程(DAE)的积分，认为运动机构的部件完全是刚性的，这是第一步的近似。往往部分部件的弹性变形也需要同时考虑，此时的动力学积分是进一步的挑战。因为一般来说，机构运动是低频的，而部件的弹性振动是高频的。两种运动混合在一起积分，容易发生不同时间尺度的问题。其数值表现是刚性，积分若干步后，会因为数值病态而失真。这是刚-柔体动力学数值积分必须面对的问题。

对于刚-柔体动力学的积分，首先要将刚体动力学的积分做好。前面已经将刚体部件DAE的求解表达清楚，动力学积分结合**祖冲之方法论**就行。在此基础上本节讲述考虑刚-柔体动力学的逐步积分。为简单起见，用2维的双摆，其中杆件2考虑为弹性为例，予以讲述。

如图8-20所示，两根梁的振动，第一根梁为刚梁，长为 L_1，密度为 ρ_1；第二根梁为弹性体梁，其长为 L_2，密度为 ρ_2，刚度为 EI。

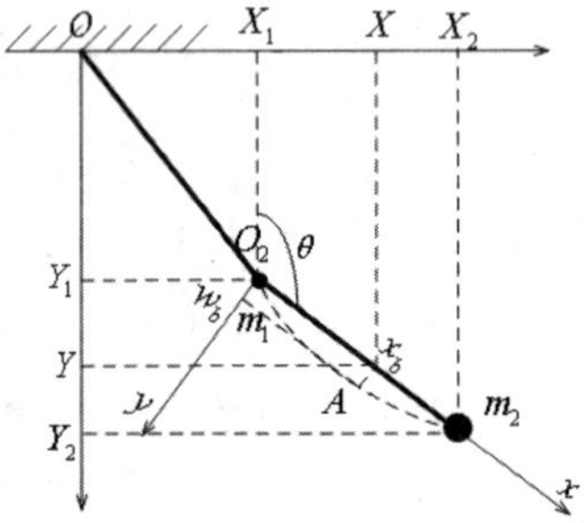

图 8-20　二摆

如果将此问题看成是两个刚体的大范围运动，并选择

$$X_1(t), Y_1(t); X_2(t), Y_2(t) \tag{3.1}$$

即2个节点的坐标为4个积分未知数，则有约束条件

$$X_1^2+Y_1^2=L_1^2; \quad (X_2-X_1)^2+(Y_2-Y_1)^2=L_2^2 \tag{3.2}$$

所以实际上是两个独立未知数。积分可用时间离散方法，划分成为等步长 $0,\eta,\cdots,t_k=k\eta,\cdots$。可用时间步长 $k^{\#}:(t_{k-1},t_k)$ 的作用量，时间有限元计算可用节点位移的线性插值完成，按祖冲之方法论，插值不必管约束条件，而只要在时间节点处严格满足就可以了。这样就成为有约束条件的DAE积分。前面已经给出了数值例题。大范围刚体运动，一般是整体运动，参加的质量多、大，所以随时间变化比较慢，从振动角度看，频率低。但运动非线性，洋人提出的Index积分计算结果远不如按**祖冲之方法论**给出的。

然而，进一步要考虑杆件弹性而未必能处理为刚体的问题。为简单起见，认为杆1是刚性，而只有杆2考虑弹性变形，要考虑杆件的弹性变形引起的振动。从大范围看，杆件振动当然参加了整体的运动。但杆件的弹性振动，相对于整体运动看，毕竟是局部起作用的，而且局部振动一般频率比较高，远高于DAE整体运动的低频率，而且这种局部高频振动一般用线性振动理论处理就满意了，发生的挠度也小，故不必再考虑杆件本身的非线性效应。例如，杆件振动是横向的挠度，已经不再是刚体的直线了，当然会在长度方向引起位移，但振动是小挠度，所引起的是高阶小量，而且是高频，可以忽略不计。

基于这样的认识，大范围运动必须用DAE积分，而局部弹性振动则采用线性理论。

不过，杆件贴体坐标也在运动，杆件的弹性振动理论是在非惯性坐标内的。这说明大范围运动与弹性振动之间有相互作用，怎样将这种相互作用考虑进去而求解，是必须面对的问题。

前面讲过正则变换，可以用辛矩阵乘法来表达，正好可在当前问题的分析中起作用。

刚-柔体动力学虽然有代数方程的约束，仍是保守体系，可用变分原理描述，其 Lagrange 函数是(动能-势能)。两个摆的刚-柔体，其势能是两部分：重力势能和弹性变形势能。因为考虑杆 2 是有弹性振动的，弹性变形势能就是杆 2 的变形能，即使在非惯性坐标也同样计算。

惯性坐标用(O,X,Y,Z)表示，而贴体坐标用$(O_i,x_{bi},y_{bi},z_{bi})$表示，其中下标 b$i$ 的 b 标记在贴体坐标中，而不是节点的大位移。

动能与绝对速度 $\boldsymbol{v}_a$ 的平方有关。杆 2 上任意点 $\boldsymbol{r}$ 处有运动质点，相对于贴体坐标的相对位移是 $\boldsymbol{r}(t)$，则 $\boldsymbol{v}_r=\mathrm{d}\boldsymbol{r}/\mathrm{d}t$ 是质点的相对速度，但 $\boldsymbol{v}_r$ 不是绝对速度。绝对速度还要加上因刚体转动而带来的牵连速度 $\boldsymbol{v}_e$ 而成为

$$\boldsymbol{v}_a=\mathrm{d}\boldsymbol{r}/\mathrm{d}t+\boldsymbol{v}_e,\quad \boldsymbol{v}_e=\boldsymbol{v}_O+\boldsymbol{\omega}\times\boldsymbol{r} \tag{3.3}$$

所以在相对坐标中运动的向量，其绝对坐标的微商公式是

$$\left(\frac{\mathrm{d}\,\bullet}{\mathrm{d}t}\right)_a=\left(\frac{\mathrm{d}\,\bullet}{\mathrm{d}t}\right)_r+\boldsymbol{\omega}\times\bullet \tag{3.4}$$

其中 • 代表一个向量，可以是相对位移，也可以是相对速度。下标 a 与 r 分别表示绝对坐标或相对坐标下的微商。

在杆 2 的弹性变形，当然在贴体坐标$(O_2,x_{b2},y_{b2},z_{b2})$下描述，杆 2 的小挠度位移是 $\boldsymbol{w}_{b2}=(0,w_{b2}(x_{b2},t))^{\mathrm{T}}$，其中相对位移是$\boldsymbol{w}_{b2}$。沿$(O_2,x_{b2})$轴从 O_2 点，就是(X_1,Y_1)点，指向(X_2,Y_2)点。相对位移沿轴(O_2,x_{b2})向无位移，小挠度理论么；而(O_2,y_{b2})垂直方向是小挠度$w_{b2}(x_{b2},t)$，下标 2 表示是贴体坐标 2 的，相对坐标。因为只考虑杆 2 为弹性，并且使用小挠度理论，所以 $w_{b2}(x_{b2},t)$是在贴体坐标中 y_2 方向的小挠度。整个问题只是 2 维平面振动，比较简单。

小挠度位移 $w_{b2}(x_{b2},t)$在杆 2 是由贴体坐标描述的，所以计算变形势能部分容易些，$w''_{b2}(x_{b2},t)$，$M_2=EJ\cdot w''_{b2}(x_{b2},t)$是曲率、弯矩。变形能密度为 $EJw''^2_{b2}/2$。积分得到杆 2 的弯曲变形能

$$U_{D2}(t)=\int_0^{L_2}EJw''^2_{b2}/2\cdot\mathrm{d}x_{b2},\quad w''_{b2}=\partial^2 w_{b2}/\partial x_{b2}^2 \tag{3.5}$$

小挠度位移的变形能计算与通常结构振动同，不必区分局部坐标。然而，应予以明确的是梁的小挠度振动运用的边界条件是两端简支，这样局部振动分析解容易，常截面时可分析求解，其本征频率和本征向量是

$$\begin{aligned}
&\omega_{21}=\left(\frac{\pi}{L}\right)^2\sqrt{\frac{EJ}{\rho}},w_{b2}(x_{b2},t)=\sin(\pi x_{b2}/L_2)\exp(\mathrm{j}\omega_{21}t)\\
&\omega_{22}=\left(\frac{2\pi}{L}\right)^2\sqrt{\frac{EJ}{\rho}},w_{b2}(x_{b2},t)=\sin(2\pi x_{b2}/L_2)\exp(\mathrm{j}\omega_{22}t)\\
&\qquad\vdots
\end{aligned} \tag{3.6}$$

可用展开的若干项，m_2 项。既然用分析解，则贴体坐标的内部位移$\boldsymbol{w}_{b2}=(0,w_{b2}(x_{b2},t))^{\mathrm{T}}$

也分解为 m_2 个广义位移,这些贴体坐标的广义位移只是贴体坐标的分析解,并非绝对坐标的位移,用这样的表示无非表示采用了 m_2 个广义位移而已,计算变形能可以,但动能不行。毕竟动力学要绝对坐标的动能的,广义位移还要参加整体动力分析的。

动能计算必须用绝对速度 $\boldsymbol{v}_a = d\boldsymbol{r}/dt + \boldsymbol{v}_e$, $\boldsymbol{v}_e = \boldsymbol{v}_O + \boldsymbol{\omega} \times \boldsymbol{r}$,其中,杆 2 贴体坐标 $(O_2, x_{b2}, y_{b2}, z_{b2})$ 的原点 O_2 就是大范围运动的点 1,其坐标是 $X_1(t), Y_1(t)$;而局部坐标的 $(x_{b2}=L_2, y_{b2}=0)$ 就是点 2;其坐标是 $X_2(t), Y_2(t)$。毕竟,大范围运动要积分的是这些 $X_i(t), Y_i(t)$。局部振动无非是参加了大范围动力运动而已。局部分析动力求解虽然未曾考虑牵连运动的影响,但保辛是没有问题的。无非是为了可用乘法保辛正则摄动而已,这也是很重要的。

杆 1 本来就处理为刚性,但杆 2 的质量已经在局部弹性振动考虑,怎样将质量分配到绝对运动的两端去,还是要明确的。

关键是杆 2 动能的计算。其两端节点位移 $X_1(t), Y_1(t)$ 和 $X_2(t), Y_2(t)$ 是在大范围运动积分的,杆 2 的贴体坐标也由此确定。根据 $(X_2 - X_1)$ 和 $(Y_2 - Y_1)$,则贴体坐标原点 $(0,0)$ 是 $X_1(t), Y_1(t)$ 而 $(x_{b2}=L_2, y_{b2}=0)$ 点就是 $X_2(t), Y_2(t)$,于是贴体坐标 x_{b2} 轴的方位

$$\cos\theta(t) = -(Y_2 - Y_1)/L_2 \tag{3.7}$$

以 $-Y$ 轴为 $\theta=0$ 的。根据 $X_1(t), Y_1(t); X_2(t), Y_2(t)$ 就可计算杆 2 的角速度 $\boldsymbol{\omega}_2(t)$ 以及各点的牵连速度 $\boldsymbol{v}_e(x_{b2}, t)$。平面运动,$\boldsymbol{\omega}_2(t)$ 实际只有 $\omega_{z2}(t)$。$\dot{X}_1(t), \dot{Y}_1(t)$ 就是牵连速度的 $\boldsymbol{v}_O(t)$,而有

$$\boldsymbol{v}_{2e}(x_{b2}, t) = \omega_{z2}(t) \cdot x_{b2} + \boldsymbol{v}_O(t) \tag{3.8}$$

该牵连速度 $\boldsymbol{v}_{2e}(x_{b2}, t)$ 对于贴体长度是线性分布的,且与相对位移 $\boldsymbol{w}_{b2} = (0, w_{b2}(x_{b2}, t))^{\mathrm{T}}$ 是无关的。相对速度是

$$\dot{\boldsymbol{w}}_{b2}(x_{b2}, t) = (0, \dot{w}_{b2}(x_{b2}, t))^{\mathrm{T}} \tag{3.9}$$

故绝对速度是

$$\boldsymbol{v}_{a2}(x_{b2}, t) = \dot{\boldsymbol{w}}_{b2}(x_{b2}, t) + \boldsymbol{v}_{2e}(x_{b2}, t) \tag{3.10}$$

有了绝对速度,就可在相对坐标内积分,计算杆 2 的动能

$$\begin{aligned} T_2 &= \int_0^{x_{b2}} \rho F \boldsymbol{v}_{a2}^{\mathrm{T}} \boldsymbol{v}_{a2}/2 \cdot dx, \\ \boldsymbol{v}_{a2}^{\mathrm{T}} \boldsymbol{v}_{a2} &= \dot{\boldsymbol{w}}_{b2}^{\mathrm{T}} \dot{\boldsymbol{w}}_{b2} + \boldsymbol{v}_{2e}^{\mathrm{T}} \boldsymbol{v}_{2e} + 2\, \dot{\boldsymbol{w}}_{b2}{}^{\mathrm{T}} \boldsymbol{v}_{2e} \end{aligned} \tag{3.11}$$

其中 $\dot{\boldsymbol{w}}_{b2}^{\mathrm{T}} \dot{\boldsymbol{w}}_{b2}$ 是相对坐标内振动的动能,与牵连速度无关,就如不管牵连速度与通常的结构振动一样,高频局部振动;$\boldsymbol{v}_{2e}^{\mathrm{T}} \boldsymbol{v}_{2e}$ 部分则是牵连速度提供的动能,在 DAE 积分时,已经考虑了,是低频非线性运动;余下的交叉项 $2\, \dot{\boldsymbol{w}}_{b2}^{\mathrm{T}} \boldsymbol{v}_{2e}$ 是高、低频结合,代表高频与低频的耦合作用。

非线性系统的时间积分,也只能用逐步积分法,就如 DAE 积分那样。毕竟大范围运动是掌控全局的,最重要。局部振动用本征向量展开是最有效的。低、高频率结合,出现载波现象。在低频时间积分一步之中,也许高频位移已经剧烈变动了,所以局部振动的本征解展开之法,对于高频时间是分析的,处理低、高频耦合最适当。高频局部振动运用了**半解析法**(对空间坐标是本征解离散处理,而对于时间坐标则用分析法)。频差越大,效果

越好。将低、高频区分开，让它们壁垒分明，是摄动法的要点。可将低、高频耦合的项用摄动法处理之。

传统的摄动法总是 Taylor 级数展开，著作[33]出版时间是比较近的。但一般的摄动法，与 Hamilton 体系的保辛没有关系，著作[33]中没有正则变换、保辛之说。**辛对称**是动力学理论的核心。动力学摄动法也应抓住此核心，即**辛对称**。**正则变换**就自动满足了**保辛**的性质。所以动力学摄动，也应在**正则变换**的基础上讲述。

正则变换不改变未知数的数目，位移 $X_1(t)$，$Y_1(t)$；$X_2(t)$，$Y_2(t)$ 是 DAE 积分的；而杆有限元离散的内部点也有自己的本征向量展开数目的未知数。两者区分是清楚的，位移的数目不会变化。

第 3 章讲述了基于近似 Hamilton 系统，其 Hamilton 函数 $H_a(v)$ 可以任意选择，当然要求接近于真实的 Hamilton 函数 $H(v)$，即使得两者之差 $H_e = H(v) - H_a(v)$ 是小量。本问题总体非线性，但在每个小时间积分步内，依然接近于线性，可用线性近似逼近，至于非线性部分，还可以迭代修正的。

前面介绍的辛矩阵乘法的正则变换，势能很明确。但动能有

$$\boldsymbol{v}_{a2}{}^{\mathrm{T}}\boldsymbol{v}_{a2} = (\dot{\boldsymbol{w}}_{b2}{}^{\mathrm{T}}\dot{\boldsymbol{w}}_{b2} + \boldsymbol{v}_{2e}{}^{\mathrm{T}}\boldsymbol{v}_{2e}) + 2\varepsilon\dot{\boldsymbol{w}}_{b2}{}^{\mathrm{T}}\boldsymbol{v}_{2e}, \quad \varepsilon = 1 \tag{3.12}$$

的项，其中 $(\dot{\boldsymbol{w}}_{b2}{}^{\mathrm{T}}\dot{\boldsymbol{w}}_{b2} + \boldsymbol{v}_{2e}{}^{\mathrm{T}}\boldsymbol{v}_{2e})$ 部分可以取为 $H_a(v)$，即令 $\varepsilon = 0$。此时，局部振动与整体的 DAE 方程求解完全分离，也就是，将弹性体认为是刚体。此时可按保辛-守恒积分求解。得到的一个是局部振动的本征向量展开对于**时间的半分析解**，不受步长的影响；另一个是刚体的整体运动，设时间步长 η 是按 DAE 时间积分的要求选择的，对于整体运动是小的，但对于局部振动 η 不算小。

虽然，实际 $\varepsilon = 1$ 并不小，但 $2\dot{\boldsymbol{w}}_{b2}{}^{\mathrm{T}}\boldsymbol{v}_{2e}$ 部分恰是高、低频率的结合项，相互作用很小，用摄动法处理是很有效的。

低频率项对于高频的摄动作用，相当于低频平均位移；而高频率项对于低频振动的影响更小，因有自行抵消的作用。

整体结构的势能，就是积分刚体 DAE 时的重力势能 Π_{DAE}，在增加杆 2 的变形能 $\Pi_{g2} = \int_0^{L_2} EJw''^2_{b2}/2 \cdot \mathrm{d}x_{b2}$ 的刚 - 柔体动力分析时

$$\Pi = \Pi_{\mathrm{DAE}} + \Pi_{g2} \tag{3.13}$$

还有动能。积分刚体 DAE 时，不存在弹性变形能，故 T_{DAE} 的公式与以前同，在杆 2 的动能计算时将式(3.11)取 $\dot{\boldsymbol{w}}_{b2} = \boldsymbol{0}$ 而只有 $\boldsymbol{v}_{2e}$ 就是。所以 T_{DAE} 部分已经具备，且在总体刚体 DAE 积分中已经考虑；刚-柔体的分析需要将注意力放在式(3.12)的

$$\dot{\boldsymbol{w}}_{b2}^{\mathrm{T}}\dot{\boldsymbol{w}}_{b2} + 2\varepsilon\dot{\boldsymbol{w}}_{b2}{}^{\mathrm{T}}\boldsymbol{v}_{2e}, \quad \varepsilon = 1$$

部分。杆件 2 的弹性振动变形很小且高频，弹性振动本征解展开时已经将 $\dot{\boldsymbol{w}}_{b2}{}^{\mathrm{T}}\dot{\boldsymbol{w}}_{b2}$ 考虑了，认为杆件 2 的贴体坐标是惯性坐标而计算的 Rayleigh 商，是对时间连续的半解析解。从实际操作的角度讲，w_{b2} 既然采用本征向量展开式(3.6)，取 m_2 项。在公式推导时就可将各项的振幅系数 $b_{21}, b_{22}, \cdots, b_{2m_2}$ 作为未知数的。这些系数是时间的函数，局部振动本征值也已经包含了。

8.3.1 动能计算

动能计算一定要用质量的绝对速度。在刚性杆件时也有动能计算的问题。首先，我们有两种坐标系统，一种是绝对坐标系(O,X,Y)，也是惯性坐标系；但对于刚体 2 还有贴体坐标系(O_2,x_2,y_2)，点 O_2 也是两个刚体连接处的 $X_1(t)$，$Y_1(t)$是在绝对坐标中描述的，其绝对速度是$\dot{X}_1(t)$，$\dot{Y}_1(t)$。杆件 2 是刚体时，还有其贴体坐标(O_2,x_2,y_2)，它不是惯性坐标。贴体坐标的(O_2,x_2)轴是从 $X_1(t)$，$Y_1(t)$到 $X_2(t)$，$Y_2(t)$的方向，是不断变化的，约束条件长度为 L_2。取$(O,-Y)$轴到贴体坐标的(O_2,x_2)轴间的夹角为 $\theta(t)$，则

$$\cos\theta=-(Y_2-Y_1)/L_2,\quad \sin\theta=(X_2-X_1)/L_2$$

刚才讲的端点速度$\dot{X}_1(t)$，$\dot{Y}_1(t)$；$\dot{X}_2(t)$，$\dot{Y}_2(t)$是绝对速度在绝对坐标的投影。但也可用贴体坐标来描述。

辛矩阵乘法的正则变换，可能大家不很熟悉。但迭代求解的方法是众所周知的。其实两者是相同的。所以从迭代求解的角度讲。

如同摄动法，迭代要一个出发点 0 次近似。显然，0 次近似可取为 $\varepsilon=0$ 的情况，此时整体运动就是刚体 DAE 的解；而杆 2 也是自己振动而不受整体运动的影响。$\varepsilon=0$ 已经将两种运动的相互影响忽略了。这些解已经为大家所熟知。

迭代法右端，只有 $2\dot{\boldsymbol{w}}_{b2}^{\mathrm{T}}\cdot\boldsymbol{v}_{2e}$的作用了。$\dot{\boldsymbol{w}}_{b2}$只有垂直方向的分量 $\dot{\boldsymbol{w}}_{2e}(x_b)$。

但$\dot{\boldsymbol{w}}_{b2}^{\mathrm{T}}\dot{\boldsymbol{w}}_{b2}+2\varepsilon\dot{\boldsymbol{w}}_{b2}^{\mathrm{T}}\boldsymbol{v}_{2e}$，$\varepsilon=1$，其中$\dot{\boldsymbol{w}}_{b2}$是在相对坐标描述的相对速度，$\boldsymbol{v}_{2e}$是牵连速度，也可转换到用相对坐标来描述。因为有 $\cos\theta(t)=-(Y_2-Y_1)/L_2$。

将 $\boldsymbol{v}_{2e}$也投影到相对坐标的 $\boldsymbol{w}$ 方向，其中沿轴向牵连速度垂直于$\dot{\boldsymbol{w}}_{b2}$，没有动能，只有垂直方向的牵连速度 $\dot{\boldsymbol{w}}_{2e}(x_b)$才起作用。可推导出

$$\begin{aligned}\dot{\boldsymbol{w}}_{2e}(x_b)=&(\dot{X}_1(t)\cos\theta-\dot{Y}_1(t)\sin\theta)+\\&(\{\dot{X}_2(t)-\dot{X}_1(t)]\cos\theta-[\dot{Y}_2(t)-\dot{Y}_1(t)]\sin\theta\}(x_b/L_2)\end{aligned}$$

将此牵连速度与相对坐标的弹性相对速度 $\dot{\boldsymbol{w}}_{b2}(x_{b2})$相加，就是垂直方向的绝对速度，而长度方向的相对速度为零，所以容易计算 $2\dot{\boldsymbol{w}}_{b2}^{\mathrm{T}}\boldsymbol{v}_{2e}$这一项。

8.3.2 刚-柔体数值例题

数值例题是必要的，以下 2 个课题是研究生吴锋推导和计算的。

$$\cos\theta=-\frac{Y_2-Y_1}{L_2},\quad \sin\theta=\frac{X_2-X_1}{L_2}\tag{3.14}$$

$$\boldsymbol{v}_a(x_b,t)=\dot{\boldsymbol{w}}_b(x_b,t)+\boldsymbol{v}_e(x_b,t)\tag{3.15}$$

$$\dot{\boldsymbol{w}}_b(x_b,t)=\begin{pmatrix}0\\\dot{w}_b\end{pmatrix},\quad \boldsymbol{v}_e(x_b,t)=\begin{pmatrix}\dot{X}\sin\theta-\dot{Y}\cos\theta\\\cos\theta\dot{X}+\dot{Y}\sin\theta\end{pmatrix}\tag{3.16}$$

动能为

$$T=\frac{\rho_1L_1}{6}(\dot{X}_1^2+\dot{Y}_1^2)+\int_0^{L_2}\frac{\rho_2}{2}(\dot{\boldsymbol{w}}_b^{\mathrm{T}}\dot{\boldsymbol{w}}_b+2\dot{\boldsymbol{w}}_b^{\mathrm{T}}\boldsymbol{v}_e+\boldsymbol{v}_e^{\mathrm{T}}\boldsymbol{v}_e)\mathrm{d}x_b\tag{3.17}$$

把式(3.16)代入上式，得

$$T=\frac{\rho_1L_1}{6}(\dot{X}_1^2+\dot{Y}_1^2)+\int_0^{L_2}\frac{\rho_2}{2}\dot{\boldsymbol{w}}_b^2\mathrm{d}x_b+\int_0^{L_2}\frac{\rho_2}{2}(\dot{X}^2+\dot{Y}^2)\mathrm{d}x_b+$$

$$\int_0^{L_2} \rho_2 (\dot{w}_b \cos\theta \dot{X} + \dot{w}_b \dot{Y} \sin\theta) \mathrm{d}x_b \tag{3.18}$$

势能为

$$U = \int_0^{L_2} \frac{EJ}{2} (w_b'')^2 \mathrm{d}x_b - \frac{L_1 \rho_1 g}{2} Y_1 - \int_0^{L_2} \rho_2 g \begin{pmatrix} Y + \\ w_b \sin\theta \end{pmatrix} \mathrm{d}l - m_1 g Y_1 - m_2 g Y_2 \tag{3.19}$$

在势能中，$w_b \sin\theta$ 相对于 Y 是小量，可以忽略不计，相对位移 w_b 可以当作是两端简支的梁来进行的，因此可以振型展开 m 项

$$w_b(x_b, t) = \sum_{j=1}^{m} \sin \frac{j\pi x_b}{L_2} a_j(t) \tag{3.20}$$

$$X(t) = \frac{L_1 - x_b}{L_1} X_0(t) + \frac{x_b}{L_1} X_1(t)$$

$$Y(t) = \frac{L_1 - x_b}{L_1} Y_0(t) + \frac{x_b}{L_1} Y_1(t) \tag{3.21}$$

把式(3.20)、(3.21)代入动能和势能，得

$$\begin{aligned} T &= \frac{1}{2} \dot{\boldsymbol{q}}^{\mathrm{T}} \boldsymbol{M} \dot{\boldsymbol{q}} + \frac{1}{2} \dot{\boldsymbol{a}}^{\mathrm{T}} \boldsymbol{M}_e \dot{\boldsymbol{a}} + \boldsymbol{c}^{\mathrm{T}} \boldsymbol{q} \cdot \dot{\boldsymbol{a}}^{\mathrm{T}} \boldsymbol{W}_{DX} \dot{\boldsymbol{q}} + \boldsymbol{s}^{\mathrm{T}} \boldsymbol{q} \cdot \dot{\boldsymbol{a}}^{\mathrm{T}} \boldsymbol{W}_{DY} \dot{\boldsymbol{q}} \\ U &= \frac{1}{2} \boldsymbol{a}^{\mathrm{T}} \boldsymbol{K}_e \boldsymbol{a} - \boldsymbol{F}^{\mathrm{T}} \boldsymbol{q} - \boldsymbol{s}^{\mathrm{T}} \boldsymbol{q} \cdot \boldsymbol{a}^{\mathrm{T}} \boldsymbol{F}_e \end{aligned} \tag{3.22}$$

约束为：

$$\begin{aligned} &g_1: X_1^2 + Y_1^2 = L_1^2, \quad \boldsymbol{q}^{\mathrm{T}} \boldsymbol{A} \boldsymbol{q} = L_1^2 \\ &g_2: (X_2 - X_1)^2 + (Y_2 - Y_1)^2 = L_2^2, \quad \boldsymbol{q}^{\mathrm{T}} \boldsymbol{B} \boldsymbol{q} = L_2^2 \\ &\boldsymbol{A} = \begin{pmatrix} I & 0 \\ 0 & 0 \end{pmatrix}, \quad \boldsymbol{B} = \begin{pmatrix} I & -I \\ -I & I \end{pmatrix} \end{aligned} \tag{3.23}$$

于是，作用量为

$$S(t_{k-1}, t_k) = \int_{t_{k-1}}^{t_k} (T - U + \lambda_1 g_1 + \lambda_2 g_2) \mathrm{d}t \tag{3.24}$$

变分有：

$$\begin{aligned} S(t_{k-1}, t_k) = \int_{t_{k-1}}^{t_k} \Big[&\frac{1}{2} \dot{\boldsymbol{q}}^{\mathrm{T}} \boldsymbol{M} \dot{\boldsymbol{q}} + \frac{1}{2} \dot{\boldsymbol{a}}^{\mathrm{T}} \boldsymbol{M}_e \dot{\boldsymbol{a}} + \boldsymbol{q}^{\mathrm{T}} \boldsymbol{c} \cdot \dot{\boldsymbol{a}}^{\mathrm{T}} \boldsymbol{W}_{DX} \dot{\boldsymbol{q}} + \boldsymbol{q}^{\mathrm{T}} \boldsymbol{s} \cdot \dot{\boldsymbol{a}}^{\mathrm{T}} \boldsymbol{W}_{DY} \dot{\boldsymbol{q}} - \\ &\left(\frac{1}{2} \boldsymbol{a}^{\mathrm{T}} \boldsymbol{K}_e \boldsymbol{a} - \boldsymbol{F}^{\mathrm{T}} \boldsymbol{q} \right) + \lambda_1 g_1 + \lambda_2 g_2 \Big] \mathrm{d}t \end{aligned} \tag{3.25}$$

变分后，可以得到描述运动的微分方程

$$\begin{cases} -\boldsymbol{M} \ddot{\boldsymbol{q}} + 2\lambda_1 \boldsymbol{A} \boldsymbol{q} + 2\lambda_2 \boldsymbol{B} \boldsymbol{q} + \boldsymbol{F} + \boldsymbol{F}_q = 0 \\ \boldsymbol{q}^{\mathrm{T}} \boldsymbol{A} \boldsymbol{q} = L_1^2, \quad \boldsymbol{q}^{\mathrm{T}} \boldsymbol{B} \boldsymbol{q} = L_2^2 \end{cases} \tag{3.26}$$

$$-\boldsymbol{M}_e \ddot{\boldsymbol{a}} - \boldsymbol{F}_a - \boldsymbol{K}_e a = 0 \tag{3.27}$$

其中，

$$\begin{aligned} \boldsymbol{F}_q &= \boldsymbol{c} \cdot \dot{\boldsymbol{a}}^{\mathrm{T}} \boldsymbol{W}_{DX} \dot{\boldsymbol{q}} - (\boldsymbol{W}_{DY}^{\mathrm{T}} \dot{\boldsymbol{a}} \cdot \boldsymbol{q}^{\mathrm{T}} s)' - (\boldsymbol{W}_{DX}^{\mathrm{T}} \dot{\boldsymbol{a}} \cdot \boldsymbol{q}^{\mathrm{T}} c)' + \boldsymbol{s} \cdot \dot{\boldsymbol{a}}^{\mathrm{T}} \boldsymbol{W}_{DY} \dot{\boldsymbol{q}} \\ \boldsymbol{F}_a &= (\boldsymbol{W}_{DX} \dot{\boldsymbol{q}} \cdot \boldsymbol{q}^{\mathrm{T}} c)' + (\boldsymbol{W}_{DY} \dot{\boldsymbol{q}} \cdot \boldsymbol{q}^{\mathrm{T}} \boldsymbol{s})' \end{aligned} \tag{3.28}$$

其中，式(3.26)描述的是刚体情况，而式(3.27)描述的是弹性变形情况，其中 $\boldsymbol{F}_q$ 和 $\boldsymbol{F}_a$ 是

两个体系的耦合情况，是小量，属于摄动部分，因此可以迭代求解，首先求解：

$$\begin{cases}-\boldsymbol{M}\ddot{\boldsymbol{q}}_0+2\lambda_1\boldsymbol{A}\,\boldsymbol{q}_0+2\lambda_2\boldsymbol{B}\,\boldsymbol{q}_0+\boldsymbol{F}=\boldsymbol{0}\\ \boldsymbol{q}_0^{\mathrm{T}}\boldsymbol{A}\,\boldsymbol{q}_0=L_1^2,\quad \boldsymbol{q}_0^{\mathrm{T}}\boldsymbol{B}\,\boldsymbol{q}_0=L_2^2\\ -\boldsymbol{M}_{\mathrm{e}}\ddot{\boldsymbol{a}}_0-\boldsymbol{K}_{\mathrm{e}}\,\boldsymbol{a}_0=\boldsymbol{0}\end{cases}\tag{3.29}$$

然后把$\boldsymbol{q}_0$代入$\boldsymbol{F}_q$和$\boldsymbol{F}_a$，作为外荷载，再进行求解：

$$\begin{cases}-\boldsymbol{M}\ddot{\boldsymbol{q}}_n+2\lambda_1\boldsymbol{A}\,\boldsymbol{q}_n+2\lambda_2\boldsymbol{B}\,\boldsymbol{q}_n+\boldsymbol{F}+\boldsymbol{F}_{q,n-1}=\boldsymbol{0}\\ \boldsymbol{q}_n^{\mathrm{T}}\boldsymbol{A}\,\boldsymbol{q}_n=L_1^2,\quad \boldsymbol{q}_n^{\mathrm{T}}\boldsymbol{B}\,\boldsymbol{q}_n=L_2^2\\ -\boldsymbol{M}_{\mathrm{e}}\ddot{\boldsymbol{a}}_n-\boldsymbol{K}_{\mathrm{e}}\,\boldsymbol{a}_n-\boldsymbol{F}_{a,n-1}=\boldsymbol{0}\end{cases}\tag{3.30}$$

时间进行计算时，在一个时间步(t_{k-1},t_k)内，$\boldsymbol{F}_q$和$\boldsymbol{F}_a$可以取为常数，取两个时间节点上的平均值计算。

$$\boldsymbol{M}=\begin{pmatrix}\frac{\rho_1L_1}{3}+\frac{\rho_2L_2}{3}+m_1 & 0 & \frac{\rho_2L_2}{6} & 0\\ 0 & \frac{\rho_1L_1}{3}+\frac{\rho_2L_2}{3}+m_1 & 0 & \frac{\rho_2L_2}{6}\\ \frac{\rho_2L_2}{6} & 0 & \frac{\rho_2L_2}{3}+m_2 & 0\\ 0 & \frac{\rho_2L_2}{6} & 0 & \frac{\rho_2L_2}{3}+m_2\end{pmatrix},\quad \boldsymbol{p}=\begin{pmatrix}X_1\\ Y_1\\ X_2\\ Y_2\end{pmatrix}\tag{3.31}$$

$$\begin{aligned}&\boldsymbol{K}_{\mathrm{e}}=\frac{L_2}{2}EJ\,\mathrm{diag}\left(\left(\frac{\pi}{L_2}\right)^4,\left(\frac{2\pi}{L_2}\right)^4,\cdots,\left(\frac{m\pi}{L_2}\right)^4\right)\\ &\boldsymbol{M}_{\mathrm{e}}=\mathrm{diag}\underbrace{\left(\frac{L_2\rho_2}{2},\frac{L_2\rho_2}{2},\cdots,\frac{L_2\rho_2}{2}\right)}_{m},\quad \boldsymbol{a}^{\mathrm{T}}=(a_1\quad a_2\quad \cdots\quad a_m)\end{aligned}\tag{3.32}$$

$$\begin{aligned}&\boldsymbol{F}^{\mathrm{T}}=(0,L_1\rho_1g/2+L_2\rho_2g/2+m_1g,0,L_2\rho_2g/2+m_2g)\\ &\boldsymbol{F}_{\mathrm{e}}^{\mathrm{T}}=(L_2\rho_2g/\pi)\cdot(2,(1-\cos2\pi)/2,\cdots,(1-\cos m\pi)/m)\end{aligned}\tag{3.33}$$

$$\boldsymbol{W}=\frac{L_2}{\pi}\begin{pmatrix}1 & 1\\ \frac{1}{2} & \frac{-1}{2}\\ \vdots & \vdots\\ \frac{1}{m} & \frac{(-1)^{m-1}}{m}\end{pmatrix},\begin{cases}\boldsymbol{X}=\begin{pmatrix}X_1\\ X_2\end{pmatrix}=\boldsymbol{D}_x\boldsymbol{q},\boldsymbol{D}_x=\begin{pmatrix}1&0&0&0\\0&0&1&0\end{pmatrix}\\ \boldsymbol{Y}=\begin{pmatrix}Y_1\\ Y_2\end{pmatrix}=\boldsymbol{D}_yq,\boldsymbol{D}_y=\begin{pmatrix}0&1&0&0\\0&0&0&1\end{pmatrix}\end{cases}\tag{3.34}$$

$$\boldsymbol{W}_{DX}=\rho_2\boldsymbol{W}\,D_x,\quad \boldsymbol{W}_{DY}=\rho_2\boldsymbol{W}\,\boldsymbol{D}_y$$

$$\cos\theta=\boldsymbol{c}^{\mathrm{T}}\boldsymbol{q},\quad \boldsymbol{c}^{\mathrm{T}}=\left(0\quad \frac{1}{L_2}\quad 0\quad -\frac{1}{L_2}\right),\sin\theta=\boldsymbol{s}^{\mathrm{T}}q$$

$$\boldsymbol{s}^{\mathrm{T}}=\left(-\frac{1}{L_2},0,\frac{1}{L_2},0\right)\tag{3.35}$$

第一例题是2摆的例题。数据如下：

$L_1=L_2=1$ m，第一杆的线密度为：$\rho_1=12.592$ kg/m，第二杆为钢材，密度为7.87×10^3 kg/m^3，杨氏模量为$E=2.06\times10^{11}$ Pa，其截面为0.04×0.04 m^{2}的方杆。图8-21中，两个小球的质量分别为：$m_1=10$ kg和$m_2=20$ kg。

初始位移为：$(X_1,Y_1)=(1.0,0)$，$(X_2,Y_2)=(1.0,1.0)$；初始速度为：$(\dot{X}_1,\dot{Y}_1)=$

$(0,0)$；$(\dot{X}_2,\dot{Y}_2)=(0,0)$。

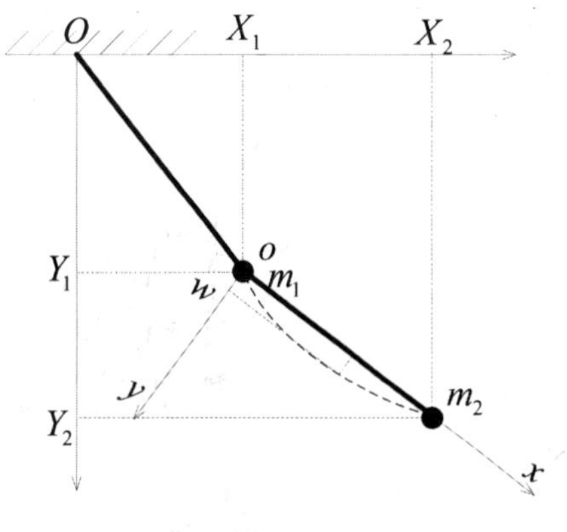

图 8-21

杆 2 视为弹性杆，杆 1 视为刚性杆。计算弹性杆局部变形时，选用 3 个模态计算。时间积分 100 s，时间步长为 0.004 s，弹性杆采用三个模态计算，其频率分别为583.1 rad/s，2 332.3 rad/s，5 247.6 rad/s。而整个摆振动一周大约费时 5.4 s，其频率约为 1.16 rad/s。低、高频率相差是 500 多倍。频率相差大，表明时间积分的**刚性**高。直接进行时程积分，有很大问题。保辛摄动迭代法，运用了**祖冲之方法论**，只要将时间步长取得小些，收敛已经可以满意。

η=0.004 s 的时间步长，对于 583.1 rad/s，2 332.3 rad/s，5 247.6 rad/s 的 3 个局部振动频率，单步已经是 2.332 4 rad，9.329.2 rad，20.9 rad 了，表明时间步长 η 大，因6.28 rad 就是一周呀。所以，弹性振动部分的解，空间坐标用本征解展开，而时间方向需要用分析式计算，即所谓半分析法，方可得到合理的结果。采用以上的保辛摄动迭代法积分此类刚性问题，虽然比较复杂，仍可得到满意结果的。高度非线性的复杂动力学问题，无法从严格数学来求解或证明的。积分时间 100 s 不短了。

计算结果如图 8-22～图 8-25 所示：

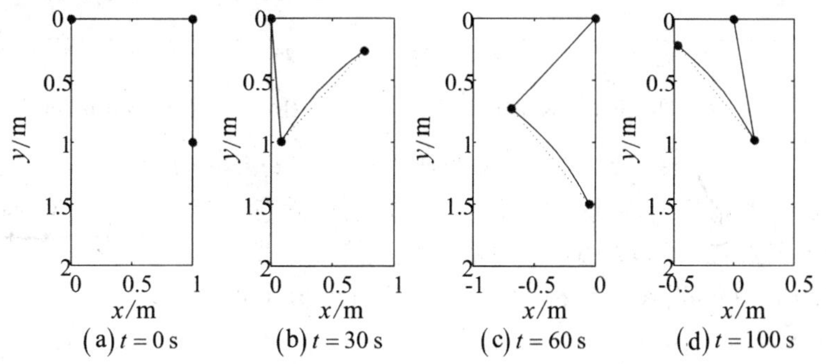

图 8-22　四个不同时刻时摆的变形（弹性杆的相对位移放大 5 000 倍）
（在出版社网站可下载动画演示过程）

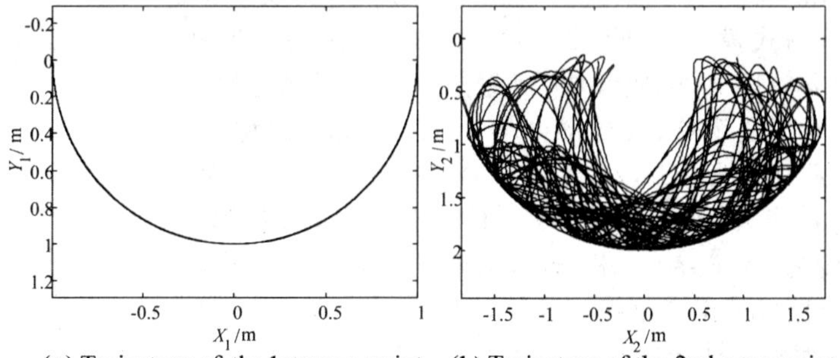

图 8-23　(X_1,Y_1)轨迹与(X_2,Y_2)轨迹

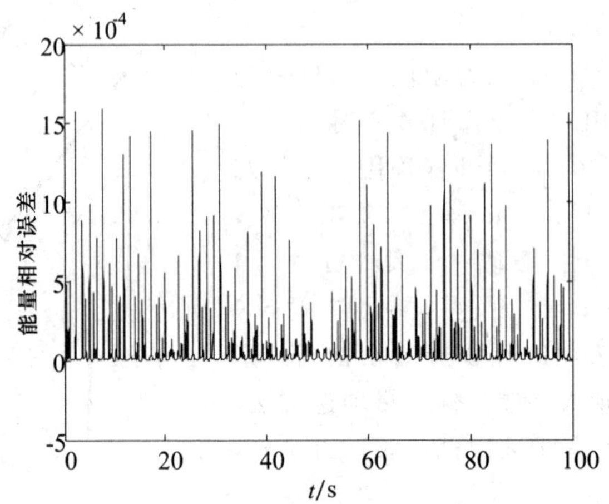

图 8-24　能量相对误差

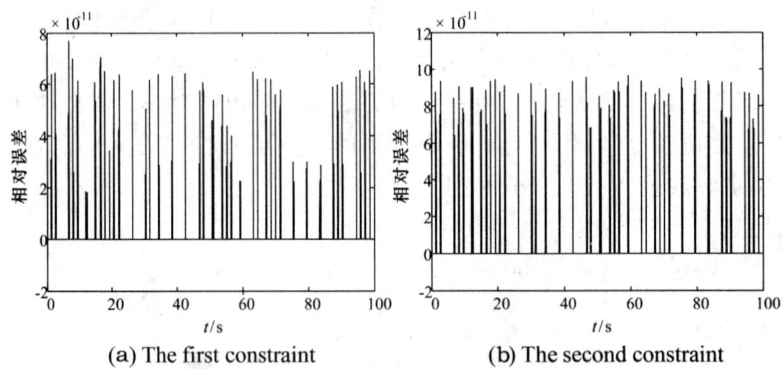

图 8-25　第一约束相对误差与第二约束相对误差

约束满足是够精确的。能量守恒相对误差也可满意。第二点的轨迹出现**混沌**，可以理解。非线性程度高么。书本上只能提供静态的数值结果。振动的动画可提供更清晰的形象，只得放弃了。

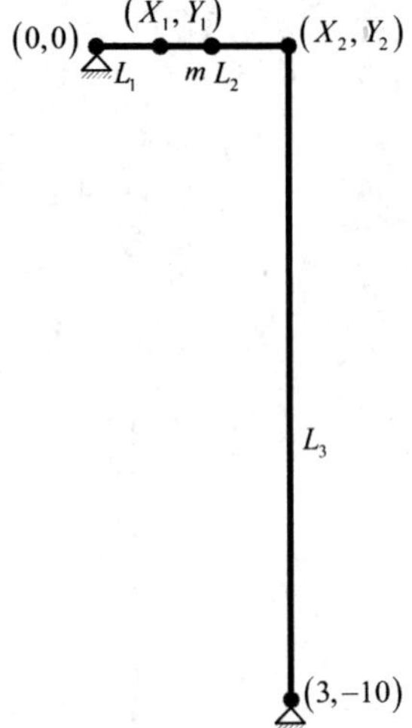

图 8-26　三杆模型

第二个算例是三杆运动，其数据如下：

如图 8-26 所示的三杆模型，由三杆组成，其中 $L_1=1$ m，$L_2=2$ m，$L_3=10$ m。第二根杆为0.1×0.1 m^{2}的钢杆，密度为 7.87×10^3 kg/m^3，杨式模量为 $E=2.06\times10^{11}$ Pa。在第二根杆 $0.4L_2$处有一个 $m=10$ kg 的质量块，因此把第二根杆视为弹性杆，而其余两杆看作是钢杆，其线密度均为 15 kg/m。模型中，两个节点的坐标分别为(X_1,Y_1)和(X_2,Y_2)，初始时坐标为：$(X_1,Y_1)=(1,0)$，$(X_2,Y_2)=(3,0)$。不考虑重力作用，第 1 杆的初始角速度为 $\omega=\pi$ rad/s，积分的时间步长为 0.01 s，共积分 50 s。中间弹性杆采用三个模态计算，1 318 rad/s，5 705 rad/s，13 017 rad/s，而整个结构振动一周大约费时2.65 s，其圆频率约为2.37 rad/s。

计算结果由图 8-27～图 8-32 展示，图 8-27 给出的是能量相对误差随时间的变化图，图 8-28 给出的是三个约束的最大相对误差随时间变化的关系。图 8-27 与图 8-28 表明利用本书提出的保辛摄动迭代算法计算得到的能量相对误差很小，能量守恒和几何约束都满足得很好。在不同时刻计算得到的三杆形状图 8-32 中，弹性杆相对位移放大 10 000倍。在本算例中，低、高频率相差是 1 000 多倍，时间积分的刚性高。直接进行时程积分有很大问题。采用保辛摄动迭代法，计算结果很好。

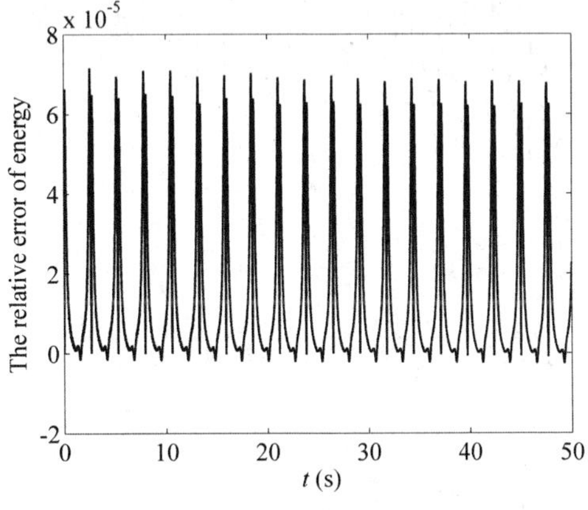

图 8-27　能量的相对误差

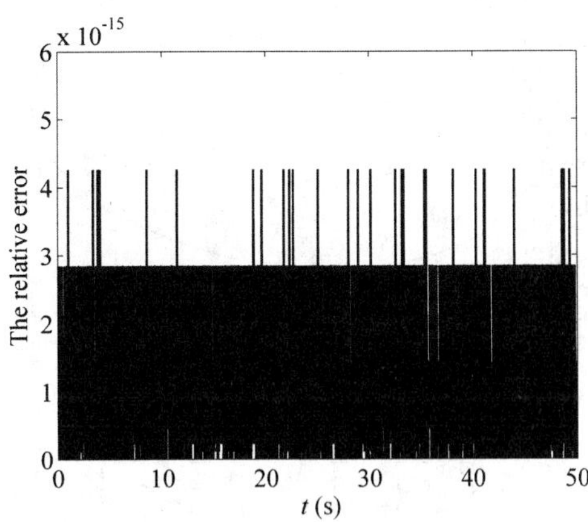

图 8-28　约束的相对误差

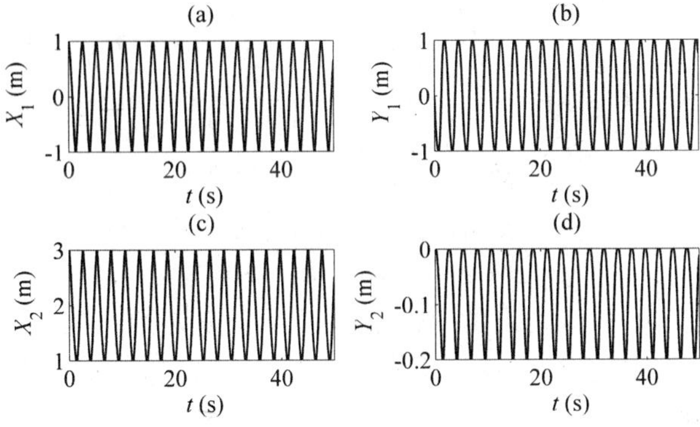

图 8-29　节点的位移时程曲线

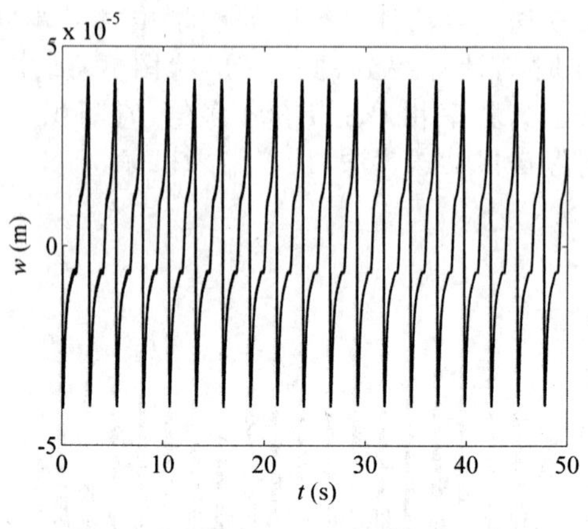

图 8-30　质点的相对位移

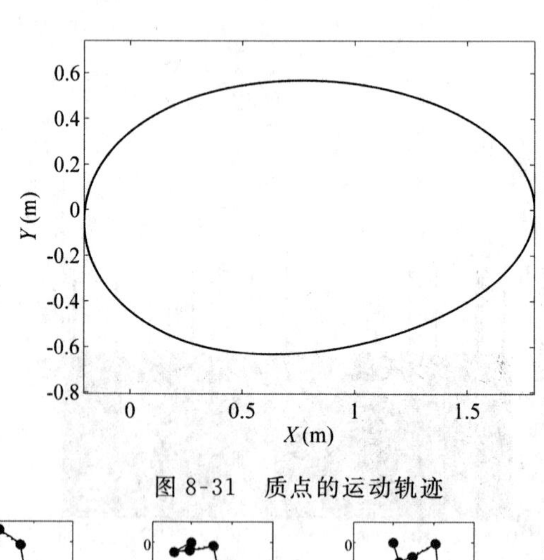

图 8-31　质点的运动轨迹

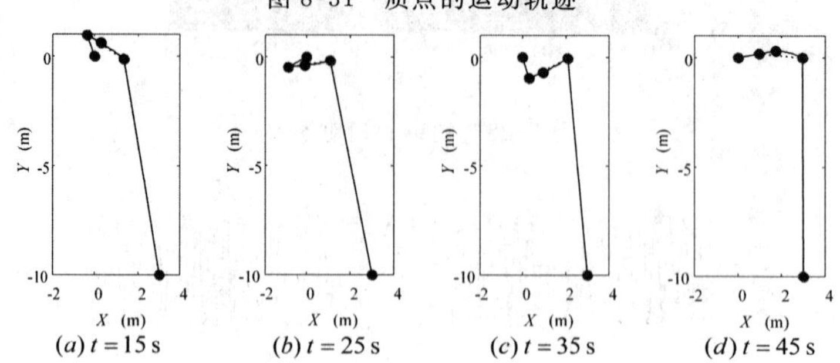

图 8-32　不同时刻的形状(只有动画才能看清)

(在出版社网站可下载动画演示过程)

这里对于刚-柔体动力学，提出的数值求解思路是**辛讲**的。数值结果判断大体合理，是可以与多刚体动力学相结合的，进一步有许多研究和数值试验有待进行。这就不是本书的事了，留待能人吧。

8.4　非完整等式约束的积分

介绍了微分-代数方程的求解，**非完整等式约束**的微分等式约束系统的数值积分问题，就呈现出来了。传统分析力学分类所谓的**非完整**(non-holonomic)系统则表示不能将约束通过消元的方法，变换到独立广义位移的系统，其中包含有不能分析积分的微分等式约束。不能用分析法积分的微分等式约束造成的麻烦，是限于分析法积分的困难；然而用数值方法离散后，微分成为差分了，微分等式约束也就转化成为**代数约束方程**了。既然是**代数约束方程**，同样可采用文[35]对付 DAE 的雷同方法，予以迭代求解的。当然仍有许多数值问题要探讨，以下的内容是基于论文[39]的，讲解更基本些。既然 DAE 求解已经有了思路和效果，不妨按雷同思路继续深入。**祖冲之**方法论在研究思路方面仍有巨大意义。

非完整微分等式约束方程中存在$\dot{\boldsymbol{q}}$，与代数约束方程相比有区别：代数约束方程只要用在每个时间节点处得到满足的约束方程来代替就可以了。DAE 求解时，虽然在很小的时间段内，约束并不严格满足，但结果很好。非完整约束存在$\dot{\boldsymbol{q}}$，必然要差分来满足。时间区段内的位移可用两端位移进行插值，而区段速度$\dot{\boldsymbol{q}}$则用区段的差分表达，从而区段的线性微分等式约束也成为用差分表达，成为离散近似的差分等式约束，是时间区段的表达。从 DAE 的求解看到，在很小的时间段内，约束不必处处严格满足，数值结果仍然可以很好。这就是离散分析方便的地方，可分散考虑各个因素。现在依然使用。

变分原理的约束所对应的 Lagrange 乘子的力学意义是约束力。因此每一步时间积分应区分两个阶段：第一阶段是在节点处的转折变换，此时要考虑转折处产生的冲量(Impulse，Lagrange 参数向量)，待定；第二阶段，是通常的动力学自由运动的区段积分，不要 Lagrange 参数向量了。第一阶段待定的节点冲量的选择应使第二阶段的差分等式约束方程得到满足。用转折处的冲量，代替了区段内的约束力是近似的。

探讨求解方法论，应遵循如下思路。Hilbert 在《数学问题》中指出：“在讨论数学问题时，我们相信特殊化比一般化起着更为重要的作用。可能在大多数场合，我们寻找一个问题的答案而未能成功的原因，是在于这样的事实，即有一些比手头的问题更简单、更容易的问题没有完全解决或是完全没有解决。这时，一切都有赖于找出这些比较容易的问题并使用尽可能完善的方法和能够推广的概念来解决它们。这种方法是克服数学困难的最重要的杠杆之一”。

非完整约束是困难的力学、数学问题。按 Hilbert 所言，应从最简单问题切入。俗云，“解剖一只麻雀”。现从“麻雀”例题开始，见[40]p29，example 1.6。

Lagrange 函数为

$$L=\frac{1}{2}(\dot{x}^2+\dot{y}^2)+x$$

其非完整约束为

$$\dot{x}\sin t-\dot{y}\cos t=0$$

该问题有分析解，其轨道见图 8-33，其中实线是解析解，圆圈为数值解。对时间积分的分析解为

$$x=\sin^2\omega t/2\omega^2,\quad y=(\omega t-\sin\omega t\cos\omega t)/2\omega^2$$

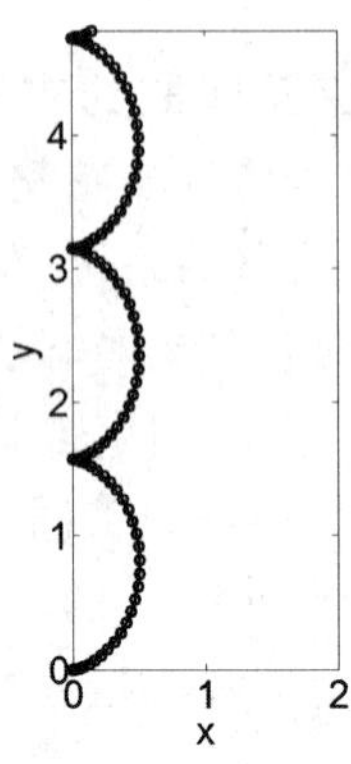

图 8-33 轨道

但如何离散数值积分,应予以探讨。其实,该例题显然是保守体系,能量守恒。2 个未知数;一个非完整约束方程,再由能量守恒提供另一个方程,就得到了分析解。将该麻雀例题通过变分原理,用数值方法计算好,有启发意义,这对于推广到一般的非完整系统的数值积分有重要意义。按文[35]对于 DAE 的求解,不必完全满足约束条件的。这条思路,应加以考虑。

微分-代数方程的约束可以只在离散节点处加以满足。而时间区段的非完整约束表达,只能用差分的约束方程来近似,无非是让它得到满足。按 DAE 求解的思路,在小区段内的运动可以让它自由;而同时,让节点处的轨道发生瞬时的转折,以使第二阶段的时间区段自由运动的差分约束方程得以满足。在很小区段内,不追求处处满足约束,而是区段差分满足。

瞬时发生的转折必需有冲量(Impulse)。麻雀例题本来是 2 个未知位移函数 $x(t)$, $y(t)$,离散后时间点成为

$$t=0,\eta,\cdots,(k-1)\eta=t_{k-1},\cdots \tag{4.1}$$

一系列节点,节点位移为 x_k,y_k。动力学有因果关系,认为已经完成了到 t_{k-1} 的积分。$\boldsymbol{q}_{k-1},\boldsymbol{p}_{k-1}$ 已经得到,要继续积分时间区段 $k^{\#}$,两端节点是 $k-1,k$,即求解 $\boldsymbol{q}_k,\boldsymbol{p}_k$,要满足区段差分近似的非完整约束、$k^{\#}$ 区段的速度,用线性插值

$$\dot{x}_{k\#}=(x_k-x_{k-1})/\eta,\quad \dot{y}_{k\#}=(y_k-y_{k-1})/\eta$$

于是区段 $k^{\#}$ 的非完整约束表达为

$$(x_k-x_{k-1})\sin\bar{t}_k/\eta-(y_k-y_{k-1})\cos\bar{t}_k/\eta=0$$

$$\bar{t}_k=(t_k+t_{k-1})/2$$

微分-代数方程的约束可以只在离散节点处加以满足,因此与约束对应的 Lagrange 参数,成为节点冲量,本来就在节点处考虑。非完整约束的区段表达只是几何考虑。将与非完整约束对应的约束力集中在时间节点处加以考虑,就成为**冲量**。

于是将每个时间区段的积分区分两个阶段:

第一阶段是在节点处的转折变换,此时要考虑转折的冲量(Lagrange 参数向量),节点冲量的选择应使区段约束方程得到满足。当前课题只有 2 个位移,转折变换有动能守

恒，还有一个约束方程确定约束冲量的方向；

第二阶段是通常 Lagrange 函数 $L=\frac{1}{2}(\dot{x}^2+\dot{y}^2)+x$ 的动力学区段积分不考虑约束，故不用 Lagrange 参数向量了。作用量

$$\int_{t_{k-1}}^{t_k} L(\boldsymbol{q},\dot{\boldsymbol{q}})dt,\quad \boldsymbol{q}(t)=(x(t),y(t))^{\mathrm{T}} \tag{4.2}$$

离散后 $\Delta x_k=(x_k-x_{k-1}),\Delta y_k=(y_k-y_{k-1})$,

$$S_k(\boldsymbol{q}_{k-1},\boldsymbol{q}_k)=[(\Delta x_k)^2+(\Delta y_k)^2]/2\eta+\eta\cdot(x_k+x_{k-1})/2$$

自由运动 $\boldsymbol{q}_{k-1}=(x_{k-1},y_{k-1})^{\mathrm{T}}$ 为给定而 $\boldsymbol{q}_k=(x_k,y_k)^{\mathrm{T}}$ 待求；并且

$$\boldsymbol{p}_{k-1}^{(k)^\#}=-\partial S_k/\partial\boldsymbol{q}_{k-1},\quad \boldsymbol{p}_k^{(k)^\#}=\partial S_k/\partial\boldsymbol{q}_k \tag{4.3}$$

其中 $\boldsymbol{p}_{k-1}^{(k-1)^\#}$ 为给定，而 $\boldsymbol{p}_{k-1}^{(k)^\#}$ 要用转折变换计算；而 $\boldsymbol{q}_k$ 待求，求出了 $\boldsymbol{q}_k$ 后 $\boldsymbol{p}_k^{(k)^\#}$ 也就确定了。转折变换只是改变速度的方向，同一节点故位移不变、势能不变，而动能守恒，因此 $\boldsymbol{p}_{k-1}^{(k)^\#}$ 只有一个未知数，而 $\boldsymbol{q}_k$ 有 2 个未知数。

现有 3 个未知数：x_k,y_k 处的 $\boldsymbol{q}_k$ 以及转折点的冲量(Lagrange 参数)；可提供的方程有 $\boldsymbol{p}_{k-1}^{(k-1)^\#}$ 到 $\boldsymbol{p}_{k-1}^{(k)^\#}$ 的节点动能守恒变换，要求满足区段约束条件的 1 个方程；以及动力学积分的 2 个方程，共 3 个方程。求解全部是代数操作，虽然非线性但仍可予以迭代求解，这是对于 $k^\#$ 积分区段的求解。

求解毕竟要列出方程。$k^\#$ 区段的作用量为

$$S=(x_k-x_{k-1})^2/(2\eta)+(y_k-y_{k-1})^2/(2\eta)+(x_k+x_{k-1})\eta/2$$

则

$$\begin{aligned}-p_{k-1,x}^{(k)^\#}&=\partial S/\partial x_{k-1}=-(x_k-x_{k-1})/\eta+\eta/2\\-p_{k-1,y}^{(k)^\#}&=\partial S/\partial y_{k-1}=-(y_k-y_{k-1})/\eta\\p_{k,x}^{(k)^\#}&=\partial S/\partial x_k=(x_k-x_{k-1})/\eta+\eta/2\\p_{k,y}^{(k)^\#}&=\partial S/\partial y_k=(y_k-y_{k-1})/\eta\\(x_k-x_{k-1})\sin\bar{t}_k&-(y_k-y_{k-1})\cos\bar{t}_k=0\\\bar{t}_k&=(t_{k-1}+t_k)/2\end{aligned}$$

这是 $k^\#$ 区段第二阶段的积分。麻雀例题虽然**简单**，真实轨道仍是弯曲的。曲线可用许多首尾相连的线段来逼近，但在**节点处要转折**是必然的，需要节点 $k-1$ 处第一阶段的**转折变换**。显然**转折变换**的前后，其位置未曾变化，故**势能不变化**；转折变换只有动量发生变化，从 $\boldsymbol{p}_{k-1}^{(k-1)^\#}$ 变换到 $\boldsymbol{p}_{k-1}^{(k)^\#}$。在节点 $k-1$ 两侧，从斜率 $\tan\bar{t}_{k-1}$ 的 $(k-1)^\#$ 区段，变化到斜率 $\tan\bar{t}_k$ 的 $k^\#$ 区段。从 $(k-1)^\#$ 区段的动量 $\boldsymbol{p}_{k-1}^{(k-1)^\#}$ 变换到 $k^\#$ 区段的动量 $\boldsymbol{p}_{k-1}^{(k)^\#}$，节点两侧动量只有方向发生变化而**动能守恒**，故两侧动量绝对值不变，即 $|\boldsymbol{p}_{k-1}^{(k-1)^\#}|=|\boldsymbol{p}_{k-1}^{(k)^\#}|$。发生转折是冲量的作用，这个变换很**简单**。因为**简单**，所以说好。

此问题的解是周期为 2π 的周期解。如果取积分步长为 0.1，积分结果如图 8-34 所示，图中实线是解析解，而圆圈为间隔 10 个积分步长的数值积分的结果。两者对比，几乎重合，表明精度好。

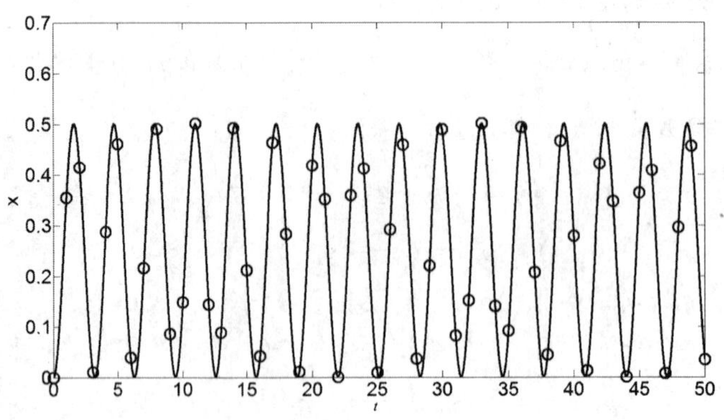

图 8-34

还应就**保辛-守恒**进行说明。从区段$(k-1)^{\#}$结束时的能量，到$k^{\#}$结束的能量应当相同。而通常的数值积分即使保辛，仍难以保证能量守恒。补救的方法是第二阶段的积分，其插值函数可以带一个参变量，调整参变量可达到能量守恒的，见[26]。数学理论是拓扑学的同伦(Homotopy)。

麻雀例题是在倾斜平面上的运动，其势能函数简单，故可用分析法积分。如果将 Lagrange 函数改成为

$$L=\frac{1}{2}(\dot{x}^2+\dot{y}^2)-(ax^2+by^2) \tag{4.4}$$

势能变化为椭球面，则对时间就难以积分出分析解了。为简单起见，取$b=1,a=0.5$进行计算。如初始条件选择为

$$x(0)=1,y(0)=\varphi(0)=\dot{x}(0)=\dot{y}(0)=0,\dot{\varphi}(0)=1 \tag{4.5}$$

同样的积分方法，积分步长为 0.1，积分到 400。积分结果$x-y$平面上的轨迹如图 8-35 所示，数值积分给出的能量的相对误差如图 8-36 所示。

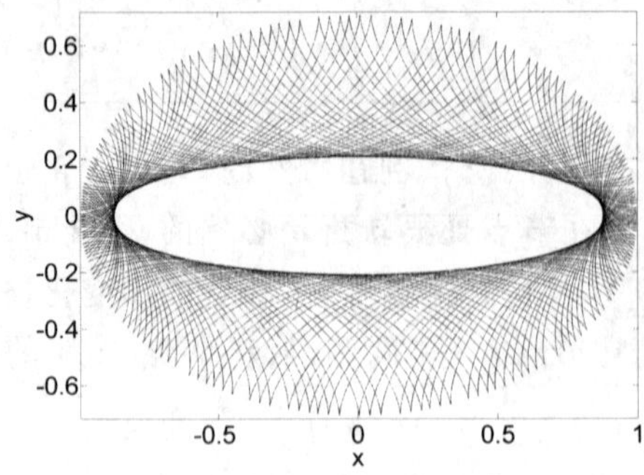

图 8-35　初始条件(4.5)对应的轨迹

计算时只考虑了积分的保辛，而没有采用能量守恒的修改，从数值结果看保辛的效果已经很好了。

一般的多自由度非完整等式约束课题有n维位移，和m维约束，其积分方法尚需进一步考虑。每个区段的受约束积分运动，同样可区分为两个阶段。其第二阶段的积分，成为无

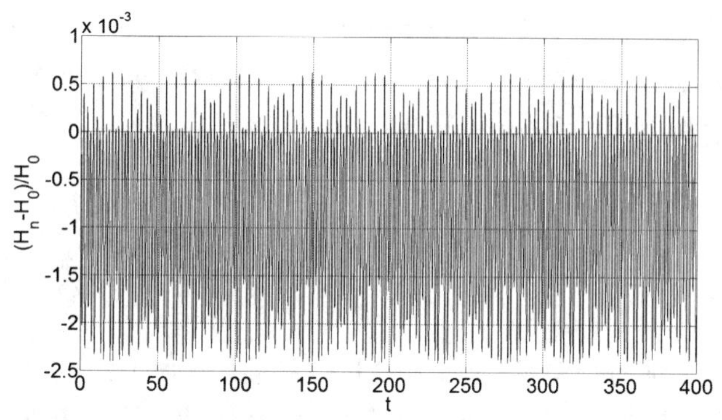

图 8-36　能量相对误差

约束的 n 维动力运动，其 Lagrange 函数、作用量已经熟知。关键是第一阶段从区段的动量变换到区段的动量的转折变换。

从麻雀例题可得到的启发是，可如下积分之：

(1) 未计及非完整约束时的自由度是 n，还有 $m < n$ 个非完整约束，则系统的自由度是 $n - m$。

(2) 位移可用简单的线性插值。每积分一个时间区段，可区分为两个阶段。第一阶段是在同一个节点 $k-1$ 处的转折，非完整约束在节点 $k-1$ 要求满足，造成动量转折的约束冲量 $\boldsymbol{\lambda}_{k-1}$ 就是其 Lagrange 参数；而第二个阶段的积分是线性区段的无约束积分，不必用 Lagrange 参数。因为约束力已经集中体现在节点 $k-1$ 处的冲量了。节点冲量 $\boldsymbol{\lambda}_{k-1}$ 的确定要使区段的非完整约束得到满足。时间区段内用无约束的作用量进行积分，变分原理计算的作用量是两端节点位移的对称矩阵表达的，于是传递实现了保辛。

(3) 区段的非完整约束可用差分近似表达，是几何性质的。

(4) 第一阶段的转折变换要考虑节点 $k-1$ 处冲量的约束，变换是在同一个节点 $k-1$ 处完成的，位移 $\boldsymbol{q}_{k-1}$ 已知。

(5) 尽量保辛 - 守恒

于是两个阶段都要考虑约束。设原来约束表达为齐次拟线性，即给定的约束方程是

$$\boldsymbol{G}_0(\boldsymbol{q},t)\cdot\dot{\boldsymbol{q}} = 0 \tag{4.6}$$

其中 $\boldsymbol{G}_0$ 为 $m\times n$ 维矩阵，要求是满秩的。时间节点是 $0,\eta,\cdots,k\eta,\cdots$，区段 $k^{\#}$ 的两端节点是 $k-1,k$。关于非线性的约束方程，要求其微商得到的切面是互相无关的。

在第二阶段，要表达为离散形式，无非是将速度 $\dot{\boldsymbol{q}}$ 改变为区段差分，而节点位移 $\boldsymbol{q}$ 则可采用区段两端的位移平均值，而已。这有 m 个约束方程要满足。既然是区段约束，微分约束要近似为差分约束

$$\boldsymbol{G}_0((\boldsymbol{q}_k+\boldsymbol{q}_{k-1})/2)\cdot(\boldsymbol{q}_k-\boldsymbol{q}_{k-1})/\eta = 0 \tag{4.7}$$

[当然也可近似为

$$\frac{1}{2}[\boldsymbol{G}_0(\boldsymbol{q}_{k-1})+\boldsymbol{G}_0(\boldsymbol{q}_k)]\cdot(\boldsymbol{q}_k-\boldsymbol{q}_{k-1})/\eta = 0 \tag{4.7a}$$

问题是第一阶段，在节点 $k-1$ 的转折变换。变换前后是同一个节点位移 $\boldsymbol{q}_{k-1}$ 和时间 t_{k-1}。根据时间积分使用的是对偶变量 $\boldsymbol{q},\boldsymbol{p}$，所以将非完整约束方程改成为动量形式

$$\boldsymbol{G}(\boldsymbol{q},t)\cdot\boldsymbol{p}=0$$

比较方便。从速度形式变换到动量形式，约束矩阵也要从 $\boldsymbol{G}_0(\boldsymbol{q},t)$ 改换成 $\boldsymbol{G}(\boldsymbol{q},t)$，该变换比较容易完成。集中到时间节点 t_{k-1} 可写成

$$\boldsymbol{G}(\boldsymbol{q}_{k-1},t_{k-1})=\begin{pmatrix}\boldsymbol{g}_1\\ \boldsymbol{g}_2\\ \vdots\\ \boldsymbol{g}_m\end{pmatrix},\quad \boldsymbol{g}_i\cdot\boldsymbol{p}=0,\quad i=1,2,\cdots,m \tag{4.8}$$

其中 $\boldsymbol{g}_i(\boldsymbol{q}_{k-1},t_{k-1})$ 是 n 维的行向量，是 n 维动量空间的 i 号切平面。这是点 $k-1$ 处的约束表达。任何动量向量 $\boldsymbol{p}$ 只要与 $\boldsymbol{g}_1,\boldsymbol{g}_2,\cdots,\boldsymbol{g}_m$ 全正交，就满足了约束条件。

前一步数值积分已经给出了 n 维向量 $\boldsymbol{p}_{k-1}^{(k-1)\#}$，而转折变换要寻求的是 $\boldsymbol{p}_{k-1}^{(k)\#}$，以作为第二阶段作用量保辛积分的初始条件。注意，$\boldsymbol{p}_{k-1}^{(k-1)\#}$ 与 $\boldsymbol{p}_{k-1}^{(k)\#}$ 皆不保证能严格满足约束条件(4.8)，但其变化，n 维的冲量向量 $\Delta\boldsymbol{p}_{k-1}=\boldsymbol{p}_{k-1}^{(k)\#}-\boldsymbol{p}_{k-1}^{(k-1)\#}$，即节点 $k-1$ 处的约束冲量，应严格满足约束条件(4.8)，有 m 个参数待定。解释如下：

因轨道转折，节点 $k-1$ 的 m 维约束会产生 m 维的冲量 $\boldsymbol{\lambda}_{k-1}$，即约束的 Lagrange 参数向量。冲量 $\boldsymbol{\lambda}_{k-1}$ 就在约束的法线方向 $\boldsymbol{g}_1,\boldsymbol{g}_2,\cdots,\boldsymbol{g}_m$，因此必然可由与线性组合而成。用公式表达

$$\boldsymbol{p}_{k-1}^{(k)\#}=\boldsymbol{p}_{k-1}^{(k-1)\#}+\boldsymbol{\lambda}_{k-1}^{\mathrm{T}}\boldsymbol{G}_p,\quad \Delta\boldsymbol{p}_{k-1}=\boldsymbol{\lambda}_{k-1}^{\mathrm{T}}\boldsymbol{G}_p \tag{4.9}$$

其中冲量 $\boldsymbol{\lambda}_{k-1}$ 是 m 维向量，m 个未知数。注意到 $\boldsymbol{p}_{k-1}^{(k)\#}$ 是 n 维向量，但在式(4.9)的表达中，已经只有 m 个未知数了。所以在节点处转折的动量变换，$\boldsymbol{p}_{k-1}^{(k)\#}$ 只有 m 个未知数。

这 m 个待定参数的方程可由区段 $k^{\#}$ 的 m 个差分约束条件提供。

为了表达数值方法，可用一个特殊的问题，$n=5$ 自由度，$m=2$ 个非完整约束，见图 8-37。问题很简单，薄圆盘在水平刚性地面上无滑动滚动。刚体本来有 6 个自由度，但有地面的 1 个完整代数约束，所以是 $n=5$ 自由度，其 Lagrange 函数见[41]，符号的意义以及具体推导请见该著作，这里不重复了。

$$\begin{aligned}L=&\frac{M}{2}\{\dot{x}^2+\dot{y}^2+a^2[\dot{\theta}^2+\cos^2(\theta)\dot{\psi}^2]-2a\sin(\theta)\dot{\theta}[\dot{x}\cos(\psi)+\dot{y}\sin(\psi)]+\\&2a\cos(\theta)\dot{\psi}[-\dot{x}\sin(\psi)+\dot{y}\cos(\psi)]\}+\frac{1}{2}A[\dot{\theta}^2+\sin^2(\theta)\dot{\psi}^2]+\\&\frac{1}{2}C[\dot{\varphi}^2+\dot{\psi}\cos(\theta)]^2-Mga\sin(\theta)\end{aligned}$$

约束为

$$\dot{x}+a\dot{\varphi}\sin(\psi)=0$$
$$\dot{y}-a\dot{\varphi}\cos(\psi)=0$$

其中 M 为圆盘的质量，A 为圆盘绕直径的转动惯量，$C=2A$ 为圆盘绕过圆心垂直圆盘转轴的转动惯量，a 为圆盘的半径。取 $M=1,a=1,A=0.25,C=0.5$ 和 $g=1$，积分步长 0.1。初始条件为

$$x(0)=y(0)=0,\theta(0)=1,\psi(0)=2,\varphi(0)=0$$
$$\dot{x}(0)=-\dot{\varphi}(0)\sin(\psi(0)),\dot{y}(0)=\dot{\varphi}(0)\cos(\psi(0))$$

$$\dot{\theta}(0)=0.2,\dot{\psi}(0)=0.1,\dot{\varphi}(0)=0.6$$

积分结果见图 8-38～图 8-41，$x-y$ 平面上的轨迹如图 8-41，数值积分给出的能量的相对误差如图 8-42 所示。

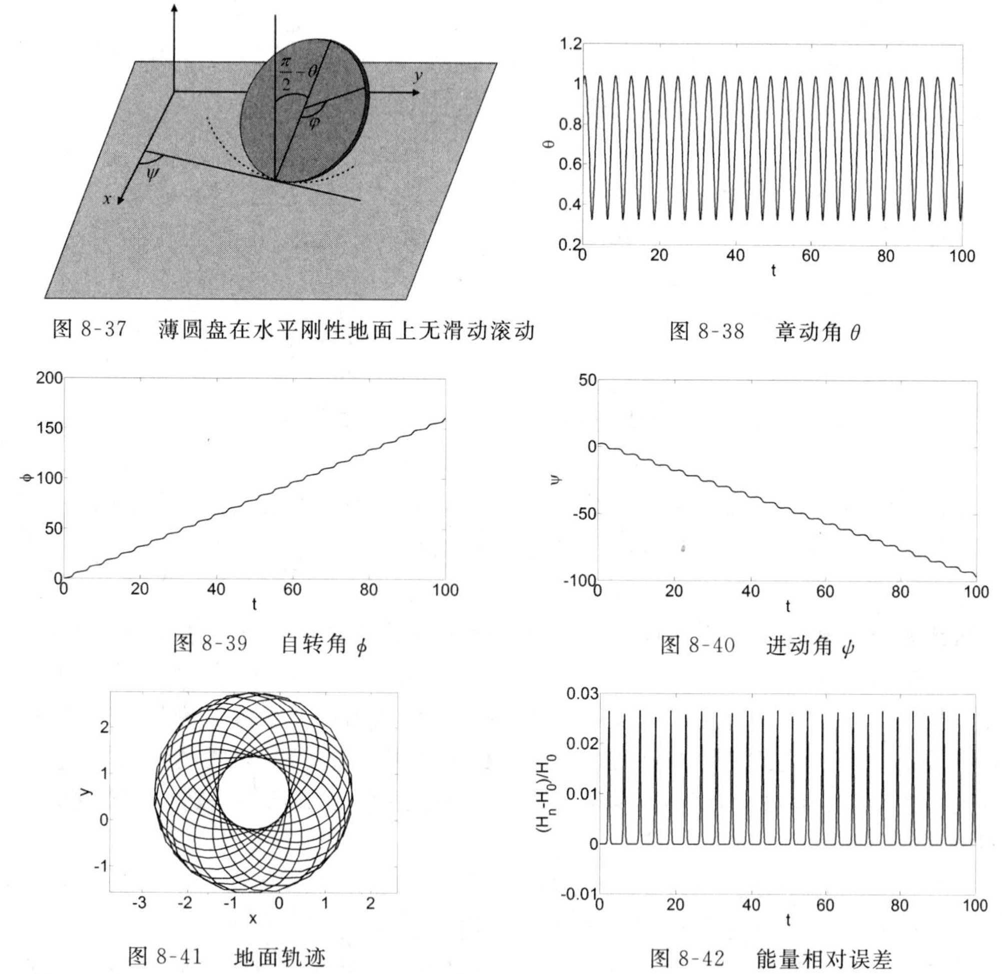

图 8-37　薄圆盘在水平刚性地面上无滑动滚动

图 8-38　章动角 θ

图 8-39　自转角 ϕ

图 8-40　进动角 ψ

图 8-41　地面轨迹

图 8-42　能量相对误差

其中，计算时只考虑了积分的保辛，从数值结果看保辛已经很好了。Hamilton 函数虽然有起伏，但总能返回来。# #

非完整约束动力学的积分，分析求解非常困难。数值积分求解似乎也并未深入探讨。一个圆盘的平地滚动，问题看来既简单又典型，有许多分析动力学的著作讲这个问题。但认真数值积分出来，限于作者们的视野，还没看到过。

以上表达与[39]有所不同，更具体、偏重于力学概念。

讨论：以上方法考虑约束，只有区段的差分约束。然而人们不禁要问，前面的方案只考虑了满足区段的约束，在节点处的约束没有管，能否也能加以考虑呢？回答是，能！

方法：节点 $(k-1)^{\#}$ 处的冲量原来是用于从 $\boldsymbol{p}_{k-1}^{(k-1)^{\#}}$ 直接变换到 $\boldsymbol{p}_{k-1}^{(k)^{\#}}$ 的 $\Delta\boldsymbol{p}_{k-1}=(\boldsymbol{p}_{k-1}^{(k)^{\#}}-\boldsymbol{p}_{k-1}^{(k-1)^{\#}})$，没有考虑在节点 $(k-1)^{\#}$ 处的约束条件。现在要加以考虑，就是要找出满足式(4.8)的 $\boldsymbol{p}_{k-1}$。

积分 $\boldsymbol{p}_{k-1}^{(k-1)\#}$ 时只考虑了区段$(k-1)^{\#}$的差分近似的约束，而不是节点 $k-1$ 的(4.8)。同样也未要求 $\boldsymbol{p}_{k-1}^{(k)\#}$ 严格满足节点 $k-1$ 的(4.8)。但要求动量的变化 $\Delta\boldsymbol{p}_{k-1}=\boldsymbol{p}_{k-1}^{(k)\#}-\boldsymbol{p}_{k-1}^{(k-1)\#}$ 严格满足节点 $k-1$ 的(4.8)，即 $\boldsymbol{G}(\boldsymbol{q}_{k-1},t_{k-1})\cdot\Delta\boldsymbol{p}_{k-1}=0$，要求解 $\boldsymbol{G}(\boldsymbol{q}_{k-1},t_{k-1})\cdot\boldsymbol{p}_{k-1}=0$

其中两个动量 $\boldsymbol{p}_{k-1}^{(k-1)\#}$，$\boldsymbol{p}_{k-1}^{(k)\#}$ 不能分别严格满足式(4.8)，而 $\Delta\boldsymbol{p}_{k-1}$ 为已知。现在要寻求动量向量 $\boldsymbol{p}_{k-1}$，严格满足式(4.8)。动量变化一定是有约束冲量向量

$$\boldsymbol{G}^{\mathrm{T}}(\boldsymbol{q}_{k-1},t_{k-1})\cdot\boldsymbol{\lambda}_{k-1}=\Delta\boldsymbol{p}_{k-1}$$

其中 $\boldsymbol{\lambda}_{k-1}$ 是 m 维 Lagrange 参数向量，它是垂直于节点 $k-1$ 的各约束切面的。现在要将 $\boldsymbol{\lambda}_{k-1}$ 区分为两部分 $\boldsymbol{\lambda}_{k-1}=\boldsymbol{\lambda}_{k-1,1}+\boldsymbol{\lambda}_{k-1,2}$，也即

$$\boldsymbol{G}^{\mathrm{T}}(\boldsymbol{q}_{k-1},t_{k-1})\cdot(\boldsymbol{\lambda}_{k-1,1}+\boldsymbol{\lambda}_{k-1,2})=\Delta\boldsymbol{p}_{k-1,1}+\Delta\boldsymbol{p}_{k-1,2}=\Delta\boldsymbol{p}_{k-1} \tag{4.8a}$$

取其中 $\boldsymbol{\lambda}_{k-1,1}$ 为待求。要求

$$\boldsymbol{p}_{k-1}=\boldsymbol{p}_{k-1}^{(k-1)\#}+\Delta\boldsymbol{p}_{k-1,1}=\boldsymbol{p}_{k-1}^{(k-1)\#}+\boldsymbol{G}^{\mathrm{T}}(\boldsymbol{q}_{k-1},t_{k-1})\boldsymbol{\lambda}_{k-1,1}$$

满足约束 $\boldsymbol{G}_{k-1}\cdot\boldsymbol{p}_{k-1}=0$，其中 $\boldsymbol{G}_{k-1}=\boldsymbol{G}(\boldsymbol{q}_{k-1},t_{k-1})$。将 $\boldsymbol{p}_{k-1}$ 代入有

$$\boldsymbol{G}_{k-1}\boldsymbol{G}_{k-1}^{\mathrm{T}}\boldsymbol{\lambda}_{k-1,1}=-\boldsymbol{G}_{k-1}\boldsymbol{p}_{k-1}^{(k-1)\#}$$

其中方程右侧为已知，而 $\boldsymbol{G}_{k-1}\boldsymbol{G}_{k-1}^{\mathrm{T}}$ 是满秩 $m\times m$ 矩阵，求解是很容易的。因只在同一个节点处操作一下，只要代数求解就可以了。以上介绍的积分方法与[36]讲的有所不同，但本质一样。

这样非完整微分约束，在区段是差分满足；而在节点处也可严格满足。两者兼得了。

以上的求解方法延续了 DAE 积分方法[36]的思路。算法运用每个离散积分步的 2 阶段保辛积分法，得到了大体上可以满意的数值结果。依然用祖冲之方法论的思路。第 7 章的结束讲到，将祖冲之方法论与近代数学计算相融合，可统称祖冲之类的算法。本章就是实现了祖冲之类的算法的融合。地位是要中国人自己去争取的，而不是随从人家现成的路子而得到的。

显然，这些只是初步探讨，还需要更多的深入研究和实践。在本教材中，主要是提供特色思路供读者参考。而不是提供详细结果，所以讲到这里，也就可以了。

按前文对于约束的分类，讲了 DAE 的求解，又介绍了非完整等式约束，于是不等式约束问题就呈现出来了。不等式约束问题求解恰当的数学工具是参变量变分原理与参变量二次规划算法，见[23,24]，是处理塑性静力学，接触问题等的有效工具。当然在动力学中也非常有用。这方面内容很多，因此另外写成一章。

附录：对祖冲之计算方法的推测

中国古代南北朝著名数学家**祖冲之**(429—500)，距今 15 个世纪多了。他计算的圆周率已经达到 $\pi=3.141\,592\,6\cdots$。祖冲之的方法就是用直径为 1 的正多角形边的总长度代替。只有多角形的角点，要求全部处于圆周上。角点的数目越多，多角形边的总长度就越逼近于 π。只要划分成 65536 个内接正多角形，就可以达到精度。等腰三角形短边的中点可将等腰三角形划分成两个直角三角形，运用**勾**、**股**、**弦**的**商高**定理(即希腊古代的毕达哥拉斯定理)，即可计算等腰三角形长直角边的长度，它自然比半径(弦)小。延长到圆周，就得到加细一倍的圆周点。计算了其短边长度，乘上 $2^N=65536$，$N=16$，就得到圆周率了。

中国在东周就发明了算盘，乘法等计算不成问题，不过算盘的位数也是有限的，所以做出的 $\pi = 3.141\ 592\ 6\cdots$，可能就是当时最好的了。商高定理的计算要开平方，而开平方也可用迭代方法解决的。

第9章　不等式约束的积分

9.1　拉压模量不同材料的参变量变分原理和有限元方法[53]

先用静力的非线性课题进行讲述。经典弹性理论描述的是拉、压弹性模量相同材料的力学问题，它广泛适用于大部分金属材料。然而，航空航天、土木、机械、铁路等工程中，非线性问题是大量存在的。譬如，工程中常用的混凝土材料，表现出拉、压性质不同的特点；而对于一些(空、天)展开结构，为达到其设计性能，倾向于采用特殊的索、膜结构，这些索、膜部件同样表现出不同的拉压性质。具有拉、压不同性质的材料或结构的力学分析，体现出较强的非线性特征，需要针对这类问题发展有效的求解算法。拉、压模量不同问题的理论研究始于19世纪40年代。已有方法基本上都采用迭代和试凑方法进行非线性问题的求解，如何保证算法的稳定性则是众多学者一直致力研究的课题。

9.1.1　基本方程

考虑平面应力问题，材料的特点是具有不同的拉伸和压缩模量，其本构关系如图9-1所示。如果 x 和 y 方向的位移分别用 u_x 和 u_y 表示，体力分别用 f_x 和 f_y 表示，则该问题的平衡方程、几何方程与普通平面应力问题相同，即为

$$\frac{\partial \sigma_x}{\partial x}+\frac{\partial \tau_{xy}}{\partial y}=f_x,\quad \frac{\partial \tau_{yx}}{\partial x}+\frac{\partial \sigma_y}{\partial y}=f_y \tag{1.1}$$

$$\boldsymbol{\varepsilon}=\boldsymbol{L}\boldsymbol{u} \tag{1.2}$$

其中

$$\boldsymbol{\varepsilon}=\begin{pmatrix}\varepsilon_x\\ \varepsilon_y\\ \gamma_{xy}\end{pmatrix},\quad \boldsymbol{u}=\begin{pmatrix}u_x\\ u_y\end{pmatrix},\quad \boldsymbol{L}=\begin{pmatrix}\dfrac{\partial}{\partial x} & 0\\ 0 & \dfrac{\partial}{\partial y}\\ \dfrac{\partial}{\partial y} & \dfrac{\partial}{\partial x}\end{pmatrix} \tag{1.3}$$

该问题与普通平面应力问题的不同之处在于其物理方程。对于拉、压不同模量问题，我们通常在应力主方向上描述其本构关系，假设两个应力主方向分别为 x_{I}，y_{I}，它们与 x 轴的夹角分别是 α 和 β，如图9-2所示。则主方向上的本构关系可由如下方程给出，即

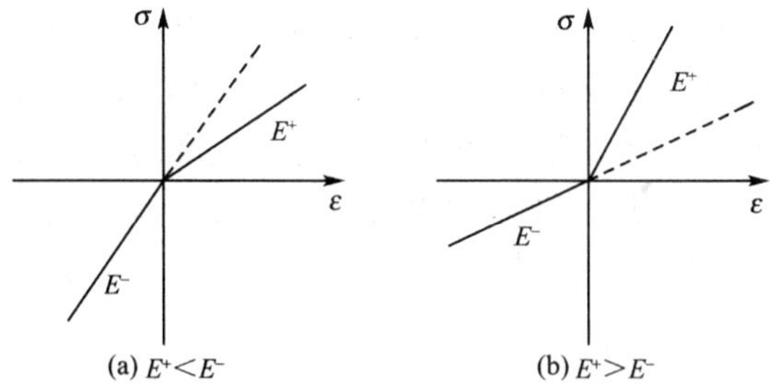

图 9-1　拉、压不同模量本构关系

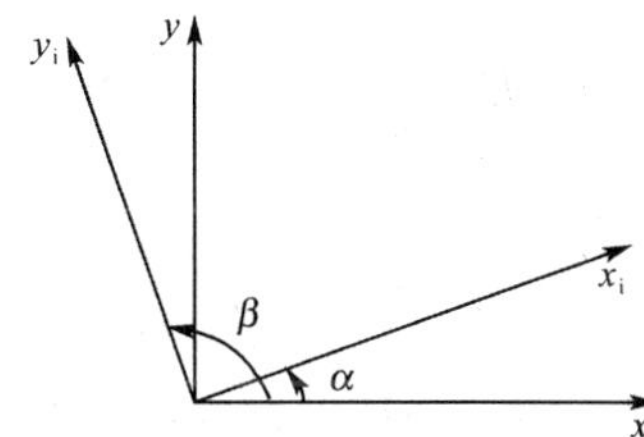

图 9-2　应力主方向

$$\begin{Bmatrix}\varepsilon_\alpha\\ \varepsilon_\beta\end{Bmatrix}=\begin{bmatrix}\dfrac{1}{E^+} & -\dfrac{\nu^+}{E^+}\\ -\dfrac{\nu^+}{E^+} & \dfrac{1}{E^+}\end{bmatrix}\begin{Bmatrix}\sigma_\alpha\\ \sigma_\beta\end{Bmatrix},\quad \sigma_\alpha\geqslant 0,\quad \sigma_\beta\geqslant 0 \tag{1.4}$$

$$\begin{Bmatrix}\varepsilon_\alpha\\ \varepsilon_\beta\end{Bmatrix}=\begin{bmatrix}\dfrac{1}{E^+} & -\dfrac{v^+}{E^+}\\ -\dfrac{v^-}{E^-} & \dfrac{1}{E^-}\end{bmatrix}\begin{Bmatrix}\sigma_\alpha\\ \sigma_\beta\end{Bmatrix},\quad \sigma_\alpha\geqslant 0,\quad \sigma_\beta< 0 \tag{1.5}$$

$$\begin{Bmatrix}\varepsilon_\alpha\\ \varepsilon_\beta\end{Bmatrix}=\begin{bmatrix}\dfrac{1}{E^-} & -\dfrac{v^-}{E^-}\\ -\dfrac{v^+}{E^+} & \dfrac{1}{E^+}\end{bmatrix}\begin{Bmatrix}\sigma_\alpha\\ \sigma_\beta\end{Bmatrix},\quad \sigma_\alpha< 0,\quad \sigma_\beta\geqslant 0 \tag{1.6}$$

$$\begin{Bmatrix}\varepsilon_\alpha\\ \varepsilon_\beta\end{Bmatrix}=\begin{bmatrix}\dfrac{1}{E^-} & -\dfrac{v^-}{E^-}\\ -\dfrac{v^-}{E^-} & \dfrac{1}{E^-}\end{bmatrix}\begin{Bmatrix}\sigma_\alpha\\ \sigma_\beta\end{Bmatrix},\quad \sigma_\alpha< 0,\quad \sigma_\beta< 0 \tag{1.7}$$

其中 E^+ 和 E^- 分别表示拉伸和压缩弹性模量，v^+ 和 v^- 分别表示拉伸和压缩的泊松比，ε_α、ε_β 和 σ_α、σ_β 分别表示主应变和主应力。可取

$$\frac{v^+}{E^+}=\frac{v^-}{E^-} \tag{1.8}$$

这样可保证柔度矩阵为对称矩阵。由以上方程可见，该问题的本构关系与主应力符号相关，即与应力状态相关。因而，应力状态的复杂程度将影响问题的非线性程度。这也正是求解拉、压不同模量问题的难点所在。

9.1.2　拉压模量不同平面问题的参变量变分原理

该问题的传统解法一般是采用迭代技术。但是在求解过程中，迭代算法往往不稳定，甚至不收敛。本书基于参变量变分原理，将具有拉、压不同模量本构关系的平面静力问题转化为互补问题，并采用数学规划法求解，正好能有效地克服这一困难。下面详细论述基于参变量变分原理描述的本构关系，以及将其转化为互补问题的过程。

首先考虑 $E^+<E^-$ 的情况。此时，方程(1.4)～(1.7)给出的本构关系可统一写为如下形式，即

$$\begin{pmatrix}\varepsilon_\alpha\\ \varepsilon_\beta\end{pmatrix}=\begin{pmatrix}\dfrac{1}{E^-} & -\dfrac{v^-}{E^-}\\ -\dfrac{v^-}{E^-} & \dfrac{1}{E^-}\end{pmatrix}\begin{pmatrix}\sigma_\alpha\\ \sigma_\beta\end{pmatrix}+\begin{pmatrix}\lambda_\alpha\\ \lambda_\beta\end{pmatrix} \tag{1.9}$$

$$\frac{E^+E^-}{E^--E^+}\lambda_\alpha=\begin{cases}0, & \sigma_\alpha<0\\ \sigma_\alpha, & \sigma_\alpha\geqslant 0\end{cases} \tag{1.10}$$

$$\frac{E^+E^-}{E^--E^+}\lambda_\beta=\begin{cases}0, & \sigma_\beta<0\\ \sigma_\beta, & \sigma_\beta\geqslant 0\end{cases} \tag{1.11}$$

其中 $\lambda_\alpha,\lambda_\beta$ 代表参变量，待定。由于 $E^+<E^-$，方程(1.10)，(1.11)表明 $\lambda_\alpha\geqslant 0$ 和 $\lambda_\beta\geqslant 0$，并且有如下关系：如果 $\lambda_\alpha=\lambda_\beta=0$，则 $\sigma_\alpha<0,\sigma_\beta<0$，表示 α、β 主方向均受压；如果 $\lambda_\alpha>0,\lambda_\beta>0$，则 $\sigma_\alpha\geqslant 0,\sigma_\beta\geqslant 0$，表示 α、β 主方向均受拉；如果 $\lambda_\alpha=0,\lambda_\beta>0$，则 $\sigma_\alpha<0,\sigma_\beta\geqslant 0$，表示 α 主方向受压而 β 主方向受拉；如果 $\lambda_\alpha>0,\lambda_\beta=0$，则 $\sigma_\alpha\geqslant 0,\sigma_\beta<0$，表示 α 主方向受拉而 β 主方向受压。容易证明，方程(1.10)，(1.11)等价于如下方程

$$\begin{gathered}\begin{pmatrix}\sigma_\alpha\\ \sigma_\beta\end{pmatrix}-\frac{E^+E^-}{E^--E^+}\begin{pmatrix}\lambda_\alpha\\ \lambda_\beta\end{pmatrix}+\begin{pmatrix}v_\alpha\\ v_\beta\end{pmatrix}=\mathbf{0}\\ \lambda_\alpha\geqslant 0,\quad v_\alpha\geqslant 0,\quad \lambda_\alpha v_\alpha=0\\ \lambda_\beta\geqslant 0,\quad v_\beta\geqslant 0,\quad \lambda_\beta v_\beta=0\end{gathered} \tag{1.12}$$

将方程(1.9)代入方程(1.12)，得到

$$\boldsymbol{D}^-\begin{pmatrix}\varepsilon_\alpha\\ \varepsilon_\beta\end{pmatrix}-\left(\frac{E^+E^-}{E^--E^+}\boldsymbol{I}+\boldsymbol{D}^-\right)\begin{pmatrix}\lambda_\alpha\\ \lambda_\beta\end{pmatrix}+\begin{pmatrix}v_\alpha\\ v_\beta\end{pmatrix}=\mathbf{0} \tag{1.13}$$

其中

$$\boldsymbol{D}^-=\begin{pmatrix}\dfrac{1}{E^-} & -\dfrac{v^-}{E^-}\\ -\dfrac{v^-}{E^-} & \dfrac{1}{E^-}\end{pmatrix}^{-1}=\frac{E^-}{1-(v^-)^2}\begin{pmatrix}1 & v^-\\ v^- & 1\end{pmatrix} \tag{1.14}$$

对于 $E^+>E^-$ 的情况，按照以上类似的推导过程，可得

$$\boldsymbol{D}^+\begin{pmatrix}\varepsilon_\alpha\\ \varepsilon_\beta\end{pmatrix}+\left(\frac{E^+E^-}{E^+-E^-}\boldsymbol{I}+\boldsymbol{D}^+\right)\begin{pmatrix}\lambda_\alpha\\ \lambda_\beta\end{pmatrix}+\begin{pmatrix}v_\alpha\\ v_\beta\end{pmatrix}=\mathbf{0} \tag{1.15}$$

其中

$$\boldsymbol{D}^+=\begin{pmatrix}\dfrac{1}{E^+} & -\dfrac{v^+}{E^+}\\ -\dfrac{v^+}{E^+} & \dfrac{1}{E^+}\end{pmatrix}^{-1}=\frac{E^+}{1-(v^+)^2}\begin{pmatrix}1\\ v^+\end{pmatrix} \tag{1.16}$$

以上方程可以进一步统一表示为如下形式

$$\boldsymbol{D}\boldsymbol{\varepsilon}_1-s(\delta\boldsymbol{I}+\boldsymbol{D})\boldsymbol{\lambda}+\boldsymbol{v}=\mathbf{0}$$

$$\lambda_\alpha \geqslant 0,\quad v_\alpha \geqslant 0,\quad \lambda_\alpha v_\alpha = 0 \tag{1.17}$$
$$\lambda_\beta \geqslant 0,\quad v_\beta \geqslant 0,\quad \lambda_\beta v_\beta = 0$$

其中

$$\varepsilon_I = \begin{pmatrix} \varepsilon_\alpha \\ \varepsilon_\beta \end{pmatrix}, \lambda = \begin{pmatrix} \lambda_\alpha \\ \lambda_\beta \end{pmatrix}, \nu = \begin{pmatrix} v_\alpha \\ v_\beta \end{pmatrix} \tag{1.18}$$

$$\boldsymbol{D} = \begin{pmatrix} \dfrac{1}{E_{\max}} & -\dfrac{v_{\max}}{E_{\max}} \\ -\dfrac{v_{\max}}{E_{\max}} & \dfrac{1}{E_{\max}} \end{pmatrix}^{-1} \tag{1.19}$$

$$s = \mathrm{sign}(E^- - E^+),\quad \delta = \frac{E^+ E^-}{E_{\max} - E_{\min}} \tag{1.20}$$

$$E_{\max} = \max(E^+, E^-),\quad E_{\min} = \min(E^+, E^-)$$
$$v_{\max} = \max(v^+, v^-),\quad v_{\min} = \min(v^+, v^-) \tag{1.21}$$

$$\mathrm{sign}(a) = \begin{cases} +1, & a > 0 \\ -1, & a < 0 \end{cases} \tag{1.22}$$

至此，就将不同应力状态下的四种本构关系(1.4)～(1.7)统一表达成了由方程(1.17)给出的互补关系。也就是说，只要参变量 $\boldsymbol{\lambda}$ 和各物理量之间满足互补关系，那么问题的本构方程将自然满足，二者完全等价。得到用互补关系描述的本构方程后，下面再给出用参变量表达的势能形式。物体的应变能是一个客观量，可以在任意坐标系下描述。在主方向上，应变能密度可写为

$$U = \frac{1}{2}(\boldsymbol{\varepsilon}_{\mathrm{I}} - \boldsymbol{\lambda})^{\mathrm{T}} \boldsymbol{D} (\boldsymbol{\varepsilon}_{\mathrm{I}} - \boldsymbol{\lambda}),\quad \lambda_\beta \geqslant 0 \tag{1.23}$$

引入坐标变换矩阵 $\boldsymbol{Q}$ 进行坐标变换后，便可得到应变能密度在一般坐标系下的表达式

$$U = \frac{1}{2}(\boldsymbol{Q\varepsilon} - \boldsymbol{\lambda})^{\mathrm{T}} \boldsymbol{D} (\boldsymbol{Q\varepsilon} - \boldsymbol{\lambda}) \tag{1.24}$$

其中

$$\boldsymbol{\varepsilon}_I = \begin{pmatrix} \varepsilon_\alpha \\ \varepsilon_\beta \end{pmatrix} = \boldsymbol{Q} \begin{pmatrix} \varepsilon_x \\ \varepsilon_y \\ \gamma_{xy} \end{pmatrix} = \boldsymbol{Q\varepsilon} \tag{1.25}$$

$$\boldsymbol{Q} = \begin{pmatrix} \cos^2\alpha & \sin^2\alpha & -\sin\alpha\cos\alpha \\ \sin^2\alpha & \cos^2\alpha & \sin\alpha\cos\alpha \end{pmatrix} \tag{1.26}$$

$$\tan\alpha = -\frac{\gamma_{xy}}{\varepsilon_x - \varepsilon_y} \tag{1.27}$$

进一步利用几何方程 $\boldsymbol{\varepsilon} = \boldsymbol{Lu}$，则可建立如下的参变量变分原理

$$\Pi = \int_\Omega \left[\frac{1}{2}(\boldsymbol{QLu} - \boldsymbol{\lambda})^{\mathrm{T}} \boldsymbol{D} (\boldsymbol{QLu} - \boldsymbol{\lambda}) - \boldsymbol{u}^{\mathrm{T}} \boldsymbol{f} \right] \mathrm{d}V,\quad \delta_u \Pi = 0 \tag{1.28}$$

$$\text{s. t.}\quad \boldsymbol{D\varepsilon}_{\mathrm{I}} - s(\delta \boldsymbol{I} + \boldsymbol{D})\boldsymbol{\lambda} + \boldsymbol{\nu} = \boldsymbol{0}$$
$$\lambda_\alpha \geqslant 0,\quad v_\alpha \geqslant 0,\quad \lambda_\alpha v_\alpha = 0 \tag{1.29}$$
$$\lambda_\beta \geqslant 0,\quad v_\beta \geqslant 0,\quad \lambda_\beta v_\beta = 0$$

方程(1.28)中，只对位移向量 $\boldsymbol{u}$ 变分，而变量 $\boldsymbol{\lambda}$ 不参与变分，因此称为参变量变分原

理。容易证明,对方程(1.28)执行变分得到的平衡方程和方程(1.29)给出的互补条件,与原问题完全等价。于是,原问题转化为在互补条件控制下,求其最小势能解。

9.1.3 基于参变量变分原理的有限单元法

建立了问题的参变量变分原理后,可按照一般有限元方法对结构进行离散,以便数值求解。本书采用3节点三角形单元,以说明求解的一般过程。假设形函数为 $\boldsymbol{N}$,对于单个单元,势能可进行显式积分。

$$\begin{aligned}\Pi_e &= \int_{\Omega_e}\left[\frac{1}{2}(\boldsymbol{Q}_e\boldsymbol{B}\boldsymbol{u}_e-\boldsymbol{\lambda}_e)^{\mathrm{T}}\boldsymbol{D}(\boldsymbol{Q}_e\boldsymbol{B}\boldsymbol{u}_e-\boldsymbol{\lambda}_e)-\boldsymbol{u}_e^{\mathrm{T}}\boldsymbol{N}^{\mathrm{T}}\boldsymbol{f}_e\right]\mathrm{d}V \\ &= \frac{1}{2}\boldsymbol{u}_e^{\mathrm{T}}\boldsymbol{K}_e\boldsymbol{u}_e-\boldsymbol{u}_e^{\mathrm{T}}\boldsymbol{W}_e\boldsymbol{\lambda}_e-\boldsymbol{u}_e^{\mathrm{T}}\boldsymbol{f}_e\end{aligned} \tag{1.30}$$

其中

$$\boldsymbol{B}=\boldsymbol{L}\boldsymbol{N},\quad \boldsymbol{K}_e=\int_{\Omega_e}\boldsymbol{B}^{\mathrm{T}}\boldsymbol{Q}_e^{\mathrm{T}}\boldsymbol{D}\boldsymbol{Q}_e^{\mathrm{T}}\boldsymbol{B}\,\mathrm{d}V,\quad \boldsymbol{W}_e=\int_{\Omega_e}\boldsymbol{B}^{\mathrm{T}}\boldsymbol{Q}_e^{\mathrm{T}}\boldsymbol{D}\,\mathrm{d}V \tag{1.31}$$

对整个结构,组集所有单元可得

$$\Pi=\frac{1}{2}\boldsymbol{u}^{\mathrm{T}}\boldsymbol{K}\boldsymbol{u}-\boldsymbol{u}^{\mathrm{T}}\boldsymbol{W}\boldsymbol{\lambda}-\boldsymbol{u}^{\mathrm{T}}\boldsymbol{f} \tag{1.32}$$

其中

$$\boldsymbol{K}=\sum_{e=1}^{N}\boldsymbol{K}_e,\quad \boldsymbol{W}=\sum_{e=1}^{N}\boldsymbol{W}_e,\quad \boldsymbol{u}=\sum_{e=1}^{N}\boldsymbol{u}_e,\quad \boldsymbol{\lambda}=\sum_{e=1}^{N}\boldsymbol{\lambda}_e,\quad \boldsymbol{f}=\sum_{e=1}^{N}\boldsymbol{f}_e \tag{1.33}$$

N 代表单元总数。根据参变量变分原理,对位移 $\boldsymbol{u}$ 进行变分,得到

$$\boldsymbol{K}\boldsymbol{u}=\boldsymbol{W}\boldsymbol{\lambda}+\boldsymbol{f} \tag{1.34}$$

又将 $\boldsymbol{\varepsilon}=\boldsymbol{B}\boldsymbol{u}_e$ 和 $\boldsymbol{\varepsilon}=\boldsymbol{Q}\boldsymbol{\varepsilon}_I$ 代入方程(1.17),可得

$$\boldsymbol{D}\boldsymbol{Q}\boldsymbol{B}\boldsymbol{u}_e-s(\delta\boldsymbol{I}+\boldsymbol{D})\boldsymbol{\lambda}_e+\boldsymbol{v}_e=\boldsymbol{0} \tag{1.35}$$

同样,对所有单元进行组集,有

$$\begin{gathered}\boldsymbol{H}\boldsymbol{u}-\boldsymbol{A}\boldsymbol{\lambda}+\boldsymbol{v}=\boldsymbol{0}\\ v_i\geqslant 0,\quad \lambda_i\geqslant 0,\quad \lambda_i v_i=0\quad (i=1,2,\cdots,2N)\end{gathered} \tag{1.36}$$

其中

$$\boldsymbol{H}=\sum_{e=1}^{N}\boldsymbol{D}\boldsymbol{Q}\boldsymbol{B} \tag{1.37}$$

$$\boldsymbol{A}=\mathrm{diag}[s(\delta\boldsymbol{I}+\boldsymbol{D})] \tag{1.38}$$

联立方程(1.34)与(1.36),有

$$\begin{gathered}\boldsymbol{v}-(\boldsymbol{A}-\boldsymbol{H}\boldsymbol{K}^{-1}\boldsymbol{W})\boldsymbol{\lambda}=-\boldsymbol{H}\boldsymbol{K}^{-1}\boldsymbol{f}\\ v_i\geqslant 0,\quad \lambda_i\geqslant 0,\quad \lambda_i v_i=0\quad (i=1,2,\cdots,2N)\end{gathered} \tag{1.39}$$

方程(1.39)是一个标准的互补问题,可采用 Lemke 算法求解。方程(1.39)中,系数矩阵 $\boldsymbol{A}$ 和载荷向量 $\boldsymbol{f}$ 均为已知,而矩阵 $\boldsymbol{H}$、$\boldsymbol{K}$ 和 $\boldsymbol{W}$ 都与坐标转换矩阵 $\boldsymbol{Q}$ 相关。求解时,可预先任意给定主方向 α 的初值,这样坐标转换矩阵 $\boldsymbol{Q}$ 便已知,$\boldsymbol{H}$、$\boldsymbol{K}$ 和 $\boldsymbol{W}$ 也可得到,因此可解出参变量 $\boldsymbol{\lambda}$。求得参变量 $\boldsymbol{\lambda}$ 后,通过方程(1.34)可求得位移 $\boldsymbol{u}$,进而求得应变 $\boldsymbol{\varepsilon}$,然后可求得新的主方向夹角 α,进而得到新的坐标变换矩阵 $\boldsymbol{Q}$,如此循环迭代,直至前后两次所求得的位移 $\boldsymbol{u}$ 满足一定收敛精度,如 $\| u_{k+1}-u_k \|<\kappa$,其中 κ 为给定控制精度。

9.1.4 数值算例

算例 1　计算一个三角形平面应力问题，单元、节点编号和施加的载荷和边界条件如图 9-3 所示。取拉伸模量 $E_T=2.2$ GPa，压缩模量 $E_C=3.22$ GPa，$E_C/E_T=1.464$，对应的泊松比分别为 $\nu_T=0.22$ 和 $\nu_C=0.322$，取控制误差为 $\|u_{k+1}-u_k\|<\kappa=10^{-13}$ μm。表 9-1 和表 9-2 分别给出了各节点的位移和各单元主应力。从表 9-1 和表 9-2 可以看出，本书解与文献给出的解完全一致，从而证明了本书方法的正确性。注意到 2 号节点的水平位移为负，6 号节点的竖直位移非零，这是拉、压模量不同问题与经典同模量的不同之处。同时，不难发现，该问题失去了经典同模量问题所具有的反对称特性。表 9-3 给出了取不同控制误差时，文献和本书方法求解所需的迭代次数，从中可以明显看出，求解同一问题，如果采用较为严格的收敛准则，文献给出的方法很难收敛，而本书方法则总能保证收敛，且效率较高。

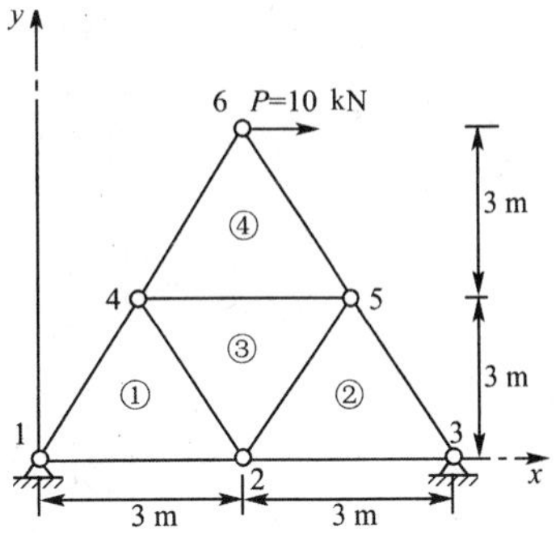

图 9-3　受水平载荷的双模量平面应力问题

表 9-1　节点位移

节点编号	水平位移/μm	竖直位移/μm
1	0	0
2	$-0.247\,327\times10^{-1}$	$0.201\,055\times10^{1}$
3	0	0
4	$0.101\,218\times10^{2}$	$0.872\,082\times10^{1}$
5	$0.109\,312\times10^{2}$	$-0.408\,509\times10^{1}$
6	$0.425\,152\times10^{2}$	$0.392\,228\times10^{1}$

表 9-2　单元主应力和主方向

单元编号	σ_α/kPa	σ_β/kPa	α/(°)
1	$-0.106\,880\times10^{1}$	$0.786\,542\times10^{1}$	28.7
2	$0.111\,456\times10^{0}$	$-0.820\,702\times10^{1}$	−30.1
3	$0.120\,058\times10^{1}$	$-0.253\,778\times10^{0}$	38.7
4	$-0.694\,870\times10^{1}$	$0.639\,608\times10^{1}$	43.8

表 9-3　不同控制误差下求解所需迭代次数

κ/μm	迭代次数	
	文稿献[24]中的方法	本书方法
1×10^{-1}	3	3
5×10^{-2}	3	4
1×10^{-2}	3	5
5×10^{-3}	5	5
1×10^{-3}	12	6
9×10^{-4}	12	6
8×10^{-4}	12	6
7×10^{-4}	12	6
6×10^{-4}	12	6

（续表）

$\kappa/\mu m$	迭代次数	
	文稿献[24]中的方法	本书方法
5×10^{-4}	12	6
4×10^{-4}	>100 000	6
1×10^{-5}	—	9
1×10^{-6}	—	10
1×10^{-7}	—	11
1×10^{-8}	—	13
1×10^{-9}	—	14
1×10^{-10}	—	16
1×10^{-11}	—	17
1×10^{-12}	—	18
1×10^{-13}	—	20

仍然计算以上的三角形平面应力问题，节点编号和单元编号同上。取拉伸模量 $E_T=1$ GPa，压缩模量 $E_C=200$ GPa，$E_C/E_T=200$，对应的泊松比分别为 $\nu_T=0.000\ 3$ 和 $\nu_C=0.3$，载荷施加在 6 号节点，竖直向下，如图 9-4 所示。控制误差为 $\kappa=10^{-13}$ μm，计算迭代 6 次即可收敛。表 9-4 和表 9-5 给出了节点位移和单元主应力的结果。从表 9-4和表 9-5 可以看出，对于这样一个对称问题，计算结果也呈现出很好的对称性。由于材料的拉伸模量较小而压缩模量较大，故所有的主应力中，为正值的主应力远小于为负值的主应力，表明结构表现出较强的压缩承载能力，而其拉伸承载能力则很弱。

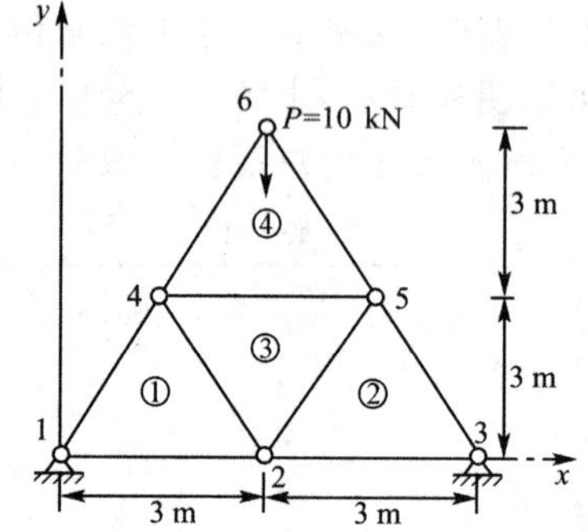

图 9-4　受竖直载荷的双模量平面应力问题

表 9-4　节点位移

节点编号	水平位移/μm	竖直位移/μm
1	0	0
2	$0.119\ 781\times10^{-16}$	$-0.693\ 552\times10^{-1}$
3	0	0
4	$-0.163\ 978\times10^{-2}$	$-0.762\ 144\times10^{-1}$
5	$0.163\ 978\times10^{-3}$	$-0.762\ 144\times10^{-1}$
6	$-0.203\ 170\times10^{-16}$	$-0.168\ 198\times10^{-1}$

表 9-5　单元主应力和主方向

单元编号	σ_α/kPa	σ_β/kPa	α/(°)
1	$0.596\ 844\times10^{-3}$	$-0.412\ 615\times10^{1}$	29.8
2	$0.596\ 844\times10^{-3}$	$-0.412\ 615\times10^{1}$	−29.8
3	$0.407\ 452\times10^{-3}$	$-0.457\ 155\times10^{0}$	0
4	$-0.178\ 136\times10^{1}$	$-0.666\ 667\times10^{1}$	0

算例 2　考虑如图 9-5 所示的正方形平面应力问题，其拉伸和压缩模量分别为 $E_T=3\ 000$ Pa和 $E_C=0$，对应的泊松比分别为 $\nu_T=0.3$ 和 $\nu_C=0$，在四个顶点受如图 9-5 所示的

载荷。由于此问题的对称性，可取 1/4 区域计算，其边界条件如图 9-6 所示，其中“o”表示 x 方向固定，“+”表示 y 方向固定。

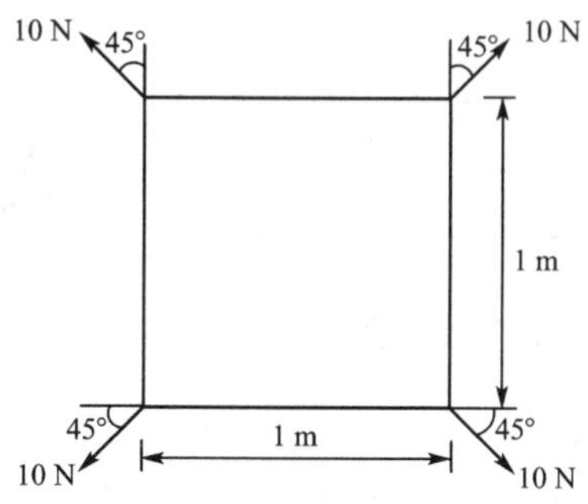

图 9-5　抗拉不抗压平面应力问题

图 9-6 给出了采用四种不同网格划分时单元主应力状态分布，图中黑色填充单元表示该单元的两个主应力中一个为正而另一个为零，白色填充单元表示该单元的两个主应力均为正。从图 9-6 可以看出，随着网格逐渐加密，应力状态也逐渐收敛。由于材料的压缩模量 $E_C=0$，即不具备抗压能力，所以当单元的两个主应力中有一个为零时，材料在实际情形中将表现为褶皱状态，故图中的黑色区域也就代表了起褶区域。

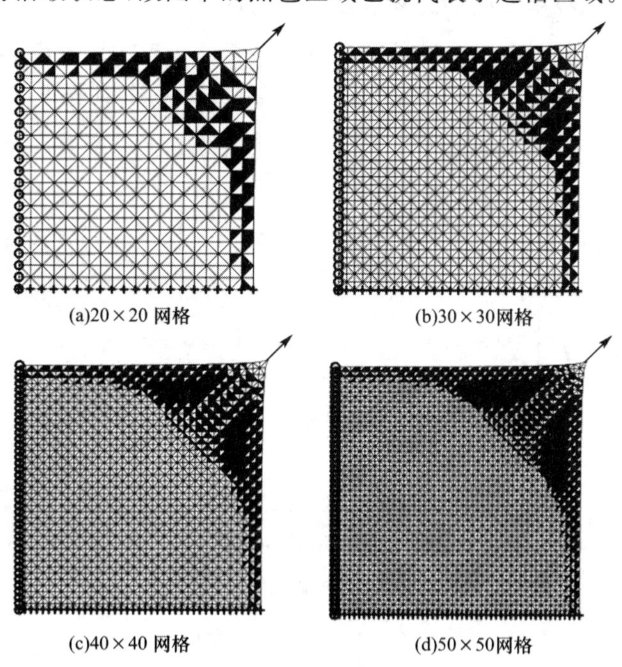

(a)20×20 网格　(b)30×30网格

(c)40×40 网格　(d)50×50网格

图 9-6　主应力状态分布

表 9-6 给出了求解收敛后的整体平衡误差和单元平衡误差，进一步验证了本书方法计算结果的正确性。其中整体平衡误差定义为 $\kappa_G=\|\boldsymbol{P}'-\boldsymbol{P}\|$，$\boldsymbol{P}$ 为施加的载荷向量，$\boldsymbol{P}'$ 为求解收敛后由整体刚度阵和位移向量所计算得到的载荷向量，即 $\boldsymbol{P}'=\boldsymbol{K}\boldsymbol{u}$。单元平衡误差定义为 $\kappa_L=\|\boldsymbol{\sigma}_{\mathrm{I}}'-\boldsymbol{\sigma}_{\mathrm{I}}\|$，$\boldsymbol{\sigma}_{\mathrm{I}}$ 为收敛后按各单元主应力符号选取真实的弹性矩阵 $\boldsymbol{D}_r$ 而计算出的单元主应力，即 $\boldsymbol{\sigma}_{\mathrm{I}}=\boldsymbol{D}_r\boldsymbol{\varepsilon}_{\mathrm{I}}$，而 $\boldsymbol{\sigma}_{\mathrm{I}}'=\boldsymbol{D}(\boldsymbol{\varepsilon}_{\mathrm{I}}-\boldsymbol{\lambda}_e)$。

表 9-6 平衡检查

网格数目	单元平衡误差 κ_L	整体平衡误差 κ_G
20×20	7.8557×10^{-13}	9.6623×10^{-9}
30×30	2.2072×10^{-12}	9.7050×10^{-9}
40×40	4.7010×10^{-12}	1.6698×10^{-8}
50×50	7.8120×10^{-12}	5.8609×10^{-8}

9.2 拉压刚度不同桁架的动力参变量保辛方法[54]

本节在参变量变分原理基础上，进一步建立由拉压刚度不同杆单元组成的桁架结构的**动力学**参变量变分原理。将拉压刚度不同桁架问题的非线性动力分析转换为线性互补问题求解。结合时间有限元方法构造了求解此问题的保辛数值积分方法。此方法不需要刚度矩阵更新和迭代，计算过程高效，稳定性好。

动力学问题在性质上与静力学问题不同，更困难了。椭圆型偏微分方程的 Dirichlet 问题与双曲型偏微分方程的初始问题的不同。双曲型方程有波的传播性质，离散求解要考虑多种因素。

9.2.1 拉压刚度不同杆单元的动力参变量变分原理

静力问题已经如此困难，动力问题就更难了。考虑具有拉压刚度不同的杆，设拉伸和压缩刚度分别为 $K^{(+)}$ 和 $K^{(-)}$，$K^{(+)}\neq K^{(-)}$，可分为两种情况，如图 9-7 所示。

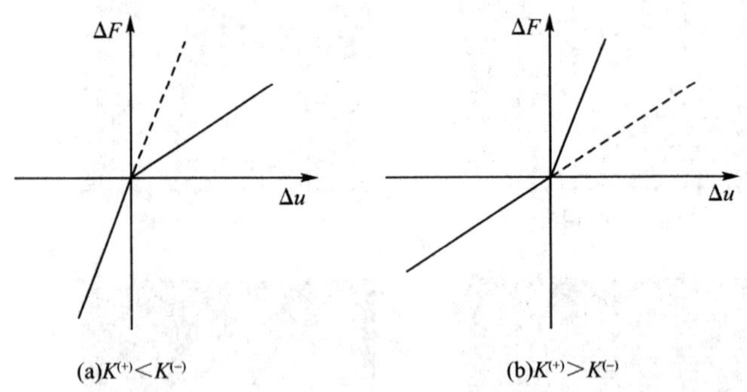

图 9-7 拉压刚度不同杆的本构关系

在图 9-7(b)中，如果压缩模量等于零，则成为绳索。杆的本构关系为

$$\Delta F=K\Delta u \tag{1.40}$$

其中

$$K=\begin{cases}K^{(+)}, & \Delta u\geqslant 0\\ K^{(-)}, & \Delta u<0\end{cases} \tag{1.41}$$

首先假设 $K^{(+)}<K^{(-)}$，即如图 9-7(a)所示的情况。将本构关系写为如下的统一形式

$$\Delta F=K^{(+)}(\Delta u-\lambda) \tag{1.42}$$

则要求

$$\lambda=\begin{cases}0, & \Delta u\geqslant 0\\ \dfrac{K^{(+)}-K^{(-)}}{K^{(+)}}\Delta u, & \Delta u<0\end{cases}\tag{1.43}$$

式(1.43)与如下的互补关系等价,即

$$(K^{(+)}-K^{(-)})\Delta u-K^{(+)}\lambda+\nu=0$$
$$\lambda\geqslant 0,\quad \nu\geqslant 0,\quad \lambda\nu=0\tag{1.44}$$

则杆的势能为

$$U=\frac{1}{2}K^{(+)}(\Delta u-\lambda)^2-\Delta u\cdot f\tag{1.45}$$

因此,当 $K^{(-)}>K^{(+)}$ 时,杆的参变量变分原理为

$$U=\frac{1}{2}K^{(+)}(\Delta q-\lambda)^2-\Delta uf,\quad \delta_q U=0$$
$$(K^{(+)}-K^{(-)})\Delta q-K^{(+)}\lambda+\nu=0\tag{1.46}$$
$$\lambda\geqslant 0,\quad \nu\geqslant 0,\quad \lambda\nu=0$$

其中下标 q 表示只对 Δq 进行变分,而 λ 作为参变量不变分。同理,如果 $K^{(-)}<K^{(+)}$,可类似写出参变量变分原理为

$$U=\frac{1}{2}K^{(+)}(\Delta q+\lambda)^2-\Delta uf,\quad \delta_q U=0$$
$$(K^{(-)}-K^{(+)})\Delta q-K^{(+)}\lambda+\nu=0\tag{1.47}$$
$$\lambda\geqslant 0,\quad \nu\geqslant 0,\quad \lambda\nu=0$$

当然,也可将本构关系写为如下的形式,即

$$\Delta F=K^{(-)}(\Delta u-\lambda)\tag{1.48}$$

则当 $K^{(-)}>K^{(+)}$ 时,参变量变分原理为

$$U=\frac{1}{2}K^{(-)}(\Delta q)^2-K^{(-)}\Delta q\lambda-\Delta uf,\quad \delta_q U=0$$
$$(K^{(-)}-K^{(+)})\Delta q-K^{(-)}\lambda+\nu=0$$
$$\lambda\geqslant 0,\quad \nu\geqslant 0,\quad \lambda\nu=0\tag{1.49}$$

而当 $K^{(-)}<K^{(+)}$ 时,参变量变分原理为

$$U=\frac{1}{2}K^{(-)}(\Delta q)^2+K^{(-)}\Delta q\lambda-\Delta uf,\quad \delta_q U=0$$
$$(K^{(+)}-K^{(-)})\Delta q-K^{(-)}\lambda+\nu=0\tag{1.50}$$
$$\lambda\geqslant 0,\quad \nu\geqslant 0,\quad \lambda\nu=0$$

方程(1.46)、(1.47)、(1.49)、(1.50)描述的四种参变量变分原理可统一写为

$$U=\frac{1}{2}K(\Delta q)^2-sK\Delta q\lambda-\Delta uf,\quad \delta_q U=0$$
$$s(K-\overline{K})\Delta q-K\lambda+\nu=0$$
$$\lambda\geqslant 0,\quad \nu\geqslant 0,\quad \lambda\nu=0\tag{1.51}$$

其中,如果 $K=K^{(+)}$,则 $\overline{K}=K^{(-)}$;如果 $K=K^{(-)}$,则 $\overline{K}=K^{(+)}$,而

$$s=\mathrm{sign}(K^{(-)}-K^{(+)})\tag{1.52}$$

符号 sign 表示取符号,其定义为

$$\mathrm{sign}(x)=\begin{cases}1, & x>0\\ -1, & x<0\\ 0, & x=0\end{cases} \tag{1.53}$$

容易证明方程(1.51),(1.52)给出的参变量变分原理与方程(1.40),(1.41)给出的平衡方程等价。

以上给出的是单根杆的参变量变分原理,将杆组合成桁架时,涉及局部坐标和整体坐标之间的转换,局部坐标和整体坐标之间的关系如图 9-8 所示。

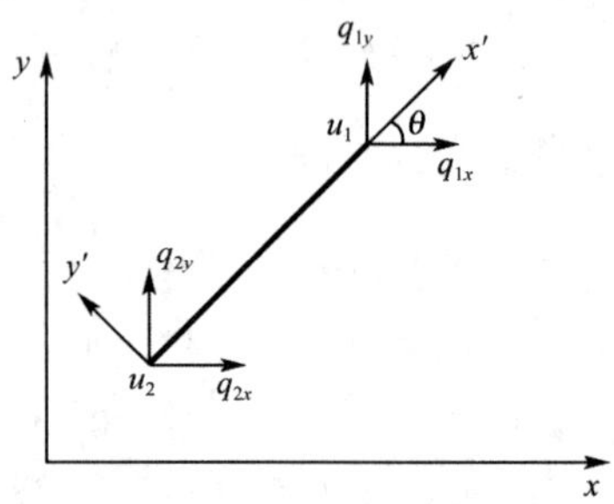

图 9-8　坐标转换

在局部坐标下有

$$\Delta u=u_2-u_1 \tag{1.54}$$

局部坐标与整体坐标下的位移之间的关系为

$$u_1=\cos(\theta)q_{1x}+\sin(\theta)q_{1y}$$
$$u_2=\cos(\theta)q_{2x}+\sin(\theta)q_{2y} \tag{1.55}$$

其中

$$\cos(\theta)=\frac{x_2-x_1}{l},\quad \sin(\theta)=\frac{y_2-y_1}{l} \tag{1.56}$$

因此有

$$\Delta u=\boldsymbol{\Theta q} \tag{1.57}$$

其中

$$\boldsymbol{\Theta}=(-\cos\theta,-\sin\theta,\cos\theta,\sin\theta)$$
$$\boldsymbol{q}=(q_{1x},q_{1y},q_{2x},q_{2y})^{\mathrm{T}} \tag{1.58}$$

对于空间结构,转换关系依然是方程(1.57),只是

$$\boldsymbol{\Theta}=(-\alpha,-\beta,-\gamma,\alpha,\beta,\gamma) \tag{1.59}$$

$$\boldsymbol{q}=(q_{1x},q_{1y},q_{1z},q_{2x},q_{2y},q_{2z})^{\mathrm{T}} \tag{1.60}$$

其中

$$\alpha=\frac{x_2-x_1}{l},\quad \beta=\frac{y_2-y_1}{l},\quad \gamma=\frac{z_2-z_1}{l} \tag{1.61}$$

给出位移在局部坐标和整体坐标之间的关系后,即可在总体坐标下,将桁架所有的杆单元按照有限元的方式进行集合,则得到整个桁架结构的参变量变分原理为

$$U=\frac{1}{2}\boldsymbol{q}^{\mathrm{T}}\boldsymbol{K}^{(+)}\boldsymbol{q}-\boldsymbol{q}^{\mathrm{T}}\boldsymbol{F\lambda}-\boldsymbol{q}^{\mathrm{T}}f,\quad \delta_q U=0 \tag{1.62}$$

$$\boldsymbol{v}-\boldsymbol{A\lambda}-\boldsymbol{Bq}=\boldsymbol{0}$$
$$\lambda_i\nu_i=0,\quad \nu_i\geqslant 0,\quad \lambda_i\geqslant 0 \tag{1.63}$$

其中

$$\boldsymbol{K}^{(+)}=\sum_{i=1}^{N_e}K_i^{(+)}\boldsymbol{\Theta}_i^{\mathrm{T}}\boldsymbol{\Theta}_i,\quad F=\sum_{i=1}^{N_e}s_iK_i^{(+)}\boldsymbol{\Theta}_i^{\mathrm{T}}$$
$$\boldsymbol{A}=\mathrm{diag}(K_i^{(+)}),\quad \boldsymbol{B}=-\sum_{i=1}^{N_e}s_i(K_i^{(+)}-K_i^{(-)})\boldsymbol{\Theta}_i \tag{1.64}$$

其中 N_e 表示杆单元的数量。

下面考虑动力学问题，本书考虑的是无阻尼系统，因此动力学方程可通过 Euler-Lagrange 方程给出。Lagrange 函数 L 的定义为

$$\boldsymbol{L}=\boldsymbol{T}-\boldsymbol{U} \tag{1.65}$$

其中 T 和 U 分别表示动能和势能。上文已经给出了拉压刚度不同杆的势能 U，而动能 T 为

$$\boldsymbol{T}=\frac{1}{2}\dot{q}^{\mathrm{T}}\boldsymbol{M}\dot{\boldsymbol{q}}^2 \tag{1.66}$$

其中 $\boldsymbol{M}$ 是质量矩阵。因此有

$$L=\frac{1}{2}\dot{\boldsymbol{q}}^{\mathrm{T}}\boldsymbol{M}\dot{\boldsymbol{q}}-\frac{1}{2}\boldsymbol{q}^{\mathrm{T}}\boldsymbol{K}^{(+)}\boldsymbol{q}+\boldsymbol{q}^{\mathrm{T}}\boldsymbol{F\lambda}+\boldsymbol{q}^{\mathrm{T}}\boldsymbol{f} \tag{1.67}$$

则动力学方程可由 Hamilton 变分原理给出，即

$$S=\int_0^t L(\boldsymbol{q},\dot{\boldsymbol{q}};\boldsymbol{\lambda})\mathrm{d}t,\quad \delta_q S=0 \tag{1.68}$$

变分后可给出动力学运动方程为

$$\boldsymbol{M}\ddot{\boldsymbol{q}}+\boldsymbol{K}^{(+)}\boldsymbol{q}-\boldsymbol{F\lambda}-\boldsymbol{f}=0 \tag{1.69}$$

当然，动力学方程还受互补条件约束，即方程(1.63)。

9.2.2 保辛方法

动力系统积分时，选取一个时间步长 η，于是得到一系列等步长的时刻

$$t_0=0,\quad t_1=\eta,\quad \cdots,\quad t_k=k\eta,\quad \cdots \tag{1.70}$$

在一个典型的积分步长 $t\in[t_{k-1},t_k]$内，将位移 $\boldsymbol{q}(t)$、参变量$\boldsymbol{\lambda}(t)$和外力 $\boldsymbol{f}(t)$用线性函数近似，即

$$\begin{aligned}
&\boldsymbol{q}(t)=\left(1-\frac{t}{\eta}\right)\boldsymbol{q}_0+\frac{t}{\eta}\boldsymbol{q}_1,\quad \boldsymbol{q}_0=\boldsymbol{q}(t_{k-1}),\quad \boldsymbol{q}_1=\boldsymbol{q}(t_k)\\
&\boldsymbol{f}(t)=\left(1-\frac{t}{\eta}\right)\boldsymbol{f}_0+\frac{t}{\eta}\boldsymbol{f}_1,\quad \boldsymbol{f}_0=\boldsymbol{f}(t_{k-1}),\quad \boldsymbol{f}_1=\boldsymbol{f}(t_k)\\
&\boldsymbol{\lambda}(t)=\left(1-\frac{t}{\eta}\right)\boldsymbol{\lambda}_0+\frac{t}{\eta}\boldsymbol{\lambda}_1,\quad \boldsymbol{\lambda}_0=\boldsymbol{\lambda}(t_{k-1}),\quad \boldsymbol{\lambda}_1=\boldsymbol{\lambda}(t_k)
\end{aligned} \tag{1.71}$$

将它们代入方程(1.68)中的作用量 S，并积分得到近似作用量为

$$\begin{aligned}
S=&\frac{1}{2}(\boldsymbol{q}_0^{\mathrm{T}}\boldsymbol{K}_{00}\boldsymbol{q}_0+2\boldsymbol{q}_0^{\mathrm{T}}\boldsymbol{K}_{01}\boldsymbol{q}_1+\boldsymbol{q}_1^{\mathrm{T}}\boldsymbol{K}_{00}\boldsymbol{q}_1)+\frac{\eta}{6}F(2\boldsymbol{q}_0^{\mathrm{T}}\boldsymbol{\lambda}_0+\boldsymbol{q}_0^{\mathrm{T}}\boldsymbol{\lambda}_1+\boldsymbol{q}_1^{\mathrm{T}}\boldsymbol{\lambda}_0+2\boldsymbol{q}_1^{\mathrm{T}}\boldsymbol{\lambda}_1)+\\
&\frac{\eta}{6}(2\boldsymbol{q}_0^{\mathrm{T}}\boldsymbol{f}_0+\boldsymbol{q}_0^{\mathrm{T}}\boldsymbol{f}_1+\boldsymbol{q}_1^{\mathrm{T}}\boldsymbol{f}_0+2\boldsymbol{q}_1^{\mathrm{T}}\boldsymbol{f}_1)
\end{aligned} \tag{1.72}$$

其中

$$\boldsymbol{K}_{00}=\frac{1}{\eta}\boldsymbol{M}-\frac{\eta}{3}\boldsymbol{K}^{(+)},\quad \boldsymbol{K}_{01}=-\frac{1}{\eta}\boldsymbol{M}-\frac{\eta}{6}\boldsymbol{K}^{(+)} \tag{1.73}$$

根据离散 Hamilton 正则方程

$$\boldsymbol{p}_0=-\frac{\partial S}{\partial q_0},\quad \boldsymbol{p}_1=\frac{\partial S}{\partial q_1} \tag{1.74}$$

并通过方程(1.74)可得

$$\boldsymbol{q}_1=\bar{\boldsymbol{q}}_1-\frac{\eta}{6}\boldsymbol{K}_{01}^{-1}\boldsymbol{F}\boldsymbol{\lambda}_1 \tag{1.75}$$

$$\boldsymbol{p}_1=\boldsymbol{K}_{10}\boldsymbol{q}_0+\boldsymbol{K}_{00}\boldsymbol{q}_1+\frac{\eta}{6}(\boldsymbol{F}\boldsymbol{\lambda}_0+2\boldsymbol{F}\boldsymbol{\lambda}_1+\boldsymbol{f}_0+2\boldsymbol{f}_1) \tag{1.76}$$

其中

$$\bar{\boldsymbol{q}}_1=-\boldsymbol{K}_{01}^{-1}\left[\boldsymbol{p}_0+\boldsymbol{K}_{00}\boldsymbol{q}_0+\frac{\eta}{6}(2\boldsymbol{f}_0+\boldsymbol{f}_1)+\frac{\eta}{3}\boldsymbol{F}\boldsymbol{\lambda}_0\right] \tag{1.77}$$

将方程(1.75)代入互补条件(1.63)得

$$\begin{gathered}\boldsymbol{\nu}-\left(\boldsymbol{A}-\frac{\eta}{6}\boldsymbol{B}\boldsymbol{K}_{01}^{-1}\boldsymbol{F}\right)\boldsymbol{\lambda}_1=\boldsymbol{B}\bar{\boldsymbol{q}}_1\\ \lambda_i\nu_i=0,\quad \nu_i\geqslant 0,\quad \lambda_i\geqslant 0\end{gathered} \tag{1.78}$$

求解线性互补问题,可求得 $\boldsymbol{\lambda}_1$,然后计算出 $\boldsymbol{q}_1$ 和 $\boldsymbol{p}_1$,从而完成一个时间步的积分。

9.2.3 数值算例

算例 1 考虑如图 9-9 所示的系统,质量为 m 的质点连接一个刚度为 k_1 的弹簧,取弹簧自由状态的位置为坐标原点 O,质点的坐标用 q 表示。质点上还系一长度为 l_0 的绳,绳的左端固定于坐标原点 O 处,当绳受拉($|q|-l_0>0$)时刚度为 k_2,受压时刚度为 0。质点所受外力用 $f(t)$ 表示。

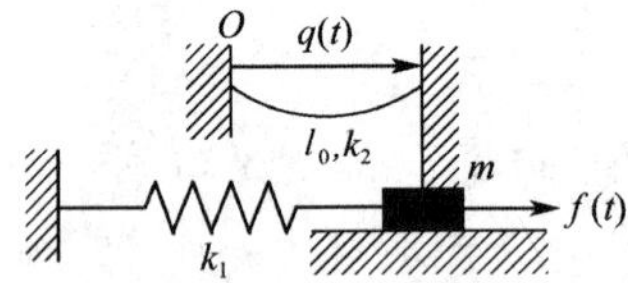

图 9-9 含有绳单元的单质点结构

如果不施加外载荷,此时系统是保守系统,能量守恒。取参数 $m=1.0$ kg,$k_1=1.0$ N/m,$k_2=3.0$ N/m 和 $l_0=1.0$ m,初始条件为 $q(0)=0.0$ m,$p(0)=2.0$ kgm/s。此问题的解析解为周期为 $\frac{5\pi}{3}-\operatorname{atan}\left(\frac{4\sqrt{3}}{11}\right)$ 的函数,第一个周期内的表达式为

$$q(t)=\begin{cases}2\sin(t), & 0\leqslant t<t_1\\ \frac{1}{4}\cos[2(t-t_1)]+\frac{\sqrt{3}}{2}\sin[2(t-t_1)]+\frac{3}{4}, & t_1\leqslant t<t_2\\ \cos(t-t_2)-\sqrt{3}\sin(t-t_2), & t_2\leqslant t<t_3\\ -\frac{1}{4}\cos[2(t-t_3)]-\frac{\sqrt{3}}{2}\sin[2(t-t_3)]-\frac{3}{4}, & t_3\leqslant t<t_4\\ -\cos(t-t_4)+\sqrt{3}\sin(t-t_4), & t_4\leqslant t<t_5\end{cases}$$

其中　$t_1=\frac{\pi}{6}$，　$t_2=t_1+\alpha$，　$t_3=t_2+\frac{\pi}{3}$，　$t_4=t_3+\alpha$，　$t_5=\frac{5\pi}{3}-\operatorname{atan}\left(\frac{4\sqrt{3}}{11}\right)$

$$\alpha=\frac{\pi}{2}-\frac{1}{2}\operatorname{atan}\left(\frac{4}{11}\sqrt{3}\right)$$

采用时间步长 $\eta=0.1$ s 积分到 100 s，得到的位移和动量如图 9-10 所示，其中实线表示本书方法计算结果，圆圈表示解析解，可以看到本书方法积分得到的结果与解析解非常吻合，证明了本书方法的正确性。若在质点上施加外载荷 $f(t)=\sin(t)$N，其他参数同上，则积分得到的位移和动量如图 9-11 所示。

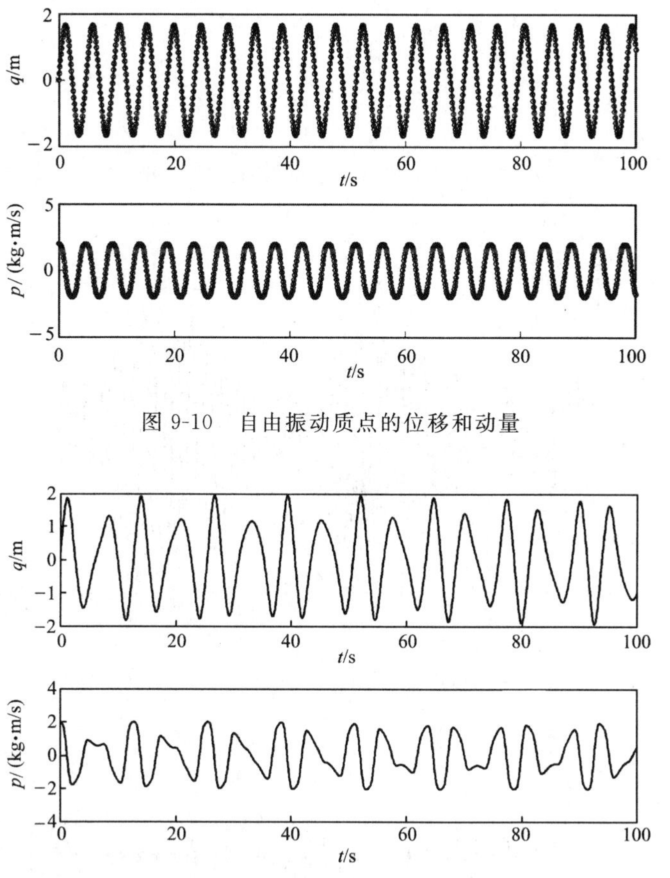

图 9-10　自由振动质点的位移和动量

图 9-11　强迫振动质点的位移和动量

算例 2　考虑如图 9-12 所示的桁架结构，图中实线表示拉压模量相同的杆，它们具有相同的杨式模量和密度，分别为 $E=10^5$ N/m^2 和 $\rho=3\times10^3$ kg/m^3。虚线表示绳，即具有拉伸模量，而受压时模量为 0，左右两根斜的绳具有相同拉伸模量 $E=2\times10^5$ N/m^2，中间的竖绳拉伸模量 $E=10^5$ N/m^2，所有绳的质量忽略，所有杆和绳的面积为 $A=10^{-3}$ m^2。

考虑结构的自由振动，取所有节点初始位移为 0，而初始动量为：节点 1 水平动量为 1，竖直动量为 0，节点 2 水平动量为 0，竖直动量为 1，节点 3 水平动量为 −1，竖直动量为 0。采用步长 $\eta=0.2$(s)积分到 400 s，得到的各节点位移和动量响应如图 9-13 所示，其中图9-13(a)和(b)分别给出了 3 个节点 x 和 y 方向的位移，图 9-13(c)和(d)分别给出了 3

个节点 x 和 y 方向的动量。由于结构的对称性和初始条件的对称性,其响应也具有对称性,而计算结果很好的体现了这种对称性。3 条绳索的参变量变化如图 9-14 所示,参变量不等于零表示绳索处于松弛状态。

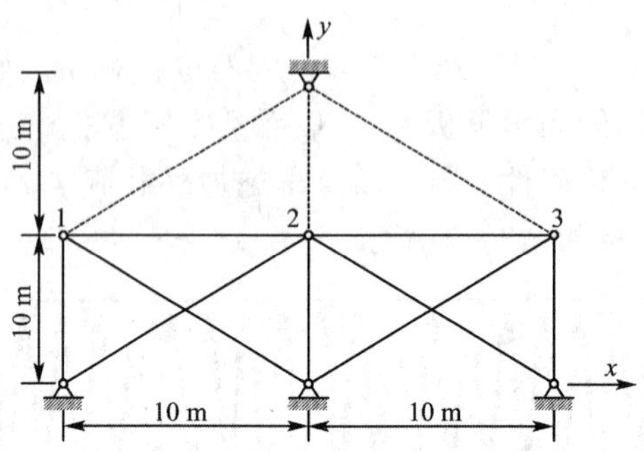

图 9-12　具有绳索单元的桁架结构

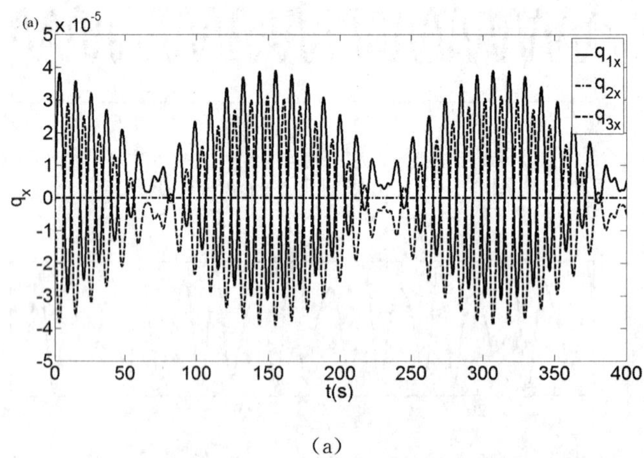

(a)

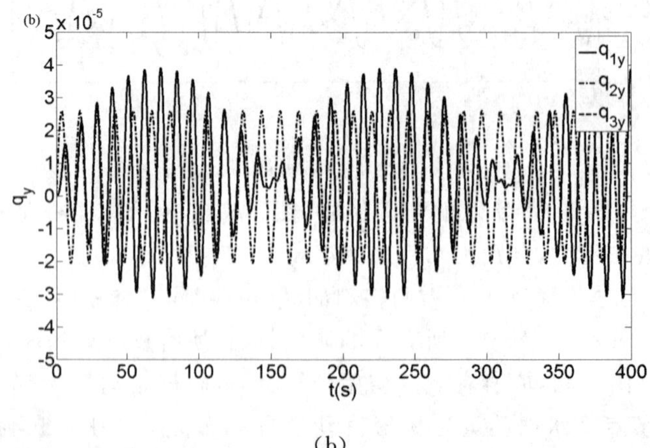

(b)

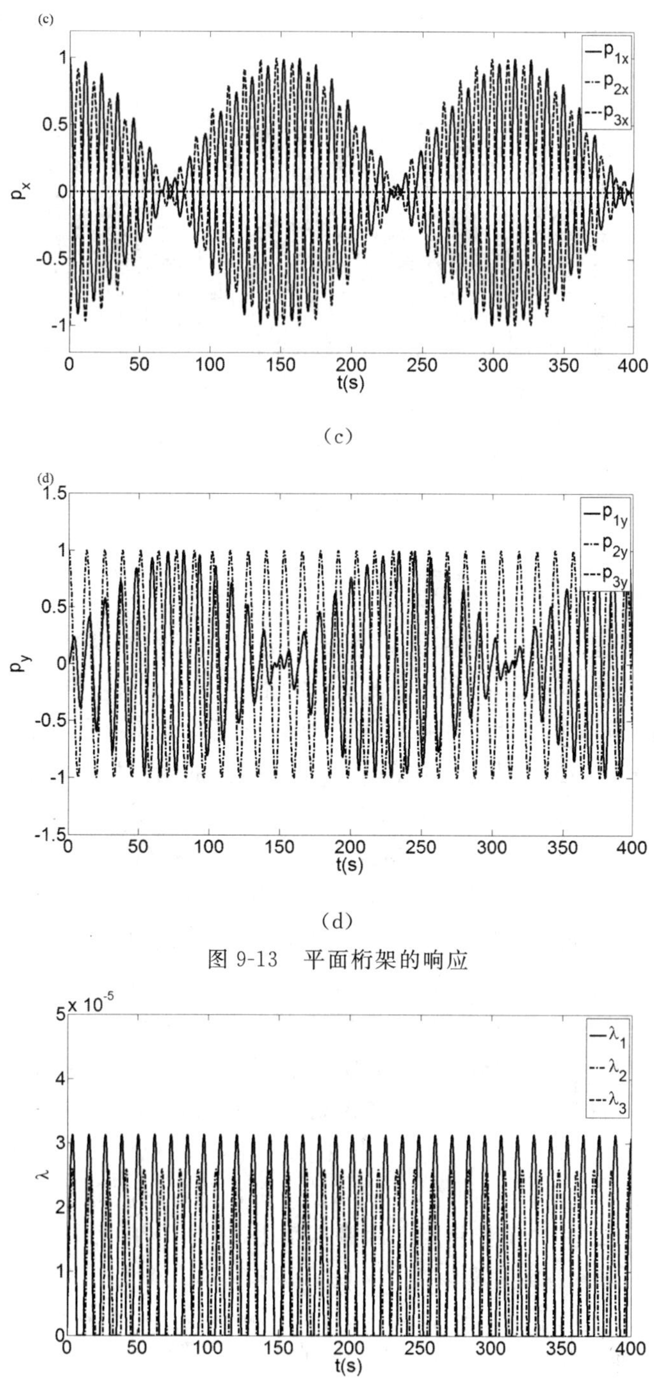

(c)

(d)

图 9-13　平面桁架的响应

图 9-14　参变量随时间变化

采用步长 $\eta=0.2(s)$ 积分到 1 000 s，得到的系统能量的相对误差如图 9-15 所示。图 9-15 表明，虽然不保证绝对守恒，但本书方法给出的积分方法不会引入人工阻尼，能量始终在一定范围内变化，这是保辛方法的典型特征。

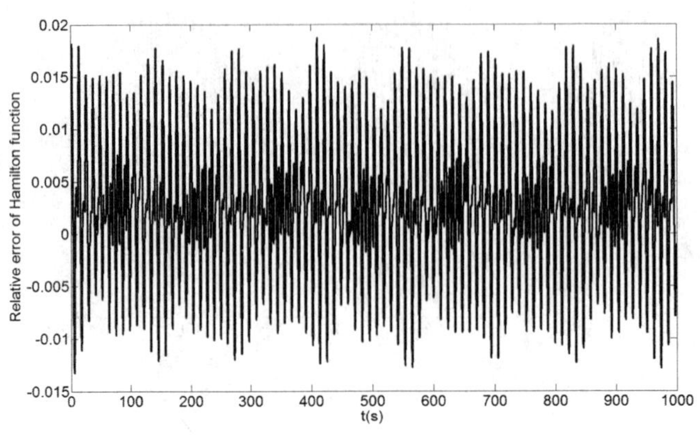

图 9-15　能量的相对误差

9.3　高速列车弓-网接触的应用

轮轨高速列车的前进，要克服多方面的阻力，动力的提供是关键。要倚靠受电弓在供电网接触线滑动接触而取电，功率高、电流大。然而受电弓与供电网接触线的滑动不可脱离接触，否则突然断电会打出很大的火花，严重的会局部烧出接触线的变形，非常不利。列车前进速度越高，接触的动力学影响越大。因此弓网的动力接触分析是不可缺少的。

影响弓网接触力的因素很多。仅仅从网的角度看，择其要者就有接触线（Contact wire）张力、承力索（Carrier）张力、吊弦刚度、夹子质量、吊弦（Dropper）沿长度布排密度等等，十多个因素，全部对于弓-网接触力发生重要影响。这么许多参数如何选择根本无法一一在实际铁路线上试验。计算机的动力学接触模拟分析于是成为必要手段。模拟必须按不同参数选择反复进行，因此计算效率非常重要。使用现成的商业软件进行弓网系统分析，一方面需要人工建立有限元模型、选择动力分析算法、接触分析算法等，这不仅要求仿真分析人员对弓网系统本身非常了解，还要求仿真分析人员在有限元、动力分析、非线性分析和动力接触等方面具有扎实的理论基础。另一方面，通用的商业软件系统面对的是一般工程问题，其模型和算法虽然具有通用性，但不一定适合弓网系统分析。

从动力学角度看，接触是一种约束，非完整约束。其对应的数学方法就是参变量变分原理。弓网耦合系统的一个重要特点是存在接触和弦索结构，其分析难点是接触状态不易确定，弦索结构拉伸和压缩模量不同，体现出强非线性的特征。针对此类问题，采用动力参变量变分原理处理接触和非线性问题，准确判断出受电弓与接触线的接触状态，解决弦索结构拉伸和压缩模量不同导致的非线性问题，为受电弓和接触网的接触耦合系统的动力性能分析提供理论和方法基础。

列车高速运行情况下，弓网系统振动将体现出很强的波动特性，要得到反映其波动特性的良好数值模拟结果，对动力积分算法提出了新的和更高的要求。针对弓网系统振动分析对积分方法的特殊要求，以精细积分方法为基础，充分利用弓网系统的结构特点，发展高效率和高精度的动力学积分方法，以尽可能精确地反映弓网系统的波动特性，为模拟高速弓网系统的波动特性提供基础。

弓网耦合系统的示意图如图 9-16 所示，整个接触网通常采用一跨基本结构周期排列而成。一跨简单接触网模型的详细示意如图 9-17 所示，其跨度为 L。它主要由承力索、吊弦和接触线组成。假设承力索的密度、截面积、张力和阻尼系数分别为 ρ_C，A_C，T_C，β_C，接触线的密度、截面积、张力和阻尼系数分别为 ρ_W，A_W，T_W，β_W，每一垮 d 个吊弦，其密度、截面积、杨氏模量和附加质量为 ρ_d，A_d，E_d，m_s，吊弦长度用 l_i 表示，吊弦的位置如图 9-17 所示，采用 L_i 表示。受电弓通常采用图 9-18 的弹簧-阻尼-刚度模型。

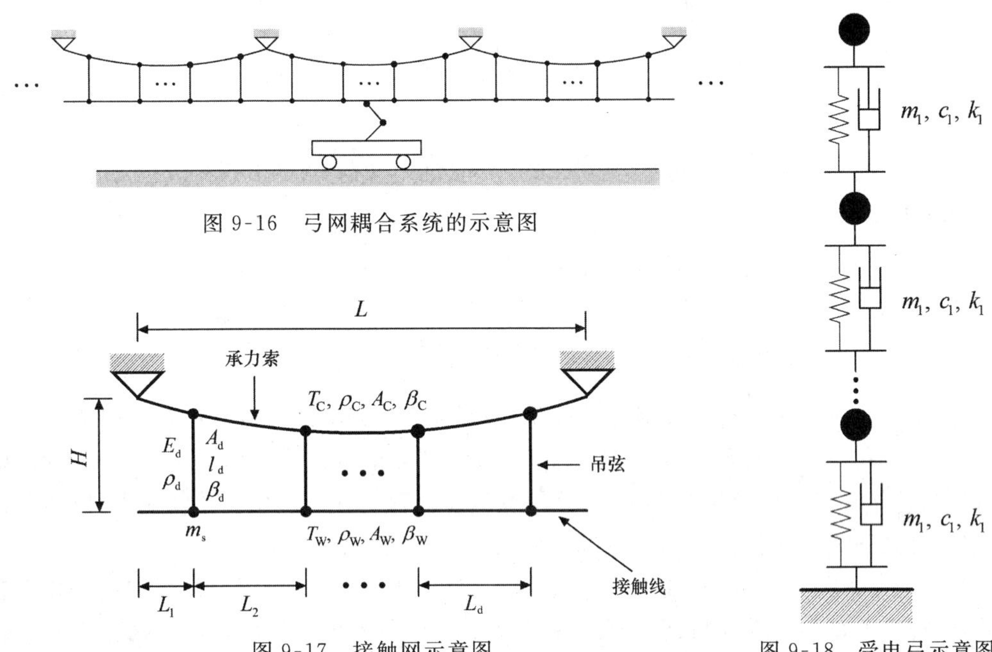

图 9-16　弓网耦合系统的示意图

图 9-17　接触网示意图

图 9-18　受电弓示意图

理论上接触网是无限延伸的，具有无限多个自由度。但在一定时间内，受电弓和接触网之间的相互作用的能量只能传递有限远，因此可以从接触网中截取足够大的有限跨进行数值模拟，假设截取 N_K 跨接触网。

图 9-19 给出了承力索、吊弦、接触线和受电弓之间的相互作用示意图。由于截取 N_K 跨接触网，并且每一跨中有 d 个吊弦，因此共有 $N_K \times d$ 个吊弦。吊弦与承力索之间的相互作用力为 $f_{c,k}(k=1,2,\cdots,N_K \times d)$，而吊弦与供电接触线之间的相互作用力为 $f_{w,k}(k=1,2,\cdots,N_K \times d)$，受电弓与接触线之间的相互作用力为 λ_P。

第 j 跨承力索的方程为

$$
\begin{gathered}
T_C C_j'' = \rho_C A_C \ddot{C}_j + \beta_C \dot{C}_j - \rho_C A_C \gamma - \sum_{k=1}^{d} \delta(x - x_{(j-1)\times d+k}) f_{c,(j-1)\times d+k} \\
C_j(0,x) = C_{j,0}(x), \quad \dot{C}_j(0,x) = 0 \\
C_j(t,(j-1)\times L) = C_j(t, j\times L) = 0 \\
j = 1,2,\cdots,N_K
\end{gathered}
\tag{1.79}
$$

其中 $f_{c,j}$ 表示承力索和吊弦之间的相互作用力，γ 表示重力加速度，L 为一垮长度，$C_{j,0}(x)$

表示弓网系统静止时承力索的初始位移。

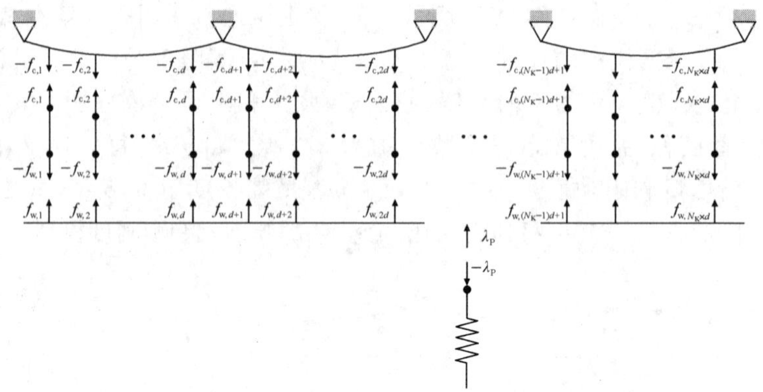

图 9-19 承力索、吊弦、接触线和受电弓之间的相互作用

吊弦的方程为

$$E_dA_dd''_j=\rho_dA_d\ddot{d}_j+\beta_d\dot{d}_j-\rho_dA_d\gamma$$
$$d_j(0,x)=d_{j,0}(x),\quad \dot{d}_j(0,x)=0$$
$$E_dA_d\frac{\partial d_j}{\partial x}(t,0)=f_{c,j},\quad E_dA_d\frac{\partial d_j}{\partial x}(t,l_j)=-f_{w,j} \tag{1.80}$$

其中 $d_{j,0}(x)$ 表示弓网系统静止时吊弦的初始位移，$f_{w,j}$ 表示接触线和吊弦之间的相互作用力。如果将吊弦看作拉伸和压缩模量相同的杆，则无论拉伸或压缩，E_d 都取相同值。如果将吊弦看做只能承受拉伸载荷，而不能承受压缩载荷，那么，当吊弦拉伸时 E_d 取非零正值，但当吊弦压缩时 E_d 为零，这种情况吊弦表现出非线性特性。

从以上的方程可以看到，如果考虑吊弦的非线性因素，那么刚度与吊弦的拉压状态相关的，体现了明显的非线性特征。因此，弓网耦合系统仿真的主要任务之一就是能够准确确定吊弦的拉压状态。由于吊弦的数目很多，采用何种方法有效的解决以上问题是一个关键。

接触线的方程为

$$T_WW''=\rho_WA_W\ddot{W}+\beta_W\dot{W}-\rho_WA_W\gamma+\sum_{j=1}^{N_K\times d}\delta(x-x_j)f_{w,j}+\lambda_P\delta[x-(x_0+Vt)]$$
$$W(0,x)=W_0(x),\quad \dot{W}(0,x)=0 \tag{1.81}$$
$$W(t,0)=W(t,L_W)=H$$

其中 $L_W=N_KL$，N_K 表示模拟时选取的总跨数，$W_0(x)$ 表示弓网系统静止时接触线的初始位移，x_j 表示第 j 根吊弦的位置，λ_P 表示接触线与受电弓之间的相互作用力，x_0 表示初始时刻受电弓的位置。

受电弓的方程为

$$\boldsymbol{M}_P\ddot{\boldsymbol{y}}_P+\boldsymbol{C}_P\dot{\boldsymbol{y}}_P+\boldsymbol{K}_P\boldsymbol{y}_P=-\begin{pmatrix}m_{P,1}\\m_{P,2}\\\vdots\\m_{P,N_P}\end{pmatrix}\gamma-\begin{pmatrix}1\\0\\\vdots\\0\end{pmatrix}\lambda_p \tag{1.82}$$

如果受电弓与接触网接触，则 $\lambda_p > 0$，否则 $\lambda_p = 0$。

受电弓和接触网之间的接触状态，即受电弓和接触线是接触还是脱离，以及它们之间接触力 λ_p 的大小，是弓网系统分析的核心问题。受电弓和接触线之间的相互作用是典型的动力接触问题。

在高速情况和长时间数值模拟情况下，为了得到更精细仿真结果，常常需要截取很多的跨数，即 N_K 很大，如果采用有限元方法离散接触线，则其自由度数目非常大。因此，为了精确高效的数值仿真，必须发展有效的动力学积分方法。

通过弓网系统模型的分析，网系耦合系统动态分系的关键问题是：准确模拟弓网耦合系统中的接触问题和弦索结构非线性行为；建立能够反映接触网波动特性的数值计算方法。

前面建立的拉压刚度不同桁架的动力参变量变分原理正可处理非线性吊弦和受电弓和接触网之间的接触问题。我们以精细积分方法为基础，利用周期结构的特点，发展了高效率和高精度的动力学积分方法，此方法可以用于弓网系统振动分析对积分方法的特殊要求，尽可能精确地反映弓网系统的波动特性，为模拟高速弓网系统的波动特性提供基础。

以京沪线和 *sss*400＋受电弓为基础进行数值仿真分析。图 9-20～图 9-22 分别给出了当时速为 300 km/h、320 km/h 和 350 km/h 时，接触力最大值、最小值和标准差随接触线张力变化的仿真结果。

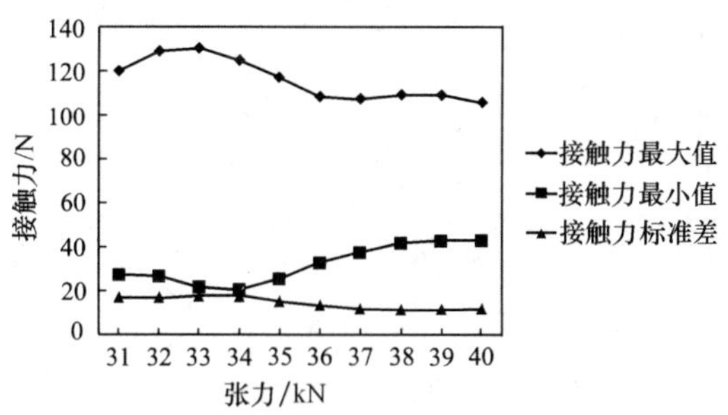

图 9-20　时速 300 km/h，弓网最大、最小接触力和接触力标准差随接触线张力变化

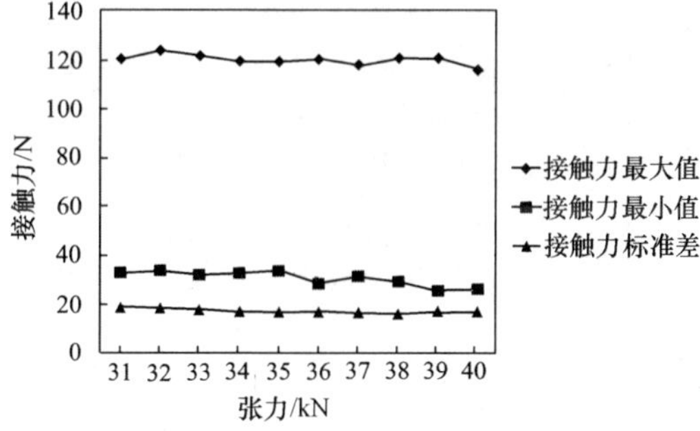

图 9-21　时速 320 km/h，弓网最大、最小接触力和接触力标准差随接触线张力变化

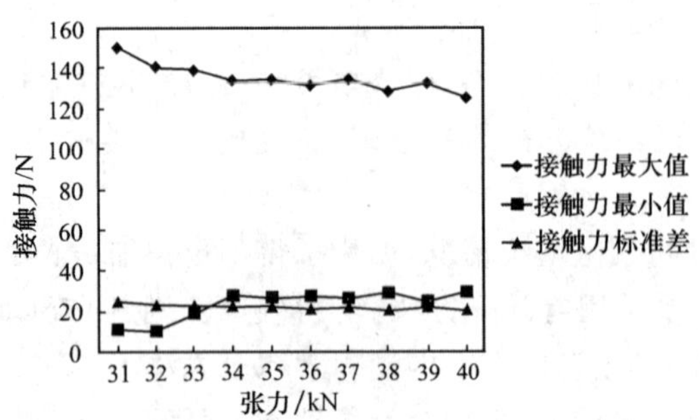

图 9-22　时速 350 km/h,弓网最大、最小接触力和接触力标准差随接触线张力变化

9.4　本章结束语

本章如前言所讲,问题是具有挑战性的,前途甚远。只是就我们目前能想到、做到的,进行一些探讨,不能说成熟。但问题需要,不能回避。所以也努力做一些,抛砖引玉。前途有待众多能人来发挥了。其实整本书也是如此,我们只是开一个头罢了。

参考文献

［1］ Goldstein H. Classical mechanics. 3rd ed. Addison-Wesley, 2002.

［2］ Weyl H. The classical groups: Their Invariants and representations. Princeton University press, 1939.

［3］ Arnold V I. Mathematical Methods of Classical Mechanics, Springer, 1978.

［4］ 冯康,秦孟兆. Hamilton 体系的辛计算格式. 浙江:浙江科技出版社,2004.

［5］ Hairer E, Lubich Ch, Wanner G. Geometric-Preserving Algorithms for Ordinary Differential Equations. Springer, 2006.

［6］ 钟万勰. 应用力学的辛数学方法. 北京:高等教育出版社,2006.

［7］ 钟万勰. 力、功、能量与辛数学,3rd ed. 大连:大连理工大学出版社,2012.

［8］ 吴志刚,谭述君,彭海军. 现代控制系统设计与仿真. 北京:科学出版社,2012.

［9］ 钟万勰,吴志刚,谭述君. 状态空间控制理论与计算. 北京:科学出版社,2007.

［10］ 希尔伯特. 数学问题. 大连:大连理工大学出版社,2009.

［11］ 冯·诺依曼. 数学在科学和社会中的应用. 大连:大连理工大学出版社,2009.

［12］ 阿蒂亚. 数学的统一性. 大连:大连理工大学出版社,2009.

［13］ 钟万勰,高强. 辛破茧. 大连:大连理工大学出版社,2012.

［14］ 钱令希. 余能原理,中国科学,1950.

［15］ 胡海昌. 弹性力学的变分原理及应用. 北京:科学出版社,1981.

［16］ 钟万勰,欧阳华江,邓子辰. 计算结构力学与最优控制. 大连:大连理工大学出版社,1993.

［17］ 梁昌洪. 话说对称. 北京:科学出版社,2010.

［18］ 钟万勰. 应用力学对偶体系. 北京:科学出版社,2002.

［19］ 钟万勰. 弹性力学求解新体系. 大连:大连理工大学出版社,1995.

［20］ 姚伟岸,钟万勰. 辛弹性力学. 北京:高等教育出版社,2003.

［21］ Courant R, Hilbert D. Methods of Mathematical Physics. vol. 1, Wiley, NY, 1953,Courant. Partial differential equations, vol. 2, 1962.

［22］ Bluman G W, Kumei S. Symmetries and Differential Equations. Springer, NY, 1989.

［23］ 钟万勰,张洪武,吴承伟. 参变量变分原理及其应用. 北京:科学出版社,1997.

［24］ 张洪武. 参变量变分原理与材料和结构分析. 北京:科学出版社,2010.

[25] Zhong G, Marsden J E. Lie-Poisson Hamilton-Jacobi theory and Lie-Poisson integrators. Physics Letter A, 1988,113(3): 134-139.

[26] 高强,钟万勰. Hamilton 系统的保辛-守恒积分算法. 动力学与控制学报,2009.

[27] 高本庆. 椭圆函数及其应用. 北京:国防工业出版社,1991.

[28] 钟万勰,姚征. 椭圆函数的精细积分. 应用力学进展. 北京:科学出版社,2004.

[29] Zienkiewicz O C, Taylor R. The finite element method. 4-th ed. McGraw-Hill, NY, 1989.

[30] 钟万勰,姚征. 时间有限元与保辛. 机械强度,2005, 27(2): 178-183.

[31] 林家浩,张亚辉. 随机振动的虚拟激励法. 北京:科学出版社,2004.

[32] Morse P M, Feshbach H. Methods of Theoretical Physics, chapter 9. McGraw-Hill, 1953.

[33] Hinch E J. Perturbation methods, Cambridge Univ. Press, 1991.

[34] 黄昆,韩汝琪. 固体物理学. 北京:高等教育出版社,1988.

[35] Harrison W A. Applied Quantum Mechanics. World Scientific, Singapore, 2000.

[36] 钟万勰,高强. 约束动力系统的分析结构力学积分,动力学与控制学报,2006,4(3).

[37] Hairer E, Wanner G. Solving ordinary differential equations II-stiff and differential- algebraic problems 2nd ed. ch. 7. Springer, Berlin, 1996.

[38] 彭海军,高强,吴志刚,等. 求解最优控制问题的混合变量变分方法及其航天控制应用,自动化学报,2011.

[39] 高强,钟万勰. 非完整约束动力系统的离散积分方法,动力学与控制学报(已投稿).

[40] Arnold V I, Kozlov V V, Neishtadt A I. Mathematical aspects of classical and celestial mechanics. 3rd ed. Berlin. Springer-Verlag, 2006.

[41] 吴大猷. 理论物理(第 1 册):古典动力学. 北京:科学出版社,2010.

[42] Jackman J. 牛顿:上帝、科学、炼金术. 大连:大连理工大学出版社,2008.(原版 Newton-A beginner's guide.)

[43] Press W H, et. al. Numerical Recipes in C. Cambridge Univ. Press, 1992.

[44] 钱学森. Poincaré-Lighthill-Kuo 方法. //钱学森文集. 上海:上海交通大学出版社,2011.(原文. Tsien H S. The Poincaré-Lighthill-Kuo method. Advances in Applied Mechanics vol. 4, Academic Press 1955.)

[45] Gao Q, Tan S J, Zhang H W, et al. Symplectic algorithms based on the principle of least action and generating functions. International Journal for Numerical Methods in Engineering, 2012, 89(4): 438-508.

[46] 张盛,尹进,陈飙松,等. 基于多重多级动力子结构的瞬态分析方法. 计算力学学报,2013,30(1): 76-80.

[47] 钟万勰,高强.传递辛矩阵群收敛于辛李群.应用数学与力学,2013，34(6)：547-551.

[48] 周江华,苗育红,李宏,等.四元数在刚体姿态仿真中的应用研究. 飞行力学，2000，18(4).

[49] 吴锋,徐小明,高强,等. 基于辛理论的 Timoshenke 梁波散射分析. 应用数学和力学，2013，34 (12)：1225-1235.

[50] 吴锋,高强,钟万勰.有限长周期结构的密集特征值. 应用数学和力学，2013，34(11)：1119-1129.

[51] 徐小明,钟万勰. 刚体动力学的四元数表示及保辛积分. 应用数学和力学，2014，35 (1)：1-11.

[52] 杜瑞芝.数学史词典.山东:山东教育出版社,2000.

[53] Zhang H W, Zhang L, Gao Q. An efficient computational method for mechanical analysis of bimodular structures based on parametric variational principle. Computers and Structures，2011，89(23-24)：2352-2360.

[54] 高强,张洪武,张亮,等.拉压刚度不同桁架的动力参变量变分原理和保辛算法. 振动与冲击,2013，32(4)：179-184.

[55] 陆仲绩.自主 CAE 涅槃之火.大连:大连理工大学出版社,2012.

[56] 吴锋,高强,钟万勰.刚-柔体动力学的保辛摄动迭代法. 应用数学和力学(已接收).

后 语

人云:“前言后语”。本书的后语就是结束语。

本书的作者们具备工程力学方面和计算力学方面的基础,但选材时却涉及控制等多方面。故在写本书时,感觉到自己还很不够,还需要继续努力。写教材是教师的本份,对我们自己也是一种深入,书是否好,要通过实际教学使用,看实际效果。

经典力学是物理的四大力学之首,是最基础的内容。包含许许多多各方面的内容,不是我们所能穷尽的,所以本书也只能选择一些基本内容讲述。书名表达了着重于从特定的角度“辛讲”的特色。工程力学,必然重视应用,故选择了一些有利于辛数学特色发挥的基础应用,加以重点阐述。因为涉及多个领域,限于作者们的能力,肯定是挂一漏万的。我们绝对不能包打天下的。

本书经许多研究生帮助,才写得出来。

前此,我们曾出版了《辛破茧》[13]的书,讲的是突破辛的局限性。本书则没有涉及辛的局限性,及其破茧。从发展的角度看,辛破茧是必然的。我们的著作《辛破茧》出版 2 年后,得到一条评论,说这是一本“有情绪的”书!这些情绪是钟万勰有的,不妥之处由钟万勰承担。

“人非草木,孰能无情”,有情绪是必然的。问题在于:是什么情绪。积极的、消极的;向上的,抑或是颓废的;立场、方向是否正确等等,多了。要大家来评论。

本书只是从经典力学的角度写的,并未涉及辛的局限性。但,即使洋人未曾讲,辛数学的进一步发展,也应当考虑突破辛数学的局限性,就是要破茧,以面对更多的方面。虽然本书仍局限在经典力学方面,并未讲破茧,但发展总要破茧的。对于交叉学科,例如从结构力学转到控制,表明了力学的基础性,也说明了学科交叉的关键作用。应大力提倡学科交叉。学科间“井水不犯河水”的格局是难以产生学科交叉的。交叉会有交锋,有碰撞;然后有融合,有突破,才是发展正道。

以下,将《辛破茧》的结语再附于后,请读者们评论,就算是本书后语的一部分吧。有一个基本点应讲明:我们的胳膊是朝里弯的。谁掌握科技是有国界的,不然就不会有国外对中国的禁运了。这些也表现出了钟万勰在撰写《辛破茧》时的情绪,也是撰写本书时的情绪。以下就是《辛破茧》的结束语:

辛的出现已经有 70 年多了。本来是从分析动力学发展的,但随后却变化成为纯数学辛几何的表述:微分形式、切丛、余切丛、外乘积、Cartan 几何,…。纯数学家喜欢采用公理体系研究。回顾英国1990年皇家学会会长，现代纯数学大师，M. Atiyah表示："公理是为了把一类问题孤立出来，然后去发展解决这些问题的技巧而提炼出来的。…公理的范围愈窄，您舍弃得愈多。…而从长远来看，您舍弃了很多根芽。如果您用公理化方法做了些东西，那么在一定阶段后您应该回到它的来源处，在那儿进行同花和异花受精，这样是健康的"。

辛数学在其辛几何公理系统下发育成长后，就要破茧；应看到应用力学的《力、功、能量与辛数学》的另一套思路，要向更广阔天地迈进。局限于纯数学关于辛几何的定义下是不能满意的。当回归到辛数学的来源处，从分析动力学的数值求解方面，再扩展到偏微分方程的求解，就看到了其不足。应打破束缚，以适应物理课题的需求，扩展概念。辛破茧就是要突破辛几何的公理系统，根据变分法的进一步发展，结合结构力学的实际，以及前面讲的4方面不足，重新考虑。"物理提供了数学在某种意义上最深刻的应用。物理中产生的数学问题的解答及其方法一直是数学活力的来源"。

本文只是对于辛4方面的不足分别予以破茧，其实这些概念也是互相交叉的，迈进还需要从总体考虑。破茧后辛数学的扩展，路还长着呢！

怎样迈进呢？应当看到，"数学是人类的一项活动"。它不是单独存在的而是与其它学科有千丝万缕联系的。变分法广泛适用于保守体系，而计算科学、有限元又与变分法紧密相连。辛数学应与变分法一起考虑，按"变分法进一步发展"的思路前进。所以辛破茧的后续扩展，不应是封闭式的，而应与力学、物理等客观问题联系在一起迈进，以开阔思路。不宜单纯局限于纯数学的公理系统来考虑问题。

冯-诺依曼在《数学家》(The mathematician)一文中说："不可否认，在数学中在那些人们所能想象的最纯的纯数学部分，一些最好的灵感来源于自然科学"。"现代数学的某些最好的灵感(我认为是最好的一些)无疑来自于自然科学"。"许多最美妙的数学灵感来源于经验，而且很难相信会有绝对的、一成不变的、脱离人类经验的数学严密性概念"。"在数学的本质中存在着一种非常特殊的二重性。人们必须认识、接受这种二重性，并将它吸收到这门学科的思考中来。这种两面性就是数学的本来面目"。

所以辛数学也应与实际相结合。"数学是一门将完全不同的和毫无联系的事物组织成一个整体的艺术"，将辛数学融合于变分法中，并结合多方面应用的需求，继续发展，就有望在计算科学方面达到新的高度。

高斯说："数学是科学的女皇"，数学家喜欢这个褒词。Atiyah："毕竟，数学在所有科学领域中达到了抽象的顶峰，它应该适用于广阔的现象领域…将众多来自经验科学或数学本身的不同事物结合在一起，乃是数学的本质特征之一"。但"女皇"也应亲民，数学应密切与力学、物理等领域联系发展。哲学的指导意义是深刻的。

计算力学则将自己发展的程序系统，看成为"计算机辅助工程"CAE，我们认为定位妥当。工程要用，用户是皇帝！能辅助就好。

计算力学讲究实际，一定要看到数值结果；而不是只讲不做。实际工作迫切需要的，就应当做。本书可能会被有些人批评水平低，不严格，不符合公理体系，等。没关系，辛破茧，能辅助工程就行。毕竟是有用的，不讲空话。

Von Neumann："大多数数学家决定无论如何还是要使用这个系统。毕竟古典数学正产生着既优美又实用的结果，…它至少是建立在如同电子的存在一样坚实的基础上的。因此，一个人愿意承认科学，那他同样会承认古典数学系统”。这些论述是很有启发意义的。本书对辛几何的公理体系进行破茧，就是期望与广大领域融合发展。应当看到，即使变分法也有局限性的。世界是极其复杂的，不可能用世界公理来定义。人们只能不断学习，以适应世界。

Hilbert 指出："数学问题的解答…以有限个前提为基础的有限步推理来证明的正确性…就是对于证明过程的严格性的要求”。Atiyah 在《数学与计算机革命》文中说："特别还有'构造性'证明的概念，即仅在有限个确定的步骤后就得到所要求的结论…与构造性密切相关的概念是所谓'算法'”。在计算机上运行结束，不是死循环就是有限步。从这些论述可认识到，计算科学的算法与数学证明的关系。只是不要将程序遍错。

进入到信息时代，“计算科学与理论、实验共同构成现代科学的 3 大支柱”的论述，表明了计算科学的重要性，是计算机时代数学的大发展，是时代潮流。计算科学当然不能脱离程序系统，程序系统的高层次模块，对我国是“禁运”的。人家卡中国，也是其庙算。其实，中国人的头脑是很聪明的，这些“禁运”的东西，很多是中国人被人家雇佣研制的。一个 SCI 评价体系，将一些能人推到外国去了，人才流失。不感觉可惜吗？

计算科学，就是当代数字化、信息化的科学潮流。我们必须顺应潮流，方可顺利发展。计算科学，也许有些人不要，我们要。

我国十二-五计划，要制造业转型、创新。计算机辅助工程(CAE)是制造业的关键。国外 CAE 软件的高端模块对我国禁运！！只能自主发展。自主软件产业建设仅仅依靠政府的推动不够，要有行业的技术基础和产业共识。基础性软件是传统制造业和数值化信息产业的融合点。一场备受国际各方关注的欧洲债务危机，几经波折，欧元区经济实力最强的德国作为救助计划的最大出资方，不仅独善其身，而且“已经揭开了欧洲一体化的新篇章”，其最大的缘由莫过于德国的制造业撑起了坚固的实体经济基础。

百年制造强国的美国政府要有所行动了。用美国对制造业的科技发展对策、思路作为借鉴，无疑是有益的。美国科技界强烈呼吁：确保美国在高端制造业的领先地位；总统 Obama 响应了：启动了“高端制造合作伙伴(Advanced Manufacturing Partnership，AMP)”计划。前后上下齐呼应，而计划的实施则选择以加强创新集群和环境建设为思路，以重点发展“发展共性设备和平台，重构先进制造业发展理念”的数值仿真软件系统作为切入点，见

[President Obama Launches Advanced Manufacturing Partnership[C]. http://www. whitehouse. gov/the-press-office/2011/06/24/president-obama-launches-advanced-manufacturing-partnership.][Report To The President On Ensuring American Ensuring leadership In Advanced Manufacturing[C]. http://www. whitehouse. gov/sites/default/files/microsites/ostp/pcast-advanced-manufacturing-june2011. pdf.]。

人家这一招可谓画龙点睛，高明之处在于不拘泥于具体的工程行业和领域，由基础性应用软件开发作为巩固高端制造业地位的实际措施，确实不失为神来之笔；将知识生产、技术创新和制造业地位紧密结合起来，一条曲径通幽路，高端制造业的提振，需要关键领域的核心技术，更需要重构先进制造业的发展理念。更出人意料的是该项计划由道氏化

学公司(Dow Chemical)董事长兼 CEO Andrew Liveries 和麻省理工学院(MIT)校长 Susan Hockfield 共同领导实施,而由联邦政府负责“买单”的形式,表达了由顶尖大学、最具有创新能力的制造商和联邦政府之间建立合作伙伴关系的目的,通过构筑官、产、学、研各方的紧密合作,由政府主导而以产、学为统领,力求不断孕育知识更新和技术应用的面向市场模式创新,实现内生式联合振兴高端制造业发展的战略部署。

可是人家做出来的高端成果对我是禁运的。现在中国生产量上去了,但底气不足。难以设想,用一些人家禁运的程序系统,就算赶上人家的先进水平了!?“嗟来之食,吃下去肚子要痛的”。2011 年解放军总参谋长陈炳德:“落后 20 年”。可“落后是要挨打的”。人家是政府主导 AMP 计划,力争高端制造业的领先。

“禁运”怎么办?求人家放开,行吗?人家可不是吃素的,达摩克利斯之剑是悬在头上的。难道就甘心落后吗?当然不甘心。

中国要自主创新。中国必须建立自主的 CAE 程序系统。SiPESC 程序系统,就是自己研制的;在分析方面,强调了非线性求解的功能。至于普通的功能,不妨用过去的很多积累和已有的算法;高水平的程序模块自己研制,于是必须有恰当的先进理论与算法支撑,特种部队只能自己培训,人家在禁运么。参变量变分原理与参变量 2 次规划算法;结构形状优化、拓扑优化;随机振动的虚拟激励法;保辛-守恒积分;保辛摄动;精细积分法;多层子结构接触算法;多层子结构的振动及优化;最优控制 PIM-CSD;多层次求解;…等一系列的内容,是自己研制的,也只能自己研制。自己做出来的成果,当然心中有底。就是这些理论与方法,洋程序全部行吗!??其实这些只是讲了各个方面的算法研究。多种算法必须集成在一起方能发挥作用。为此就要用自主 CAE 程序系统来集成,这就是 SiPESC。附录极其简单粗略地介绍了 SiPESC 的简单构造。

人家“禁运”不要紧。“丢掉幻想,准备斗争”,自己干么。赶上,甚至超越。别相信那套什么 SCI 评价体系,我们的头脑不比人家差。中国学生到外国成绩比较好,怎么自己用就成绩不行呢?过去,10 年,就从一穷二白变成拥有二弹一箭了。中国人挺直腰板,就应当自己干。当年行,现在怎么会不行呢。但评价体系有问题,打击了自己的信心。只要打起精神,树立信心,“艰苦奋斗,自力更生”,中国一定行。当然要用能干的人才,而不是靠关系户。

辛的破茧着眼于“反客为主”。吸收了国外的辛,加以改造、再创新,就转化为自己的东西。这不需要洋人批准,结合实际需求,自己努力干就是了。中国人一马当先革新,不可以吗?当然,按 SCI 评价体系,辛破茧洋人还没有批准呢。但毕竟,“实践是检验真理的唯一标准”么,根本不是洋人的批准,不需要洋人批准。辛破茧,是中国自己提出的方向,用的是中国基金,根据中国人的实际需求,结合中国的科技、工程,难道中国人的实践就不能算数吗,一定要听洋人的吗!?样样都听洋人,那怎么自主创新、怎么独创呢?

这里有一个治学态度的问题。如果看见洋人这样那样试着做了,不经过认真思考,就盲目地跟上去,就缺乏创新精神了。看到什么东西,一定要问为什么?认真思考,看其是否合理。择其善者而从之,绝对不能自卑。具有我国特色的偏重 SCI 的评价体系,其特点就是自卑,没有信心,看不起自己人,迷信。因为我国近代科技长期落后,一开放,对洋人的东西看花了眼。于是,不相信自己能做好。凡是洋人说的就认为一定是好的,盲目随，不行。

出现学术腐败怎么办？中国确有学术腐败，但毕竟更有正气。正气要压倒邪气，也会压倒邪气的。邪不胜正，正能克邪么。应该对自己有信心。自己的事情自己解决，怎么找洋人解决呢？再说与洋人做生意，生意场上就没有邪气？SCI 就没有邪气？请问，对洋人怎么监管，愈加困难了。无非是眼不见为净，任人摆布罢了。

中国也有腐败官员，也要监管。毕竟，正气压倒邪气。难道也请洋人来监管吗！??

其实，科学技术，人家也在探索，鱼龙混杂、泥沙具下的。让中国成为人家的试验场吗！?? 自己不认真思考，总也随，那怎么能赶、超呢。

是的，现在我国的科技水平是比人家有差距。怎么赶上去？二弹一星，人家封锁，我们艰苦奋斗，自力更生，10 年，有了！当年有信心，怎么今天反而不相信自己能做好呢？论文一定要在洋人杂志发表，还要签字画押，来一个 copy right transfer，才体现出水平吗？将次等文章发表给中国人看，好东西给洋人看，真荒唐!! 为谁服务呀。中国人自己不会评价吗？洋人全懂吗？“行成于思，毁于随”，古人的格言，要好好认识。要走出自己的路子来。

我听中央领导同志讲：自主创新；集成创新；引进、消化、吸收、再创新；多遍。我认为这就是中国发展科技的庙算。从没有听到过什么 SCI 评价之说。这样的东西，怎么就如此顽固呢。中国发展科技的庙算能用 SCI 来评价吗？

当年请来一个李德，不相信自己的实践。理论是“山沟沟里出不了马列主义”，就是因为迷信。这样的教训，可以忘记吗。

打起精神，树立信心。自立、自主、自强、自信、自尊，走自己的路。虽然可能有曲折，但前途一定是光明的。努力吧。

注：庙算是什么，庙算是从孙子兵法来的，其中开始第一篇的计篇中讲：“夫未战而庙算胜者，得算多也；未战而庙算不胜者，得算少也；多算胜少算不胜，而况于无算乎。吾以此观之，胜负见矣。”庙算是庙堂上的盘算。孙子曰：“故善战者，致人而不致于人。”中国的 SCI 评价体系，可以有助“致于人”吧。

可能情绪就在此后语中。是否妥当，请大家评论。

感想：1959 年，钱学森先生指派钟万勰到中国科技大学近代力学系，去讲授《理论力学》课程的，意义深远。当时钟万勰很嫩，也笨，体会不深。50 多年后的今天，体会完全不同了。这个方向性的指点，实在是意义深远。这本书也是钟万勰的一个交帐。当年钟万勰非常艰难，感谢钱先生的指派，尤其是方向指导。18 年前出版的《弹性力学求解新体系》破了传统一类变量求解的体系。也因读了钱伟长先生 1953 年的论文：“圣维南扭转问题的物理假定”，后来又聆听了在 1957 力学学会第一届成立会上的讨论，而激发出来的。全部是长时期坚持积累的结果。钱令希先生则给了最大的支持，“辛数学方法及其对于应用力学的应用”就是他指出的，前言讲过了。表明钟万勰挺有缘分、抓住了机会。现将他手写的两段字，《人生四乐》和《治学之道》付后，是很大的鼓励。

留给大家的经验是：机会是要自己去抓的。自己不抓住，就不要怪别人。“师傅领进门，修行靠自身”么。“道路是曲折的，前途是光明的”。要坚持、努力，要忍。

无论如何，运气比 Galois 强多了。